UG NX9.0 零件造型与数控加工

李锋　主编

化学工业出版社

·北京·

本书以计算机辅助设计与辅助制造，实现数控加工自动编程，培养生产一线的数控加工自动编程员为目标，以项目——任务为导向，以实例为媒介，主要讲授运用 UG NX9.0 软件的“建模”、“注塑模向导”和“加工”三大模块，进行机械零件三维实体造型、注塑产品及其型腔、型芯模具的三维实体造型、构建数控铣削、车削加工刀轨与自动生成数控 NC 程序等方面的内容。每一项目之后，都提供了与项目密切相关的一定数量的训练课题，以检验和巩固所学知识与技能。

本书内容翔实、条理清晰、实例丰富、讲解完善。根据笔者多年在职教领域 CAD/CAM 的教学实践，总结出了一些实用的三维实体造型、模具体造型和数控加工刀轨构建经验，力求读者能快速掌握 UG NX 软件的 CAD/CAM 模块的应用和各种常用命令工具的运用，是初学者学习 UG NX 软件不可多得的教材和参考书。

本书附光盘，内容包括所有项目讲授视频、素材等。

本书的读者对象是高职高专院校的机电一体化专业、数控技术专业学生及产品设计、模具设计及生产一线的工程技术人员。

图书在版编目（CIP）数据

UG NX9.0 零件造型与数控加工 / 李锋主编. —北京：化学工业出版社，2014.10
ISBN 978-7-122-21840-7

Ⅰ.①U… Ⅱ.①李… Ⅲ. ①数控机床-计算机辅助设计-应用软件 Ⅳ.①TG659

中国版本图书馆 CIP 数据核字（2014）第 214560 号

责任编辑：韩庆利　　装帧设计：孙远博
责任校对：边　涛

出版发行：化学工业出版社（北京市东城区青年湖南街 13 号　邮政编码 100011）
印　　刷：北京市永鑫印刷有限责任公司
装　　订：三河市宇新装订厂
787mm×1092mm　1/16　印张 22¼　字数 599 千字　2015 年 2 月北京第 1 版第 1 次印刷

购书咨询：010-64518888（传真：010-64519686）　售后服务：010-64518899
网　　址：http: // www. cip. com. cn
凡购买本书，如有缺损质量问题，本社销售中心负责调换。

定　　价：49.00 元（含光盘）

前 言 FOREWORD

Unigraphics Solutions（UGS）是全球著名的MCAD供应商，多年来，所开创的NX软件为世界产品的开发、制造业所青睐。UG NX9.0是SIEMENS旗下产品生产制造全程解决方案软件PLM（Siemens Product Lifecycle Management Software Inc.），是计算机辅助设计与制造（CAD/CAM）流行软件之一，在我国产品制造业有着广泛的应用。

本书以计算机辅助设计与辅助制造，实现数控加工自动编程，培养生产一线的数控加工自动编程员为目标，主要讲授运用NX9.0软件的“建模”、“注塑模向导”和“加工”三大模块，进行机械零件三维实体造型、注塑产品及其型腔、型芯模具的三维实体造型、构建数控铣削、车削加工刀轨与自动生成数控NC程序等方面的内容。

在内容的组织与编排上，以工作项目为导向，以“项目分析——相关知识——项目实施——拓展训练”为线索，在构建数控加工程序的项目实施过程中，又以“制定产品加工工艺过程卡——构建产品三维实体——构建产品加工毛坯——构建数控加工刀轨操作与仿真加工——后处理生成NC程序代码”为工作任务、阶段，使读者在学习本书的过程中，对利用CAD/CAM软件进行自动编程的整个工作过程有一个完整的概念，逐步熟悉一个产品由图纸到加工出来应该考虑的问题和应该做的各种工作，逐步学习和训练软件中各种命令、工具的用法与技巧，并将数控技术专业关于产品的设计与制造工艺方面的专业知识有机结合，为其日后的自动编程员工作打下坚实的基础。

在每个工作项目、任务实施结束之后，提供了与本项目紧密相关的知识与技能拓展训练课题，供读者对所学知识点、技能点的掌握程度的检验与巩固提高。

本书编写的另一大特点是对于UG NX软件的各种命令、工具的功能与运用技巧都是通过造型、构建数控加工刀轨等实例展开，避免了泛泛而谈命令、工具功能而不重视具体运用的弊端。项目与项目之间有着严格的内在关联，后一项目涵盖前一项目的知识点，加强前一项目学到的软件命令工具的训练，并增加新知识、新命令工具的实际运用。相信读者按序学习、实练了项目的内容与拓展课题，一定能成为一个NX软件的初中级实用者，为日后企业生产一线的数控加工自动编程员的工作奠定扎实基础。

随书附光盘中包含了各项目中零件的实体造型、模具体造型、加工程序刀轨、NC代码和教学视频录像，另外配有构建FUNAC数控系统NC程序的后处理程序构造器的方法步骤指导材料，为读者的学习提供一定的参考与帮助。

本书的读者对象是大中专院校的机电一体化专业、数控技术专业学生及产品设计、模具设计与生产一线的工程技术人员。

本书既收集了从事CAD/CAM教学与实际工作人员的研究成果，也体现了编者多年来的教学实践经验与体会。

本书由李锋主编，洪凯、张建平、吴森林等也参加了部分编写工作。在编写过程中，得到许多同仁的关心与帮助，在此表示衷心的感谢。

由于编者水平有限，教材中难免有许多不足之处，敬请广大读者多提宝贵意见。

编者

目录 CONTENTS

项目1 安装与初识 NX9.0 软件

一、项目分析

Unigraphics Solutions（UGS）是全球著名的MCAD供应商，多年来，所开创的NX软件为世界产品的开发、制造业所青睐。NX9.0是NX软件的最新版本，是SIEMENS旗下产品生产制造全程解决方案软件PLM（Siemens Product Lifecycle Management Software Inc.），是计算机辅助设计与制造（CAD/CAM）流行软件之一，在我国产品制造业中有着广泛的应用。

本书以典型实例为线索，着重讲授该软件中的机械零件实体造型、注塑制品实体造型及其模具体造型与构建数控铣削、车削加工刀轨、生成适应数控机床的NC程序代码等内容。

而对于初次接触NX软件的学习者来说，本项目就是帮助学习者熟悉、掌握本软件的安装、启动方法、步骤；部件文件的创建、保存的方法步骤，软件界面的选择与个性化设置等基本操作；了解软件具有的主要功能和用途等。

二、相关知识

1. 机械制造技术的基本知识

学习NX9.0软件，需要学习者具有一定的机械制造技术方面的理论与实践知识。如机械零件、注塑制品的二维、三维图纸的识读能力、一般机械零件的制造工艺、数控铣削机床、车削机床、加工中心等机床加工产品的手工编程知识都是学好本课程的专业基础。愿学习者在学习本课程之前，重温机械制造技术的基本知识，以顺利进入本课程的学习。

2. 计算机基本操作技术与技能

计算机基本操作技术与技能是学习NX9.0软件又一重要基础，本软件的安装、各种菜单、命令、工具的使用都与文字处理软件（如Word）非常相似，具有文字处理软件操作技能的学习者，学习本课程会很容易进入学习状态；若学习者还具有如AutoCAD等软件的操作技能，将会使学习本软件更加容易与轻松。

三、项目实施

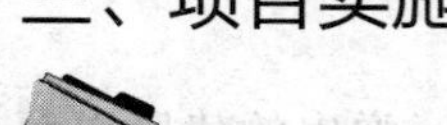

任务1 启动NX9.0和文件操作

1. 启动NX9.0

从“开始\所有程序\NX9.0”级联菜单单击“NX9.0”菜单项，即可启动NX9.0（也可双击桌面NX9.0快捷方式图标启动）。

程序的启动过程中，要耐心等待，不可重复启动，那样会使等待时间更长。

NX9.0启动后，弹出如图1-1所示界面，光标在基本概念框左侧“应用模块”、“角色”…..上移动，会显示不同的基本概念介绍；单击导航器左侧资源条图标，会显示不同的导向器。

2. 建立、保存、打开文件

在图1-1所示界面中单击“文件”菜单下的“新建”菜单项，弹出图1-2所示界面。新建文件类型选项卡分为“模型”、“图纸”、“仿真”和“加工”等。图示为“模型”选项卡，而模型模板又分为多种，如选取模型模板，则可直接进入“建模”模块。

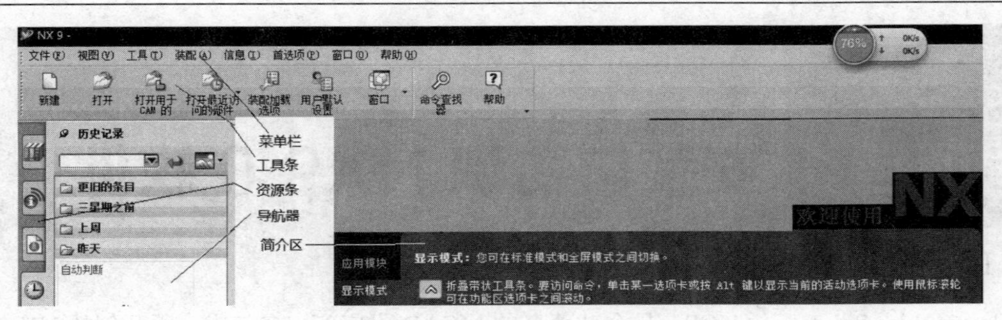

图 1-1　启动 NX9.0 软件后的初始界面

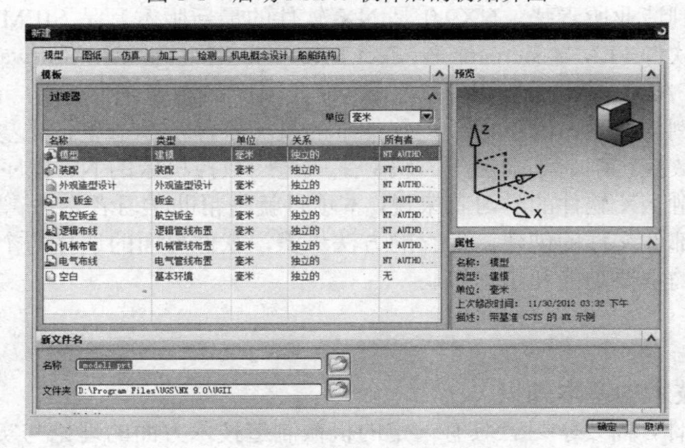

图 1-2　新建文件界面

在新文件名栏下，输入文件名后缀为“.prt”，默认文件名为 model1，可输入欲建模型的名称。强调一点，NX9.0 软件不认中文文件名，只认字母或数字构成的文件名。建议学习者用中文拼音给模型命名，以便识别。

新文件要指定文件夹及路径，一般应与 NX9.0 软件安装分开存放，如 NX9.0 软件安装在 D 盘，创建的模型文件存放在 E 盘。可单击此处的“文件夹”图标，创建新文件夹存放文件。

保存和打开文件的方法与对“word”文件的操作一样，不再讲叙。

任务 2　用户个性化工作界面设置

1. 选择“高级”用户界面

单击图 1-2 中“确定”按钮，即可进入“建模”模块界面。初次安装时，弹出的建模界面与新版 Word 文档界面相似，与 NX 之前版本不太一样，对于已习惯了老版本的用户总感觉不顺畅。建议打开“文件\实用工具\默认用户设置\用户界面\布局”选项卡，选择“用户界面环境”：仅经典工具条，如图 1-3 所示。单击对话框中“确定”按钮，关闭此对话框，提示“重启 NX9.0”程序，用户界面就换成经典的界面了。

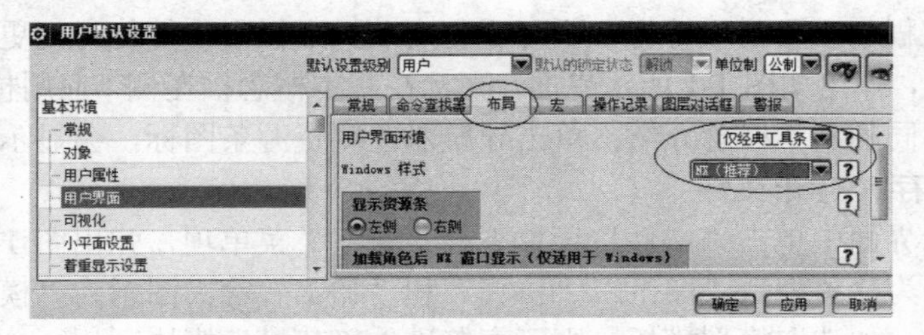

图 1-3　用户界面默认设置对话框

关闭程序，并重启，就是基本角色经典用户界面如图 1-4（a）所示。

由于命令工具图标很多，建模模块下“基本角色”用户界面的特点是图标下方显示其名称，对于初学者来说，是方便的，但使得绘图区域变小了。在此，建议打开资源条中“角色”项，选取“高级”角色，确定后的界面如图 1-4（b）所示，特点是工具图标下方无其名称了，绘图区域也就大些了。若光标放到工具图标上，会立即显示其名称，对于初学者来说，也就知道其作用了，这些工具命令用多了，也自然习惯了。

2. 建模界面的个性化设置

由图 1-4（b）可知，还是有许多工具图标，绘图区域还是不够大。

建议根据用户自己的绘图性质、范围设置个性化的工作界面。

从“工具”菜单下打开“定制”对话框，在“工具条”选项卡中，仅勾选“选择条”、“菜单条”、“标准条”、“视图”、“实用工具”、“曲线”、“编辑曲线”、“曲面”、“特征”、“直接草图”项，如图 1-4（c）所示。关闭“定制”对话框，将有关工具条拖放到合适位置，则工作界面变成如图 1-4（e）所示。

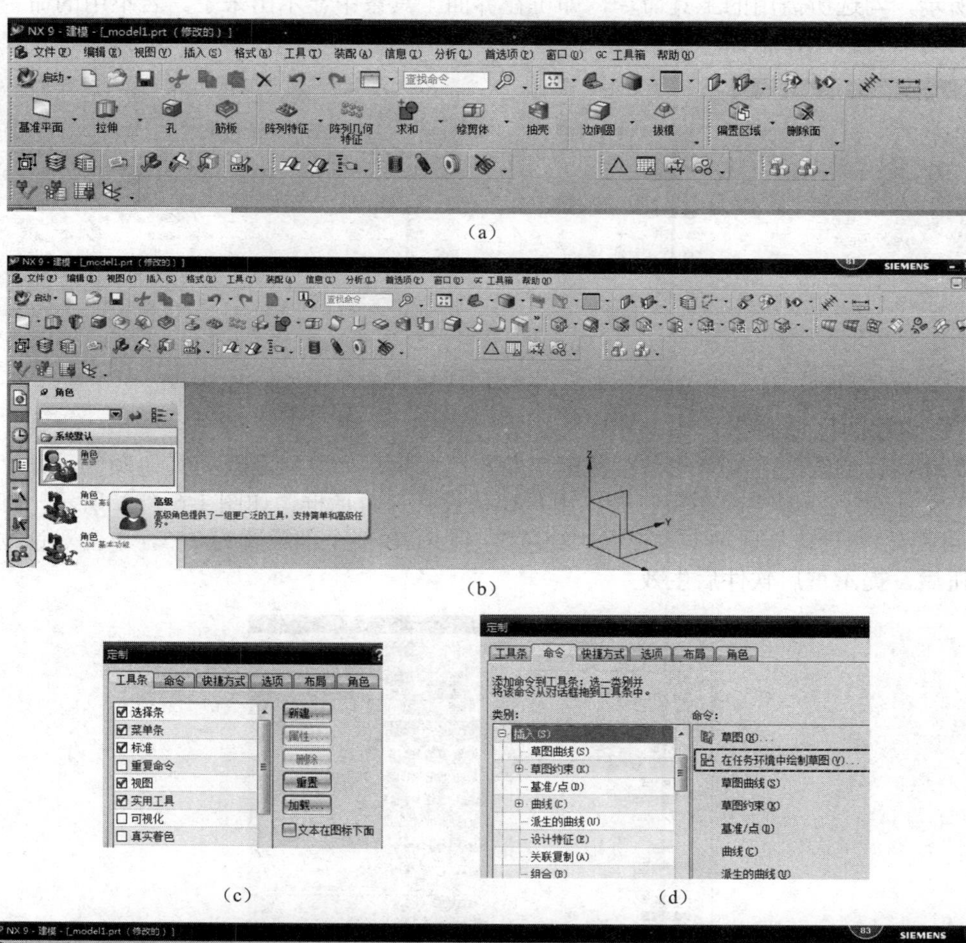

（a）

（b）

（c）　　　　（d）

（e）

图 1-4

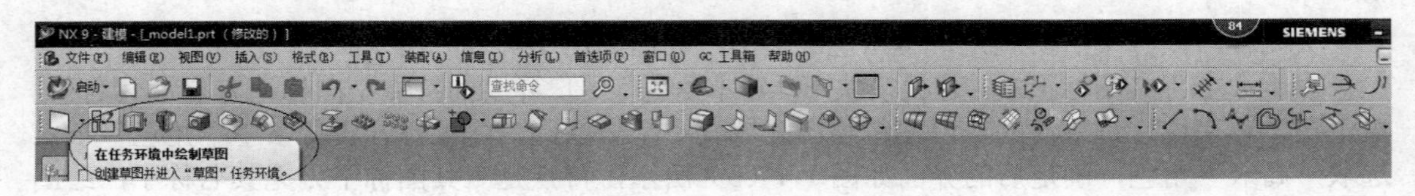

（f）

图1-4 建模界面的个性化设置

由图1-4（e）知，经常用的“任务草图”工具图标未显示出来。可再次打开“定制”对话框，打开“命令”选项卡，选取“插入”命令项，右侧显示出“在任务环境中绘制草图”，如图1-4（d）所示，左键选中此命令后，拖动其到界面工具条合适位置后放开左键，就将其显示出来了，如图1-4（f）所示。这是寻找工具命令的一种方法。

这样修改界面后，绘图区域增大了，但工具命令相对减少了。实际上，工具中有一种三角形图标，单击它，显示“添加或移除按钮”，再选取其右侧三角形图标，下拉出级联菜单，如图1-5所示，勾选所需用的工具命令，即可在界面工具条中显示出来了。若不用的命令，取消其前面的勾即可移除，不显示了。

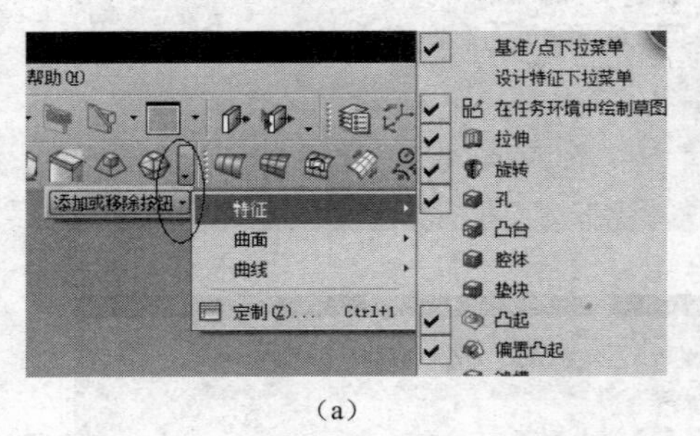

（a）

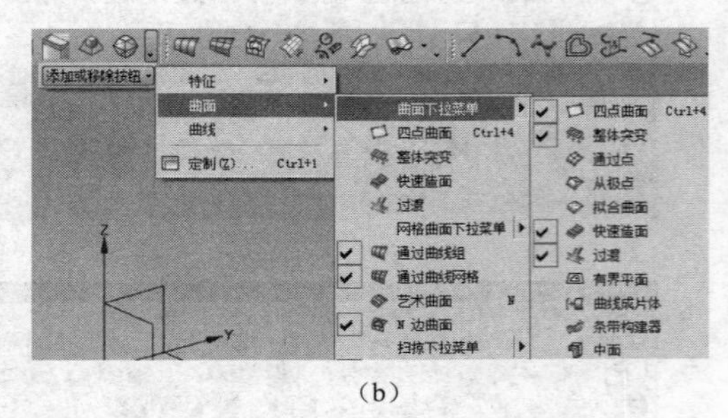

（b）

图1-5 添加或移除工具命令

3. 修改绘图区域背景

NX9.0默认的绘图区域背景是一种渐变的灰色背景，如要将其改为其他颜色，如“纯白”色，从“文件\实用工具”菜单下打开“用户默认设置”对话框，如图1-6（a）所示，打开“基本环境\可视化\背景色”选项卡，选取“纯色”，且RGB值全部设置为255，单击对话框中“确定”按钮后，提示重启软件后生效。

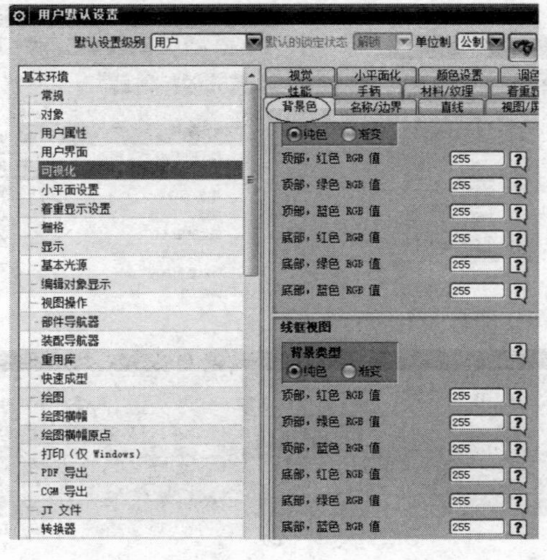

（a）

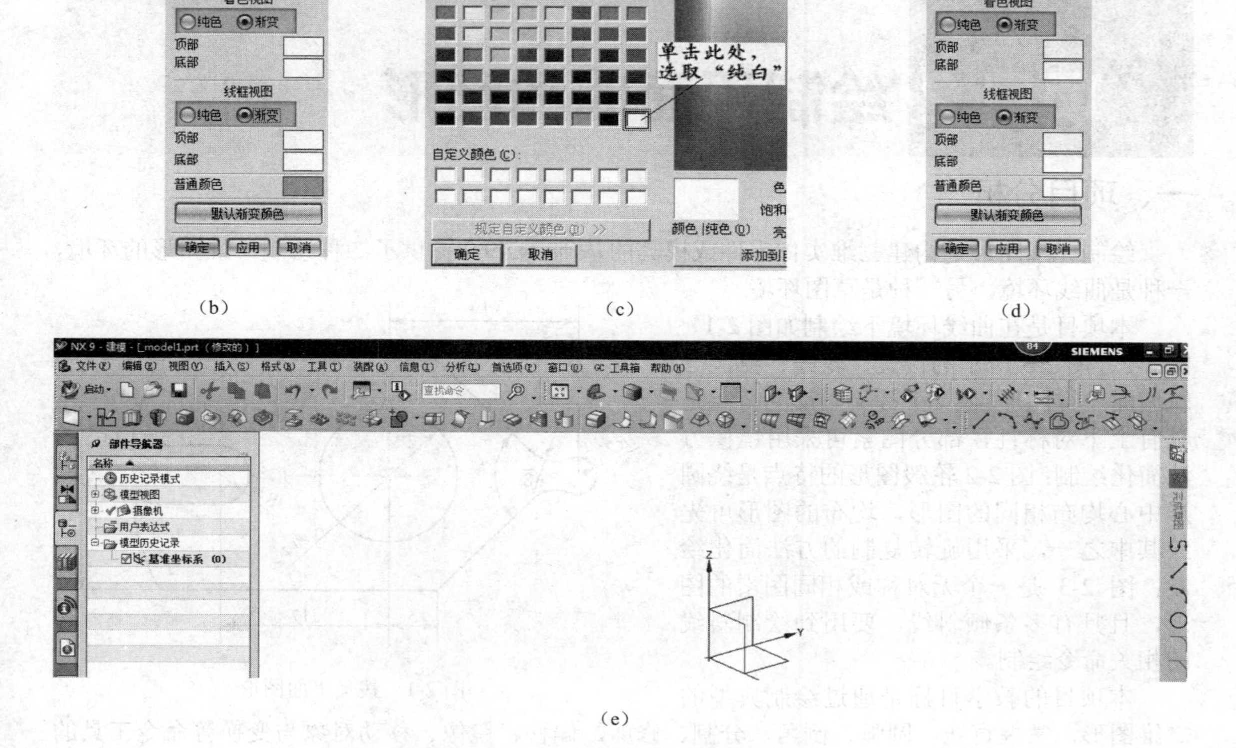

图 1-6　绘图区域背景设置成“纯白”颜色

重启 NX9.0 软件，进入建模模块，单击菜单栏中“首选项\背景”菜单项，弹出“编辑背景”对话框，单击“默认渐变颜色”按钮，结果如图 1-6（b）所示；

而“普通颜色”项仍为灰色，单击右侧图标▇▇，弹出如图 1-6（c）所示“颜色”对话框，单击“基本颜色”中“纯白”颜色框，单击“确定”按钮，则“编辑背景”对话框中顶部右侧方形按钮变为“纯白”色，如图 1-6（d）所示。此时，绘图区域全部变为白色，如图 1-6（e）所示。

四、拓展训练

1. 显示与隐藏各种工具图标。
2. 打开、关闭“装配”、“历史”、“部件”、“角色”导航条，观察各有何特点。
3. 定制具有个性化的命令工具图标显示界面。
4. 编辑绘图区域背景颜色为白色或为其他单一颜色。

项目 2 绘制平面曲线图形

一、项目分析

绘制二维图形是构建三维实体零件或模具的基础，NX9.0 提供了二种绘制二维图形的环境，一种是曲线环境，另一种是草图环境。

本项目是在曲线环境下绘制如图 2-1、图 2-2、图 2-3 所示的拨叉、轮毂、燕尾导轨截面二维图形。图 2-1 拨叉图形的特点是具有上下对称性，部分图素可采用镜像方法简化绘制；图 2-2 轮毂图形的特点是绕圆形中心均布相同的图形，均布的图形可先绘其中之一，采用旋转复制的方法简化绘制；图 2-3 是一个无对称或相同图素的图形，且具有多条倾斜线，要用到绘制斜线的相关命令绘制。

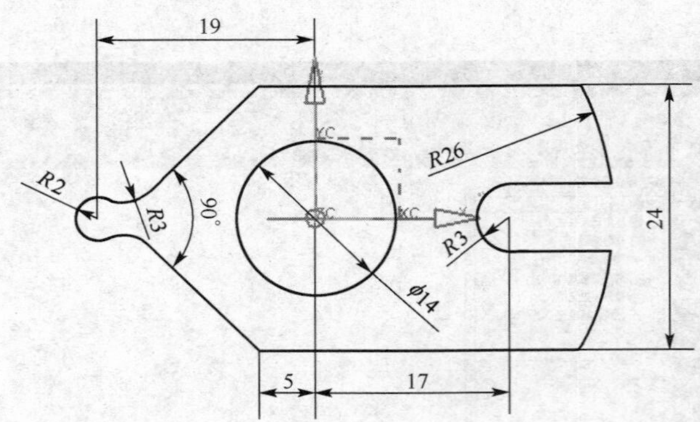

图 2-1 拨叉平面图形

本项目的教学目标是通过绘制典型的二维图形，掌握直线、圆弧、倒角、分割、修剪、偏移、镜像、移动对象与变换等命令工具的使用方法与技能。

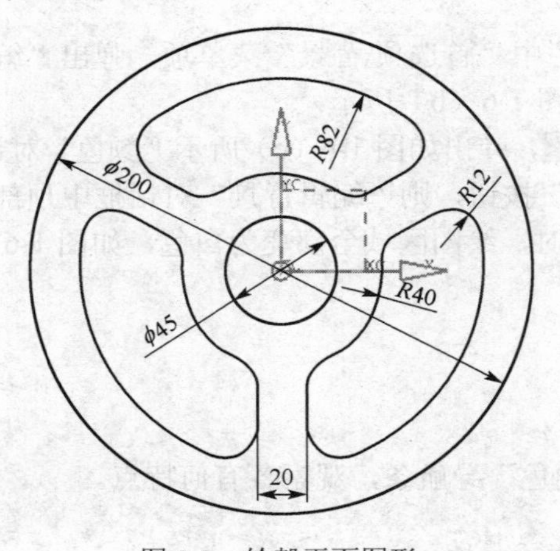

图 2-2 轮毂平面图形

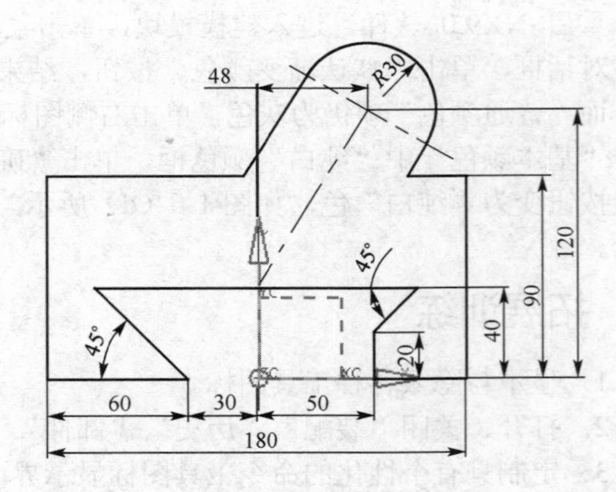

图 2-3 燕尾导轨截面

二、相关知识

在曲线环境下绘制图形，要求首先确定各种图素的基本参数，再根据基本参数绘制图素。因此要求具有正确地确定图素坐标、图素与图素间相互位置关系的知识与能力。

在 NX9.0 中，曲线命令工具可从“插入”菜单或单击曲线工具图标打开，直线、圆弧与曲线编辑工具以不同组别进行了整合，直接单击“直线”工具图标、“圆弧”工具图标可启动这两个命令，也可分别在“基本曲线”工具图标、“直线和圆弧”工具图标中启动这两个命令，弹出的工具组图标如图 2-4 所示。

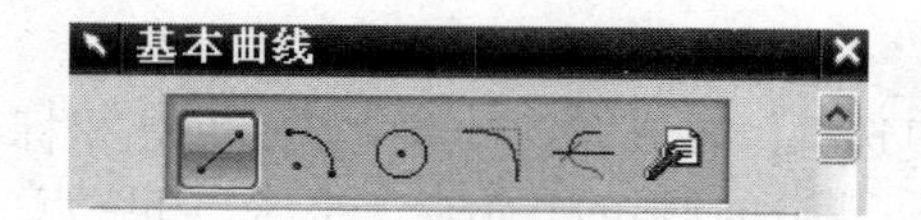

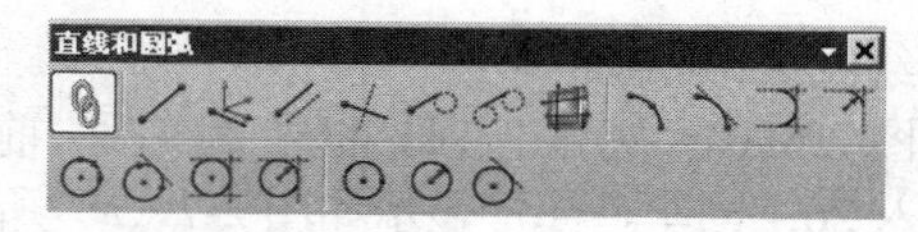

图 2-4　基本曲线工具组和直线圆弧工具组图标

直线、圆弧的多个工具图标所打开的对话框不同，操作方式不同，要注意区别与运用。“基本曲线”工具图标中打开的直线与圆弧命令不是参数化的，在部件操作导航器中看不到记录，建议尽量不用。

而直接单击“直线”工具图标、“圆弧”工具图标和“直线和圆弧”工具图标，则给出的直线和圆弧是参数化的，在部件操作导航器中有记录，便于进行修改操作。

运用“直线”、“圆弧”、“基本曲线”或“直线和圆弧”工具所绘制的图素，相互之间在连接过程中的编辑处理是绘图的一个重要方面，常用的曲线编辑工具是“倒圆角”、“修剪角”、“分割曲线”、“修剪曲线”、“偏移曲线”、“镜像曲线”及“移动对象”等。

三、项目实施

任务 1　绘制拨叉平面图形

1. 创建“xm2_bocha”建模文件名

启动 NX9.0 软件，新建建模文件“xm2_bocha”，文件夹路径 E:\…\xm2\。

2. 设置绘图环境

进入建模模块后，单击工具条中如图 2-5（a）所示位置的“俯视”图图标，或者在造型区域空白处单击右键，弹出快捷菜单，如图 2-5（b）所示，选取“俯视图”，绘图区域由三维空间转换为 XC-YC 二维平面。

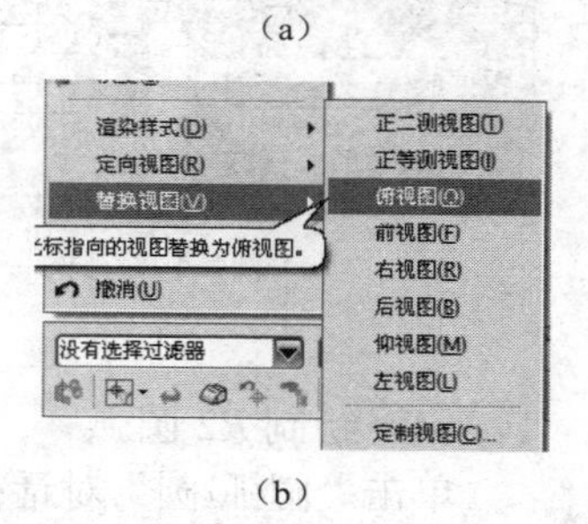

（a）

（b）

图 2-5　选取顶视为绘图平面

3. 制定绘制拨叉图形方案

拨叉图形可先绘制各圆弧，再绘制水平直线，绘制斜线，最后修剪处理完成。

4. 绘制拨叉图形步骤

（1）绘制图形中ϕ4 圆弧

单击“圆弧”工具图标，弹出“圆弧/圆”对话框，选取类型“从中心开始的圆弧/圆”；中心点：单击坐标系原点；限制：√选“整圆”前复选框；√选“关联”复选框前√（若取消“关联”复选框前√，则圆弧变成非参数化的，在部件操作导航器无记录）；半径：输入 7；其他取默认设置，回车，显示如图 2-6（a）、（b）所示；单击“应用”按钮，结果如图 2-6（c）所示，即完成ϕ14 整圆的绘制。

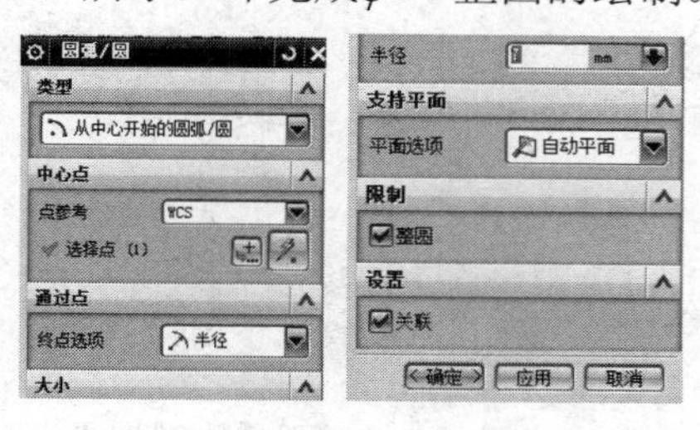

（a）圆弧/圆对话框设置

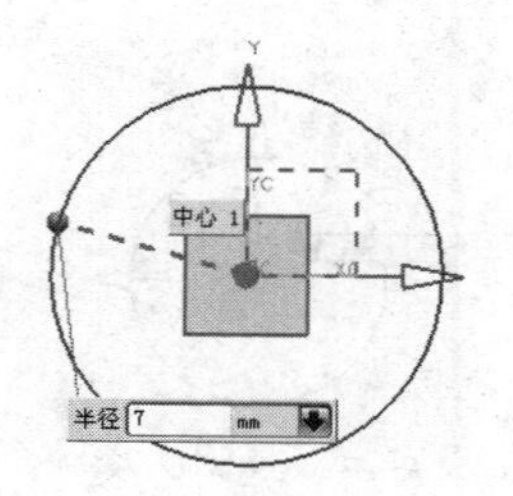

（b）ϕ14 圆绘制过程

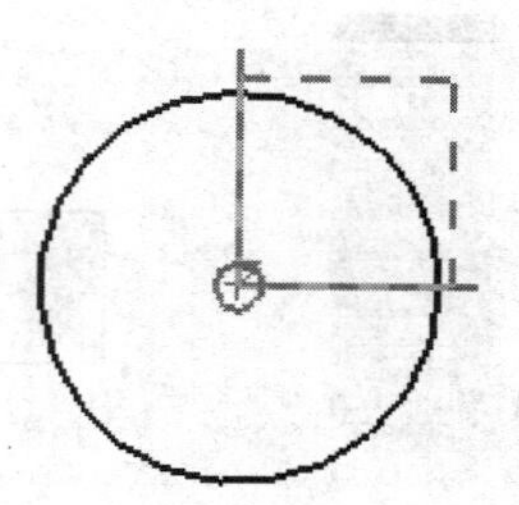

（c）ϕ14 圆绘制结果

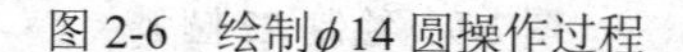

图 2-6　绘制ϕ14 圆操作过程

（2）绘制 *R*26 圆弧

单击图 2-6（a）圆弧/圆对话框中“整圆”前复选框，取消“√”。中心点：单击坐标系原点；半径：输入 26；回车，图形显示如图 2-7（a）所示；拖动圆弧的开始点（小球）和终点（箭头）到拨叉 *R*26 圆弧的大体位置，如图 2-7（b）所示；单击“应用”按钮，结果如图 2-7（c）所示。

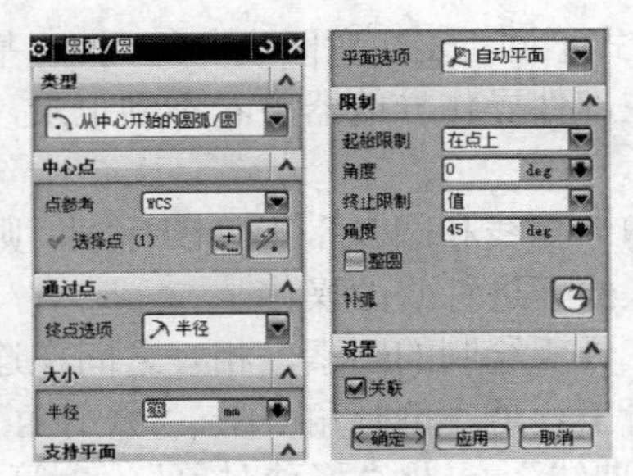

（a）圆弧/圆对话框设置

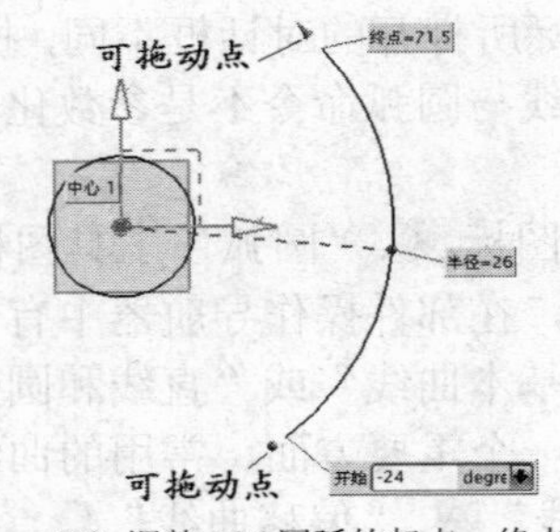

（b）调整 *R*26 圆弧的起点、终点

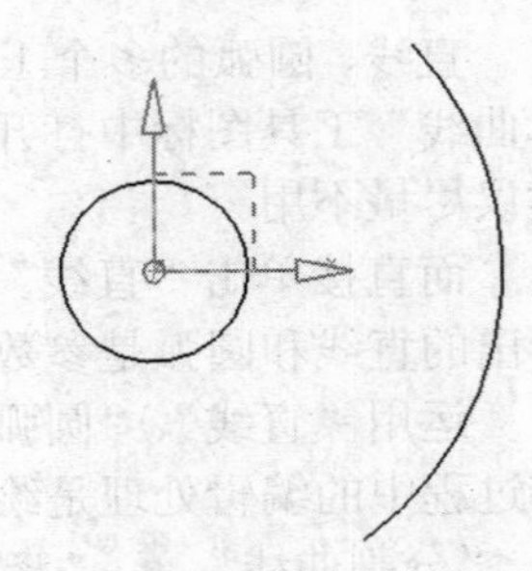

（c）*R*26 圆弧绘制结果

图 2-7　绘制 *R*26 圆弧过程

（3）绘制 *R*3 圆弧

单击“圆弧/圆”对话框中，中心点：单击“选择点”右侧的“点”工具图标，如图 2-8（a）所示，弹出“点”对话框，输入坐标 X：17，Y：0，Z：0，如图 2-8（b）所示；单击“确定”按钮，返回“圆弧/圆”对话框，输入半径：3，回车，拖动图形中圆弧的起点、终点到 *R*3 圆弧大体位置，如图 2-8（c）所示；单击“应用”按钮，结果如图 2-8（d）所示。

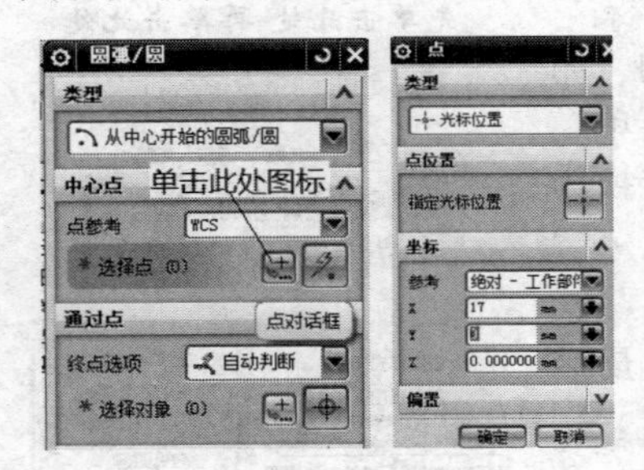

（a）圆弧/圆对话框

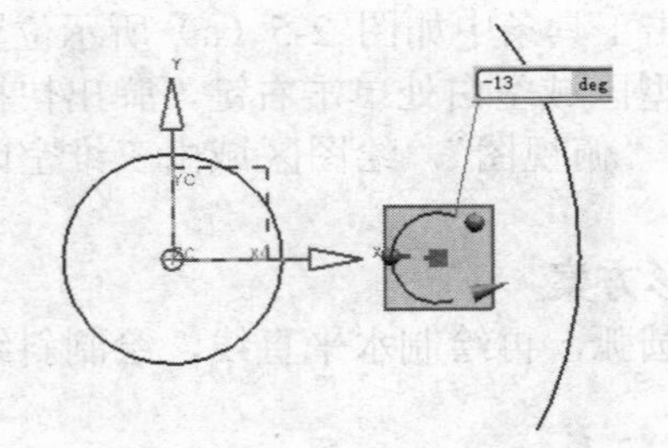

（b）点对话框　（c）*R*3 圆弧绘制过程

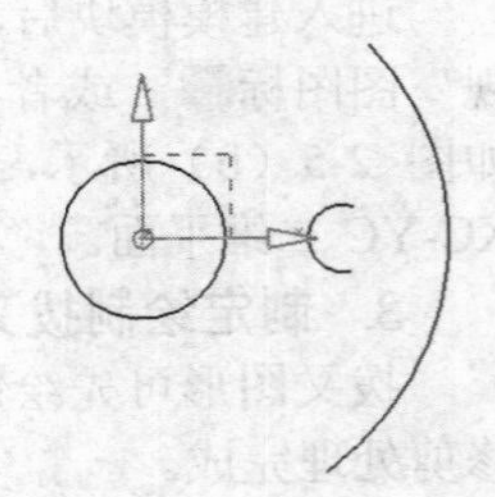

（d）*R*3 圆弧绘制结果

图 2-8　绘制 *R*3 圆弧

（4）绘制 *R*2 圆弧

单击“圆弧/圆”对话框中，中心点：单击“选择点”右侧的“点”工具图标，弹出“点”对话框，输入坐标 X：–19，Y：0，Z：0，如图 2-9（a）所示；单击“确定”，返回“圆弧/圆”对话框，输入半径：2，回车，拖动图形中圆弧的起点、终点到 *R*2 圆弧大体位置，如图 2-9（b）所示；单击“确定”按钮，结果如图 2-9（c）所示。

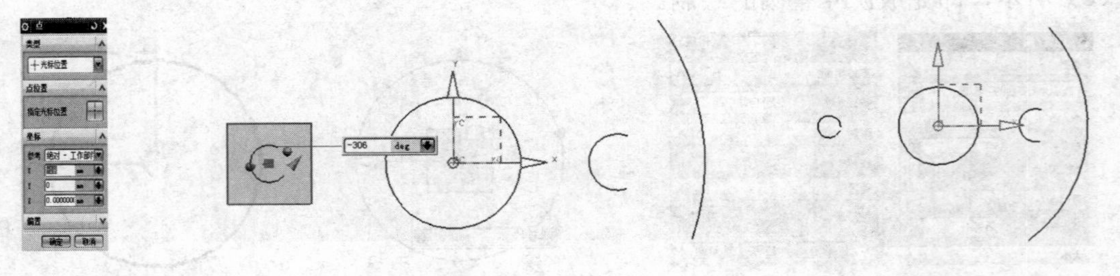

（a）点对话框对话框设置　（b）*R*2 圆弧绘制过程　（c）*R*2 圆弧绘制结果

图 2-9　绘制 *R*2 圆弧

（注意对话框中有“确定”和“应用”按钮时的区别：若单击“应用”，只结束目前操作，该对话框不关闭；若单击“确定”按钮，结束目前操作且关闭该对话框。）

（5）绘制水平直线

单击“直线”工具图标，如图2-10（a）所示。选择起点：单击“选择点”右侧“点”图标，弹出“点”对话框，输入直线起点 X：-5，Y：12，Z：0，单击“确定”按钮，返回绘图区，光标沿XC方向水平拖动形成水平直线，拖到与圆弧$R26$相交处，如图2-10（b）所示；单击“应用”按钮，结果如图2-10（c）所示。

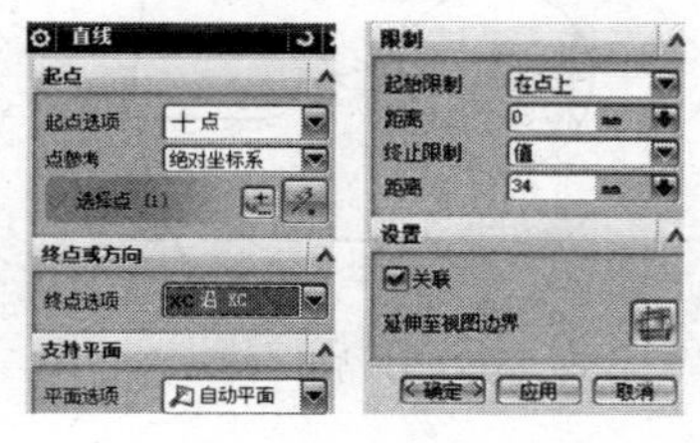
（a）直线对话框设置

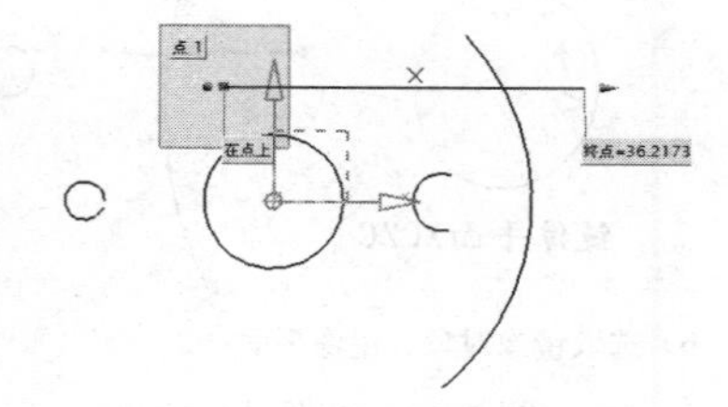
（b）水平直线绘制过程

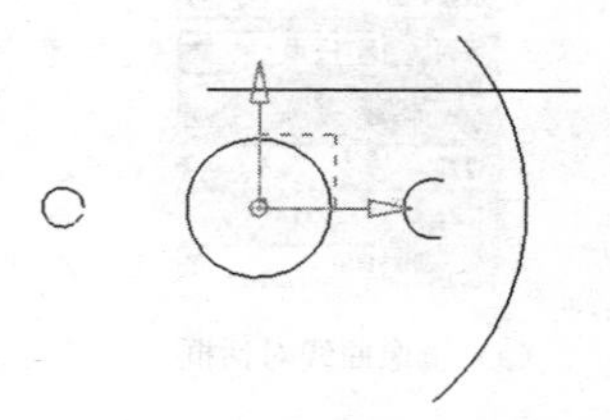
（c）水平直线绘制结果

图2-10 绘制水平直线

（6）绘制与$R3$圆弧相切的水平直线

在“直线”对话框的“起点选项”右侧，选取“相切”，选取$R3$圆弧上方；在“终点选项”右侧，选取“XC沿XC”选项，如图2-11（a）所示；拖动直线终点端，如图2-11（b）所示；单击“应用”按钮，绘制与$R3$圆弧的水平直线。同样的操作绘制与$R3$圆弧下方相切直线，结果如图2-11（c）所示。

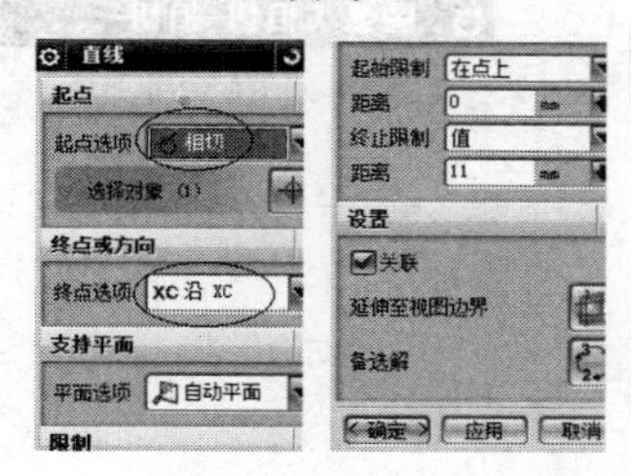
（a）直线对话框设置

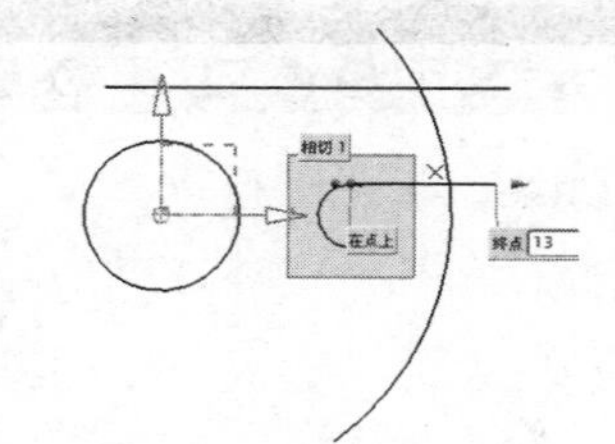
（b）圆弧切线绘制过程

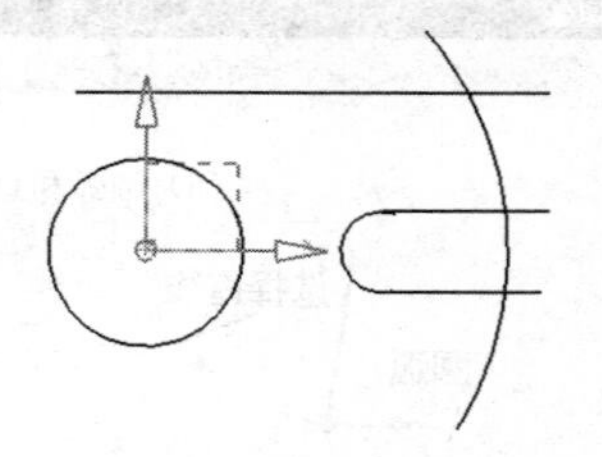
（c）圆弧切线绘制结果

图2-11 绘制与$R3$圆弧相切的水平直线

（7）绘制斜直线

直线起点选项：选取上方水平线左端点；终点选项：成一角度，选取水平线为角度起始线，输入角度：225或－135（以XC轴作参考，逆时针为正的角度值，顺时针为负的角度值），勾选“关联”复选，拖动终点箭头到$R2$圆弧处，如图2-12（a）、（b）所示。单击“确定”按钮，结果如图2-12（c）所示。

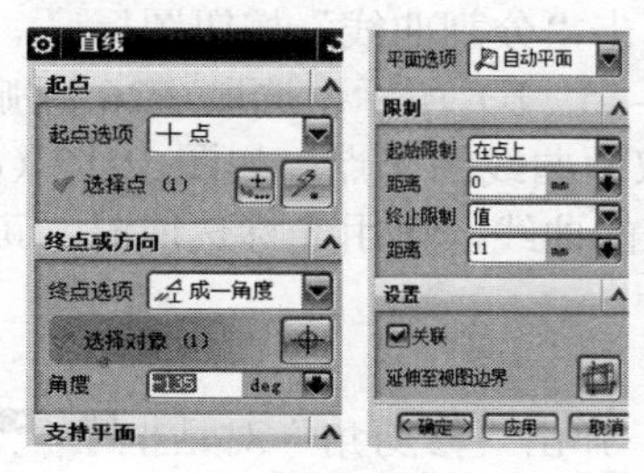
（a）直线对话框设置

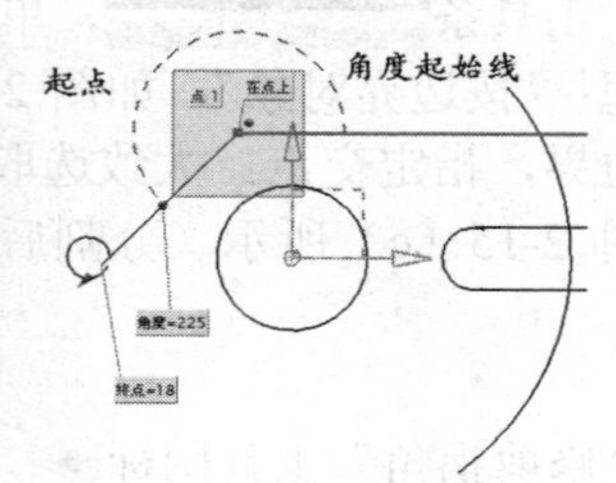

（b）斜直线绘制过程

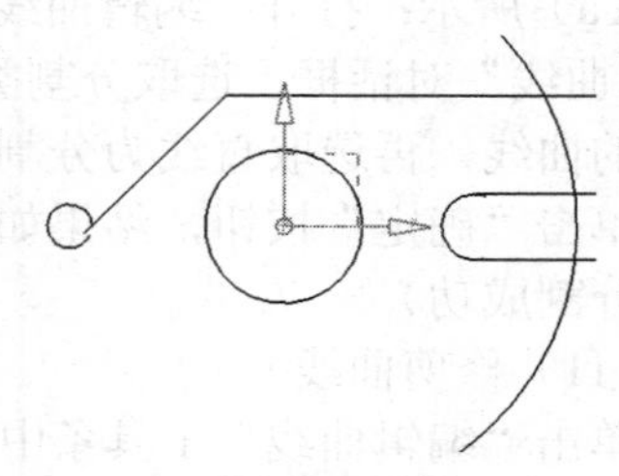
（c）斜直线绘制结果

图2-12 绘制斜直线

（8）镜像上方折线

单击“镜像曲线”工具图标，弹出“镜像曲线”对话框，在设置选项组中，勾选“关联”前复选“√”，对镜像对象的处理方法：取“保持”，如图 2-13（a）所示；旋转图形，以选取镜像平面为XC-ZC平面，如图2-13（b）所示，单击“确定”按钮，结果如图2-13（c）所示。

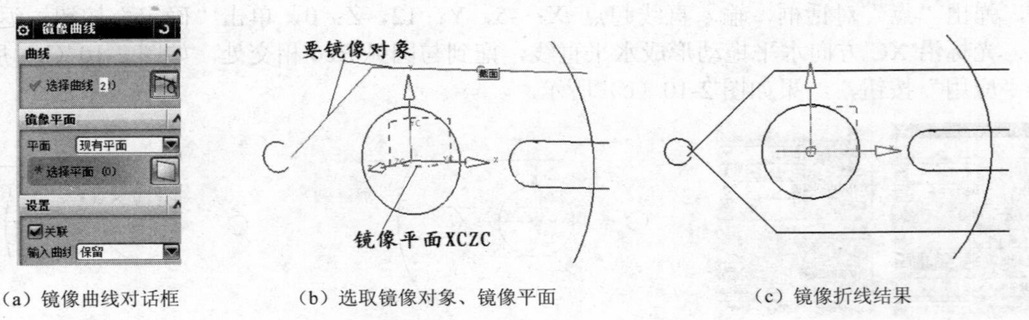

（a）镜像曲线对话框 （b）选取镜像对象、镜像平面 （c）镜像折线结果

图 2-13 镜像上方折线

（9）倒 *R*3 圆角

单击“直线和圆弧”工具图标，弹出“直线和圆弧”工具条，如图 2-14（a）所示，单击工具条中“相切－相切－半径”工具图标，弹出“圆弧（相切－相切－半径）”工具图标，如图 2-14（b）所示，选择如图 2-14（c）所示的直线和圆弧，输入半径 3，形成圆弧连接如图 2-14（d）所示。

同样操作，生成上方 *R*3 圆角，如图 2-14（e）所示。

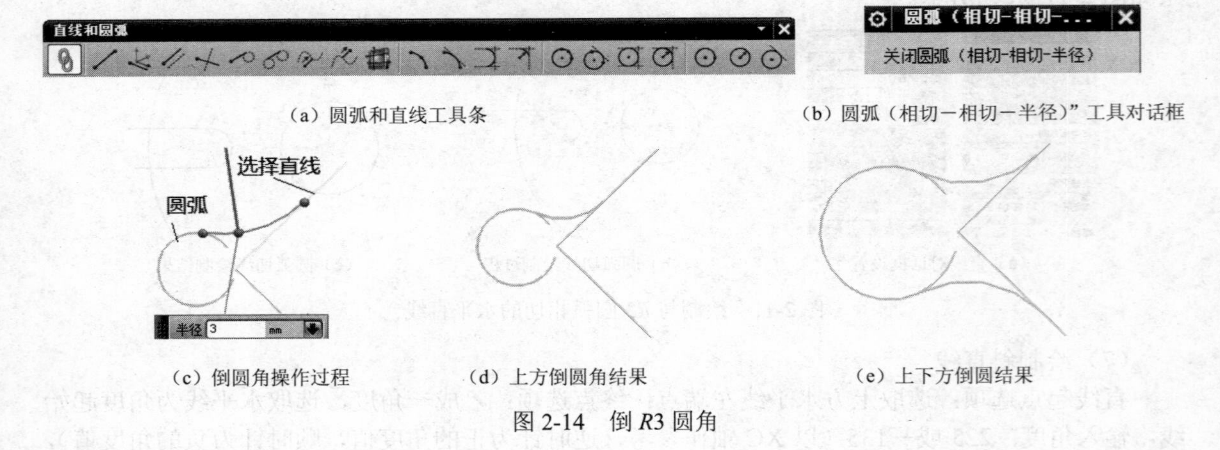

（a）圆弧和直线工具条 （b）圆弧（相切－相切－半径）”工具对话框

（c）倒圆角操作过程 （d）上方倒圆角结果 （e）上下方倒圆结果

图 2-14 倒 *R*3 圆角

（10）分割 *R*26 圆弧

从“工具\定制”的对话框的“工具条选项卡”中勾选取“编辑曲线”命令前复选框，如图 2-15（a）所示；打开“编辑曲线”工具条，单击“分割曲线”按钮图标，弹出“分割曲线”对话框，选取分割类型“按边界对象”，如图 2-15（b）所示；选取 *R*26 圆弧为要分割的曲线，再选取直线为分割边界，指定交点：大致选取两曲线的交点，如图 2-15（c）所示，单击“确定”按钮，结果如图 2-15（c）所示（分割后的曲线，再用光标选取时，可显示是否分割成功）。

（11）修剪曲线

单击“编辑曲线”工具条中“修剪拐角”工具图标，弹出“修剪角”对话框，依次在欲修剪的角处单击（单击处应为除去部分侧接近角点处），如图 2-16（a）所示，修剪角结果，如图 2-16（b）所示。

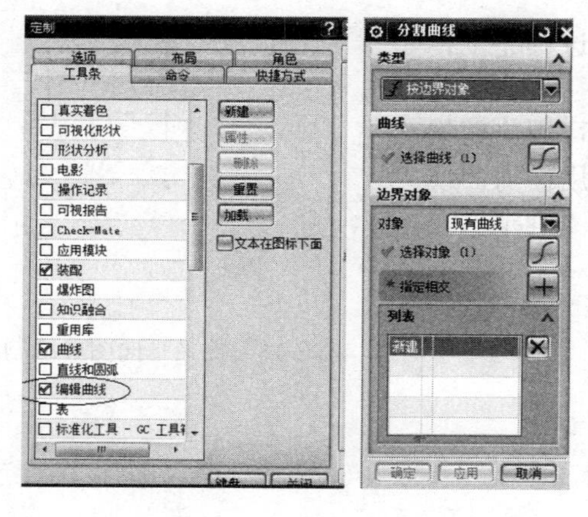

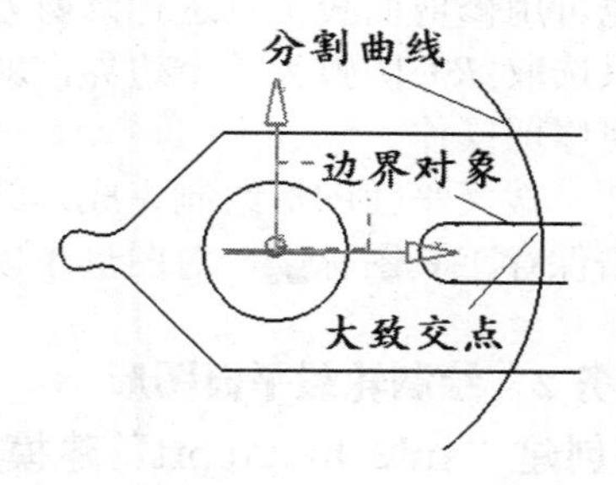

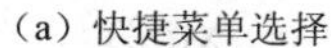

（a）快捷菜单选择　　（b）分割曲线设置　　（c）选取分割曲线操作

图 2-15　分割 *R*26 圆弧操作过程

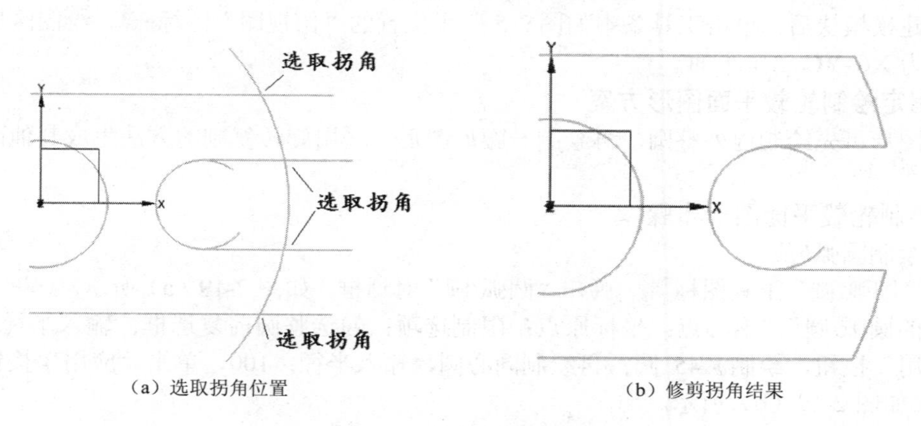

（a）选取拐角位置　　（b）修剪拐角结果

图 2-16　修剪曲线相交角

关闭“修剪拐角”对话框，单击“编辑曲线”工具条中“修剪曲线”工具图标，弹出“修剪曲线”对话框，设置如图 2-17（a）所示，勾选“关联”，对于输入曲线，选取“隐藏”；其他三个复选框全部勾选，选取 *R*3 圆弧与直线相切处右侧为要修剪曲线，选取与 *R*3 圆弧相切的两水平直线的左端点为修剪边界，如图 2-17（b）所示，单击“确定”按钮，结果如图 2-17（c）所示。

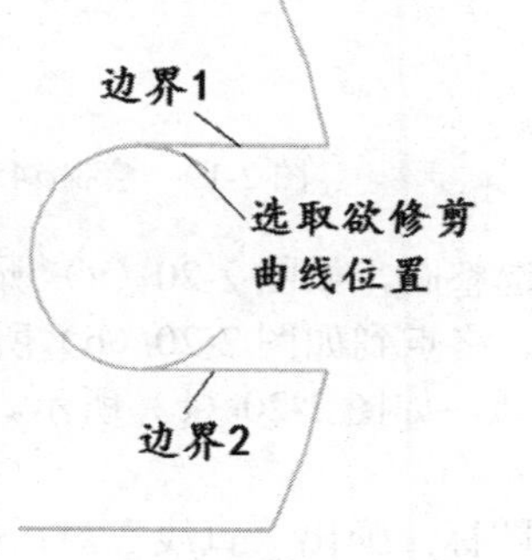

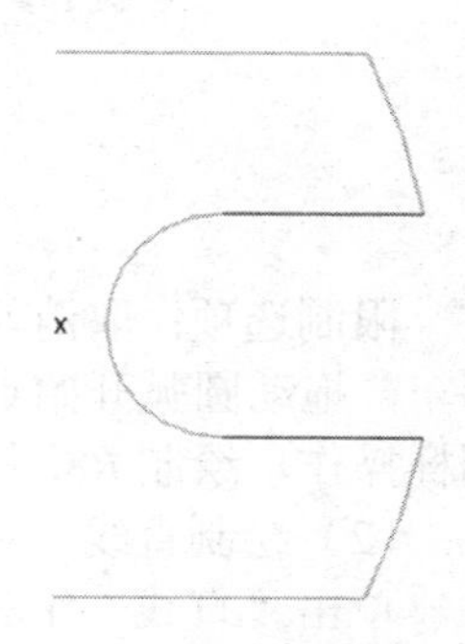

（a）修剪曲线对话框设置　　（b）修剪曲线选择过程　　（c）修剪 *R*3 圆弧结果

图 2-17　修剪 *R*3 圆弧

修剪 $R2$ 圆弧的操作与修剪 $R3$ 圆弧的操作过程完全相同，只是两修剪边界限两 $R3$ 圆弧。

对于斜直线端部与 $R3$ 圆弧处多余部分，可用修剪拐角工具也可用修剪曲线工具进行修剪处理。若用修剪曲线工具，只选取 $R3$ 圆弧为一个边界，就可单击“确定”按钮，实现修剪操作。

到此，拨叉平面图形绘制完成，结果如图2-18所示。

单击保存工具图标，对图形予以保存。

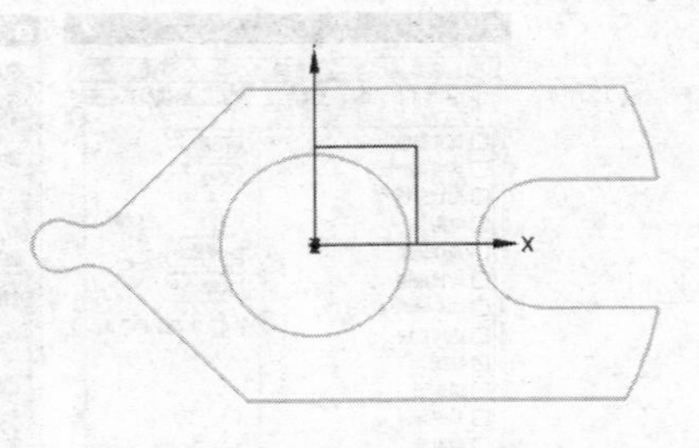

图2-18　拨叉平面图形绘制结果

任务2　绘制轮毂平面图形

1. 创建“xm2_lungu.prt”建模文件名

启动NX9.0软件，新建建模文件“xm2_lungu.prt”，文件夹路径E:\…\xm2\。

2. 设置绘图环境

进入建模模块后，单击工具条中如图2-5所示位置的“俯视图”图标，绘图区域由三维空间转换为XC-YC二维平面。

3. 制定绘制轮毂平面图形方案

轮毂图形可先绘制内外整圆，再绘制一腰形图形，采用旋转复制的方法生成其他两个腰形图形。

4. 绘制轮毂平面图形步骤

（1）绘制圆弧/圆

单击“圆弧/圆”工具图标，弹出“圆弧/圆”对话框，如图2-19（a）所示。选取类型“从中心开始的圆弧/圆”；中心点：坐标原点；限制选项：勾选整圆前复选框；输入半径：45/2，单击“应用”按钮，绘制 ϕ 45 圆；再绘制同心圆，输入半径：100，单击“应用”按钮，绘制 ϕ200 圆。如图2-19（b）所示。

（a）

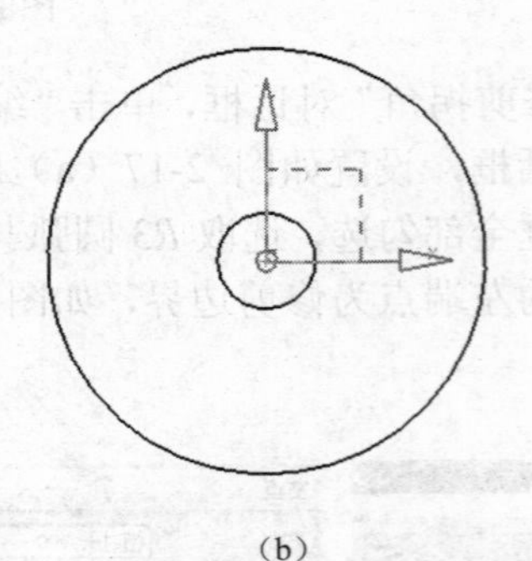

（b）

图2-19　绘制 ϕ45、ϕ200 整圆

限制选项：取消勾选整圆，如图2-20（a）所示；选取中心点：坐标原点；半径：输入40，回车，拖动圆弧开始点、终点到如图2-20（b）所示位置，单击“应用”按钮，绘制 $R40$ 圆弧；同样操作，绘制 $R82$ 圆弧，如图2-20（c）所示。

（2）绘制直线

单击“直线”工具图标，弹出“直线”对话框，起点选择对象，单击“点”工具图标，如图2-21（a）所示；在弹出的“点”对话框中，输入坐标（–10,0,0），如图2-21（b）所示，单击“确定”按钮，起点在图形中显示，返回“直线”对话框；自起点开始，向下铅垂拖动光标，如图 2-21（c）所示，单击“应用”按钮，完成直线绘制。如图 2-21（d）所示。

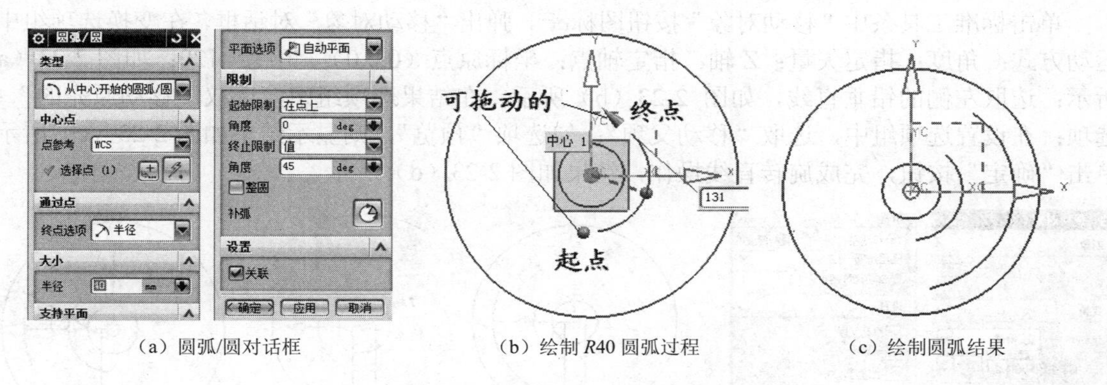

（a）圆弧/圆对话框　（b）绘制 R40 圆弧过程　（c）绘制圆弧结果

图 2-20　绘制 $R40$、$R82$ 圆弧

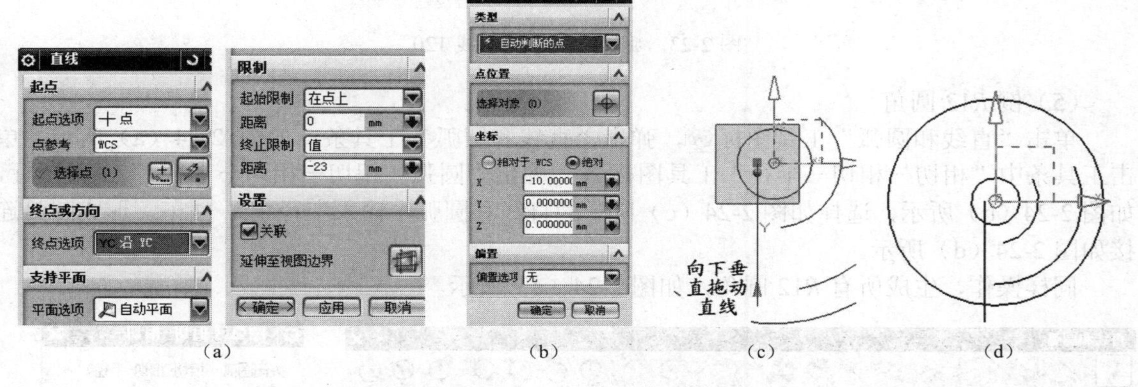

（a）　（b）　（c）　（d）

图 2-21　绘制铅垂线

（3）偏置铅垂线

单击“偏置曲线”工具图标，弹出“偏置曲线”对话框，如图 2-22（a）所示。类型选项：选取“距离”；曲线选项：选取铅垂线；输入偏置距离：20；偏置方向指定点：在铅垂线右侧单击一下，出现偏置箭头如图 2-22（b），再单击反向图标，箭头反向，如图 2-22（c）所示；在设置项中，取消“关联”复选项中√，输入曲线选取“保留”，即保留原直线位置不变；单击“确定”按钮，完成偏置曲线操作，结果如图 2-22（d）所示。

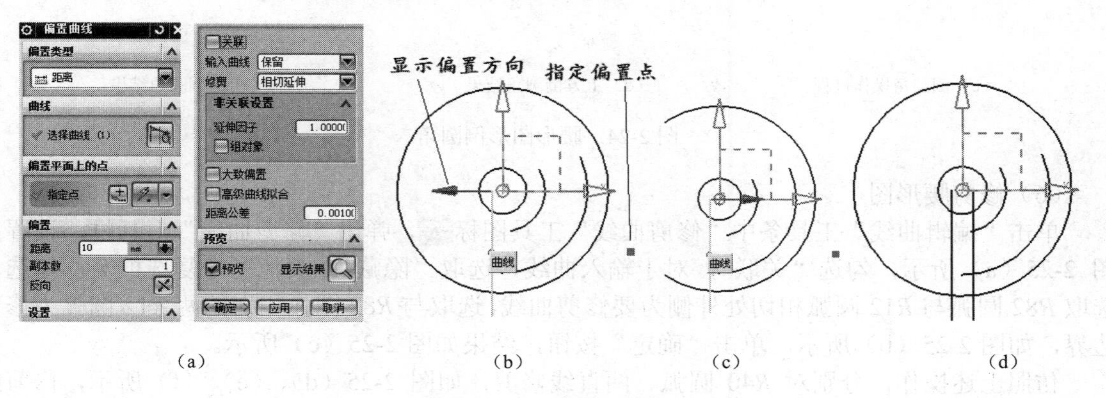

（a）　（b）　（c）　（d）

图 2-22　偏置铅垂直线

（4）旋转直线

单击标准工具条中“移动对象”按钮图标，弹出“移动对象”对话框，在变换选项组中，运动方式：角度；指定矢量：Z轴；指定轴点：坐标原点（0,0,0）；角度：120；如图2-23（a）所示；选取左侧的铅垂直线，如图2-23（b）所示；在结果选项组中，选取“移动原先的”单选项；在设置选项组中，选取“移动父项”；勾选项“预览”，则显示结果如图2-23（c）所示；单击“确定”按钮，完成旋转直线操作，结果如图2-23（d）所示。

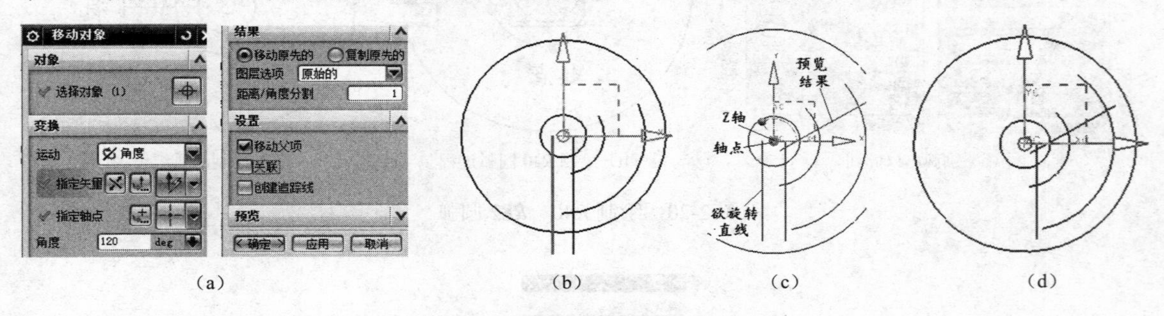

（a） （b） （c） （d）

图2-23 旋转复制铅垂直线120°

（5）倒R12圆角

单击“直线和圆弧”工具图标，弹出“直线和圆弧”工具条，如图2-24（a）所示，单击工具条中“相切－相切－半径”工具图标，弹出“圆弧（相切－相切－半径）”工具图标，如图2-24（b）所示，选择如图2-24（c）所示的直线和圆弧，输入半径12，回车，形成圆弧连接如图2-24（d）所示。

同样操作，生成所有R12圆角，如图2-24（e）所示。

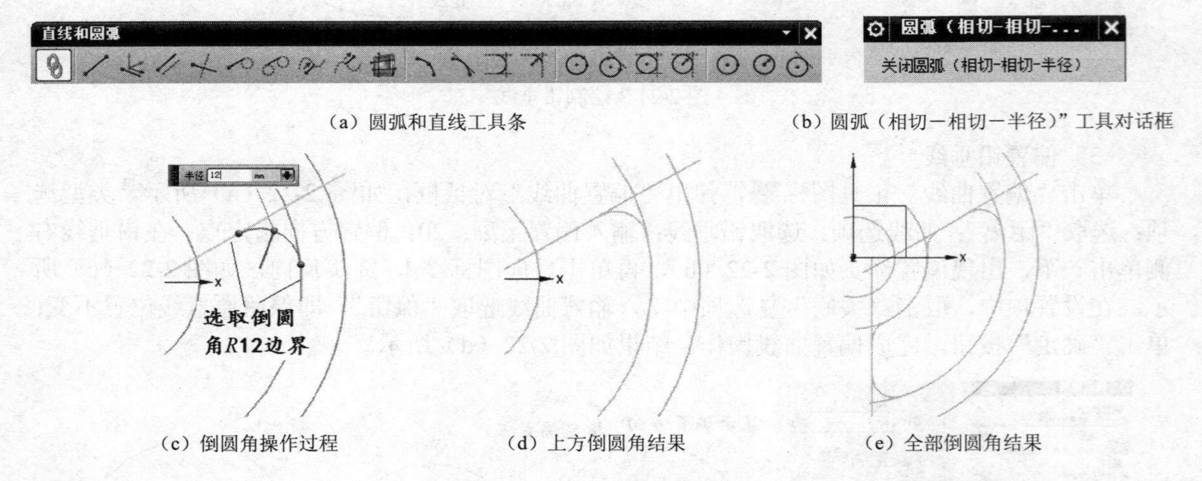

（a）圆弧和直线工具条 （b）圆弧（相切－相切－半径）”工具对话框

（c）倒圆角操作过程 （d）上方倒圆角结果 （e）全部倒圆角结果

图2-24 腰形图形倒圆角

（6）修剪腰形图

单击“编辑曲线”工具条中“修剪曲线”工具图标，弹出“修剪曲线”对话框，设置如图2-25（a）所示，勾选“关联”，对于输入曲线，选取“隐藏”；其他三个复选框全部勾选，选取R82圆弧与R12圆弧相切处外侧为要修剪曲线，选取与R82圆弧相切的两R12圆弧为修剪边界，如图2-25（b）所示，单击“确定”按钮，结果如图2-25（c）所示。

仿照上述操作，分别对R40圆弧、两直线修剪，如图2-25（d）、（e）、（f）所示，修剪结果如图2-25（g）所示。

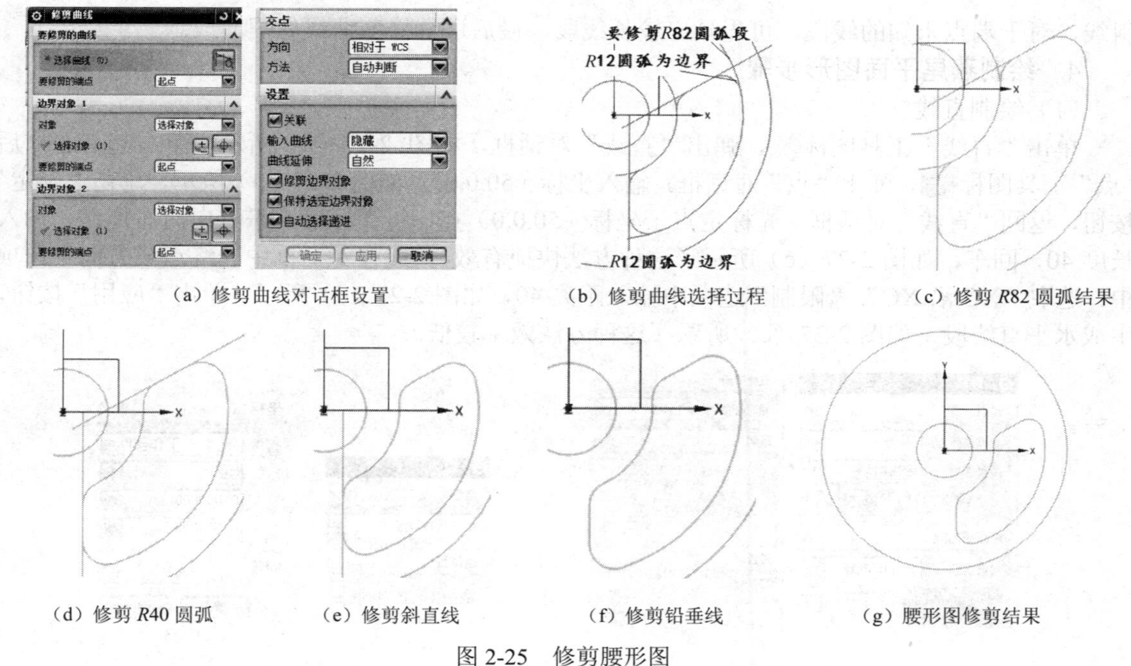

（a）修剪曲线对话框设置　（b）修剪曲线选择过程　（c）修剪 *R*82 圆弧结果

（d）修剪 *R*40 圆弧　（e）修剪斜直线　（f）修剪铅垂线　（g）腰形图修剪结果

图 2-25　修剪腰形图

（7）旋转复制腰形图形

单击标准工具条中“移动对象”按钮图标，弹出“移动对象”对话框，在“变换”选项组中，选取运动方式：角度；指定矢量：Z 轴；指定轴点：坐标原点（0,0,0）；角度：120；在结果选项组中，选取“复制原先的”单选项；在设置选项组中，不选取“创建追踪线”；勾选项“预览”， 如图 2-26（a）所示；选取腰形图形，则显示结果如图 2-26（b）所示；单击“确定”按钮，完成旋转直线操作，结果如图 2-26（c）所示。

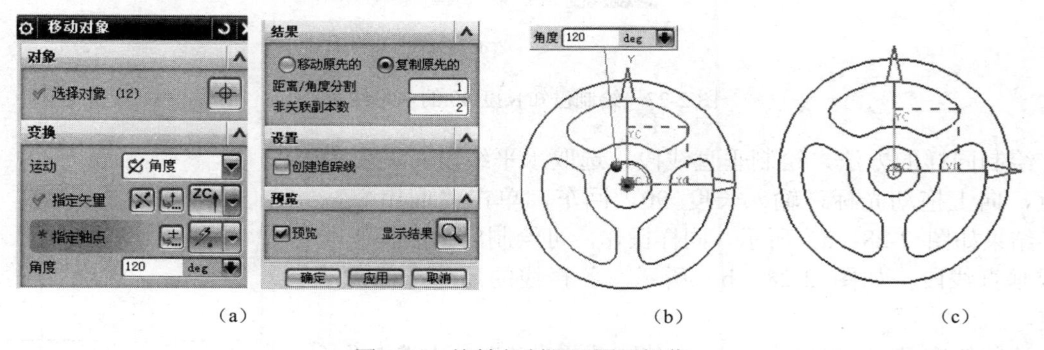

（a）　（b）　（c）

图 2-26　旋转复制腰形图形操作

任务 3　绘制燕尾平面图形

1. 创建“xm2_yanwei.prt”建模文件名

启动 NX9.0 软件，新建建模文件“xm2_yanwei.prt”，文件夹路径 E:\…\xm2\。

2. 设置绘图环境

进入建模模块后，单击工具条中如图 2-5 所示位置的“顶（俯）视图”图标，绘图区域由三维空间转换为 XC-YC 二维平面。

3. 绘制燕尾平面图形方案

燕尾导轨截面是由多条直线、圆弧组成的图形，可先绘制水平、垂直直线、圆弧，再绘制斜线，对于端点未知的线段，可先画出较长线段，最后进行修剪曲线处理而成。

4. 绘制燕尾平面图形步骤

（1）绘制直线

单击“直线”工具图标，弹出“直线”对话框，如图 2-27（a）所示，单击起点选择后“点”工具图标，弹出“点”对话框，输入坐标（50,0,0），如图 2-27（b）所示，单击“确定”按钮，返回“直线”对话框，光标定点于坐标（50,0,0）点；将光标沿水平方向向右拖动，输入长度 40，回车，如图 2-27（c）所示（这种方法快捷有效）。或在对话框中“终点或方向”选项中：选取“XC 沿 XC”；“限制”选项中输入距离 40，如图 2-27（d）所示，单击“应用”按钮，生成水平直线段，如图 2-27（e）所示（这种方法效率较低）。

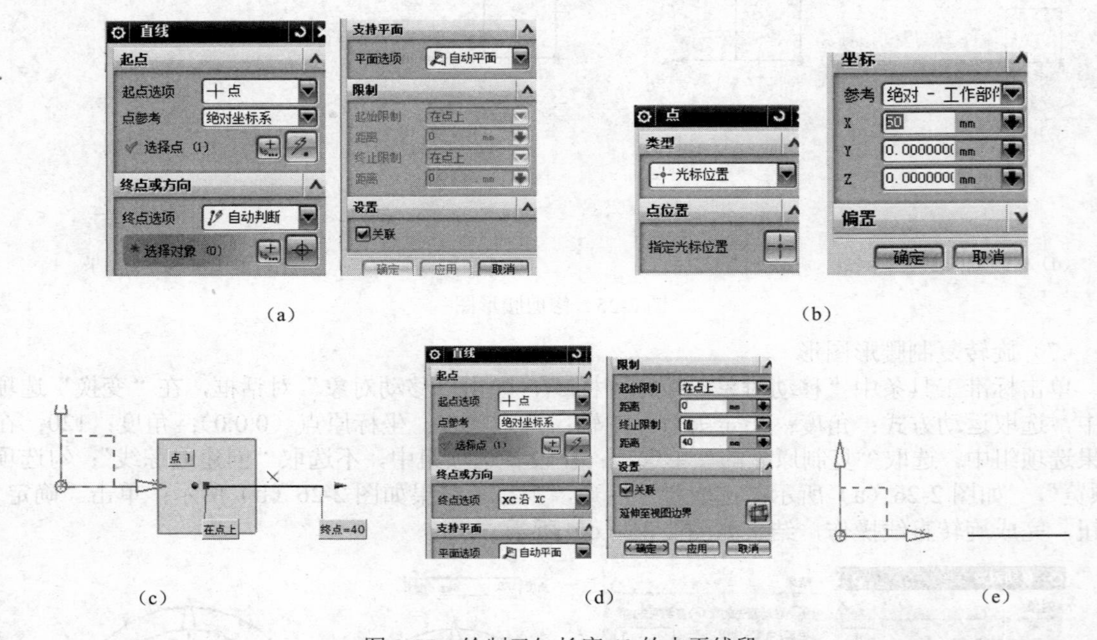

图 2-27　绘制已知长度 40 的水平线段

绘制同样的方法，绘制垂直线段，选取水平线段右端点为起点，向上拖动光标，输入长度 90，回车，单击“应用”按钮，结果如图 2-28（a）所示。同样操作，可绘制出图形其他水平或垂直线段；如图 2-28（b）所示。各直线的尺寸按图 2-3 确定。

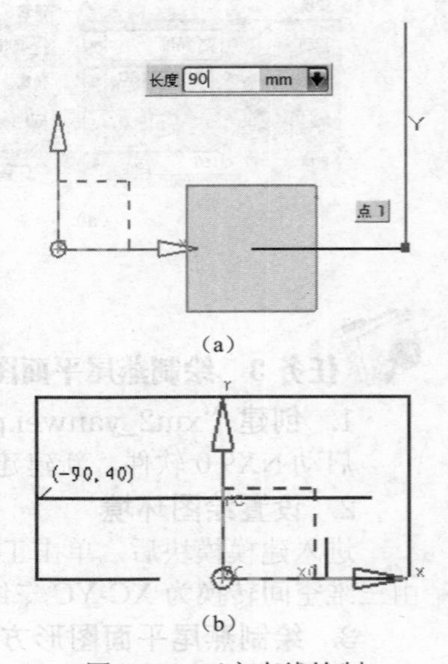

图 2-28　正交直线绘制

绘制斜线段，可先确定起点，“终点或方向”选项中选取“成一角度”，如图 2-29（a）所示，选取角度度量基准（在此取 X 轴），拖动斜线段终点到一定位置实现，如图 2-29（b）所示，单击”应用”按钮，完成左侧斜直线绘制，如图 2-29（c）所示。

图形右侧的斜直线选取短竖线上端点为起点，可选取短竖线、上、下水平线三者之一为角度度量基准，分别输入对应的角度值，与上述左侧斜线绘制方法类似绘出。图 2-29（d）所示为以下水平线作角度度量基准时的绘制过程。结果如图 2-29（e）所示。

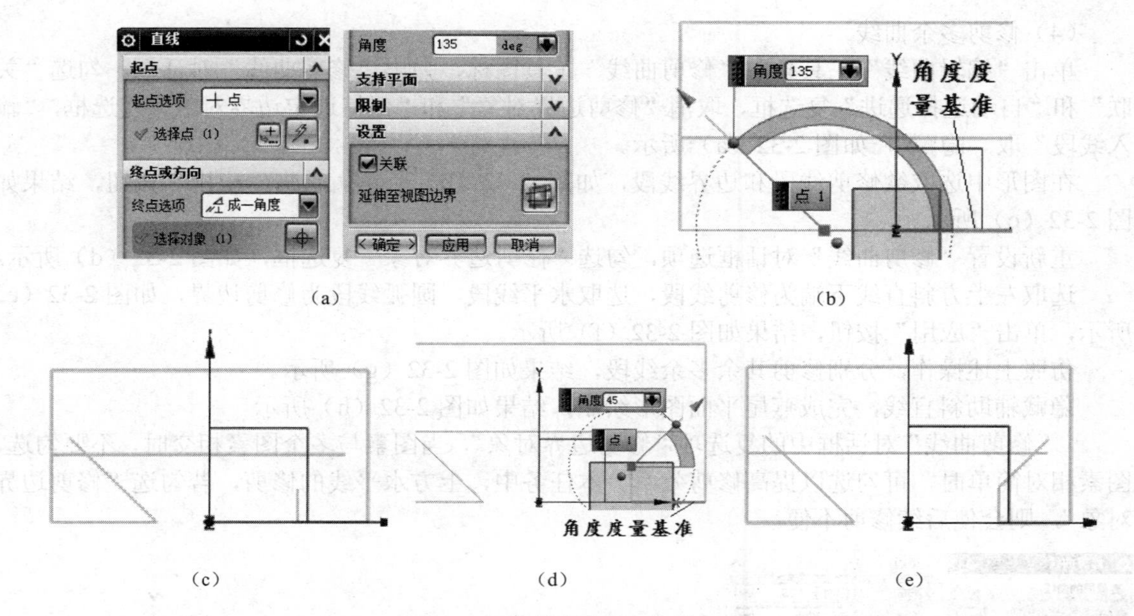

（a）　（b）

（c）　（d）　（e）

图 2-29　绘制燕尾斜直线过程

（2）绘制圆弧

单击“圆弧/圆”工具图标，弹出“圆弧/圆”对话框，选取画圆类型“从中心开始的圆弧/圆”，单击“点”工具图标，弹出“点”对话框，输入圆心坐标（48,120,0），单击“确定”按钮，返回“圆弧/圆”对话框，输入半径 30，回车，拖动圆弧两端箭头或小球，使圆弧长度、方位大致与图纸要求相符，如图 2-30（a）所示，单击“应用”按钮，结果如图 2-30（b）所示。

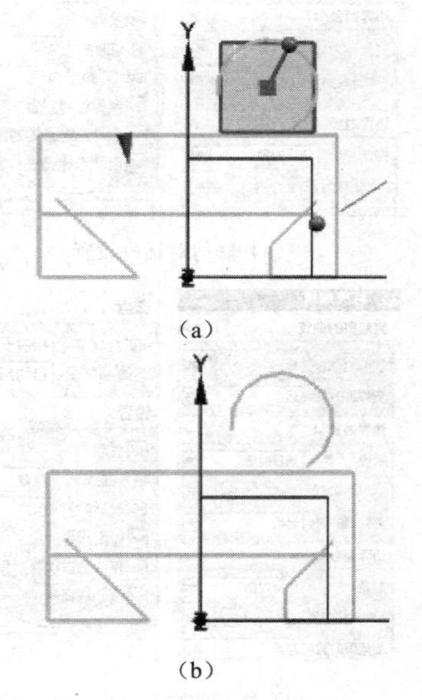

（a）

（b）

图 2-30　绘制圆弧

（3）绘制圆弧切线

过圆心坐标（48,120,0）和点（0,40,0）两点绘制辅助直线，如图 2-31（a）所示。作圆弧切线且平行于辅助直线，选取辅助直线，单击“偏置曲线”工具图标，取消“关联”复选项，在辅助直线一侧单击一点，出现偏置方向箭头，输入偏置距离 30，生成圆弧一侧的切线；将偏置距离改为 60，单击“偏置曲线”对话框中“反向”图标，单击“确定”按钮，结果如图 2-31（b）所示。

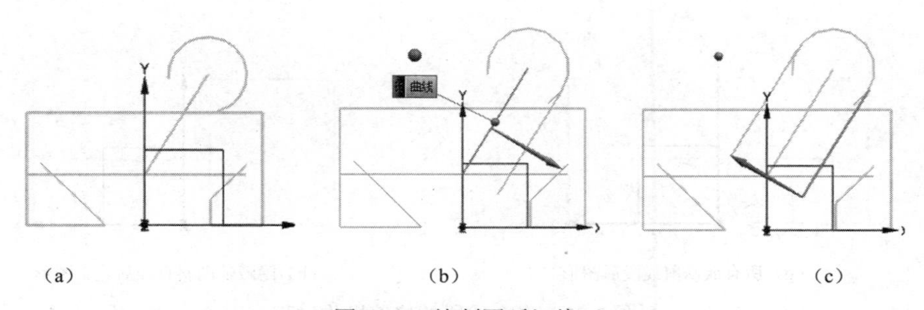

（a）　（b）　（c）

图 2-31　绘制圆弧切线

（4）修剪多余曲线

单击“编辑曲线”工具条中“修剪曲线”工具图标，弹出“修剪曲线”对话框，勾选“关联”和“自动选择递进”复选框，取消“修剪边界对象”和“保持选定边界对象”复选框，“输入线段”取“隐藏”，如图 2-32（a）所示。

在图形中选取欲修剪线段和边界线段，如图 2-32（b）所示。单击”应用”按钮，结果如图 2-32（c）所示。

重新设置“修剪曲线”对话框选项，勾选“修剪边界对象”复选框，如图 2-32（d）所示。

选取左上方斜直线下端为修剪线段，选取水平线段、圆弧线段为修剪边界，如图 2-32（e）所示，单击“应用”按钮，结果如图 2-32（f）所示。

仿照上述操作，分别修剪其余多余线段，结果如图 2-32（g）所示。

隐藏辅助斜直线，完成燕尾平面图形绘制，结果如图 2-32（h）所示。

“修剪曲线”对话框中的复选项“修剪边界对象”，当图素与多个图素相交时，不要勾选，图素相对简单时，可勾选以提高修剪效率。本任务中，上方水平线的修剪，若勾选“修剪边界对象”，则会使后续修剪不便。

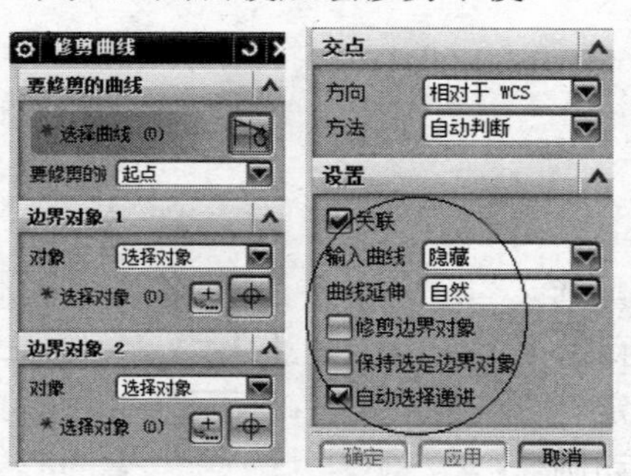

（a）修剪对话框设置

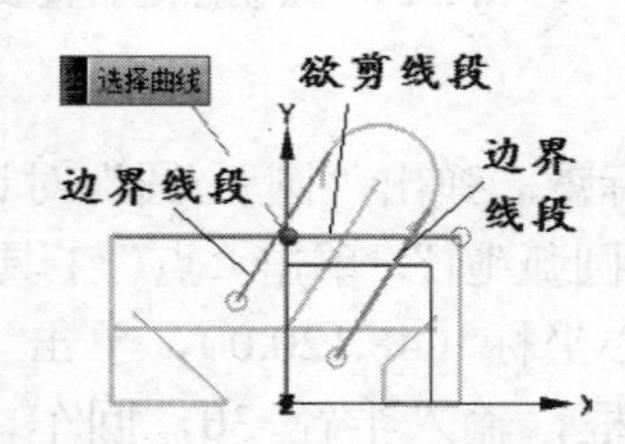

（b）上方水平线修剪线段、边界选取过程

（c）上方水平线修剪结果

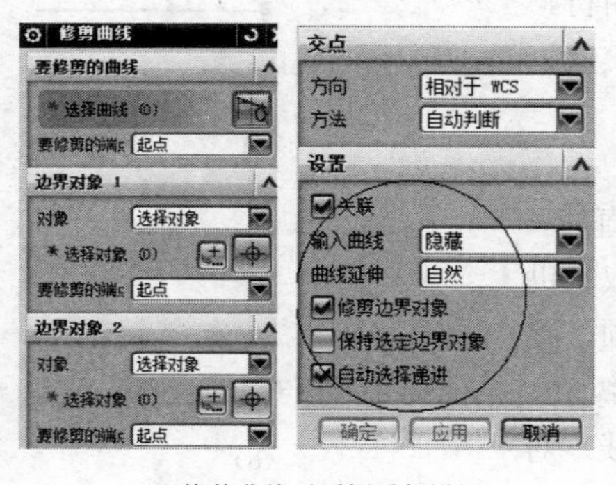

（d）修剪曲线对话框重新设置

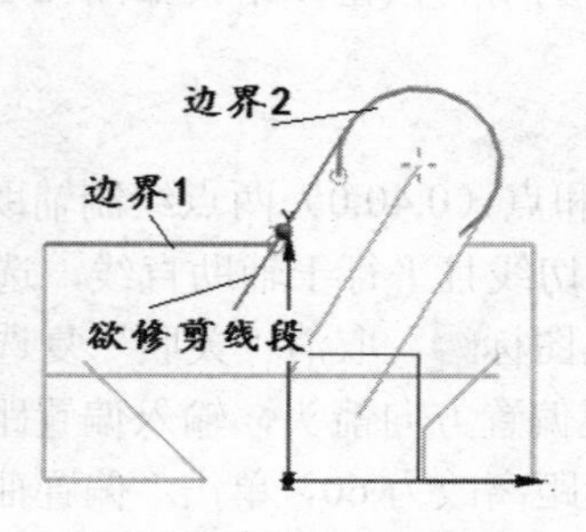

（e）上方斜直线修剪线段选取过程

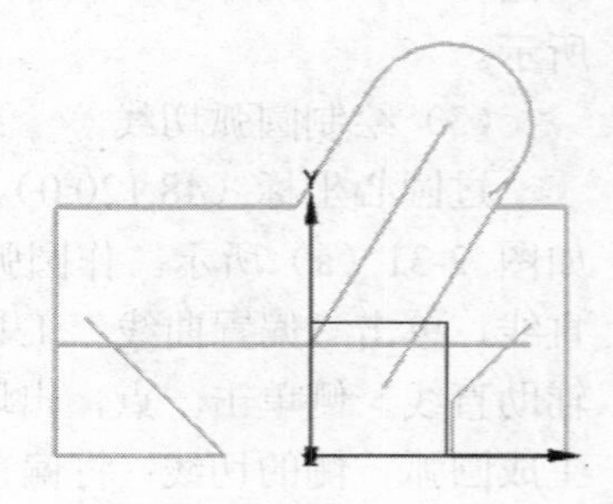

（f）上方斜直线修剪结果

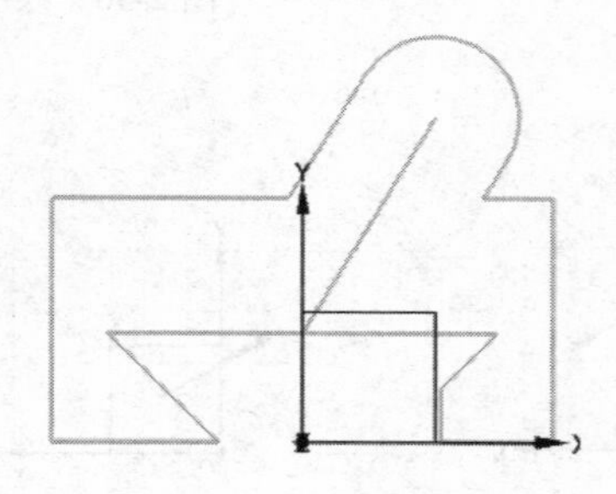

（g）所有欲修剪线段后图形

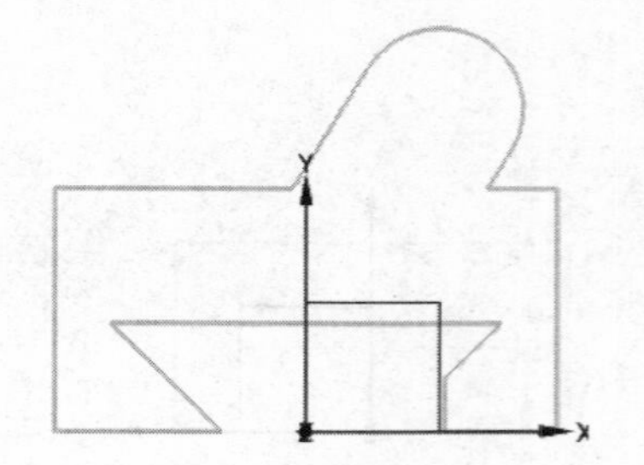

（h）隐藏辅助斜直线后完工图形

图 2-32 多余线段的修剪操作过程

当然，修剪多余线段，也可以用分割线段、修剪角和修剪曲线几个命令结合起来完成，请读者自己尝试。

四、拓展训练

绘制如图 2-33 所示平面图形。

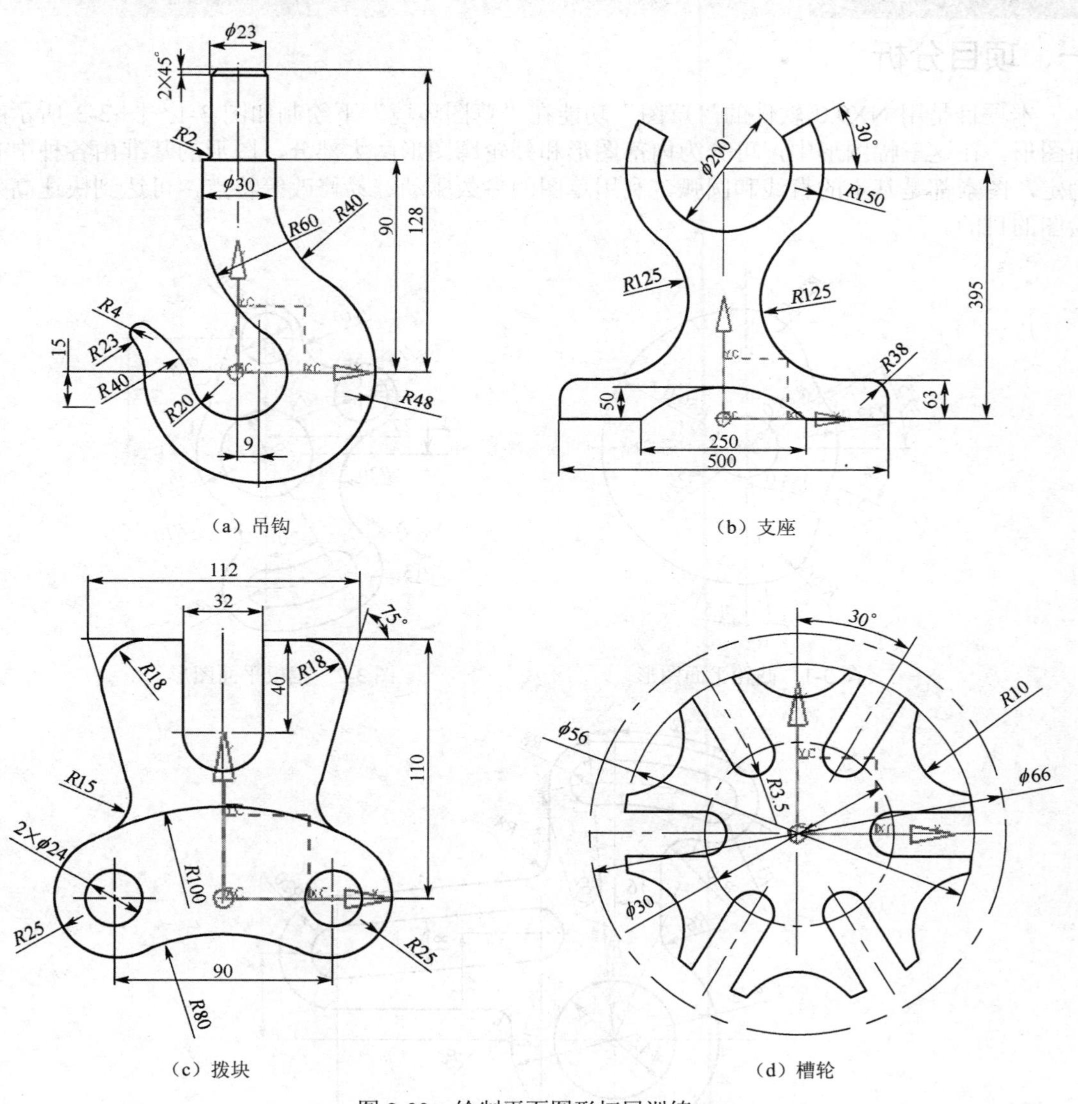

图 2-33　绘制平面图形拓展训练

项目 3 绘制二维草图

一、项目分析

本项目是用 NX9.0 软件的“草图”功能在“草图环境”下绘制如图 3-1～图 3-3 所示的平面图形。在这三幅图形中，可分为内部图形和外轮廓图形两大部分，图形的基准由各种中心线确定，图素都是基本的直线和圆弧，利用草图的参数驱动、易修改等特点，可达到快速高效地绘图的目的。

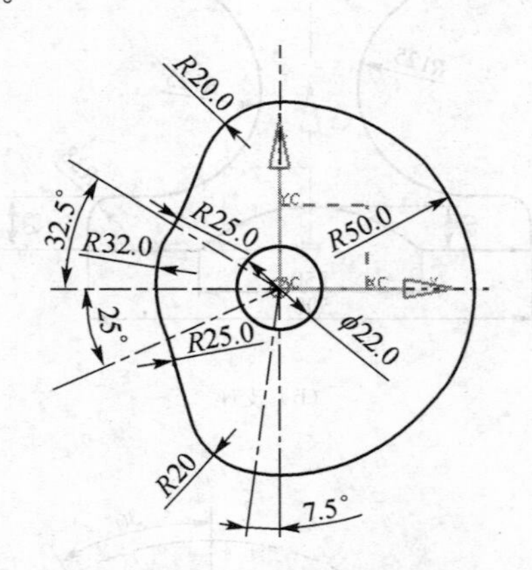

图 3-1　凸轮平面图形

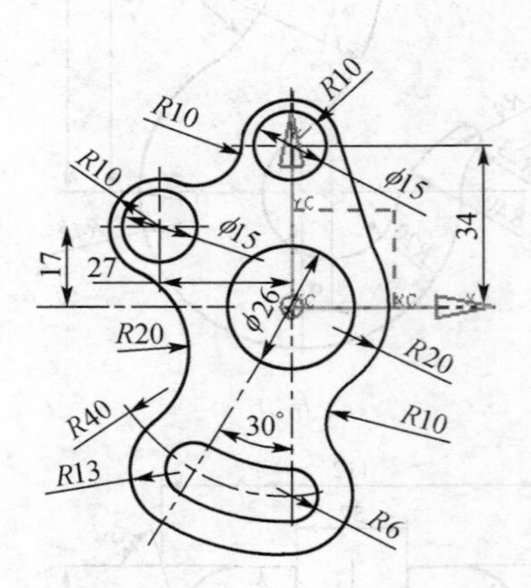

图 3-2　摆板平面图形

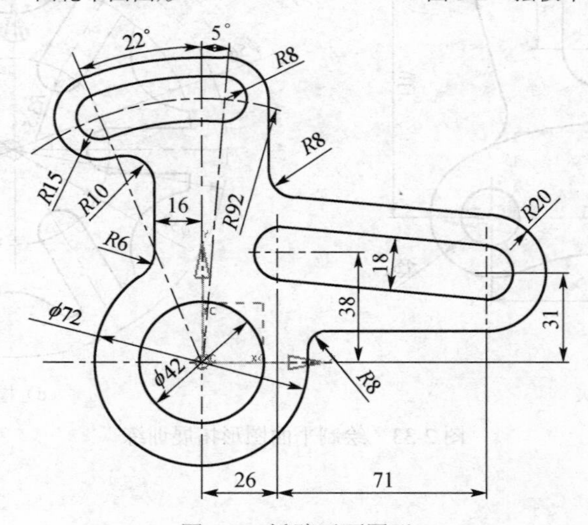

图 3-3　摇臂平面图形

本项目的教学重点是学习在草图环境下绘图的方法步骤，掌握直线、圆弧、倒角的画法，掌握标尺寸、施加图素间约束的方法、步骤与技巧。

二、相关知识

NX9.0 软件提供的“草图环境”是专门为绘制二维图形设计的环境，在设置的草图平面内，可先绘出图形的大体样子，通过施加相互位置约束和标注尺寸达到图样要求；当然，在绘制草图时，若已知各图素之间的相互位置约束关系，且施加这种约束关系很方便的话，如圆弧同心、直线平行、垂直等，应尽量在绘图过程中予以施加，这样可减小后续施加约束的工作量，提高绘图速度。

分析图形的设计基准及定位尺寸、定形尺寸，分清图中线段是已知线段、中间线段还是连接线段是绘图的基本前提；绘图的步骤一般是先绘制基准图素，再绘制定位尺寸和定形尺寸容易确定的图素，不太容易确定的线段，可先绘制大体图样，再通过施加几何约束和标注尺寸而最后确定图样形状与大小。

当退出草图环境，构建实体模型后，还可重新进入草图环境进行编辑修改，退出草图后，实体模型会自动按新草图进行重新构建，即具有很强的参数驱动功能，大大方便了机械零件与模具的设计工作。

在草图环境中绘制的图形是一个整体，退出草图环境后其图素不可分别进行变换、编辑操作。

在曲线环境下，绘制的图形可以某一图素或整个图形进行变换处理，适用于空间曲线的构建。但绘制图素操作不如草图环境下方便快捷，编辑修改也不太容易；因此，能用草图绘制的图形，就尽量不在曲线环境下绘制。

三、项目实施

任务 1 绘制凸轮平面图形

1. 绘制凸轮平面图形方案

本凸轮轮廓曲线是由若干圆弧和直线组成的图形，在草图环境中，可先绘制水平、垂直直线作为参考线（中心线），并将其约束到坐标轴上；再绘制同心圆弧，然后绘制与同心圆弧相联接的圆弧和斜线，对于端点未知的线段，最后通过标尺寸、加约束、修剪处理而完成草图绘制。

2. 创建“xm3_tulun.prt”建模文件名

启动 NX9.0 软件，新建建模文件“xm3_tulun.prt”，文件夹路径“E\…\xm3\”。

3. 绘制凸轮平面图形步骤

（1）进入草图环境，创建草图平面

单击“草图”标准工具图标，进入“草图”绘制环境，弹出“创建草图”对话框，选取类型：在平面上；选取现有平面：XCYC 平面；草图方位：水平参考方向：XC，如图 3-4（a）、（b）所示。单击“确定”按钮，绘图区域旋转为“XC-YC”坐标平面，如图 3-4（c）所示，草图坐标系 XCYC 与相对坐标系重合，与绝对坐标系 XYZ 同方位。

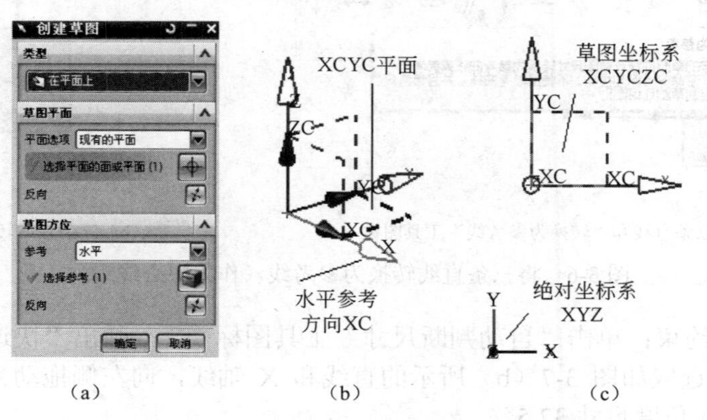

图 3-4 创建绘制草图环境

（2）绘制图形中心线

单击“直线”工具图标⟋，光标在 XCYC 坐标原点处出现三个小白点，并显示“草图原点”，如图 3-5（a）所示后单击，绘制直线端部第一点，向左上方移动光标后单击第二点，绘制出与 XC 轴成一定夹角的斜直线，如图 3-5（b）所示；

重复这步操作，当光标放置在坐标原点附近时，会出现如图 3-5（c）所示的“快速拾取”对话框，此时拾取“现有点—点/基准坐标系”或“现有点—草图原点”，都可绘制出与坐标原点、草图原点、已画直线起点重合的第二条直线起点，然后向坐标原点的左下方移动光标后单击，绘制出第二条直线；如图 3-5（d）所示；

同样操作可绘制出第三条直线，如图 3-5（e）所示。

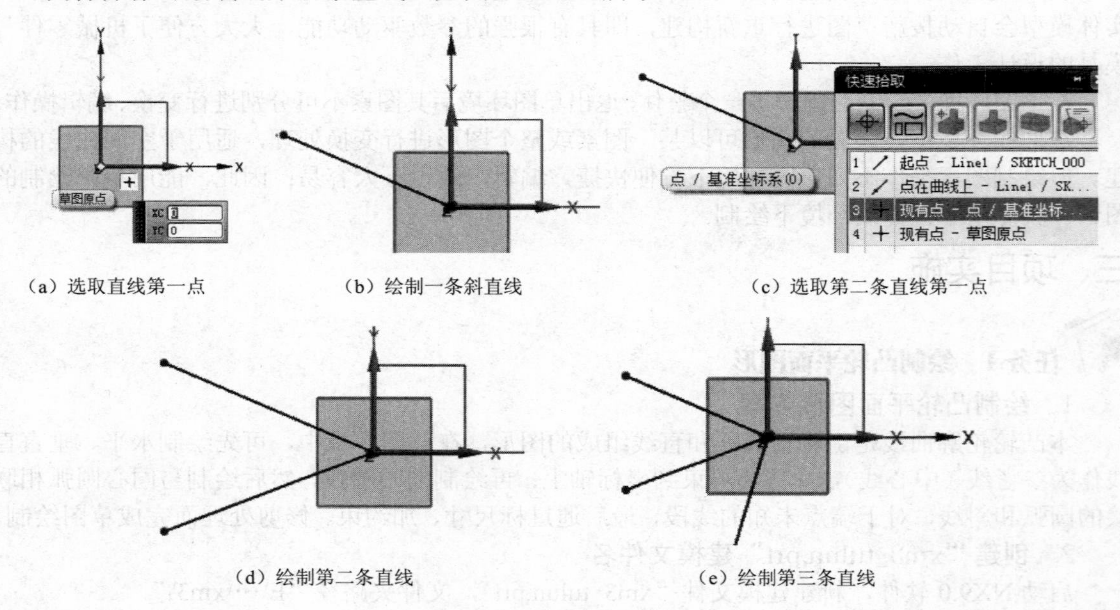

（a）选取直线第一点　（b）绘制一条斜直线　（c）选取第二条直线第一点

（d）绘制第二条直线　（e）绘制第三条直线

图 3-5　绘制三条直线

在草图中，没有中心线命令工具，常用参考线（以双点划线形式显示）代替。

用光标依次选取三条斜线，则自动弹出快捷工具条，如图 3-6（a）所示，选取“转换为参考”工具图标，则将三条直线转换为（参考线）双点画线，如图 3-6（b）所示。

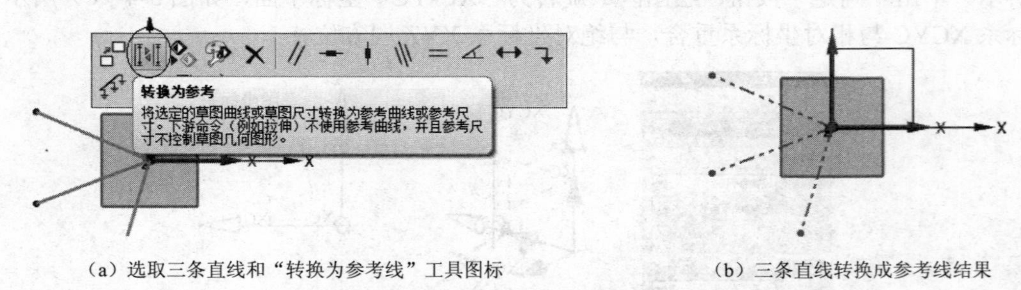

（a）选取三条直线和“转换为参考线”工具图标　（b）三条直线转换成参考线结果

图 3-6　将三条直线转换为参考线（作为中心线用）

标注角度尺寸约束：单击“自动判断尺寸”工具图标，弹出“快速尺寸”对话框，如图 3-7（a）所示，选取如图 3-7（b）所示的直线和 X 轴线，向左侧拖动光标，输入尺寸数值 32.5，回车，即标注角度尺寸 32.5°。

同样操作，标注角度尺寸 25°、7.5°，如图 3-7（c）所示。

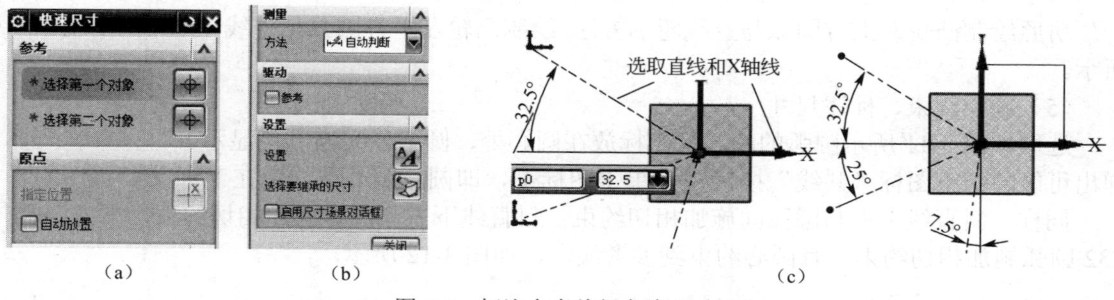

（a）　（b）　（c）

图 3-7　标注参考线间角度尺寸

（3）绘制同心圆弧

单击“圆”工具图标，弹出“圆”对话框如图 3-8（a）所示，选取绘制“圆方法”由“中心画圆”图标，选取坐标原点为圆心，绘制$\phi 22$的整圆外形，直径大致为 22 即可，准确尺寸在尺寸标注时确定，这样做可加快绘制进程，如图 3-8（b）所示；

单击“圆弧”工具图标，弹出“圆弧”对话框，选取绘制“圆弧方法”由“中心画圆弧”图标，如图 3-8（c）所示，绘制左右两侧的 *R*50、*R*32 同心圆弧，圆弧起点、终点在参考线上，圆弧长度与半径都为大体形状，无需准确绘制，如图 3-8（d）所示；

单击“自动判断尺寸”工具图标，标注尺寸$\phi 22$、$\phi 100$、*R*32，达到精确要求，如图 3-8（e）所示。

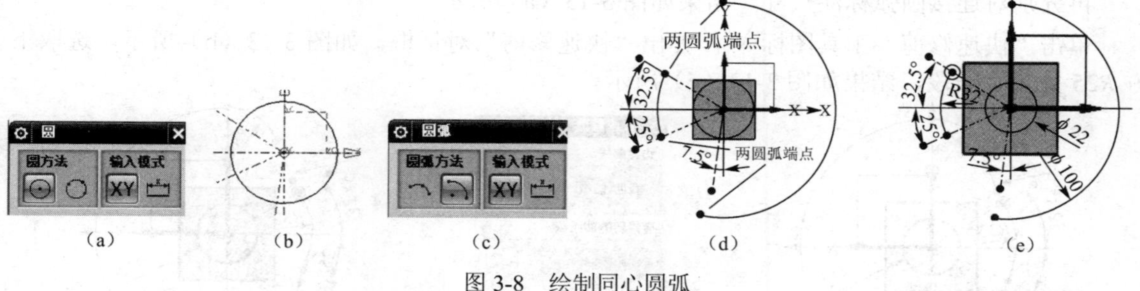

（a）　（b）　（c）　（d）　（e）

图 3-8　绘制同心圆弧

（4）绘制连接圆弧与直线

单击“轮廓”工具图标，弹出“轮廓”对话框，选取“对象类型”中“三点画圆弧”工具图标，如图 3-9（a）所示；选取 *R*50 圆弧上端点为开始点，在其左下方单击选取一点为圆弧终点，移动光标，当绘制圆弧与 *R*50 圆弧上端点出现相切约束图标时，如图 3-9（b）所示，单击确定圆弧中点，形成圆弧。（“轮廓”工具图标可绘制连续线条，提高绘图效率。）

此时，“轮廓”对话框中“对象类型”自动转换为“直线”图标，拖动光标，在接近下方 *R*32 圆弧上端点附近单击，画出直线段，如图 3-9（c）所示；

此时“轮廓”对象类型仍为“直线”，单击“对象类型”中“三点画圆弧”工具图标，选取 *R*32 圆弧上方点为圆弧终点；向右上移动光标，使圆弧向下方外凸，如图 3-9（d）所示；单击鼠标中键，结束“轮廓”工具命令操作。

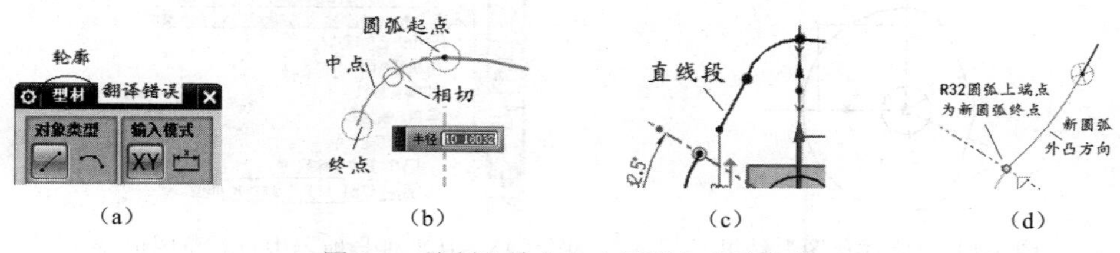

（a）　（b）　（c）　（d）

图 3-9　绘制凸轮左上方圆弧与直线轮廓

仿照绘制凸轮左上方圆弧与直线轮廓方法，绘制凸轮左下方圆弧与直线轮廓，结果如图3-10所示。

（5）施加约束、标注尺寸

选取如图3-11所示圆弧的圆心（光标放在圆心处，圆弧以突出颜色显示），再单击Y轴，弹出可能的约束图标“共线”按钮，单击图标，即圆弧圆心被约束在Y轴上。

同样，斜直线上方与圆弧间施加相切约束；斜直线下方与圆弧施加相切约束，下方圆弧与*R*32圆弧施加相切约束，且圆心约束到参考线上，如图3-12所示。

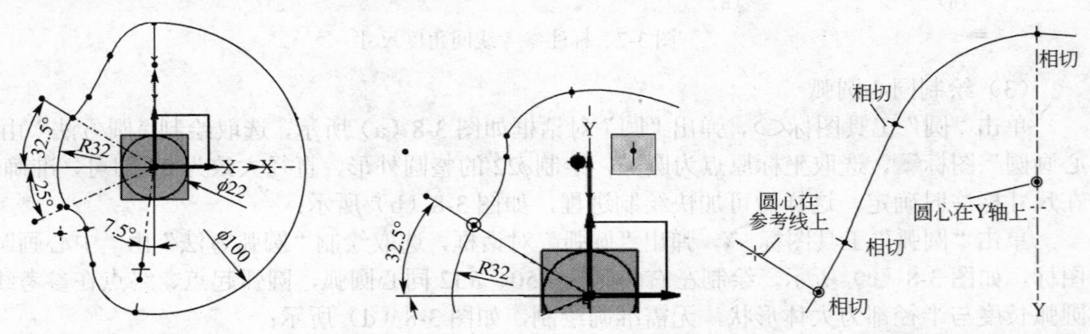

图3-10　凸轮左下方圆弧与直线轮廓　图3-11　上方圆弧圆心约束到垂直线　图3-12　左上方图形约束结果

仿照上述操作，对凸轮左下方圆弧直线轮廓施加约束。

再分别对连接圆弧标注尺寸，结果如图3-13（a）所示。

单击“快速修剪”工具图标，弹出“快速修剪”对话框，如图3-13（b）所示。选取下方*R*25处多余线段，结果如图3-13（c）所示。

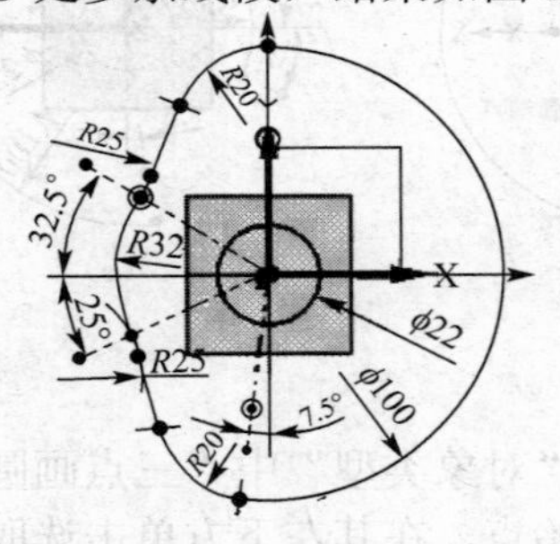

（a）下方施加约束并注尺寸

（b）“快速修剪”对话框

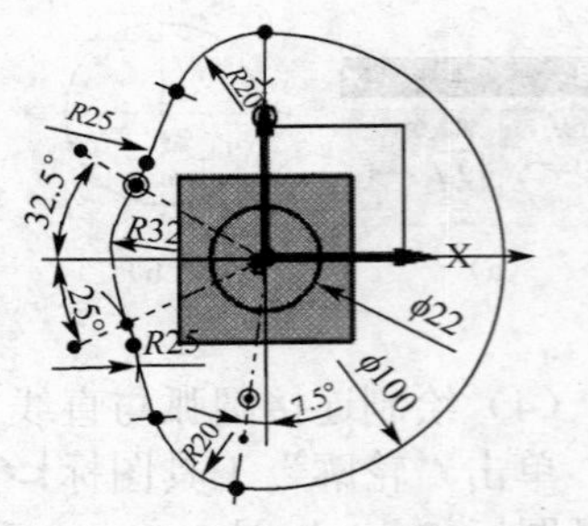

（c）修剪去多余线段结果

图3-13　凸轮轮廓的草图绘制结果

单击“完成草图”图标，退出草图环境，结果如图3-14所示，在草图环境中标注的尺寸，退出草图后不再显示。

草图是一个整体，若双击草图，或双击“部件导航器”中的草图（1）“sketch_000”，如图3-15所示，都可重新进入该草图，对其进行编辑操作。

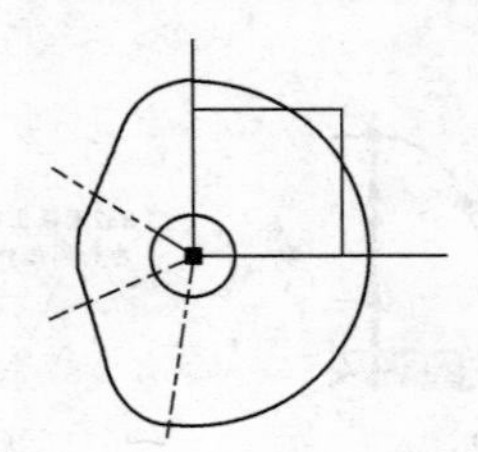

图3-14　“完成草图”结果

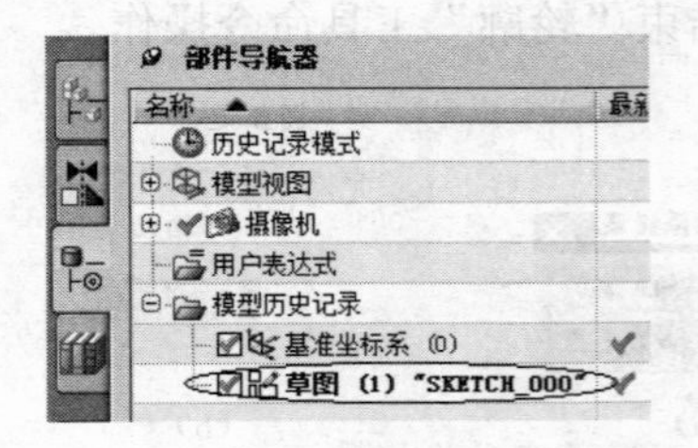

图3-15　从部件导航器中查看草图记录

任务2　绘制摆板平面图形

1. 创建“xm3_baiban.prt”建模文件名

启动NX9.0软件，新建建模文件“xm3_baiban.prt”，文件夹路径“E\…\xm3”。

2. 绘制摆板平面图形方案

本摆板平面图形是由内部图形与外轮廓图形组成的，在草图环境中，可先绘制30°斜直线和R40圆弧作为参考线（中心线），并施加适当的约束；再绘制内部图形中已知圆心位置的圆弧，然后绘制外轮廓图形，最后通过标尺寸、加约束、修剪处理而完成草图绘制。

3. 绘制摆板平面图形步骤

（1）进入草图环境，创建草图平面

单击“草图”标准工具图标，进入“草图”绘制环境，弹出“创建草图”对话框，选取类型：在平面上；选取现有平面：XC-YC平面；草图方位：水平参考方向：XC，如图3-4（a）、（b）所示。单击“确定”按钮，绘图区域旋转为“XC-YC”坐标平面，如图3-4（c）所示，草图坐标系XC-YC与相对坐标系重合，与绝对坐标系XYZ同方位。

（2）绘制参考线

单击“直线”工具图标，自坐标原点绘制一斜直线，拖至长度约为60mm，如图3-16（a）所示。

单击“圆弧”工具图标，“圆弧方法”选项：单击“中心和端点定圆弧”工具图标，如图3-16（b）所示，选取坐标系原点为圆心，在下方拖动光标，半径长度约40左右，确定圆弧两端点位置，如图3-16（c）所示。

选取两直线和圆弧，弹出快捷菜单项，单击“转换至参考”工具图标，将其转换为参考线，如图3-16（d）所示。

（3）标注参考线尺寸

单击“自动标注尺寸”工具图标，标注尺寸如图3-16（e）所示。

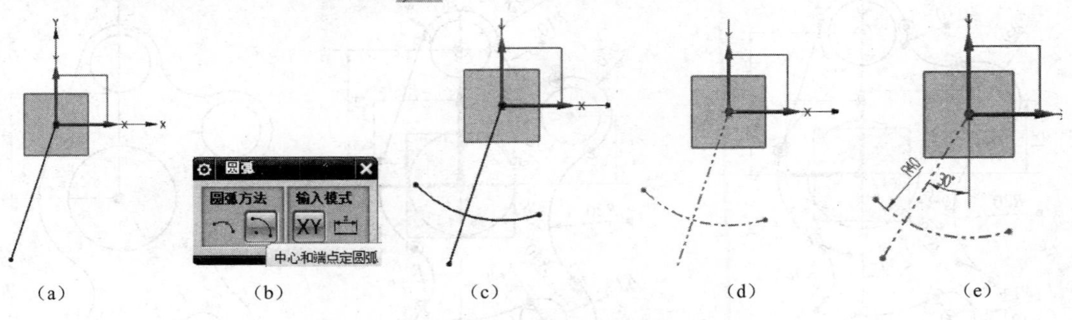

图3-16　绘制参考线

（4）绘制已知圆心的圆、圆弧

单击“圆”工具图标，以坐标原点为圆心绘制一圆；单击“交点”图标，在参考线交点处和$R40$圆弧参考线上直接绘制半径约6mm的两圆；上方圆可直接在Y轴附近YC坐标约34mm处画出；在左上方的圆可在坐标点（−27,17）附近位置随意绘制，如图3-17（a）所示圆弧；

单击“圆弧”工具图标，选取“中心和圆弧端点定圆弧”方式工具图标，分别与已有整圆为同心圆弧，绘制结果如图3-17（b）所示。

（5）施加几何约束

单击“约束”工具图标，对未自动施加约束的连接线段施加相切约束，结果如图3-17（c）所示。

（6）绘制切线

单击“直线”工具图标，绘制右上侧两圆弧的切线，如图 3-17（d）所示。

（7）绘制未知圆心的圆弧

单击“倒圆角”工具图标，按逆时针方向形成圆弧走向依次选择倒圆弧的两个图素，且在形成的大概圆弧中心处单击，构建圆角，如图 3-17（d）所示。

（8）标注尺寸

单击“自动标注尺寸”工具图标，标注尺寸如图 3-17（e）所示。

（9）修剪多余线段

单击“快速修剪”工具图标，选取多余的圆弧段，结果如图 3-17（f）所示。

（10）完成草图

单击“完成草图”工具图标，退出草图环境，结果如图 3-17（g）所示。

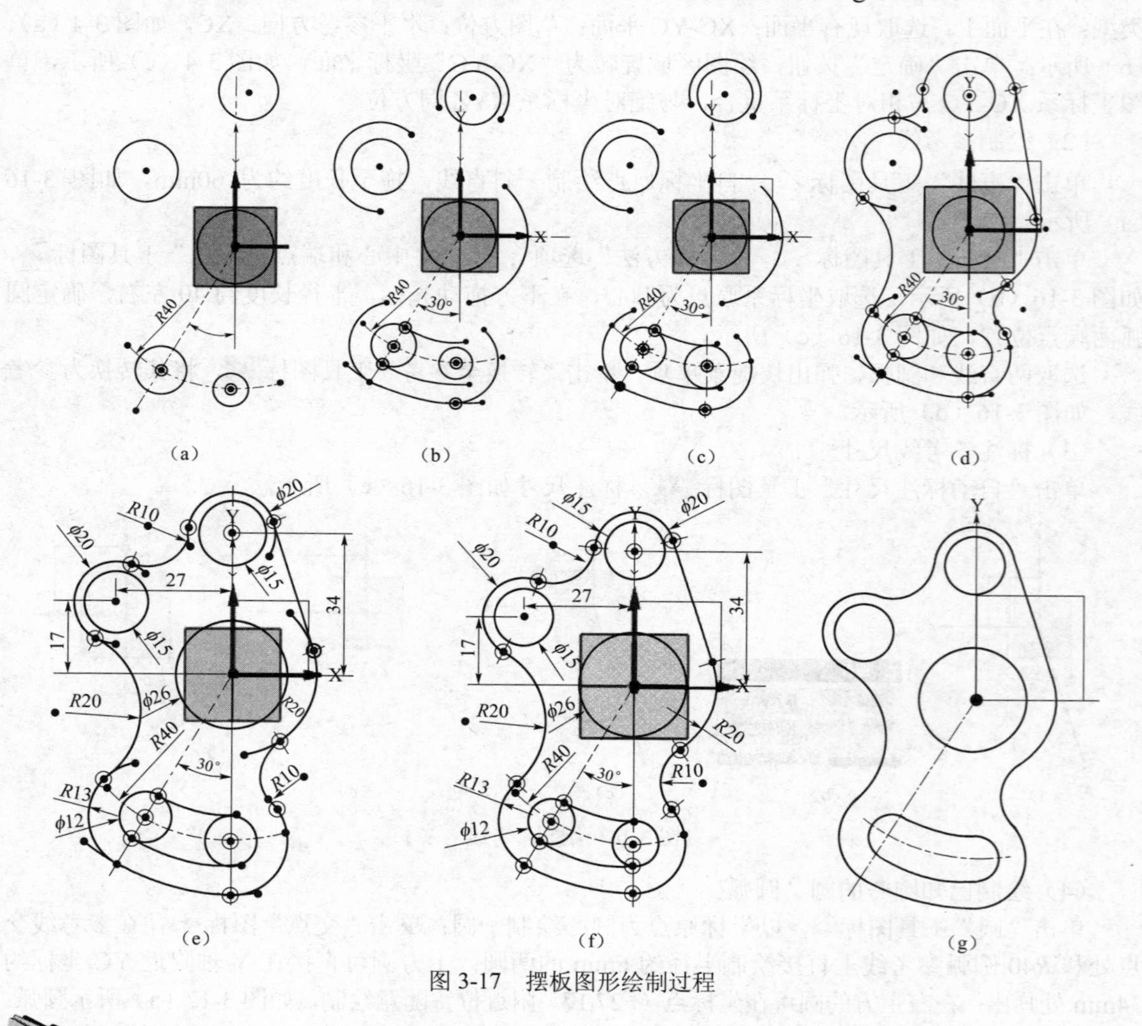

图 3-17　摆板图形绘制过程

任务 3　绘制摇臂平面图形

1. 创建“xm3_yaobi.prt”建模文件名

启动 NX9.0 软件，新建建模文件“xm3_yaobi.prt”，文件夹路径“E\…\xm3”。

2. 绘制摇臂平面图形方案

本摇臂图形是由内部图形与外轮廓图形组成的，在草图环境中，以坐标系原点为图形基准（即ϕ42 圆的圆心与坐标系原点重合），可先绘制两角度（22°、5°）斜直线和 R92 圆弧作为参考线（中心线），并施加适当的约束；再绘制内部图形中已知圆心位置的圆弧，然后绘制外轮廓图形，最后通过标尺寸、加约束、修剪处理而完成草图绘制。

3. 绘制摇臂平面图形步骤

（1）进入草图环境，创建草图平面

单击“草图”标准工具图标，进入“草图”绘制环境，弹出“创建草图”对话框，选取类型：在平面上；选取现有平面：XC-YC 平面；草图方位：水平参考方向：XC，如图 3-4（a）、（b）所示。

单击“确定”按钮，绘图区域旋转为“XC-YC”坐标平面，如图 3-4（c）所示，草图坐标系 XCYCZC 与相对坐标系重合，与绝对坐标系 XYZ 同方位。

（2）绘制参考线

单击“直线”工具图标，绘制直线；单击“圆弧”工具图标，“圆弧方法”选项：单击“中心和端点决定的圆弧”工具图标，选取坐标原点为圆心，在上方拖动光标，确定圆弧两端点位置，如图 3-18（a）所示。

单击“自动标注尺寸”工具图标，标注尺寸如图 3-18（b）所示。

单击“转换至/自参考对象”工具图标，选取两直线和圆弧，将其转换为参考线，如图 3-18（b）所示。

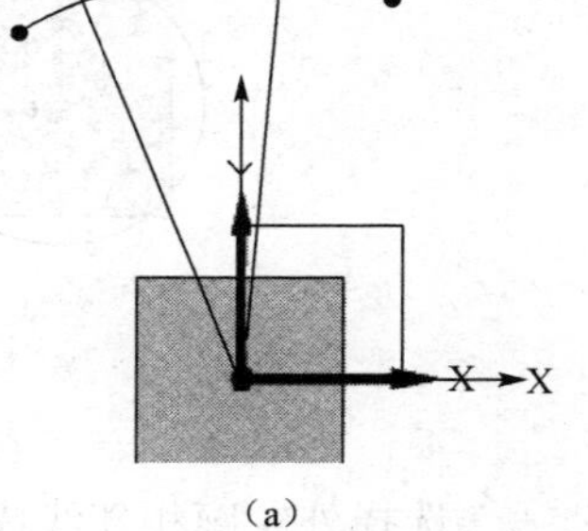

（a）

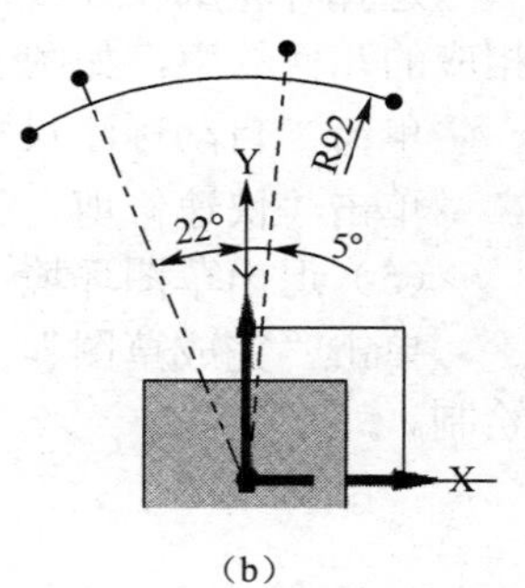

（b）

图 3-18　绘制参考线

（3）绘制摇臂内部图形

单击“圆”工具图标，在弹出的对话框中单击“中心和半径”工具图标，绘制摇臂图形中已知圆心位置的内部圆弧，如图 3-19（a）所示；

以坐标系原点为圆心绘制与上方两圆弧相切两圆弧；

单击“直线”工具图标，绘制与右侧两圆弧相切两直线，如图 3-19（b）所示；

单击“约束”工具图标，对圆弧与圆、直线与圆施加相切约束，上方两小圆施加相等约束、右方两小圆也施加相等约束，结果如图 3-19（c）所示；

单击“快速修剪”工具图标，修剪多余圆弧段，结果如图 3-19（d）所示；

单击“自动标注尺寸”工具图标，标注各图素尺寸，结果如图 3-19（e）所示，至此完成图形内部形状的绘制。

（4）绘制摇臂外轮廓图形

单击“偏置”工具图标，在弹出“偏置曲线”对话框中输入偏置距离：7，如图 3-20（a）所示，选取上方三段圆弧ϕ16、R（92+8）向外偏置，如图 3-20（b）所示，单击“应用”按钮，实现偏置；

同样，选取右下方小圆弧 R9 及相切直线段向外偏置；输入偏置距离 11，单击“应用”按钮，实现偏置，如图 3-20（c）所示；

单击“中心和端点决定的圆弧”工具图标，选取坐标原点为圆心，绘制ϕ72 圆弧；

单击“轮廓”工具图标，绘制外轮廓其他直线和圆弧线段，如图 3-20（d）所示；

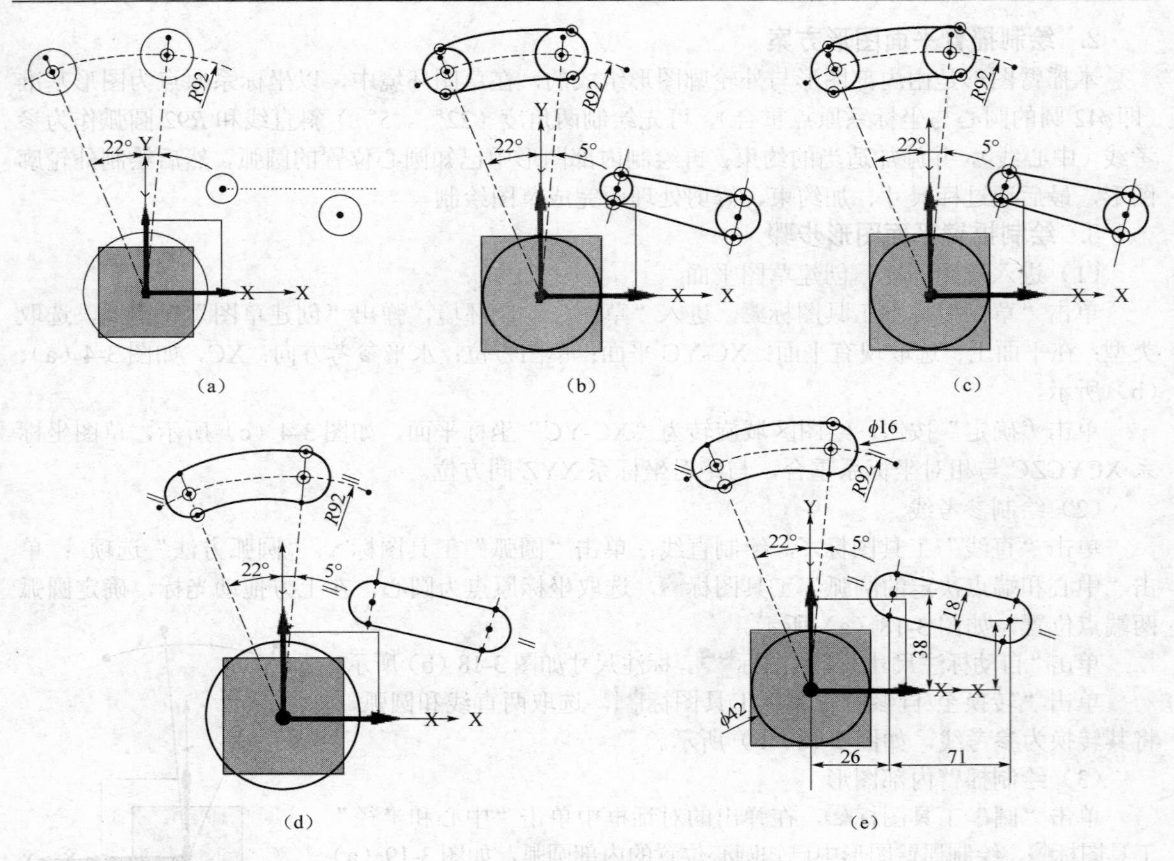

图 3-19　绘制摇臂内部图形

选择外轮廓相邻线段，弹出几何约束快捷工具条，分别选择相切约束工具图标，实现其相应的几何约束，如图 3-20（e）所示；

单击“自动标注尺寸”工具图标，标注各线段的相应尺寸，结果如图 3-20（f）所示；

单击“快速修剪”工具图标，修剪图形中多余线条，结果如图 3-20（g）所示。

（5）退出草图环境

单击“完成草图”工具图标，退出草图环境，如图 3-20（h）所示。即摇臂完成草图的绘制。

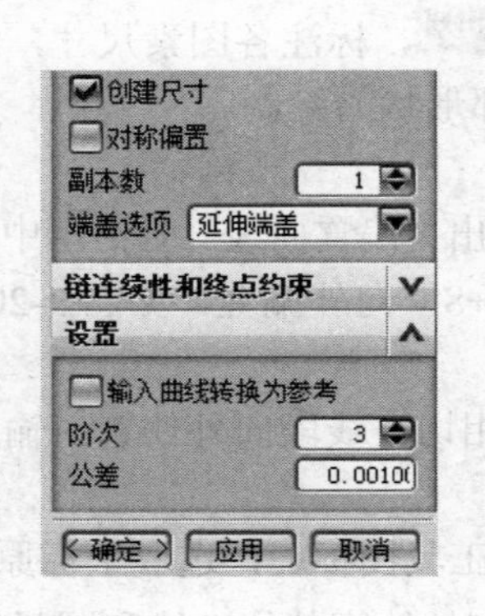

（a）

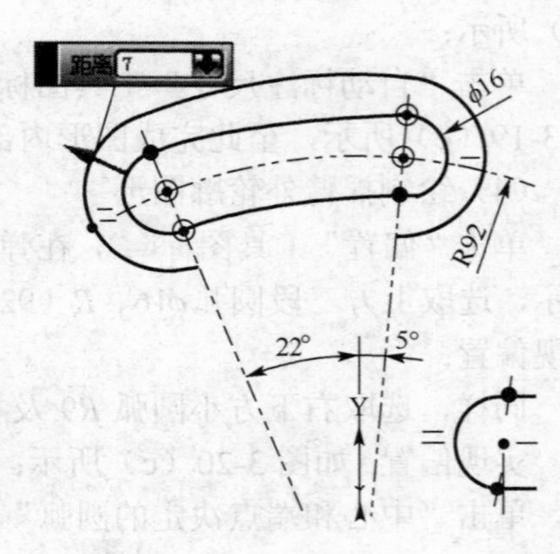

（b）

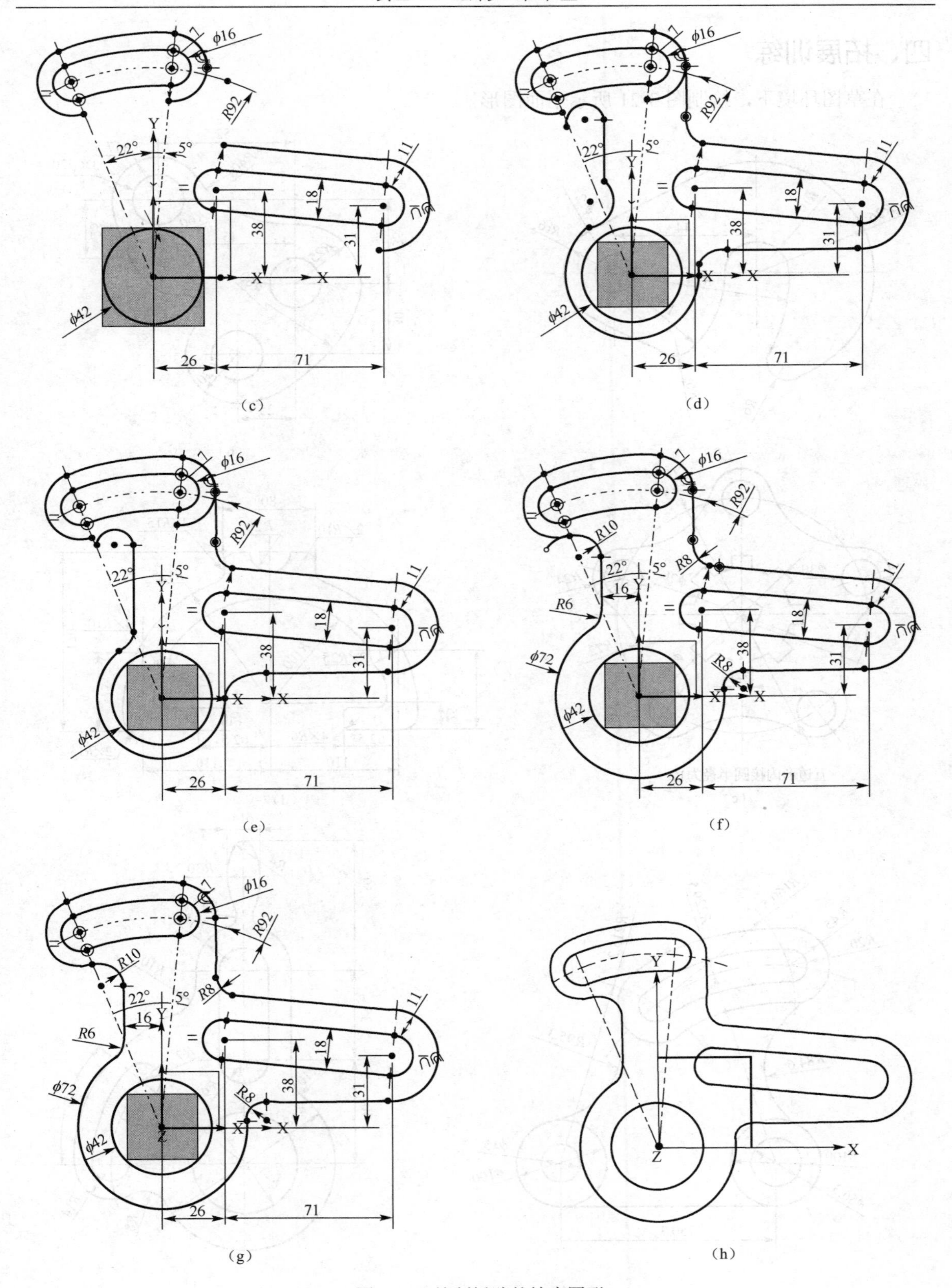

图 3-20　绘制摇臂外轮廓图形

四、拓展训练

在草图环境下，绘制图 3-21 所示平面图形。

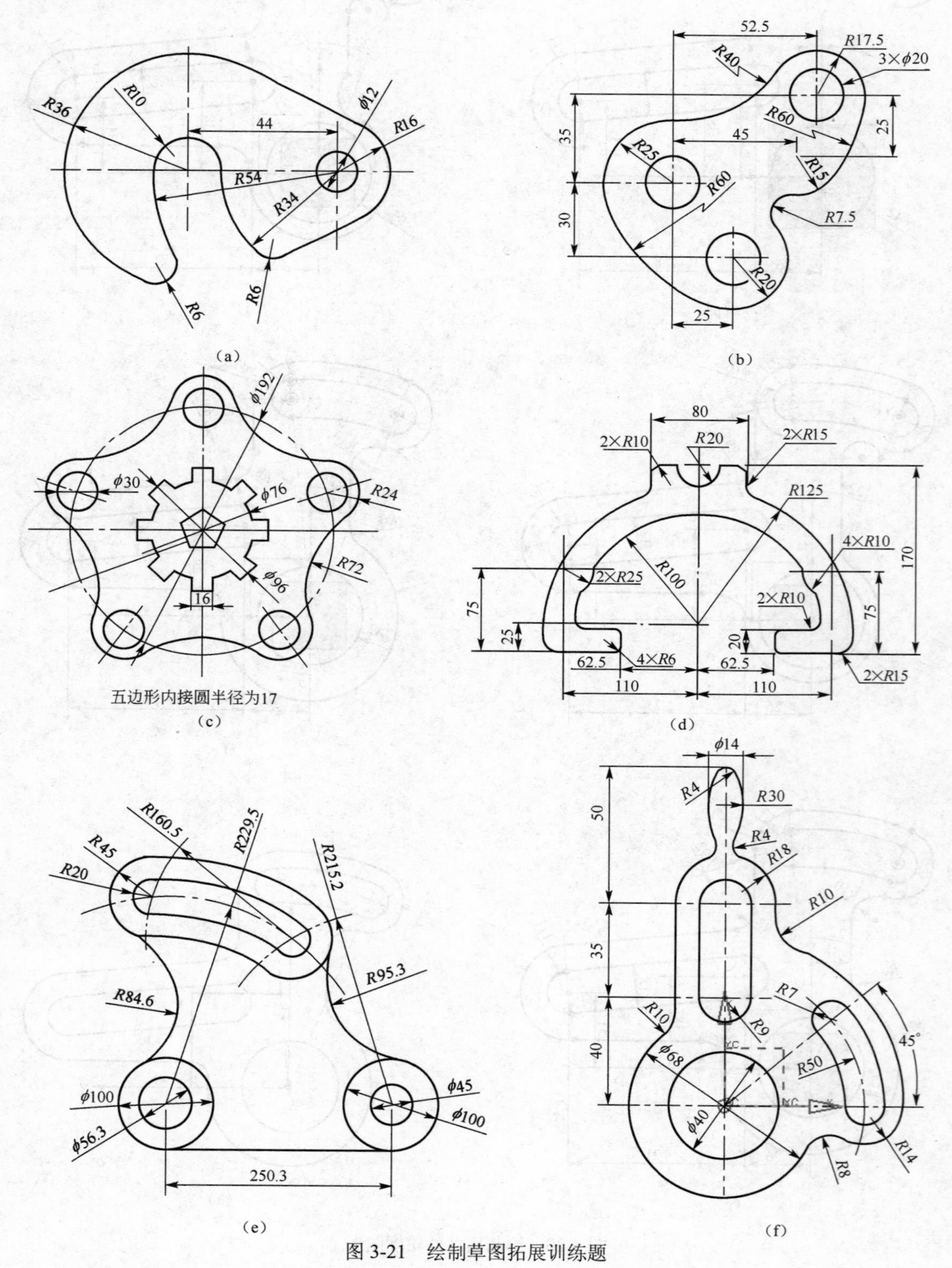

图 3-21　绘制草图拓展训练题

项目 4 构建简单机械零件实体

一、项目分析

机械零件实体一般都是由多个单一实体（如圆柱体、长方体、棱柱体、棱锥体）进行组合（叠加、切割等）而成的。而单一实体在 NX9.0 软件中的造型（或称建模）方法有两种：一是直接选用单一实体造型工具图标造型，二是先绘制单一实体的某一截面图形，再选用“拉伸”、“旋转”、“扫掠”等特征工具命令实现造型。本项目通过构建三个简单的机械零件实体（图 4-1～图 4-3），分别掌握单一实体造型与多个单一实体组合造型的方法步骤与技巧。

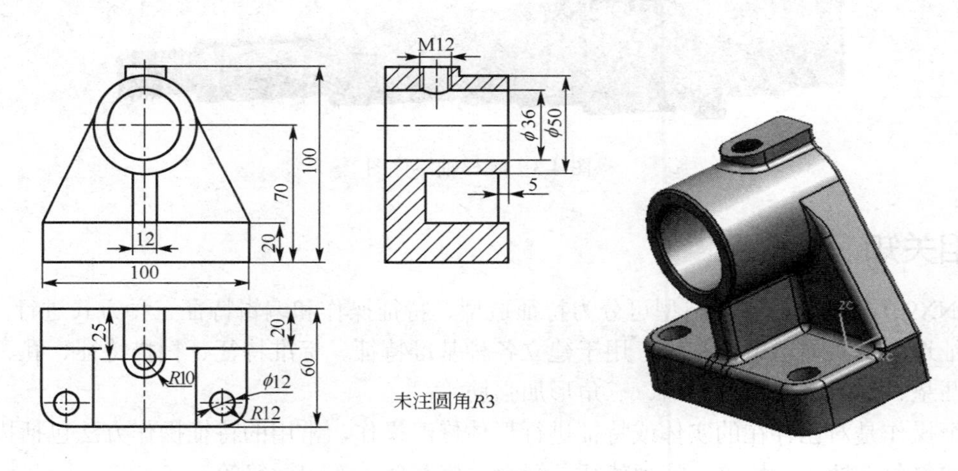

图 4-1　轴承座零件图

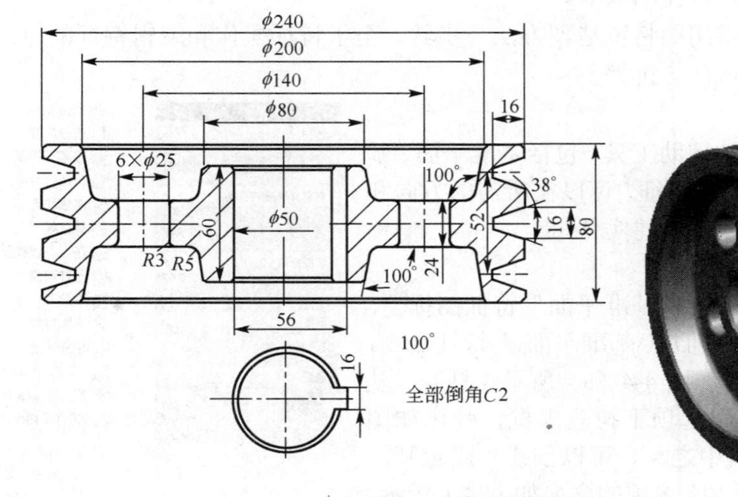

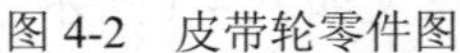

图 4-2　皮带轮零件图

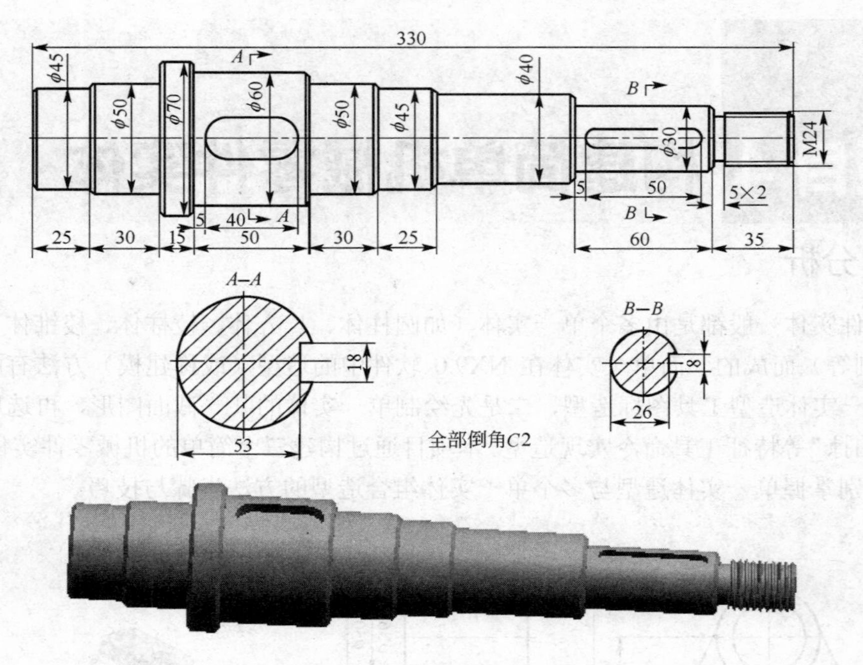

图 4-3　阶梯轴零件图

二、相关知识

在 NX9.0 软件中，实体造型可分为特征造型、特征操作和编辑特征三种方式进行。

特征造型是实体造型的基础，用于建立各种基准特征、标准特征、扫描特征、孔、圆台、腔体、凸垫、凸起、键槽、沟槽、三角形加强筋等；

特征操作是对已存在的实体或特征进行形体修改操作，常用的特征操作方法包括拔模、倒圆角、倒斜角、抽壳、螺纹、陈列特征、缝合、修剪体、布尔运算等；

编辑特征是对已存在的特征参数进行修改、变更，主要包括编辑特征参数、编辑特征位置、编辑特征密度、特征重排、特征回放等。

下面讲授实体造型中常用的特征造型方法与步骤，至于特征操作和编辑特征的方法与步骤结合项目实施过程中的具体任务讲授。

（a）　（b）

图 4-4　构建基准平面对话框

1. 基准特征

基准特征是实体造型的辅助工具，包括基准平面、基准轴和基准坐标系。利用基准特征，可以在所需的方向和位置上绘制草图生成实体或者创建实体。

（1）基准平面

单击“特征”工具栏上的“基准平面”特征图标，或者选择下拉菜单“插入\基准/点\基准平面\”特征命令，弹出“基准平面”对话框，如图 4-4（a）所示。打开“基准平面”对话框的“类型”选项下拉列表框，弹出如图 4-4（b）所示选项，选取其中之一，可以创建一固定基准平面或相对基准平面。“类型”选项的含义如表 4-1 所示。

选取构建平面方法后，会弹出对应的平面构建对话框，且提示相应的选择项与参数输入项，按照提示一步步地操作，即可实现平面的构建。

单击“平面方位”选项后的“反向”按钮，可改变构建平面的法线方向。

表 4-1 基准平面构建“类型”选项说明

序号	图标	名称	含义
1		自动判断	根据选取对象不同，自动判断建立一个平面
2		成一角度	通过一条边线、轴线或草图线，并与一个平面或基准面成一定角度，创建一个新平面
3		按某一距离	通过选择平面图，设定一定的偏移距离创建一个新平面
4		Bisector	通过选择两个平面，在两平面的中间创建一个新平面
5		曲线和点	通过曲线和一个点创建一个新平面
6		两直线	通过选择两条现有直线来指定一个平面
7		在点线或面上与面相切	通过一个点、线或实体面不指定一个平面
8		通过对象	通过空间一个曲线来指定一个平面，注意不能选择直线
9		点和方向	通过一个点并沿指定方向来创建一个平面
10	a,b, c,d	系数	通过指定系数 a、b、c、d 来定义一个平面，平面方程由 $ax+by+cz=d$ 确定
11		在曲线上	通过一条曲线，并在设定的曲线位置处来创建一个平面
12		YC-ZC plane	指定一个 XC 坐标值为常数的平面，在 XC 输入框中输入固定值
13		XC-ZC plane	指定一个 YC 坐标值为常数的平面，在 YC 输入框中输入固定值
14		XC-YC plane	指定一个 ZC 坐标值为常数的平面，在 ZC 输入框中输入固定值

勾选“设置”选项中的“关联”复选框，所构建的平面与生成它的对象相关联，当对象被修改时，构建的平面会自动随之变化，否则，两者之间相互独立。

(2) 基准轴

单击“特征”工具栏上的“基准轴”图标，或者选择下拉菜单“插入\基准/点\基准轴”命令，弹出“基准轴”对话框，如图 4-5 (a) 所示。打开“基准轴”对话框的“类型”选项下拉列表框，弹出如图 4-5 (b) 所示选项，选取其中之一，可以创建一固定基准轴或相对基准轴。“类型”选项的含义如表 4-2 所示。

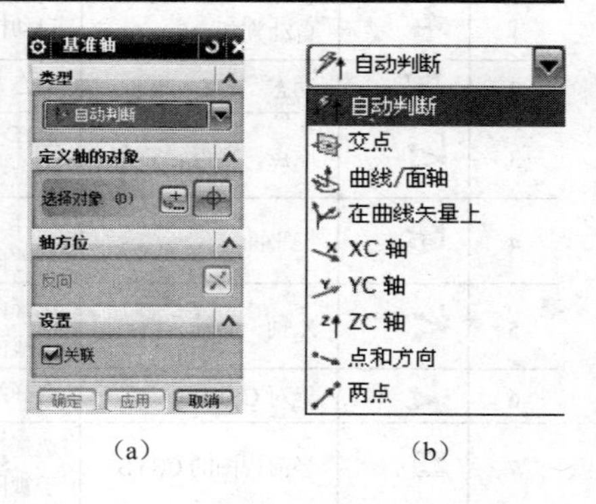

(a) (b)

图 4-5 构建基准轴对话框

表 4-2 基准轴构建“类型”选项说明

序号	图标	名称	含义
1		自动判断	根据选择对象自动确定约束类型来创建基准轴
2		交点	通过选择两个对象，利用两个对象的交线创建基准轴
3		曲线/面轴	通过选择的曲面的边界线或曲面的轴线创建基准轴
4		在曲线矢量上	通过选择一条参考曲线，建立平行于该曲线某点处的切矢量或法矢量的基准轴，当存在多个解时，可单击“循环解”按钮在多个解之间进行切换
5		XC 轴	通过当前的工作坐标系 XC 轴创建基准轴
6		YC 轴	通过当前的工作坐标系 YC 轴创建基准轴
7		ZC 轴	通过当前的工作坐标系 ZC 轴创建基准轴
8		点和方向	通过选择一个参考点和一个参考矢量，建立通过该点且平行于所选矢量的基准轴
9		两点	通过选择两个点，建立由第一个点指向第二个点的基准轴

单击“轴方位”选项后的“反向”按钮，可改变构建轴的正方向。

勾选“设置”选项中的“关联”复选框，所构建的轴与生成它的对象相关联，当对象被修改时，构建的轴会自动随之变化，否则，两者之间相互独立。

（3）基准坐标系（基准 CSYS）

单击“特征”工具栏上的“基准 CSYS”按钮，或者选择下拉菜单“插入\基准/点\基准 CSYS”命令，弹出“基准 CSYS”对话框，如图 4-6（a）所示。打开“基准 CSYS”对话框的“类型”选项下拉列表框，弹出如图 4-6（b）所示选项，选取其中之一，可以创建一坐标系。“类型”选项的含义如表 4-3 所示。

单击“参考 CSYS”选项组下的下拉列表框，可选择参考坐标系类型。

单击“操控器”后的“点对话框”图标，可构建坐标系的原点位置；拖动显示的坐标系操控器中的小球，可使坐标系旋转一定角度，如图 4-6（c）所示。

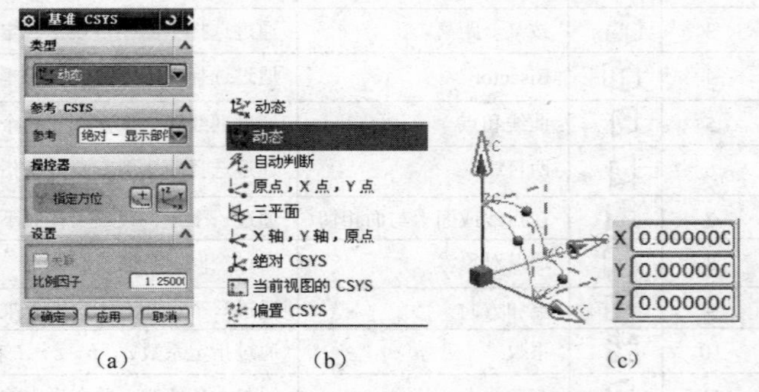

(a)　(b)　(c)

图 4-6　构建基准 CSYS 坐标系对话框

表 4-3　基准 CSYS 坐标系构建“类型”选项说明

序号	图标	名　称	含　义
1		自动判断	自动根据选择对象创建基准坐标系
2		动态	动态方式创建的坐标系可运用操控器进行动态调整方位和原点位置
3		原点、X 点、Y 点	选择三个点创建坐标系，第一个点为原点，第一个点到第二个点的方向为 X 轴方向，第一个点到第三个点的方向为 Y 轴方向，Z 轴由右手定则确定
4		三平面	选择三个相互垂直的平面创建坐标系，以三个平面的交点为原点，以第一个平面的法向为 X 轴方向，第二个平面图的法向为 Y 轴方向，Z 轴方向由右手定则确定
5		X 轴、Y 轴、原点	选择两正交直线建立坐标系，直线交点为坐标原点，第一条直线的方向为 X 方向，第二条直线的方向为 Y 轴方向，Z 轴方向由右手定则确定
6		绝对 CSYS	选择绝对坐标系为基准坐标系
7		当前视图的 CSYS	选择当前视图平面为基准坐标系，坐标系原点为视图原点，X 轴平行于视图底边，Y 轴平行于视图侧边，Z 轴方向由右手定则确定
8		偏置 CSYS	通过偏移当前坐标系定义工作坐标系，新坐标系各轴方向与原坐标系相同

勾选“设置”选项中的“关联”复选框，所构建的坐标系与生成的它的对象相关联，当对象被修改时，构建的坐标系会自动随之变化，否则，两者之间相互独立。

2. 标准特征

标准特征主要包括长方体（块）、圆柱体、圆锥体和球体特征。

（1）长方体

单击“特征”工具栏的“块”工具图标，或选择下拉菜单中的“插入\设计特征\块”命令，弹出“块”对话框，如图 4-7 所示，构建长方体块的方法分为三类，分别以按钮图标显示，其具

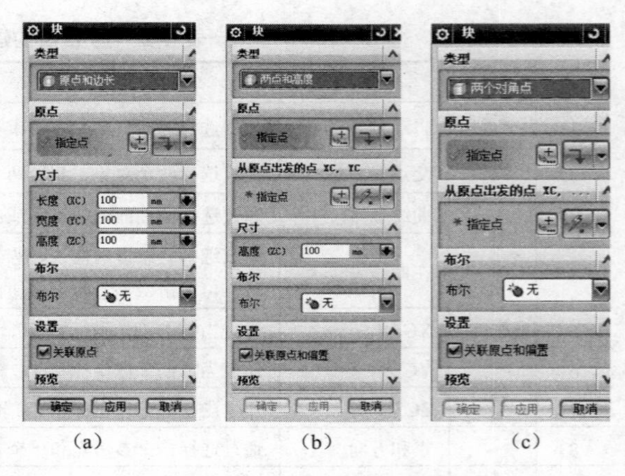

(a)　(b)　(c)

图 4-7　构建“长方体”对话框

体构建方法、步骤的说明如表 4-4 所示。

表 4-4　长方体构建方法步骤的说明

序号	图标	方法名称	含　义
1		原点、边长度	通过设置长方体的左、前、下方点（设置为原点）和三条边的长度构建长方体
2		两点、高度	通过定义两个点作为长方体底面的对角点，并指定高度构建长方体
3		两个对角点	通过定义两个点作为长方体的对角线的顶点来创建长方体

（2）圆柱体

单击“特征”工具栏的“圆柱体”工具图标，或选择下拉菜单中的“插入\设计特征\圆柱体”命令，弹出“圆柱体”对话框，如图 4-8 所示，构建圆柱体的方法分为两类，单击类型选项后的下拉列表框，可分别选取。

轴、直径和高度方式：通过设定圆柱底面直径和高度方式构建圆柱体。

圆弧和高度方式：通过设定圆柱底面圆的圆弧和高度构建圆柱体。

（a）　（b）

图 4-8　构建圆柱体对话框

（3）圆锥体

单击“特征”工具栏的“圆锥体”工具图标，或选择下拉菜单中的“插入\设计特征\圆锥体”命令，弹出“圆锥体”对话框，如图 4-9 所示，构建圆锥体的方法分为五种，分别以工具图标显示，单击各按钮，弹出构建圆锥体的具体方法、步骤，按照提示逐步操作即可构建圆锥体。各种构建圆锥体的方法说明如表 4-5 所示。

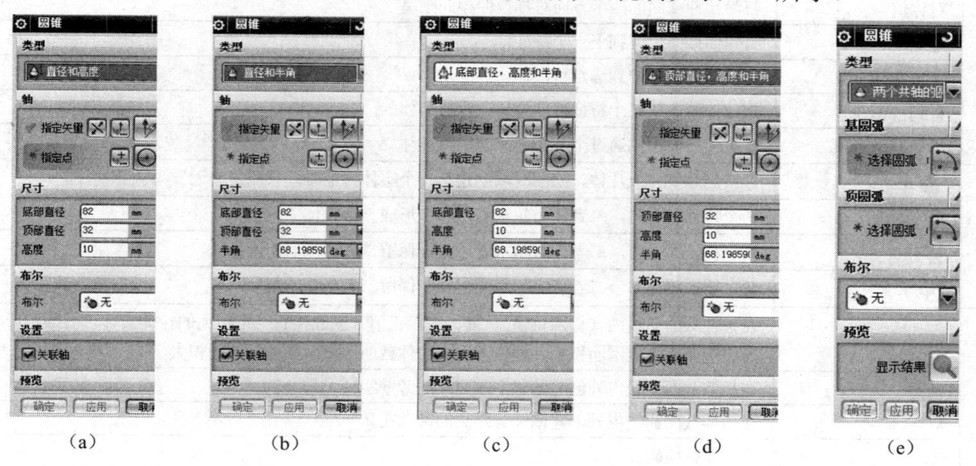

（a）　（b）　（c）　（d）　（e）

图 4-9　构建圆锥体对话框

表 4-5　各种构建圆锥体的方法说明

序号	名　称	含　义
1	直径，高度	通过设定圆锥顶圆、底圆直径和高度来创建圆锥体
2	直径，半角	通过设定圆锥顶圆、底圆直径和圆锥半角来创建圆锥体
3	底部直径，高度，半角	通过设定圆锥底圆直径、圆锥高度和圆锥半角来创建圆锥体
4	顶部直径，高度，半角	通过设定圆锥顶圆直径圆锥高度和圆锥半角来创建圆锥体
5	两个共轴的圆弧	通过选择两段参考圆弧来创建圆锥体，第一个选取圆弧为圆锥底圆，过该圆弧中心的平面矢量为圆锥轴线方向，第二个圆弧中心到第一个圆弧所在平面的距离为圆锥体的高度

3. 扫掠特征

扫描特征是指将截面几何体沿引导线或一定的方向扫描生成实体特征的方法，包括拉伸、旋转、扫掠和管道等构建实体方法。

（1）拉伸

拉伸是将截面曲线沿指定方向拉伸指定距离来建立实体特征。用于创建截面形状不规则、在拉伸方向上各截面形状保持一致的实体特征，拉伸是扫掠的一个特例。

单击“特征”工具栏的“拉伸”工具图标，或选择下拉菜单中的“插入\设计特征\拉伸”命令，弹出“拉伸”对话框，如图 4-10 所示。各选项组的名称与含义说明如表 4-6 所示。

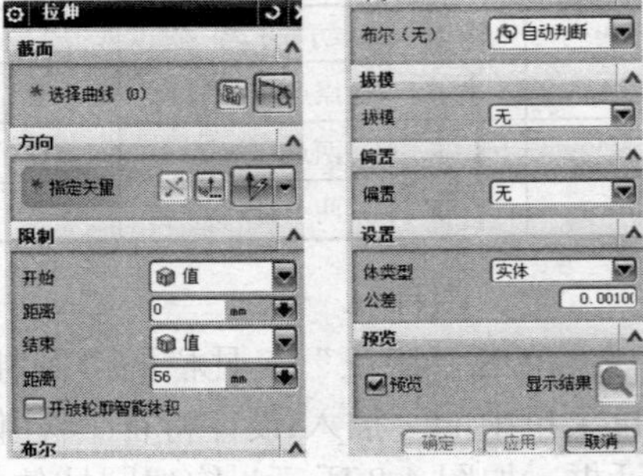

图 4-10 构建拉伸特征对话框

表 4-6 构建拉伸特征选项说明

选项组	选 择 项	说 明
截面	草图截面	单击，进入草图环境，绘制拉伸截面草图，完成草图后返回拉伸对话框
	曲线	单击，选择已有曲线或草图图形以定义拉伸截面
方向	矢量构造器、	单击，弹出“矢量构造器”，可构造截面拉伸矢量；
		单击下拉列表框，可选择拉伸矢量形式，与“矢量构造器”中选项相同
	反向	单击，可改变拉伸矢量的方向
限制	值	指定拉伸对象方向和距离，输入值可为正、负，都是相对拉伸截面所在平面而言，单位 mm，负值表示与拉伸方向相反的距离值
	对称值	将沿拉伸截面的两个方向对称拉伸相同距离
	直至下一个	将拉伸截面拉伸到下一个特征体
	直至选择对象	将拉伸截面拉伸到选定特征体
	直到被延伸	将拉伸截面从某个特征拉伸到另一个特征体
	贯通全部对象	将拉伸截面拉伸通过全部与其相交的特征体
布尔运算	无	直接创建实体或片体，绘图区域创建第一个实体特征时，只能是“无”，其他不可选
	求和	两个特征相交时，二者作布尔求和运算，形成一个整体
	求差	两个特征相交时，二者作布尔求差运算，保留二者相减后的部分
	求交	两个特征相交时，二者作布尔求交运算，保留二者相交的部分
偏置	单侧	在拉伸截面曲线内（输入负值）、外（输入正值）创建偏置一定距离的拉伸实体，内偏置形成实体截面比截面曲线包围面积小，外偏置形成实体截面比截面曲线包围面积大
	两侧	在拉伸截面曲线内外创建偏置不等距离的薄壁实体
	对称	在拉伸截面曲线内外创建偏置等距离的薄壁实体
草图	无	不创建拔模斜度
	从起始限制	从拉伸起始位置创建斜度，用于拉伸不是从截面曲线所在平面开始的情形
	从截面	从拉伸截面曲线位置创建斜度
	起始截面-非对称角	从截面曲线向两侧拉伸时，两侧斜度不对称，分别输入两个角度值
	起始截面-对称角	从截面曲线向两侧拉伸时，两侧斜度对称，输入一个角度值
	从截面匹配的端部	以截面曲线的正向斜度的端部截面为基准，截面负向的端部截面与正向端截面相同
设置	实体	构建的特征为实体
	片体	构建特征为片体
	公差	输入拉伸特征的公差值
预览	显示结果	勾选预览前复工选框，在图形拉伸过程中显示拉伸特征效果，取消勾选项复选框时，只有单击【确定】按钮后，才显示拉伸效果

（2）回转

回转是将截面曲线通过绕设定轴线旋转生成实体或片体。

单击“特征”工具栏的“回转”工具图标，或选择下拉菜单中的“插入\设计特征\回转\”命令，弹出“回转”对话框，如图 4-11 所示。

各选项组的名称与含义说明与表 4-6 所述基本相同。其中“轴”选项中需指定旋转轴和旋转中心；限制选项中需指定旋转开始角度和终止角度，角度的正负按右手螺旋法则确定，符合右手螺旋法则的角度为正，反之为负。

图 4-11　构建回转特征对话框

（3）扫掠

扫掠是将截面线串沿引导线串运动生成实体或片体，当截面为封闭曲线时，扫掠取生成实体特征，反之生成曲面特征。

单击“特征”工具栏的“扫掠”工具图标，或选择下拉菜单中的“插入\设计特征\扫掠\命令，弹出“扫掠”对话框，如图 4-12 所示。下面介绍对话框中主要选项的含义与功能：

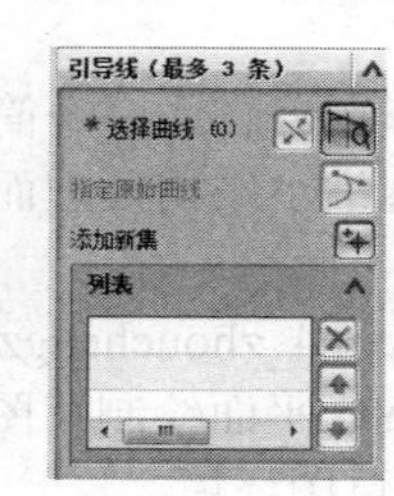

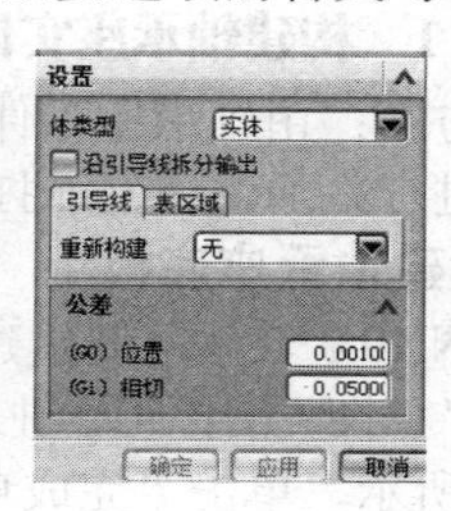

图 4-12　构建“扫掠”实体或曲面对话框

在“截面”组框中单击“截面”按钮，在图形区选择截面线串。如果有多条截面线串，在每选择一条截面线串后，在列表框中单击空白行表示增加新截面，注意截面线串的方向要相同，否则，创建的扫掠实体是扭曲体。若截面线串方向不同，单击“反向”按钮，翻转曲线方向。

在“引导线”组框中单击“引导线”按钮，在图形区选择引导线串。在几何上，引导线是母线，根据三点确定一个平面的原理，引导线最多 3 条。如果有多条引导线串，在每选择一条引导线串后，在列表框中单击空白行表示增加新引导线，注意引导线串的方向要相同，否则，创建的扫掠实体是扭曲体。若引导线串方向不同，单击“反向”按钮，翻转曲线方向。

在“截面选项”组框中，设置截面位置、对齐方法、定位方法、缩放方法。

“截面位置”选项：当选取的截面线串只有一条时，显示“截面位置”组框。选项有：

① 引导线任何位置：指扫掠体在引导线的两端点之间；

② 引导线末端：指扫掠体从截面线位置开始，而不在引导线的两端点之间。

“插值”选项：当选取的截面线串是一条以上时，显示“插值”组框。选项有：

① 线性：指从第一条截面线串到第二条截面线串的变化是线性的；

② 三次：指从第一条截面线串到第二条截面线串的变化是三次函数。

“对齐方法”选项：用于控制截面线串之间的对齐方式，选项有：

① 参数：沿着定义曲线通过相等参数区间将曲线的全长完全等分；

② 圆弧长：沿着定义曲线通过相等弧长区间将曲线的全长完全等分；

③ 根据点：用于在各截面线上定义点的位置，系统会根据定义点的位置产生薄体，各个

截面上的点将被一条母线连接。

“定位方法”选项：当选取的引导线只有一条时，显示“定位方法”组框，含义是当截面线沿着引导线串移动时，系统必须建立沿引导线串的不同点处计算中间局部坐标系的一致方法，引导线串的切线矢量作为局部坐标系的一个轴，系统提供指定第二个轴矢量的各种方法有：

① 固定：截面线串以其所在平面的法线方向，沿引导线移动生成简单的平行或平移形式扫掠体；

② 面的法向：局部坐标系的第二个轴与沿引导线串的各个点处的某曲面法向矢量一致；

③ 另一条曲线：定义平面上的曲线或实体边线为扫描体方位控制线；

④ 一个点：用于定义一点，使截面沿着引导线的长度延伸到该点的方向；

⑤ 强制方向：截面将以所指定的固定向量方向扫掠引导线。

“缩放方法”选项：当只指定一条引导线时，缩放选项用于设置截面线在通过引导线时，截面尺寸的缩放比例。具体选项介绍从略。

三、项目实施

任务 1　构建轴承座实体

造型方案：由轴承座零件图 4-1 可知，轴承座可分解成多个简单实体，可通过逐一构建简单实体且进行叠加、切割或打孔，最后进行边倒圆细小结构处理而成。具体构建步骤如下。

1. 构建轴承座底板

打开 NX9.0 软件，创建建模文件“E:\…\xm4\xm4_zhouchengzuo.prt”。

单击“草图”图标，进入草图环境，在 XC-YC 平面绘制草图“草图（1）SKETCH_000”，如图 4-13 所示，单击“完成草图”图标，退出草图环境。

单击“拉伸”特征工具图标，选取“草图（1）SKETCH_000”，向上拉伸，高度 20，单击“确定”按钮，结果如图 4-14 所示。

2. 构建支承板

单击“草图”图标，进入草图环境，在 XC-ZC 平面绘制“草图（3）SKETCH_001”：单击“轮廓”工具图标，选取底板后侧一棱角为起点，绘制如图 4-15 所示的封闭图形，*R*25 圆弧中心约束到 ZC 轴上，*R*25 圆弧与两侧斜线相切；标注尺寸 *R*25、圆弧圆心到 XC 轴距离 70。

单击“完成草图”图标，退出草图环境。

单击“拉伸”特征工具图标，选取“草图（3）SKETCH_001”，向前拉伸，高度 20，在“布尔”选项组中选取“求和”，单击“确定”按钮，结果如图 4-16 所示。

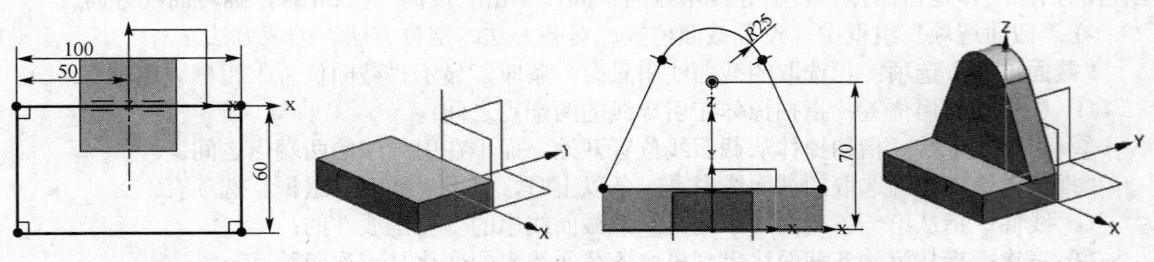

图 4-13　轴承座底板草图　　图 4-14　构建底板实体　　图 4-15　轴承座支承板草图　　图 4-16　构建轴承座支承板实体

3. 构建轴承座圆柱体

单击“草图”图标，进入草图环境，选取支板前平面绘制草图“草图（5）SKETCH_002”：单击“圆”工具图标，选取“点+半径”绘圆方法图标，捕捉支板圆弧中心确定圆心，光标拖到支承板的圆弧与直线切点处确定圆的直径，绘制圆，如图 4-17 所示；单击“完成草图”图标，退出草图环境。

单击“拉伸”特征工具图标，选取草图“草图（5）SKETCH_002”，向前拉伸，高度 40，在“布尔”选项组中选取“求和”，单击“确定”按钮，结果如图 4-18 所示。

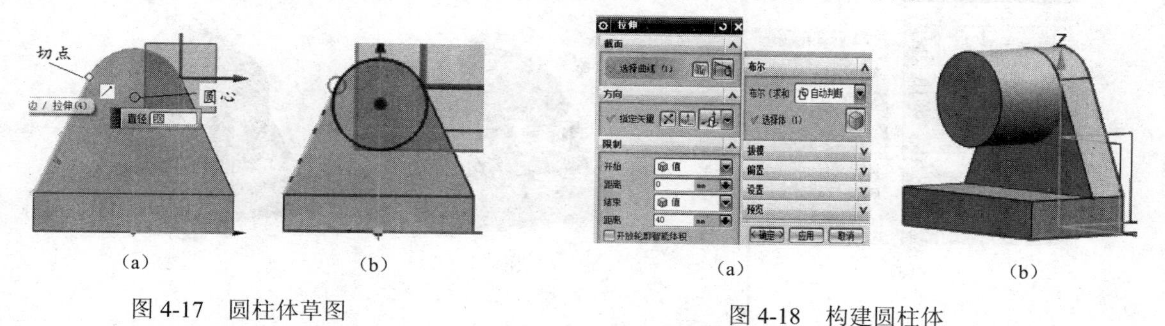

图 4-17　圆柱体草图

图 4-18　构建圆柱体

4. 构建支承筋板

从“插入\设计特征”工具图标组中单击 筋板(I) 工具图标，弹出“筋板”对话框，设置“尺寸”、“厚度”等选项，如图 4-19（a）所示，选取已建实体为目标，选取 YZ 平面为筋板纵截面，如图 4-19（b）所示，进入草图环境，绘制如图 4-19（c）所示相交两直线，单击“完成草图”图标，退出草图环境，模型中自动生成筋板，如图 4-19（d）所示，单击“筋板”对话框中，单击“确定”按钮，结果如图 4-19（e）所示。

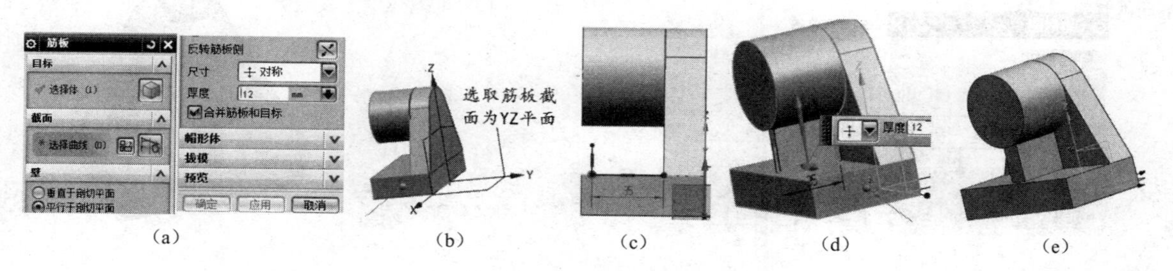

图 4-19　构建支承筋板

5. 构建注油凸台

单击“草图”图标，进入草图环境，草图平面选项中选取“创建平面”，指定平面时，选取“XC-YC”平面选项，如图 4-20（a）所示；在图形中显示 XC-YC 平面图标，并出现输入距离的提示框，输入 100，如图 4-20（b）所示，回车，创建与 XC-YC 平面和平行且相距 100 的草图平面，如图 4-20（c）所示，单击“确定”按钮，绘制草图“草图（9）SKETCH_004”，如图 4-20（d）所示。单击“完成草图”图标，退出草图环境。

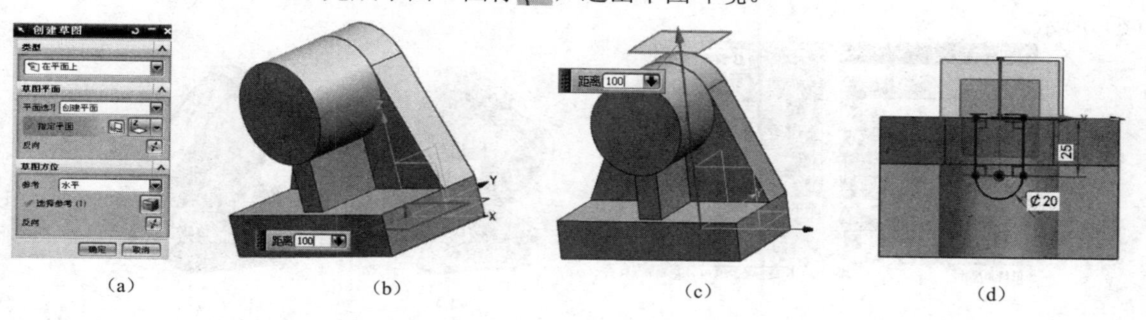

图 4-20　构建注油凸台草图过程

单击“拉伸”特征工具图标，选取“草图（9）SKETCH_004”，向下拉伸，“限制”选项中，开始：值，距离 0；结束：直至选定，如图 4-21（a）所示；在模型中选取圆柱面，如图 4-21（b）所示，在“布尔”选项组中选取“求和”，单击“确定”按钮，结果如图 4-21（c）所示。

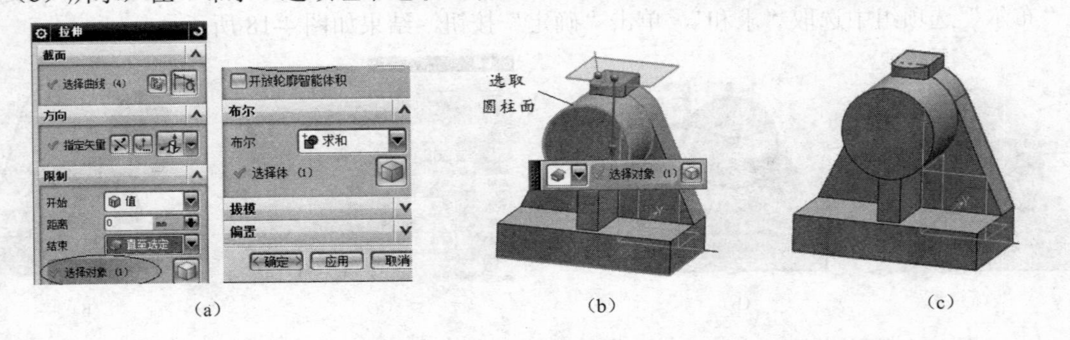

图 4-21 构建注油凸台实体

6. 构建底板圆角

单击“边倒圆”特征编辑工具图标，弹出“边倒圆”对话框，输入半径 12，如图 4-22（a）所示；选取底板前两棱边，如图 4-22（b）所示，单击“确定”按钮，倒圆角结果如图 4-22（c）所示。

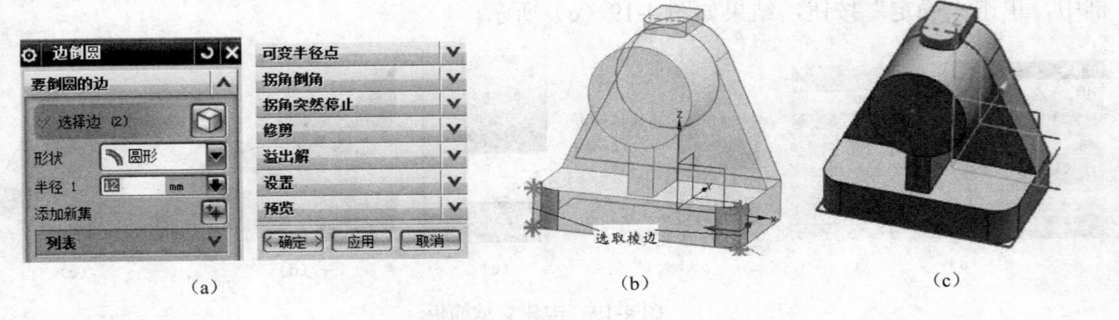

图 4-22 构建底板圆角

7. 构建轴承座孔

单击“孔”特征工具图标，弹出“孔”特征对话框，选取“孔”类型“常规孔”图标 ⊔，方向：垂直于面，如图 4-23（a）所示；指定点：选取圆柱前端面圆心，形状和尺寸：成形：简单 ⊔；孔尺寸：直径 36、深度 70（深度应大于轴承座板宽度，确保挖出穿孔），如图 4-23（b）所示；布尔运算：求差；单击对话框中的“应用”按钮，生成ϕ36 轴承座孔特征，如图 4-23（c）所示。

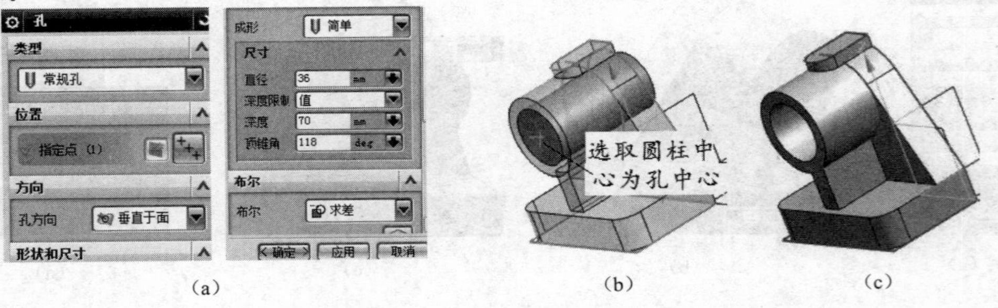

图 4-23 构建ϕ36 轴承座孔

8. 构建底板螺栓间隙孔

轴承座底板上 2×ϕ12 一般是螺栓连接用的间隙孔，可选用“螺钉间隙孔” 类型，选取螺钉尺寸 M10，选取“等尺寸配对”类型：“loose（H14）”，即松配对，14 级精度；则显示孔尺寸，直径：12，孔对话框设置如图 4-24（a）所示；指定孔位置时，指定点：底板前圆角中心，如图 4-24（b）所示，单击对话框中“应用”按钮，生成ϕ12 螺钉间隙孔特征，如图 4-24（c）所示，同样操作，构建另一螺钉间隙孔特征，如图 4-24（d）所示。

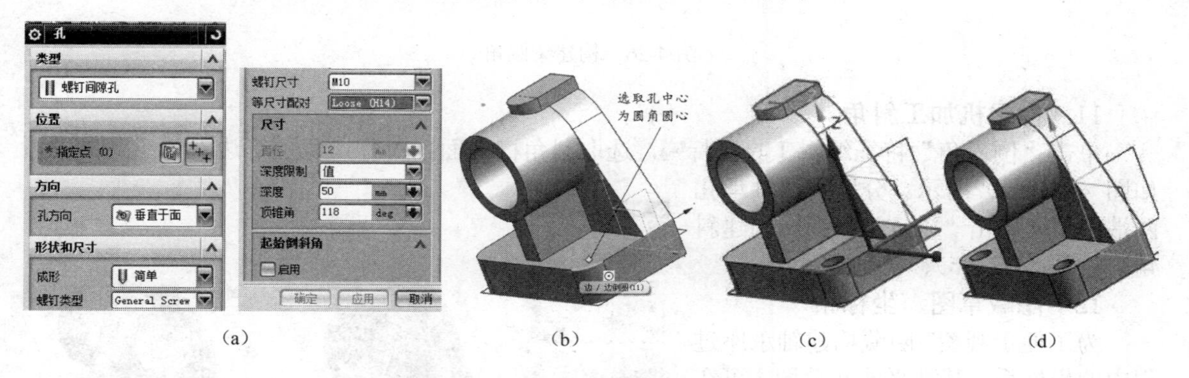

图 4-24　构建底板上 2×ϕ12 螺钉间隙孔

9. 构建注油塞螺纹孔

在“孔”特征对话框中，选取“孔”类型：螺纹孔，选取尺寸：M10×1.5，自动显示丝锥直径 8.5；深度类型：完整；旋向：右旋；深度限制：直至选定；如图 4-25（a）所示；在模型中选取ϕ36 轴承孔内表面；位置：指定点：凸台圆弧面中心点；显示孔形状如图 4-25（b）所示；单击对话框中“应用”按钮，生成 M10 螺钉孔特征，如图 4-25（c）所示。

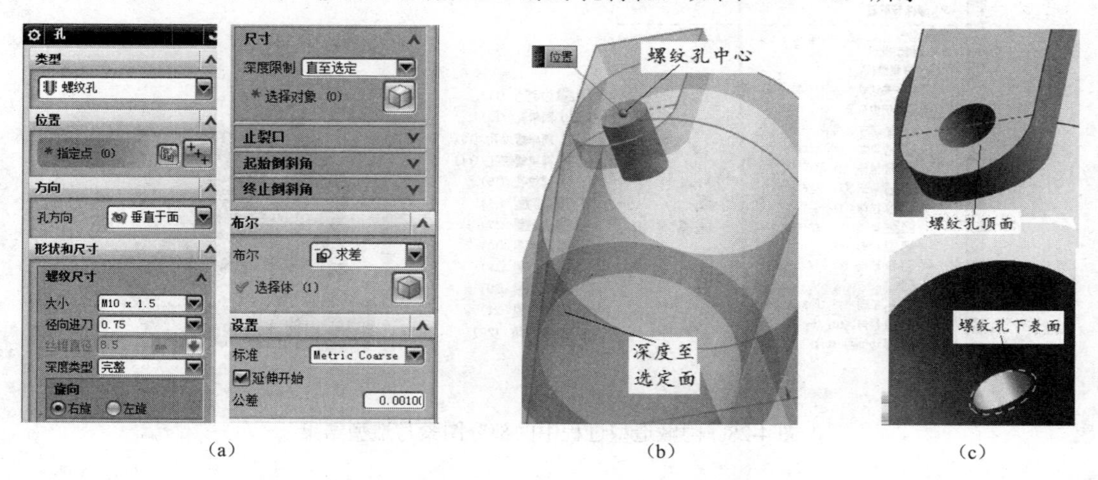

图 4-25　构建凸台上注油塞螺纹孔

10. 构建铸造圆角

单击“边倒圆”特征编辑工具图标，弹出“边倒圆”对话框，输入半径 3，如图 4-26（a）所示；选取如图 4-26（b）所示棱边，单击“应用”按钮，构建边倒圆角；同样操作，可实现各棱边的倒圆角，结果如图 4-26（c）所示。（技巧：先后选取的棱边不同，边倒圆角操作的速度差别较大。如本例中，先选取支承板、筋板棱边倒圆角，形成多个棱边相切联接，则可提高倒圆角速度。）

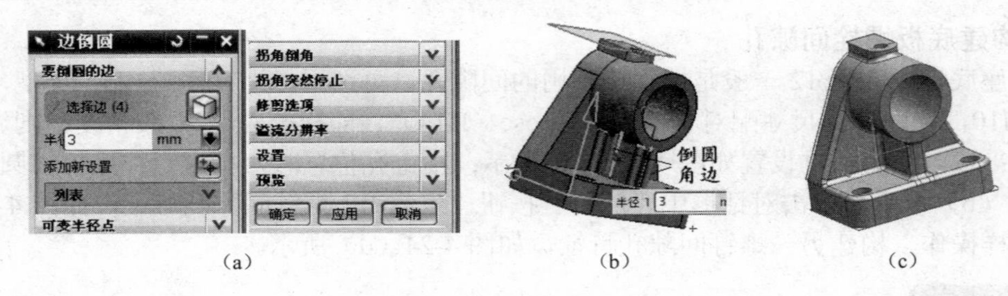

图 4-26 构建铸圆角

11. **构建机加工斜角**

单击“倒斜角”特征编辑工具图标，选取斜角横截面：对称；即倒等边斜角；距离 2，如图 4-27（a）所示。分别选取轴承孔两端棱边，单击“确定”按钮，构建斜角，如图 4-27（b）、（c）所示。

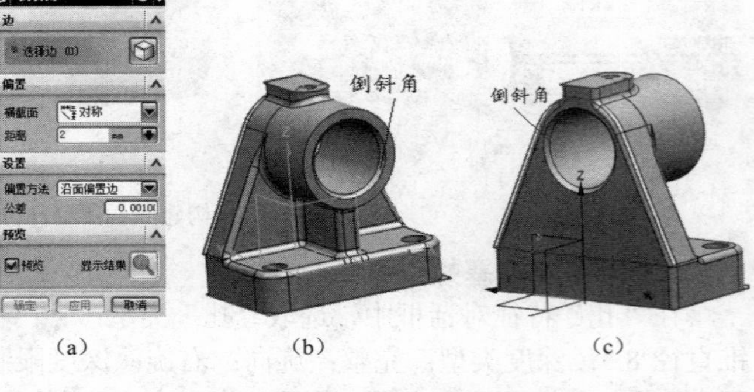

图 4-27 构建斜角

12. **隐藏草图、坐标系**

为了便于观察，隐藏构建轴承座过程中的坐标系、基准平面和草图，可在“资源条”中的“部件导航器”中，右键选取欲隐藏的图素名称，弹出快捷菜单，单击“隐藏”菜单项，实现隐藏操作，如图 4-28（a）所示，造型结果如图 4-28（b）所示。

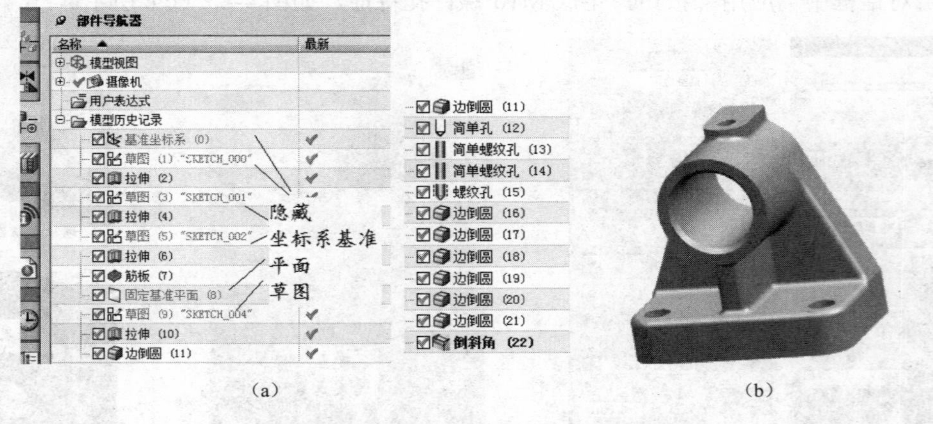

图 4-28 隐藏造型过程中的部分图素与造型结果

任务 2 构建皮带轮实体

造型方案：皮带轮可看作是一个轴向截面曲线绕中心轴线回转而形成的零件，可先绘制轴向半截面，然后进行回转造型，最后进行倒圆角、倒角、挖键槽处理而形成实体模型。

1. **绘制轴向半截面草图**

打开 NX9.0 软件，创建建模文件“E⋯\xm4\xm4_pidailun.prt”。

单击“草图”图标，进入草图环境，在 XC-ZC 平面绘制 “草图（1）SKETCH_000”，施加关于 X 轴的对称约束、与 X、Y 轴平行约束等，如图 4-29（a）所示；

再绘制中间带轮槽部分形状，如图 4-29（b）所示；

单击阵列曲线工具图标，设置“阵列曲线”对话框选项，如图 4-29（c）所示，选取阵列曲线为 V 形槽图形，方向 1 沿 Z 轴方向，显示阵列图形如图 4-29（d）所示，单击“应用”按钮，形成 4-29（e）所示图样；同样操作，将中间 V 形槽图形向下阵列，并修剪 V 形槽中的封口处线段，结果如图 4-29（f）所示，单击“完成草图”图标，退出草图环境。

2. 构建回转实体

单击“回转”工具图标，选取“草图（1）SKETCH_000”为回转截面，旋转角度 360°，如图 4-29（g）所示，选取 ZC 轴为回转轴，单击“确定”按钮，构建皮带轮实体如图 4-29（h）所示。

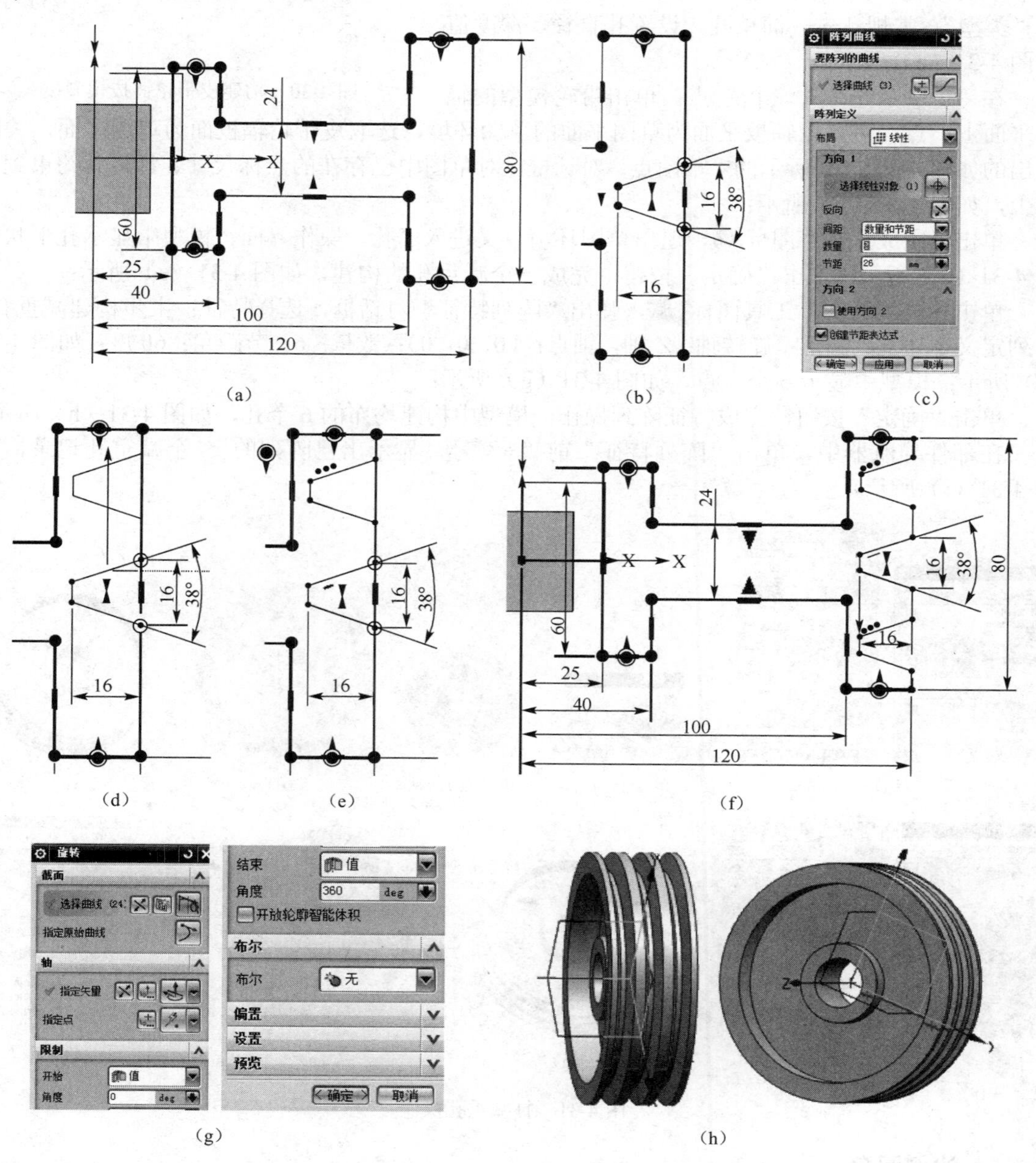

图 4-29　构建回转实体

3. 构建铸造拔模斜度

单击“拔模”工具图标，弹出“拔模”对话框，选择拔模类型“从边”，脱模方向选取ZC轴负向，固定边选取带轮缘内边棱圆。输入拔模角度–10，如图4-30（a）、（b）所示，单击“应用”按钮，生成一拔模斜度。同样操作，构建皮带轮中铸造拔模斜度，如图4-30（c）所示。

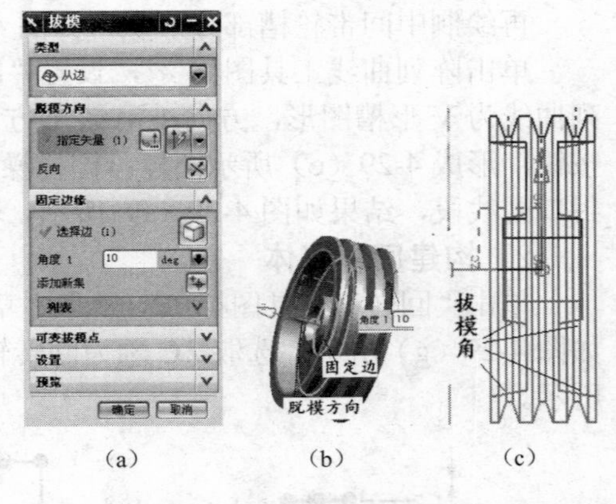

（a）　（b）　（c）

图4-30　构建皮带轮铸拔模斜度

4. 打减重孔

单击“孔”图标，弹出“打孔”对话框，选择孔“类型”：常规孔——简单孔，设置孔直径、深度值如图4-31（a）所示；

在“位置”选项中，指定点：单击带轮模型的辐板平面上一点，进入以辐板平面为草图平面的草图环境，选取皮带轮辐板面为草图平面，关闭弹出的如图4-31（b）所示的“草图点”对话框，对草图中已存在的点标尺寸、且将其约束到Y轴上，如图4-31（c）所示；

单击“完成草图”图标，退出草图环境，又进入“孔”操作界面，模型中显示孔形状如图4-31（d）所示，单击“确定”按钮，完成一个减重孔的构建，如图4-31（e）所示：

单击“阵列特征”工具图标，弹出“阵列特征”对话框，选择特征：上步构建减重孔；阵列定义中布局：圆形；旋转轴：Z轴，轴点：（0，0，0）；数量：6；节距角：60度；如图4-31（f）所示；模型中显示6个方点，如图4-31（g）所示；

单击“确定”按钮，完成特征阵列操作，模型中构建均布的6个孔，如图4-31（h）所示；

在部件导航器中，单击“阵列特征”前“+”号，显示出已阵列的5个减重孔记录，如图4-31（i）所示。

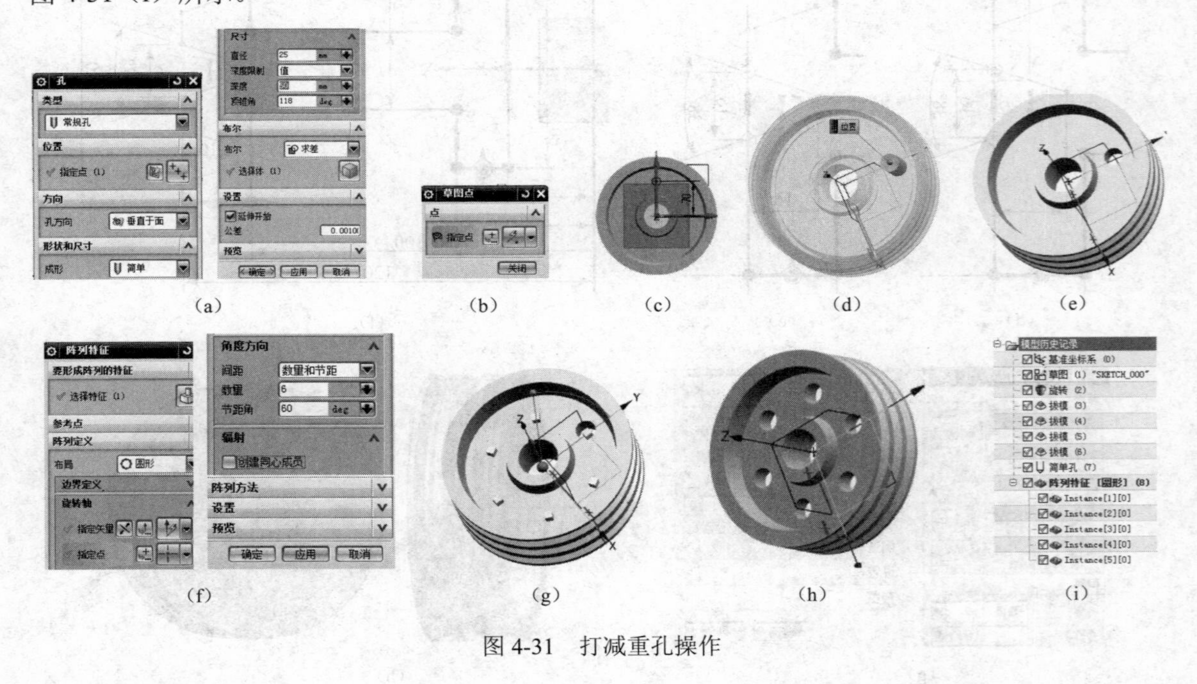

（a）　（b）　（c）　（d）　（e）

（f）　（g）　（h）　（i）

图4-31　打减重孔操作

5. 边倒圆角

单击“边倒圆”特征编辑工具图标，弹出“边倒圆”对话框，输入半径5，选取皮带轮两侧幅板处棱边倒圆角，选取减重孔棱边倒圆角 R3，结果如图 4-32 所示。

6. 倒斜角

单击“倒斜角”特征编辑工具图标，弹出“倒斜角”对话框，选取横截面“对称”，输入距离 2，如图 4-33（a）所示，选取皮带轮两侧所有棱边，结果如图 4-33（b）所示。

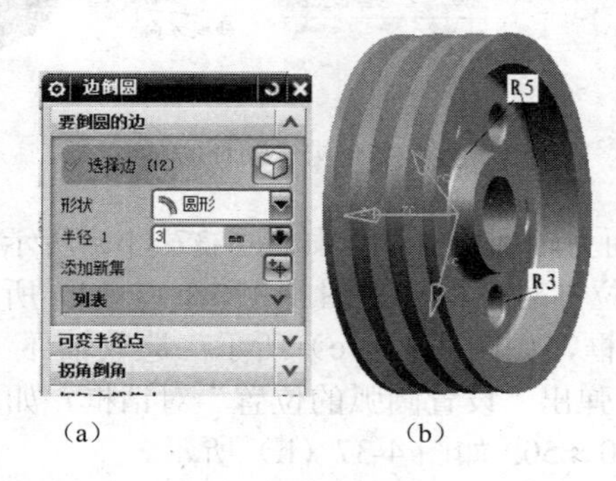

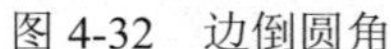

（a）　（b）

图 4-32　边倒圆角

（a）　（b）

图 4-33　倒斜角

7. 挖键槽

单击“草图”图标，进入草图环境，选取皮带轮内孔端面为草图平面，绘制草图“SKETCH_002”，如图 4-34（a）所示，单击“完成草图”图标，退出草图环境。

单击“拉伸”特征工具图标，选取草图“SKETCH_002”，向下拉伸，距离 70，在“布尔”选项组中选取“求差”，单击“确定”按钮，生成键槽，隐藏草图和坐标系，结果如图 4-34（b）所示。

至此，完成皮带轮的构建，结果如图 4-35 所示。

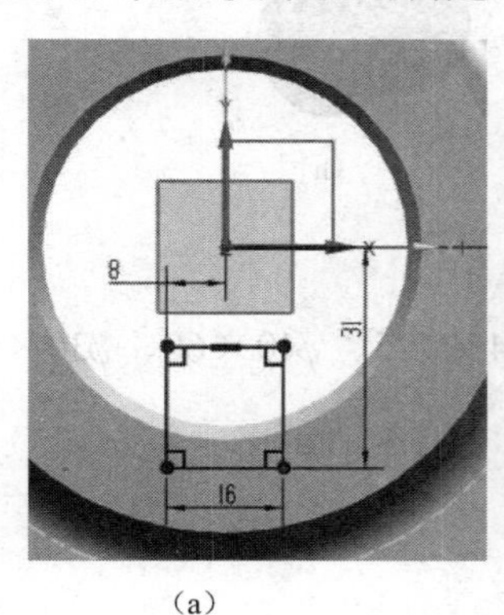

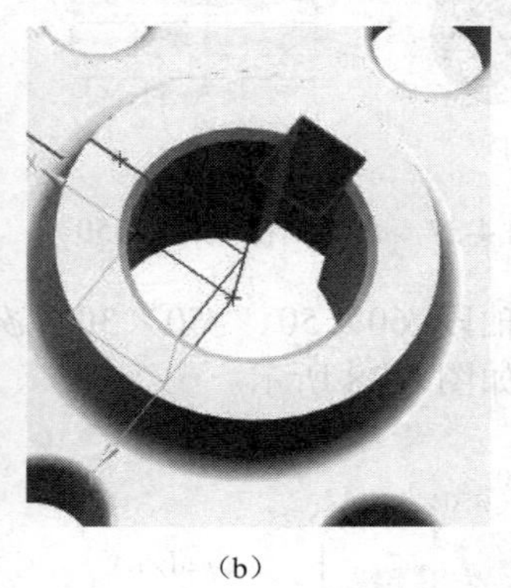

（a）　（b）

图 4-34　构建轴孔键槽

图 4-35　皮带轮构建结果

任务 3　构建阶梯轴实体

构建方案：由阶梯轴零件图 4-3 所示，可知，阶梯轴是由若干段圆柱体组成的回转体零件，且在某圆柱段上挖键槽或车螺纹、倒斜角、圆角等。其造型方法可以是绘制阶梯轴的轴剖面，使其绕轴线回转形成实体，也可将逐段圆柱体叠加而形成实体，再在某些圆柱段上挖键槽或车螺纹、倒斜角、圆角等操作，实现阶梯轴的构建。第一种造型方案请读者尝试，本任务采用第二种造型方案造型，具体造型步骤如下：

1. 构建直径最大轴段（轴环）

打开 NX9.0 软件，创建建模文件“E:\…\xm4\xm4_jietizhou.prt”。

单击“圆柱”特征工具图标，弹出“圆柱”对话框，选取“类型”：轴、直径和高度；选取 XC 轴为轴线方向，输入直径：70；高度：15；如图 4-36（a）、（b）所示，单击“应用”按钮，生成轴环实体，如图 4-36（c）所示。

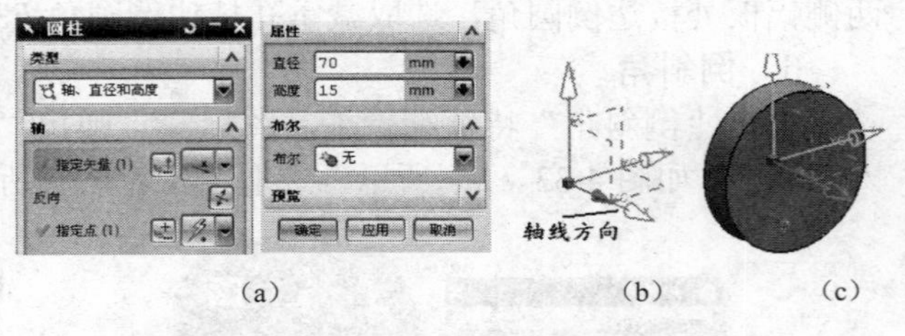

图 4-36　构建轴环实体

2. 依次叠加各轴段

单击“凸台”特征工具图标，弹出“凸台”对话框，如图 4-37（a）所示；选取凸台放置面为轴环右端面，如图 4-37（b）所示；输入直径 60；高度 50，单击“应用”按钮，弹出“定位”对话框，如图 4-37（c）、（d）所示；选取“点到点”定位方式图标，弹出“点到点”对话框，如图 4-37（e）所示；选取轴环（圆柱）右端面棱边为定位基准对象，如图 4-37（f）所示；弹出“设置圆弧的位置”对话框，如图 4-37（g）所示；单击“圆弧中心”按钮，叠加圆柱段ϕ60×50，如图 4-37（h）所示。

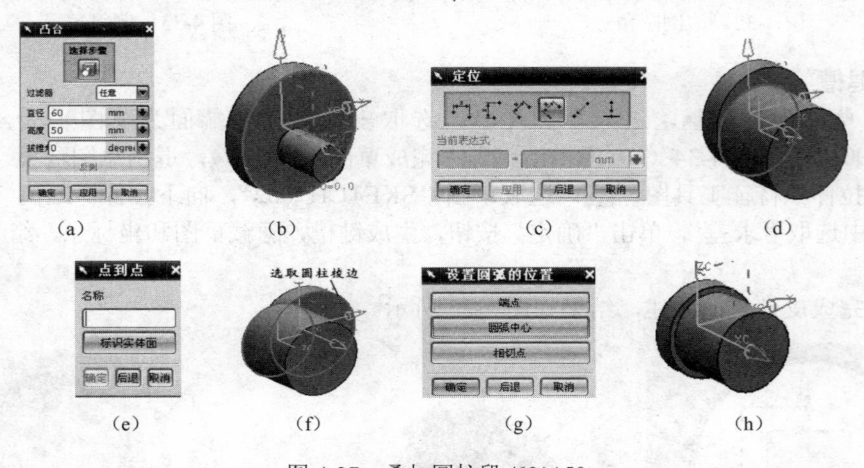

图 4-37　叠加圆柱段ϕ60×50

仿照上述操作，依次叠加圆柱轴段ϕ60×50、ϕ50×30、ϕ45×25、ϕ40×60、ϕ30×60、ϕ24×35、ϕ50×30、ϕ45×25。结果如图 4-38 所示。

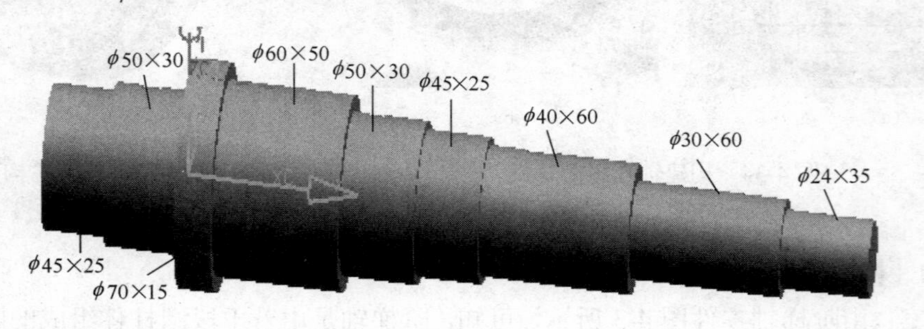

图 4-38　叠加各轴段

3. 构建ϕ60×50 轴段键槽

单击“基准平面”特征图标，弹出“基准平面”对话框，选取“类型”：XC-YC plane，偏置距离：30，如图 4-39（a）、（b）所示；单击“确定”按钮，构建一放置键槽的基准平面，如图 4-39（c）所示。

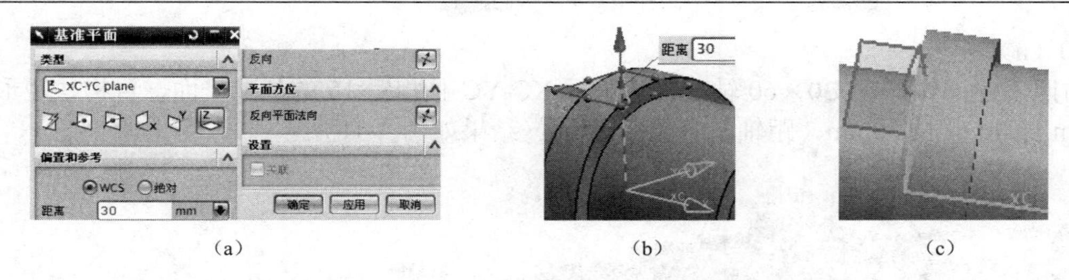

（a）　（b）　（c）

图 4-39　构建放置键槽基准平面

单击“键槽”特征工具图标，弹出“键槽”对话框，选取“矩形”键槽，如图 4-40（a）所示；

单击“确定”按钮，弹出“矩形键槽”对话框，如图 4-40（b）所示；选取上步创建的基准平面为放置键槽面，如图 4-40（c）所示；

弹出“接受默认边”选项对话框，如图 4-40（d）所示；单击“确定”按钮，弹出“水平参考”对话框，如图 4-40（e）所示；选取 XC 轴为水平参考方向，如图 4-40（f）所示；弹出“矩形键槽”尺寸设置对话框，输入键槽尺寸如图 4-40（g）所示；

单击“确定”按钮，弹出“定位”对话框，如图 4-40（h）所示；

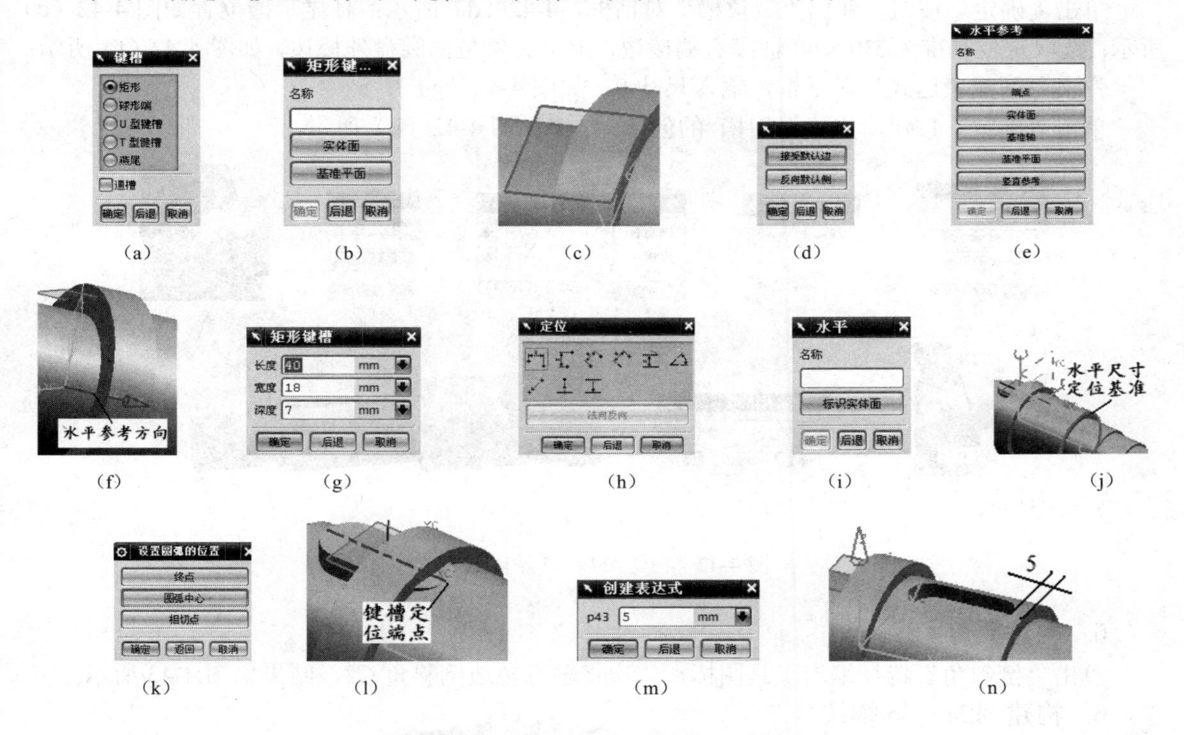

（a）　（b）　（c）　（d）　（e）

（f）　（g）　（h）　（i）　（j）

（k）　（l）　（m）　（n）

图 4-40　构建ϕ60×50 轴段键槽过程

单击“水平”尺寸按钮，弹出“水平”对话框，如图 4-40（i）所示；选取ϕ60×50 轴段右端面棱边为水平定位基准，如图 4-40（j）所示；弹出键槽端部“设置的圆弧位置”定位对话框，如图 4-40（k）所示；

单击“端点”按钮，选取键对称中心线的右端点，如图 4-40（l）所示；弹出尺寸“创建表达式”对话框，输入尺寸 5，如图 4-40（m）所示；单击“确定”按钮，创建键槽特征，如

图 4-40（n）所示。

仿照上述操作，在ϕ30×60 轴上构建平行 XC-YC 且相距 15 的基准平面，再构建矩形键槽宽 8mm 深 4mm 长 50mm，距轴段右端面 5mm。结果如图 4-41 所示。

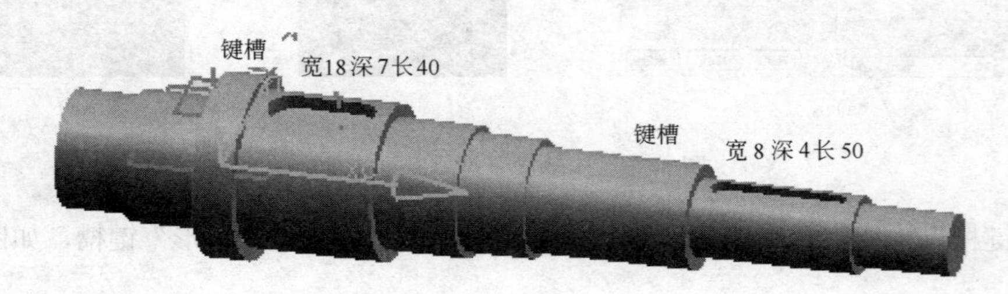

图 4-41 构建构建ϕ60×50 轴段、ϕ30×60 轴段键槽结果

4. 构建ϕ24×35 轴段退刀槽

单击“槽”特征图标，弹出“槽”对话框，如图 4-42（a）所示；

单击“矩形”按钮，弹出“矩形槽”对话框，如图 4-42（b）所示；选取ϕ24×35 轴段外圆柱面，弹出“矩形槽”尺寸设置对话框，输入尺寸参数如图 4-42（c）所示；

单击“确定”按钮，弹出“定位槽”对话框，4-42（d）所示；且显示槽位置如图 4-42（e）所示；选取定位基准为ϕ30×60 轴段右端棱边，定位对象是槽圆盘外棱边，如图 4-42（f）所示；

弹出“创建表达式”对话框，输入尺寸 0，如图 4-42（g）所示；

单击“确定”按钮，完成退刀槽 的创建，结果如图 4-42（h）所示。

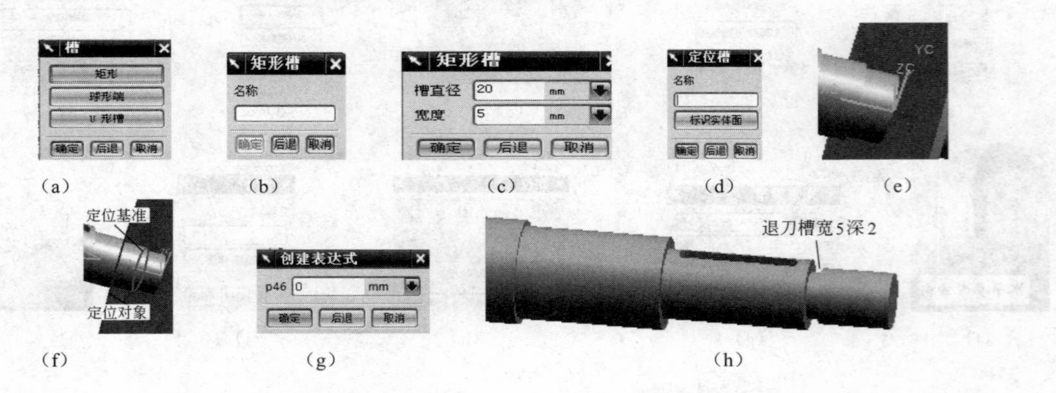

图 4-42 构建ϕ24×35 轴段退刀槽

5. 构建倒角 *C*2

单击“倒斜角”特征编辑工具图标，依次将轴端棱边倒斜角 *C*2，结果如图 4-43 所示。

6. 构建 M24×35 螺纹

单击“螺纹”特征工具图标，弹出“螺纹”对话框，选取“详细”选项，选取螺纹放置面，在螺纹放置轴段显示螺纹起始位置和方向，在螺纹对话框中显示螺纹参数，将长度加大，以保证螺纹槽完全贯通，如图 4-44（a）、（b）所示；单击“确定”按钮，构建螺纹如图 4-44（c）所示。

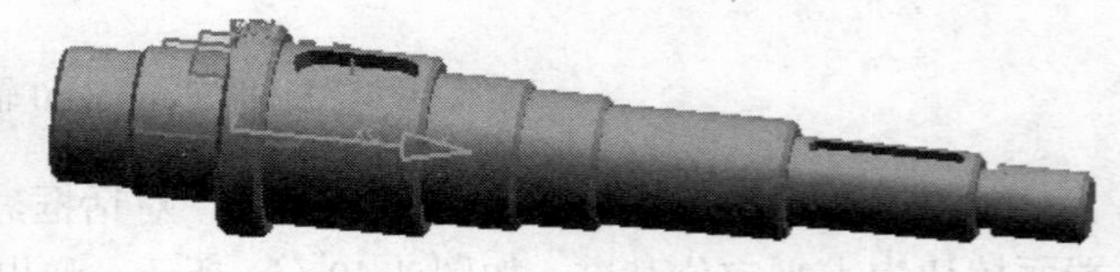

图 4-43 构建轴端棱边倒角 *C*2

至此，完成阶梯轴的构建，隐藏作图过程中坐标系和构建的基准平面，结果如图 4-3 所示。

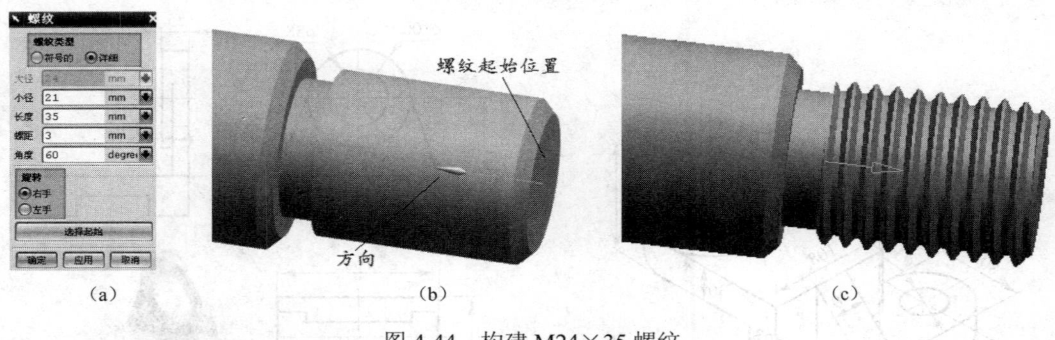

（a）　（b）　（c）

图 4-44　构建 M24×35 螺纹

四、拓展训练

请构建图 4-45 所示机件三维实体。

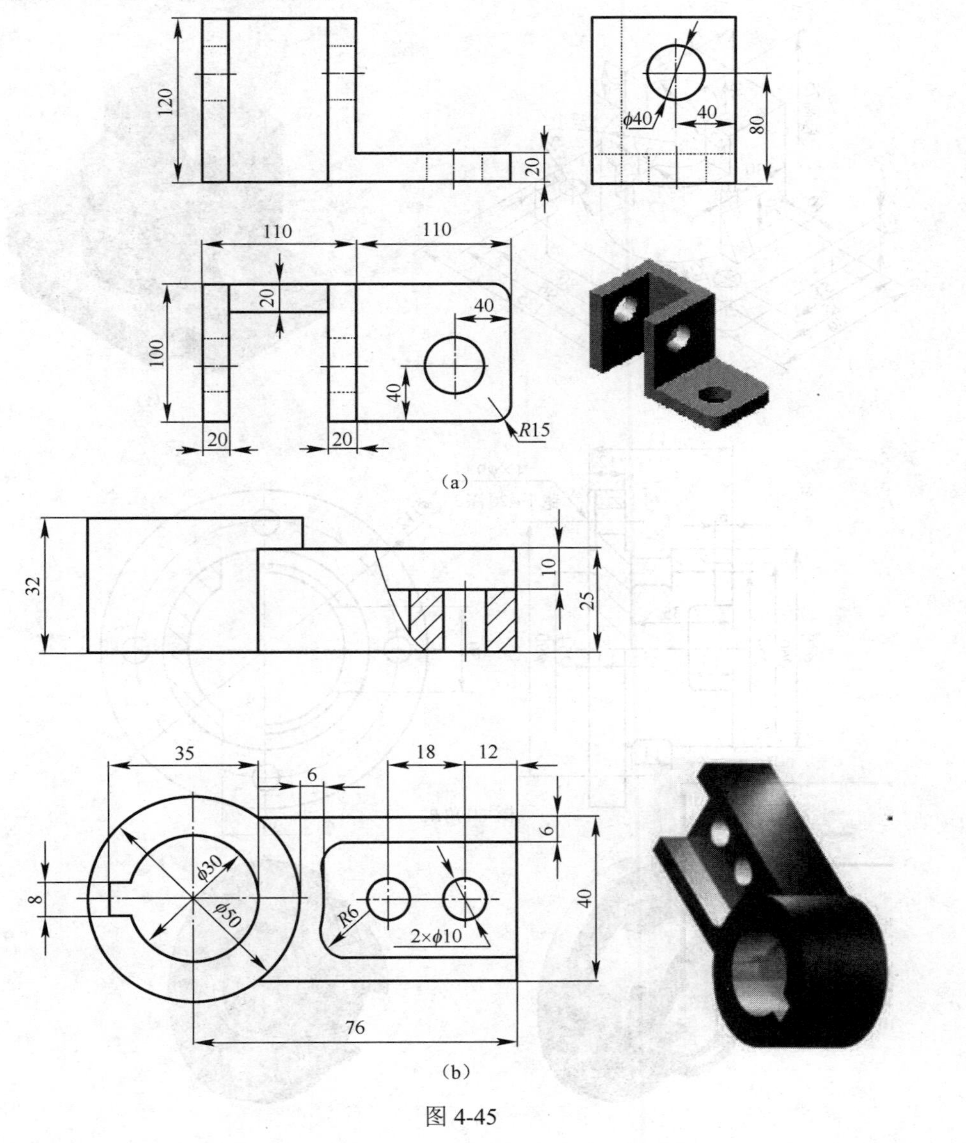

（a）
（b）

图 4-45

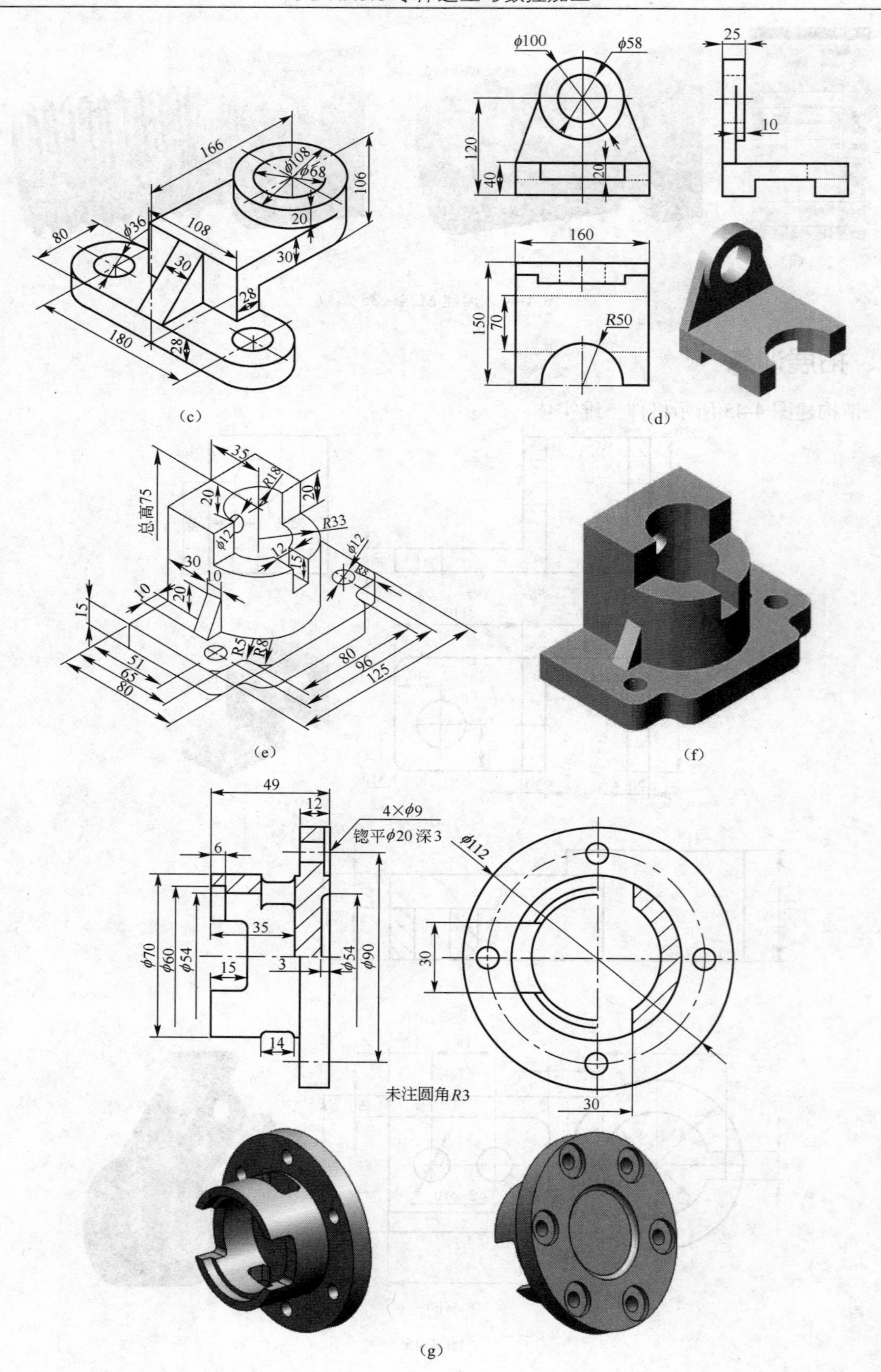
166
ϕ108
ϕ68
106
20
80
ϕ36
108
30
30
28
180
28
(c)
ϕ100
ϕ58
120
40
20
25
10
160
150
70
R50
(d)
35
R18
20
20
总高75
ϕ12
R33
12
5
ϕ12
R8
30
10
10
20
15
R5
R8
51
65
80
80
96
125
(e)
(f)
49
12
4×ϕ9
锪平ϕ20深3
6
35
ϕ70
ϕ60
ϕ54
15
3
ϕ54
ϕ90
14
ϕ112
30
30
未注圆角R3
(g)

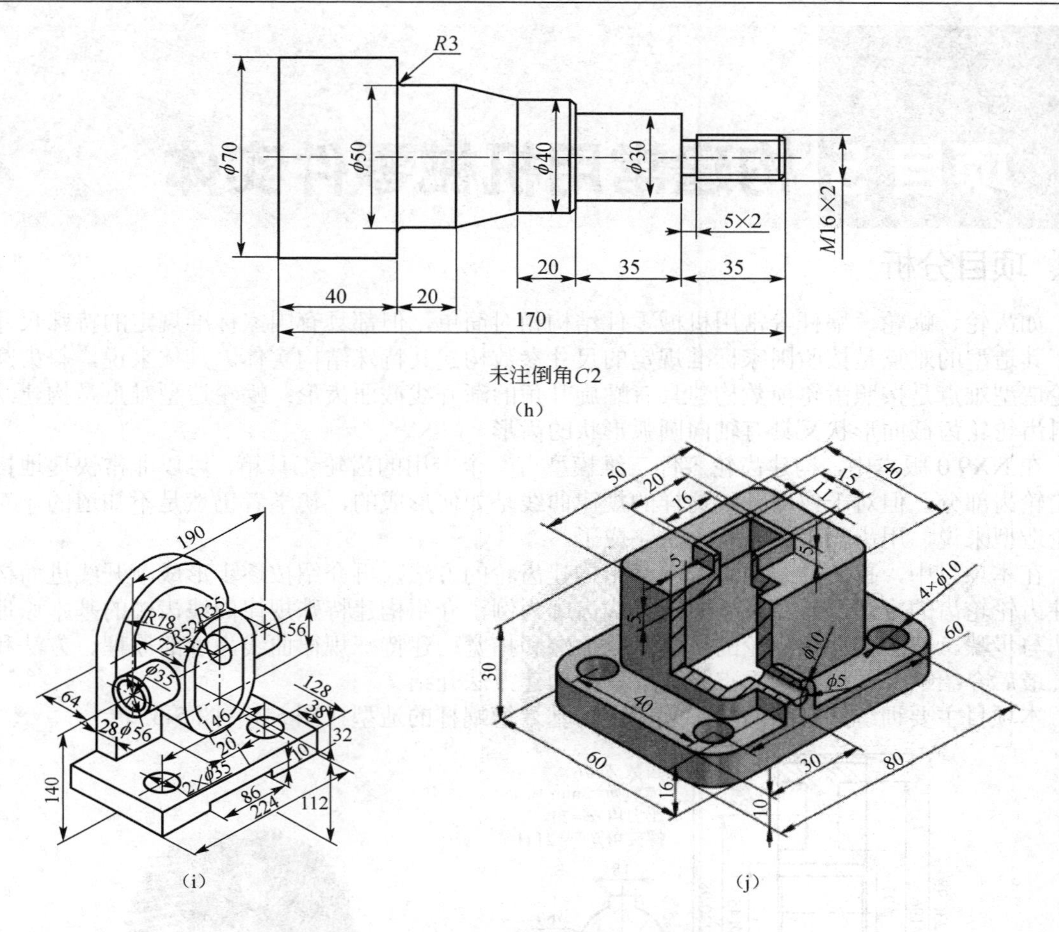

图 4-45　构建简单机件三维实体拓展训练题

项目 5　构建常用机械零件实体

一、项目分析

如齿轮、蜗轮、蜗杆等常用机械零件结构相对简单，但都具有国家标准规定的特殊尺寸参数，其造型的难点是按照国家标准规定的尺寸参数构建其特殊结构实体。具体来说，斜齿圆柱齿轮造型难点是按照齿轮模数构建具有螺旋升角的渐开线截面齿形；蜗轮造型难点是构建既具有斜齿轮轮齿截面形状又具有轴向圆弧形状的齿形。

在 NX9.0 版本中，构建齿轮零件三维模型有一个专用的齿轮工具箱，可以非常快捷地构建齿轮轮齿部分，但对于像渐开线这样的规律曲线是如何形成的，初学者仍然是不知道的，对于蜗轮造型来说，用齿轮工具箱就无法完成了。

在本项目中，首先介绍用齿轮工具箱构建齿轮的方法，再介绍按逐步形成渐开线进而构建圆柱齿轮轮齿的方法，旨在以构建渐开线齿廓为例，介绍构建特殊规律曲线齿廓的基本原理、方法与步骤。然后再介绍蜗轮的构建，以加深和拓宽构建特殊规律曲线齿廓的原理、方法和步骤，最后介绍蜗杆的构建，重点是螺旋槽的构建方法介绍。

本项目主要训练圆柱斜齿轮、蜗轮、阿基米德蜗杆的造型（图 5-1～图 5-3）。

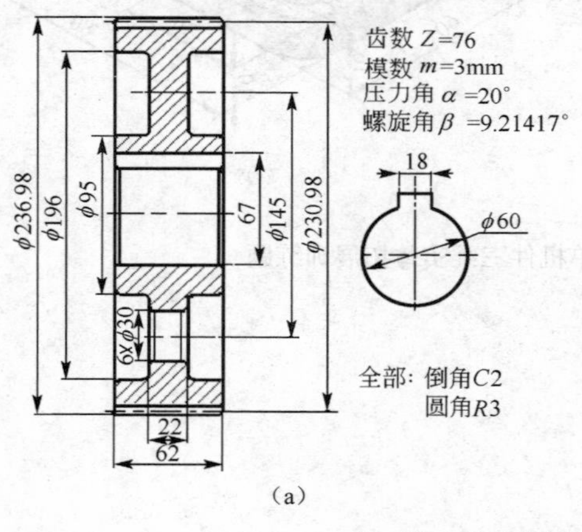

（a）

（b）

图 5-1　圆柱斜齿轮

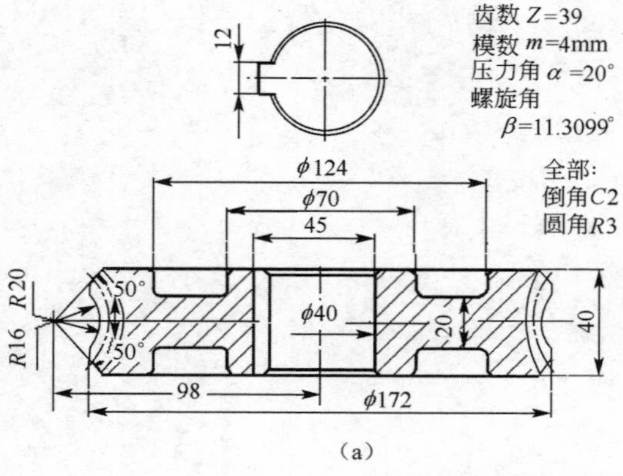

（a）

（b）

图 5-2　阿基米德蜗轮

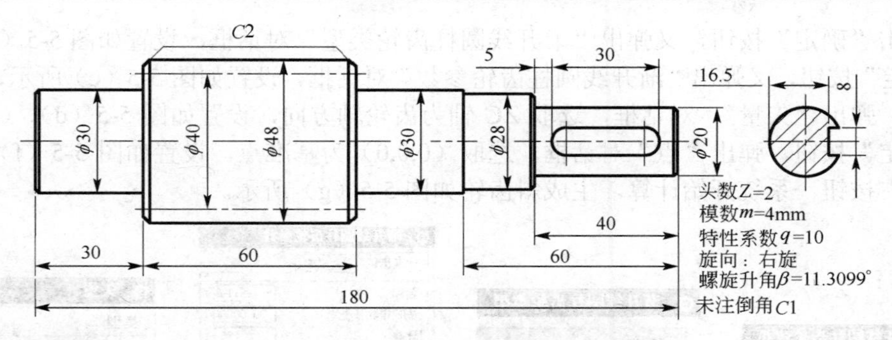

图 5-3　阿基米德蜗杆

二、相关知识

齿轮、蜗轮的轮齿截面具有渐开线形状，建立渐开线曲线需用 NX9.0 中的“表达式”工具，在表达式对话框中输入渐开线曲线的表达式，再运用“规律曲线”工具，即可构建渐开线，然后构建齿槽截面曲线，再沿齿槽轴向曲线（直齿轮为直线，斜齿轮、蜗轮都为螺旋线）扫掠，形成齿槽实体，从齿轮坯圆柱体中减去齿槽实体，便获得齿槽形状。

而在“表达式”工具中，用到了一个无量纲参数 t（$0<t<1$），（又称为基础变量），以表达曲线函数随之变化的关系；用到了一个中间变量 u，以表达规律曲线上动点在坐标系中角度 u 随 t 的变化规律。而位置坐标 x、y 表示随角度变量 u 变化时，曲线上点的位置坐标、变量之间的几何含义，如图 5-4（a）所示。软件中，参数 t 是一个可自动按一定规律取值的自变量，由给定的曲线始、终两点角度和曲线上动点 K（X，Y）随角度的变化规律，自动生成规律曲线。

如渐开线曲线，角度 u 在一定范围内变化，参考图 5-4（b），动点 K 的坐标（X，Y）可描述为：

a[度]；b[度]；t=0（恒量）；$u=(1-t)*a+t*b$ [度]；r_b[mm] ；

$x_t=r_b*\cos(u)+r_b*\mathrm{rad}(u)*\sin(u)$ [mm]；$y_t=r_b*\sin(u)-r_b*\mathrm{rad}(u)*\cos(u)$ [mm]

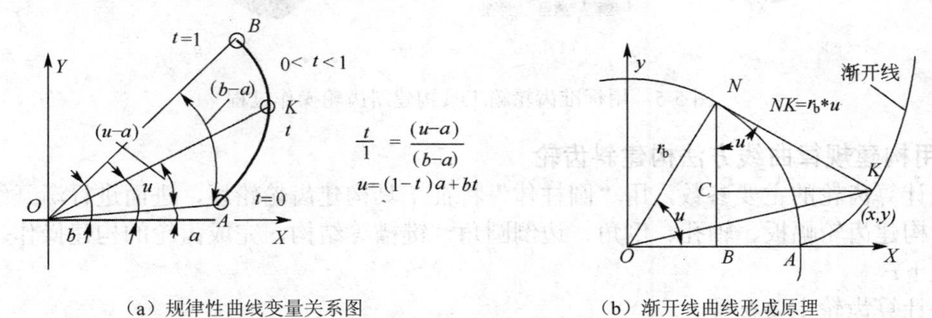

（a）规律性曲线变量关系图　　（b）渐开线曲线形成原理

图 5-4　表达式中描述规律性曲线变量关系图

三、项目实施

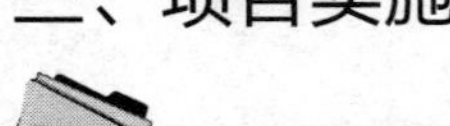

任务 1　构建圆柱斜齿轮零件实体

1. 用齿轮工具箱构建斜齿轮

启动 NX9.0，新建文件夹“E:\…\xm5”、文件名 xm5_xiechilun1.prt，进入建模模块。

单击“圆柱齿轮”工具图标，弹出“渐开线圆柱齿轮建模”对话框，设置如图 5-5（a）

所示，单击“确定”按钮，又弹出“渐开线圆柱齿轮类型”对话框，设置如图 5-5（b）所示，单击“确定”按钮，又弹出“渐开线圆柱齿轮参数”对话框，设置如图 5-5（c）所示，单击“确定”按钮，弹出“矢量” 对话框，选取 ZC 轴为齿轮轴方向，设置如图 5-5（d）、（e）所示，单击“确定”按钮，弹出“点”对话框，选取（0,0,0）为基准点，设置如图 5-5（f）所示，单击“确定”按钮，系统开始计算，生成斜齿轮如图 5-5（g）所示。

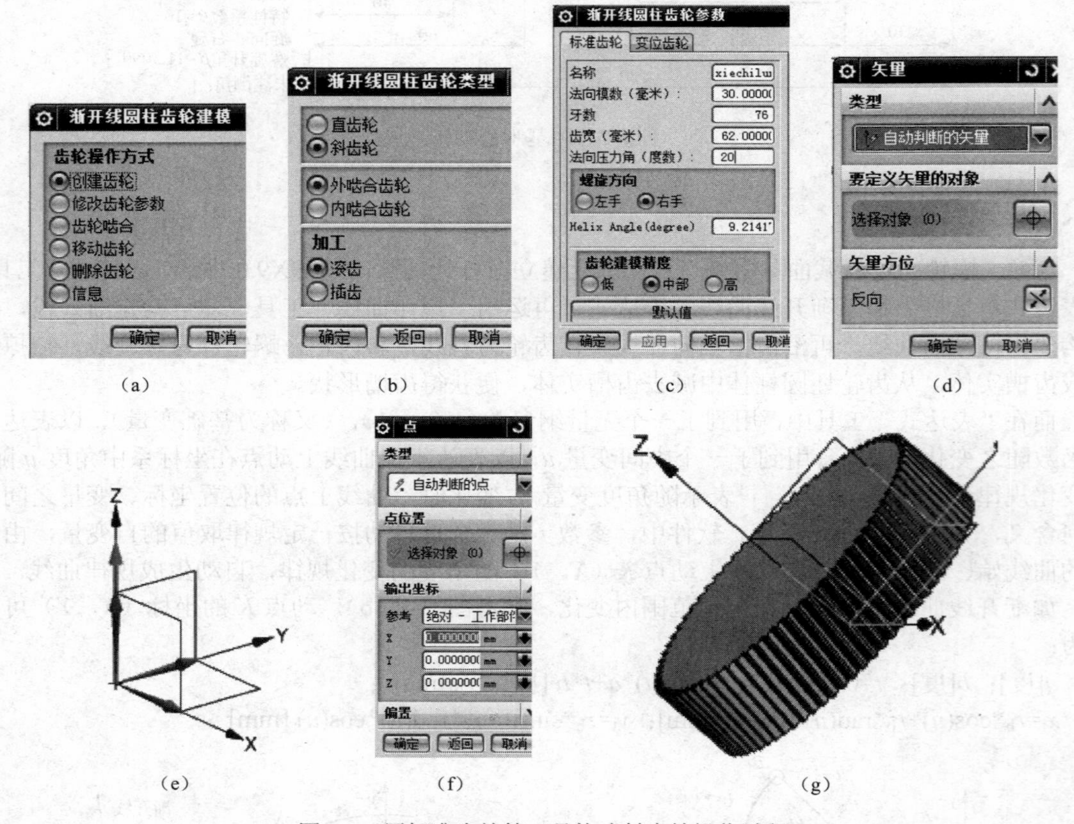

图 5-5 用标准齿轮箱工具构建斜齿轮操作过程

2. 用构建规律曲线方法构建斜齿轮

首先计算齿轮的主要参数，用“圆柱体”特征工具构建齿轮轮坯，进而进行渐开线齿形构建；然后构建齿轮幅板、轴孔、倒角、边倒圆角、键槽等结构，完成齿轮的构建操作。具体构建步骤如下：

（1）计算齿轮主要参数

若给定齿轮参数：法面模数：m=3mm，齿数 Z=76；法面压力角 α=20°；螺旋角 β=9.21417°；齿轮厚度 B=62mm；中间幅板厚度 b=22mm；轴孔直径 d_0=50mm；减重孔数：6；孔径 30mm。

计算齿轮主要参数：

端面模数 m_t=3/cos9.21417°=3.039216mm

分度圆直径 d=76×3/ cos9.21417°=230.980 mm

端面压力角 α_t=arctan(tan20°/cos9.21417°)=20.2404°

基圆直径 d_b=230.980/cos20.2404°=216.717 mm

齿顶圆直径 d_a=230.980+3×1×2=236.980mm

齿根圆直径 d_f=230.980−3×1.25×2=223.480mm

分度圆上齿槽角 θ=360°/76/2=2.3684°

螺旋线螺距：P=230.98π/tan(9.21417°)=4473.258mm

（2）构建齿轮轮坯

启动 NX9.0，新建文件夹“E:\…\xm5”、文件名 xm5_xiechilun.prt，进入建模模块。

单击“圆柱体”图标，在对话框中输入：直径为齿轮顶圆直径 d_a=236.980mm。高度为齿轮厚度 B=62mm。构图平面为 XC-YC 平面，定位在坐标系原点，生成圆柱体，对圆柱体倒斜角 $C2$，结果如图 5-6（a）所示。

（3）构建齿轮轮齿

① 设置齿廓渐开线表达式

从菜单栏单击“工具”、“表达式”打开“表达式”对话框，建立如表 5-1 左栏的表达式。注意每个变量的单位，本例中，t 是无单位量（恒量），a、b、u 的单位是角度“度”，xt、yt 的单位是长度毫米“mm”。（在输入表达式时，要先输入 t，再输入 a、b、u、rb、xt、yt，因为 t 是参数，后续变量对其有引用）。

（单击“表达式”对话框右上角“表达式导出到文件”图标，产生一个“*.exp”格式文件，且可用“记事本”打开，与渐开线有关的变量如表 5-1 右栏所示。）

表 5-1　渐开线曲线表达式构建结果

表达式对话框	表达式导出到文件后记事本打开显示结果
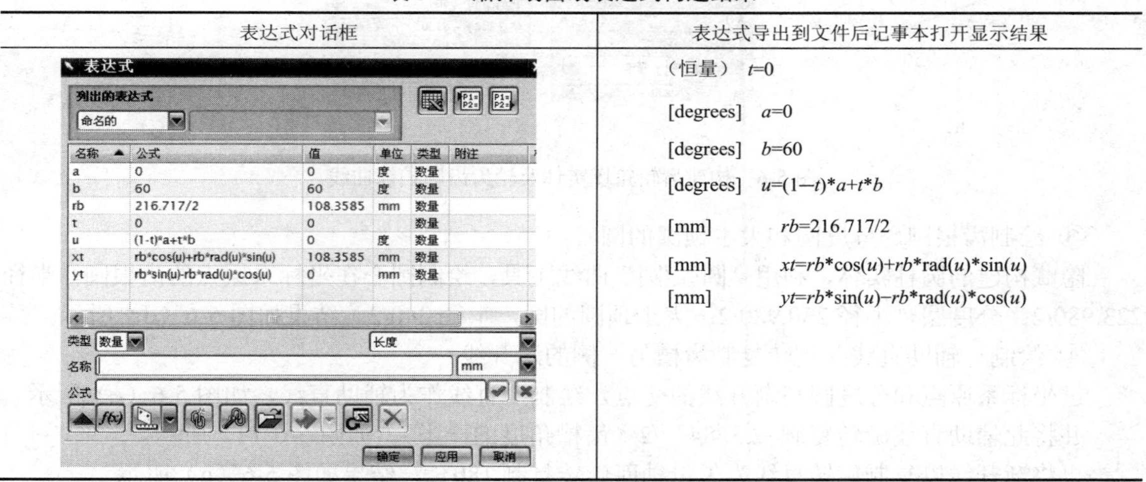	（恒量）　t=0 [degrees]　a=0 [degrees]　b=60 [degrees]　u=(1−t)*a+t*b [mm]　rb=216.717/2 [mm]　xt=rb*cos(u)+rb*rad(u)*sin(u) [mm]　yt=rb*sin(u)−rb*rad(u)*cos(u)

② 绘制渐开线

隐藏齿轮坯实体，单击“规律曲线”图标，打开“规律曲线”对话框，设置如图 5-6（b）所示；单击“确定”按钮，生成渐开线如图 5-6（c）所示。

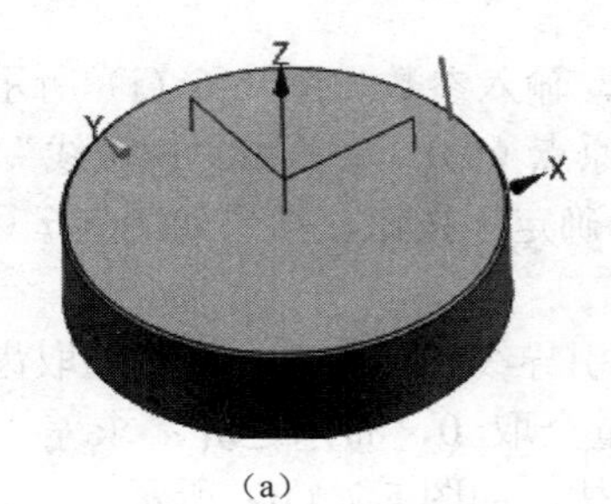

（a）

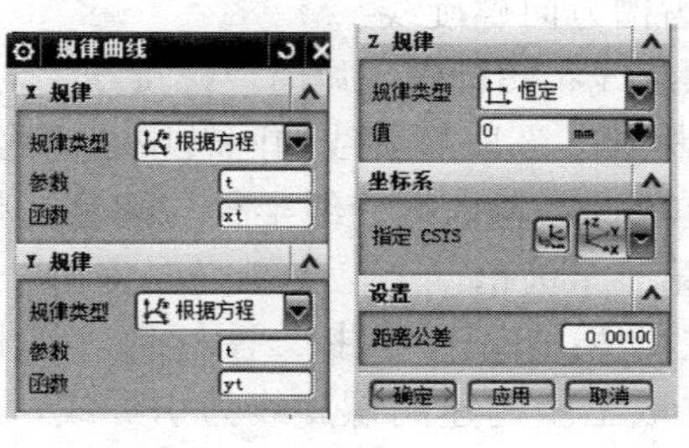

（b）

图 5-6

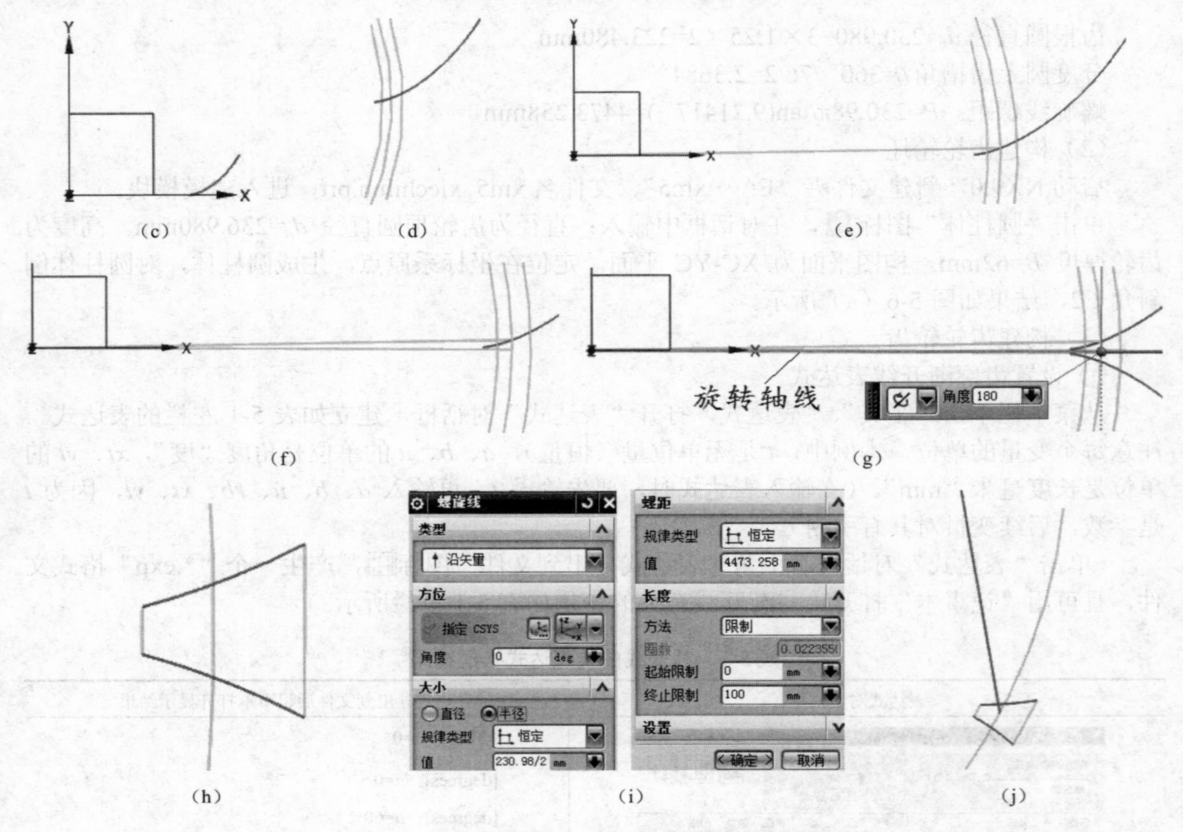

（c）（d）（e）（f）（g）（h）（i）（j）

图 5-6　构建齿轮轮坯实体及轮齿齿廓扫掠曲线

③ 绘制齿根圆、分度圆和大于顶圆的圆

隐藏构建的圆柱实体，利用“圆弧/圆”曲线工具，绘制圆心在坐标系原点的齿根圆，半径223.980/2；分度圆，半径230.980/2；大于顶圆的圆，半径240/2。结果如图5-6（d）所示。

④ 绘制一辅助直线并旋转复制齿槽另一侧的渐开线

过坐标系原点和分度圆与渐开线的交点，绘制一直线作为辅助直线，如图5-6（e）所示。

并将此辅助直线旋转复制−2.3684° /2（齿槽角度的一半），如图5-6（f）所示。

再将渐开线以复制旋转直线为矢量轴而旋转复制180°，结果如图5-6（g）所示。

⑤ 构建齿槽封闭线框

隐藏两辅助直线，用“修剪角”工具修剪去大圆、齿根圆和两条渐开线所围图形以外的部分，构成封闭线框，如图5-6（h）所示。

⑥ 构建齿槽方向螺旋线

单击“螺旋线”图标，弹出“螺旋线”对话框，输入参数如图 5-6（i）所示。单击指定CSYS右侧图标，选取螺旋线的回转中心为坐标系原点（0,0,0）；返回“螺旋线”对话框，“角度”栏输入：0 deg；输入螺旋线半径与螺距，单击“确定”按钮，结果如图5-6（j）所示。

⑦ 切割第一个齿槽

显示圆柱实体；单击“扫掠”图标，弹出“沿引导线扫掠”对话框，选取齿槽封闭线框为截面线，选取上步构建的螺旋线为引导线，偏置量全取 0，布尔运算：求差，设置结果如图5-7（a）所示，单击“确定”按钮，构建第一个齿槽，如图5-7（b）所示。

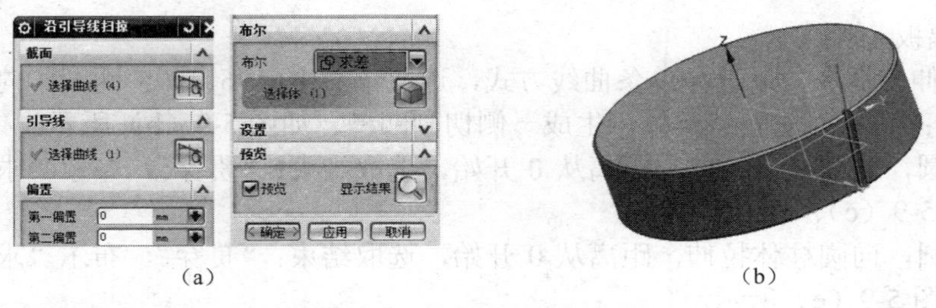

图 5-7　构建第一个齿槽

⑧ 切割全部齿槽

单击“阵列特征”工具图标，弹出“阵列特征”对话框，选择上步“扫掠”特征，选择“布局”：圆形；旋转轴：指定矢量：选择 ZC 轴；“角度方向”栏输入“数量”：76，“节距角”：360/76；如图 5-8（a）所示。单击“确定”按钮，生成如图 5-8（b）所示斜齿轮。

图 5-8　构建全部齿槽

（4）构建齿轮幅板

① 构建切割齿轮幅板草图线框

进入草图环境，选择 XCYC 平面或齿轮的上表面构建草图如图 5-9（a）所示。

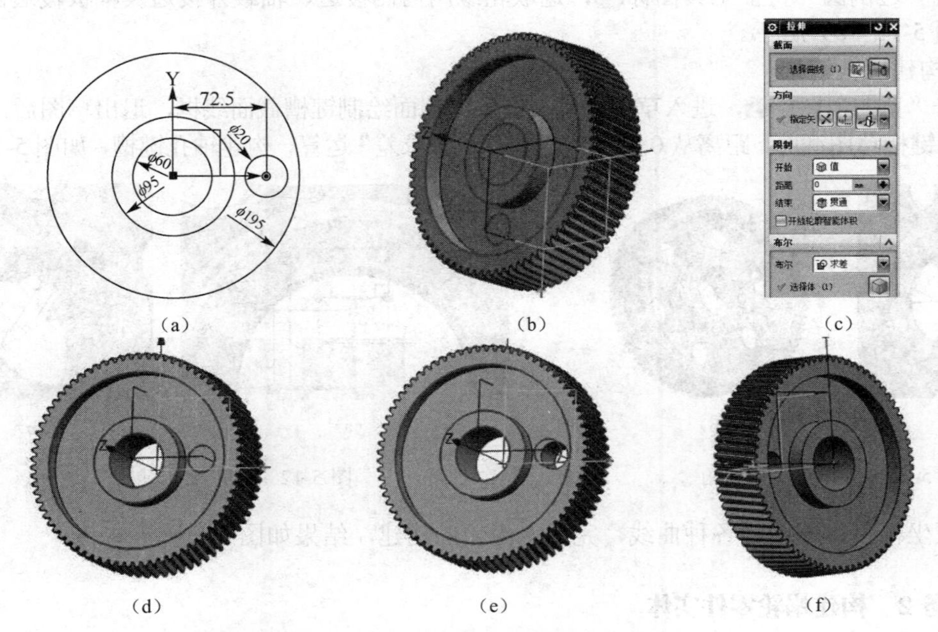

图 5-9　构建齿轮幅板

② 切割幅板

启动“拉伸”命令，以选择单条曲线方式，选取草图中ϕ196、ϕ95 两圆，向圆柱体拉伸，距离从 0 到 20；布尔“求差”运算，生成一侧切割凹槽，如图 5-9（b）所示。

选择ϕ60 圆，向圆柱体拉伸，距离从 0 开始，选取结束：“贯穿”，布尔“求差”运算，生成轴孔，如图 5-9（c）、（d）所示。

选择ϕ30 圆，向圆柱体拉伸，距离从 0 开始，选取结束：“贯穿”，布尔“求差”运算，生成减重孔，如图 5-9（e）所示。

选择ϕ196、ϕ95 两圆，向圆柱体拉伸，距离从 42 到 62；布尔“求差”运算，生成另一侧切割凹槽，如图 5-9（f）所示。

③ 构建其他减重孔

单击“阵列特征”工具图标，弹出“阵列特征”对话框，选择已拉伸ϕ30 特征孔，选取阵列定义：圆形；旋转轴：ZC 轴；指定点：(0,0,0)，选取方法：常规；输入数量：6；角度：60；如图 5-10（a）、（b）所示。

（a） （b） （c）

图 5-10 用“阵列特征”工具构建减重孔

单击“确定”按钮，实现阵列圆孔操作，结果如图 5-10（c）所示。

（5）构建细小结构

在部件导航器中，隐藏已绘制的各圆线框。

① 构建倒斜角

单击“倒斜角”特征工具图标，选取齿轮轴孔两侧棱边倒 *C*2 斜角，如图 5-11（a）所示。

② 构建边倒圆角

单击“边倒圆”特征工具图标，选取轮缘两内侧棱边、轴毂外棱边及幅板棱边倒 *R*3 圆角，如图 5-11（b）所示。

③ 构建轴孔键槽

单击“草图”图标，进入草图环境，在轴毂端面绘制键槽截面线框，退出草图后，向轮毂方向拉伸键槽草图截面，距离从 0 到 70，且作“布尔求差”运算，构建轴孔键槽，如图 5-12 所示。

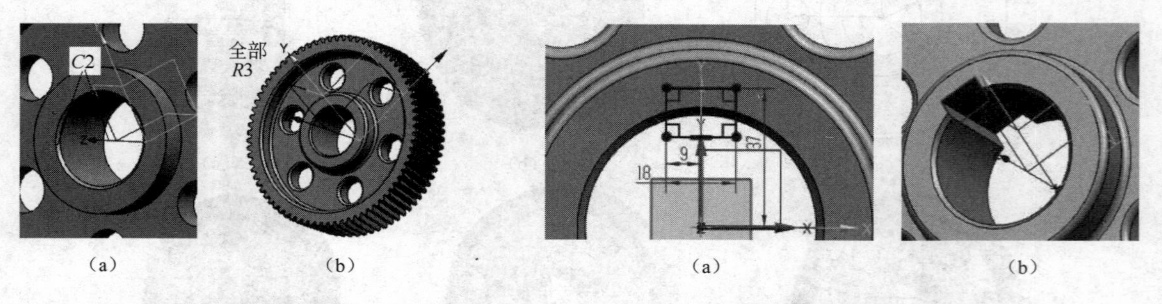

（a） （b） （a） （b）

图 5-11 构建斜角与圆角 图 5-12 构建轴孔键槽

隐藏坐标系、草图与各种曲线，完成斜齿轮的构建，结果如图 5-1 所示。

任务 2 构建蜗轮零件实体

造型方案：蜗轮是与齿轮类似盘形零件，与斜齿轮齿形不同之处在于齿形圆弧状变化，故其造型的难点除轮齿有螺旋齿槽外，又增加了沿圆弧的变化，故与斜齿轮造型方案基本相同。

1. 蜗轮的主要几何尺寸

（1）设已知参数

阿基米德蜗轮的模数 m=4mm ,齿数 Z=39，传动中心距 L=98mm，螺旋角 11.3099°，轴孔直径 d_0=60mm，键槽宽 18mm，深 7mm，齿轮厚度 B=40mm，幅板厚度 20mm。

（2）计算几何尺寸参数

蜗轮分度圆直径 $d=Zm=39\times4=156$mm

齿顶高 $h_a=1\times4$mm

齿根高 $h_f=1.2\times4=4.8$mm

顶圆直径 $d_a=156+4\times2=164$mm

根圆直径 $d_f=156-4.8\times2=146.4$mm

轴向齿距 $\pi\times m=3.1416\times4=12.566$mm

螺距 $L_1=d\times\pi\times\tan(11.3099°)=25.133$mm

半齿角 $\theta=360°/39/2=2.3077°$

蜗杆传动中心距 L=98mm

蜗杆分度圆直径 $d=4\times10=40$mm

2. 构建蜗轮轮坯实体

（1）启动 NX9.0，在“E:\…\xm5”文件夹中新建部件文件“xm5_wolun.prt”，进入建模模块。

（2）绘制蜗轮半截面草图。

单击“草图”工具特征图标，进入草图环境，在 XC-ZC 平面绘制如图 5-13（a）所示蜗轮半截面草图，单击“完成草图”工具图标，退出草图环境。

（3）构建蜗轮基本实体。

单击“回转”特征工具图标，选取蜗轮半截面草图，绕 ZC 轴旋转 360°，基点为坐标系原点（0,0,0），创建旋转体，如图 5-13（b）所示。

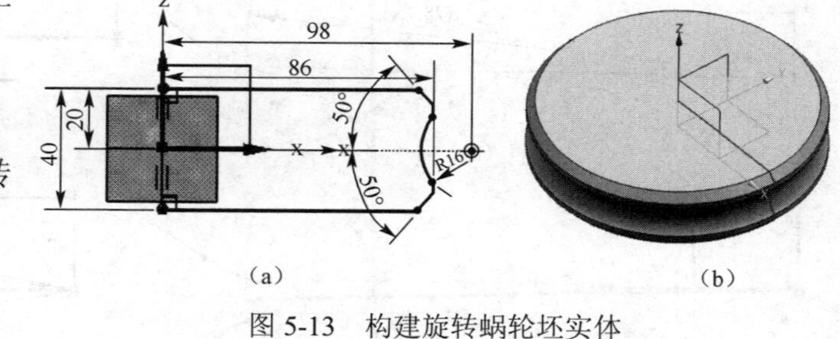

图 5-13 构建旋转蜗轮坯实体

3. 构建渐开线齿槽截面

方法同构建齿轮齿槽截面。

（1）建立渐开线表达式

从“工具”菜单栏下单击“表达式”菜单项，弹出“表达式”对话框，输入渐开线表达式，如表 5-2 所示。

表 5-2 表达式创建结果

表达式图示	表达式
	（恒量） t=0
	[degrees] a=0
	[degrees] b=40
	[mm] rb=156/2*cos(20)
	[degrees] u=(1−t)*a+t*b
	[mm] xt=rb*cos(u)+rb*rad(u)*sin(u)
	[mm] yt=rb*sin(u)−rb*rad(u)*cos(u)

（2）绘制渐开线

隐藏齿轮坯实体，单击“规律曲线”图标，打开“规律曲线”对话框，设置如图 5-14（a）所示，单击“确定”按钮，生成渐开线如图 5-14（b）所示。

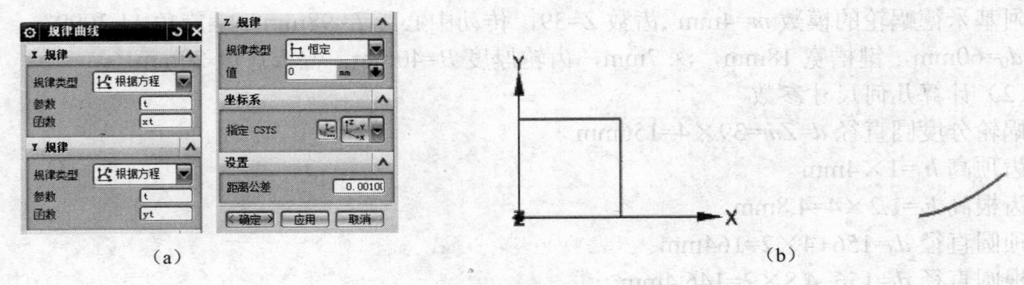

图 5-14 绘制一条渐开线

（3）构建齿槽截面

绘制分度圆、构建辅助直线、旋转辅助直线、渐开线，以获得另一渐开线，方法与斜齿轮渐开线构建方法相同,具体步骤如图 5-15（a）、（b）、（c）所示。

以分度圆圆心为圆心，以渐开线端点附近点为起点，绘制基圆圆弧 *R*146.2/2mm、大于顶圆的圆弧 *R*170/2mm，构成曲边四边形作为齿槽截面线框，如图 5-15（d）所示。

由于齿根圆小于渐开线的基圆，齿根圆与基圆不相交，用倒圆角工具倒 *R*0.3 小圆角，使齿根圆与基圆连接起来，如图 5-15（e）所示。用“曲线修剪”工具修剪多余圆弧段，结果如图 5-15（f）所示。

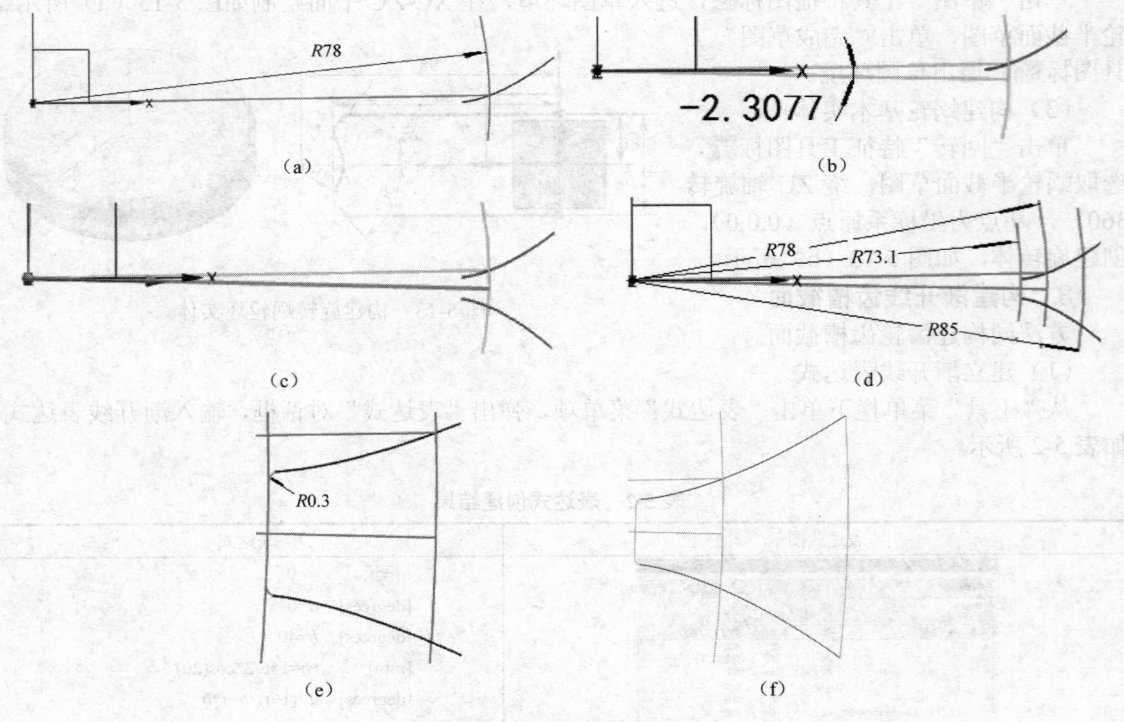

图 5-15 构建齿槽截面图形

4. 构建扫掠引导线

（1）绘制辅助直线

在蜗轮的分度圆上，齿廓的螺旋线是以蜗杆轴线为圆心、蜗杆分度圆为直径的圆柱面上的螺旋线。故沿 XC 轴绘制蜗杆轴截面中心位置线[注意蜗杆中心点的绝对坐标是（98,0,0,），绘制的直线应与 YC 轴平行]，作为螺旋线的中心线，如图 5-16（a）所示。

（2）绘制螺旋线

单击“螺旋线”工具图标，弹出“螺旋线”对话框，设置参数如图 5-16（b）所示；

选取“指定 CSYS”项，单击直线端点（98,0,0），出现动态坐标系，将 ZC 轴绕 XC 轴旋转 90°与上步所绘直线重合，如图 5-16（c）所示，单击“确定”按钮，构建一段螺旋线，如图 5-16（d）所示。

（3）旋转复制螺旋线

选取已构建的一段螺旋线，用“移动对象”工具，绕 XC 轴 180°旋转复制，构成如图 5-16（e）所示。两段螺旋线形成蜗轮齿槽实体的扫掠引导线。

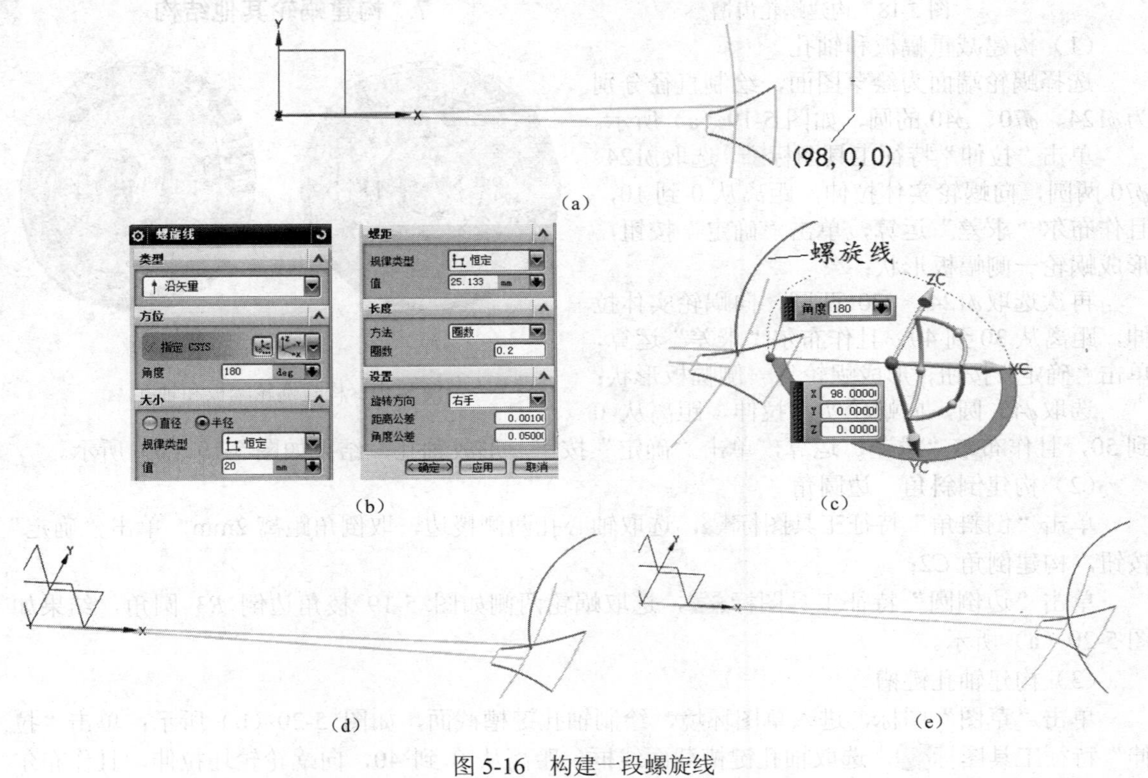

图 5-16　构建一段螺旋线

5. 构建扫掠螺旋槽截面的实体

隐藏各条直线及蜗轮分度圆，单击“扫掠”特征工具图标，选取齿槽封闭线框为扫掠截面，选取螺旋线段为引导线，“截面位置”选项设置为“沿引导线任何位置”；定位方式设置为“恒定”，其他参数取默认设置，单击“确定”按钮，构建扫掠实体，结果如图 5-17（a）、（b）所示。

显示蜗轮坯实体，结果如图 5-17（c）所示。

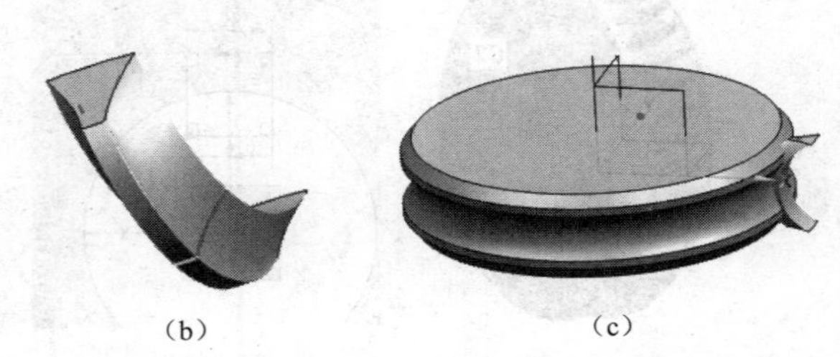

图 5-17　构建扫掠螺旋槽实体

6. 构建蜗轮齿槽

（1）旋转复制扫掠螺旋槽实体

选取扫掠螺旋槽实体，单击“移动对象”标准工具图标，弹出“移动对象”对话框，在变换选项组中，选择“角度”

选项；指定矢量时，选取“ZC”轴图标；指定轴点时，选取坐标系原点坐标（0,0,0）；“角度”栏输入：360/39；结果选项组中，选取单选项“复制原先的”；“距离/角度分割”栏输入：1；“非关联副本数”栏输入：38；单击“确定”按钮；则形成结果如图5-18（a）所示。

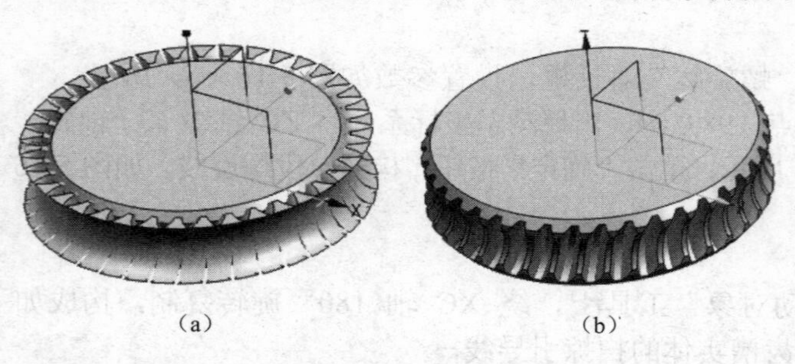

图5-18 构建蜗轮齿槽

（2）进行布尔“求差”运算

单击“布尔求差”图标，选取目标体为蜗轮坯体，刀具体为39个扫掠体，（用部分窗选方式选取39个扫掠体），单击“确定”按钮，生成所有蜗轮齿槽，如图5-18（b）所示。

7. 构建蜗轮其他结构

（1）构建减重幅板和轴孔

选择蜗轮端面为绘草图面，绘制直径分别为ϕ124、ϕ70、ϕ40的圆，如图5-19（a）所示。

单击“拉伸”特征工具图标，选取ϕ124、ϕ70两圆，向蜗轮实体拉伸，距离从0到10，且作布尔“求差”运算，单击“确定”按钮，形成蜗轮一侧幅板形状；

再次选取ϕ124、ϕ70两圆，向蜗轮实体拉伸，距离从30到40，且作布尔“求差”运算，单击“确定”按钮，形成蜗轮另一侧幅板形状；

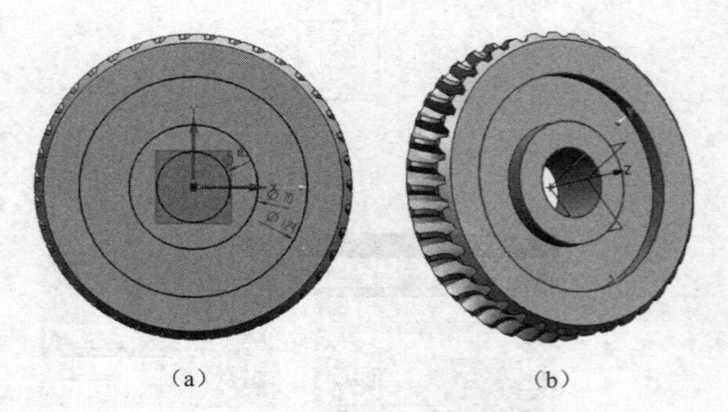

图5-19 构建蜗轮幅板和轴孔

选取ϕ40圆，向蜗轮实体拉伸，距离从0到50，且作布尔“求差”运算，单击“确定”按钮，形成轴孔，结果如图5-19（b）所示。

（2）构建倒斜角、边圆角

单击“倒斜角”特征工具图标，选取轴心孔两侧棱边，取倒角距离2mm，单击“确定”按钮，构建倒角$C2$；

单击“边倒圆”特征工具图标，选取蜗轮两侧如图5-19棱角边倒$R3$圆角，结果如图5-20（a）所示。

（3）构建轴孔键槽

单击“草图”图标，进入草图环境，绘制轴孔键槽截面，如图5-20（b）所示；单击“拉伸”特征工具图标，选取轴孔键槽截面线框，距离从0到40，向蜗轮轮坯拉伸，且作布尔“求差”运算，单击“确定”按钮，构建键槽如图5-20（c）所示。

隐藏键槽草图和坐标系，完成蜗轮实体的构建，结果如图5-20（d）所示。

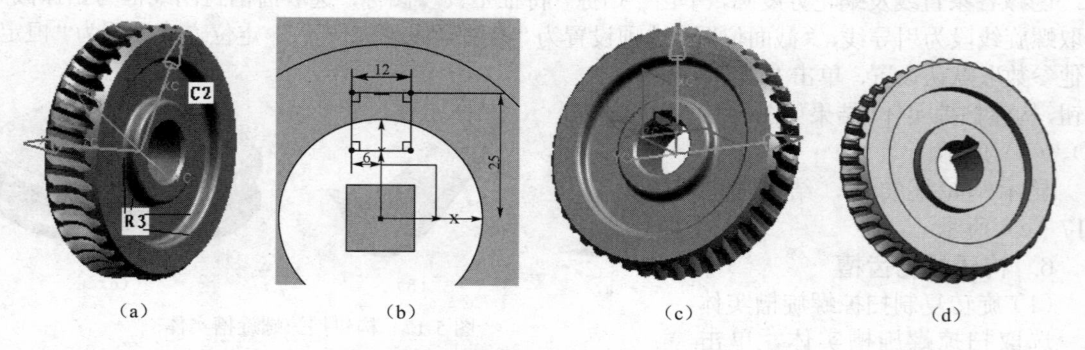

图5-20 构建斜角、圆角、轴孔键槽

任务 3　构建阿基米德蜗杆实体

构建方案：蜗杆属轴类零件，其主要特点是具有螺旋槽、键槽等结构。其圆柱体部分可用多种方法造型，螺旋槽可用由槽截面沿螺旋线扫掠方法切割圆柱构建，键槽可用专门的键槽特征工具构建。

具体构建步骤如下。

1. 参数计算

设给定蜗杆的已知参数：

模数 m=4mm；头数 Z=2；螺旋旋向：右旋；螺旋升角=11.3099°；直径系数 q=10；蜗杆传动中心距 L=98mm。

蜗杆几何尺寸参数计算：

分度圆直径 d=4×10=40mm；齿顶高 h_a=m=4mm；齿根高 h_f=1.2m=1.2×4=4.8mm；

顶圆直径 d_a=40+4×2=48mm；根圆直径 d_f=40−4.8×2=30.4mm；

轴向齿距=π×m=3.1416×4=12.566mm；

螺旋槽螺距=dπ×tan(11.3099°)=25.133mm。

2. 构建圆柱体

启动 NX9.0，在“E:\…\xm5”文件夹中新建文件“xm5_wogan.prt”，进入建模模块。

单击“圆柱体”特征工具图标，采用直径、高度方式，圆柱直径 48mm，高度 60，基点(0,0,30)，轴线方向取 ZC，创建圆柱体。如图 5-21 所示。

3. 构建凸台

单击“凸台”特征工具图标，弹出“凸台”对话框，设置圆凸台参数如图 5-22（a）所示。在圆柱体的顶面和底面创建圆台，其定位时的选项应是“点—点”方式，分别选取已有圆柱的顶面和底面，且以圆心定位，构建ϕ30×30 圆柱凸台如图 5-22（b）所示。

图 5-21　构建圆柱体

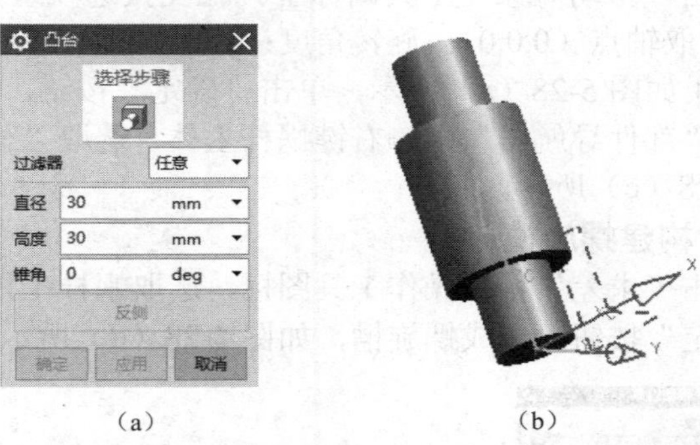

（a）　（b）

图 5-22　构建ϕ30×30 圆柱凸台

同样的方法，再构建直径 25、高度 60 的圆凸台，结果如图 5-23 所示。

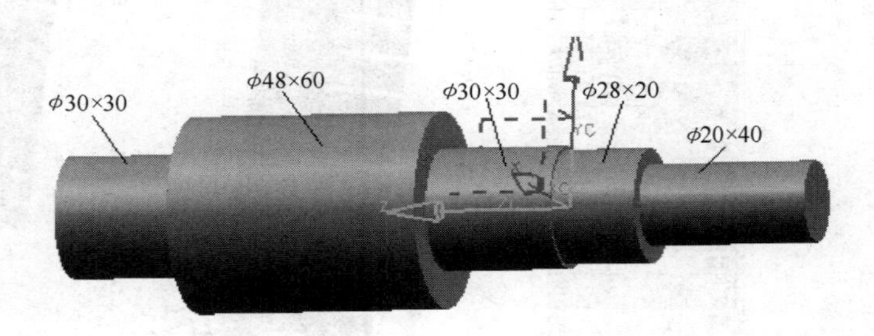

图 5-23　蜗杆主体构建结果

4. 绘制蜗杆螺旋槽截面

在“部件导航器”中，右键选取蜗杆主体，单击“隐藏”菜单项，以隐藏已构建的蜗杆主体；

在 ZC-XC 平面内绘制蜗杆螺旋槽截面草图，如图 5-24 所示。

5. 绘制螺旋线

单击“螺旋线”工具图标，弹出“螺旋线”对话框，输入螺旋线参数如图 5-25 所示。定义方位与基准点都取默认值，即 ZC 轴向和坐标原点，单击“确定”按钮，绘制螺旋线，如图 5-26 所示。

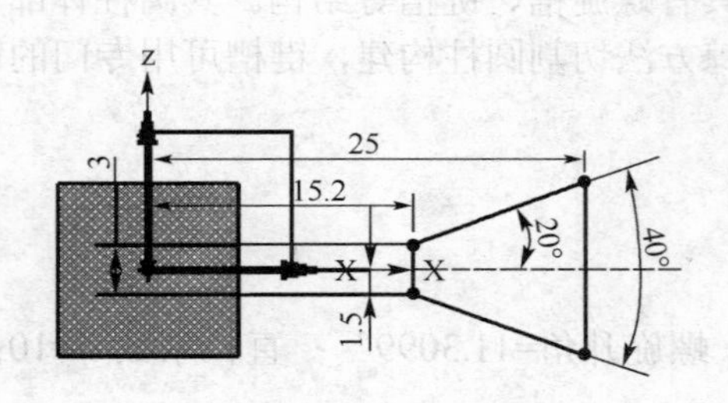

图 5-24　蜗杆螺旋槽截面草图

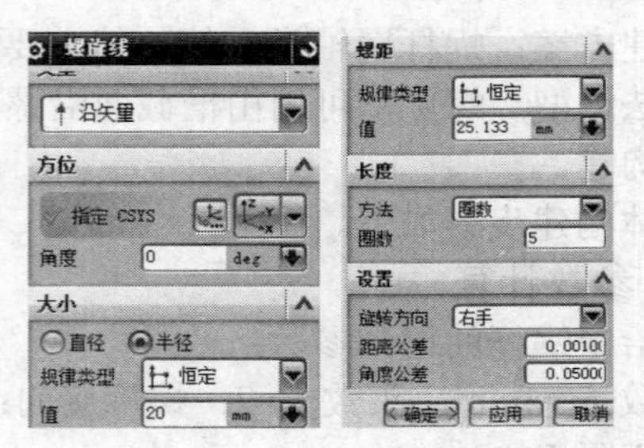

图 5-25　螺旋线参数设置

6. 扫掠螺旋体

单击“扫掠”图标，弹出“扫掠”对话框，“选择截面线”：窗选方式选取图 5-24 所绘制的梯形线框，“选择引导线”：选取螺旋线；设置“定位方法”：矢量方向，在屏幕中选取 ZC 轴，单击“确定”，扫掠螺旋体，如图 5-27 所示。

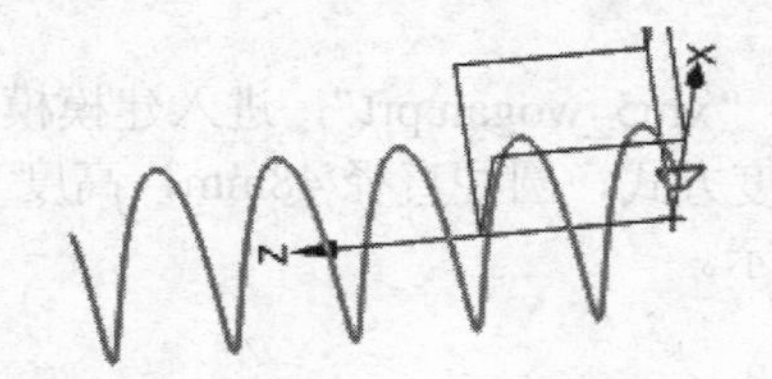

图 5-26　构建螺旋线

图 5-27　构建扫掠螺旋体

单击“移动对象”工具图标，在变换选项组中，运动方式选取“角度”，选取旋转轴为 ZC 轴，取轴点（0,0,0）；旋转角度：180；选取单选项“复制原先的”方式，非关联副本：1；设置结果如图 5-28（a）所示，单击“确定”按钮，形成另一螺旋体，如图 5-28（b）所示。

在“部件导航器”中，右键蜗杆主体，选取“显示”菜单项，以显示已构建的蜗杆主体；如图 5-28（c）所示。

7. 构建螺旋槽

单击“求差”特征操作工具图标，选取蜗杆主体为目标体，两个扫掠螺旋体为工具体，单击“确定”按钮，形成螺旋槽，如图 5-28（d）所示。

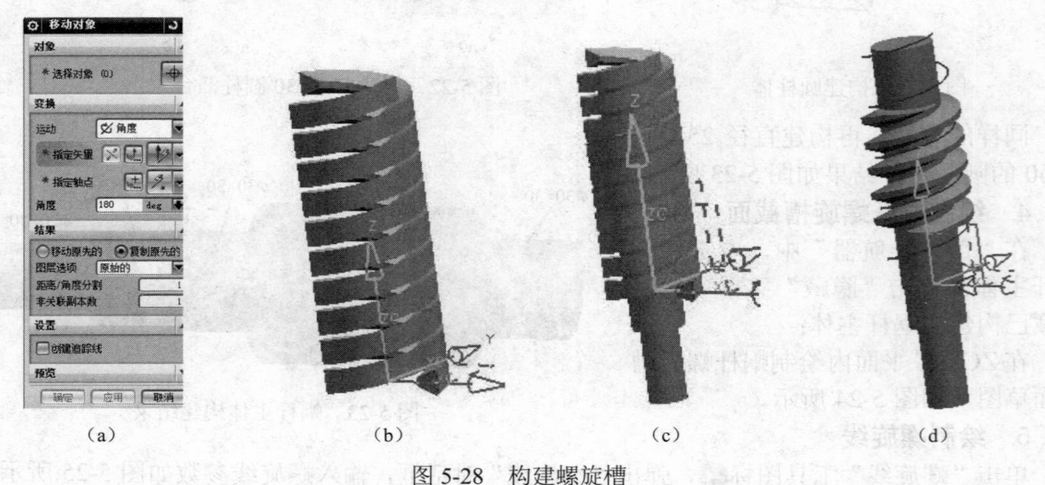

图 5-28　构建螺旋槽

8. 构建键槽

隐藏螺旋线与螺旋槽截面草图。

以 XC-ZC 为参照构建与直径 20 的圆柱部分相切的基准平面，操作过程：从菜单栏“插入”菜单下的级联菜单“基准/点”中单击“基准平面”菜单项，或直接单击“基准平面”工具图标，弹出“基准平面”对话框，选取 XC-ZC 为参考，在偏置中输入：10。单击“确定”按钮，即构建一 XC-ZC 平行的基准平面，如图 5-29（a）所示。

单击“键槽”特征工具图标，选取“矩形槽”，如图 5-29（b）所示；

单击“确定”按钮，提示选取基准平面图，选取新建的与 XC-ZC 平行的平面，弹出如图 5-29（c）所示对话框，且在放置键槽的平面处出现一指向轴体的箭头，如图 5-29（d）所示；

单击“确定”按钮，弹出“水平参考方向”对话框，选取 ZC 轴方向为水平参考方向，如图 5-29（d）所示；

单击“确定”按钮，弹出“矩形键槽”尺寸参数对话框，输入键长：30；宽：8；深度：3.5，如图 5-29（e）所示；

单击“确定”按钮，又弹出“定位”对话框和键放置状态图形，选取水平尺寸图标，再选取直径 20 圆柱右端面为键放置长度方向基准，如图 5-29（f）所示；

弹出键上“定位”方式选择对话框，单击“端点”按钮，选取键对称中心线的右端点，如图 5-40（g）所示；弹出“定位尺寸”输入框，输入尺寸 5；（或单击“圆弧中心”按钮，选取键右端圆头棱边，选取定位尺寸 9）；

单击“确定”按钮，构建键槽如图 5-29（h）所示。

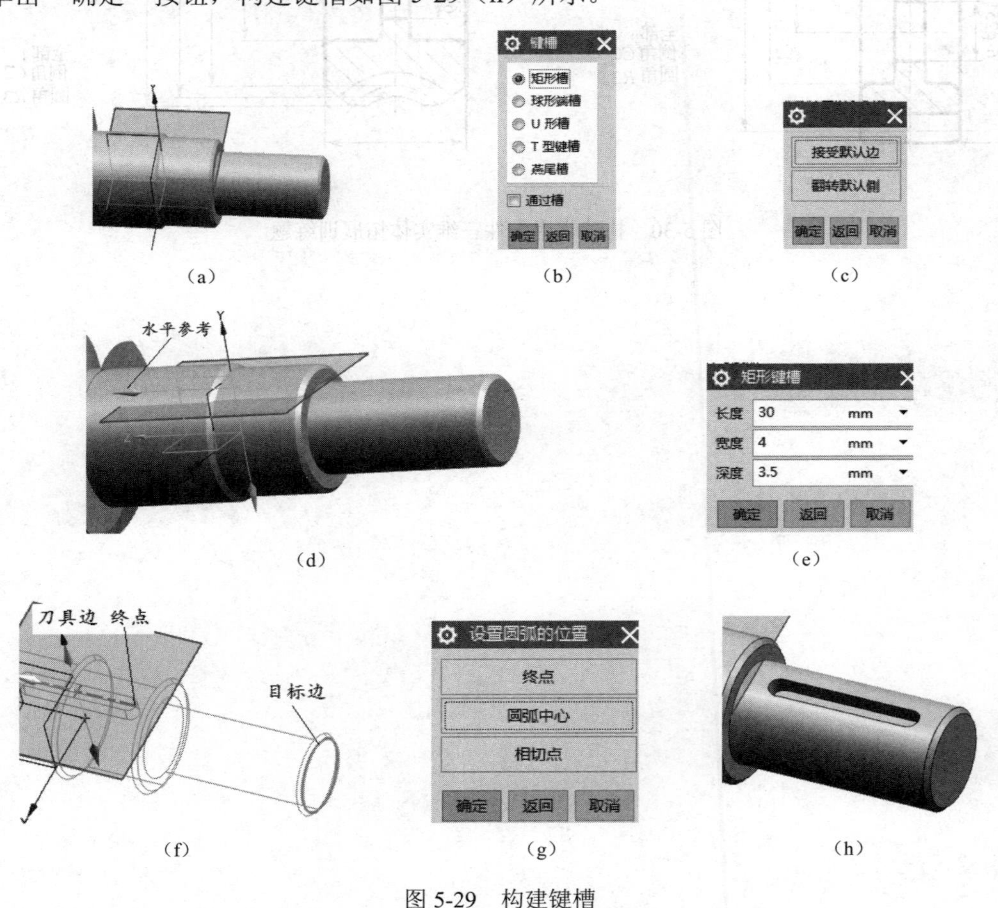

（a）　（b）　（c）　（d）　（e）　（f）　（g）　（h）

图 5-29　构建键槽

9. 倒斜角

对各圆柱段棱边倒角，C1。

隐藏基准坐标系和基准平面，完成蜗杆的创建，结果如图 5-3 所示。

四、拓展训练

请构建如图 5-30 所示圆柱直齿轮、阿基米德蜗轮零件三维实体。

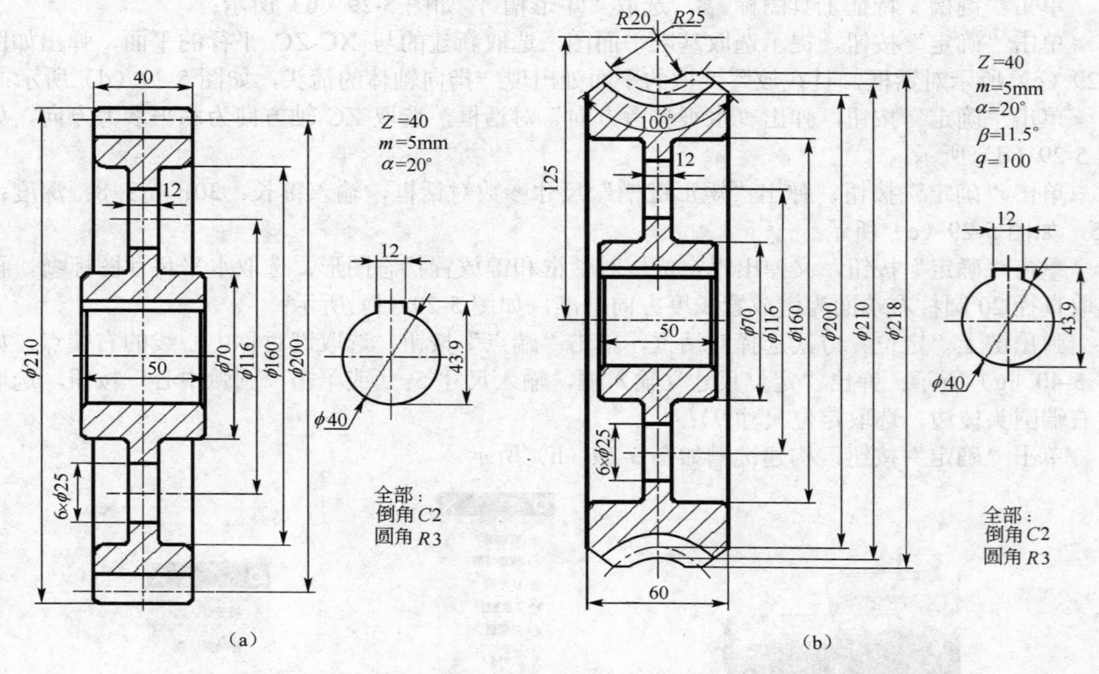

图 5-30　构建常用零件三维实体拓展训练题

项目 6 构建复杂机械零件实体

一、项目分析

本项目所要构建机械零件是形状不规则的，零件的各部分结构与正交投影面具有一定倾角，在构建各部分实体结构的过程中要用到坐标系的移动、旋转变换特征工具命令，因此，在造型前，要认真阅读零件图纸，想象零件各部分结构之间的空间相互位置关系，正确运用坐标系变换特征工具命令，以构建零件的实体。

本项目的教学目标是通过构建如图 6-1～图 6-3 所示的三个支架零件，使读者掌握坐标系变换技能，能够构建类似的形状不规则零件实体。

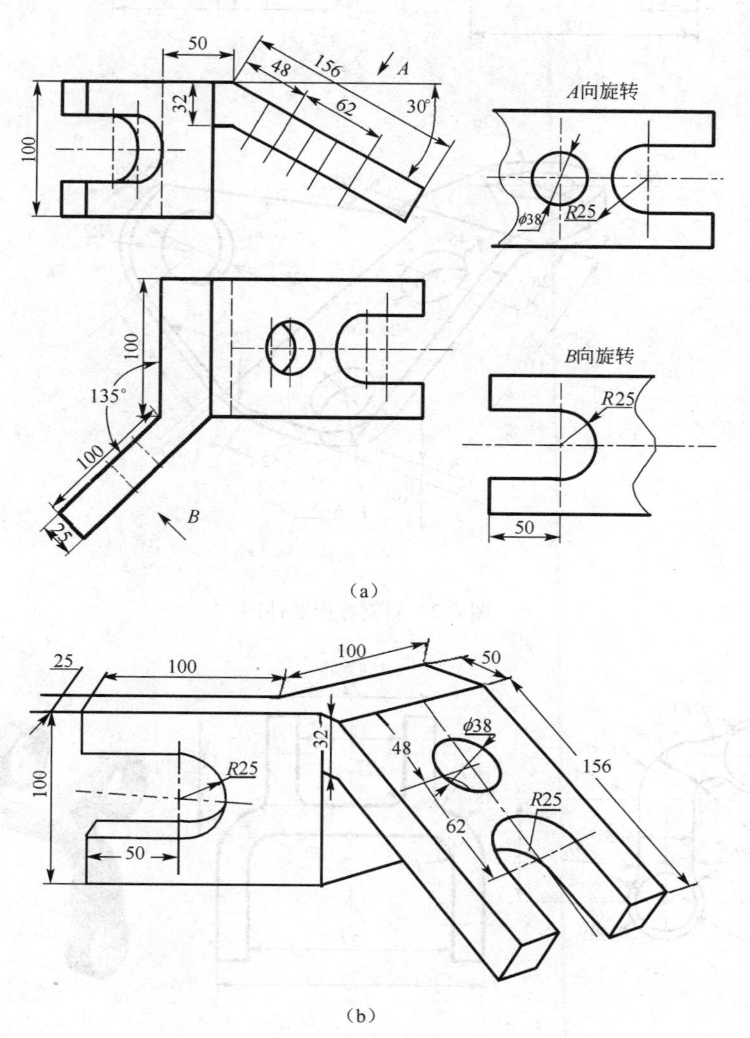

图 6-1　叉架零件图

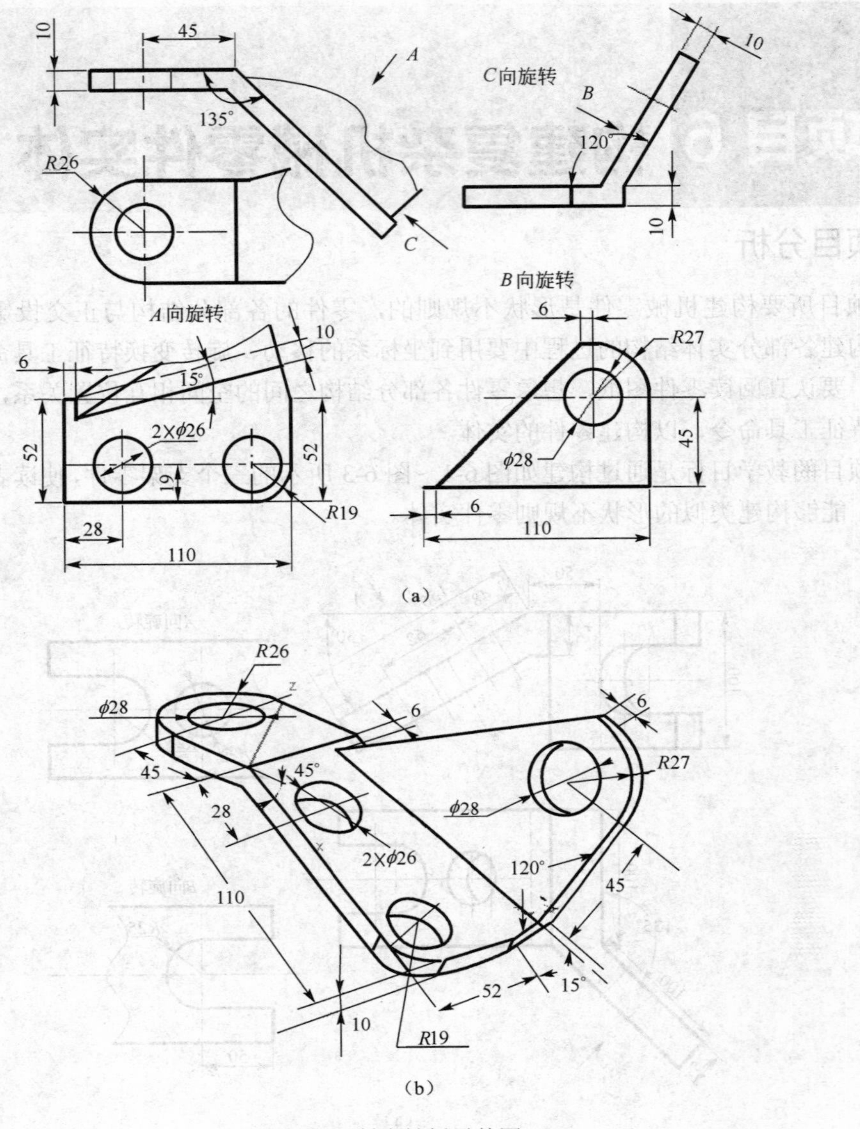

图 6-2　斜支撑板零件图

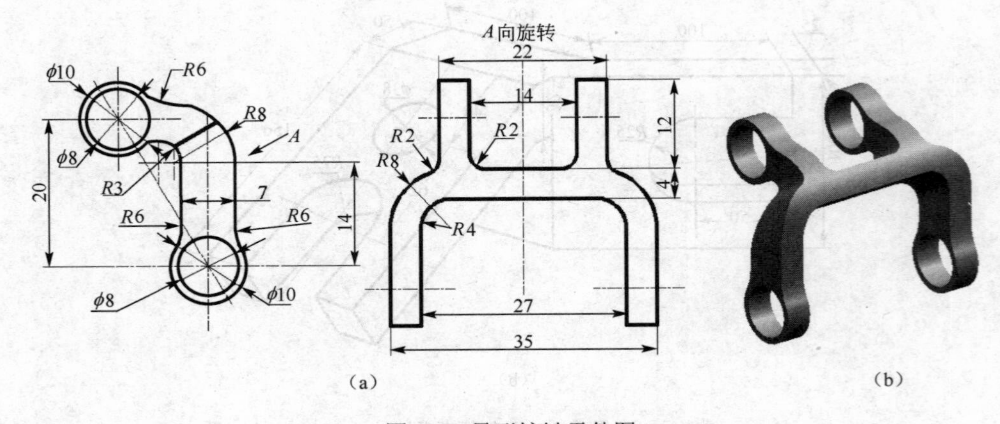

图 6-3　异形铰链零件图

二、相关知识

关于坐标系的操作可单击工具条中的“实用工具”栏，所具有的操作选项如图 6-4（a）所示。

单击“显示 WCS”实用工具图标，在绘图区域可显示或关闭 XCYCZC 坐标系，若 XCYCZC 坐标系处于显示状态，单击图标后，即不再显示 XCYCZC 坐标系，再次单击图标，又显示 XCYCZC 坐标系。

单击“WCS 原点”实用工具图标，弹出“点对话框”，输入欲设置的 XCYCZC 坐标系的原点，单击“确定”按钮，则在绘图区内使 XCYCZC 坐标系原点移到了所指定的点，若未显示出来，可单击“显示 WCS”实用工具图标，即显示新的 XCYCZC 坐标系原点位置。

单击“旋转 WCS”实用工具图标，弹出“旋转 WCS 绕…”对话框，输入围绕的旋转轴和角度，如图 6-4（b）所示，单击“确定”按钮，即实现 XCYCZC 坐标系的旋转操作。

单击“WCS 方向”实用工具图标，弹出如图 6-4（c）所示“CSYS”对话框，可进行 XCYCZC 坐标系的重新设置，实际上这个对话框，包括了关于坐标系的所有变换操作。

单击“WCS 动态”实用工具图标，则显示 XCYCZC 坐标系，且出现绿色“控制球”，如图 6-4（d）所示，用光标拖动控制球可实现 XCYCZC 坐标系的旋转变换，拖动坐标系原点处小正方体，可使整个 XCYCZC 坐标系移动。

单击“设置为绝对 WCS”实用工具图标，将已移动的 XCYCZC 坐标系还原到与绝对坐标系 XYZ 重合的位置。

单击“更改 WCS XC 方向”实用工具图标，弹出“点对话框”对话框，输入一个点的坐标，即 XC 轴将通过这个点，注意，XC 轴方向不会因 ZC 值改变而改变，如图 6-4（e）所示为点对话框中输入（50,50,50）时，坐标系的变化情况。

单击“更改 WCS YC 方向”实用工具图标，弹出“点对话框”对话框，输入一个点的坐标，即 YC 轴将通过这个点，注意，YC 轴方向不会因 ZC 值改变而改变，如图 6-4（f）所示为点对话框中输入（50,50,50）时，坐标系的变化情况。

单击“存储 WCS”实用工具图标，表示将现在的 XCYCZC 坐标系保存起来。

利用坐标系变换，可使图形的绘制更方便快捷。

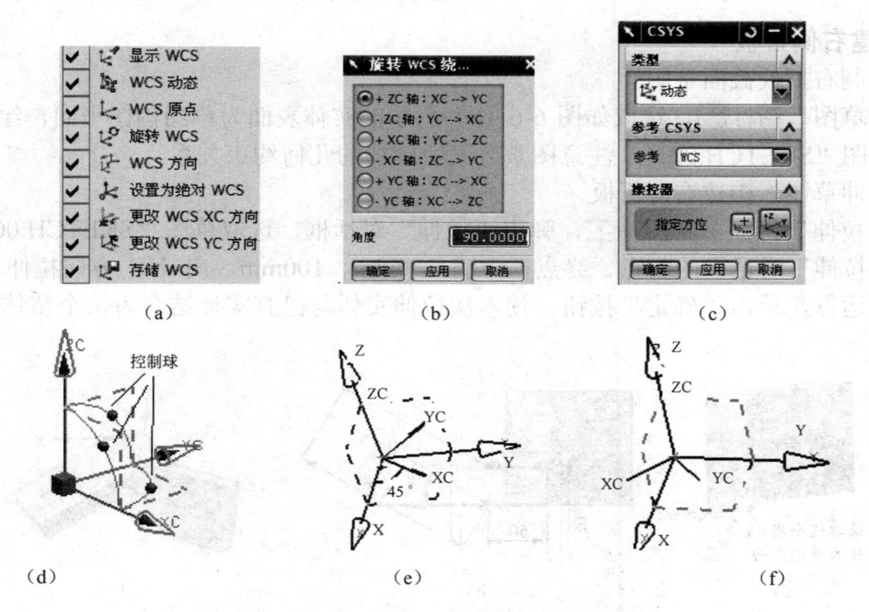

图 6-4　工作坐标系 WCS 变换工具使用说明

三、项目实施

任务1 构建叉架零件实体

构建方案：首先选择叉架零件的一个方向放置到顶（俯）视图状态，构建草图，拉伸造型，再依其他结构与已造型结构的角度关系，旋转 WCS 坐标系，再绘制草图、拉伸造型并作布尔求和运算，最后进行各板上孔槽的切割造型。

1. 构建135° 折板

（1）绘制折板顶面草图

启动 NX9.0，在文件夹“E:\…\xm6”中创建文件“xm6_chajia”，进入建模模块，单击“草图”工具图标，选取 XC-YC 平面为草图构图平面，绘制如图 6-5（a）所示草图。

（2）拉伸草图，构建 135° 折板

单击“拉伸”特征工具图标，弹出“拉伸”对话框，选取已构建的草图为拉伸截面，在“拉伸”对话框的起点、终点框中输入 0mm、100mm，向下拉伸，形成实体如图 6-5（b）所示。

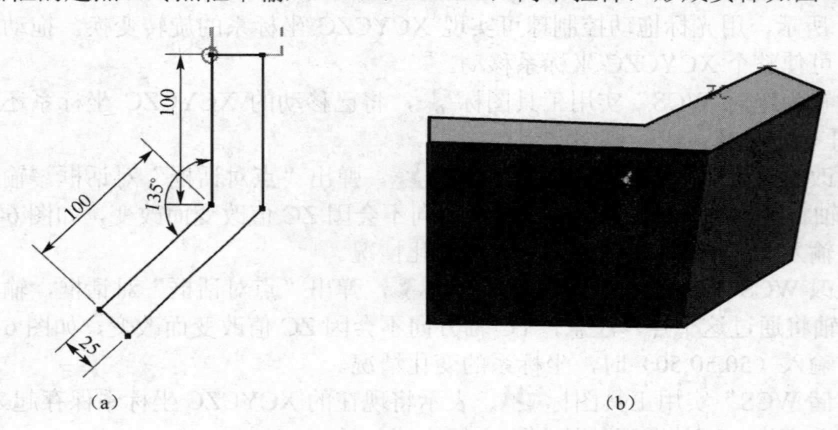

图 6-5 构建 135° 折板

2. 构建右侧折板

（1）绘制右折板截面草图

单击“草图”图标，选取如图 6-6（a）所示的实体表面为草图构图平面，绘制如图 6-6（b）所示草图“SKETCH.001”，注意图素之间所施加的几何约束关系。

（2）拉伸草图，构建右侧折板

单击“拉伸”特征工具图标，弹出“拉伸”对话框，选取草图“SKETCH.001”为拉伸截面，在“拉伸”对话框的起点、终点框中输入 0mm、100mm，向–YC 方向拉伸，且选取布尔“求和”运算，单击“确定”按钮，使本次拉伸实体与已有实体结合为一个整体，如图 6-6（c）所示。

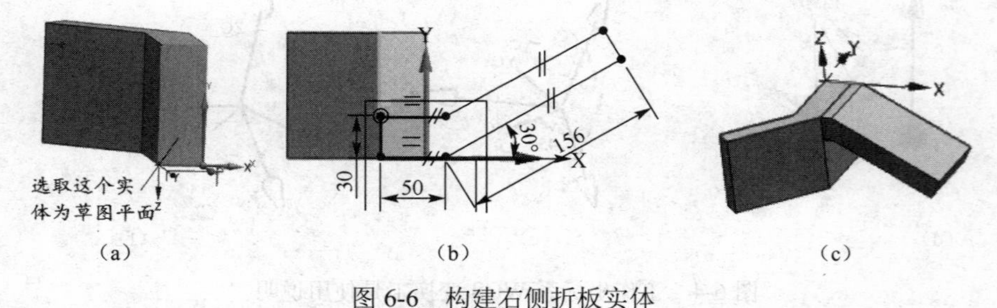

图 6-6 构建右侧折板实体

3. 构建ϕ38 通孔

单击“孔”特征工具图标，弹出“孔”特征对话框，选择孔的类型为常规孔，形状和尺寸：简单；输入直径：38；深度限制：直至选定。布尔运算：求差；具体设置如图 6-7（a）所示。

在位置选项组中，单击“指定点”选项，在实体左侧斜面上表面任意单击选取一点，则系统进入绘制“草图”环境，并弹出“点”构造器对话框，实体左侧斜面上表面形成一点，关闭“点”构造器对话框，用“自动标注尺寸”工具标注如图 6-7（b）所示的孔定位尺寸，再单击“完成草图”工具图标，退出草图，返回“孔”特征对话框；单击“深度限制”项下的“选择对象”，再选取实体中左侧板的下表面，预览“孔特征”结果，如图 6-7（c）所示。

单击“孔”对话框中“确定”按钮，完成ϕ38 穿孔的创建，如图 6-7（d）所示。

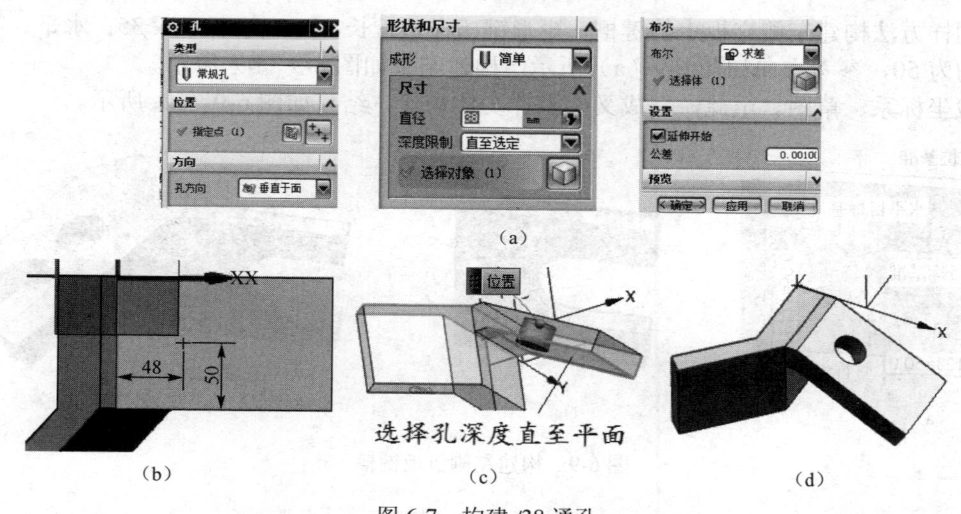

（a）
（b）　（c）　（d）

图 6-7　构建ϕ38 通孔

4. 挖槽

单击“键槽”特征工具图标，弹出“键槽”对话框，如图 6-8（a）所示，选取“矩形槽”；

单击“确定”按钮，弹出“矩形键槽”选择放置面对话框，如图 6-8（b）所示，选取右侧斜面上表面，再选取水平参考方向；

弹出“定位”对话框；在“尺寸定位”框中，单击“水平”尺寸按钮，选取已有孔上表面圆弧边缘为参考，弹出“设置圆弧的位置”对话框，单击“圆弧中心”按钮，如图 6-8（c）所示；

再次弹出水平定位框，依次选取键左侧圆弧边缘为参考，又弹出“设置圆弧位置”对话框，选取“圆弧中心”按钮，弹出“创建表达式”对话框，输入：62，如图 6-8（d）所示，单击“确定”按钮，即确定了键槽 的水平位置；

又返回“定位”对话框，单击“竖直”尺寸按钮，弹出“定位”对话框，分别选取斜板上表面下边缘及键长方向中心线，如图 6-8（e）所示；

在弹出“创建表达式”对话框中输入：50，如图 6-8（d）所示，单击“确定”按钮，完成键槽特征的构建，如图 6-8（f）所示。

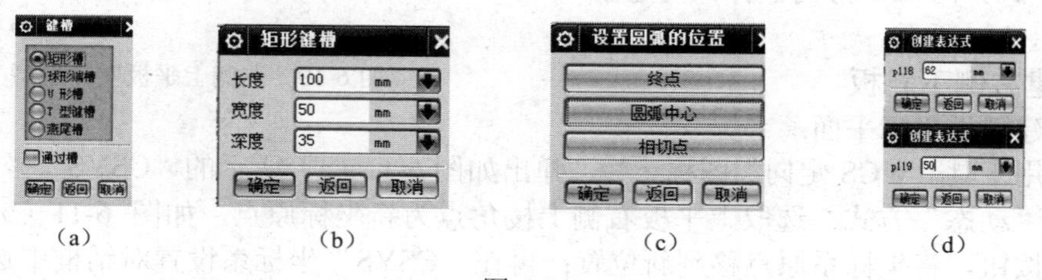

（a）　（b）　（c）　（d）

图 6-8

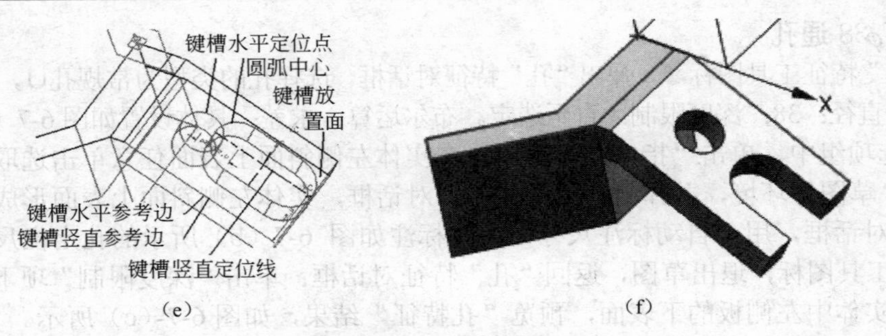

图 6-8　构建右侧折板键槽

用同样方法构建左侧立板上的键槽，矩形键槽参数：长 100、宽 50、深 35；水平、竖直定位尺寸均为 50，参考方向如图 6-9（a）所示，构建结果如图 6-9（b）所示。

隐藏坐标系、草图。至此，完成叉架零件实体构建，结果如图 6-9（c）所示。

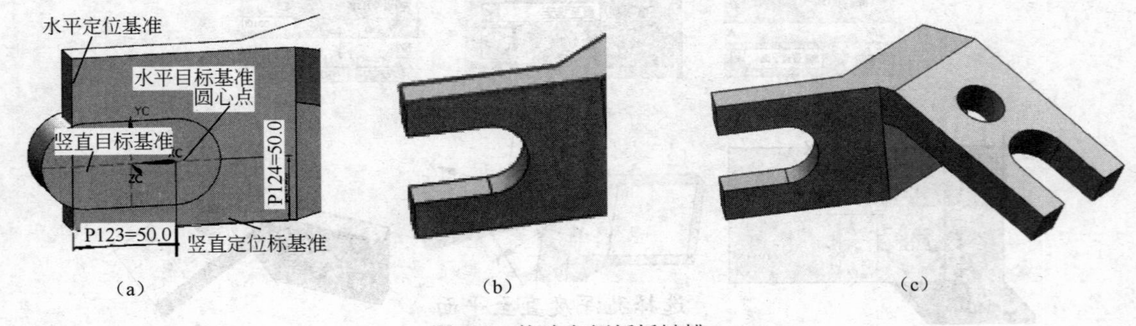

图 6-9　构建左侧折板键槽

任务 2　构建斜支板零件实体

构建方案：放置斜支板零件左侧平板于水平构图面内构建实体，然后以此板为基准，构建与其成 135° 角的斜板实体，再以此斜板为基准，构建与其成 120° 夹角的斜板，最后构建两斜板上的孔结构而完成斜支板零件实体的构建。

1. 构建左侧上平板实体

启动 NX9.0 软件，在“E:\···\xm6”文件夹中新建文件 xm6_xiezhiban.prt，单击“确定”按钮，进入建模模块。

单击“草图”工具图标，选择 XC-YC 为构图面，绘制草图如图 6-10（a）所示，单击“拉伸”特征工具图标，弹出“拉伸”对话框，选取草图“SKETCH.001”为拉伸截面，在“拉伸”对话框的起点、终点框中输入 0、10，向+ZC 方向拉伸，构建实体如图 6-10（b）所示。

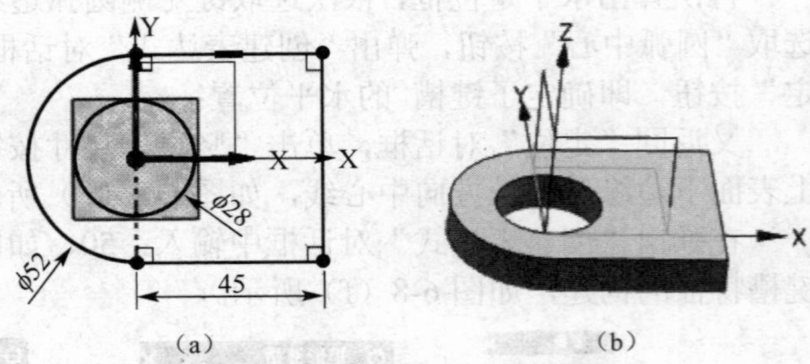

图 6-10　左侧上平板实体造型

2. 构建右侧下斜板

（1）构建斜板坐标平面

单击实用工具“WCS 定向”图标，弹出如图 6-11（a）所示的“CSYS”坐标系设置对话框，选择“动态”方式，选取上平板右侧上棱角点为新坐标原点，如图 6-11（b）所示；单击“应用”按钮，将坐标系原点移到新位置；再在“CSYS”坐标系设置对话框中选取“类型”

为“偏置”，参考：WCS，在旋转选项中，选取绕 Y 轴旋转：45deg；如图 6-11（c）所示。

单击“确定”按钮，将坐标系绕 YC 轴旋转 45°，如图 6-11（d）所示。

（2）绘制斜板草图

在构建的新的坐标系的 YC-XC 平面内画斜板草图，如图 6-11（e）所示。

（3）拉伸实体，并作布尔并运算

单击“拉伸”特征工具图标，选取斜板草图线框，在拉伸对话框中选取拉伸方向、布尔“求和”运算图标，输入拉伸距离 10，形成如图 6-11（f）所示拉伸实体。

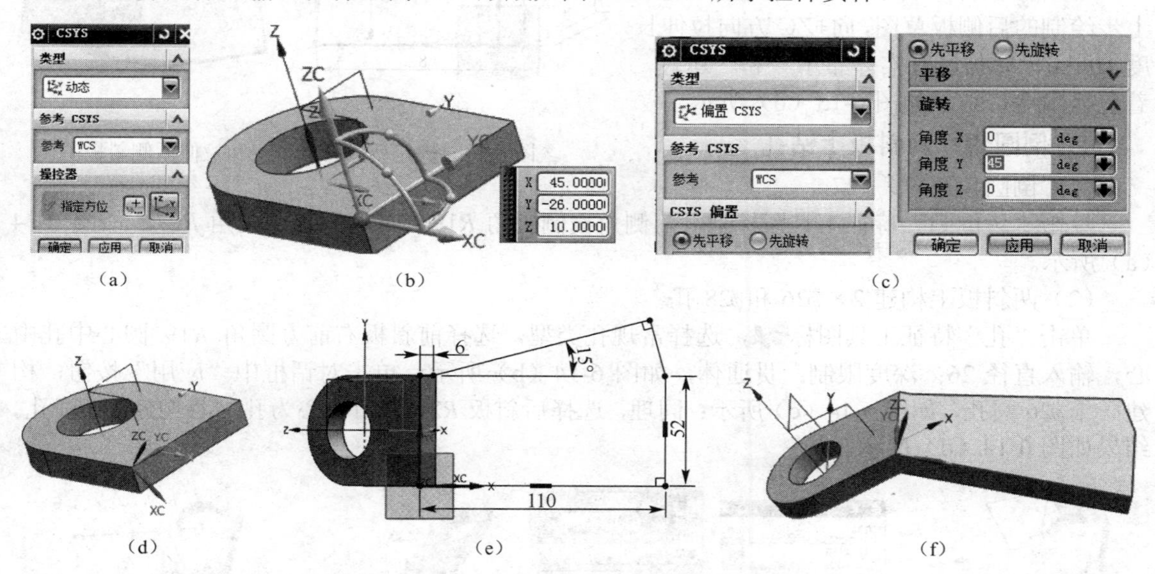

（a）（b）（c）（d）（e）（f）

图 6-11　构建斜板坐标平面主要过程图例

3. 构建后侧斜板

（1）构建工作坐标系

单击实用工具“WCS 方向”图标，弹出“CSYS”构造器对话框，选择由 X、Y 轴定坐标轴方向图标，依次选取斜板右上角的两棱边，选取两棱边的交点为原点，单击“应用”按钮，构建新坐标系，如图 6-12（a）、（b）所示；

在“CSYS”构造器对话框，选取“类型”为“偏置”，参考“WCS”，选取绕 Y 轴旋转：120deg；如图 6-12（c）所示，单击“确定”按钮，构建如图 6-12（d）所示的坐标系。

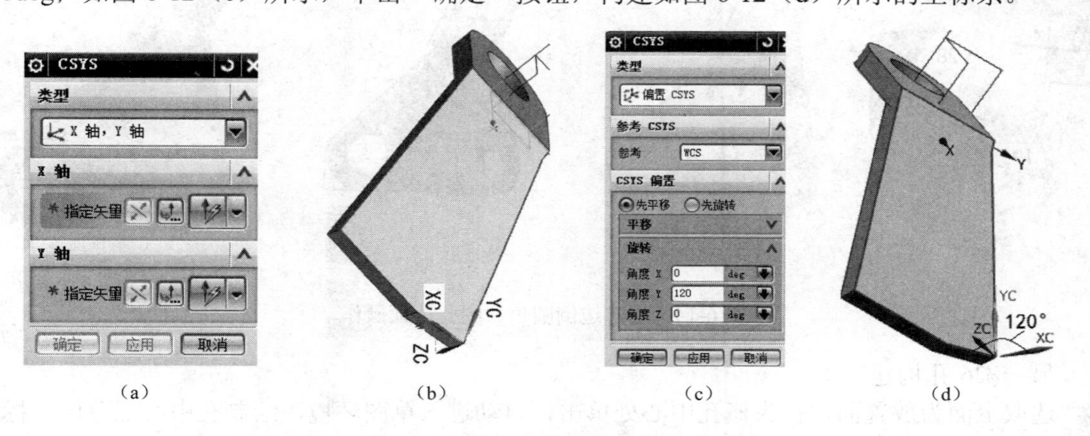

（a）（b）（c）（d）

图 6-12　选取两棱边构建坐标系

（2）构建后侧斜板草图

以静态线框方式显示实体，单击“草图”工具图标，选择 XC-YC 为构图面，绘制草图，注意右上侧斜直线约束在已有实体的棱边端点，草图结果如图 6-13（a）所示。

（3）拉伸后侧斜板

单击“拉伸”特征工具图标，选取上步绘制的后侧板草图，向+ZC 方向拉伸长度 10mm，并与已有实体布尔“和”运算，着色显示造型结果如图 6-13（b）所示。

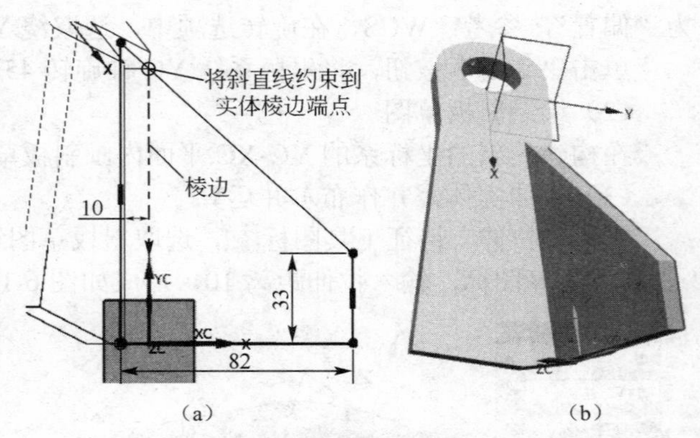

图 6-13 构建后侧斜板草图和拉伸后侧斜板

4. **倒圆角、两斜板上钻孔**

（1）倒圆角 $R19$、$R27$

单击“边倒圆”特征工具图标，前侧角棱倒圆角 $R19$，右侧棱角倒圆角 $R27$，如图 6-14（a）所示。

（2）两斜板上构建 2×ϕ26 和ϕ28 孔

单击“孔”特征工具图标，选择常规孔类型，选择前斜板右前方圆角 $R19$ 圆心中孔中心，输入直径 26；深度限制：贯通体，如图 6-14（b）所示，单击对话框中“应用”按钮，构建一个ϕ26 圆孔，如图 6-14（c）所示；同理，选择后斜板 $R27$ 圆角中心为孔中心构建ϕ28 圆孔。结果如图 6-14（d）所示。

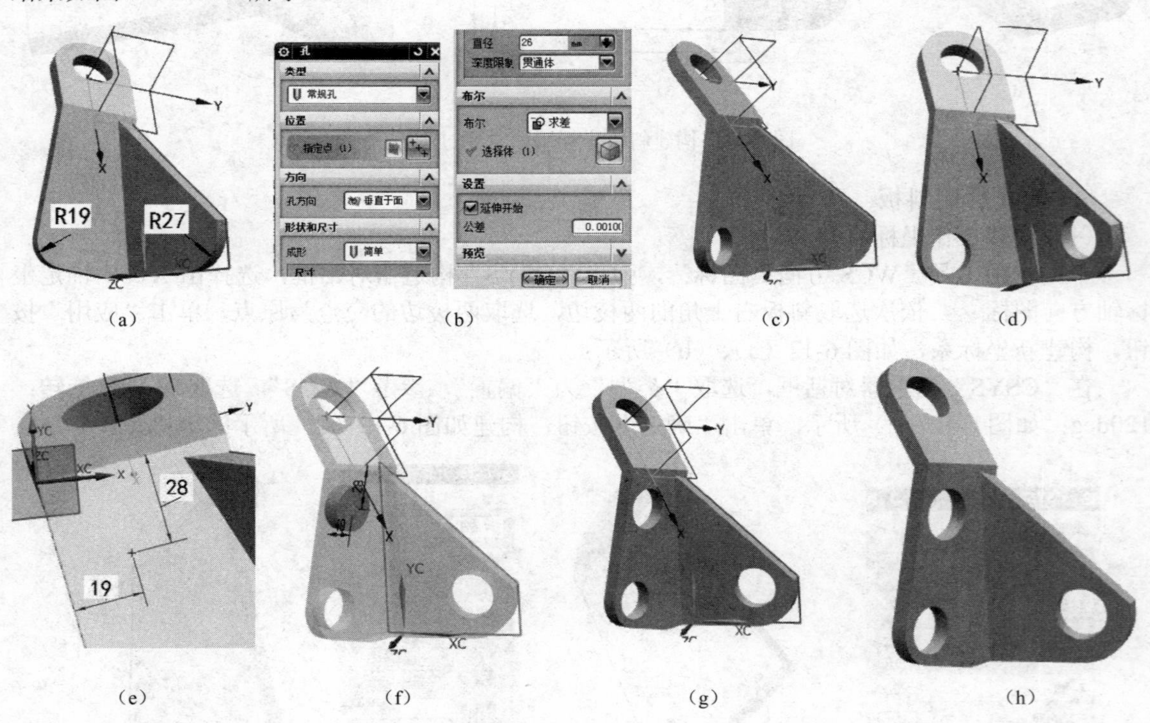

图 6-14 构建边倒圆角、圆孔特征操作

另一ϕ26 孔构建：

选取上面为放置面，在大概孔中心处单击，自动进入草图环境，绘制孔中心点草图，标注尺寸如图 6-14（e）所示，完成草图后，预览孔特征状态如图 6-14（f）所示，单击对话框中“确

定”按钮，完成ϕ26 孔特征的创建，如图 6-14（g）所示。

隐藏草图、坐标系，至此，完成斜支撑板实体的构建，结果如图 6-14（h）所示。

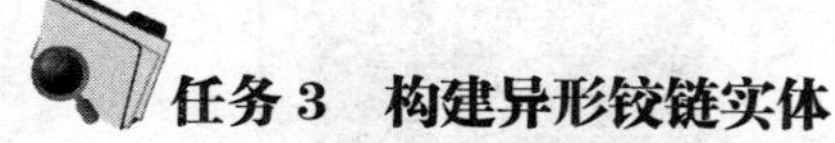

任务 3　构建异形铰链实体

构建方案：由于此异形铰链体结构由弯曲的耳环组成，可采用按两视图方向截面图形构建实体，再由布尔“交”运算获得造型结果。

1. 构建铰链回转孔轴向实体

（1）构建铰链回转孔轴向截面草图

选取草图平面 XC-ZC，绘制如图 6-15（a）所示草图。

（2）构建拉伸实体

选取草图线框，起始值：–17.5，终止值：17.5。拉伸操作构建实体。如图 6-15（b）所示。

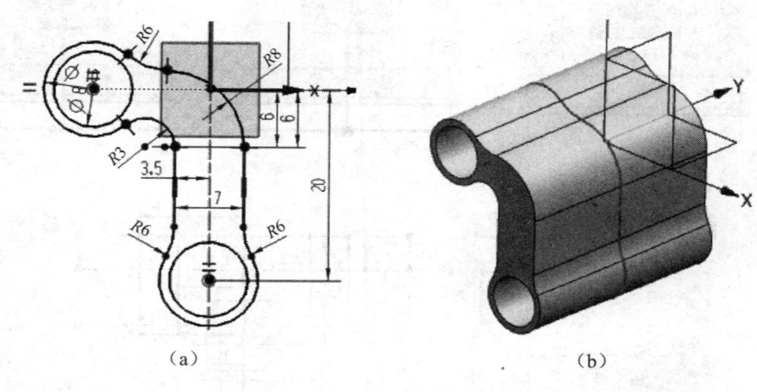

（a）　（b）

图 6-15　构建铰链回转孔轴向实体

2. 构建铰链孔横向实体

（1）创建构图平面

单击“基准平面”特征工具图标，弹出“基准平面”对话框，选取类型：通过“两直线”，如图 6-16（a）所示；第一直线：将鼠标放置在下方内孔处，出现轴线，单击选取；要求选择第二直线：将鼠标放置在上方内孔处单击，出现轴线和平面，如图 6-16（b）所示，观察平面法线方向，单击对话框中“平面方位”中“反向”按钮，可改变其方向，选取如图示方向；勾选“关联”前复选框☑；单击“确定”按钮，构建基准平面。

（2）绘制 *A* 向草图

单击“草图”绘制图标，选取创建的基准平面为构图面，选择上步造型圆筒长度方向一母线为水平参考方向线，确定草图平面，如图 6-16（c）、（d）所示。

单击“投影”工具图标，选取已有实体的上下圆筒外圆面，勾选“关联”前复选框☑，单击“确定”按钮，构成圆筒面在基准平面 2 上的投影（投影操作，主要是获得已有实体的边界）。隐藏已有的实体和草图，显示投影线框如图 6-16（e）、（f）、（g）所示。

连接上下未封口直线，绘制左右对称中心线，如图 6-16（h）所示；将绘制的直线转换为参考线，结果如图 6-16（i）所示。

隐藏创建的基准平面，然后绘制一系列直线、圆角，修剪，并标注尺寸，如图 6-16（j）所示。即绘制对称图形的一半。

单击“镜像曲线”工具图标，选取已绘一半图形为镜像对象，选取参考中心线为镜像中心线，完成草图绘制，如图 6-16（k）、（l）、（m）所示。

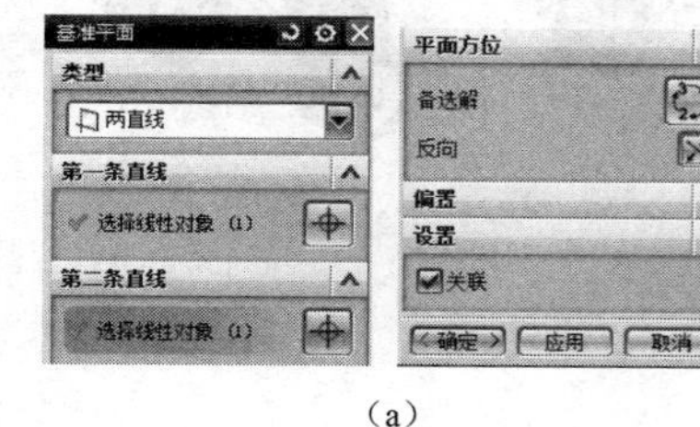

（a）

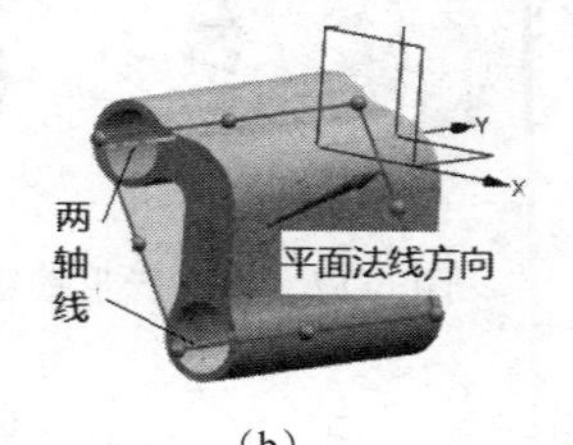

（b）

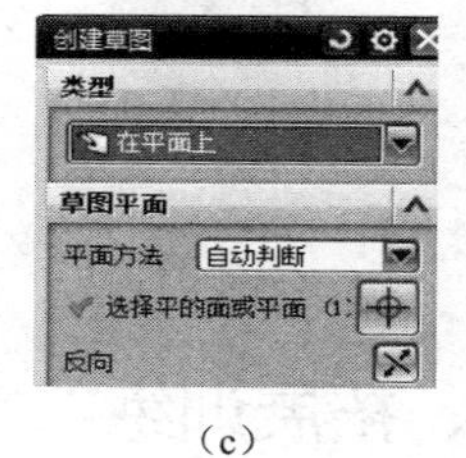

（c）

图 6-16

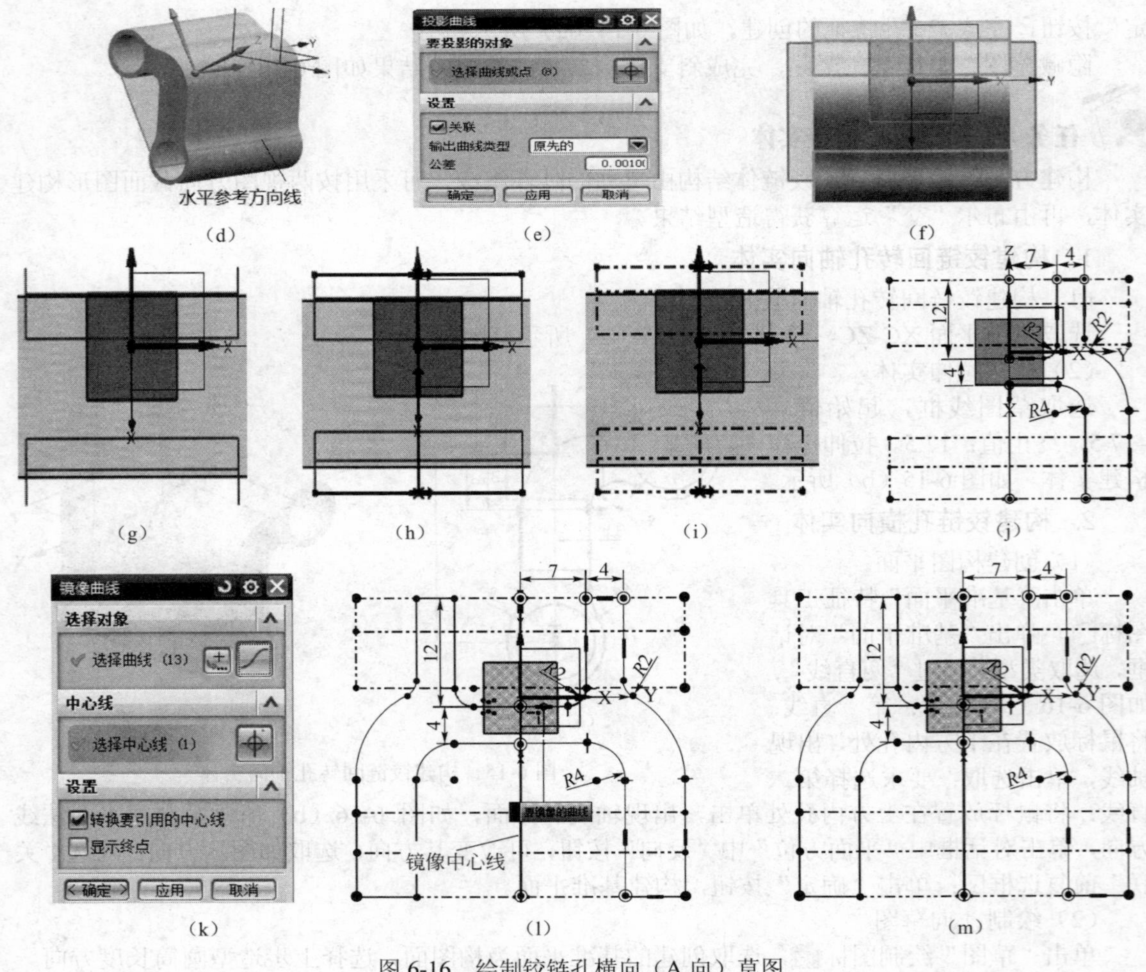

(d)　(e)　(f)　(g)　(h)　(i)　(j)　(k)　(l)　(m)

图 6-16　绘制铰链孔横向（A 向）草图

（3）拉伸实体

显示已隐藏的实体，结果如图 6-17（a）所示。

双向对称拉伸 *A* 向草图线框，各拉伸长度 20，选取布尔“求交”运算，如图 6-17（b）所示，单击“确定”按钮，结果如图 6-17（c）所示。

隐藏草图及构图面、坐标系，完成实体造型，如图 6-17（d）所示。

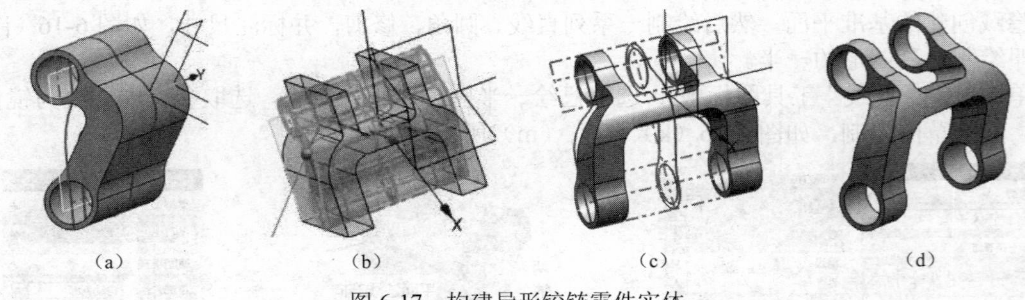

(a)　(b)　(c)　(d)

图 6-17　构建异形铰链零件实体

四、拓展训练

构建如图 6-18 所示零件的三维实体。

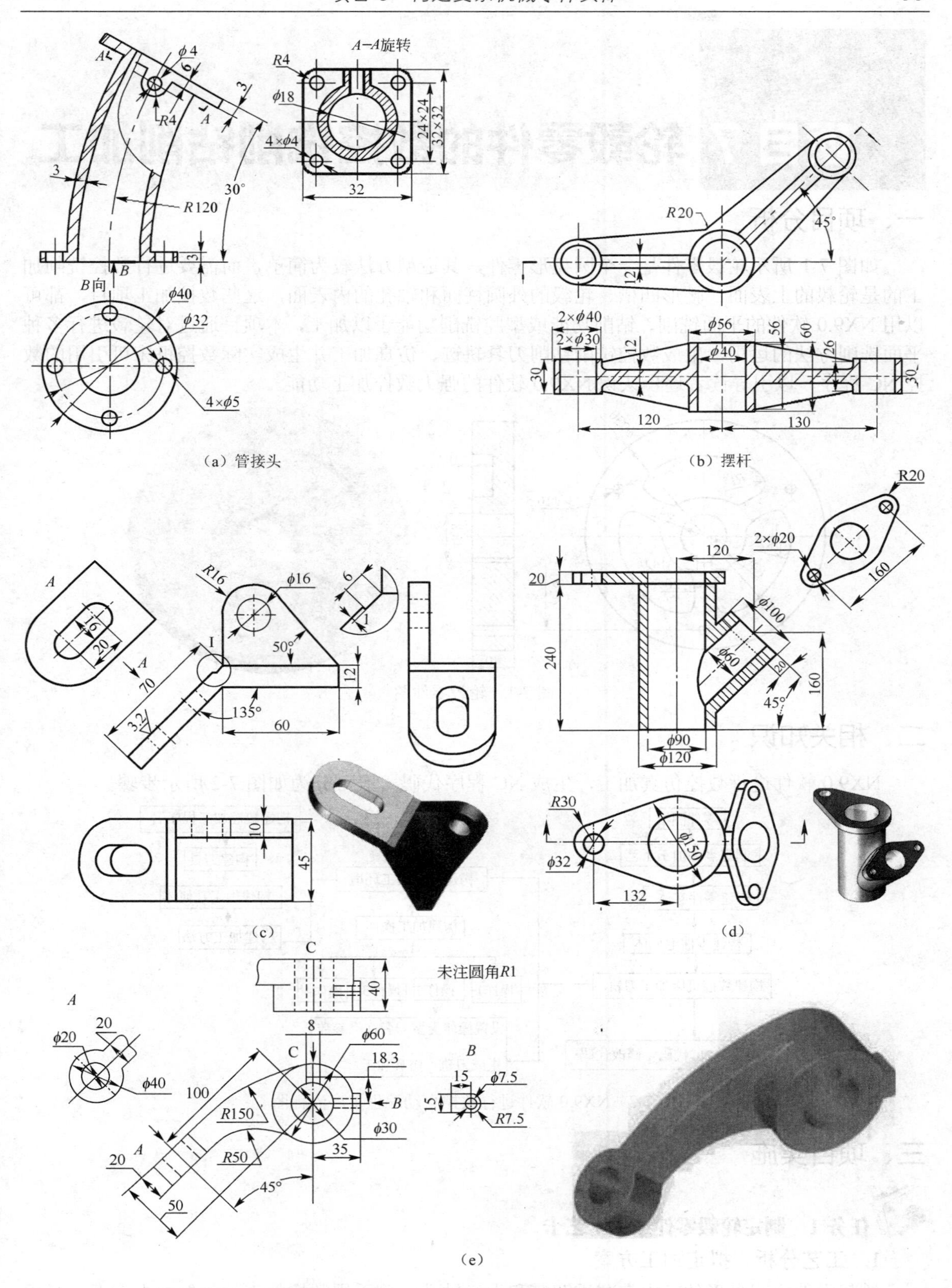

（a）管接头

（b）摆杆

（c）

（d）

（e）

图 6-18　构建具有倾斜板的零件实体拓展训练

项目 7 轮毂零件的数控铣削钻削加工

一、项目分析

如图 7-1 所示轮毂零件是一个圆盘形零件，其造型方法较为简单，而需要进行数控铣削加工的是轮毂的上表面、腰形凹槽、轮毂的外圆柱面和轴孔的内表面，这些数控加工项目，都可以用 NX9.0 软件的平面铣削、钻削功能或型腔铣削功能予以加工，本项目通过对轮毂进行多种平面铣削方法的运用，生成数控铣削钻削刀具轨迹、仿真加工并生成实际数控机床可引用的数控 NC 程序，以引导读者逐步认识 NX9.0 软件的强大数控加工功能。

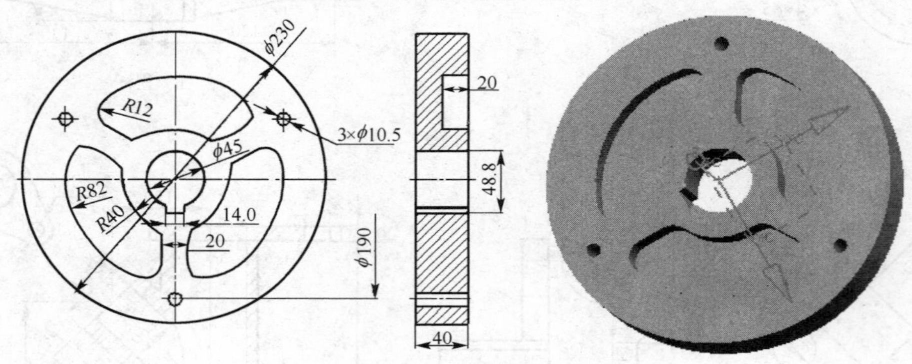

图 7-1　轮毂零件图

二、相关知识

NX9.0 软件进行数控仿真加工，生成 NC 程序代码一般可分为如图 7-2 所示步骤。

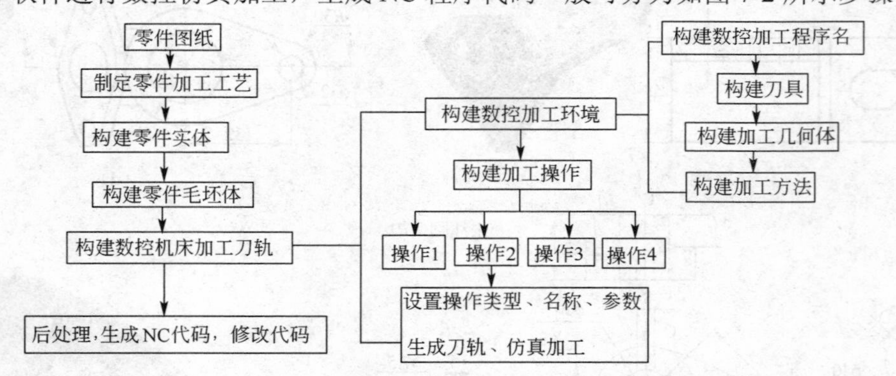

图 7-2　NX9.0 软件进行数控自动编程工序流程图

三、项目实施

任务 1　制定轮毂零件加工工艺卡

1. 工艺分析，拟定加工方案

轮毂零件为圆盘形体，内有减重凹槽和中心轴孔。可采用数控加工的是轮毂上表面、减重凹槽、中心轴孔及外圆柱面。

可选用毛坯为长方体或锻造圆盘坯，在此选用长方体 Q235 钢材加工。毛坯可用平口钳夹持固定后铣削上表面、钻孔；然后将工件经 3× ϕ10.5 工艺孔用螺栓与专用夹具连接后夹持在平口钳中，再铣削减重凹槽、轴孔、外轮廓圆柱表面。

2. 制定轮毂零件工艺过程卡

制定的轮毂零件工艺过程卡如表 7-1 所示。

表 7-1　轮毂零件工艺过程卡

工序	工步	工序名称、加工内容	加工方式、加工刀轨程序名	机床	夹具	刀具	余量/mm
1	1.1	下料 242×242×43		切割机			
	1.2	去毛刺	钳				
2	2.1	数控粗铣削上表面	FACE_MILLING			ϕ30 立铣刀	0.5
		数控精铣削上表面	FACE_MILLING_FINIS		平口钳	ϕ30 立铣刀	0
	2.2	点钻中心孔	SPOT_DRILLING			中心钻	
		数控钻削工艺孔、轴孔	DRILLING			ϕ10.5 钻头	0
	2.3	数控粗铣削减重凹槽	PLANAR_MILL			ϕ20 立铣刀	0.5
		数控精铣削减重凹槽底面	FLOOR_MILL_FINISH	数控铣床或加工中心		ϕ20 立铣刀	0
		数控精铣削减重凹槽侧壁面	WALLS_MILL_FINISH				
	2.4	中心轴孔粗铣削侧壁	HOLE_MILLING		平口钳、专用夹具	ϕ20 立铣刀	0
		中心轴孔精铣削侧壁	FINISH_WALLS				
	2.5	数控粗铣削外圆柱表面	PLANAR_PROFILE			ϕ20 立铣刀	0.5
	2.6	数控精铣削外圆柱表面	PLANAR_PROFILE_FINISH			ϕ20 立铣刀	0
3		插键槽	插削	插床			
4		去毛刺	钳				
5		检验	检				

任务 2　构建轮毂零件实体

构建方案：轮毂零件结构较为简单，可采用“圆柱体”特征工具构建圆盘实体，再在圆柱体上构建孔、凹槽特征，从而完成轮毂零件实体的构建。具体造型步骤如下：

1. 构建草图

启动 NX9.0 软件，在“E:\…\xm7”文件夹中创建建模文件 xm7_lungu.prt。

进入草图环境，在 XC-YC 平面内绘制草图如图 7-3（a）所示。

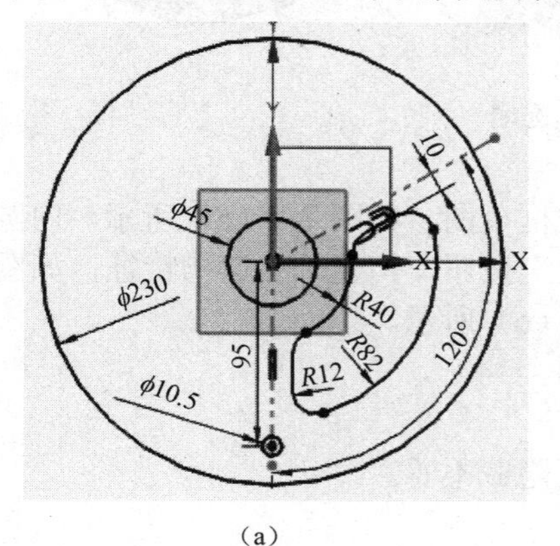

（a）

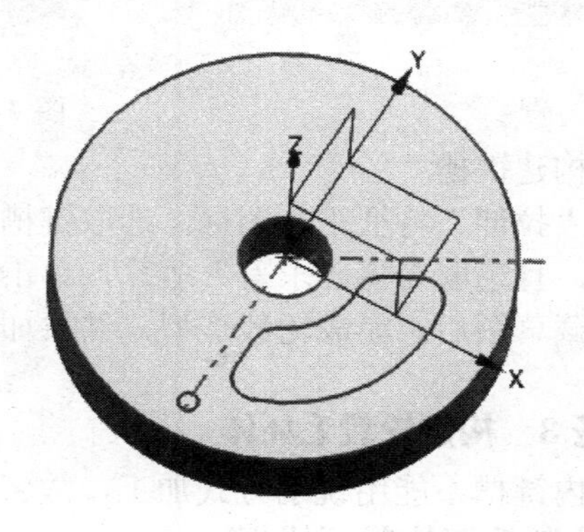

（b）

图 7-3

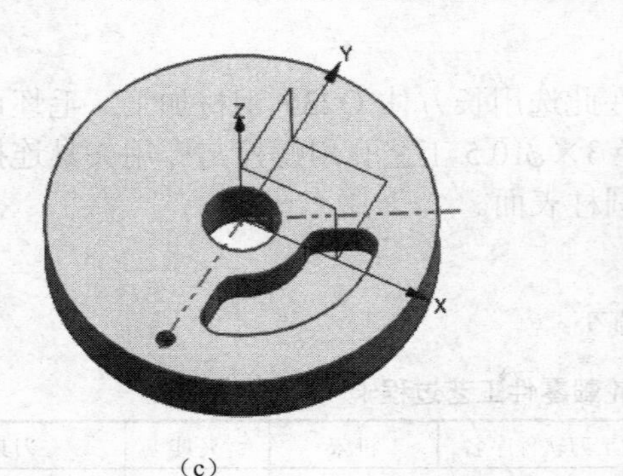

（c）

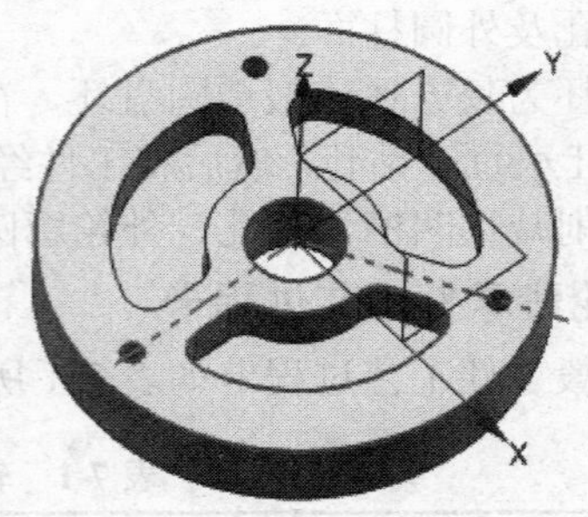

（d）

图 7-3 构建圆柱体

2. 构建圆柱体及轴孔

启动“拉伸”命令，以单条曲线方式选取内外两圆ϕ45、ϕ230，向下拉伸 45，结果如图 7-3（b）所示。

3. 构建一个工艺孔及一个腰形槽

在拉伸命令下，以单条曲线方式选取ϕ10.5 圆，以“贯通”方式与上步圆柱体求差；以相切曲线方式选取腰形槽线框，向下拉伸 25，与圆柱体求差，结果如图 7-3（c）所示。

4. 阵列工艺孔及腰形槽特征

启动“阵列特征”命令，选取ϕ10.5 工艺孔及腰形槽特征，绕 ZC 轴旋转圆形阵列，数量 3，节距角 120°，结果如图 7-3（d）所示。

5. 构建键槽

（1）绘制键槽截面线框

单击“草图”图标，选取圆盘上表面为构图平面，绘制轴孔键槽截面线框，如图 7-4（a）所示，单击“完成草图”图标，退出草图环境。

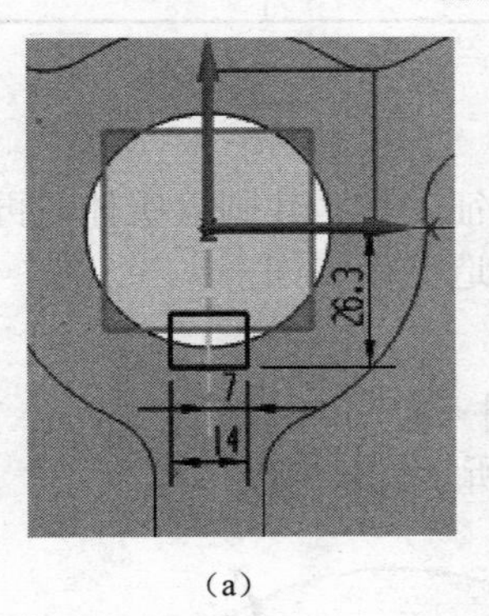

（a）

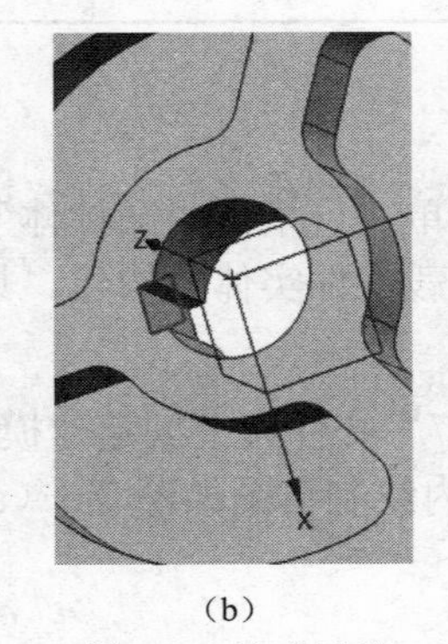

（b）

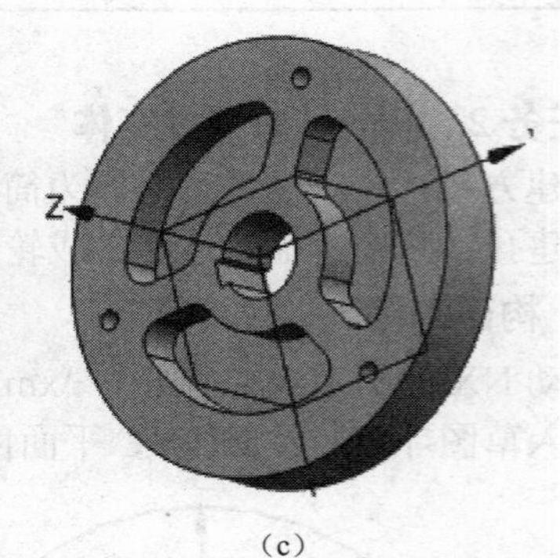

（c）

图 7-4 构建键槽

（2）构建键槽

单击“拉伸”特征工具图标，选取键槽截面线框草图，如图 7-4（a）所示，向圆柱体方向贯通拉伸，且选取布尔“求差”运算，单击“确定”按钮，构建轴孔键槽特征，如图 7-4（b）所示，隐藏草图后，完成轮毂造型，结果如图 7-4（c）所示。

任务 3 构建轮毂毛坯体

由于内键槽不能用铣削方式加工，故将其特征隐藏不看。

1. 绘制毛坯体截面线框

单击“草图”图标，选取圆盘上表面为构图平面，绘制矩形截面线框，如图 7-5（a）所示，单击“完成草图”图标，退出草图环境。

2. 构建毛坯体

单击“拉伸”特征工具图标，选取矩形截面线框草图，向圆柱体方向从–2 到 40 拉伸，且选取布尔“无”运算，单击“确定”按钮，构建长方体毛坯特征，如图 7-5（b）所示；

选取长方体，单击“编辑对象显示”工具图标，弹出“编辑对象显示”对话框，将“透明度”滑标调到 40~60 之间，如图 7-5（c）所示，随之长方体变成半透明状态，轮毂实体在长方体内显示出来，如图 7-5（d）所示。

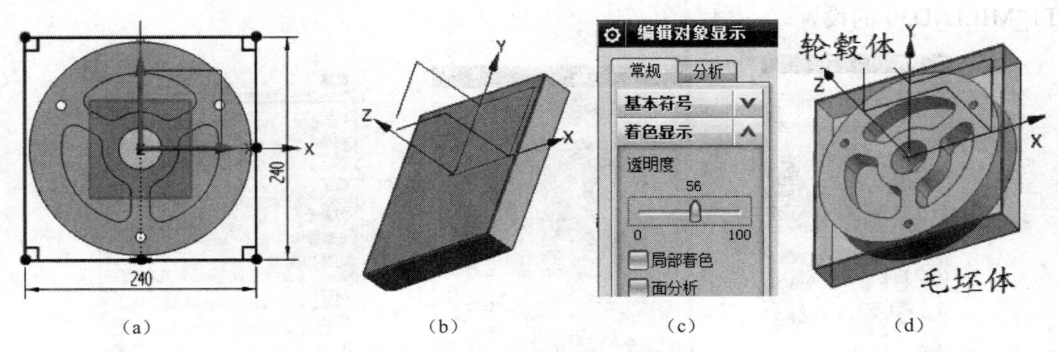

（a）　（b）　（c）　（d）

图 7-5　构建轮毂零件毛坯体

任务 4　构建轮毂零件数控加工刀轨工序

1. 构建数控加工环境

（1）进入加工模块

单击“开始”图标、“加工”图标，弹出“加工环境”对话框，在 CAM 设置中选取 “cam_genaeral”（CAM 通用环境）/“mill_planar”（平面铣削）模板，如图 7-6（a）所示。单击“确定”按钮，进入加工模块。

单击“资源管理条”中的“工序导航器”图标，显示“工序导航器-程序顺序”界面，如图 7-6（b）所示。

（2）创建程序类型、名称

单击“创建程序”图标，弹出“创建程序”对话框，进行程序类型、名称设置，如图 7-7（a）所示。在类型选项中，选取平面铣削“mill_planar”；在名称栏：输入名称：LUNGU；位置选项取默认设置不变，单击“确定”按钮，弹出对话框，不作设置，再单击“确定”按钮，返回工序导航器“程序顺序”视图，已具有“LUNGU”程序名，如图 7-7（b）所示。

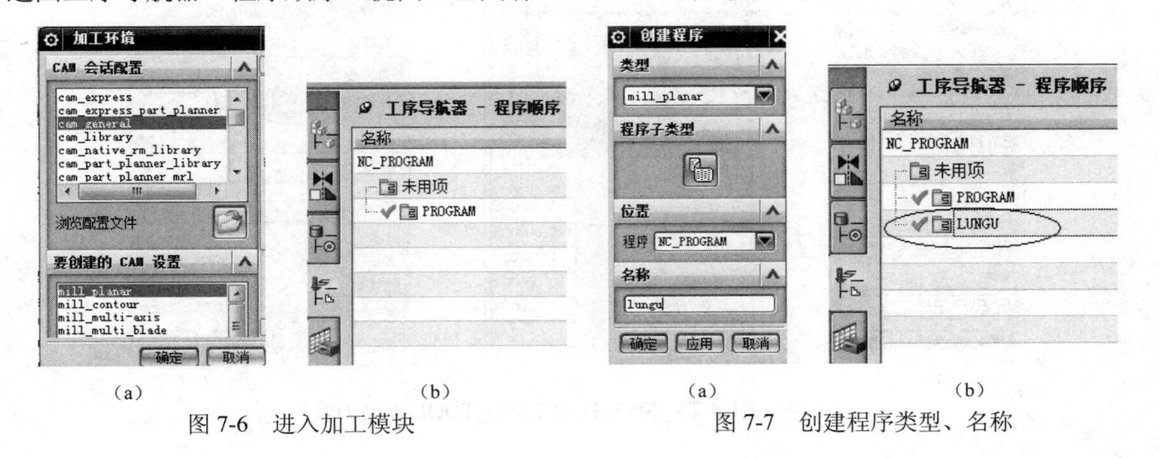

（a）　（b）　（a）　（b）

图 7-6　进入加工模块　　图 7-7　创建程序类型、名称

（3）创建刀具

① 创建 T1_MILL_D30、T2_MILL_D20 铣刀。

在“工序导航器”的空白处单击右键，单击“机床视图”选项，或单击“机床视图”图标，将“工序导航器—程序顺序”切换为“工序导航器－机床”。

单击“刀具创建”工具图标，弹出“创建刀具”对话框，设置如图 7-8（a）所示。单击“应用”按钮，弹出“铣刀-5 参数”设置对话框，设置参数 D=30、L=75、FL=50，刃数=4，刀具号 1，长度补偿号 1，刀具补偿号 1，如图 7-8（b）所示。单击“确定”按钮，完成第一把刀具 T1_MILL_D30 的设置。

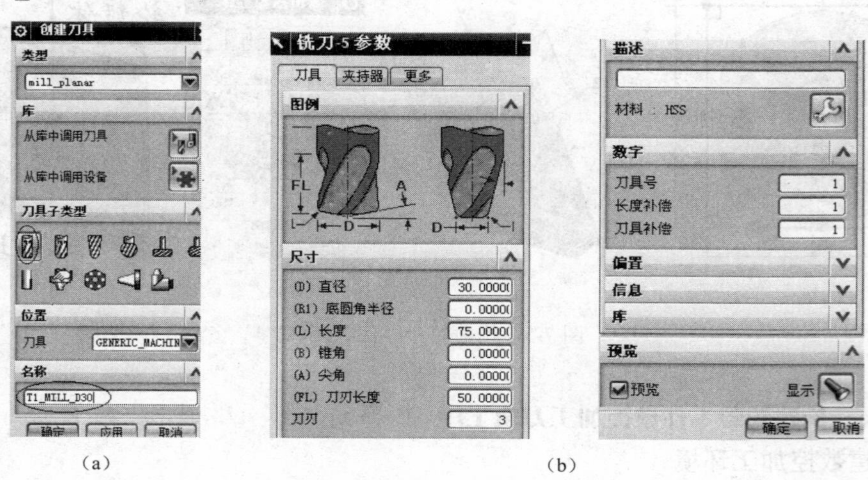

（a）　　　　（b）

图 7-8　创建平底铣刀对话框

同样操作，设置 T2_MILL_D20 的设置，取 D=20、L=75、FL=50，刃数=4，刀具号 2，长度补偿号 2，刀具补偿号 2。

② 创建 T3_SPOTDRILLING_TOOL、T4_DRILLING_TOOL_D12 钻头。

在”创建刀具”对话框中，选取类型“drill”，单击刀具子类型中点钻刀具图标，名称取为 T3_SPOTDRILLING_TOOL，如图 7-9（a）所示。单击“应用”按钮，弹出“钻刀”对话框，设置参数如图 7-9（b）所示，单击“确定”按钮，完成第三把刀具 T3_SPOTDRILLING_TOOL 的创建。

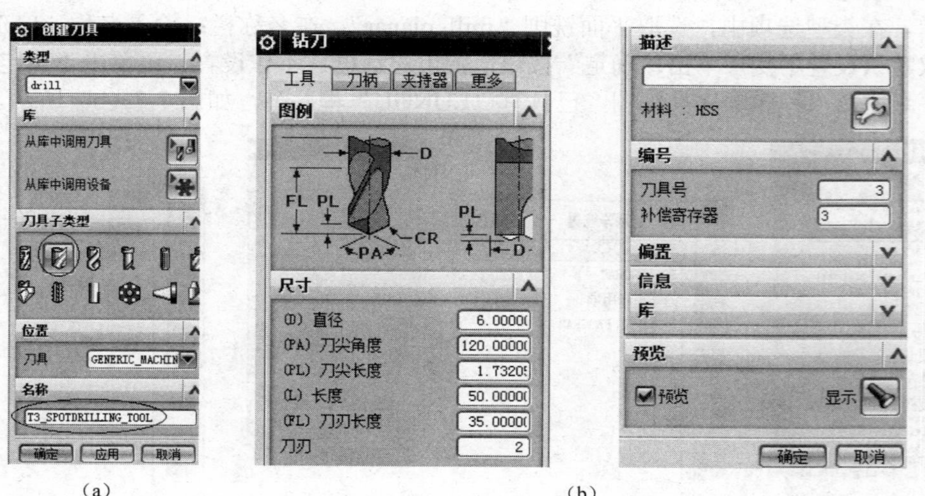

（a）　　　　（b）

图 7-9　创建 T3_ SPOTDRILLING_TOOL 点钻刀具

在“创建刀具”对话框中，选取类型“drill”，单击子类型中钻头刀具图标，名称取为 T4_DRILLING_TOOL_D10.5，如图 7-10（a）所示；

单击“应用”按钮，弹出钻刀参数设置框，参数如图 7-10（b）所示，单击“确定”按钮，完成第四把刀具 T4_DRILLING_TOOL_D10.5 的创建。

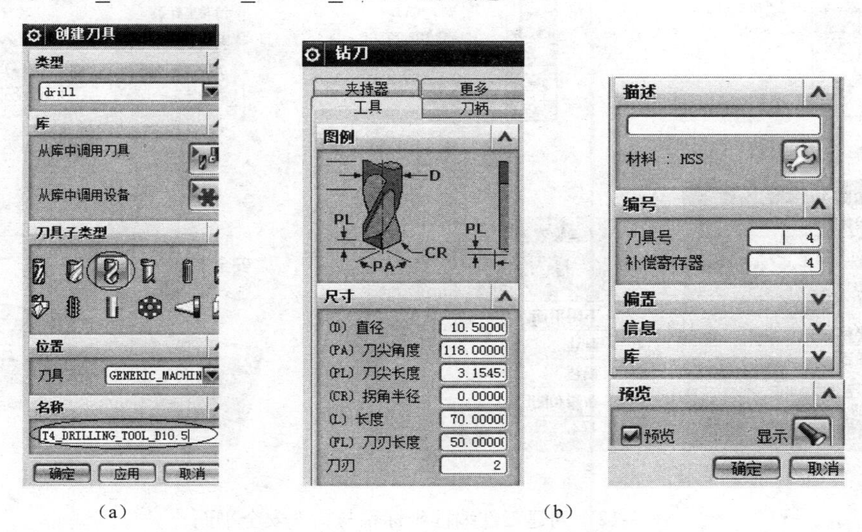

（a）　　　　　　　　　　（b）

图 7-10　创建 T4_DRILLING_TOOL_D10.5 钻头

返回“创建刀具”对话框后，单击“取消”按钮，结束刀具的创建工序。在“工序导航器—机床”中显示已创建的刀具，如图 7-11 所示。

工序导航器 - 机床

名称	刀轨	刀具	描述	刀具号
GENERIC_MACHINE			Generic Machine	
未用项			mill_planar	
T1_MILL_D30			Milling Tool-5 Parameters	1
T2_MILL_D20			Milling Tool-5 Parameters	2
T3_SPOTDRILLING_TOOL			Drilling Tool	3
T4_DRILLING_TOOL_D10.5			Drilling Tool	4

图 7-11　创建刀具列表

（4）创建数控加工几何体

单击“几何视图”图标，将导航器切换为“工序导航器一几何”，如图 7-12（a）所示。

① 设置工件编程坐标系。

单击“MCS_MILL”前“+”号，展开“MCS_MILL”文件夹，如图 7-12（b）所示；

双击“MCS_MILL”，弹出“MCS 铣削”对话框，如图 7-12（c）所示，“机床坐标系”选项取默认设置，即“XMYMZM”机床坐标系（应理解为工件编程坐标系）与“XYZ”绝对坐标系、“XCYCZC”工件建模坐标系重合；此时，参考坐标系选项也取默认设置不变。

② 抬刀安全平面设置。

安全设置选项中，单击下拉菜单，选取“平面”，选取平面类型“ZC”即与 XC-YC 平面平行的平面，在模型中弹出的距离栏中输入一定的偏置值，如：50，即选取的安全平面位置是 ZC=50mm 的水平面，如图 7-12（e）所示。

单击“确定”按钮，返回“MCS 铣削”对话框。再单击“确定”按钮，关闭“MCS 铣削”对话框，返回“工序导航器-几何”界面。

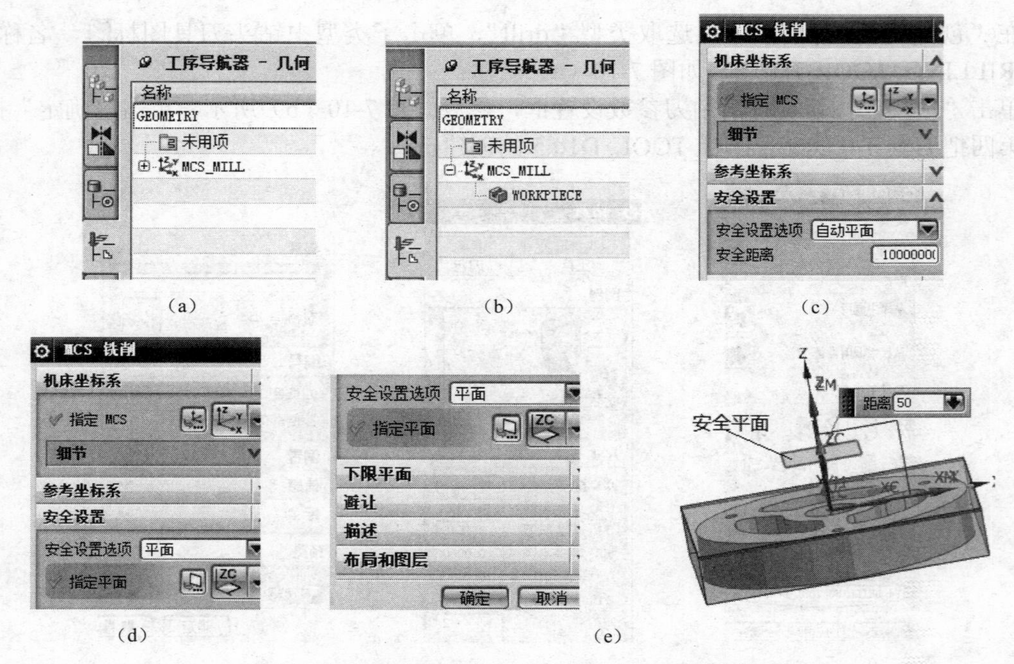

（a）　（b）　（c）

（d）　（e）

图 7-12　创建工件编程坐标系与抬刀安全平面

③ 创建部件几何体。

双击“WORKPIECE”选项，弹出“工件”对话框，如图 7-13（a）所示。

单击“指定部件”右侧按钮，弹出“部件几何体”对话框，如图 7-13（b）所示。

在轮毂零件与毛坯体上右键单击，弹出快捷菜单，单击“从列表选择(L)...”按钮，弹出““快速拾取”对话框，光标在两实体项移动，即显示所选取的实体对象，在此应单击轮毂零件“2 实体”，如图 7-13（c）所示，且返回“部件几何体”对话框，单击“确定”按钮，返回“工件”对话框。此时，单击按钮后电筒高亮显示，如图 7-13（d）所示。

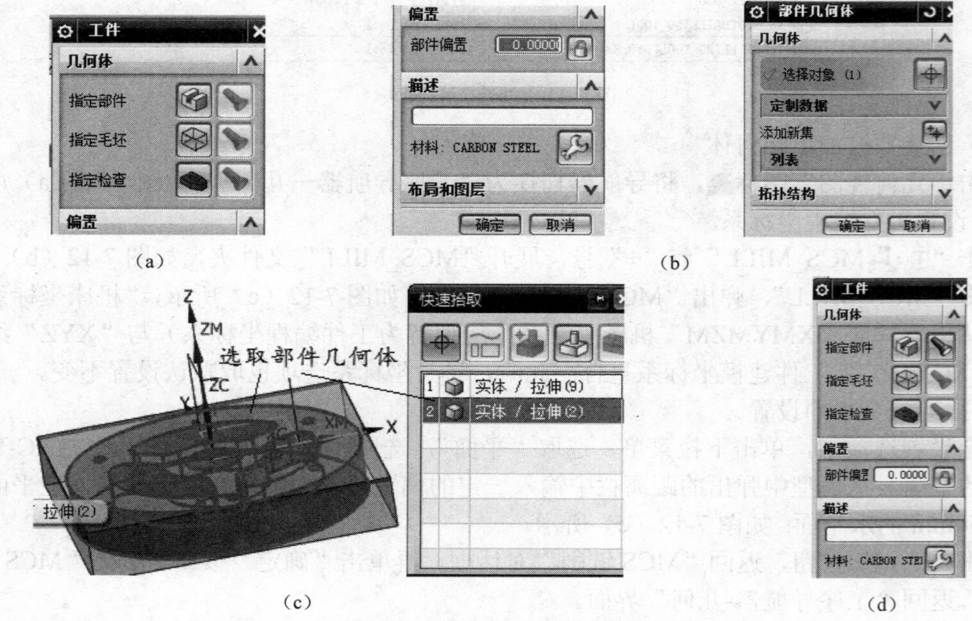

（a）　（b）

（c）　（d）

图 7-13　创建加工部件几何体

④ 创建毛坯几何体。

单击“指定毛坯”右侧按钮，弹出“毛坯几何体”对话框，选取类型为“几何体”，如图 7-14（a）所示。在模型中选取长方体为毛坯几何体，如图 7-14（b）所示；单击“确定”按钮，返回“工件”对话框，如图 7-14（c）所示。

(a)

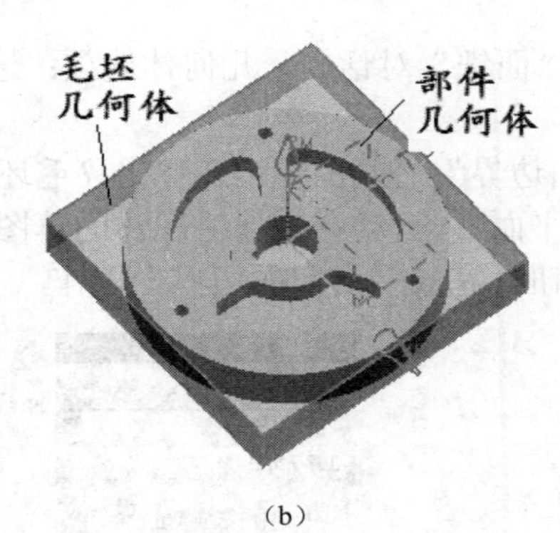

(b)

(c)

图 7-14　毛坯几何体设置

⑤ 选择毛坯材料。

单击“MILL_GEOM”对话框中材料后图标，弹出“部件材料”对话框，如图 7-15 所示。可选取相应的工件材料，由于材料的型号与我国规定有较大差别，应参考相关材料对照表选用。选用了一定的工件材料，软件系统会根据所收集的经验数据产生相应数控加工工艺参数，可使构建的数控程序符合生产实际。

（说明：部件材料表中所列材料不是按我国的材料代号所列，这里的选取仅作参考。材料的选择，会影响到切削加工的工艺参数。一般地，这项可不作选择，切削工艺参数直接根据实际材料选取、设置。）

单击“确定”按钮，返回“MILL_GEOM”对话框。再次单击“确定”按钮，结束几何体设置。

（5）创建切削加工方法

切削加工方法主要指粗铣削、半精铣削、精铣削、钻孔等加工方法，创建加工方法主要指设置各种加工方法的工艺参数。

NX9.0 软件中根据不同的加工方法已设置一定的工艺参数，因此，这里的创建切削加工方法主要项目是对已有部分工艺参数进行调整、修改，以便于在创建切削加工工序时直接调用。

部件材料

匹配项

库号	代码	名称	刚度	描述
MATO_00001	1116	CARBON STEEL	100-150	FREE MACHINING CARBON STEELS, WROUGHT- Low Carbon Resulfurized
MATO_00002	1116	CARBON STEEL	150-200	FREE MACHINING CARBON STEELS, WROUGHT - Low Carbon Resulfurized
MATO_00059	4140SE	ALLOY STEEL	200-250	FREE MACHINING ALLOY STEELS, WROUGHT - Medium Carbon Resulfurized
MATO_00103	4140	ALLOY STEEL	54-56	ALLOY STEELS, WROUGHT - Medium Carbon
MATO_00104	4150	ALLOY STEEL	175-225	ALLOY STEELS, WROUGHT - Medium Carbon
MATO_00105	4150	ALLOY STEEL	225-275	ALLOY STEELS, WROUGHT - Medium Carbon
MATO_00106	4150	ALLOY STEEL	275-325	ALLOY STEELS, WROUGHT - Medium Carbon
MATO_00108	4150	ALLOY STEEL	375-425	ALLOY STEELS, WROUGHT - Medium Carbon
MATO_00153	440C	STAINLESS STEEL	225-275 HB	STAINLESS STEELS, WROUGHT - Martensitic
MATO_00155	440A	STAINLESS STEEL	375-425 HB	STAINLESS STEELS, WROUGHT - Martensitic
MATO_00174	4340	HS STEEL	225-300	HIGH STRENGTH STEELS, WROUGHT -

图 7-15　NX 软件提供的工件材料库

若在此不创建切削加工方法，在创建切削工序时直接对软件已设置的加工工艺参数进行修改、设置。一般地，采用后者，更符合具体实际工作情况。

本书中，一般采用不事先创建切削加工方法，而在创建切削加工工序时，进行工艺参数的设置工作模式。

2. 构建数控加工工序刀轨

1）构建轮毂上表面粗、精铣削工步（序）刀轨

（1）构建轮毂上表面粗铣削工步（序）刀轨

① 创建工序类型。

单击“程序顺序”图标，将导航器换成“工序导航器－程序顺序”视图，右键单击“LUNGU”程序名，在快捷菜单中选取“插入\工序”选项，如图 7-16 所示；弹出“创建工序”对话框，选取“类型”：mill_planar；“子类型”：表面铣，其他设置如图 7-17 所示。

② 创建加工边界。

单击“应用”按钮，弹出“面铣”对话框，几何体选项：选取“WORKPIECE”，如图 7-18 所示。

单击图 7-18 中的“指定面边界”右侧图标，弹出“毛坯边界”对话框，如图 7-19（a）所示；在“刀具侧”：内部；“平面”：自动；构建毛坯体的草图正方形线框，如图 7-19（b）所示；单击对话框中“确定”按钮，完成“指定面边界”工作。

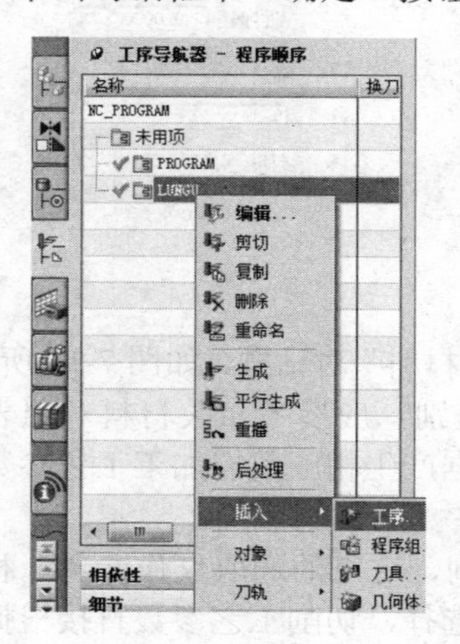

图 7-16　创建程序工序快捷键选用

图 7-17　创建表面粗铣基本设置

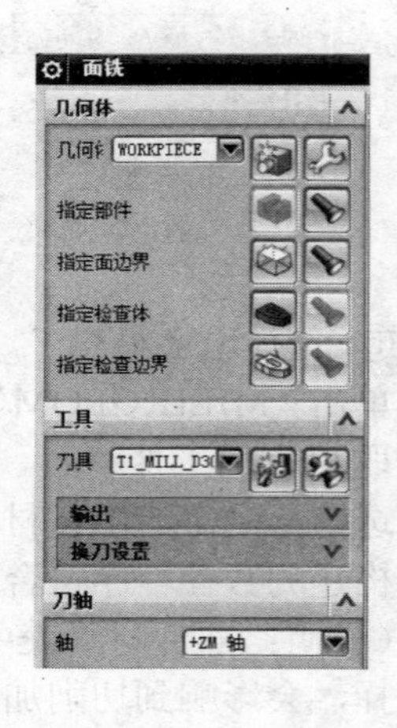

图 7-18　面铣设置对话框

③ 设置刀轴、刀轨。

在图 7-18 所示“面铣削”对话框中，取刀具已有设置，（这些设置是在图 7-17 中已完成的），刀轴：+ZM 轴；如图 7-18、图 7-20（a）所示；

刀轨设置选项组中，“切削模式”选取“往复”，其他设置如图 7-20（b）所示。

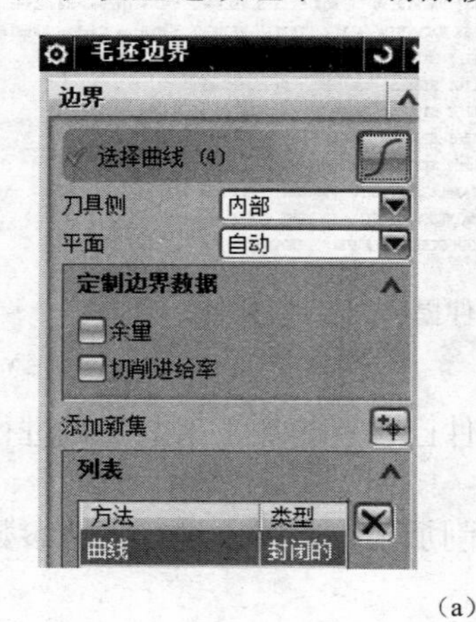

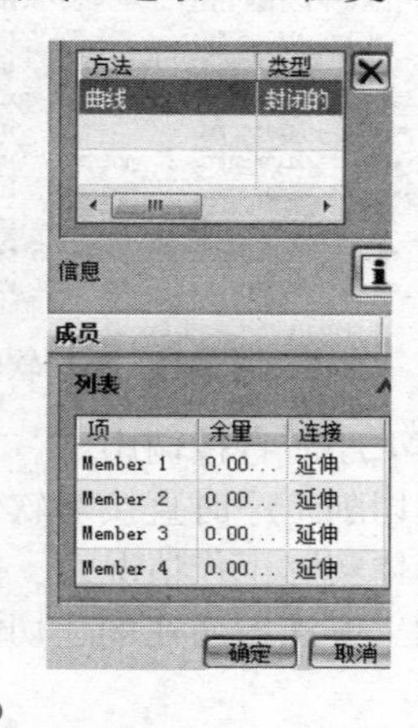

（a）

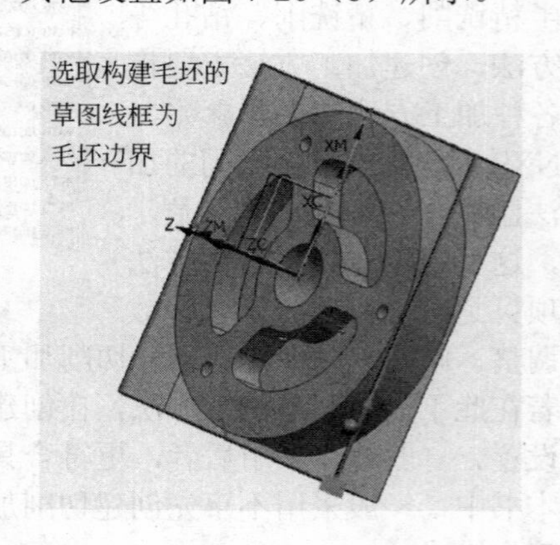

（b）

图 7-19　指定面几何体工序

④ 设置切削参数。

单击图 7-18 所示面铣削设置对话框中的“切削参数”右侧图标，如图 7-21（a）所示，弹出“切削参数”对话框，设置如图 7-21（b）、（c）、（d）所示，其他项取默认设置，单击单击“确定”按钮，返回图 7-18 所示“面铣”对话框。

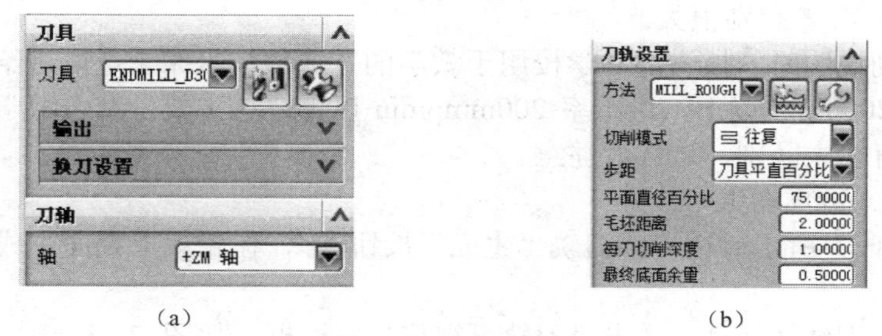

（a）　（b）

图 7-20　设置刀轴、刀轨参数

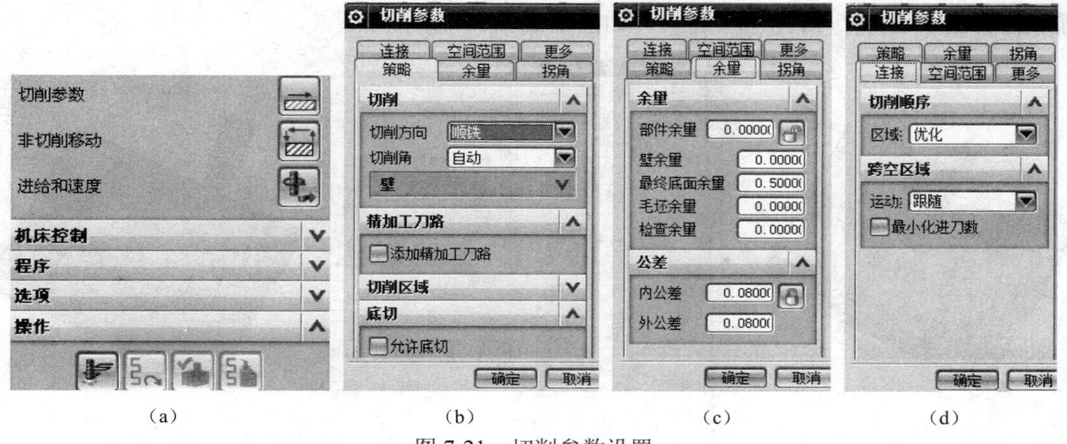

（a）　（b）　（c）　（d）

图 7-21　切削参数设置

⑤ 非切削运动参数。

单击图 7-21（a）所示对话框中“非切削移动”右侧图标，弹出“非切削移动”对话框，设置进刀参数如图 7-22（a）、（b）所示，退刀参数同进刀参数，“转移/快速”选项卡设置如图 7-22（c）所示，其他取默认设置。

⑥ 进给参数设置。

单击图 7-21（a）所示对话框中“进给和速度”右侧图标，弹出“进给”对话框，输入“主轴速度（rpm）”：1000，自动设置项中，则会自动计算出“表面速度”和每齿进给量；在“进给率”选项中，输入进给率 150mmpmin，其他，选项取默认值，如图 7-22（d）所示。

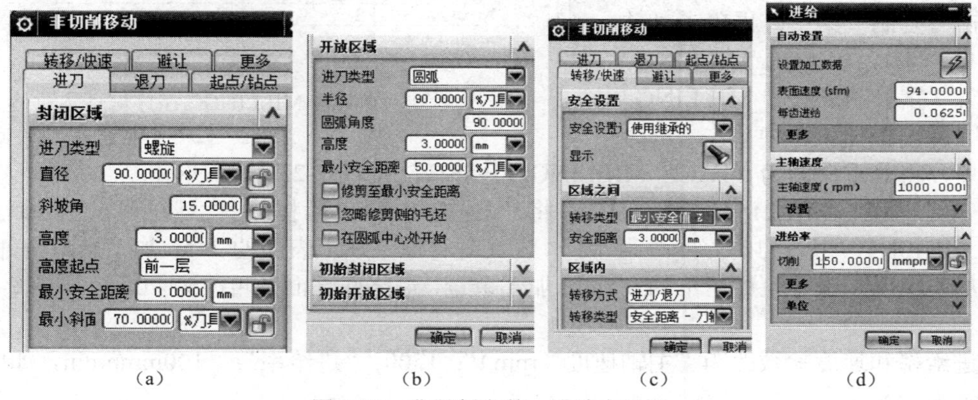

（a）　（b）　（c）　（d）

图 7-22　非切削参数、进给率设置

特别说明：现在工业用数控机床大多是高速机床，主轴速度高达 10000rpm 以上，甚至几万转，进给率可达 5000mmpmin；而普通数控机床主轴速度一般在 5000rpm 以下，进给率 500mmpmin 以下，二者差别很大。

本教材未特别说明时，按大部分学校用于教学的普通数控机床来选取进给率和主轴转速，一般取主轴速度 2000rpm 以下，进给率 200mmpmin 以下，这主要是结合教学训练的特点而定的。与企业生产有较大区别，请读者注意。

⑦ 生成刀轨、仿真加工。

单击图 7-21（a）所示对话框中刀轨“生成”按钮，在轮毂上表面生成刀轨，如图 7-23（a）所示。

单击“确认”刀轨按钮，弹出“刀轨可视化”对话框，如图 7-23（b）所示。单击“3D 动态”或“2D 动态”选项卡，可选择“3D 动态”或“2D 动态”仿真加工演示，单击下方的演示播放按钮▶，即进行仿真加工演示，如图 7-23（c）所示。

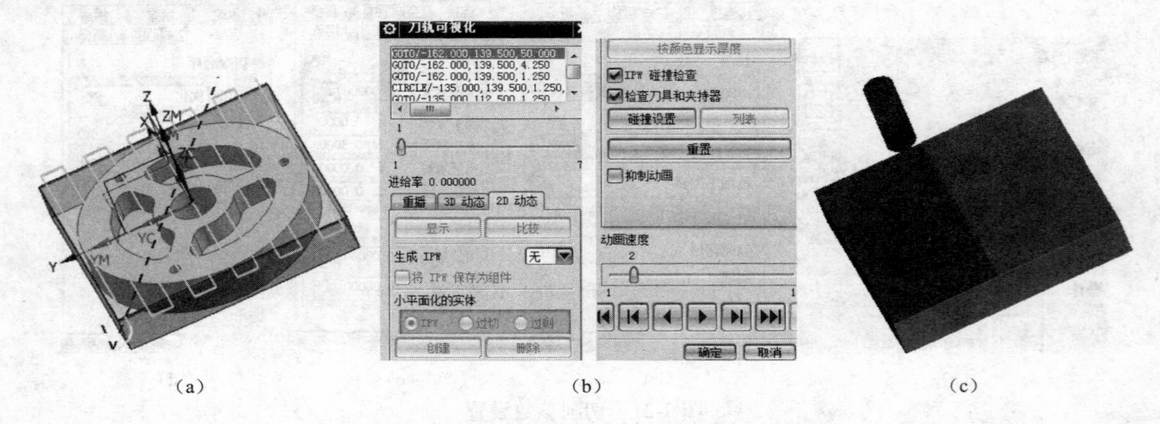

（a）（b）（c）

图 7-23 生成表面铣削刀轨及仿真铣削加工演示

单击“确定”按钮，返回“面铣削”工序对话框；再次单击“确定”按钮，返回“创建工序”对话框，单击“取消”按钮，完成“表面粗铣削刀轨工序”的创建，在工序导航器中显示“FACE_MILLING”，展开工序导航器，可看到关于本次工序的主要信息，如图 7-24 所示。

（2）构建轮毂上表面精铣削工步（序）刀轨

在工序导航器中，右击“FACE_MILLING”，在弹出的快捷菜单中单击“复制”菜单，再单击“粘贴”菜单，形成“FACE_MILLING_COPY”；右击“FACE_MILLING_COPY”，弹出快捷菜单中单击“重命名”菜单，将其重命名为“FACE_MILLING_FINISH”，如图 7-25（a）所示。

工序导航器 - 程序顺序

名称	换..	刀轨	刀具	刀...	时间	几何体	方法
NC_PROGRAM					00:26:32		
未用项					00:00:00		
PROGRAM					00:00:00		
LUNGU					00:26:32		
FACE_MILLING		✔	T1_MILL_D30	1	00:26:20	WORKPIECE	MILL_ROUGH

图 7-24 “FACE_MILLING”工序信息显示

双击“FACE_MILLING_FINISH”，将“面铣削”对话框中“刀轨设置”方法改为“MILL_FINISH”，每一刀的深度改为“2”，含义是将原毛坯上表面的 2mm 加工余量全部切除，但实际加工厚度是上一工序留下的 0.5mm 加工余量，最终底部面余量改为“0”，如图 7-25（c）所示。

将进给率和速度参数改为“主轴速度（rpm）”：1500；“进给率”：100mmpmin，如图 7-25（d）所示。

单击“确定”按钮，返回“面铣削”对话框，单击仿真工序“生成”图标，生成刀轨；单击“确认”图标，弹出“刀轨可视化”对话框，进行“2D”或“3D”仿真铣削加工。

连续两次单击“确定”按钮，返回“创建工序”对话框，单击“取消”按钮，返回工序导航器，完成表面精铣削刀轨工序 FACE_MILLING_FINISH 的创建。在工序导航器中显示 FACE_MILLING_FINISH 程序名由图 7-25（a）所示的问题符号变为如图 7-25（b）所示感叹号。

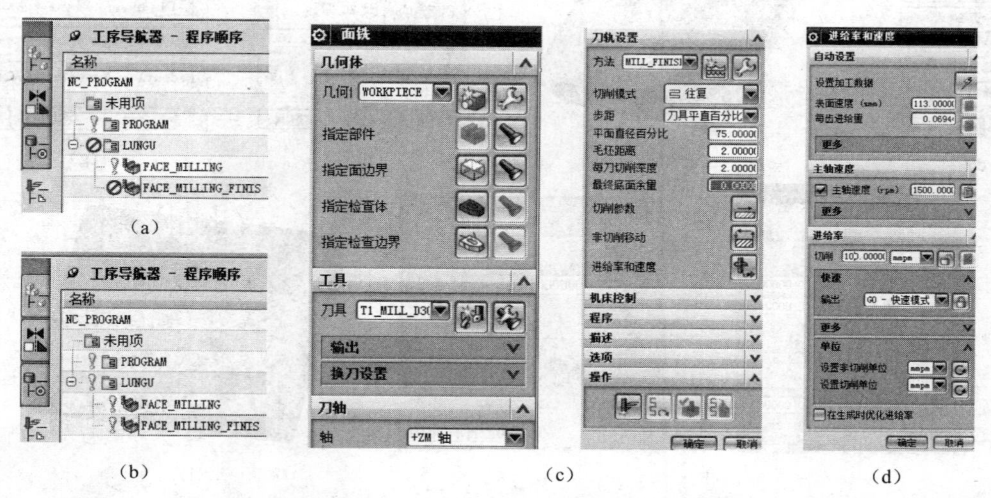

（a）（b）（c）（d）

图 7-25　设置轮毂上表面精铣削刀轨

2）创建点钻中心孔、钻孔加工工步（序）刀轨

（1）创建点钻中心孔工步刀轨

① 创建工序类型、选择刀具、方法与几何体。

在“工序导航器—程序顺序”视图中，右键单击程序名“LUNGU”,从弹出的快捷菜单中选择“插入\工序”菜单，弹出“创建工序”对话框，设置工序类型、子类型；选择刀具、方法与几何体；设置工序名称，如图 7-26（a）所示。

② 点钻几何体、刀具设置。单击“创建工序”对话框中“应用”按钮，弹出点钻“定心钻”对话框，如图 7-26（b）所示。

在“几何体”选项中，单击“指定孔”右侧按钮，弹出“点到点几何体”对话框，如图 7-26（c）所示,单击“选择”按钮，弹出“名称”对话框，如图 7-26（d）所示。在图形区选取轮毂模型中心孔棱边、3×ϕ10.5 孔棱边，如图 7-26（e）所示。连续单击对话框中“确定”按钮，返回“定心钻”对话框。

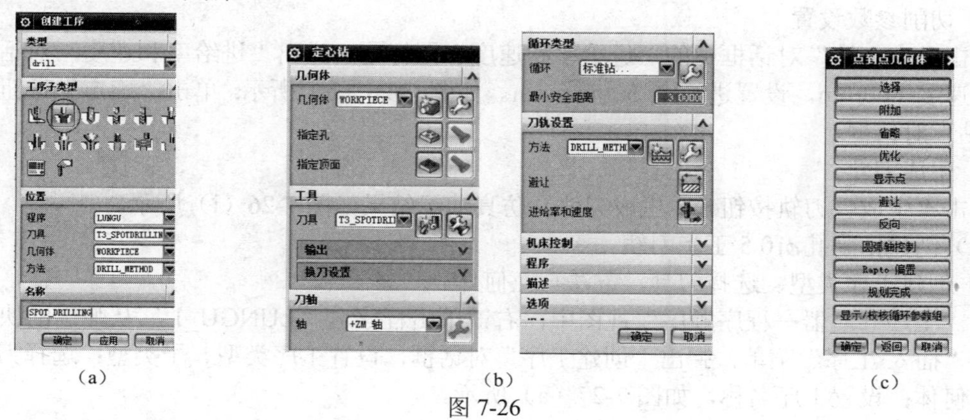

（a）（b）（c）

图 7-26

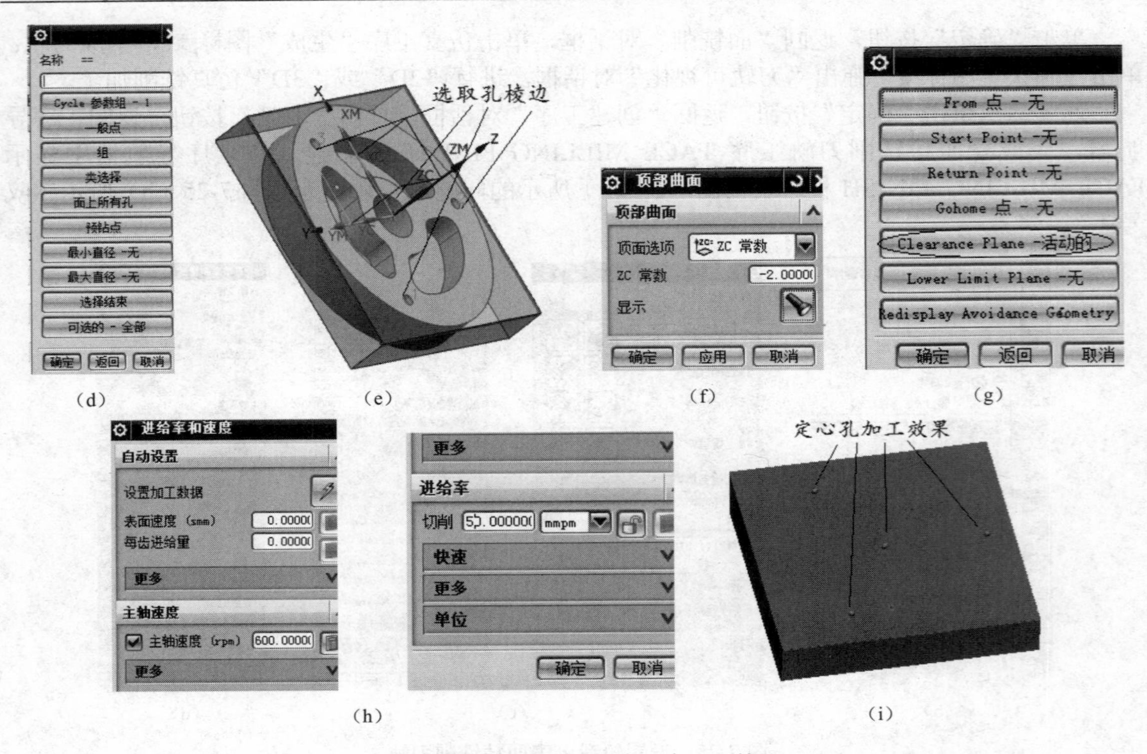

图 7-26 创建点钻工步（序）刀轨

在“几何体”组框中，单击“指定顶面”右侧按钮，弹出“顶部曲面”对话框，在顶面选项中选取：ZC 常数，输入 ZC 常数：−2，即要求定心孔深为 2mm 深，如图 7-26（f）所示，（这里采用的设置方法不是很规范的，但是可用、快捷。规范的设置方法请参见项目 10 有关钻定心孔循环参数的设置）。

单击“确定”按钮，返回“定心孔”对话框。

刀具设置、刀轴设置都取默认设置不变。

③ 检查安全设置。

单击“定心钻”对话框中的“避让”图标，弹出无名对话框，如图 7-26（g）所示。这里因已设置了安全平面，故显示按钮“Clearance Plane-活动的”，即可不考虑刀具运动会碰撞工件问题，（若显示按钮“Clearance Plane-无”，则必须单击此按钮，设置安全平面。）单击“确定”按钮，返回“点钻”对话框。

④ 切削参数设置。

单击“定心钻”对话框中的“进给率和速度”图标，弹出“进给率和速度”对话框，设置主轴速度 600rpm，设置进给率 50mmpmin。如图 7-26（h）所示，单击“确定”按钮，返回“定心钻”对话框。

⑤ 生成刀轨。

单击“生成”刀轨按钮，生成刀轨。仿真演示结果如图 7-26（i）所示。

（2）创建钻削孔ϕ10.5 工步刀轨

① 创建工序类型、选择刀具、方法与几何体。

在“工序导航器—程序顺序”视图中，右键单击程序名“LUNGU_1”，从弹出的快捷菜单中选择“插入\工序”菜单，弹出“创建工序”对话框，设置工序类型、子类型；选择刀具、方法与几何体；设置工序名称，如图 7-27（a）所示。

② 钻孔几何体、刀具设置。

单击“创建工序”对话框中“应用”按钮，弹出“钻孔”对话框，如图 7-27（b）所示。

在“几何体”组框中，“指定孔”方法与上述“定心钻”方法完全一样，请参考“定心钻”工序设置进行。

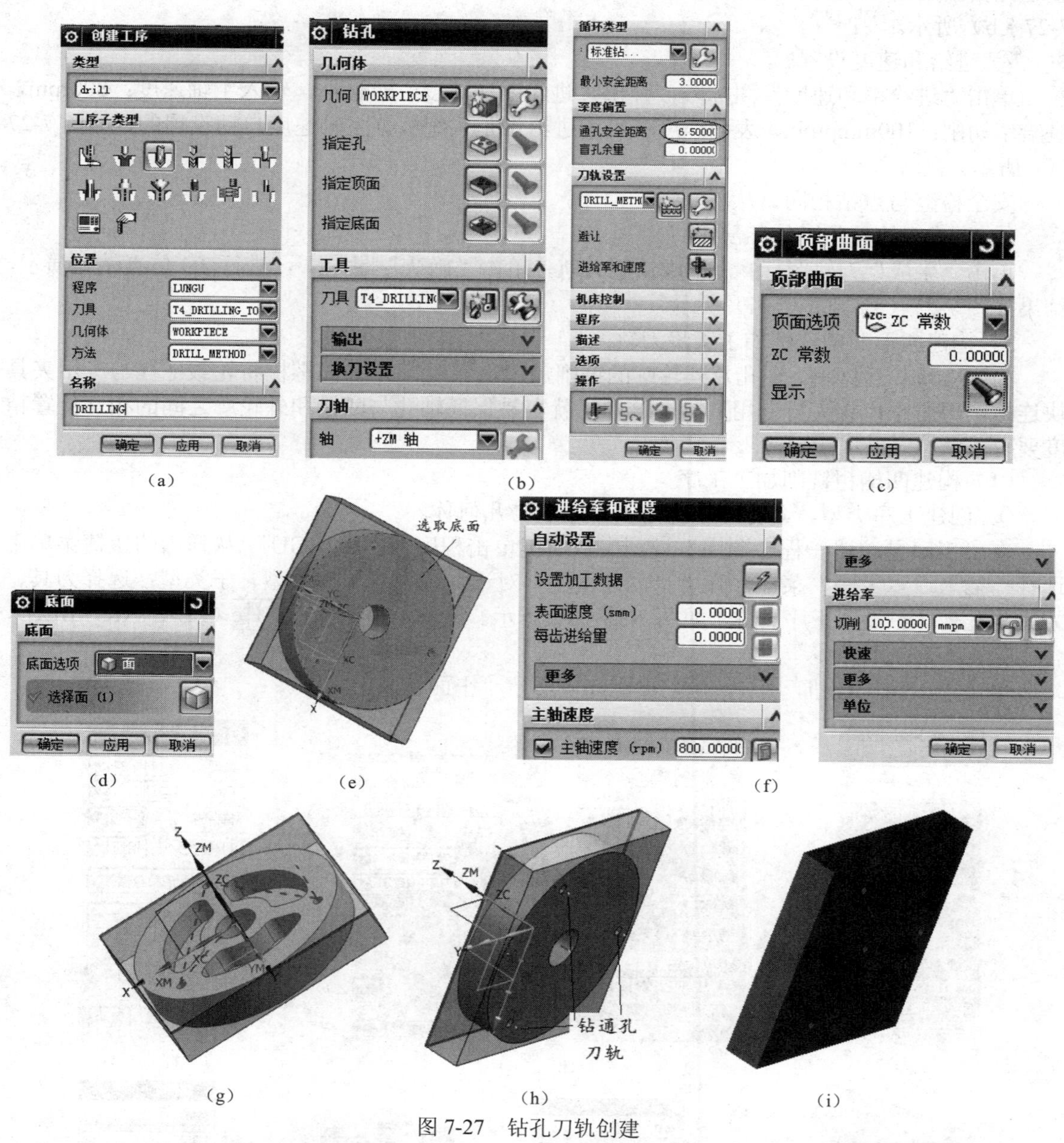

（a）（b）（c）（d）（e）（f）（g）（h）（i）

图 7-27　钻孔刀轨创建

“指定顶面”方法也与“定心钻”工序设置方法相同，只是在“顶部曲面”对话框，输入 ZC 常数：0，要求钻孔顶面即孔棱边所在平面 ZC=0，如图 7-27（c）所示。

单击“指定底面”右侧图标，弹出“底面”对话框，底面选项中：选取“面”，如图 7-27（d）所示；直接在模型中选取轮毂底面，如图 7-27（e）所示。单击“确定”按钮，返回“钻孔”对话框。

刀具设置、刀轴设置都取默认设置不变。

③ 循环类型、钻通孔深度设置。

循环类型，在此选取标准钻，即一直钻到设置深度为止，（但对于深度较大的深孔钻削，则应选取标准断屑钻，其他孔加工方式，应选取对应的循环类型）。在“深度偏置”选项中，设置通孔安全距离一般大于钻头半径值，在此钻头直径 10.5mm，取通孔安全距离 6.5mm，如图 7-27（b）所示。

④ 进给和速度设置。

单击“进给率和速度”图标，弹出“进给率和速度”对话框，输入主轴速度：800rpm，进给率切削：100mmpmin，表面速度和每齿进给量是系统根据主轴速度自动设置的，如图 7-27（f）所示。

安全检查与点钻相同，从略。

⑤ 生成刀轨并仿真加工演示。

单击“生成”刀轨图标，生成钻削刀轨，单击“确认”图标，进行 2D 仿真钻孔演示，结果如图 7-27（g）、(h)、(i) 所示。

3）构建腰形凹槽铣削加工工步刀轨

为了实现轮毂凹槽、轴孔及外轮廓的铣削加工，用 3 个 M10 的螺栓将轮毂毛坯与专用夹具块连接，再用平口钳夹持专用夹具，这样，就容易保证轴孔与凹槽和外轮廓之间的相互位置精度要求。

（1）构建凹槽粗铣削加工工序

① 创建工序类型、名称、选择刀具、方法与几何体。

在“工序导航器—程序顺序”视图中，右键单击程序名“LUNGU”,从弹出的快捷菜单中选择“插入”、“工序”菜单，弹出“创建工序”对话框，设置工序类型、子类型；选择刀具、方法与几何体；设置工序名称，如图 7-28（a）所示。选取子类型图标（PLANAR_MILL），含义是“平面铣”。

单击“应用”按钮，弹出如图 7-28（b）所示“平面铣”对话框。

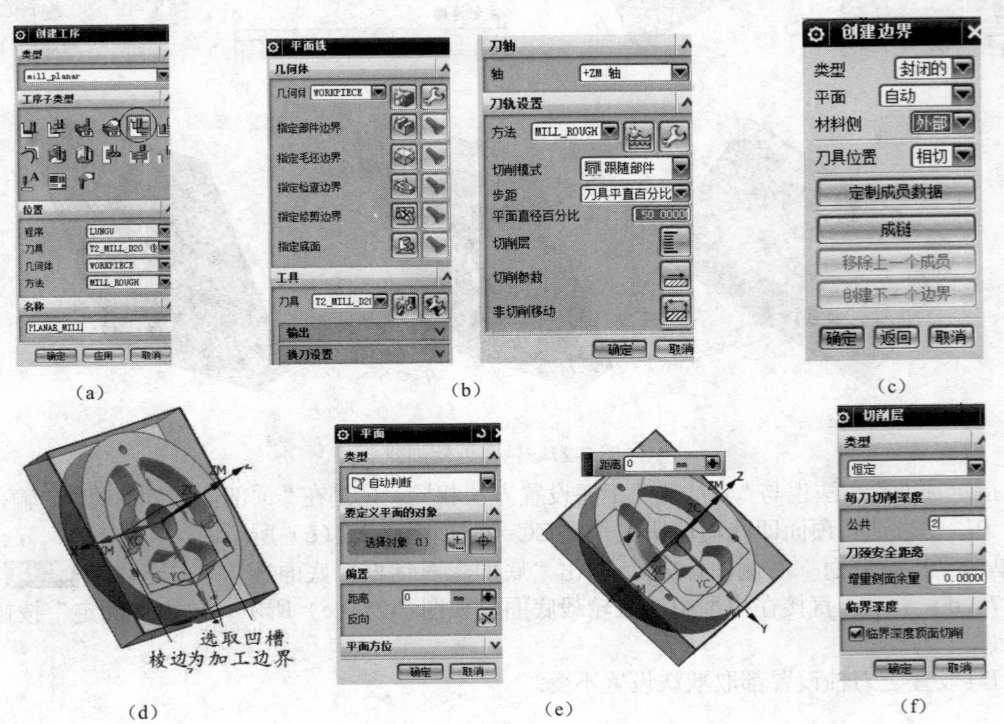

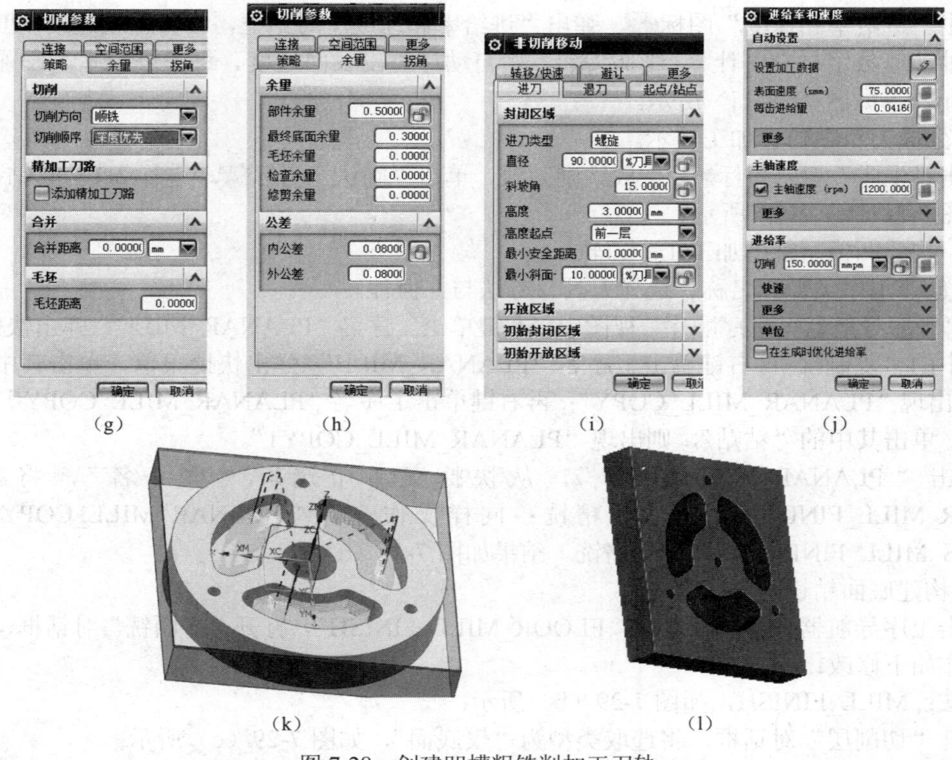

图 7-28　创建凹槽粗铣削加工刀轨

② 指定加工部件边界。

单击“指定部件边界”图标，弹出“边界几何体”对话框，将模式选取为“曲线/边”，又弹出“创建边界”对话框，设置各项如图 7-28（c）所示。单击“成链”，在轮毂模型中依次选取减重凹槽上边界 1、2 圆弧，即形成封闭边界，如图 7-28（d）所示。

同理，单击“创建下一个边界”按钮、“成链”按钮，分别将其余两个凹槽边界选为加工边界。连续单击“确定”按钮，返回“平面铣”对话框。

③ 指定毛坯边界。

由于进行内部挖槽加工，毛坯边界对挖槽无控制作用，可不作指定。同理，“指定检查边界”和“指定修剪边界”对进行挖槽加工，无控制作用，不予指定。

④ 加工底面。

单击“指定底面”图标，弹出“平面”对话框，选取减重凹槽底面一边界圆弧，即确定加工底面位置，如图 7-28（e）所示。单击“确定”按钮，返回“平面铣”对话框。

⑤ 刀具与刀轨设置。

在“跟随轮廓粗加工”对话框中，设置刀具、刀轴、刀轨参数如图 7-28（b）所示。

⑥ 切削参数设置。

单击“切削层”图标，弹出“切削层”对话框，设置结果如图 7-28（f）所示。

单击“切削参数”图标，弹出“切削参数”框，“策略”选项卡设置如图 7-28（g）所示。余量选项卡设置如图 7-28（h）所示。其他选项取默认值。

⑦ 非切削参数设置。

单击非切削移动图标，弹出“非切削移动”框，进刀选项卡设置如图 7-28（i）所示。退刀运动与进刀相同。其他选项取默认值。

⑧ 进给率和速度设置。

单击“进给率和速度”图标，弹出“进给率和速度”对话框，设置主轴速度 1200rpm，单击主轴转速数字栏右侧计算器图标，则自动计算出表面速度、每齿进给率。设置进给率 150mmpmin。如图 7-28（j）所示。

⑨ 生成刀轨并仿真加工演示。

单击“生成”刀轨图标，生成铣削刀轨，单击“确认”图标，进行 2D 仿真钻孔演示，结果如图 7-28（k）、（l）所示。

（2）构建凹槽精铣削加工工步刀轨

① 创建工序类型、名称、选择刀具、方法与几何体。

在“工序导航器—程序顺序”视图中，右键单击工序名“PLANAR_MILL”,弹出快捷菜单，单击其中的“复制”，再右键单击工序名“PLANAR_MILL”,弹出快捷菜单，单击其中的“粘贴”，则出现“PLANAR_MILL_COPY”；再右键单击工序名“PLANAR_MILL_COPY”,弹出快捷菜单，单击其中的“粘贴”，则出现“PLANAR_MILL_COPY1”。

右击“PLANAR_MILL_COPY”，从快捷菜单中选取“重命名”，将其改为“FLOOR_MILL_FINISH”，即底面精铣；同样操作，将“PLANAR_MILL_COPY1 改为“WALLS_MILL_FINISH”，即侧壁精铣。结果如图 7-29（a）所示。

② 构建底面精铣削工步刀轨。

双击工序导航器—程序顺序中“FLOOR_MILL_FINISH”，打开“平面铣”对话框，将刀轨设置中作如下修改：

方法：MILL_FINISH，如图 7-29（b）所示；

打开“切削层”对话框，将选取类型为“仅底面”，如图 7-29（c）所示；

打开“切削参数”对话框，设最终底面余量：0.0，如图 7-29（d）所示；

打开“进给率和速度”对话框，设主轴速度：1800rpm；进给率：100mmpmin，如图 7-29（e）所示；

生成刀轨，如图 7-29（f）所示。

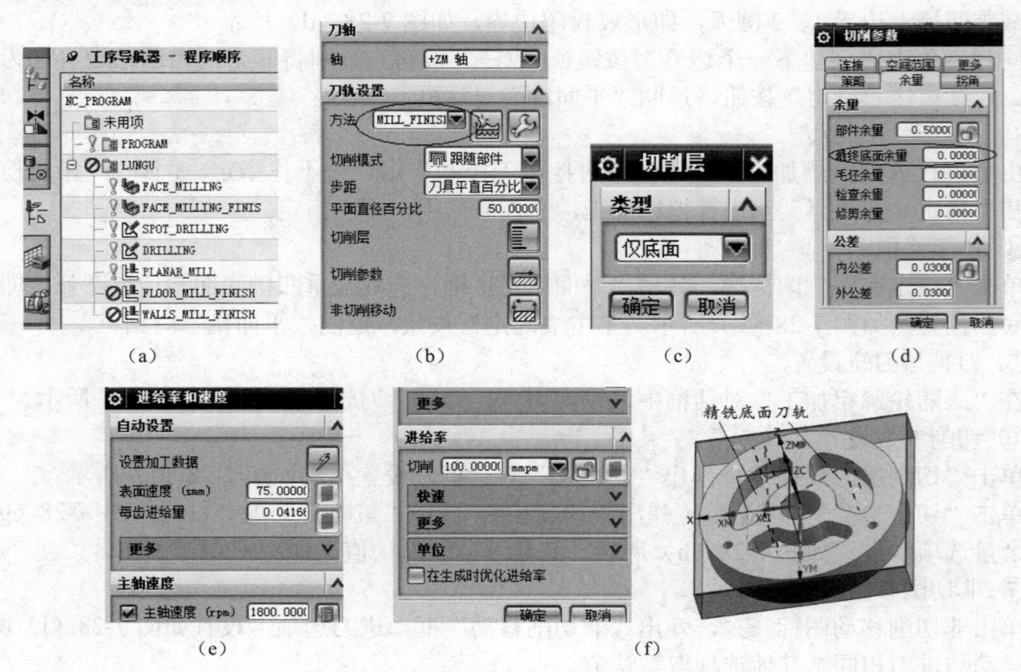

图 7-29 构建精铣削凹槽底面工步刀轨

③ 构建侧壁精铣削工步刀轨。

双击工序导航器—程序顺序中“WALLS_MILL_FINISH”，打开“平面铣”对话框，将刀轨设置中作如下修改：

方法：MILL_FINISH，切削模式：轮廓加工，如图 7-30（a）所示；

打开“切削参数”对话框，设部件余量：0.0；最终底面余量：0.0，如图 7-30（b）所示；

打开“进给率和速度”对话框，设主轴速度：1800rpm；进给率：100mmpmin，如图 7-30（c）所示；

生成刀轨，如图 7-30（d）所示；

仿真加工演示，结果如图 7-30（e）所示。

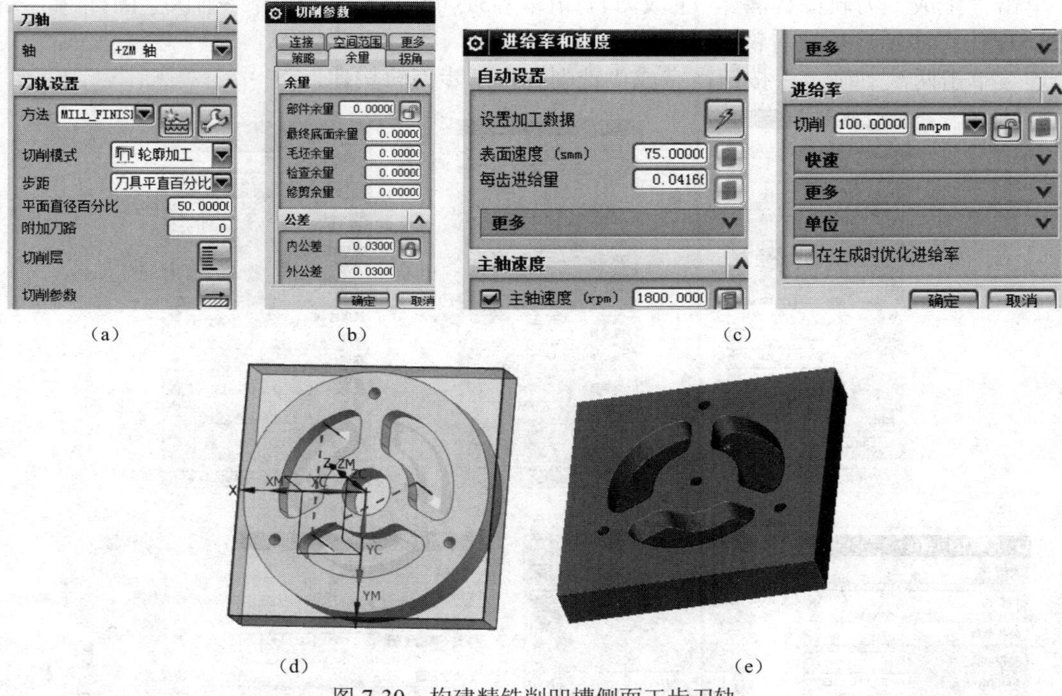

图 7-30　构建精铣削凹槽侧面工步刀轨

4）构建轴孔粗铣削加工工步刀轨

① 创建工序类型、名称、选择刀具、方法与几何体。

在“工序导航器—程序顺序”视图中，右键单击程序名“LUNGU”,从弹出的快捷菜单中选择“插入\工序”菜单，弹出“创建工序”对话框，设置工序类型、子类型；选择刀具、方法与几何体；设置工序名称，如图 7-31（a）所示。选取子类型图标（HOLE_MILLING），含义是“铣削孔”。

单击“应用”按钮，弹出如图 7-31（b）所示“铣削孔”对话框。

② 指定孔或凸台。

单击“指定孔或凸台”右侧图标，弹出“孔或凸台几何体”对话框，单击“选择对象”右侧图标，在模型中选取孔内圆柱面，则在对话框中自动显示出孔的直径、深度值，如图 7-31（c）所示。单击“确认”按钮，返回“铣削孔”对话框。

③ 刀轨设置。

刀轨设置如图 7-31（b）所示。

④ 切削参数设置。

单击“切削参数”右侧图标，弹出“切削参数”对话框，设置如图 7-31（d）、（e）所示，单击“确定”按钮，返回“铣削孔”对话框。

⑤ 非切削参数设置。

单击“非切削移动”右侧图标，弹出“非切削移动”对话框，进刀选项卡设置如图 7-31（f）所示，其他选项取默认设置，单击“确定”按钮，返回“铣削孔”对话框。

⑥ 进给率和速度设置。

单击“进给率和速度”右侧图标，弹出“进给率和速度”对话框，设置主轴速度和进给率如图 7-31（g）所示，单击“确定”按钮，返回“铣削孔”对话框。

⑦ 生成与仿真加工。

单击“生成”刀轨图标，生成刀轨如图 7-31（h）所示；单击“确认”图标，进行 2D 或 3D 仿真演示，可观看铣削孔效果。

连续单击两次“确定”按钮，完成“铣削孔”工步刀轨构建。

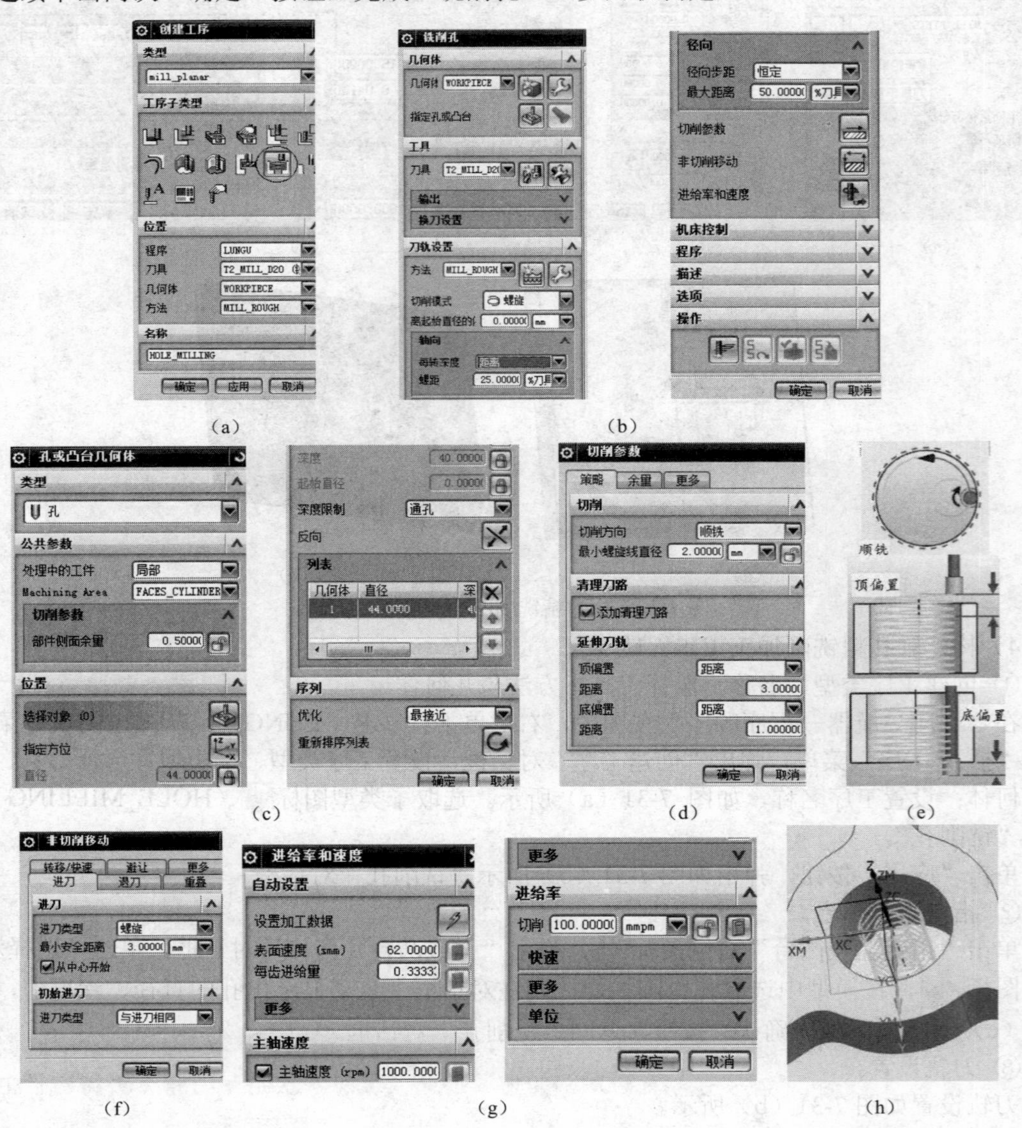

图 7-31　粗铣削轴孔工步刀轨构建

5）构建轴孔精铣削加工工步刀轨

① 创建工序类型、名称、选择刀具、方法。

在“工序导航器－程序顺序”视图中，右键单击程序名“LUNGU”,从弹出的快捷菜单中选择“插入\工序”菜单，弹出“创建工序”对话框，设置工序类型、子类型；选择刀具、方法与几何体；设置工序名称，如图 7-32（a）所示。选取子类型图标（FINISH_WALLS），含义是“精加工壁”。

单击“应用”按钮，弹出如图 7-32（b）所示“精加工壁”对话框。

② 设置几何体、刀具、刀轴。

在几何体选项组中单击“指定部件边界”图标，弹出“边界几何体”对话框，如图 7-32（c）所示，将模式选取为“曲线/边”，则弹出“创建边界”对话框，设置如图 7-32（d）所示；选取ϕ45 轴孔棱边，如图 7-32（e）所示，单击“确定”按钮，返回“精加工壁”对话框。

单击“指定底面”图标，弹出“平面” 构造器对话框，选取平面类型：XC-YC 平面，偏置距离栏输入：–41，（即加工底面比轮毂底面还低 1mm，以保证铣穿轴孔），如图 7-32（f）、（g）所示，单击“确定”按钮，返回“精加工壁”对话框。

其他几何体选项不作设置。

刀具、刀轴各项设置如图 7-32（b）所示。

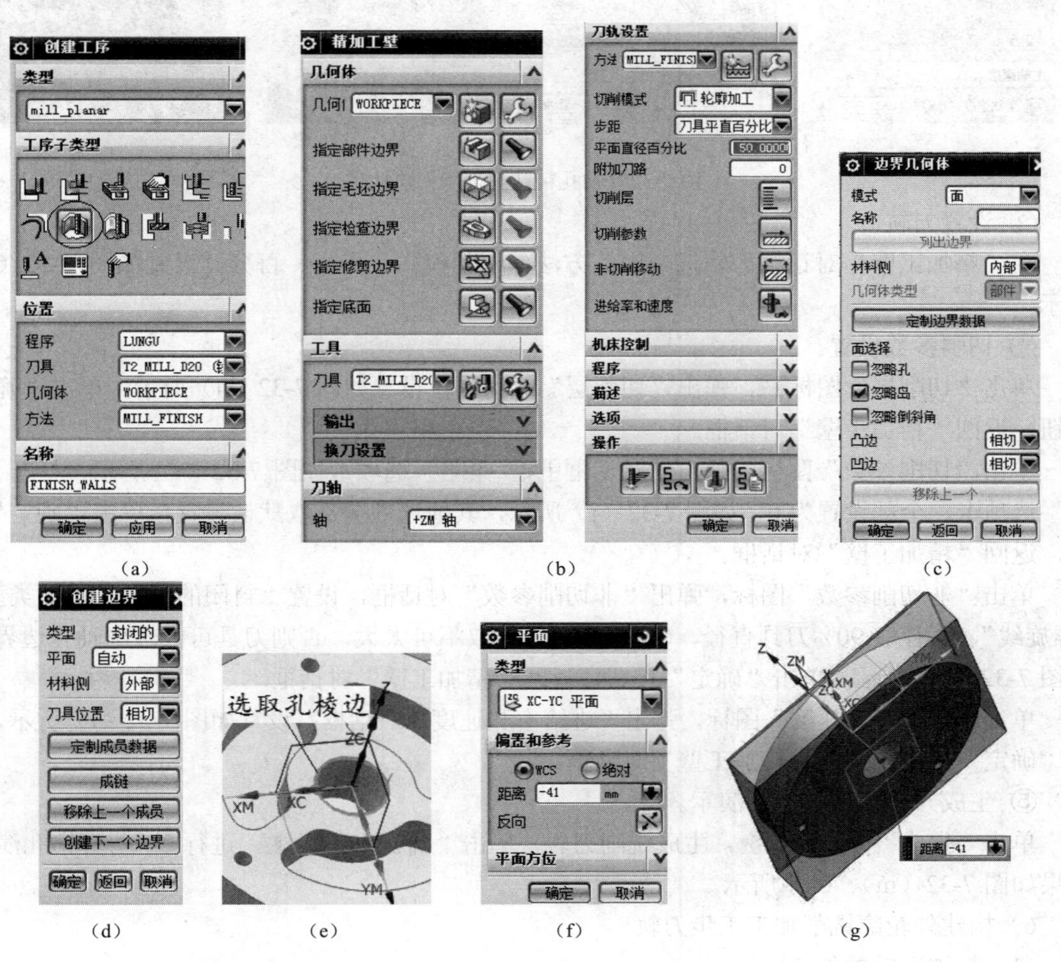

（a） （b） （c）

（d） （e） （f） （g）

图 7-32

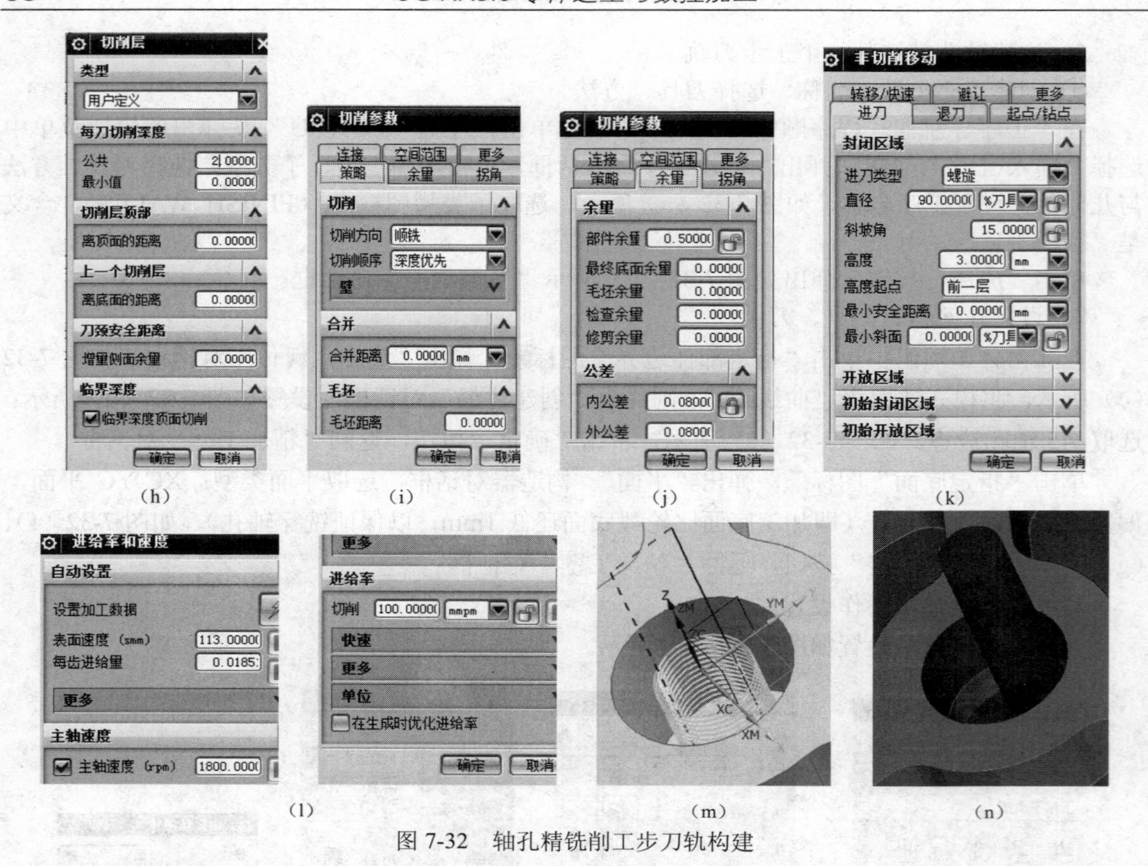

图 7-32　轴孔精铣削工步刀轨构建

③ 设置刀轨。

在“精加工壁”对话框刀轨选项中，方法、切削模式、步进、百分比设置如图 7-32（b）所示。

④ 切削参数设置。

单击“切削层”图标，弹出“切削层”对话框，设置如图 7-32（h）所示，单击“确定”按钮，返回“精加工壁”对话框。

单击“切削参数”图标，弹出的对话框中，“策略”选项卡如图 7-32（i）所示，打开“余量”选项卡，全部设置为 0，如图 7-32（j）所示，其他选项全部取默认设置，单击“确定”按钮，返回“精加工壁”对话框。

单击“非切削参数”图标，弹出“非切削参数”对话框，设置“封闭的区域”进刀类型为“螺旋线”，直径取 90%刀具直径，（螺旋线直径选取不可太大，否则刀具可能转出轴孔边界），如图 7-32（k）所示，单击“确定”按钮，返回“精加工壁”对话框。

单击“进给率和速度”图标，弹出“进给率和速度”对话框，设置如图 7-32（l）所示，单击“确定”按钮，返回“精加工壁”对话框。

⑤ 生成刀轨并仿真加工演示。

单击“生成”刀轨图标，生成铣削刀轨，单击“确认”图标，进行 2D 仿真钻孔演示，结果如图 7-32（m）、（n）所示。

6）构建外轮廓铣削加工工步刀轨

（1）粗铣削轮毂外轮廓

① 创建工序类型、名称、选择刀具、方法与几何体。

在“工序导航器—程序顺序”视图中，右键单击程序名“LUNGU”,从弹出的快捷菜单中选择“插入\工序”菜单，弹出“创建工序”对话框，设置工序类型、子类型；选择刀具、方法与几何体；设置工序名称，如图 7-33（a）所示。选取“子类型”图标，“PLANAR_PROFILE”含义为平面轮廓铣。

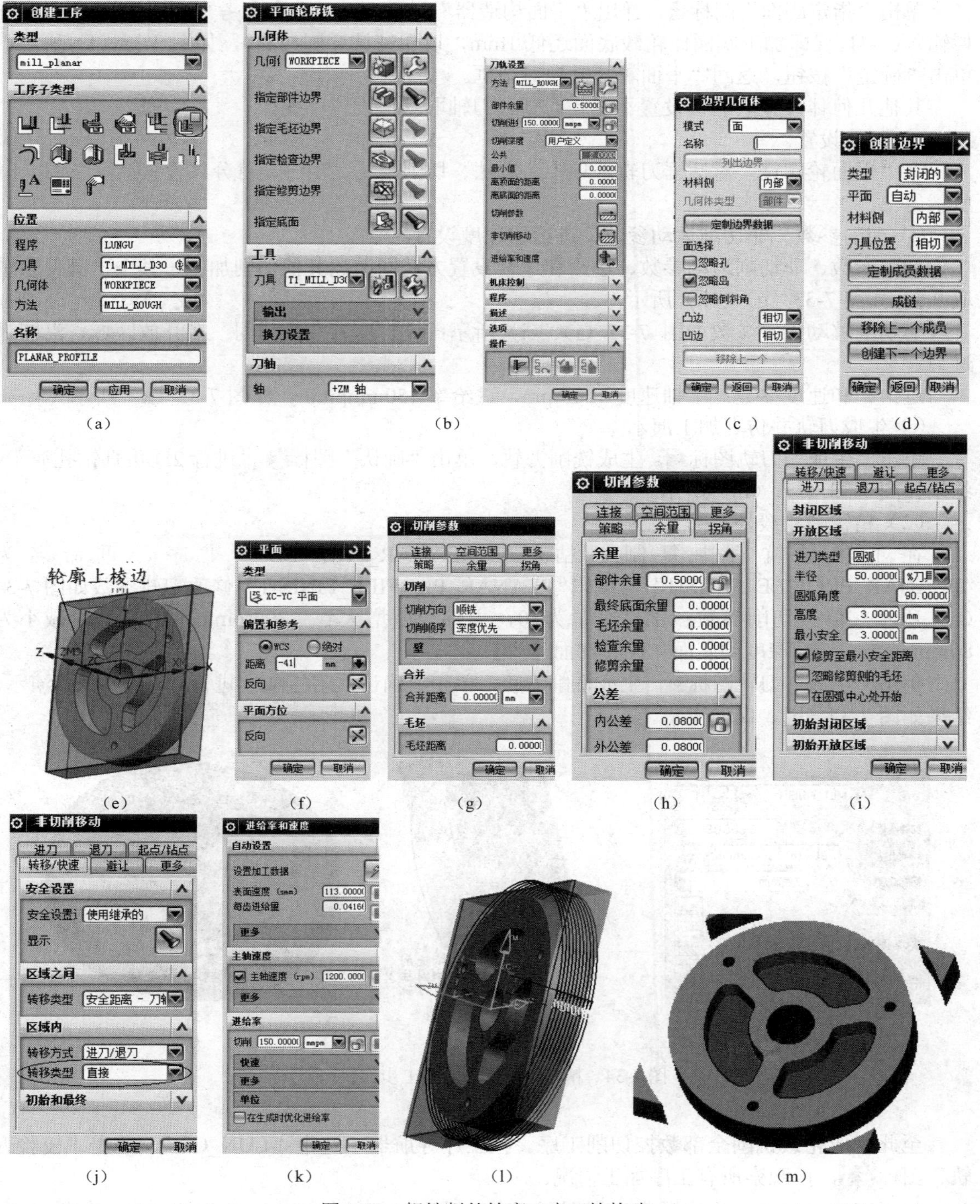

图 7-33　粗铣削外轮廓工步刀轨构建

单击“应用”按钮，弹出如图 7-33（b）所示“平面轮廓铣”对话框。

② 设置几何体、刀具、刀轴。

在几何体选项组中单击“指定部件边界”图标，弹出“边界几何体”对话框，如图 7-33（c）所示。选取类型“曲线/边”，又弹出下一级“创建边界”对话框，设置如图 7-33（d）所示；选取ϕ230 圆柱体上棱边，如图 7-33（e）所示，单击“确定”，返回“平面轮廓铣”对话框。

单击“指定底面”图标，弹出“平面构造器”对话框中，选取参考平面图 XC-YC，偏置栏输入：-41，（即加工底面比轮毂底面还低 1mm，以保证铣穿圆柱面），如图 7-33（f）所示，单击“确定”按钮，返回“平面轮廓铣”对话框。

其他几何体设置取默认设置不变。刀具、刀轴取默认设置不变。

③ 刀轨设置。

在“平面轮廓铣”对话框刀轨选项中，方法、切削模式、步进、百分比设置如图 7-33（b）所示。

④ 切削参数、非切削运动参数、进给和速度设置。

切削参数、非切削运动参数、进给和速度设置方法同前述其他切削加工，其中，部件余量取 0.5。如图 7-33（g）、（h）所示。

非切削移动设置参数如图 7-33（i）、（j）所示；进、退刀参数相同；在开放区域，沿圆弧进刀。

进给率和速度参数：主轴速度 1200rpm，进给率 150mmpmin。如图 7-33（k）所示。

⑤ 生成刀轨并仿真加工演示。

单击“生成”刀轨图标，生成铣削刀轨，单击“确认”图标，进行 2D 仿真钻孔演示，结果如图 7-33（l）、（m）所示。

（2）精铣削轮毂外轮廓

在工序导航器中复制、粘贴“PLANAR_PROFILE”工序，重命名为“PLANAR_PROFILE_FINISH”。且编辑“PLANAR_PROFILE_FINISH”，修改刀轨参数如图 7-34（a）所示。修改切削参数：部件余量为 0，主轴速度增大到 1800rpmin，切削进给减小为 80mmpmin，切削深度到底面（仅底部面）。

单击“生成”刀轨图标，生成铣削刀轨，单击“确认”图标，进行 2D 仿真钻孔演示，结果如图 7-34（b）、（c）所示。

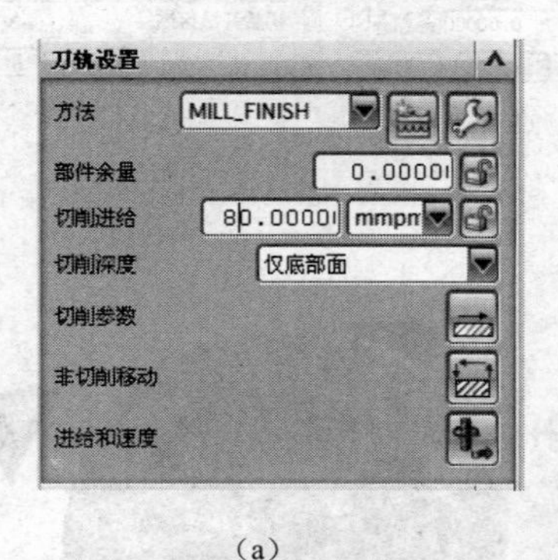

（a）

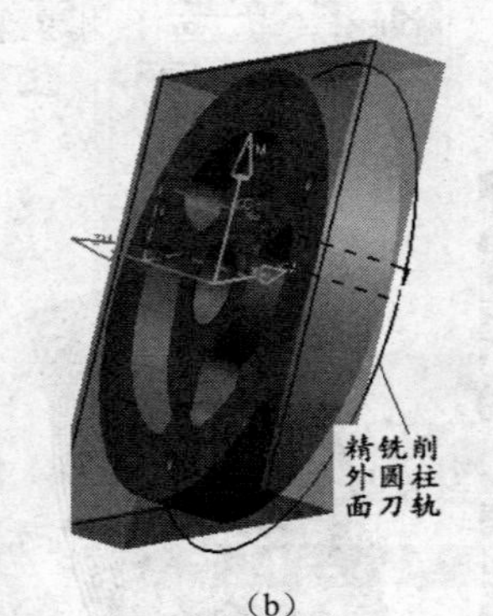

（b）

（c）

图 7-34　精铣削轮毂外轮廓工步刀轨构建

至此完成轮毂铣削全部数控切削工序。在工序导航器中选中“LUN_GU”，单击“校验刀轨”图标，可观察所有工序加工情况。

将“工序导航器－程序顺序”视图展开，可看到详细的每道工序的设置信息，如图 7-35

所示。

任务 5　创建 3 轴数控铣床加工 NC 程序代码

在工序导航器——程序视图中单击“LUN_GU”，单击“后处理”工具图标，弹出“后处理”对话框，选取后处理器：FANUC_MILL_3_AXIS_POST，设置如图 7-36（a）所示，单击“确定”按钮，生成 NC 程序，如图 7-36（b）所示。

工序导航器 - 程序顺序

名称	换刀	刀轨	刀具	刀具号	时间	几何体	方法
NC_PROGRAM					07:18:04		
未用项					00:00:00		
PROGRAM					00:00:00		
LUNGU					07:18:04		
FACE_MILLING		✔	T1_MILL_D30	1	00:26:20	WORKPIECE	MILL_ROUGH
FACE_MILLING_FINIS		✔	T1_MILL_D30	1	00:32:52	WORKPIECE	MILL_FINISH
SPOT_DRILLING		✔	T3_SPOTDRILLING_TOOL	3	00:00:18	WORKPIECE	DRILL_METHOD
DRILLING		✔	T4_DRILLING_TOOL_D10.5	4	00:02:11	WORKPIECE	DRILL_METHOD
PLANAR_MILL		✔	T2_MILL_D20	2	01:40:45	WORKPIECE	MILL_ROUGH
FLOOR_MILL_FINISH		✔	T2_MILL_D20	2	00:14:18	WORKPIECE	MILL_FINISH
WALLS_MILL_FINISH		✔	T2_MILL_D20	2	01:37:04	WORKPIECE	MILL_FINISH
HOLE_MILLING		✔	T2_MILL_D20	2	00:09:45	WORKPIECE	MILL_ROUGH
FINISH_WALLS		✔	T2_MILL_D20	2	00:24:44	WORKPIECE	MILL_FINISH
PLANAR_PROFILE		✔	T1_MILL_D30	1	01:58:15	WORKPIECE	MILL_ROUGH
PLANAR_PROFILE_FINISH		✔	T1_MILL_D30	1	00:10:32	WORKPIECE	MILL_FINISH

图 7-35　工序导航器－程序顺序视图中信息表

（NX9.0 软件中配置的后处理器与常用数控机床中的数控系统程序格式不尽相同，一般需要根据实际机床中数控系统进行修改，构建相应的后处理器，这里选用的 FANUC_MILL_3_AXIS_POST 后处理，是根据 FANUC 数控系统而构造的。关于后处理器的构建方法，请参见本书光盘中附录。）

（a）

（b）

图 7-36　后处理，生成数控程序 NC 代码

四、拓展训练

采用平面铣削（mill_planar）方式实现对图 7-37 所示零件的造型与数控加工编程。

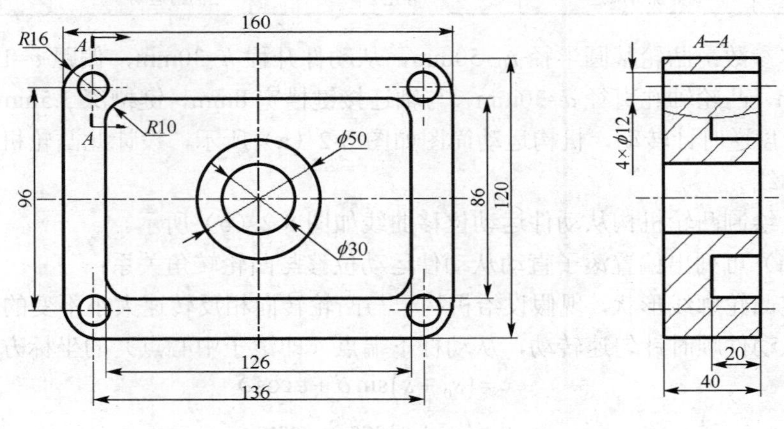

图 7-37　矩形支承板零件图

项目 8　盘形凸轮零件的数控铣削加工

一、项目分析

盘形凸轮是驱动从动件按一定规律运动的凸轮机构的主动件，有外轮廓凸轮和内凹槽凸轮之分，其造型的难点是凸轮外轮廓或内凹槽曲线的设计；其数控加工主要运用平面（mill_planar）铣削方式加工编程即可。

本项目是对如图 8-1 所示外盘形凸轮进行造型与数控加工编程。教学重点是平面（mill_planar）铣削方式加工编程的复习与巩固，难点是凸轮轮廓曲线的设计、绘制。

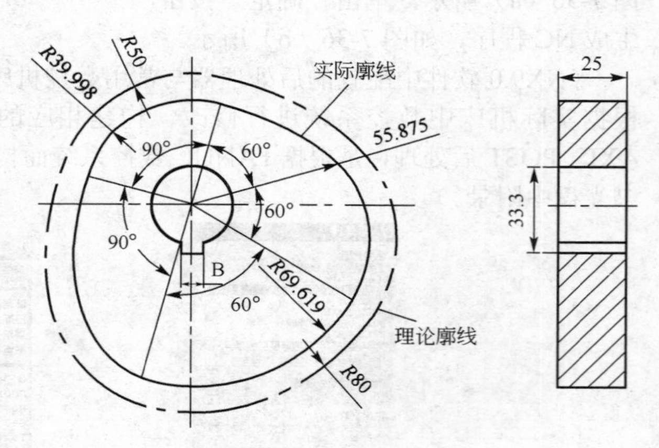

图 8-1　盘形凸轮图样

二、相关知识

1. 凸轮廓线绘制原理

在 NX9.0 中，凸轮廓线可由计算机自动绘制出来。达到高效、精确的程度。其基本过程是首先根据设计从动件运动规律要求，求得从动件位移与凸轮转角之间的函数关系式；再将此函数关系式用 NX9.0 中的“规律曲线”工具中的表达式表达出来；NX9.0 软件自动根据表达式绘制出凸轮廓线。

2. 凸轮廓线上点坐标的确定

例如，现要求凸轮机构中从动件按如表 8-1 所示运动规律运动。

表 8-1　盘凸轮机构从动件运动要求

	推程 h/mm	推终点停留	回程 h/mm	原位停留
凸轮转角	0～120°	120～180°	180～270°	270～360°
从动件运动规律	等加等减速	静止	简谐运动	静止

且给定基本参数：凸轮基圆半径 r_0=50mm，从动件升程 h=30mm，偏距 e=10mm，从动滚子半径 r_g=10mm，凸轮轴孔直径 d=30mm，与轴连接键槽宽 8mm，键槽深 3.5mm，盘形凸轮厚度 25mm，凸轮盘逆时针转动，机构运动简图如图 8-2（a）所示，设计此凸轮机构的凸轮模型并加工其轮廓廓线。

若按图解法绘制凸轮机构从动件运动位移曲线如图 8-2（b）所示。

由图 8-2（a）可列出偏置滚子直动从动件运动位移与凸轮转角关系：

为便于确定凸轮廓线形状，现假设给机构一与凸轮转向相反转速大小不变的转速$-\omega$，则凸轮静止不转，从动件顺时针匀速转动，从动杆下端点（即滚子中心点）的坐标方程为：

$$x=\left(s_0+s\right)\sin\delta+e\cos\delta$$

$$y=\left(s\ \ +s\right)\cos\delta-e\sin\delta$$

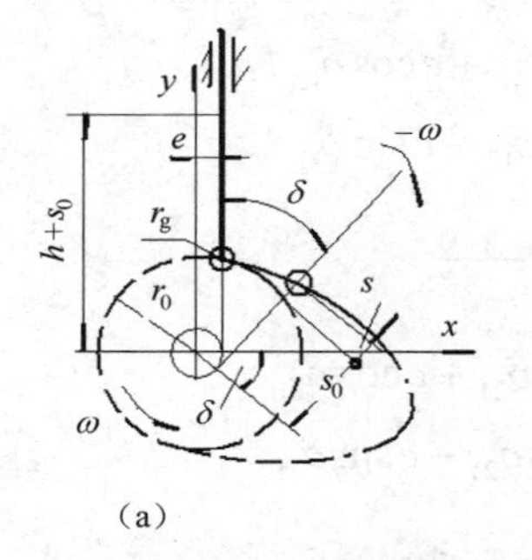

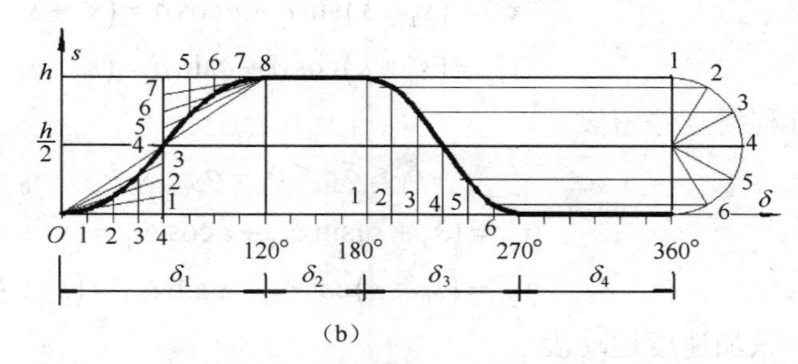

图 8-2　偏置滚子直动从动件盘形凸轮机构运动简图和从动件位移规律曲线图

其中 $s_0=\sqrt{r_0^2-e^2}$；s 为从动件各运动段的位移表达式，可用表 8-2 中有关数学式子表达。

表 8-2　常用运动规律函数关系式与含义说明

等加等减速运动规律	升程段	$0\leqslant\delta\leqslant\delta_0/2$ $S=(2h/\delta_0^2)\,\delta^2$	$\delta_0/2<\delta\leqslant\delta_0$ $s=h-2h(\delta_0-\delta)^2/\delta_0^2$	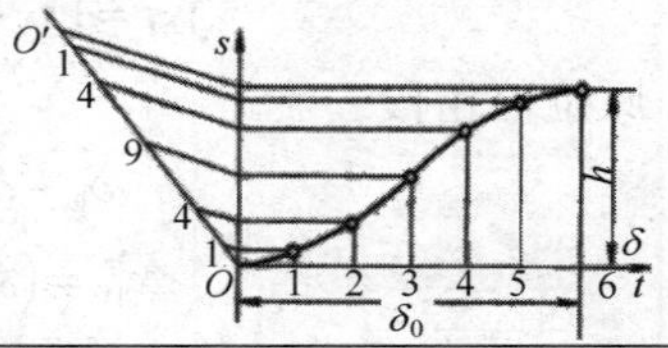
	回程段	$0\leqslant\delta'\leqslant\delta_0'/2$ $S=h-(2h/\delta_0')^2\delta'^2$	$\delta_0'/2<\delta'\leqslant\delta_0'$ $s=h-2h(\delta_0'-\delta')^2/\delta_0'^2$	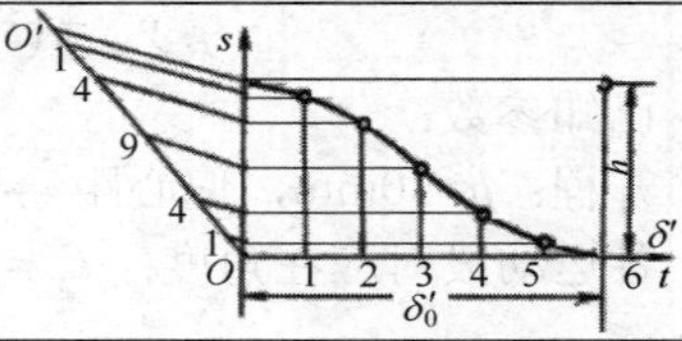
简谐运动规律	升程段	$S=h/2[1-\cos(\pi\delta/\delta_0)]$		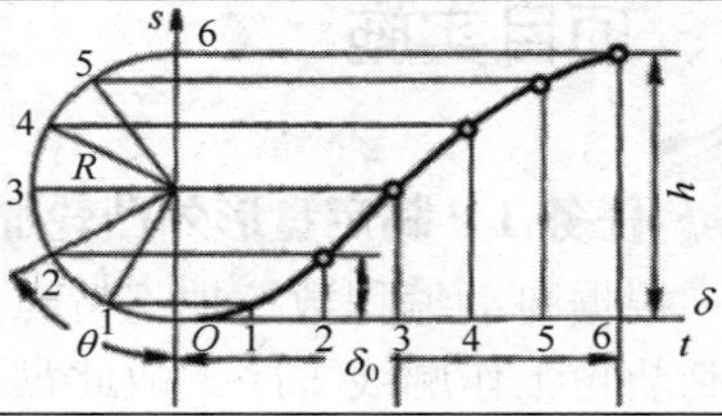
	回程段	$S=h/2[1-\cos(\pi(1-\delta'/\delta_0'))]$		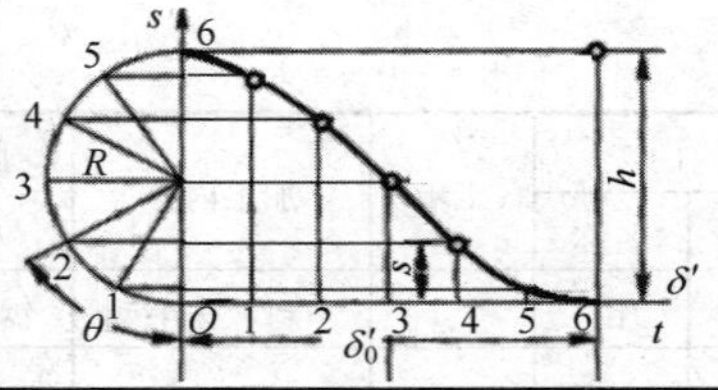

针对本设计任务，在各运动段，从动杆下端点（即滚子中心点）的坐标方程为：

等加速升程段

$$0\leqslant\delta_{11}\leqslant\frac{\delta_1}{2}\quad,\ s_{11}=2h\left(\frac{\delta_{11}}{\delta_1}\right)^2,\ s_0=\sqrt{r_0^2-e^2}$$

$$x_{11}=(s_0+s)\sin\delta+e\cos\delta=(s_0+s_{11})\sin\delta_{11}+e\cos\delta_{11}$$
$$y_{11}=(s_0+s)\cos\delta-e\sin\delta=(s_0+s_{11})\cos\delta_{11}-e\sin\delta_{11}$$

等减速升程段

$$\frac{\delta_1}{2}\leqslant\delta_{12}\leqslant\delta_1\quad s_{12}=h-2h\frac{(\delta_1-\delta_{12})^2}{\delta_1^2},\ s_0=\sqrt{r_0^2-e^2}$$

$$x_{12}=\left(s_0+s\right)\sin\delta+e\cos\delta=\left(s_0+s_{12}\right)\sin\delta_{12}+e\cos\delta_{12}$$

$$y_{12}=\left(s_0+s\right)\cos\delta-e\sin\delta=\left(s_0+s_{12}\right)\cos\delta_{12}-e\sin\delta_{12}$$

升程终点停留段

$$\delta_1\leqslant\delta_{21}\leqslant\delta_1+\delta_2\quad s=h\quad s_0=\sqrt{r_0^2-e^2}$$

$$x_{21}=\left(s_0+s\right)\sin\delta_{21}+e\cos\delta_{21}=\left(s_0+h\right)\sin\delta_{21}+e\cos\delta_{21}$$

$$y_{21}=\left(s_0+s\right)\cos\delta_{21}-e\sin\delta_{21}=\left(s_0+h\right)\cos\delta_{21}-e\sin\delta_{21}$$

余弦加速度运动段

$$\delta_1+\delta_2\leqslant\delta_{31}\leqslant\delta_1+\delta_2+\delta_3\quad s_3=\frac{h}{2}\left[1-\cos\left(1-\frac{\delta_{31}-\delta_1-\delta_2}{\delta_3}\right)\pi\right],\quad s_0=\sqrt{r_0^2-e^2}$$

$$x_{31}=\left(s_0+s\right)\sin\delta_{31}+e\cos\delta_{31}=\left(s_0+s_3\right)\sin\delta_{31}+e\cos\delta_{31}$$

$$y_{31}=\left(s_0+s\right)\cos\delta_{31}-e\sin\delta_{31}=\left(s_0+s_3\right)\cos\delta_{31}-e\sin\delta_{31}$$

原位停留段

$$\delta_1+\delta_2+\delta_3\leqslant\delta_{41}\leqslant360^\circ\quad s=0,\quad s_0=\sqrt{r_0^2-e^2}$$

$$x_{41}=\left(s_0+s\right)\sin\delta_{41}+e\cos\delta_{41}=\left(s_0\right)\sin\delta_{41}+e\cos\delta_{41}$$

$$y_{41}=\left(s_0+s\right)\cos\delta_{41}-e\sin\delta_{41}=\left(s_0\right)\cos\delta_{41}-e\sin\delta_{41}$$

已知参数：

升程：h=30mm，偏心距 e=10mm，基圆半径 r_0=50mm；

各运动段对应在角度：$\delta_1=120^\circ$，$\delta_2=60^\circ$，$\delta_3=90^\circ$，$\delta_4=90^\circ$。

三、项目实施

任务 1 制定盘形外凸轮加工工艺卡

根据自动编程数控加工特点，凸轮工作廓线的绘制由软件自动生成，因此，无需安排钳工绘制凸轮工作廓线工序。故此盘形外凸轮的加工工艺可用表 8-3 所示进行。

表 8-3 盘形外凸轮加工工艺卡

工序		工步	加工内容	加工方法	加工方式	机床设备	夹具	刀具	余量/mm
号	名称				工序（步）刀轨程序名称				
1	钳		下料、去毛刺	锯、锉		下料机		带锯、锉刀	2~3
2	数控铣削	2.1	铣削上表面	粗铣削	PLANAR_MILL	立式数控铣床或立式加工中心机床	平口钳	T1 平底圆柱铣刀 D30	0.3 0
		2.2	铣削上表面	精铣削	PLANAR_MILL_FINISH			T3 中心钻 D6	0
		2.3	钻中心孔	定心钻	SPOT_DRILLING				
		2.4	钻孔	标准钻	DRILLING			T4 钻头 D10.5	0
		2.5	铣削轴孔	粗铣削	PLANAR_MILL_1		平口钳、专用夹具	T2 平底圆柱铣刀 D12	
		2.6	铣削轴孔	精铣削	PLANAR_MILL_1_FINISH				
		2.7	铣削外轮廓	粗铣削	PLANAR_MILL_2			T1 平底圆柱铣刀 D30	0.3
		2.8	铣削外轮廓	精铣削	PLANAR_MILL_2_FINISH				0
3	插削		插键槽	插		插床	压板	插刀	
4	检		检验						

任务 2　构建盘形外凸轮零件实体

1. 绘制凸轮轮廓廓线

启动 NX9.0，在文件夹“E:\…\xm8”中创建建模文件“xm8_tulun.prt”。

单击“工具”、“表达式”菜单项，打开“表达式”对话框，输入本凸轮机构在各运动段从动杆下端点（即滚子中心点）的坐标方程，结果如图 8-3 所示。

图 8-3　表达式对话框

单击“表达式”对话框中“导出”图标，可导出所输入的表达式，导出保存后用记事本打开，全部显示如表 8-4 所示。（保存文件名不能用中文，文件格式为 *.exp）。

表 8-4　凸轮轮廓曲线表达式

（恒量）t=1	[mm]s3=h/2*(1–cos(180–(a31–a1–a2)*180/a3))
[degrees]a1=120	[mm]s11=2*h*(a11/a1)*(a11/a1)
[degrees]a2=60	[mm]s12=h–2*h*(a1–a12)*(a1–a12)/a1/a1
[degrees]a3=90	[mm]x11=(s0+s11)*sin(a11)+e*cos(a11)
[degrees]a4=90	[mm]x12=(s0+s12)*sin(a12)+e*cos(a12)
[degrees]a11=a1*t/2	[mm]x21=(s0+h)*sin(a21)+e*cos(a21)
[degrees]a12=a1/2+a1*t/2	[mm]x31=(s0+s3)*sin(a31)+e*cos(a31)
[degrees]a21=a1+a2*t	[mm]x41=s0*sin(a41)+e*cos(a41)
[degrees]a31=a1+a2+a3*t	[mm]y11=(s0+s11)*cos(a11)–e*sin(a11)
[degrees]a41=a1+a2+a3+a4*t	[mm]y12=(s0+s12)*cos(a12)–e*sin(a12)
[mm]e=10	[mm]y21=(s0+h)*cos(a21)–e*sin(a21)
[mm]h=30	[mm]y31=(s0+s3)*cos(a31)–e*sin(a31)
[mm]r0=50	[mm]y41=s0*cos(a41)–e*sin(a41)
[mm]s0=sqrt(r0*r0–e*e)	

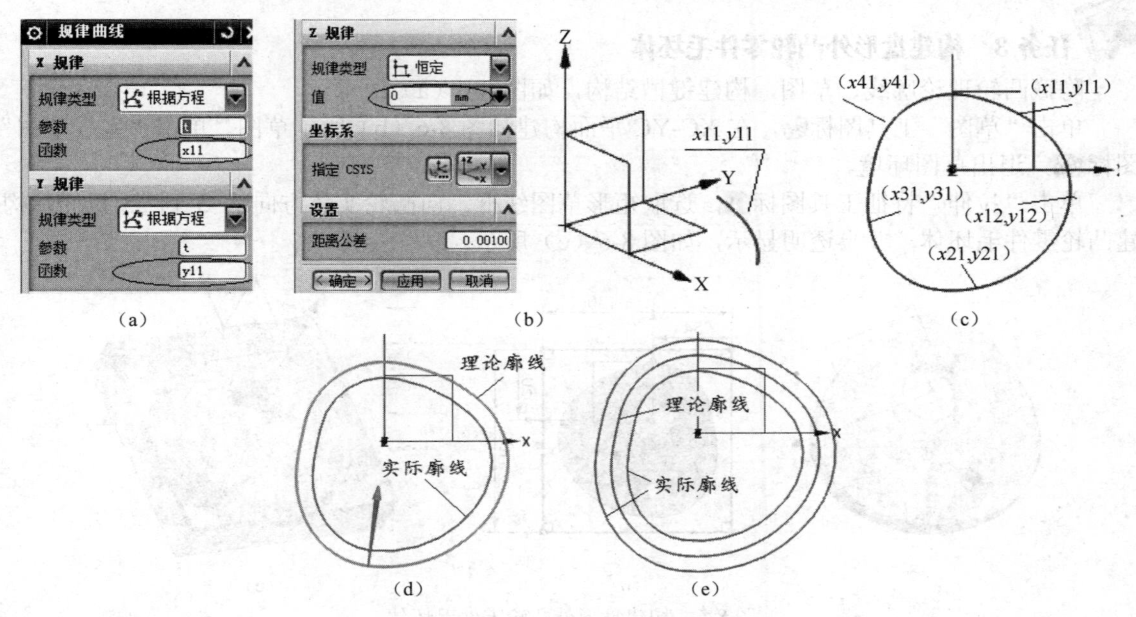

图 8-4　绘制凸轮廓线

单击“规律曲线”工具图标，弹出“规律函数”对话框，设置如图 8-4（a）所示，在 *X* 规律、*Y* 规律选项栏的函数中分别改写为 *x*11、*y*11，则在模型中显示一条规律曲线，如图 8-4（b）所示，单击“应用”按钮，完成第一段凸轮廓线的绘制；

同样操作，依次将 *X* 规律、*Y* 规律选项栏的函数中分别改写为 *x*12、*y*12；*x*21、*y*21；*x*31、*y*31；*x*41、*y*41。可绘制出其余 4 段凸轮理论廓线，如图 8-4（c）所示。

若为滚子从动件盘形凸轮机构，则上述绘制的凸轮廓线为理论工作廓线，其实际工作廓线应向理论廓线内侧偏移一个滚子半径的距离。如本任务中，要求滚子半径为 10mm，则应选取理论工作廓线，单击“偏移”工具图标，向曲线内侧偏移 10mm，获得凸轮实际工作廓线，如图 8-4（d）所示。

若为盘形槽凸轮，则应以理论廓线为滚子轴线中心，向内外各偏置滚子半径值，如图 8-4（e）所示。

2. 构建滚子从动件凸轮盘实体

选取凸轮实际廓线，向下拉伸 25mm，构建凸轮盘实体如图 8-5（a）所示。

3. 构建轴孔、键槽等结构

绘制草图如图 8-5（b）所示，以单条曲线方式先拉伸两圆求差；再拉伸矩形框求差，如图 8-5（c）所示。

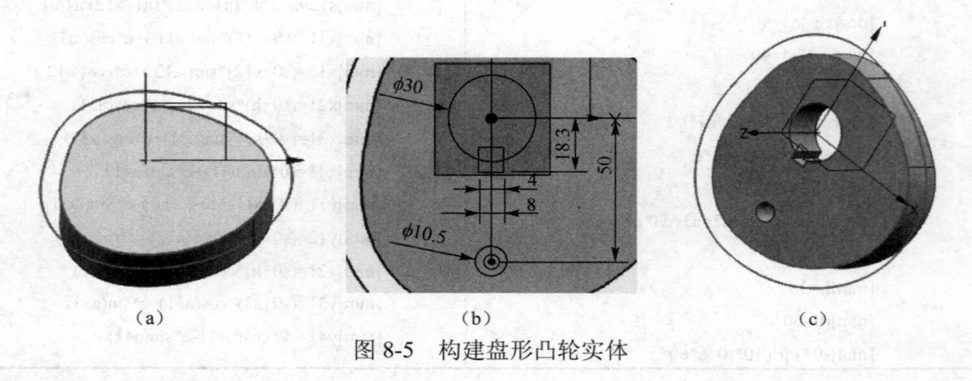

图 8-5 构建盘形凸轮实体

任务 3 构建盘形外凸轮零件毛坯体

隐藏凸轮理论廓线、草图，构建键槽结构，如图 8-6（a）所示。

单击“草图”工具图标，在 XC-YC 平面构建如图 8-6（b）所示草图。单击“完成草图”图标，退出草图环境。

单击“拉伸”特征工具图标，选取矩形草图线框，向凸轮实体方向从–3 到 25 拉伸，构建凸轮零件毛坯体，并半透明显示，如图 8-6（c）所示。

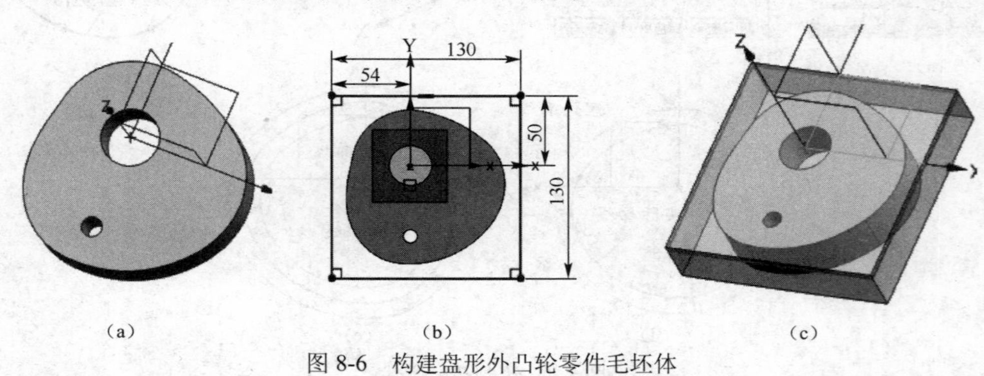

图 8-6 构建盘形外凸轮零件毛坯体

任务 4　构建盘形外凸轮数控加工刀轨

1. 创建设置数控加工程序名、刀具、加工坐标系、部件几何体和毛坯几何体

本步骤与上一工作项目（轮毂的加工工序）完全相同，在此不再详细介绍，请参考前面所述，这里只简单提示。

① 进入加工模块，选取 mill_planar 加工模式——初始化，进入加工模块。

② 打开工序导航器，切换到程序视图，创建程序“TULUN”。

③ 切换到机床视图，创建刀具，打开创建刀具对话框，创建结果如图 8-7 所示。

工序导航器 - 机床

名称	刀轨	刀具	描述	刀具号
GENERIC_MACHINE			Generic Machine	
未用项			mill_planar	
T1_MILL_D30			Milling Tool-5 Parameters	1
T2_MILL_D12			Milling Tool-5 Parameters	2
T3_SPOTDRILLING_TOOL			Drilling Tool	3
T4_DRILLING_TOOL_D10.5			Drilling Tool	4

图 8-7　创建刀具列表

④ 切换到几何视图，创建工件编程坐标系（与绝对坐标系重合）、安全平面（ZC=50）、指定部件几何体是凸轮零件实体，毛坯几何体是构建的长方体。具体构建过程如图 8-8～图 8-10 所示。

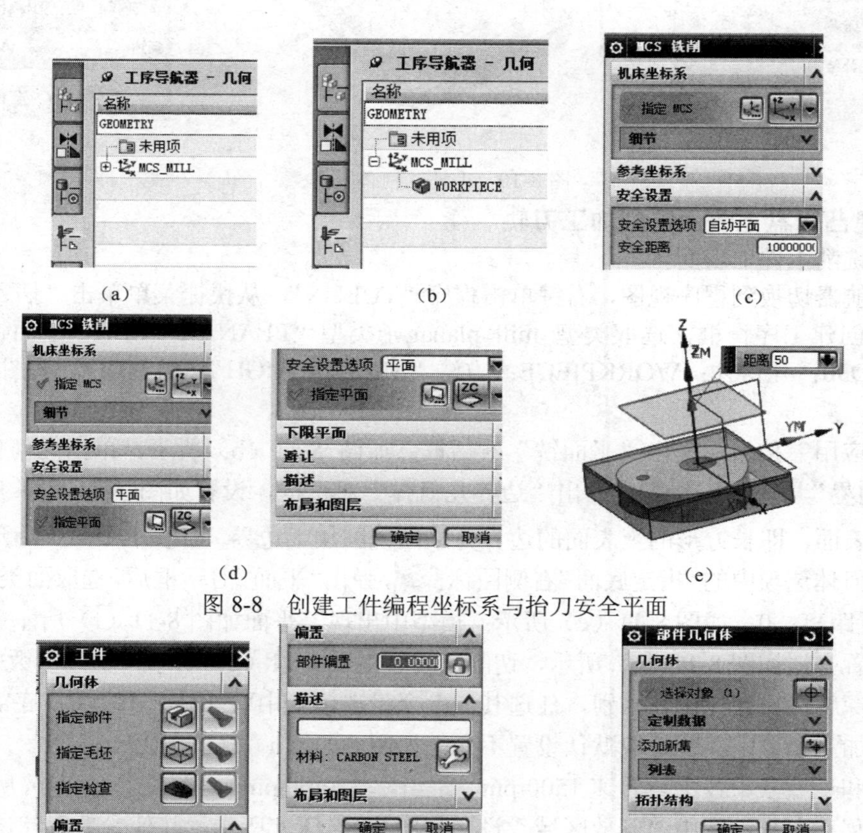

图 8-8　创建工件编程坐标系与抬刀安全平面

图 8-9

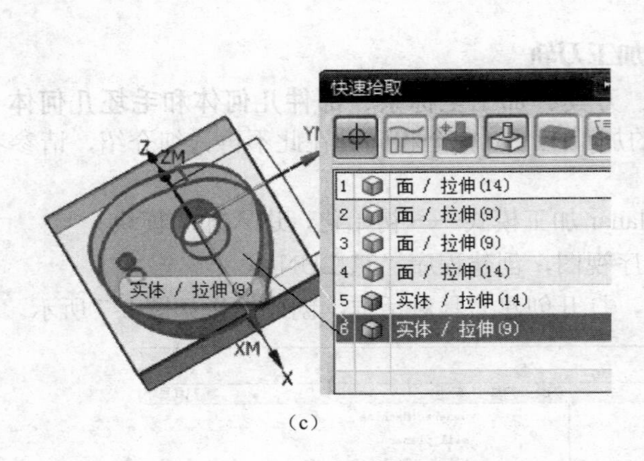

(c)

(d)

图 8-9 创建加工部件几何体

(a)

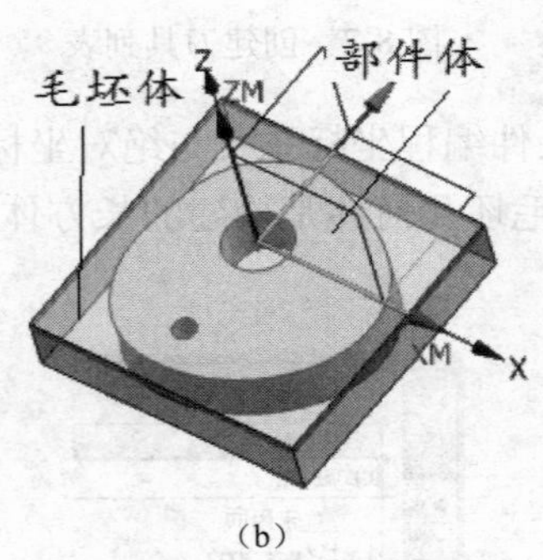

(b)

(c)

图 8-10 毛坯几何体设置

2. 创建凸轮盘上表面铣削加工刀轨

(1) 粗铣削工件上表面

工序导航器切换到程序视图，右键单击程序“TULUN”，从快捷菜单单击“插入\工序”菜单，弹出“创建工序”框，选取类型 mill planar,子类型“PLANAR_MILL”平面铣削，刀具 ENDMILL_D30；几何体：WORKPIECE；方法“MILL_ROUGH”（粗铣削），如图 8-11（a）所示。

单击“应用”按钮，弹出“平面铣”对话框，如图 8-11（b）所示。单击几何体选项中的“指定部件边界”右侧图标，弹出“边界几何体”对话框，设置如图 8-11（c）所示，选择毛坯体的上表面，即长方形的上表面的边界为平面铣削加工边界，如图 8-11（d）所示。

单击几何体选项中的“指定底面”右侧图标，弹出“平面”对话框后，选取面类型“XC-YC 平面”，偏置距离：0，如图 8-11（e）所示；模型中出现一平面如图 8-11（f）所示。

刀轨设置方法如图 8-11（b）所示，切削层设置如图 8-11（g）所示；切削参数中策略设置项层优先或深度优先在此没有区别，任选其一；余量选项卡中取部件余量为 0，底部余量 0.3，即留一次精加工余量；其他均取默认设置不变，如图 8-11（h）、(i）所示。

进给率和速度项中设主轴转速 1500rpm，进给率 120mmpmin，如图 8-11（j）所示。

非切削移动参数设置中“开放区域”设置如图 8-11（k）所示。其他参数取默认值。

生成刀轨并仿真加工如图 8-11（l）、(m）所示。

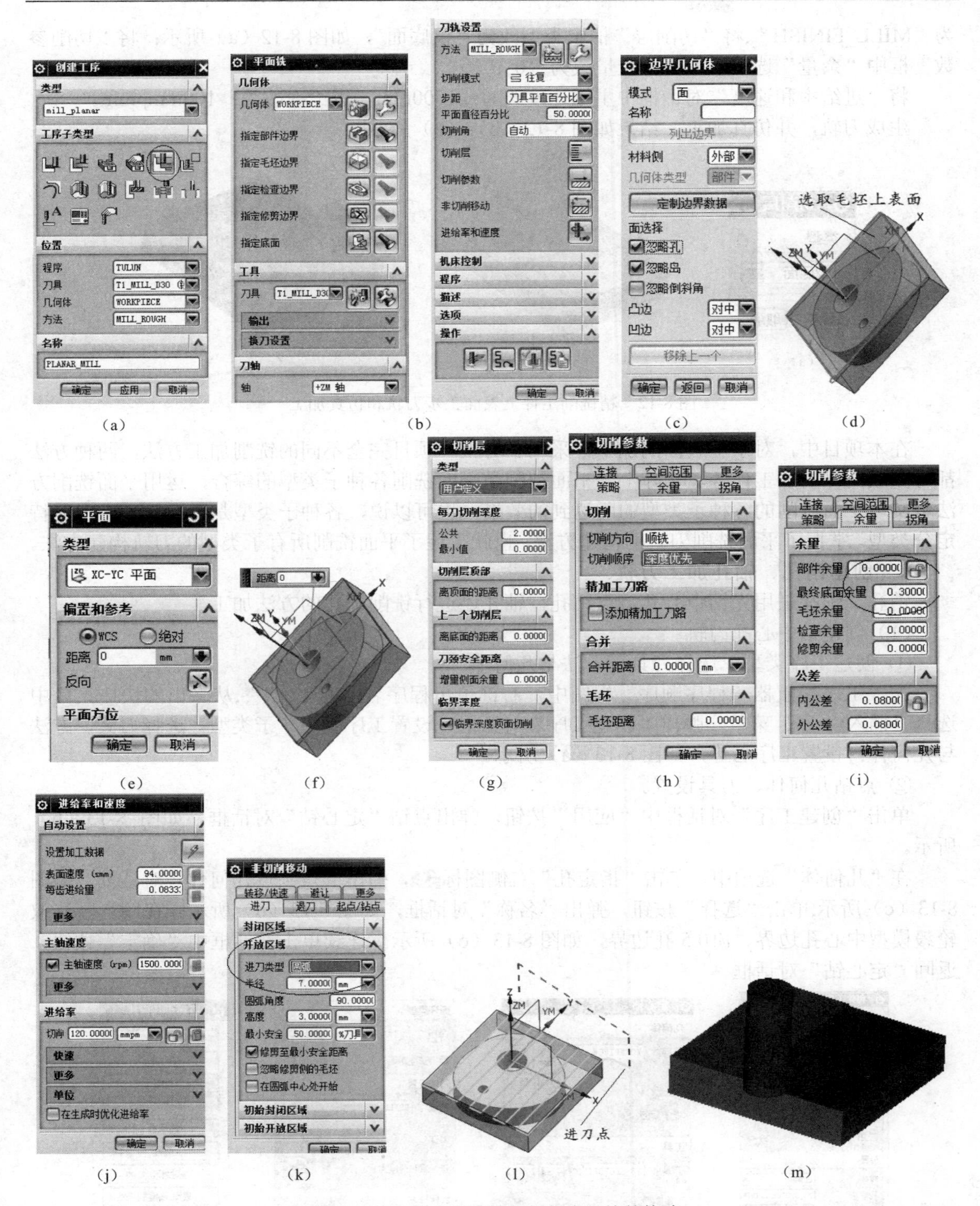

图 8-11　凸轮上表面粗铣削工步刀轨的构建

（2）精铣削工件上表面

复制、粘贴上步“PLANAR_MILL”平面铣，重命名为：“PLANAR_MILL_FINISH”。双击“PLANAR_MILL_FINISH”，打开“平面铣”对话框，将刀轨设置中“方法”选项改为“MILL_FINISH”,将“切削层”框中类型改为“仅底面”，如图 8-12（a）所示；将“切削参数”框中“余量”选项卡中底面余量改为“0”;

将“进给率和速度”对话框中主轴速度改为：1500rpm，进给率改为：100mmpmin。

生成刀轨，并仿真加工，结果如图 8-12（b)、（c）所示。

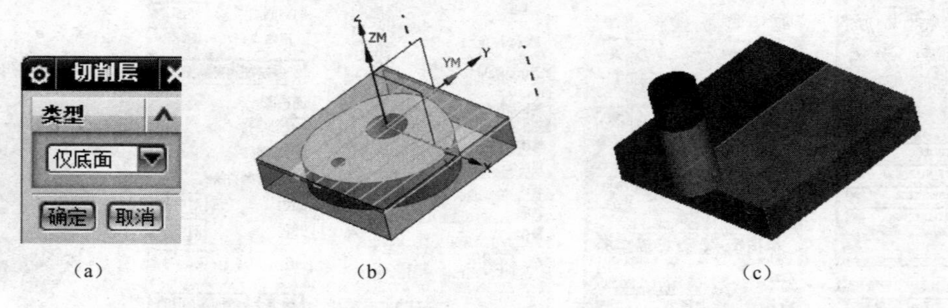

（a）（b）（c）

图 8-12 精铣削工件上表面工步刀轨和仿真加工

在本项目中，对于上表面的加工，采用了与上一项目完全不同的铣削加工方法，两种方法都可完成同样的加工任务。实际上，平面铣削是平面铣削各种子类型的综合，运用平面铣削方法可实现平面铣削的各种子类型的所达到的效果，也可以说，各种子类型是平面铣削方法的特定分类型。掌握了平面铣削刀轨的构建方法，也就掌握了平面铣削所有子类型的刀轨构建方法。

3. 创建销孔、轴孔加工刀轨

销孔、轴孔采用先钻中心孔，再钻孔，轴孔还进行铣削扩孔的方法加工。

（1）创建钻中心孔刀轨

① 创建工序类型、选择刀具、方法与几何体。

在“工序导航器—程序顺序”视图中，右键单击程序名“TULUN”,从弹出的快捷菜单中选择“插入\工序”菜单，弹出“创建工序”对话框，设置工序类型、子类型；选择刀具、方法与几何体；设置工序名称，如图 8-13（a）所示。

② 点钻几何体、刀具设置。

单击“创建工序”对话框中“应用”按钮，弹出点钻“定心钻”对话框，如图 8-13（b）所示。

在“几何体”选项中，单击“指定孔”右侧图标，弹出“点到点几何体”对话框，如图 8-13（c）所示,单击“选择”按钮，弹出“名称”对话框，如图 8-13（d）所示。在图形区选取轮毂模型中心孔边界、ϕ10.5 孔边界，如图 8-13（e）所示。连续单击对话框中“确定”按钮，返回“定心钻”对话框。

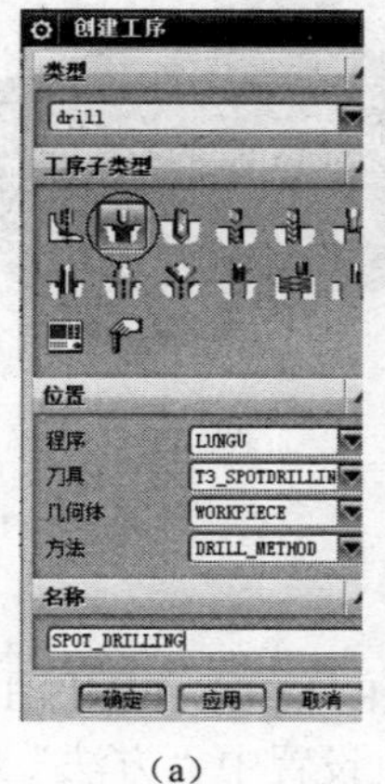

（a）

（b）

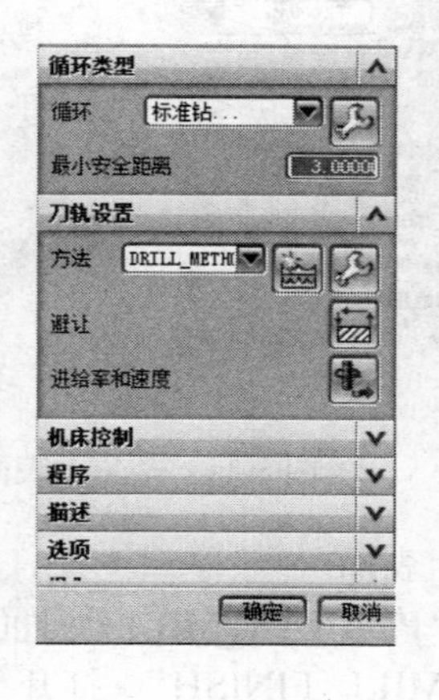

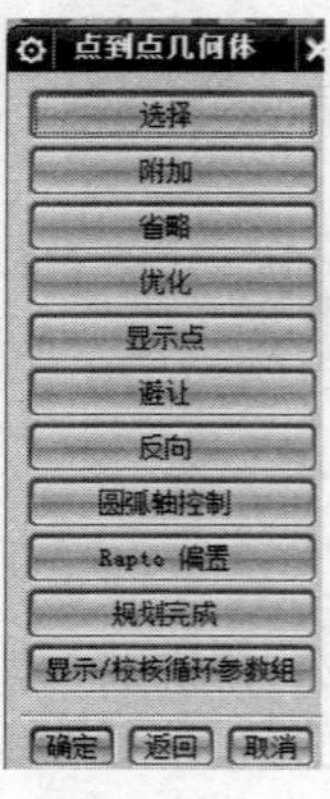

（c）

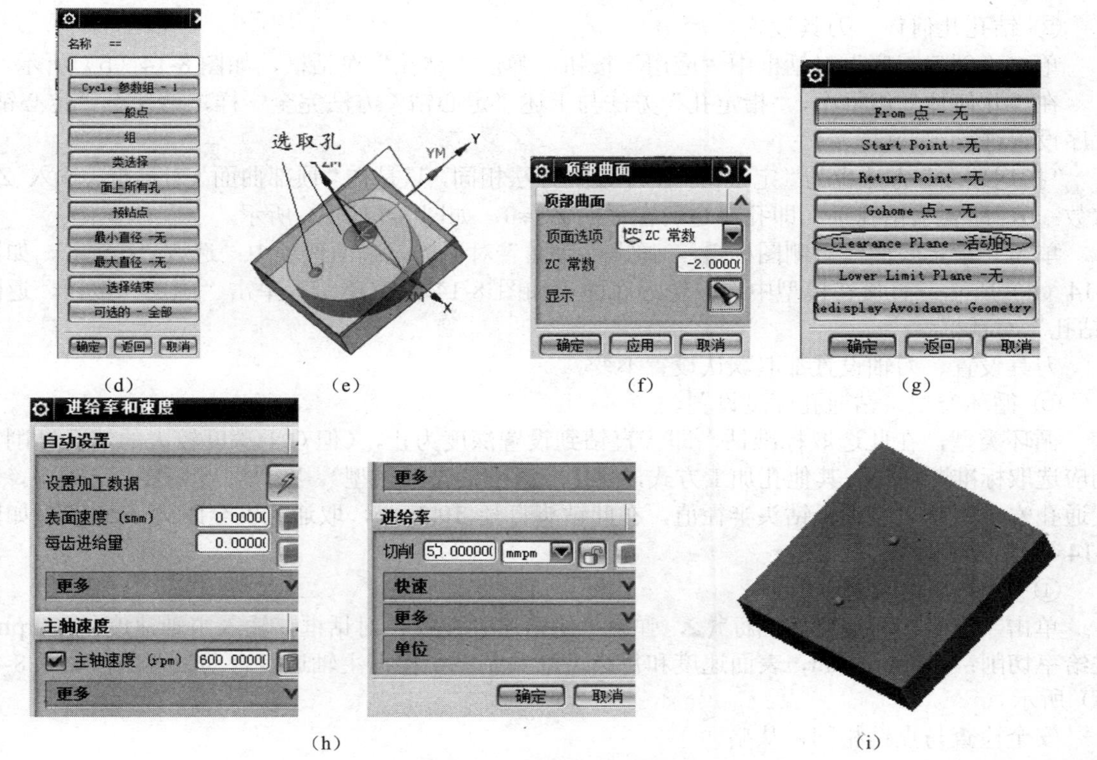

图 8-13　创建定心钻孔工步刀轨

在“几何体”组框中，单击“指定顶面”右侧按钮，弹出“顶部曲面”对话框，在顶面选项中选取：ZC 常数，输入 ZC 常数：−2，即要求定心孔深为 2mm 深，如图 8-13（f）所示，（这里采用的设置方法不是很规范的，但是可用、快捷。规范的设置方法请参见项目 10 有关钻定心孔循环参数的设置）。

单击“确定”按钮，返回“定心孔”对话框。

刀具设置、刀轴设置都取默认设置不变。

③ 检查安全设置。

单击“定心钻”对话框中的“避让”图标，弹出无名对话框，如图 8-13（g）所示。这里因已设置了安全平面，故显示按钮“Clearance Plane-活动的”，即可不考虑刀具运动会碰撞工件问题，（若显示按钮“Clearance Plane-无”，则必须单击此按钮，设置安全平面）单击“确定”按钮，返回“点钻”对话框。

④ 切削参数设置。

单击“定心钻”对话框中的“进给率和速度”图标，弹出“进给率和速度”对话框，设置主轴速度 600rpm，设置进给率 50mmpmin。如图 8-13（h）所示，单击“确定”按钮，返回“定心钻”对话框。

⑤ 生成刀轨。

单击“生成”刀轨按钮，生成刀轨。仿真演示结果如图 8-13（i）所示。

（2）创建钻削孔 ∅10.5 刀轨

① 创建工序类型、选择刀具、方法与几何体。

在“工序导航器—程序顺序”视图中，右键单击程序名“TULUN”，从弹出的快捷菜单中选择“插入\工序”菜单，弹出“创建工序”对话框，设置工序类型、子类型；选择刀具、方法与几何体；设置工序名称，如图 8-14（a）所示。

② 钻孔几何体、刀具设置。

单击“创建工序”对话框中“应用”按钮，弹出“钻孔”对话框，如图 8-14（b）所示。

在“几何体”组框中，“指定孔”方法与上述“定心钻”方法完全一样，请参考“定心钻”工序设置进行。

“指定顶面”方法也与“定心钻”工序设置方法相同，只是在“顶部曲面”对话框，输入 ZC 常数：0，即要求钻孔顶面即孔棱边所在平面 ZC=0，如图 8-14（c）所示。

单击“指定底面”右侧图标，弹出“底面”对话框，底面选项中：选取“面”，如图 8-14（d）所示；直接在模型中选取轮毂底面，如图 8-14（e）所示。单击“确定”按钮，返回“钻孔”对话框。

刀具设置、刀轴设置都取默认设置不变。

③ 循环类型、钻通孔深度设置。

循环类型，在此选取标准钻，即一直钻到设置深度为止，（但对于深度较大的深孔钻削，则应选取标准断屑钻，其他孔加工方式，应选取对应的循环类型）。在“深度偏置”选项中，设置通孔安全距离一般大于钻头半径值，在此钻头直径 10.5mm，取通孔安全距离 6.5mm，如图 8-14（b）所示。

④ 进给和速度设置。

单击“进给率和速度”图标，弹出“进给率和速度”对话框，输入主轴速度：800rpm，进给率切削：100mmpmin，表面速度和每齿进给量是系统根据主轴速度自动设置的，如图 8-14（f）所示。

安全检查与点钻相同，从略。

⑤ 生成刀轨并仿真加工演示。

单击“生成”刀轨图标，生成钻削刀轨，单击“确认”图标，进行 2D 仿真钻孔演示，结果如图 8-14（g）、（h）、（i）所示。

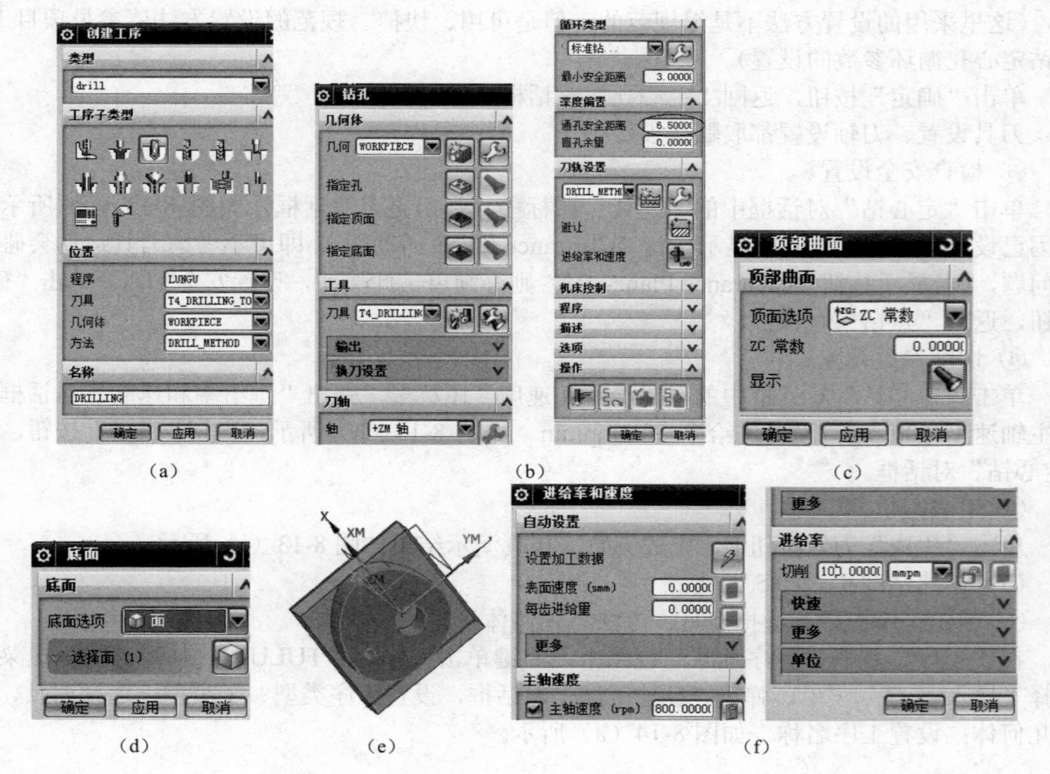

(a) (b) (c)
(d) (e) (f)

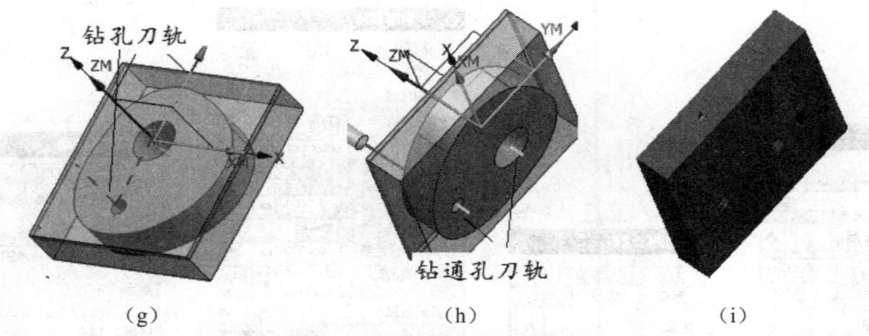

（g）　（h）　（i）

图 8-14　钻孔工步刀轨创建

（3）创建粗铣削轴孔刀轨

创建工序 PLANAR_MILL，刀具为 ENDMILL_D12；几何体为 WOEKPIECE；方法为粗铣削 MILL_ROUGH；工序名称“PLANAR_MILL_1”，如图 8-15（a）所示。

单击“应用”按钮，进入“平面铣”对话框，如图 8-15（b）所示。

在几何体选项组中，单击“指定部件边界”右侧图标，在弹出的“边界几何体”对话框中模式项将“面”改为“曲线边”，即弹出“创建边界”对话框，设置参数如图 8-15（c）、（d）所示。选取孔边界为轴孔上棱边，如图 8-15（e）所示，连续两次单击对话框中“确定”按钮，返回“平面铣”对话框。

单击“指定底面”右侧图标，弹出“平面”对话框，选取类型：“XC-YC 平面”，偏置距离栏：输入－26，即取 ZC=–26，即比凸轮下底面还低 1mm，确保孔被铣削穿，如图 8-15（f）、（g）所示，单击对话框中“确定”按钮，返回“平面铣”对话框。

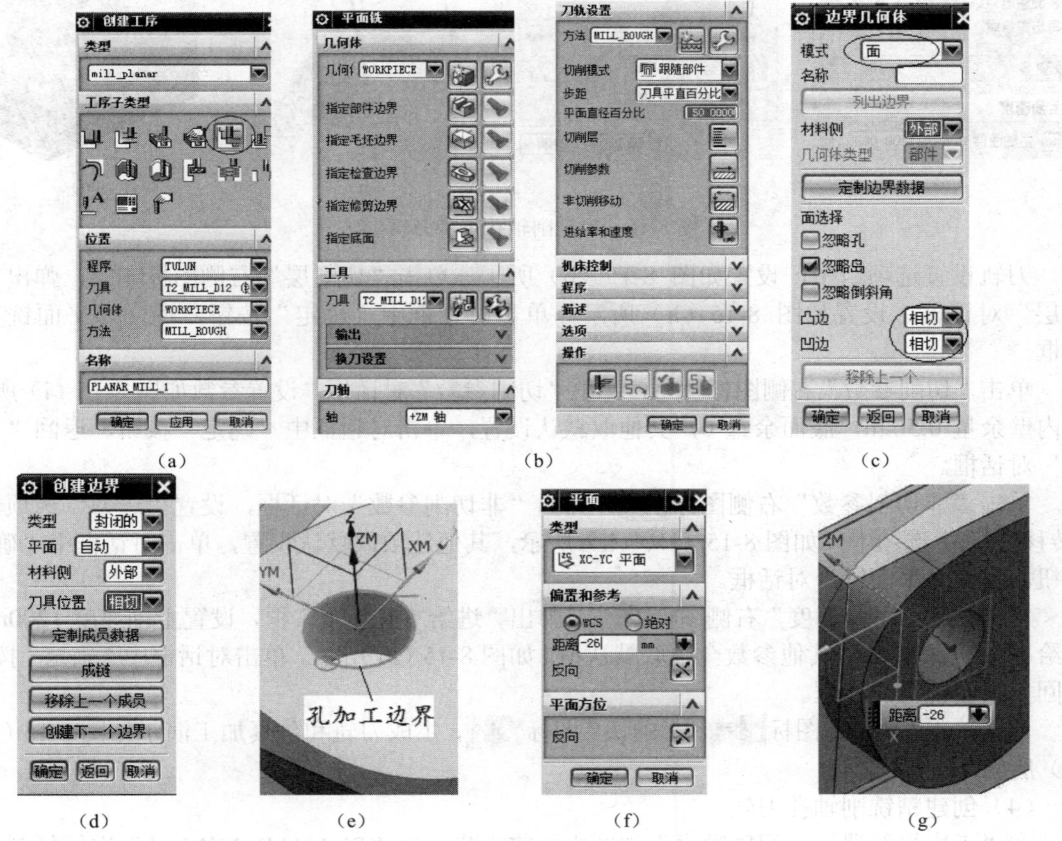

（a）　（b）　（c）

（d）　（e）　（f）　（g）

图 8-15

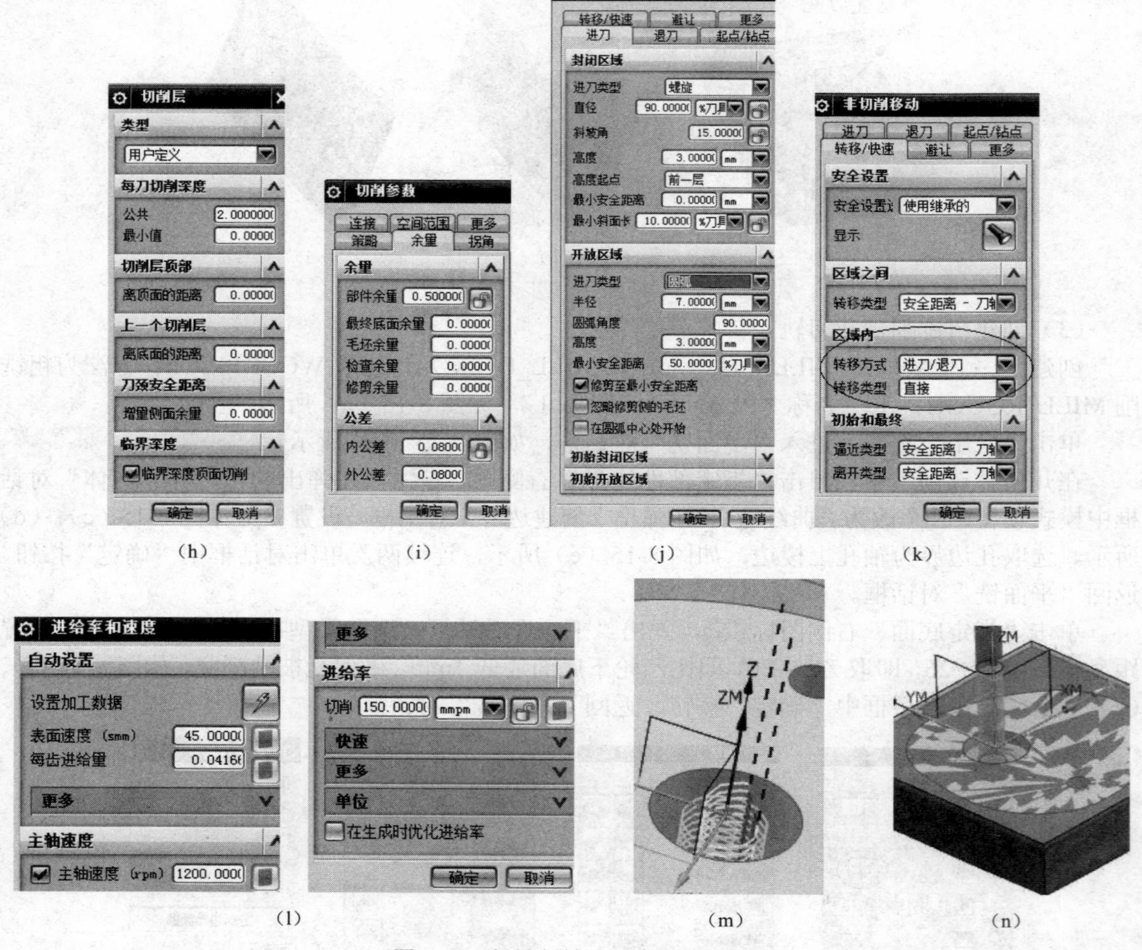

图 8-15　粗铣削轴孔工步刀轨构建

刀轨设置选项组中，设置如图 8-15（b）所示。单击“切削层”右侧图标，弹出“切削层”对话框，设置如图 8-15（h）所示，单击对话框中“确定”按钮，返回“平面铣”对话框。

单击“切削参数”右侧图标，弹出“切削参数”对话框，设置参数如图 8-15（i）所示，孔内壁余量 0.5mm，底面余量 0，其他取默认设置，单击对话框中“确定”按钮，返回“平面铣”对话框。

单击“非切削参数”右侧图标，弹出“非切削参数”对话框，设置“进刀”选项卡和“转移/快速”选项卡，如图 8-15（j）、（k）所示，其他选项取默认设置，单击对话框中“确定”按钮，返回“平面铣”对话框。

单击“进给率和速度”右侧图标，弹出“进给率和速度”框，设置主轴速度 1200rpm，进给率 150mmpmin。其他参数全部取默认值，如图 8-15（l）所示。单击对话框中“确定”按钮，返回“平面铣”对话框。

依次单击“生成”图标和“确认”图标，生成刀轨和仿真加工演示如图 8-15（m）、（n）所示。

（4）创建精铣削轴孔刀轨

在“工序导航器——程序顺序”视图中，将上步工序“PLANAR_MILL_1”进行复制、粘贴，并重命名为“PLANAR_MILL_1_FINISH”。

双击工序名 PLANAR_MILL_1_FINISH，打开“平面铣”对话框，将“刀轨设置”选项栏中“方法”改为：“MILL_FINISH”；将“模式”改为“轮廓加工”，如图 8-16（a）所示。

打开“切削参数”对话框，将“余量”全部设为 0，如图 8-16（b）所示。

打开“进给率和速度”对话框，设置主轴转速 1800rpmin；进给率 100mmpmin，如图 8-16（c）所示。

重新生成刀轨并仿真演示，结果如图 8-16（d）、（e）所示。

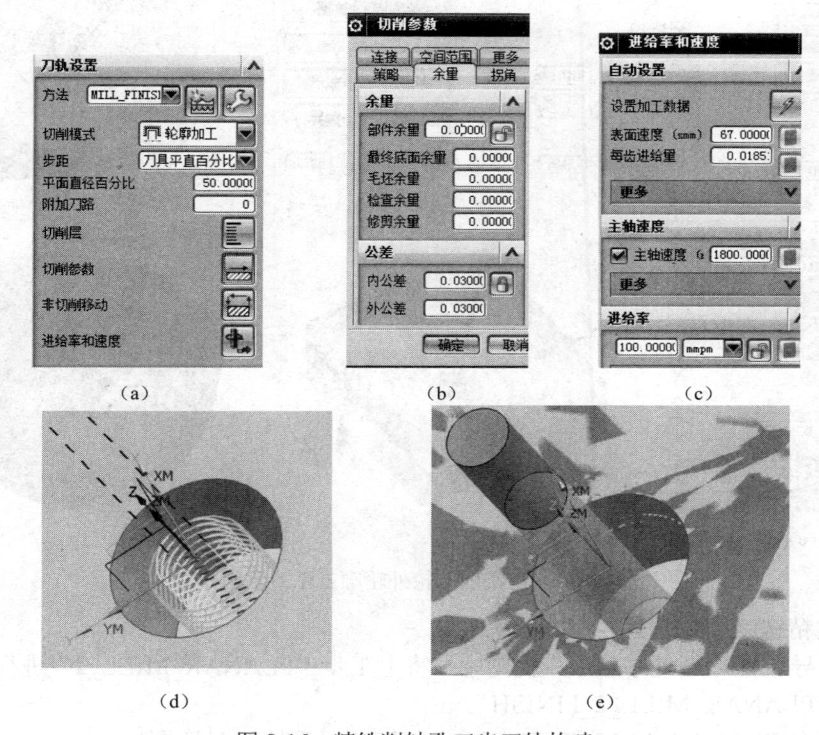

（a）（b）（c）

（d）（e）

图 8-16　精铣削轴孔工步刀轨构建

4. 创建凸轮盘外轮廓铣削加工刀轨

在完成了凸轮盘零件上表面和孔加工之后，应从机床中拆下工件，将专用夹具与工件用螺栓连接，然后用平口钳夹持专用夹具体，重新对刀，再进行凸轮盘的轮廓铣削加工。

（1）创建粗铣削凸轮盘外轮廓表面刀轨

在“工序导航器——程序顺序”视图中，将上工步“PLANAR_MILL_1”进行复制、粘贴，并重命名为“PLANAR_MILL_2”。

双击工序名 PLANAR_MILL_2，打开“平面铣”对话框。

单击“指定部件边界”右侧图标，弹出“编辑边界”对话框，如图 8-17（a）所示，单击“全部重选”按钮，弹出警告提示，单击“确定”，弹出“边界几何体”对话框，如图 8-17（b）所示。选取类型：“曲线/边”后弹出“创建边界”对话框，设类型：封闭的；材料侧：“内部”，即封闭边界内部的材料保留不加工，如图 8-17（c）所示。以“连续线”或“相切线”方式选取凸轮上表面轮廓，如图 8-17（d）所示，单击对话框中“确定”按钮，返回“平面铣”对话框。

将刀具改为 T1_MILL_D30；将“刀轨设置”选项栏中“模式”改为“轮廓加工”，如图 8-17（e）所示。

重新生成刀轨并仿真演示，结果如图 8-17（f）、（g）所示。

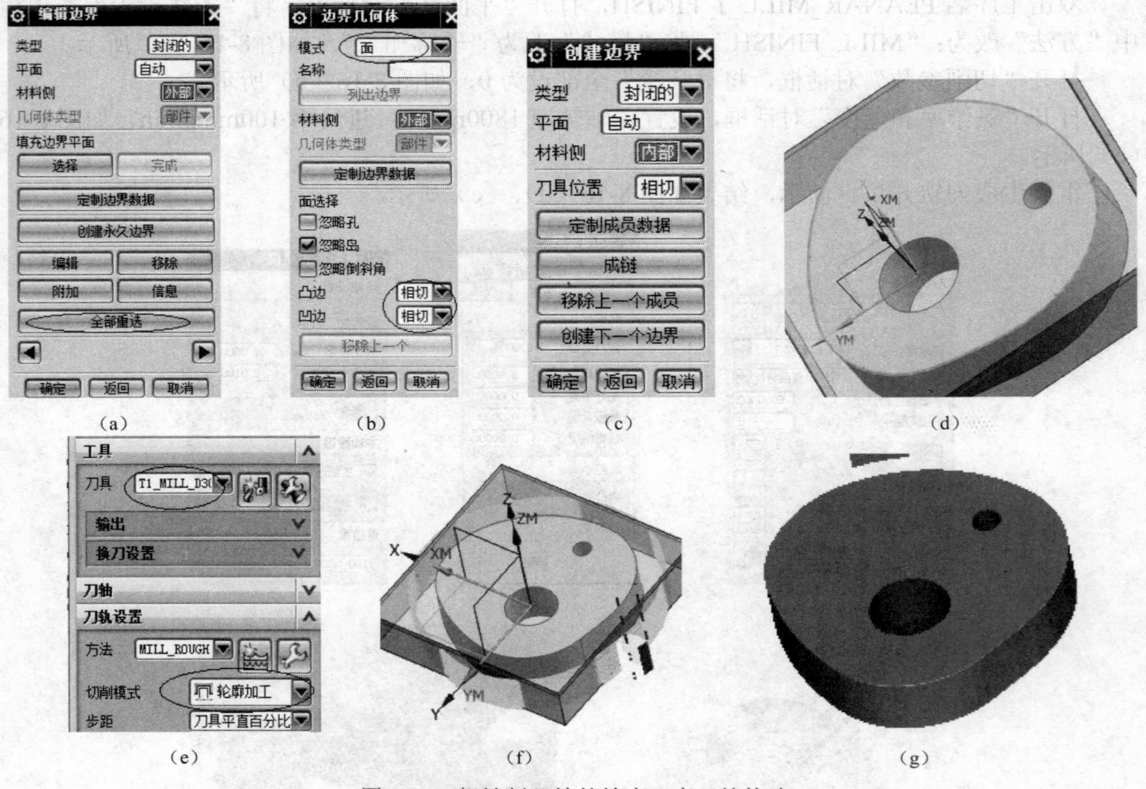

图 8-17 粗铣削凸轮外轮廓工序刀轨构建

（2）创建精铣削凸轮盘外轮廓表面刀轨

在“工序导航器——程序顺序”视图中，将上工步“PLANAR_MILL_2”进行复制、粘贴，并重命名为“PLANAR_MILL_2_FINISH”。

双击工序名 PLANAR_MILL_2_FINISH，打开“平面铣”对话框。

将刀轨设置栏中“方法”改为“MILL_FINISH”，如图 8-18（a）所示。

打开“切削参数”对话框，将“余量”选项卡中余量全部设置为 0，如图 8-18（b）所示。

打开“进给率和速度”对话框，设置主轴转速 1800rpm；进给率：100mmpmin，如图 8-18（c）所示。

重新生成刀轨并仿真演示，结果如图 8-18（d）、（e）所示。

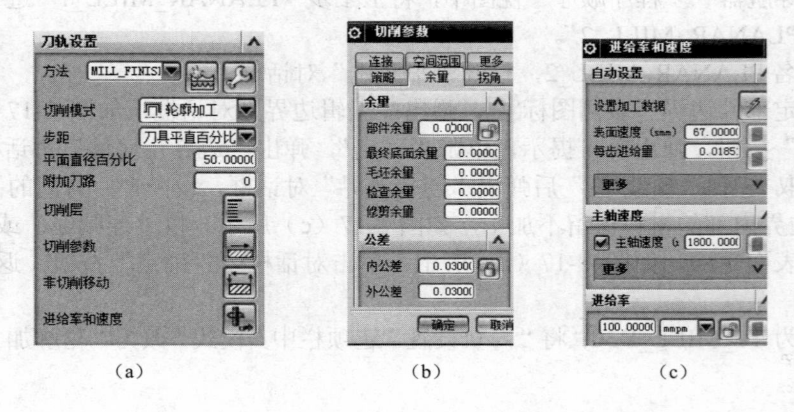

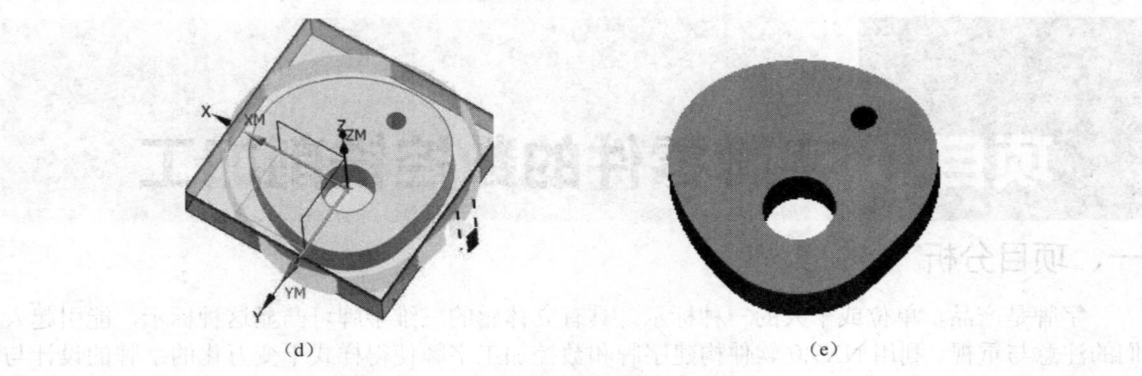

图 8-18　精铣削凸轮外轮廓工序刀轨构建

5. 生成盘形外凸轮数控加工 NC 程序

在工序导航器中，选取“TULUN”，单击“后处理”工具图标，生成 3 轴铣床用的数控 NC 程序代码，请参考项目 7 中所介绍的方法。

四、拓展训练

假设现欲将本项目中的凸轮机构改成盘形槽凸轮机构，从动件的运动规律不变，凸轮的基圆半径、滚子半径不变，偏心距改为 e=0，凸轮圆盘的外径为 200mm，凸轮盘厚度 25mm，凸轮槽深 10mm，请构建凸轮盘实体，如图 8-19 所示；并构建数控加工刀轨与数控程序 NC 代码。

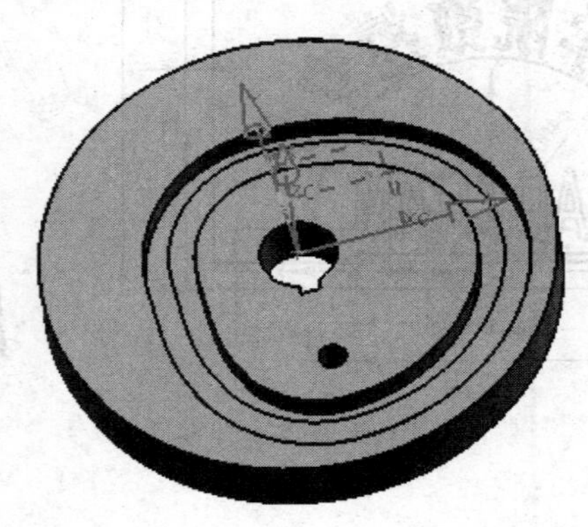

图 8-19　盘形槽凸轮模型

项目 9 字牌零件的数控铣削加工

一、项目分析

字牌是产品、单位或个人的一种标示。具有立体感的三维字牌可凸显这种标示，能引起人们的注意与重视。利用 NX9.0 软件构建字牌和数控加工字牌使得样式千变万化的字牌的设计与制作方便可行。

本项目通过如图 9-1 所示长方形字牌的造型与数控加工编程的教学达到熟悉字牌的构建方法、步骤，教学难点是文字的放置位置的设置与调整方法、技巧的学习与训练。

字牌的数控铣削加工主要运用平面铣削模式“mill_planar ”进行，由于字的笔画之间距离较小，只能用较小直径的刀具进行切削加工，使得刀路较长，加工效率较低，选用合适的刀具，提高加工效率是进行编程工序中应考虑的重点问题。

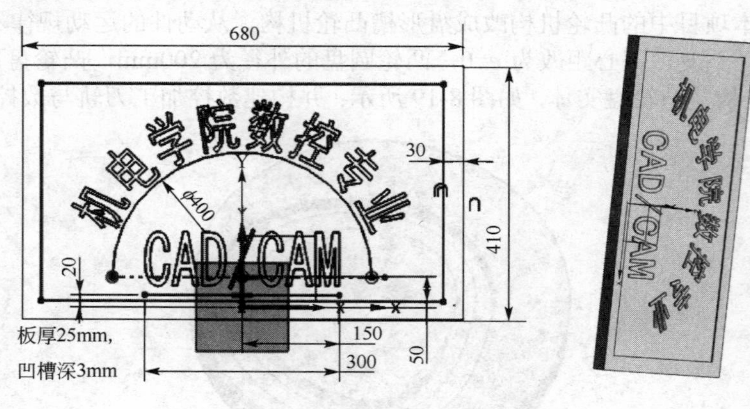

图 9-1 长方体字牌零件图

二、相关知识

1. 文字的放置位置的设置

文字的放置位置是设计者根据设计意图确定的，设计者的设计意图一般用放置文字的点、线、面来体现，因此，字牌造型时，首先就是要构建确定文字位置的线、面。

单击“文本”工具图标A，弹出“文本”对话框，如图 9-2（a）所示。在类型选项中，具有“平面的”、“在曲线上”、“在面上”三个选项，选取不同选项，就可在不同的参考基准上放置文字。

2. 文字的书写

在“文本属性”选项组中，可输入文字内容，可以是中文，也可是英文等，字体样式中一般选择“常规”选项，其他样式可能引起笔画交叉，选择刀具路径时造成困难。

在“文本框”选项组中，可直接输入确定文字在基准上的位置、长度、高度、比例，也可进行动态调整。例如，选择文字的放置类型为“在曲线上”时：

① 正、反字调整。如图 9-2（b）所示，1 号箭头确定文字的放置基准线的起点，右键单击 1 号箭头，弹出快捷菜单，单击“反向”按钮，箭头从圆弧左端点变到右端点，同时 2、3 号箭

头也反向向下，文字跳到圆弧下方，成头朝下的倒字，右键单击 2 号箭头，弹出快捷菜单，单击“反向”按钮，2、3 号箭头朝上，文字起点为右侧，且为反字，如图 9-2（c）所示。

② 字高调整。光标拖动箭头 2，可调整字的高度。

③ 字长度调整。光标拖动 5 号点，可使其沿圆弧线移动，从而实现字总体长度（单个字的宽度）的调整。

④ 字的偏置距离调整。光标拖动 3 号箭头，可调整文字偏离圆弧的距离。

⑤ 字锚点位置调整。在文本框的锚点位置右侧的下拉列表框中，可使锚点位于放置圆弧中点的左侧、中心、右侧。

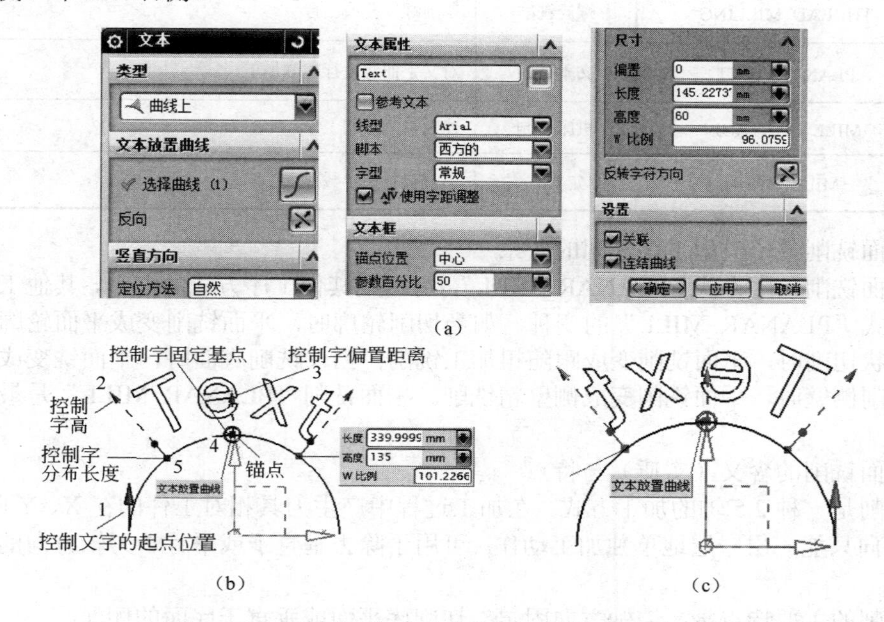

图 9-2　文字的书写与方向、位置、大小、比例的调整

3. 平面铣削加工的特点

（1）平面铣削分类

平面铣削“mill_planar”加工类型中包括了 15 个子类型，如表 9-1 所示。

表 9-1　平面铣削“mill_planar”加工类型的子类型列表

图标	英文	中文	说明
	FLOOR_WALL	底壁加工	切削底面和壁
	FLOOR_WALL_IPW	带 IPW 的底壁加工	使用 IPW 切削底面和壁
	FACE_MILLING	表面铣削	用于加工表面几何
	FACE_MILLING_MANUAL	表面手动铣	切削方式默认设置为手动表面铣削
	PLANAR_MILL	平面铣削	用平面边界定义切削区域，切削到底平面
	PLANAR_PROFILE	平面轮廓铣	默认切削方法为沿零件轮廓铣削平面
	CLEANUP_CORNERS	清理拐角	主要用于清理拐角

续表

图标	英文	中文	说明
	FINISH_WALLS	精铣侧壁	默认切削方法为轮廓铣削，切削深度默认为仅底面切削，用于精铣侧壁
	FINISH_FLOOR	精铣底面	默认切削方法为跟随零件，切深方法为只铣底面
	GROOVE_MILLING	槽铣削	T 形刀铣削单个槽
	HOLE_MILLING	铣削孔	铣削孔或凸台
	THREAD_MILLING	螺旋铣削	铣削螺纹孔或凸台
	PLANAR_TEXT	文本铣削	对文字曲线进行雕刻加工
	MILL_CONTROL	机床控制	建立机床控制工序
	MILL_USER	自定义方式	用户自定义参数建立工序

（2）平面铣削各子类型工序之间的关系

通过平面铣削工序方式“PLANAR_MILL”，可生成其他工序方式的刀轨，其他工序方式是平面铣削方式“PLANAR_MILL”的变种。如当切削轮廓时，平面铣削变成平面轮廓铣削；当跟随工件形状切削时，平面铣削变成跟随粗加工铣削；当仅铣削底面时，平面铣变成精加工底面；当只铣削侧壁时，平面铣削变成侧壁精铣削。平面铣削“PLANAR_MILL”是最基本的铣削方式。

（3）平面铣削的含义（实质）与特点

平面铣削是一种 2.5 轴的加工方式，在加工过程中产生刀具相对工件的在 X、Y 两轴联动，而在 Z 轴方向只能一层一层地单独加工动作。可用于除去垂直于或平行于刀轴方向的切削层中的材料。

平面铣削的主要特点是：刀轴方向固定，切削底平面或垂直于底面的侧面。

三、项目实施

任务 1　制定字牌的加工工艺卡

字牌的加工相对较为简单，主要是平面粗、精铣削加工。加工工艺过程卡如表 9-2 所示。

表 9-2　长方形字牌的加工工艺卡

工序		工步	加工内容	加工方法	机床设备	夹具	刀具	余量/mm
号	名称							
1	钳	1.1	下料、去毛刺	锯、锉	下料机		带锯、锉刀	2~3
2	数控铣削	2.1	铣削上表面	粗铣削	立式数控铣床或立式加工中心机床	平口钳	平底圆柱铣刀	0.5
		2.2	铣削上表面	精铣削				0
3	检	3.1	检验					

任务 2　构建长方形字牌文字实体

构建实体方案：首先构建一长方体；在长方体表面绘制一矩形线框、放置文字的圆弧和直线，以确定文字的放置基准，书写字牌文字；再以矩形线框和文字组成拉伸截面，向长方体方向拉伸，且作布尔求差运算，完成字牌实体的构建。

1. **构建长方体**

启动 NX9.0 软件，在“E:\…\xm9\ ”文件夹中创建建模文件“xm9_fangzipai.prt”，进入建模模块。

单击“草图”工具图标，进入草图环境，绘制如图 9-3（a）所示草图。单击“完成草图”图标，退出草图环境。

单击“拉伸”特征工具图标，选取已绘草图线框，从 0 到 25 向下拉伸，构建实体，如图 9-3（b）所示。

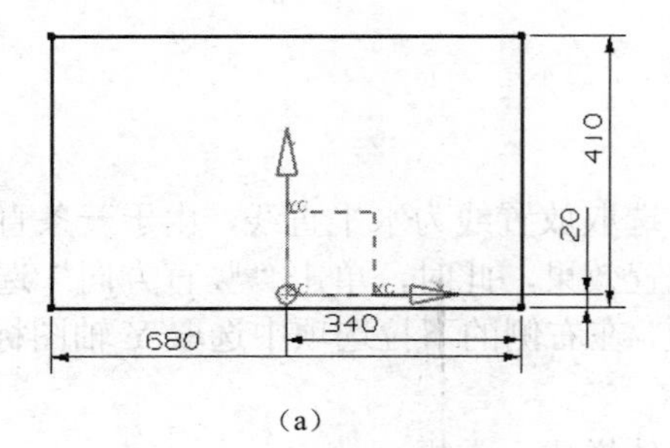

（a）

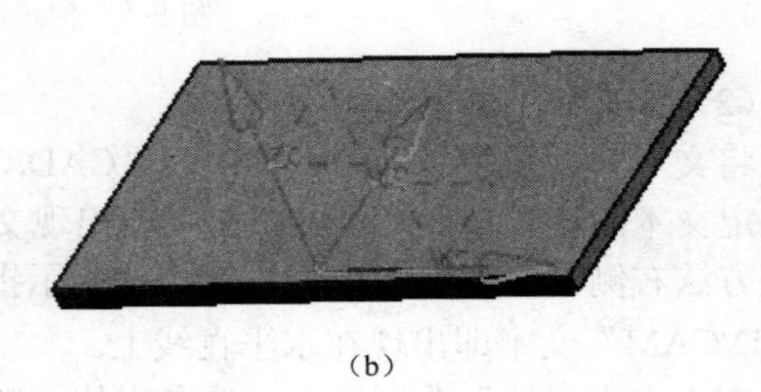
（b）

图 9-3　构建长方体

2. **绘制矩形线框、放置文字的基准线**

为了便于观察，先隐藏拉伸长方体。

单击“草图”工具图标，进入草图环境，绘制旋转文字的基准线条，如图 9-4 所示。

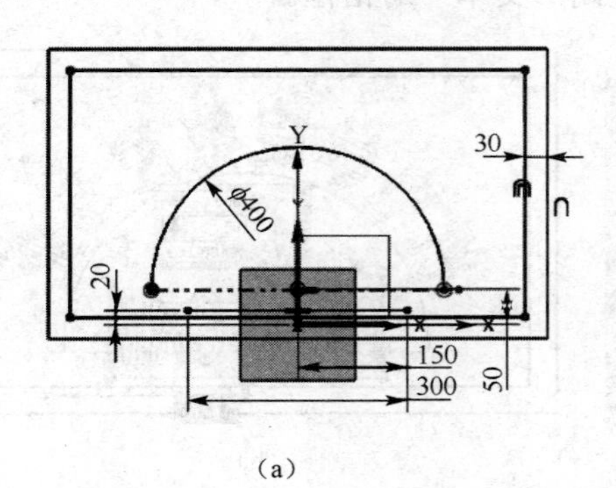

（a）

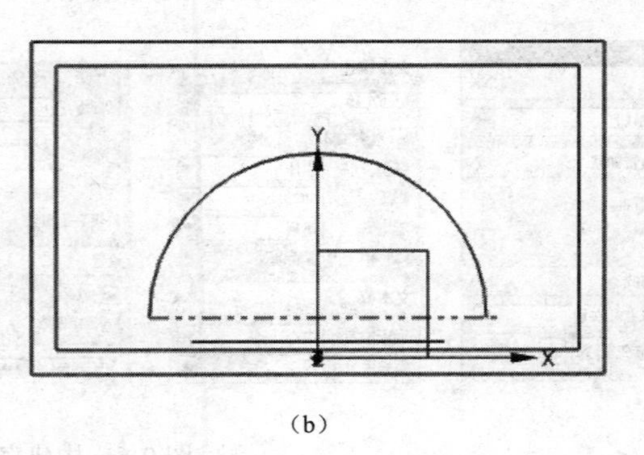

（b）

图 9-4　构建矩形线框、放置文字的基准线

3. **书写文字**

（1）在圆弧上放置文本

单击“文本”工具图标**A**，弹出“文本”对话框，如图 9-5（a）所示。在类型选项中，选择“曲线上”选项，选取绘制的圆弧为文本放置曲线，竖直方向定位方法为“自然”；

“文本属性”选项组中，文本：机电学院数控专业；字体：黑体；字体样式：常规。（选择文字字体和样式时，要注意尽量不要选择可能产生文字线条相互交叉的字体和样式，以减少对文字线条的修剪操作）。

“文本框”选项组中，锚点：中心；参数：50%；“尺寸”栏中：直接输入基线偏置：15；长度：500；高度：60；比例：（自动计算填写），也可在文本处拖动控制柄（箭头或点）。获得满意的视觉效果后，再在尺寸栏将各尺寸略作圆整，如图 9-5（b）所示。

单击“应用”按钮，生成圆弧线上文本的书写，返回“文本”对话框。

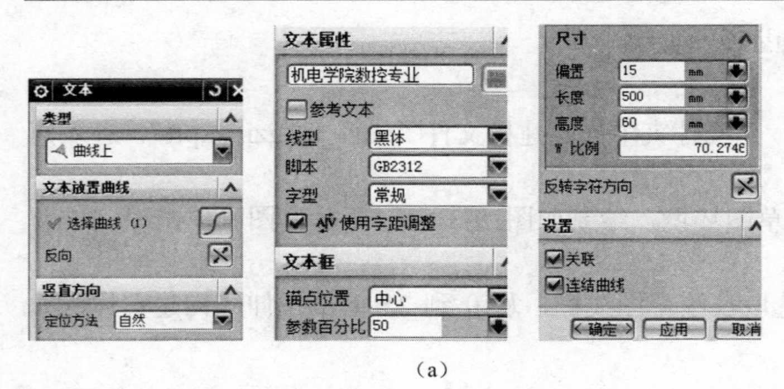

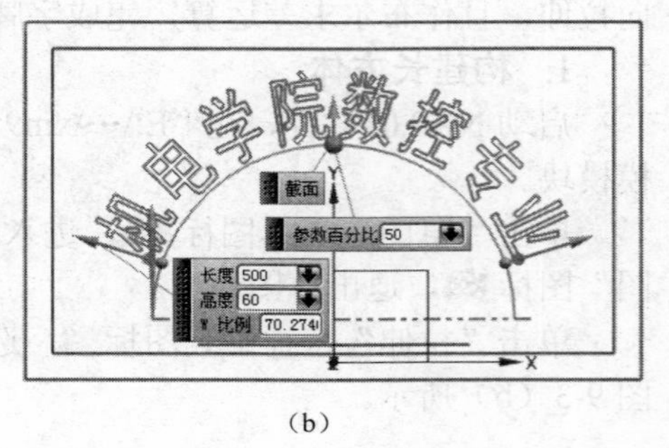

(a)　　　　(b)

图 9-5　构建圆弧放置线上文本

（2）在直线上放置文本

将文本属性选项组中的文本改为“CAD/CAM”，选取放置线为水平直线，由于一条直线不能确定文本的放置平面，因此不会立即出现文本的放置效果，此时，单击“竖直方向”选项中定位方法右侧下拉选项“矢量”，对话框提示指定矢量，在右侧的下拉选项中选取Y轴图标，“CAD/CAM”文本即出现在水平直线上。

在“文本属性”选项组中，选取字体：黑体；字体样式：常规。

在“文本框”中，锚点位置：中心；参数：50%。

在“尺寸”选项组中确定尺寸时，可先拖动文本的控制柄（箭头或点），使其达到满意的视觉效果后，在尺寸选项组的各尺寸中进行数值圆整，如图 9-6（a）、（b）所示。

单击“确定”按钮，生成直线上文本的书写，关闭“文本”对话框。

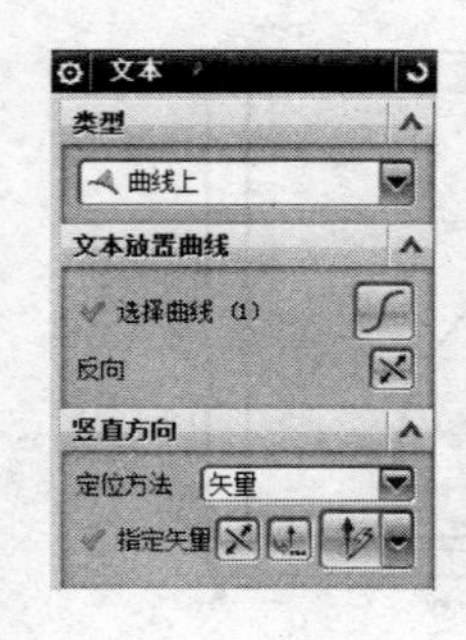

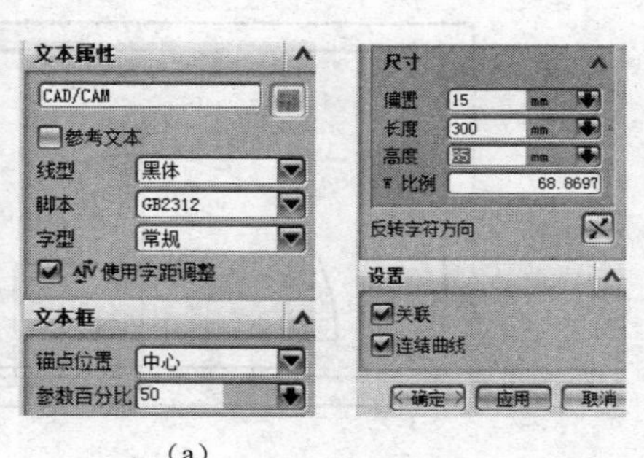

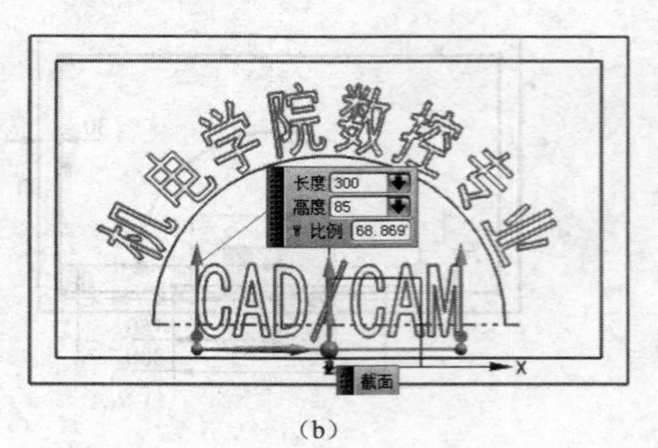

(a)　　　　(b)

图 9-6　构建直线放置线上文本

4. 拉伸求差

在资源条的部件管理器中，使长方体显示出来。

单击“拉伸”特征工具图标，窗选小矩形线框和文本，向长方体方向从0到3拉伸，且与长方体作布尔求差运算，单击“确定”按钮，完成长方形字牌的构建，如图9-1所示。

任务3　构建凸字牌铣削加工刀轨

（1）创建铣削加工模块

单击“开始”图标，打开下拉菜单，单击“加工”菜单图标，弹出“加工模块”对话框，在“CAM设置”中，选取加工模式 mill_planar，单击“确定”按钮，进入加工模块。

在工序导航器中切换到程序视图，创建程序名“FANGZIPAI”。

切换到机床视图，创建刀具 T1_MILL_D30，T2_MILL_D10，T3_MILL_D3。

切换到几何视图，单击“MCS_MILL”前节点“+”号，双击“MCS_MILL”，弹出“机床坐标系”设置对话框，坐标系取默认坐标系；设置安全平面为 ZC=50mm 的水平面。

双击“WORKPIECE”，弹出“工件”对话框，在几何体选项组中，单击指定部件右侧图标，弹出对话框后选取字牌实体为指定加工部件；单击指定毛坯右侧图标，选取类型：“包容块”，在限制选项中，ZM+栏：输入 1，即在部件上表面多出 3mm 作为加工余量，如图 9-7 所示。连续单击“确定”按钮，完成加工几何体设置。

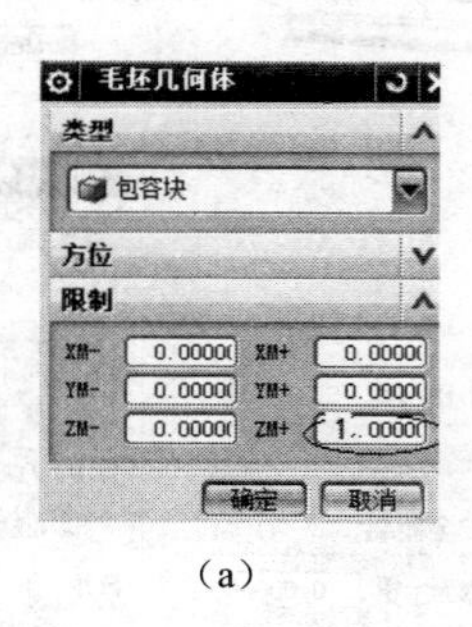

(a)

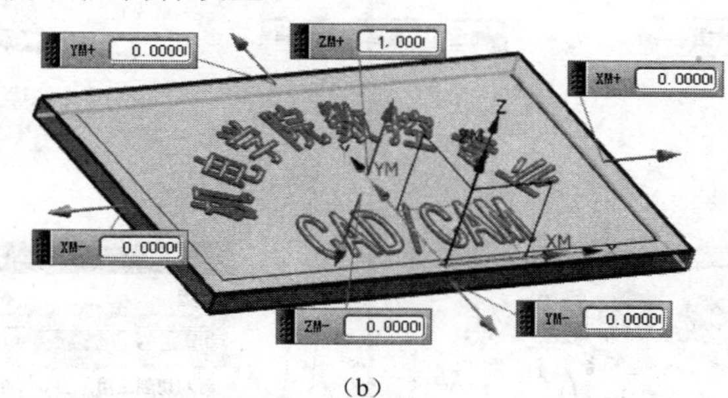

(b)

图 9-7　毛坯几何体设置

（2）构建铣削上表面工序刀轨

① 粗铣削工件上表面。

工序导航器切换到程序视图，右键单击程序“FANGZIPAI”，从快捷菜单单击“插入\工序”菜单，弹出“创建工序”框，选取类型 mill_planar,子类型“PLANAR_MILL”平面铣削，刀具 T1_MILL_D30；几何体：WORKPIECE；方法“MILL_ROUGH”（粗铣削），如图 9-8（a）所示。

单击“应用”按钮，弹出“平面铣削”对话框，如图 9-8（b）所示。单击几何体选项中的“指定部件边界”右侧图标，弹出“边界几何体”对话框，设置如图 9-8（c）所示，选择毛坯体的上表面，即长方形的上表面的边界为平面铣削加工边界，如图 9-8（d）所示。

单击“指定底面”右侧图标，弹出“平面”对话框，选取“XC-YC 平面”，偏置距离：0，即 XC-YC 坐标平面，如图 9-8（e）所示。

刀轨设置方法如图 9-8（b）所示，切削层设置如图 9-8（g）所示；切削参数中策略设置项层优先或深度优先在此没有区别，任选其一；余量选项卡中取部件余量为 0，底部余量 0.3，即留一次精加工余量；其他均取默认设置不变，如图 9-8（h）、（i）所示。

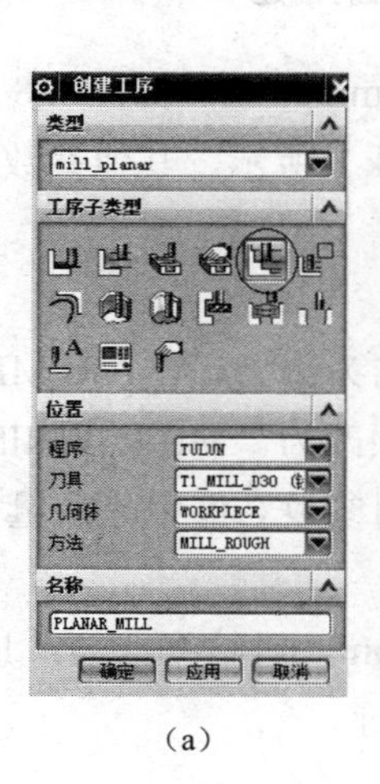

(a)

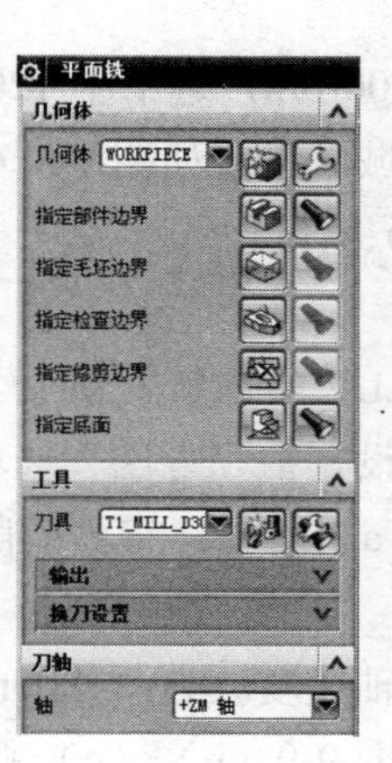

(b)

图 9-8

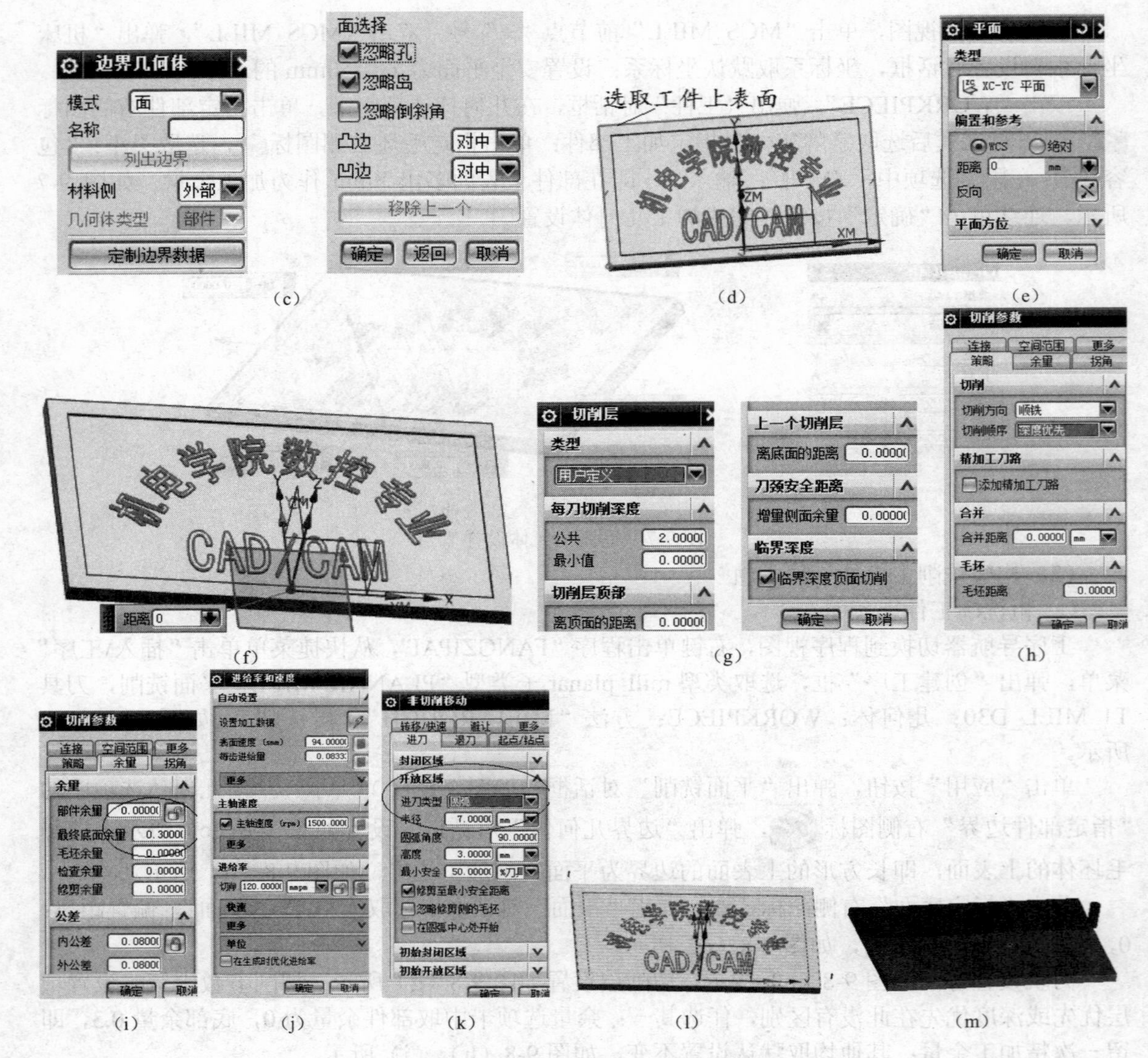

图 9-8　字牌上表面粗铣削刀轨的构建

进给率和速度项中设主轴速度 1500rpm，进给率 120mmpmin，如图 9-8（j）所示。

非切削移动参数设置中“开放区域”设置如图 9-8（k）所示。其他参数取默认值。

生成刀轨并仿真加工如图 9-8（l）、（m）所示。

② 精铣削工件上表面。

复制、粘贴上步“PLANAR_MILL”平面铣，重命名为：“PLANAR_MILL_FINISH”。

双击打开“平面铣”框，将刀轨设置中“方法”选项改为“MILL_FINISH”,将“切削层”框中类型改为“仅底面”，如图 9-9（a）所示；将“切削参数”框中“余量”选项卡中底面余量改为“0”；

将“进给率和速度”对话框中主轴速度改为：1800rpm，进给率改为：100mmpmin。

生成刀轨，并仿真加工，结果如图 9-9（b）、（c）所示。

（3）构建阳字（凸字）铣削加工工序刀轨

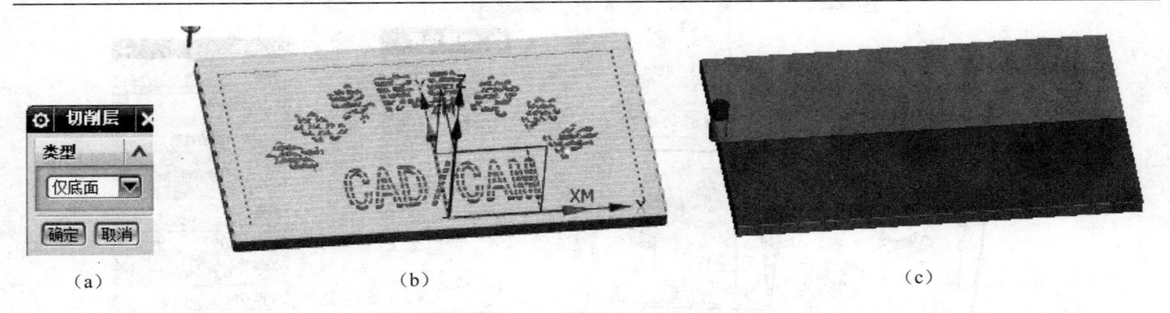

图 9-9　精铣削工件上表面刀轨和仿真加工

① 构建凸字周围较大区域的铣削加工工序刀轨

创建工序类型等设置如图 9-10（a）所示。采用“平面铣”子类型，打开“平面铣”对话框如图 9-10（b）所示。为简化创建铣削工序过程，在此采用精加工铣削方法，深度方向分层切削，底面不留余量，侧面方向留余量，这样处理与实际生产过程不太一致，请读者注意。

在“指定部件边界”时，要特别注意每个边界的要保留的材料侧，且要一个封闭线框一个封闭线框地选择，选取一个封闭线框后要单击“创建下一个边界”按钮，再选取下一个封闭线框，如图 9-10（c）、(d)、(e）所示。

“指定底面”时，选取字牌底面，偏置 0，如图 9-10（f）、(g）所示。

进行“切削层”设置时，按图 9-10（h）所设深度参数设置，加工将分两层进行，最后一层就是精加工底面。

进行“切削参数”设置时，选取“层优先”；余量设置中，取部件余量 1.0；底面余量 0，即底面加工到位。如图 9-10（i）、(j）所示。

进行“非切削参数”设置中，封闭区域“螺旋下刀”；区域之间或区域之内都采用“最小安全距离”，这样可减小空刀运动时间，如图 9-10（k）、(l）所示。

进行“进给率与速度”设置时，取主轴转速 1500rpmin，进给率 150mmpmin，其他取默认设置。如图 9-10（m）所示。

生成刀轨后仿真校验加工结果如图 9-10（n）、(o）所示。

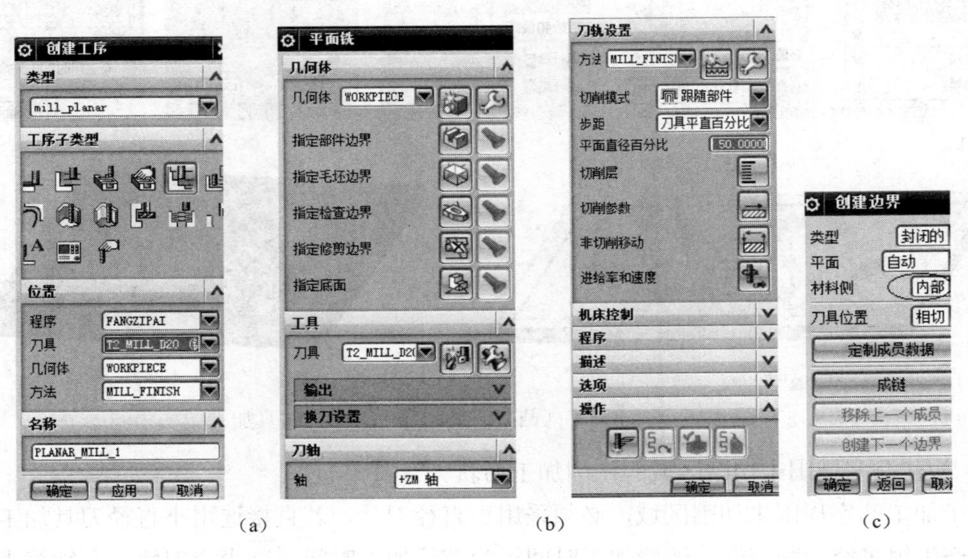

图 9-10

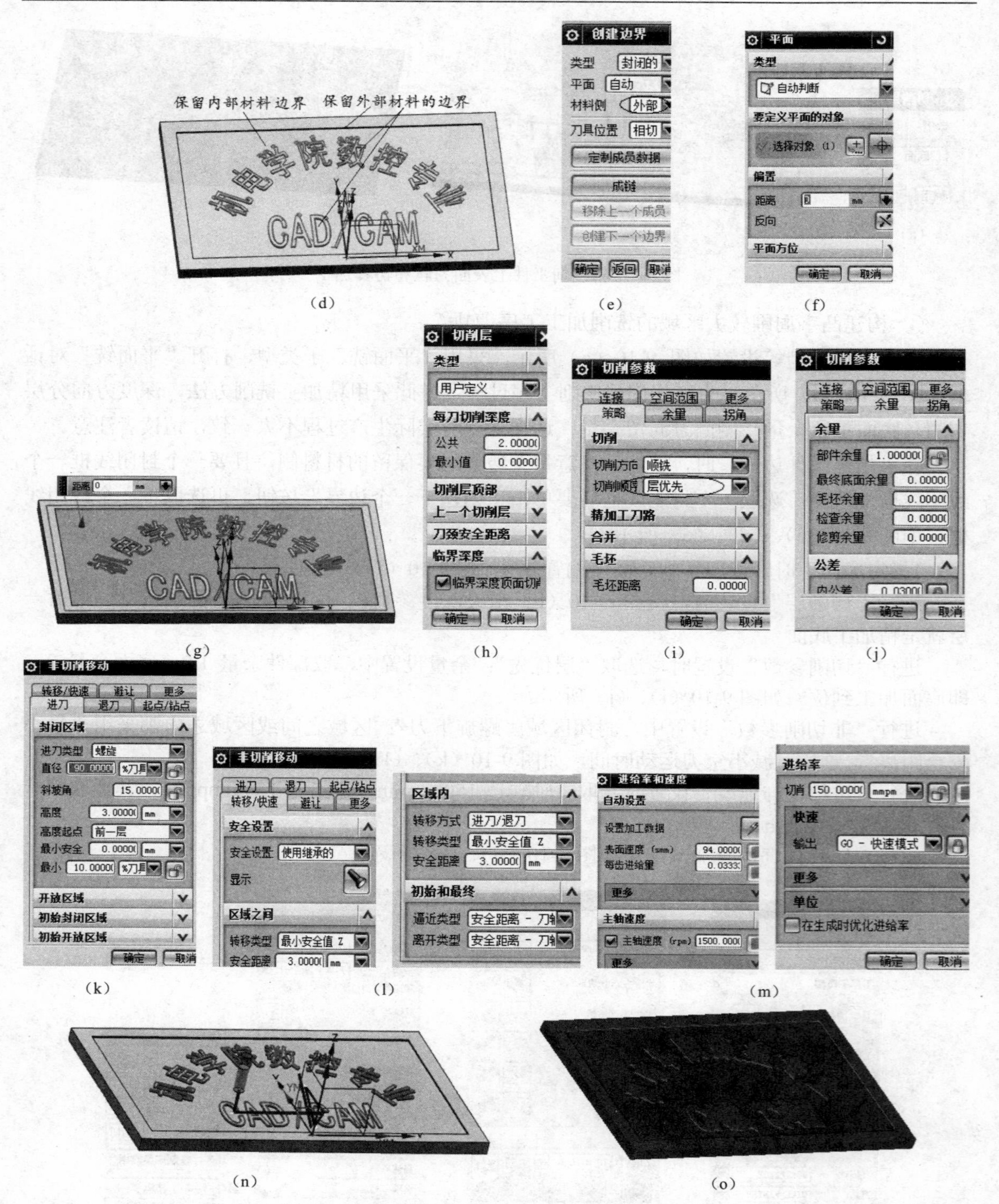

图 9-10 构建阳字（凸字）铣削加工刀轨与仿真加工

② 构建凸字周围未切削区域的铣削加工刀轨。

为了加工凸字周围未切削区域，必须采用小直径刀具，若直接选用小直径刀具加工所有区域，将产生很多空切削刀轨，浪费加工时间。为节约加工时间，减少空刀轨，必须缩小加工区域。用构建曲线框方式，绘制部件边界。

从“插入”菜单中，调用“艺术样条”命令或“矩形”命令绘制如图9-11（a）、（b）所示两个封闭的线框草图，将文字围起来。

再从“启动”菜单进入“加工”环境。在“工序导航器—程序顺序”视图中，复制、粘贴上一工序刀轨程序“PLANAR_MILL_1_COPY”，重命名为“PLANAR_MILL_2”。

双击“PLANAR_MILL_2”，打开“平面铣”对话框，将“刀具”换为“T3_MILL_D3”。如图9-11（c）所示。

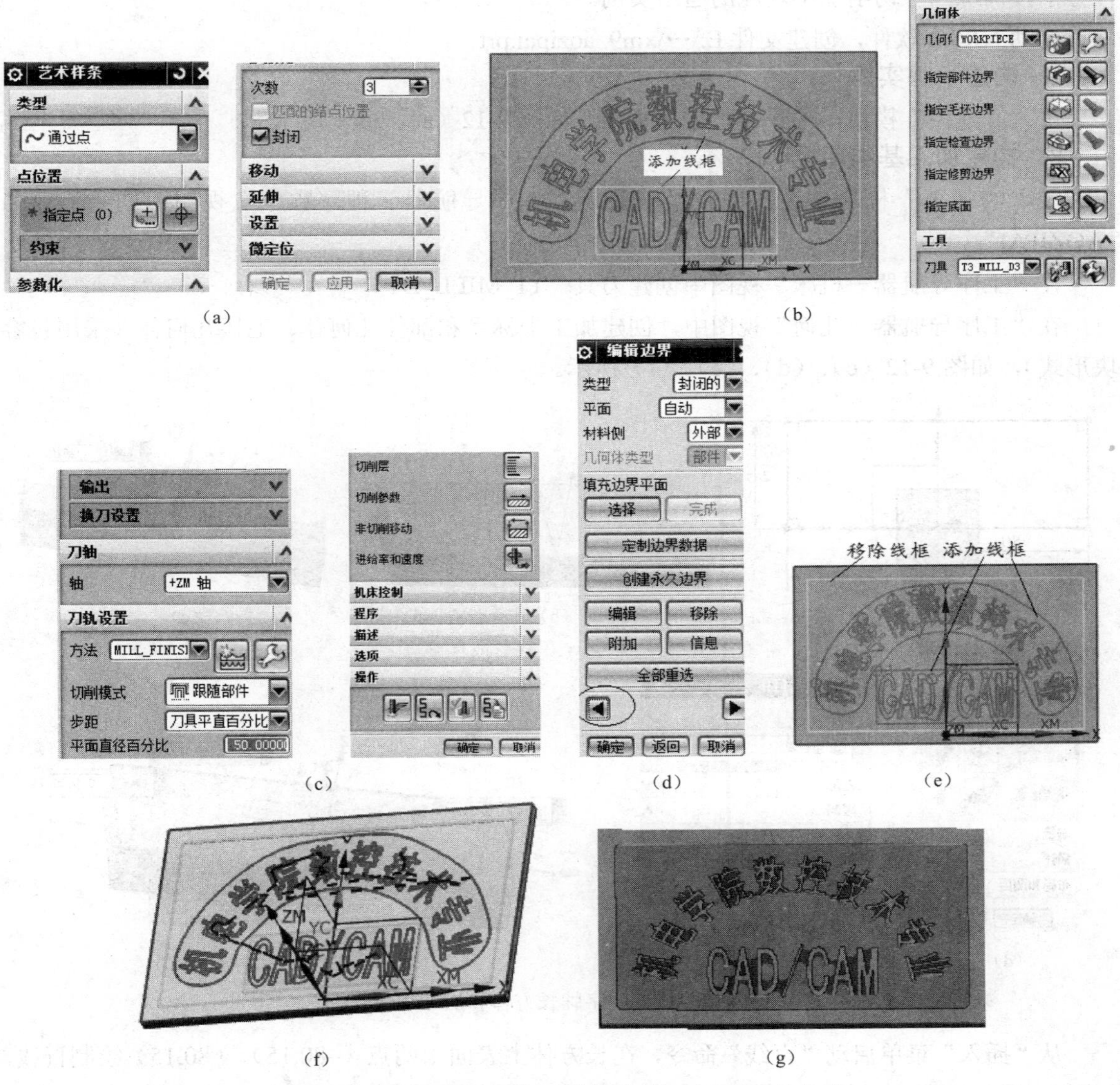

（a）　（b）　（c）　（d）　（e）　（f）　（g）

图9-11　凸字周围未切削区域的铣削加工工序刀轨构建

单击“指定部件边界”右侧图标，打开“编辑边界”对话框，单击箭头或，选取模型中矩形边界，再单击“移除”按钮 移除；再单击“附加”按钮 附加，依次选取两个艺术线框，如图9-11（d）、（e）所示。

将“切削参数”对话框中“余量”选项卡中余量值全设置为 0。

其他参数不变。

生成刀轨并仿真加工，如图 9-11（f）、（g）所示。

生成 NC 程序代码的工序请读者参考项目 7 讲授内容进行。

任务 4 构建凹（阴）字牌铣削加工刀轨

在产品上标记序列号，常采用凹字形式，NX 软件提供了专门的凹字切削加工功能，在本任务中，训练凹字切削加工功能的运用实例。

启动 NX9.0 软件，创建文件 E:\…\xm9_aozipai.prt。

1. 构建字牌实体

进入“建模”模块，构建一长方体实体，如图 9-12（a）、（b）所示。

2. 构建加工基本环境

进入“加工”模块，在平面铣模块中的“工序导航器－程序顺序”视图中创建程序名“AOZIPAI”。

在“工序导航器－机床”视图中创建刀具“T1_MILL_D1”。

在“工序导航器－几何”视图中，创建加工坐标系和部件几何体、毛坯几何体（采用包容块形式），如图 9-12（c）、（d）、（e）、（f）所示。

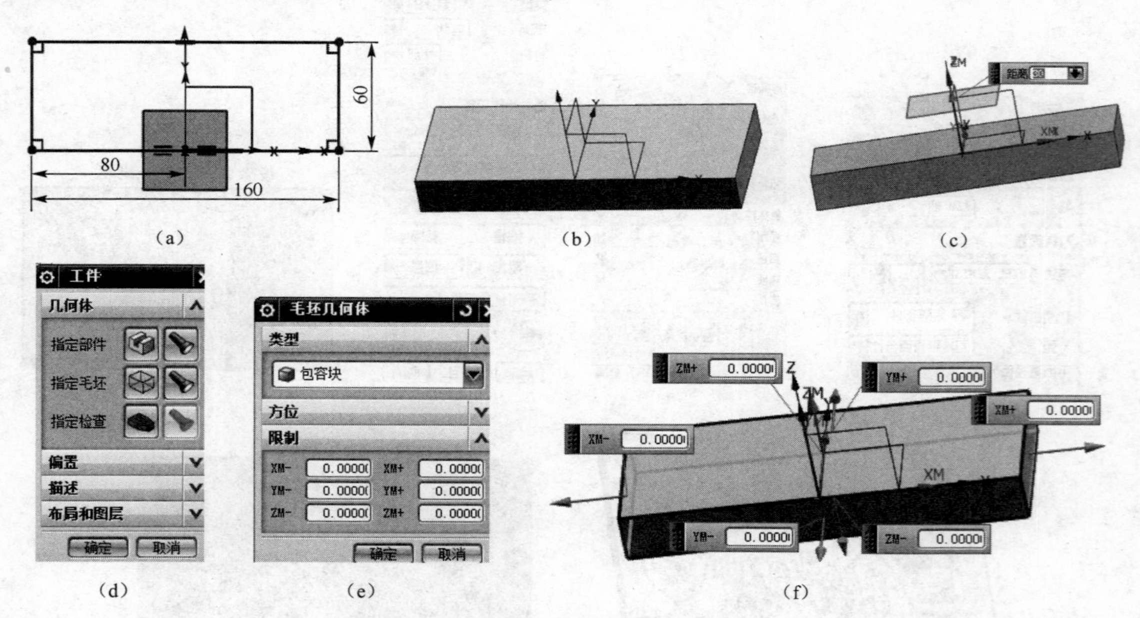

图 9-12 构建凹字牌长方体和加工几何体

从“插入”菜单启动“直线”命令，在长方体上表面由两点（–80,15）、（80,15）绘制直线，如图 9-13（c）所示。

从“插入”菜单打开“注释”对话框，输入文字“数控加工训练中心”，文字锚点：中下；并单击按钮[A]，弹出“设置”对话框，设置文字高度 20，在模型中捕捉直线的中点后单击，如图 9-13（a）、（b）、（d）所示。

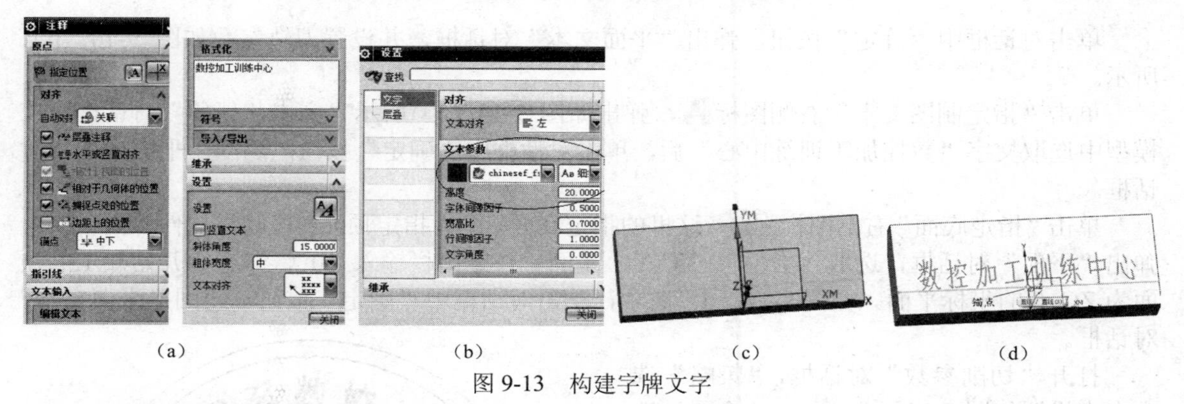

图 9-13　构建字牌文字

3. 构建凹字牌加工刀轨

在“工序导航器－程序顺序”视图中右击程序名“AOZIPAI”，从弹出的快捷菜单中单击“插入\工序”命令，弹出“创建工序”对话框，选取子类型“PLANAR_TEXT”,设置“程序”、“刀具”、“几何体”、“方法”如图 9-14（a）所示。

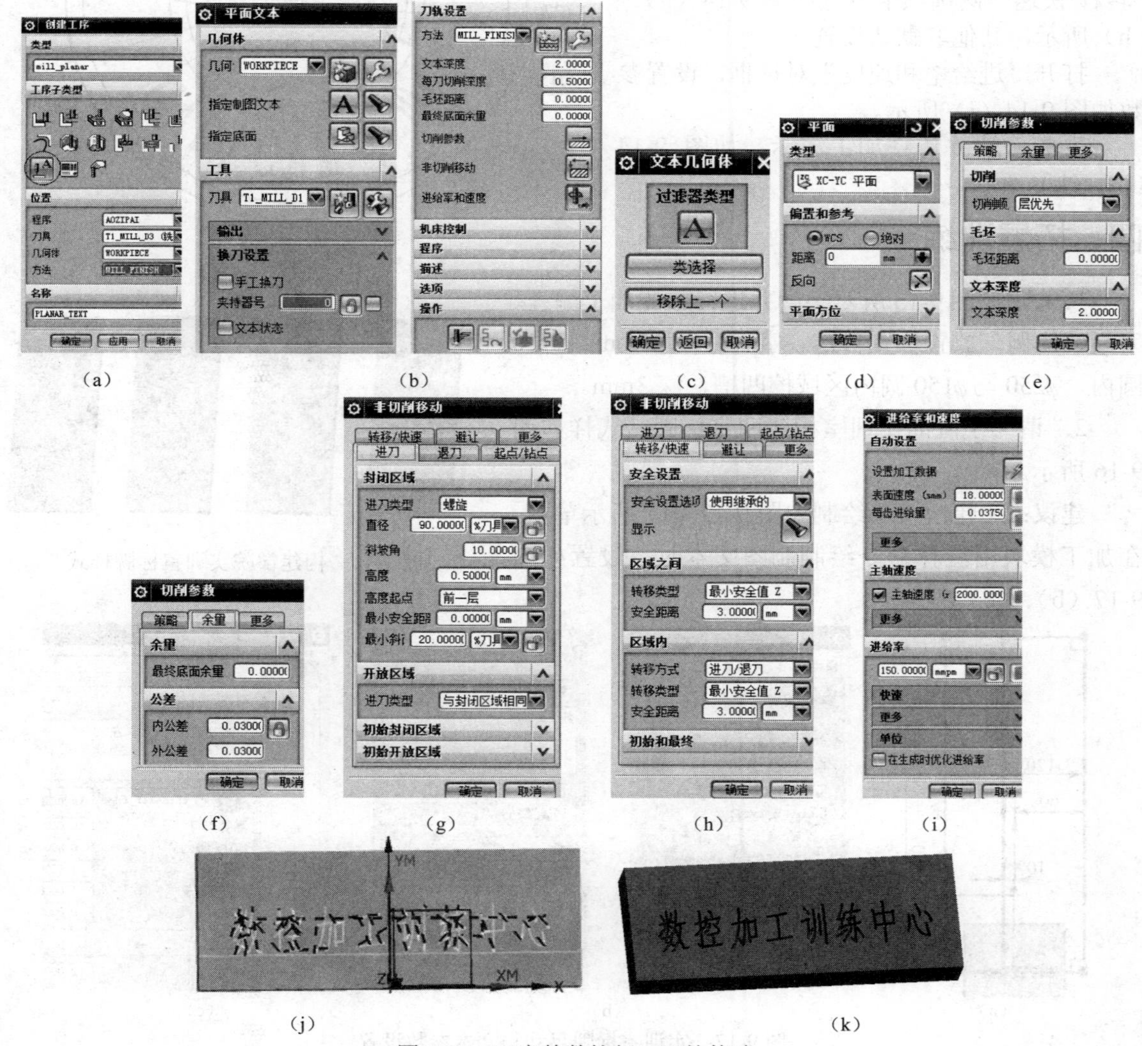

图 9-14　凹字牌数控加工刀轨构建

单击对话框中“确定”按钮，弹出“平面文本”对话框，并设置刀轨参数如图 9-14（b）所示。

单击“指定制图文本”右侧图标A，弹出如图 9-14（c）所示“文本几何体”对话框，在模型中选取文字“数控加工训练中心”后，单击对话框中“确定”按钮，返回“平面文本”对话框。

单击“指定底面”右侧图标（这里的指定底面，应为指定顶面，可能是软件界面错误），弹出“平面”对话框，选取“类型”：XC-YC 平面，在距离栏输入“0”，即文字开始加工的顶面为 ZC=0 的坐标平面。如图 9-14（d）所示，单击对话框中“确定”按钮，返回“平面文本”对话框。

打开“切削参数”对话框，“策略”选项卡中设置如图 9-14（e）所示，“余量”选项卡中设置“余量”全部为 0，如图 9-14（f）所示，其他取默认设置。

打开“非切削移动”对话框，“进刀”、“转移/快速”两选项卡设置如图 9-14（g）、（h）所示，其他取默认设置。

打开“进给率和速度”对话框，设置参数如图 9-14（i）所示。

生成刀轨并仿真加工演示，如图 9-14（j）、（k）所示。

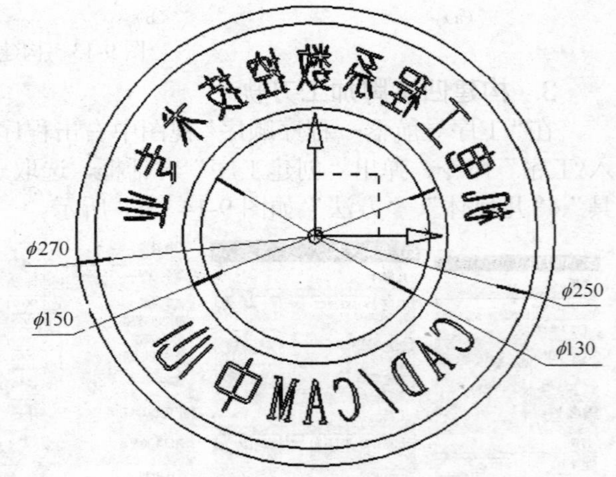

图 9-15　圆形字牌

四、拓展训练

1. 构建如图 9-15 所示字牌并进行数控加工编程。字高、比例、放置位置自定，字牌厚度 25mm，ϕ130 圆内、ϕ250 与ϕ150 圆内区域挖凹槽，深 3mm。

2．请为学院的实训室构建凹字标牌，式样如图 9-16 所示。

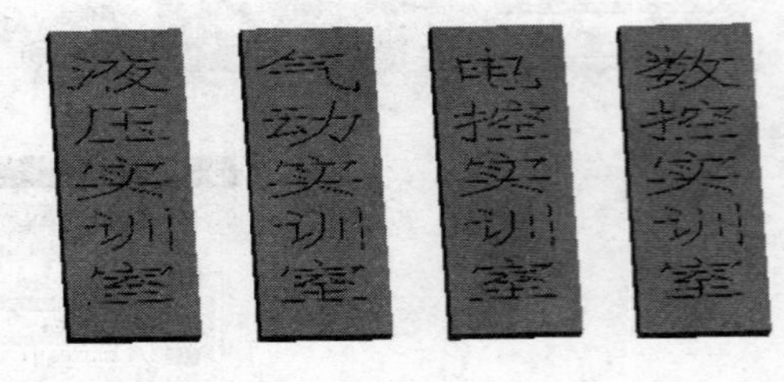
图 9-16　构建学院实训室标牌样式

建议：在建模模块绘制如图 9-17（a）所示草图，在加工模块用注释命令绘制制图文本时，设置如图 9-17（b）、（c）所示。

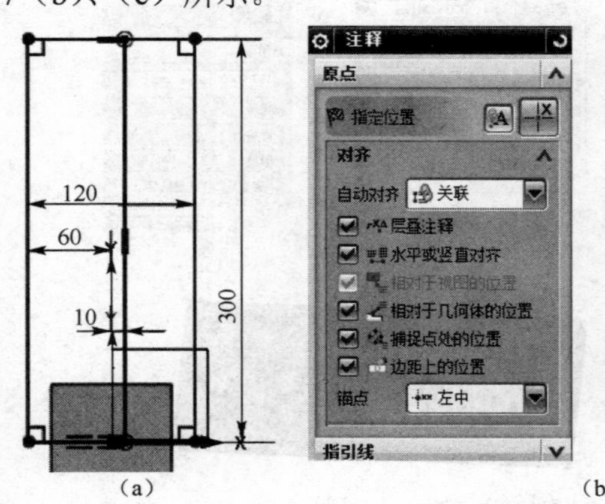

（a）

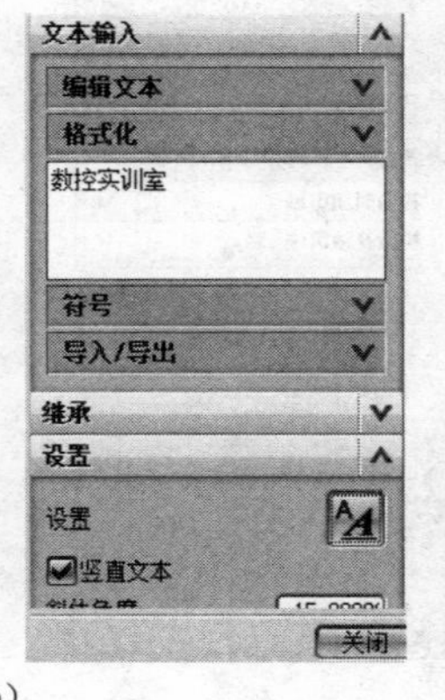

（b）

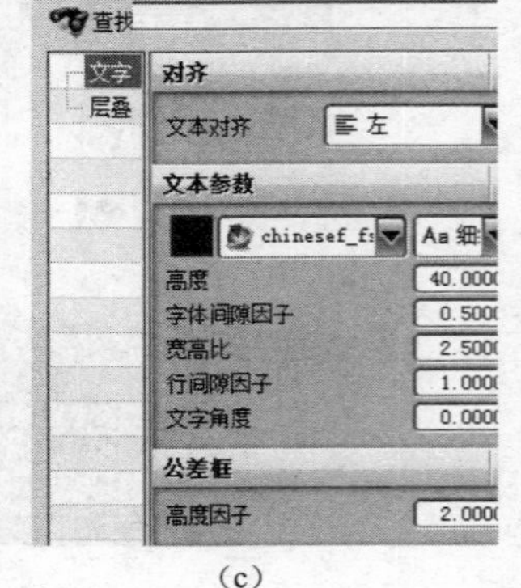

（c）

图 9-17　实训室标牌尺寸与文本参数设置

项目 10 支承体的铣削加工

一、项目分析

如图 10-1 所示的支座体零件是一个具有开放轮廓、孔和岛屿的零件，是运用平面数控铣削方法构建铣削工序加工刀轨和 NC 程序的综合训练实例。

本项目的教学重点是介绍构建加工边界和各种平面铣削加工方法的运用与技巧。

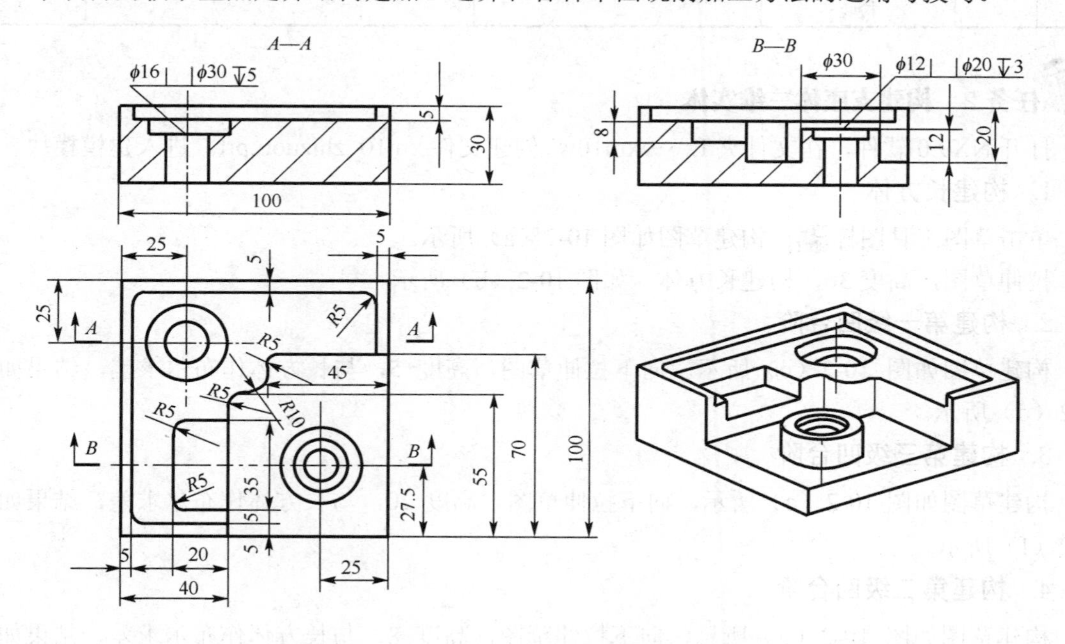

图 10-1 支座体

二、项目实施

任务 1 制定支座体的加工工艺卡

制定支座体加工工艺卡，如表 10-1 所示。

表 10-1 支座体加工工艺卡

工序	工步	加工内容	加工方式工步程序名称	机床	刀具	余量/mm
1	1.1	下料 175×175×65				
2	2.1	铣削 170×170×63	铣削	普通铣床		
	2.2	去毛刺	钳工			
3	3.1	装夹工件		立式数控加工中心		
	3.2	粗铣削上表面	FACE_MILLING		T1_MILL_D20	0.5
	3.3	精铣削上表面	FACE_MILLING_FINISH		T1_MILL_D20	0

续表

工序	工步	加工内容	加工方式工步程序名称	机床	刀具	余量/mm
3	3.4	粗铣各台阶面区域	PLANAR_MILL		T2_MILL_D8	0
	3.5	精铣各台阶面区域	PLANAR_MILL_FINISH		T2_MILL_D8	0
	3.6	钻定心孔ϕ16	SPOT_DRILLING		T3_SPOT_DRILLING_TOOL	
	3.7	钻定心孔ϕ12	SPOT_DRILLING		T3_SPOT_DRILLING_TOOL	
	3.8	钻孔ϕ16	DRILLING		T4_DRILLING_TOOL_D8	2
	3.9	钻孔ϕ12	DRILLING		T4_DRILLING_TOOL_D8	2
	3.10	粗铣削孔	HOLE_MILLING		T2_MILL_D8	0.5
	3.11	精铣削孔	PLANAR_PROFILE		T2_MILL_D8	0
4		检验				

任务 2　构建支座体三维实体

打开 NX9.0 软件，在文件夹 E:\…\xm10\，创建文件 xm10_zhizuoti.prt。进入建模模块。

1. 构建长方体

单击草图工具图标，构建草图如图 10-2（a）所示。

拉伸草图，高度 30，构建长方体。如图 10-2（b）所示。

2. 构建第一级凹台阶

构建草图如图 10-2（c）所示。向下拉伸草图，高度 5，与长方体作布尔求差，结果如图 10-2（d）所示。

3. 构建第三级凹台阶

构建草图如图 10-2（e）所示，向下拉伸草图，高度 20，与长方体作布尔求差，结果如图 10-2（f）所示。

4. 构建第二级凹台阶

构建草图如图 10-2（g）所示，向下拉伸草图，高度 8，与长方体作布尔求差，结果如图 10-2（h）所示。

5. 构建圆柱凸台$\phi 30 \times 12$

构建草图如图 10-2（i）所示，向上拉伸草图，高度 12，与长方体作布尔求和，结果如图 10-2（j）所示。

6. 构建通孔ϕ16 沉孔ϕ30 深 5

打孔工具打沉孔，孔中心位置如图 10-2（k）所示，打孔结果如图 10-2（l）所示。

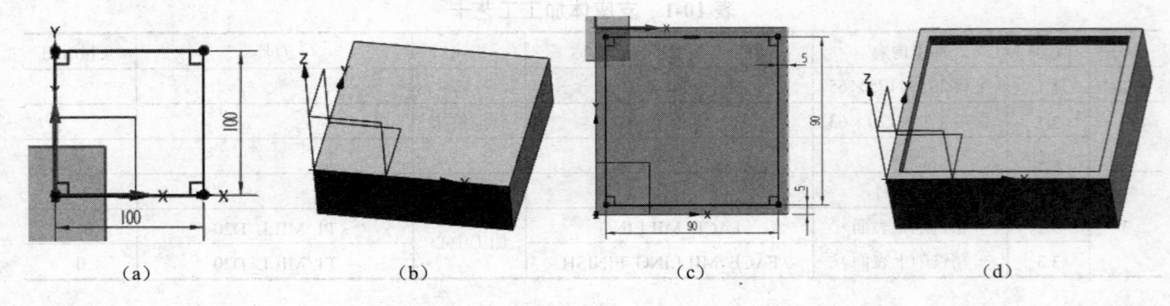

（a）　（b）　（c）　（d）

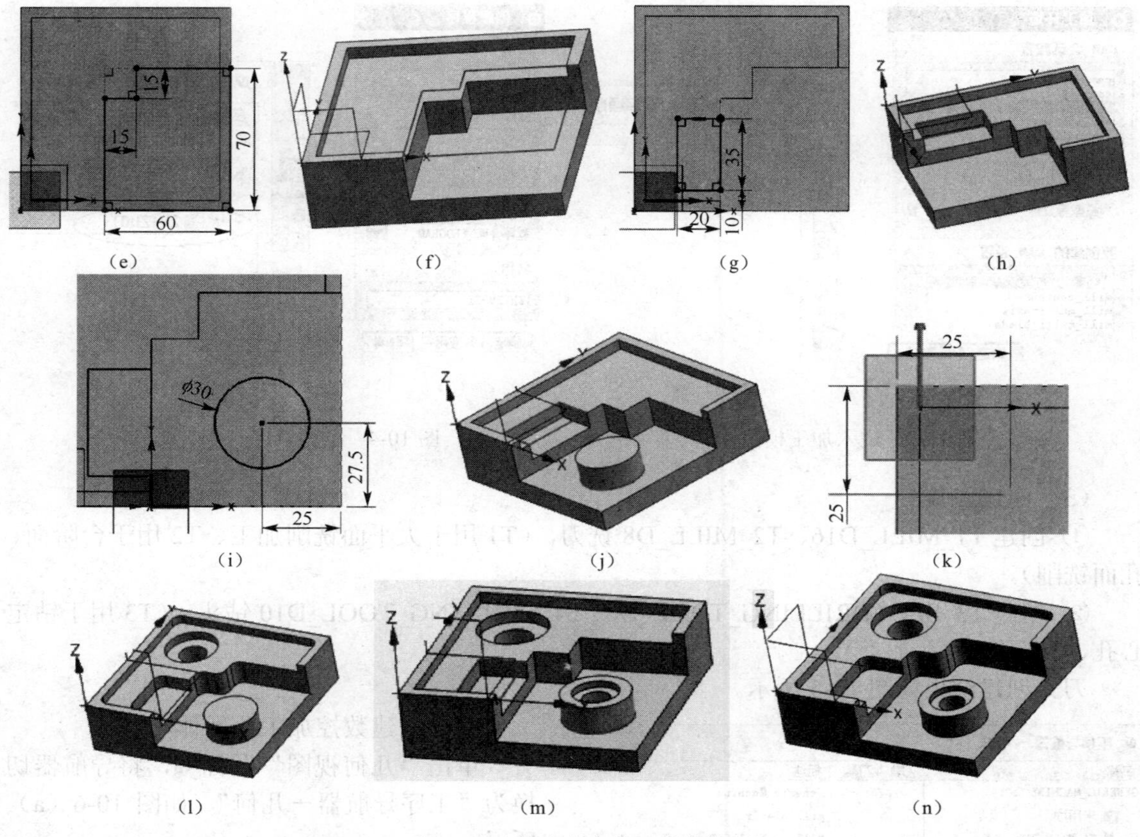

图 10-2　构建支座体三维实体

7. **构建通孔ϕ12、沉孔ϕ20，深 3**

打孔工具打沉孔，孔中心与圆柱凸台ϕ30×12 同心，打孔结果如图 10-2（m）所示。

8. **倒圆角 $R5$**

启动边倒圆工具，将欲倒圆棱边均倒 $R5$ 圆角。结果如图 10-2（n）所示。

至此，支座体三维实体造型完成。

任务 3　构建支座体数控铣削刀轨

1. **构建数控加工环境**

（1）进入加工模块

在“建模”模块，单击“启动”、“加工”加工(R) 命令工具图标，弹出“加工环境”对话框，在 CAM 设置中选取选取“cam_general”（CAM 通用环境）/“mill_planar”（平面铣削）模板，如图 10-3（a）所示。单击“确定”按钮，进入加工模块。

单击“资源管理条”中的“工序导航器”图标，显示“工序导航器-程序顺序”界面，如图 10-3（b）。

（2）创建程序类型、名称

单击“创建程序”图标，弹出“创建程序”对话框，进行程序类型、名称设置，如图 10-4（a）所示。在类型选项中，选取“mill_planar” 平面铣削类，在名称栏：输入名称：ZHIZUOTI；位置选项取默认设置不变，单击“确定”按钮、弹出对话框，不作设置，再单击“确定”按钮，返回“工序导航器-程序顺序”视图，已具有“ZHIZUOTI”程序名，如图 10-4（b）所示。

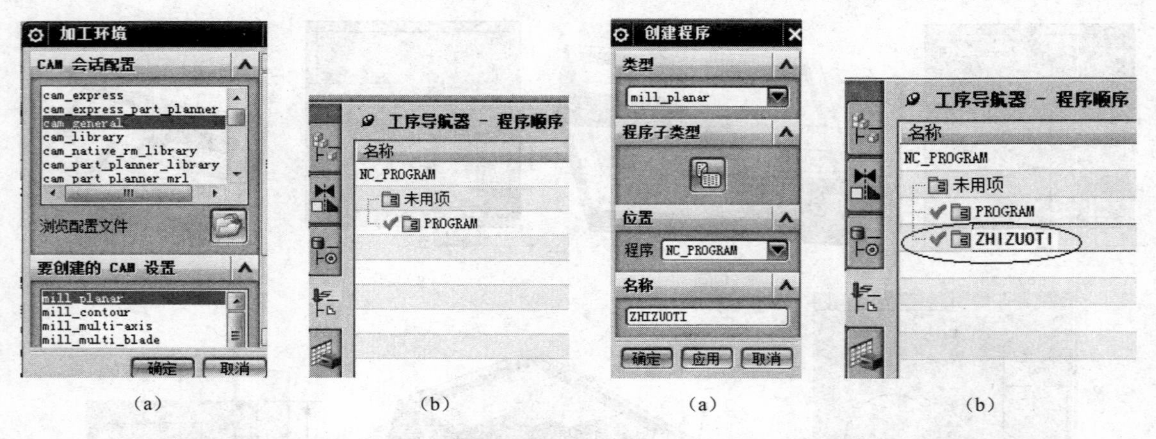

图 10-3　进入加工模块　　　　图 10-4　创建程序类型、名称

（3）创建刀具

① 创建 T1_MILL_D16、T2_MILL_D8 铣刀，（T1 用于大平面铣削加工、T2 用于台阶面、孔面铣削）。

② 创建 T3_SPOTDRILLING_TOOL_D6、T4_DRILLING_TOOL_D10 钻头，（T3 用于钻定心孔、T4 用于钻孔加工）。

刀具创建结果如图 10-5 所示。

工序导航器 - 机床

名称	刀轨	刀具	描述	刀具号
GENERIC_MACHINE			Generic Machine	
未用项			mill_planar	
T1_MILL_D16			Milling Tool-5 Parameters	1
T2_MILL_D8			Milling Tool-5 Parameters	2
T3_SPOTDRILLING_TOOL_D6			Drilling Tool	3
T4_DRILLING_TOOL_D10			Drilling Tool	4

图 10-5　创建切削刀具表

（4）创建数控加工几何体

单击“几何视图”图标，将导航器切换为“工序导航器一几何”，如图 10-6（a）所示。

① 设置工件编程坐标系。

单击“MCS_MILL”前“+”号，展开“MCS_MILL”文件夹，如图 10-6（b）所示；

双击“MCS_MILL”，弹出“MCS 铣削”对话框，如图 10-6（c）所示，模型中出现动态坐标系，在坐标原点输入框中输入：X:50；Y:50；Z:0。坐标系移到如图 10-6（d）所示位置，即“XMYMZM”机床坐标系（应理解为工件编程坐标系）与“XYZ”绝对坐标系不重合，但与“XCYCZC”工作坐标系重合，机床坐标系设置结果如图 10-6（e）所示。

② 抬刀安全平面设置。

安全设置选项中，单击下拉菜单，选取“平面”，选取平面类型“”即与 XC-YC 平面平行的平面，如图 10-6（f）所示，在模型中弹出的距离栏中输入一定的偏置值，如：50，即选取的安全平面位置是 ZC=50mm 的水平面，如图 10-6（g）所示。

单击“确定”按钮，返回“MCS 铣削”对话框。再单击“确定”按钮，关闭“MCS 铣削”对话框，返回“工序导航器-几何”界面。

③ 创建部件几何体。

双击“WORKPIECE”选项，弹出“工件”对话框，如图 10-6（h）所示。

单击“指定部件”右侧按钮，弹出“部件几何体”对话框，直接单击模型，即选取模型为部件几何体，对话框中显示已选取 1 项几何体，如图 10-6（i）所示。

单击“确定”按钮，返回“工件”对话框。此时，按钮后电筒高亮显示，如图 10-6（j）

所示。

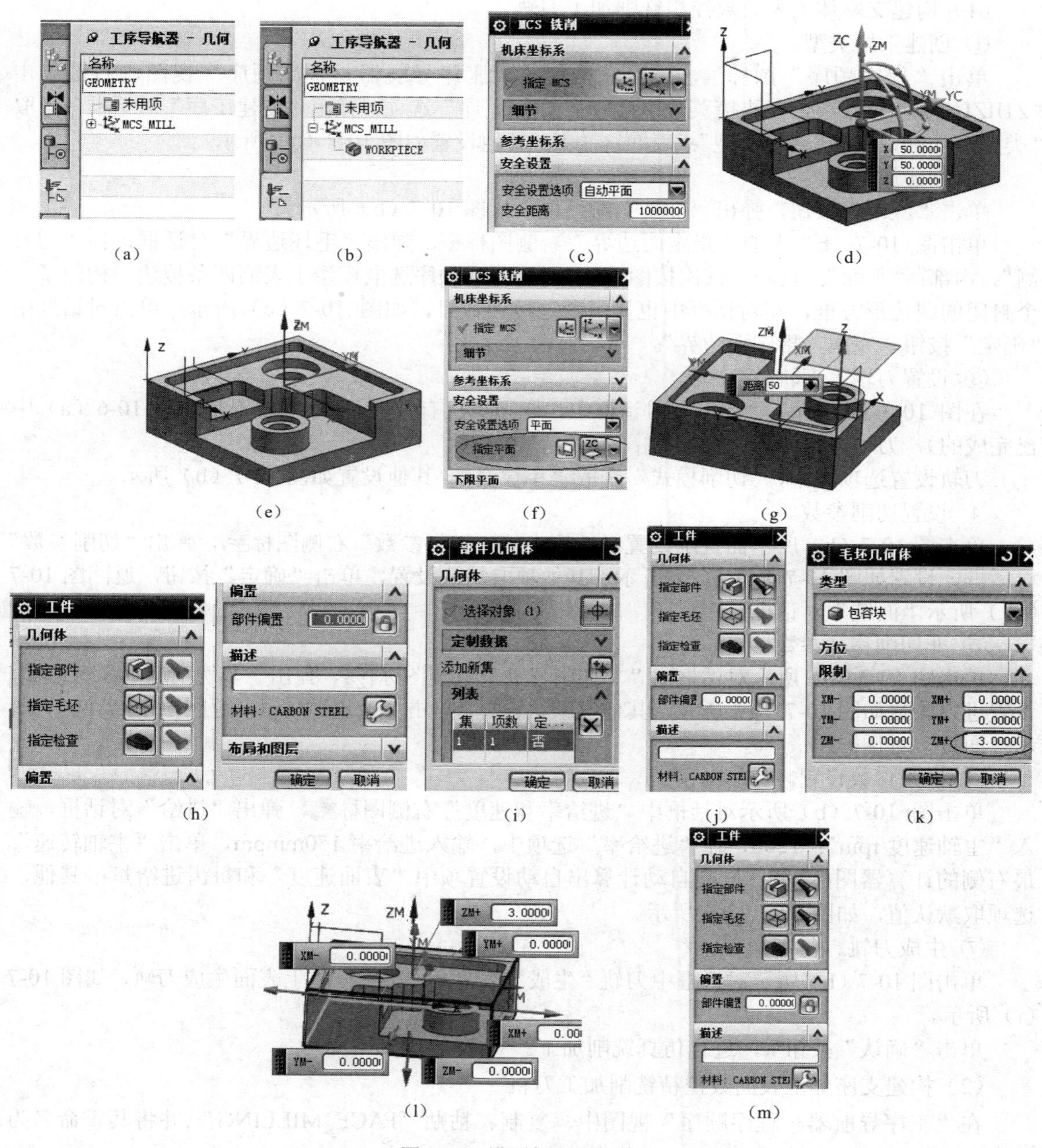

图 10-6　设置加工几何体

④ 创建毛坯几何体。

单击“指定毛坯”右侧按钮，弹出“毛坯几何体”对话框，选取类型为“包容块”，在限制栏 ZM+中输入：3.0，即在支座体上方增加 3mm，作为其上表面的加工余量，如图 10-6（k）、（l）所示。

单击“确定”按钮，返回“工件”对话框。此时，按钮后电筒高亮显示，如图 10-6（m）所示。

2. 构建支座体上表面数控铣削加工刀轨

（1）构建支座体上表面数控粗铣削加工刀轨

① 创建工序类型。

单击“程序顺序”图标，将导航器换成“工序导航器－程序顺序”视图，右键单击“ZHIZUOTI”程序名，在快捷菜单中选取“插入\工序”选项，弹出“创建工序”对话框，选取“类型”：mill_planar；“子类型”：表面铣，其他设置如图 10-7（a）所示。

② 创建加工边界。

单击“应用”按钮，弹出“面铣”对话框，如图 10-7（b）所示。

单击图 10-7（b）中的“指定面边界”右侧图标，弹出“毛坯边界”对话框，在“刀具侧”：内部；“平面”：自动；依次按图 10-7（d）所示顺序选取模型上表面四条棱边，构建了一个封闭的四边形方框，在对话框中也显示所选棱边数目，如图 10-7（c）所示；单击对话框中“确定”按钮，完成“指定面边界”。

③ 设置刀轴、刀轨。

在图 10-7（b）所示“面铣”对话框中，取刀具已有设置，（这些设置是在图 10-6（a）中已完成的），刀轴方向改为：+ZM 轴；

刀轨设置选项组中，“切削模式”选取“往复”，其他设置如图 10-7（b）所示。

④ 设置切削参数。

单击图 10-7（b）所示面铣削设置对话框中的“切削参数”右侧图标，弹出“切削参数”对话框，设置如图 10-7（e）、（f）所示，其他项取默认设置，单击“确定”按钮，返回图 10-7（b ）所示“面铣”对话框。

⑤ 非切削移动参数。

单击图 10-7（b）所示对话框中“非切削移动”右侧图标，弹出“非切削运动”对话框，设置进刀参数如图 10-7（g）所示，其他取默认设置，单击“确定”按钮，返回图 10-7（b ）所示“面铣”对话框。

⑥ 进给参数设置。

单击图 10-7（b）所示对话框中“进给率和速度”右侧图标，弹出“进给”对话框，输入“主轴速度 rpm”：1200，在“进给率”选项中，输入进给率 150mmpm，单击“主轴转速”最右侧的计算器图标，则会自动计算出自动设置项中“表面速度”和每齿进给量；其他，选项取默认值，如图 10-7（h）所示。

⑦ 生成刀轨、仿真加工。

单击图 10-7（b）所示对话框中刀轨“生成”按钮，在支座体上表面生成刀轨，如图 10-7（i）所示。

单击“确认”按钮，进行仿真铣削加工。

（2）构建支座体上表面数控精铣削加工刀轨

在“工序导航器－程序顺序”视图中，复制、粘贴“FACE_MILLING”,并将其重命名为“FACE_MILLING_FINISH”。

双击程序名“FACE_MILLING_FINISH”，打开“面铣”对话框，将“刀轨设置”选项组中修改成如图 10-7（j）所示，其他设置不变，重新“生成”刀轨，如图 10-7（k）所示。连续单击两次对话框中“确定”按钮，完成精铣削刀轨的构建。

在“工序导航器－程序顺序”视图中选取已构建的粗、精铣削上表面程序“FACE_MILLING”和“FACE_MILLING_FINISH”，单击工具条中“确认”按钮，进行仿真铣削加工，结果如图 10-7（l）所示。

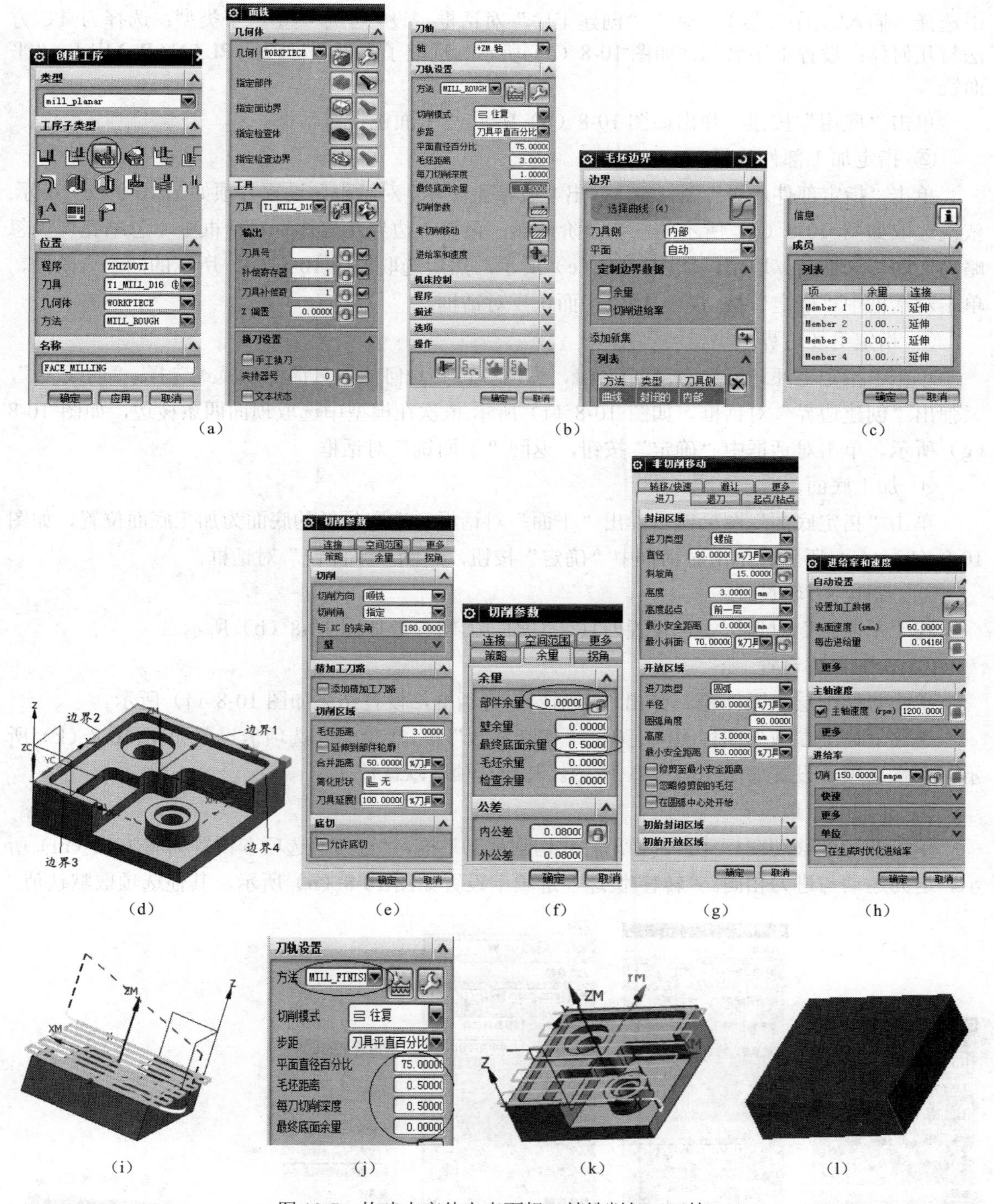

图 10-7　构建支座体上表面粗、精铣削加工刀轨

3. 构建支座体台阶面数控铣削加工刀轨

(1) 构建支座体台阶面数控粗铣削加工刀轨

① 创建工序类型、名称、选择刀具、方法与几何体。

在“工序导航器—程序顺序”视图中，右键单击程序名“ZHIZUOTI”,从弹出的快捷菜单中选择“插入\工序”菜单，弹出“创建工序”对话框，设置工序类型、子类型；选择刀具、方法与几何体；设置工序名称，如图 10-8（a）所示。选取子类型图标（PLANAR_MILL）“平面铣”。

单击“应用”按钮，弹出如图 10-8（b）所示,“平面铣”对话框。

② 指定加工部件边界。

单击“指定部件边界”图标，弹出“边界几何体”对话框，设置各项如图 10-8（c）所示，依次选取如图 10-8（d）所示的三个台阶顶面；再将“边界几何体”对话框中“忽略孔”、“忽略岛”前复选框前√取消，如图 10-8（e）所示，然后选取如图 10-8（d）所示的两个台阶面，单击对话框中“确定”按钮，返回“平面铣”对话框。

③ 指定毛坯边界。

单击“指定毛坯边界”右侧图标，弹出“边界几何体”对话框，模式选择：“曲线/边”，又弹出“创建边界”对话框，如图 10-8（f）所示,依次在模型中选取顶面四条棱边，如图 10-8（g）所示。单击对话框中“确定”按钮，返回“平面铣”对话框。

④ 加工底面。

单击“指定底面”图标，弹出“平面”对话框，选取最低的底面为加工底面位置，如图 10-8（h）、（i）所示。单击对话框中“确定”按钮，返回“平面铣”对话框。

⑤ 刀具与刀轨设置。

在“平面铣”对话框中，设置刀具、刀轴、刀轨参数如图 10-8（b）所示。

⑥ 切削参数设置。

单击“切削层”图标，弹出“切削层”对话框，设置结果如图 10-8（j）所示。

单击“切削参数”图标，弹出“切削参数”框，“策略”选项卡设置如图 10-8（k）所示。余量选项卡设置如图 10-8（l）所示。其他选项取默认值。

⑦ 非切削参数设置。

单击非切削移动图标，弹出“非切削移动”框，“进刀”选项卡设置如图 10-8（m）所示。退刀运动与进刀相同。“转移/快速”选项卡设置如图 10-8（n）所示，其他选项取默认值。

(a)

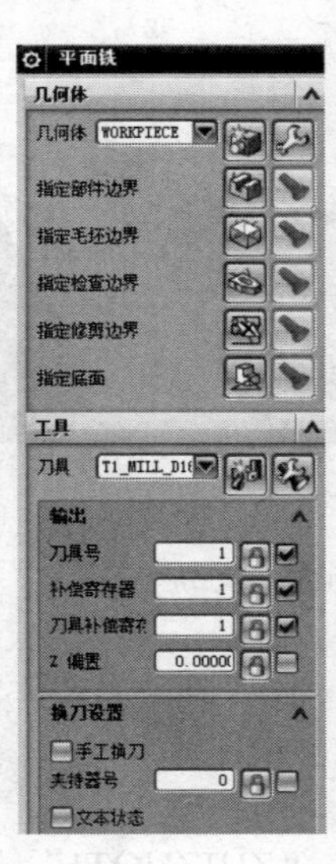

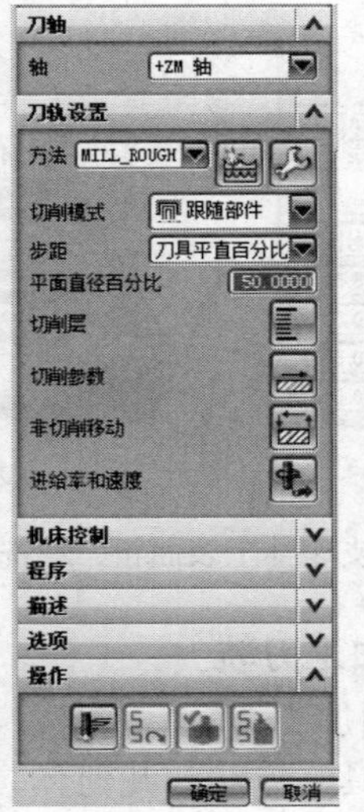

(b)

(c)

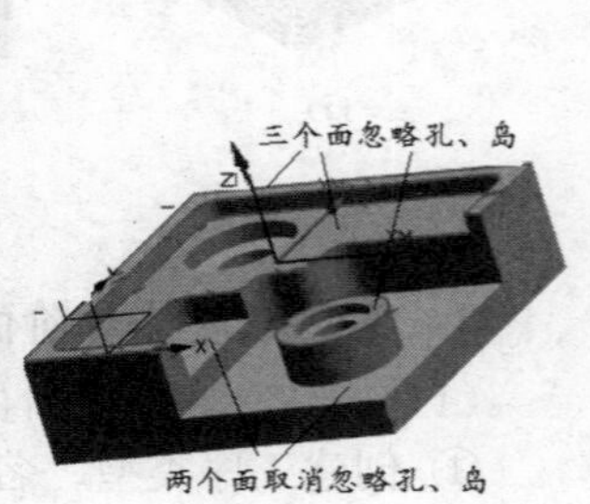

(d)

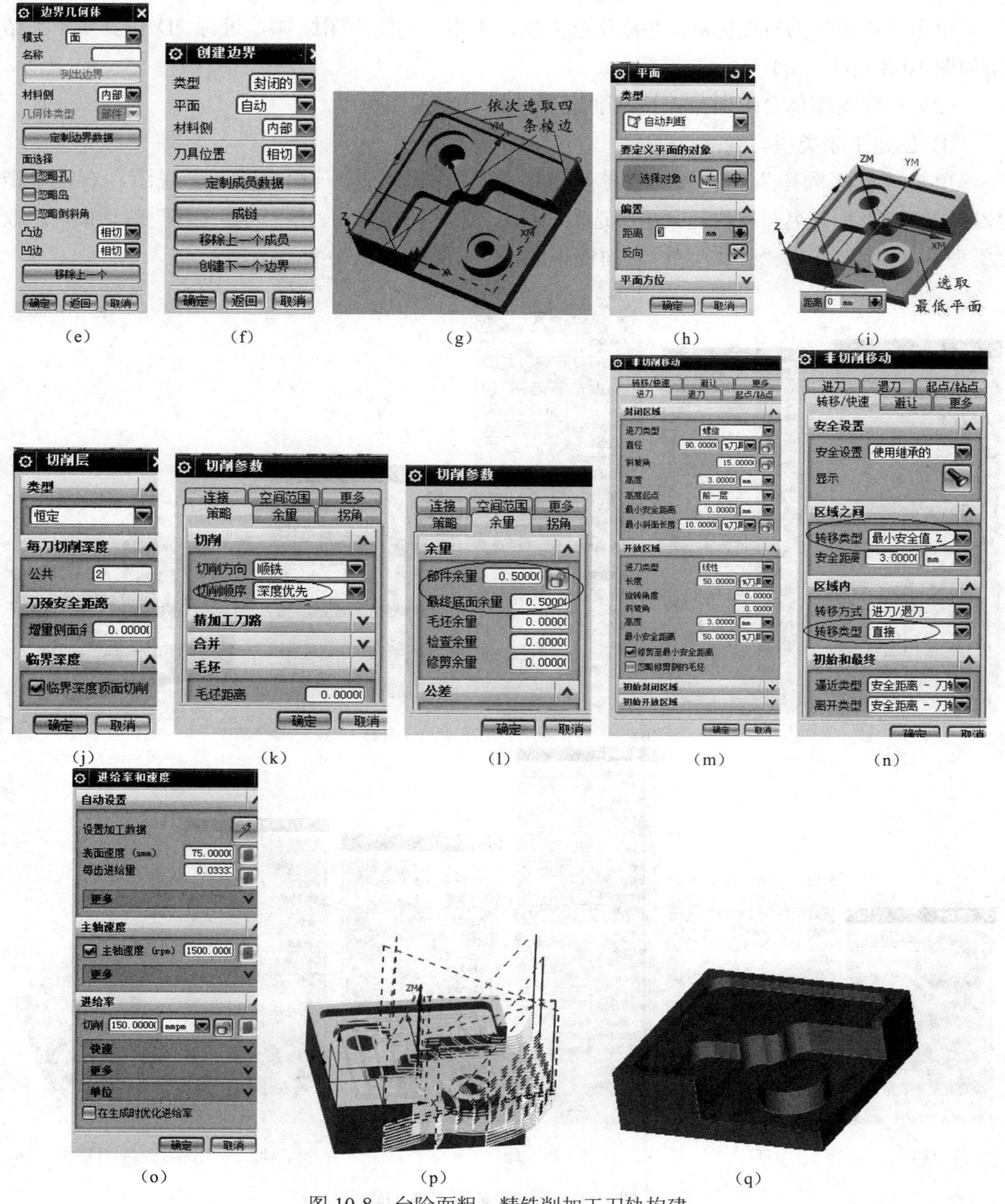

图 10-8　台阶面粗、精铣削加工刀轨构建

⑧ 进给率和速度设置。

单击“进给率和速度”图标，弹出“进给率和速度”对话框，设置主轴速度 1500rpm，单击主轴转速数字栏右侧计算器图标，则自动计算出表面速度、每齿进给率。设置进给率 150mmpmin。如图 10-8（o）所示。

⑨ 生成刀轨并仿真加工演示。

单击“生成”刀轨图标，生成铣削刀轨，单击“确认”图标，进行2D仿真演示，结果如图10-8（p）、（q）所示。

（2）构建支座体台阶面数控精铣削加工刀轨

① 创建工序类型。

单击“程序顺序”图标，将导航器换成“工序导航器－程序顺序”视图，右键单击“ZHIZUOTI”程序名，在快捷菜单中选取“插入\工序”选项，弹出“创建工序”对话框，选取“类型”：mill_planar；“子类型”：表面铣，其他设置如图10-9（a）所示。

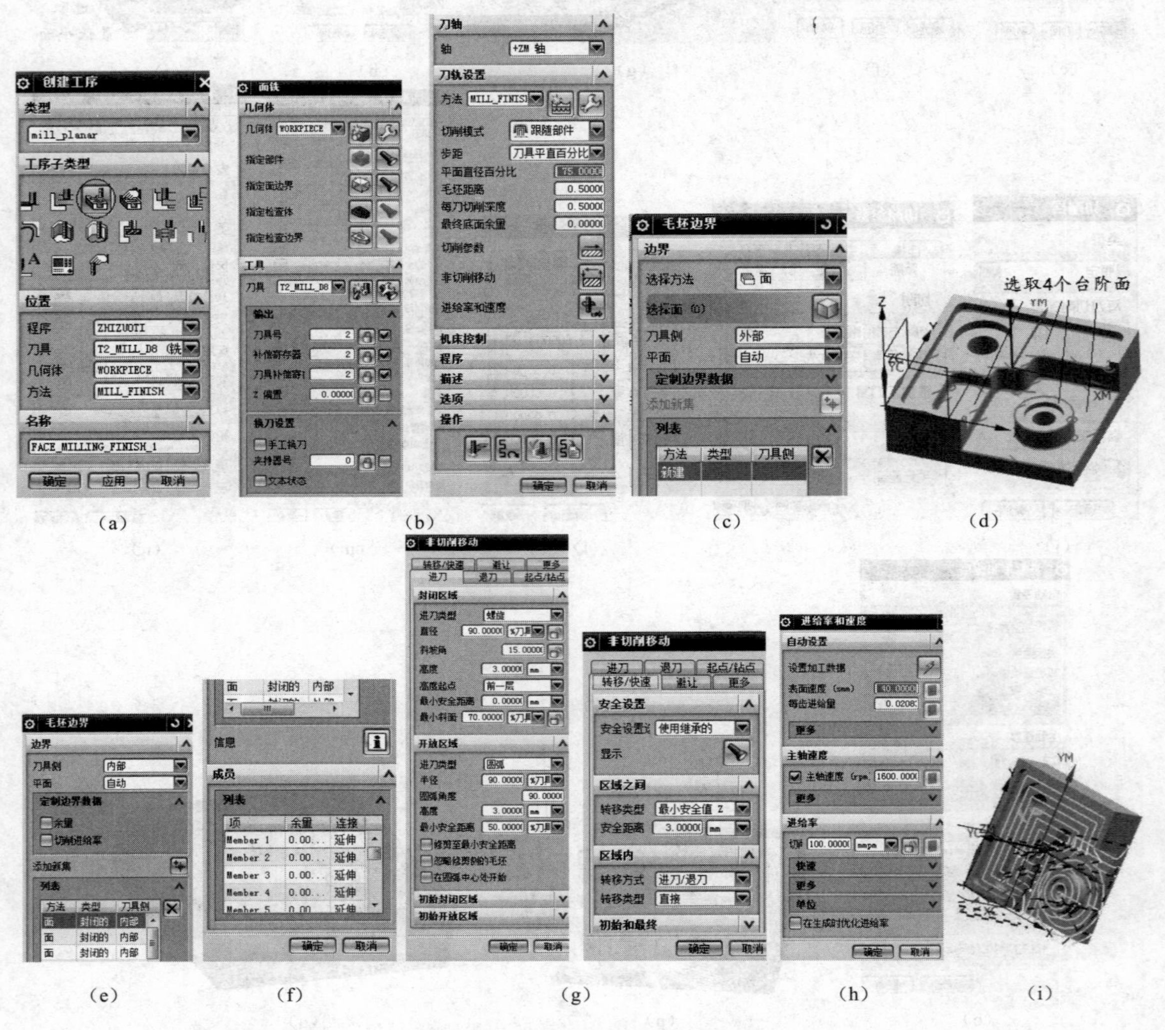

图10-9 构建台阶面精铣刀轨

② 创建加工边界。

单击“应用”按钮，弹出“面铣”对话框，如图10-9（b）所示。

单击图10-9（b）中的“指定面边界”右侧图标，弹出“毛坯边界”对话框，“选择方法”：面；“刀具侧”：外部；“平面”：自动，如图10-9（c）所示；依次按图10-9（d）所示顺序选取模型上4个台阶面，对话框显示如图10-9（e）所示；单击对话框中“确定”按钮，完成“指定面边界”操作。

③ 设置刀轴、刀轨。

在图 10-9（b）所示“面铣”对话框中，刀轴方向改为：+ZM 轴；

刀轨设置选项组中，“切削模式”选取“跟随部件”，其他设置如图 10-9（b）所示。

④ 设置切削参数。

切削参数取默认设置不变。

⑤ 非切削移动参数。

单击图 10-9（b）所示对话框中“非切削移动”右侧图标，弹出“非切削移动”对话框，设置进刀参数和“转移/快速”选项卡中设置如图 10-9（f）、（g）所示，其他取默认设置，单击“确定”按钮，返回图 10-9（b）所示“面铣”对话框。

⑥ 进给参数设置。

单击图 10-9（b）所示对话框中“进给率和速度”右侧图标，弹出“进给”对话框，输入“主轴速度 rpm”：1600，在“进给率”选项中，输入进给率 100mmpmin，单击“主轴转速”最右侧的计算器图标，则会自动计算出自动设置项中“表面速度”和每齿进给量；其他，选项取默认值，如图 10-9（h）所示。

⑦ 生成刀轨、仿真加工。

单击图 10-9（b）所示对话框中刀轨“生成”按钮，在支座体上表面生成刀轨，如图 10-9（i）所示。

单击“确认”按钮，进行仿真铣削加工。

4. 构建支座体孔面数控铣削加工刀轨

（1）数控钻定心孔加工刀轨

① 钻ϕ16 孔的定心孔。

a. 创建工序类型、选择刀具、方法与几何体。

在“工序导航器—程序顺序”视图中，右键单击程序名“ZHIZUOTI”,从弹出的快捷菜单中选择“插入\工序”菜单，弹出“创建工序”对话框，设置工序类型、子类型；选择刀具、方法与几何体；设置工序名称，如图 10-10（a）所示。

b. 点钻几何体、刀具设置。

单击“创建工序”对话框中“应用”按钮，弹出点钻“定心钻”对话框，如图 10-10（b）所示。

在“几何体”选项中，单击“指定孔”右侧按钮，弹出“点到点几何体”对话框，如图 10-10（c）所示,单击“选择”按钮，弹出“名称”对话框，如图 10-10（d）所示。在图形区选取模型左上角孔棱边，如图 10-10（e）所示。连续单击对话框中“确定”按钮，返回“定心钻”对话框。

在“几何体”组框中，单击“指定顶面”右侧按钮，弹出“顶部曲面”对话框，在顶面选项中选取：面，选取孔棱边所在平面，如图 10-10（f）、（g）所示。单击“确定”按钮，返回“定心孔”对话框。

c. 循环类型设置。

循环类型选取“标准钻”，单击标准钻右侧编辑图标，弹出“Cycle 参数”对话框，如图 10-10（h）所示。单击“Depth (Tip)-0.0” 按钮,弹出“Cycle 深度”对话框，单击“钻尖深度”按钮，弹出“深度”输入框，输入深度值：1～2mm，如图 10-10（i）、(j）所示。单击“确定”按钮，返回“Cycle 参数”对话框，且显示如图 10-10（k）所示。单击“确定”按钮，返回“定心孔”对话框。

刀具设置、刀轴设置都取默认设置不变。

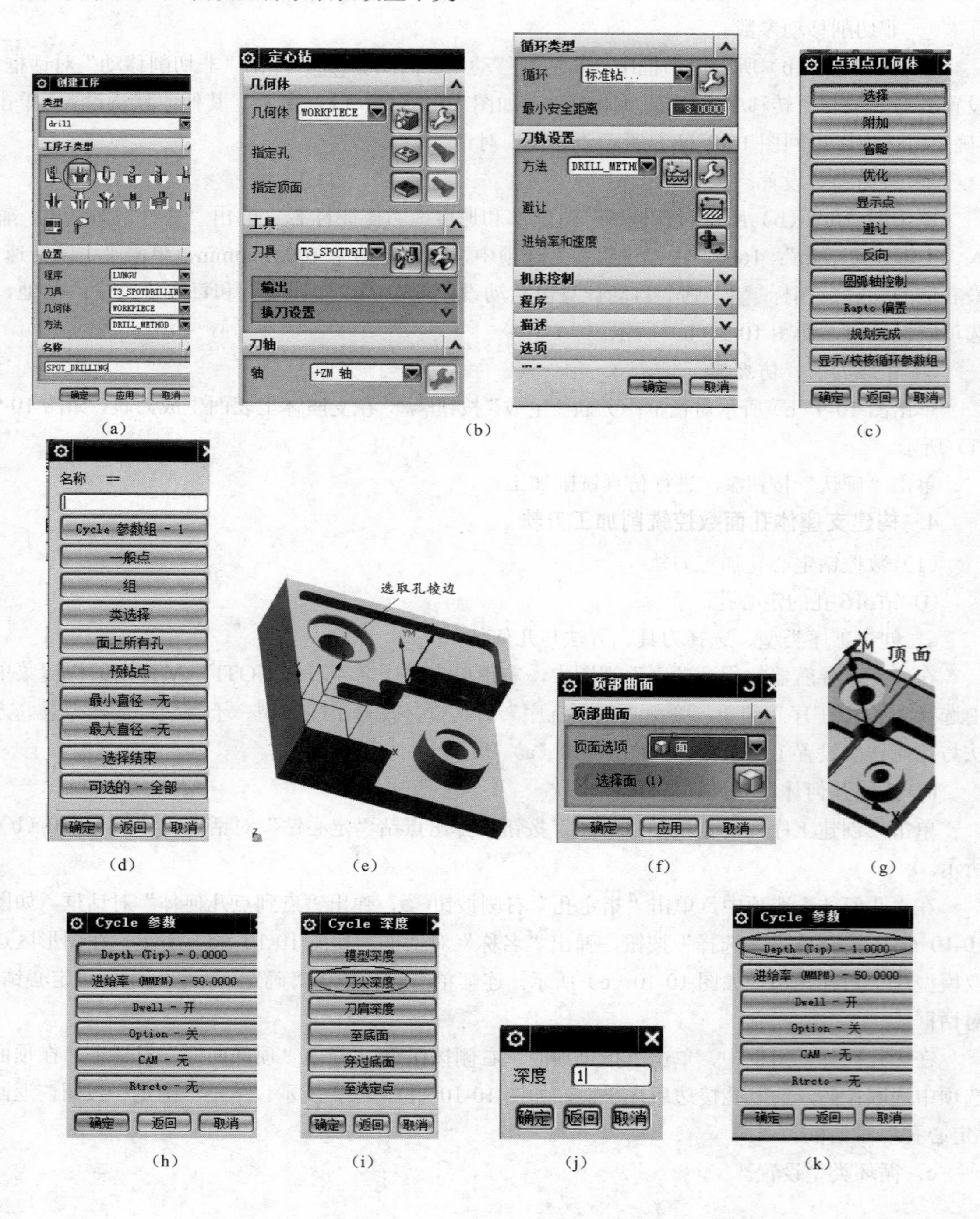

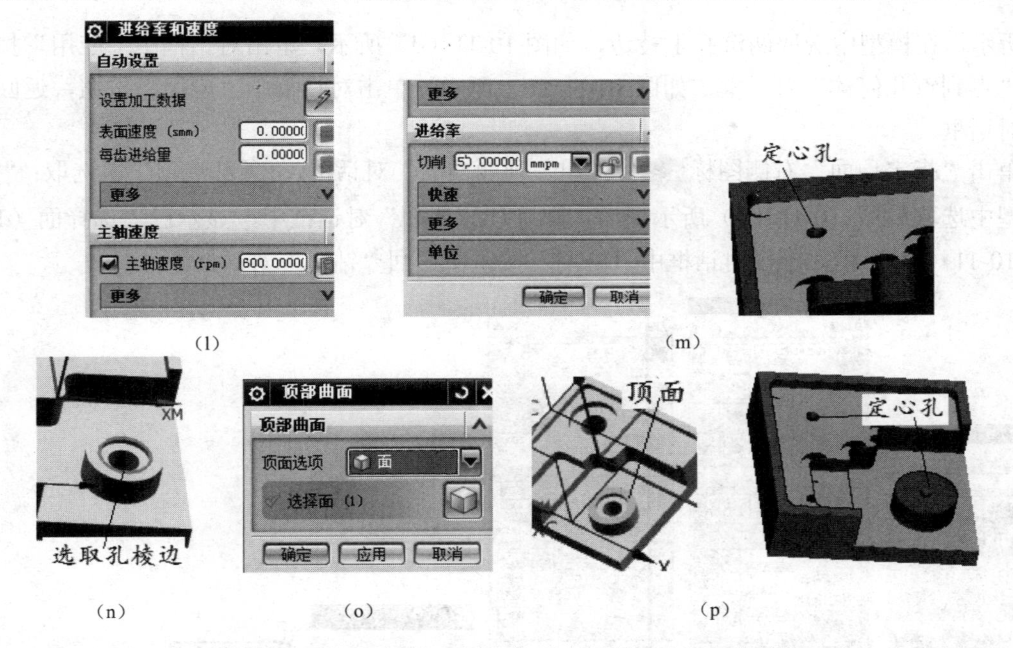

（l）　（m）　（n）　（o）　（p）

图 10-10　创建点钻工序类型、选择刀具、方法与孔边界

d．进给率和速度。

单击“定心钻”对话框中的“进给率和速度”图标，弹出“进给率和速度”对话框，设置主轴速度 600rpm，设置进给率 50mmpmin。如图 10-10（l）所示，单击“确定”按钮，返回“定心钻”对话框。

生成刀轨并仿真钻定心孔演示。

单击“生成”刀轨按钮，生成刀轨。仿真演示结果如图 10-9（m）所示。

② 钻ϕ12 孔的定心孔。

“工序导航器－程序顺序”视图中复制、粘贴“SPOT_DRILLING”，并重命名为“SPOT_DRILLING_1”。

双击“SPOT_DRILLING_1”，打开“定心钻”对话框，重新“指定孔”和“指定顶面”，在模型中选取右下角圆凸台顶面的孔棱边和凸台顶面，如图 10-10（n）、（o）所示。

其他设置不变，单击“生成”刀轨按钮，生成刀轨。仿真演示结果如图 10-10（p）所示。

（2）构建支座体孔面数控钻削加工刀轨

① 创建工序类型、选择刀具、方法与几何体。

在“工序导航器—程序顺序”视图中，右键单击程序名“ZHIZUOTI”,从弹出的快捷菜单中选择“插入\工序”菜单，弹出“创建工序”对话框，设置工序类型、子类型；选择刀具、方法与几何体；设置工序名称，如图 10-11（a）所示。

② 钻孔几何体、刀具设置。

单击“创建工序”对话框中“应用”按钮，弹出“钻孔”对话框，如图 10-11（b）所示。

在“几何体”组框中，单击“指定孔”右侧图标，弹出“名称”对话框，如图 10-11

（c）所示，在模型中选取两沉孔上棱边，如图 10-11（d）所示，单击对话框中“应用”按钮，弹出“点到点几何体”对话框，如图 10-11（e）所示，单击对话框中“应用”按钮，返回“钻孔”对话框。

单击“指定顶面”右侧图标，弹出“顶面曲面”对话框，“顶部选项”栏选取：“面”，在模型中选取如图 10-11（g）所示顶面，则“顶面曲面”对话框中，显示已“选择面（1）”，如图 10-11（f）所示，单击对话框中“应用”按钮，返回“钻孔”对话框。

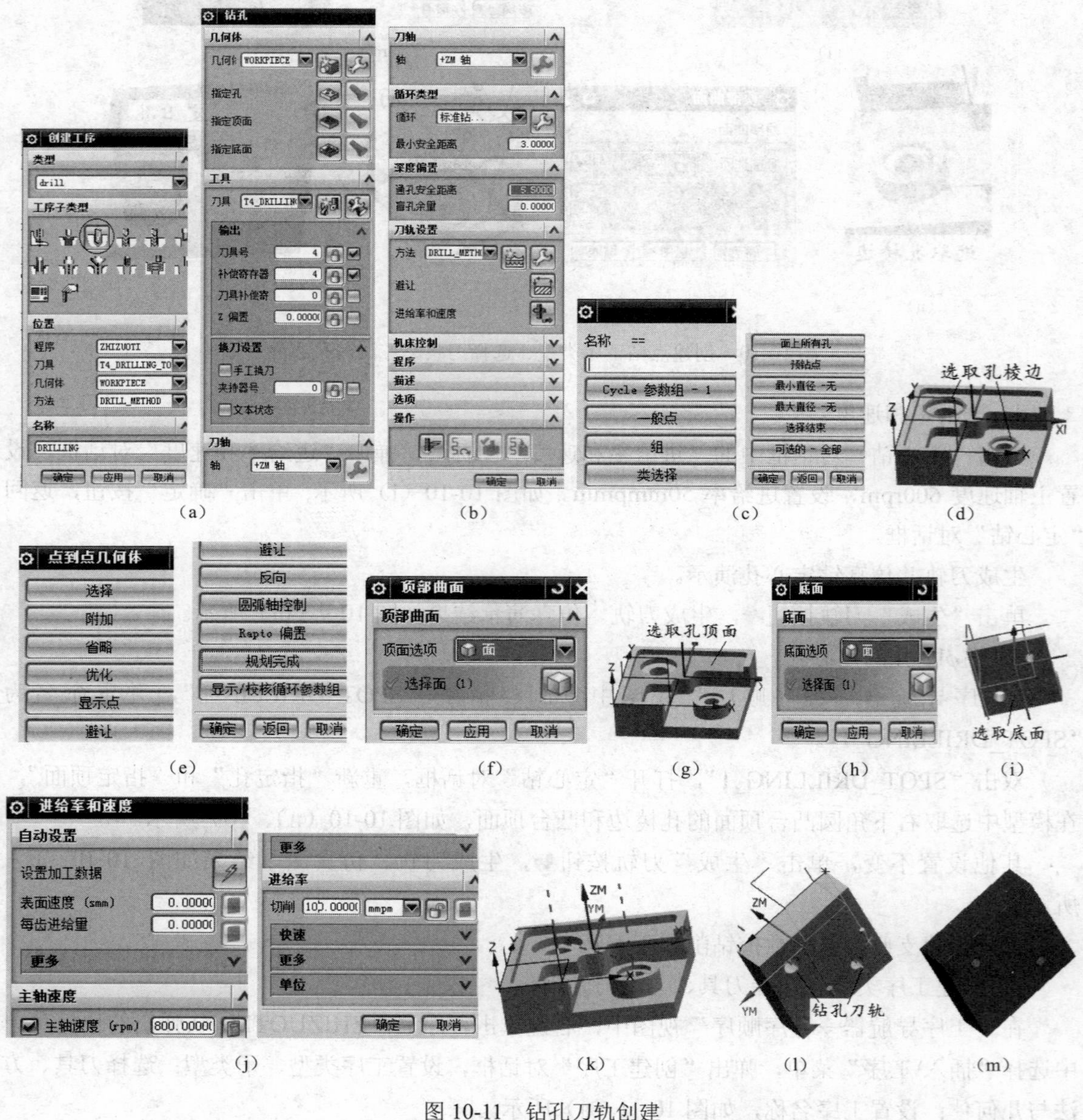

图 10-11 钻孔刀轨创建

单击“指定底面”右侧图标，弹出“底面”对话框，底面选项中：选取“面”，如图 10-11（h）所示；直接在模型中选取支座体底面，如图 10-11（i）所示。单击“确定”按钮，返回“钻孔”对话框。

刀具设置、刀轴设置都取默认设置不变，如图10-11（b）所示。

③ 循环类型、钻通孔深度设置。

循环类型，在此选取标准钻，即一直钻到设置深度为止，（但对于深度较大的深孔钻削，则应选取标准断屑钻；应根据孔的结构特点，选取对应的循环类型）。在“深度偏置”选项中，因为要钻通孔，故设置通孔安全距离一般大于钻头半径值，在此钻头直径10mm，取通孔安全距离5.5mm，如图10-11（b）所示。

④ 进给率和速度设置。

单击“进给率和速度”右侧图标，弹出“进给率和速度”对话框，输入主轴速度：800rpm，进给率切削：100mmpm，如图10-11（j）所示。

安全检查与点钻相同，从略。

⑤ 生成刀轨并仿真加工演示。

单击“生成”刀轨图标，生成钻削刀轨，单击“确认”图标，进行2D仿真钻孔演示，结果如图10-11（k）、（l）、（m）所示。

（3）构建支座体孔面数控铣削加工刀轨

① 构建粗铣削孔面加工刀轨。

a．创建工序类型、名称、选择刀具、方法与几何体。

在“工序导航器—程序顺序”视图中，右键单击程序名“ZHIZUOTI”，从弹出的快捷菜单中选择“插入\工序”菜单，弹出“创建工序”对话框，设置工序类型、子类型；选择刀具、方法与几何体；设置工序名称，如图10-12（a）所示。选取子类型图标（HOLE_MILLING），含义是“铣削孔”。

单击“应用”按钮，弹出如图10-12（b）所示“铣削孔”对话框。

b．指定孔或凸台。

单击“指定孔或凸台”右侧图标，弹出“孔或凸台几何体”对话框，单击“选择对象”右侧图标，在模型中依次选取两个沉头孔的四个内圆柱面，则在对话框中自动显示出孔的直径、深度值，如图10-12（c）所示。单击“确认”按钮，返回“铣削孔”对话框。

c．刀轨设置。

刀轨设置如图10-12（b）所示。

d．切削参数设置。

单击“切削参数”右侧图标，弹出“切削参数”对话框，设置如图10-12（d）、（e）所示，单击“确定”按钮，返回“铣削孔”对话框。

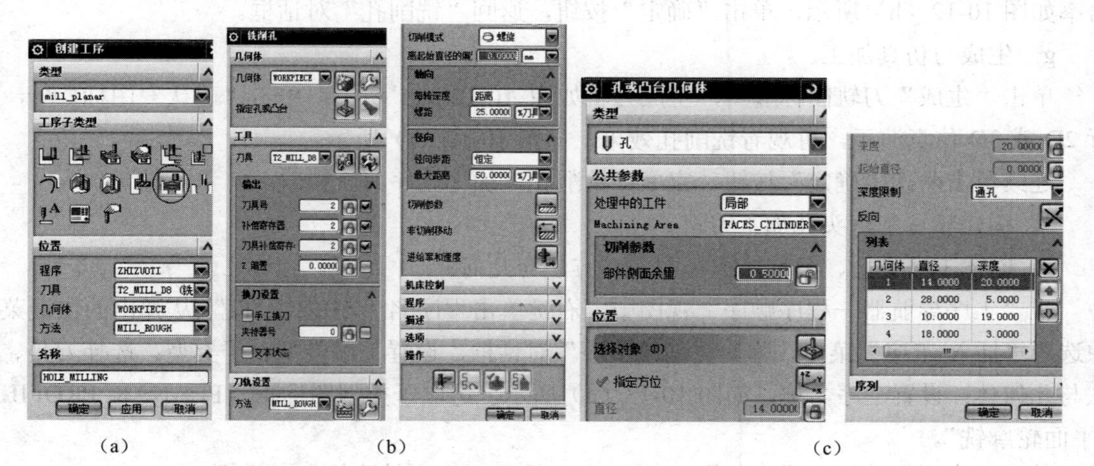

（a）　（b）　（c）

图10-12

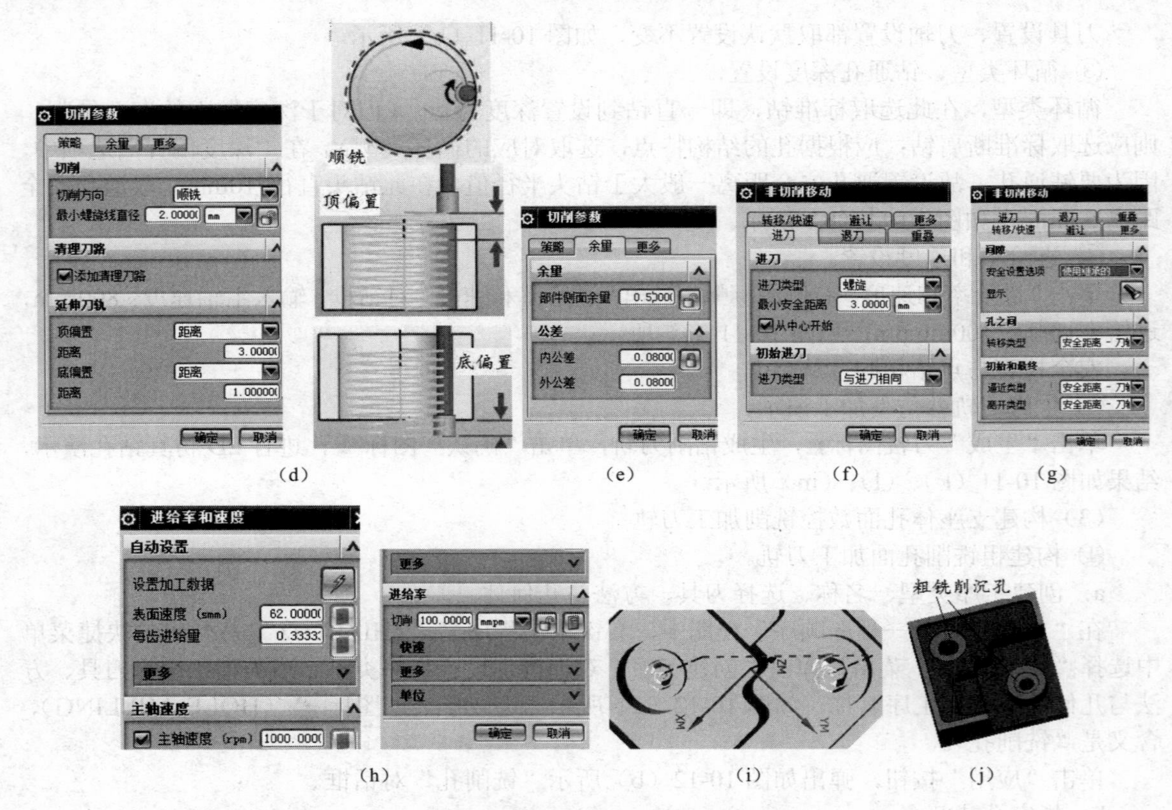

图 10-12 构建粗铣削两个沉头孔刀轨

e．非切削参数设置。

单击“非切削移动”右侧图标，弹出“非切削移动”对话框，“进刀”选项卡设置如图10-12(f) 所示，“转移/快速”选项卡设置如图 10-12（g）所示，其他选项取默认设置，单击“确定”按钮，返回“铣削孔”对话框。

f．进给率和速度设置。

单击“进给率和速度”右侧图标，弹出“进给率和速度”对话框，设置主轴转速和进给率如图 10-12（h）所示，单击“确定”按钮，返回“铣削孔”对话框。

g．生成与仿真加工。

单击“生成”刀轨图标，生成刀轨如图 10-12（i）所示；单击“确认”图标，进行 2D 或 3D 仿真演示，可观看铣削孔效果，如图 10-12（j）所示。

连续单击两次“确定”按钮，完成“铣削孔”加工工序刀轨构建。

② 构建精铣削沉头孔加工刀轨。

a．创建工序类型、名称、选择刀具、方法与几何体。

在“工序导航器—程序顺序”视图中，右键单击程序名“ZHIZUOTI”,从弹出的快捷菜单中选择“插入\工序”菜单，弹出“创建工序”对话框，设置工序类型、子类型；选择刀具、方法与几何体；设置工序名称，如图 10-13（a）所示。选取子类型图标（PLANAR_PROFILE）“平面轮廓铣”。

单击“应用”按钮，弹出如图 10-13（b）所示,“平面轮廓铣”对话框。

b．指定切削区域。

单击“指定部件边界”图标，弹出“创建边界”对话框，以曲线/边的方式选择：依次选取两沉头孔的 4 个棱边，如图 10-13（c）、（d）所示。单击对话框中“确定”按钮，返回“平面轮廓铣”对话框。

c．刀具与刀轨设置。

在“平面轮廓铣”对话框中，设置刀具、刀轴、刀轨参数如图 10-13（b）所示。

d．切削参数设置。

切削参数对话框中“策略”选项卡设置如图 10-13（f）所示，其他取默认值不变。

e．非切削参数设置。

单击非切削移动图标，弹出“非切削运动”框，“进刀”选项卡设置如图 10-13（g）所示。退刀运动与进刀相同。“转移/快速”选项卡设置如图 10-13（h）所示，其他选项取默认值。

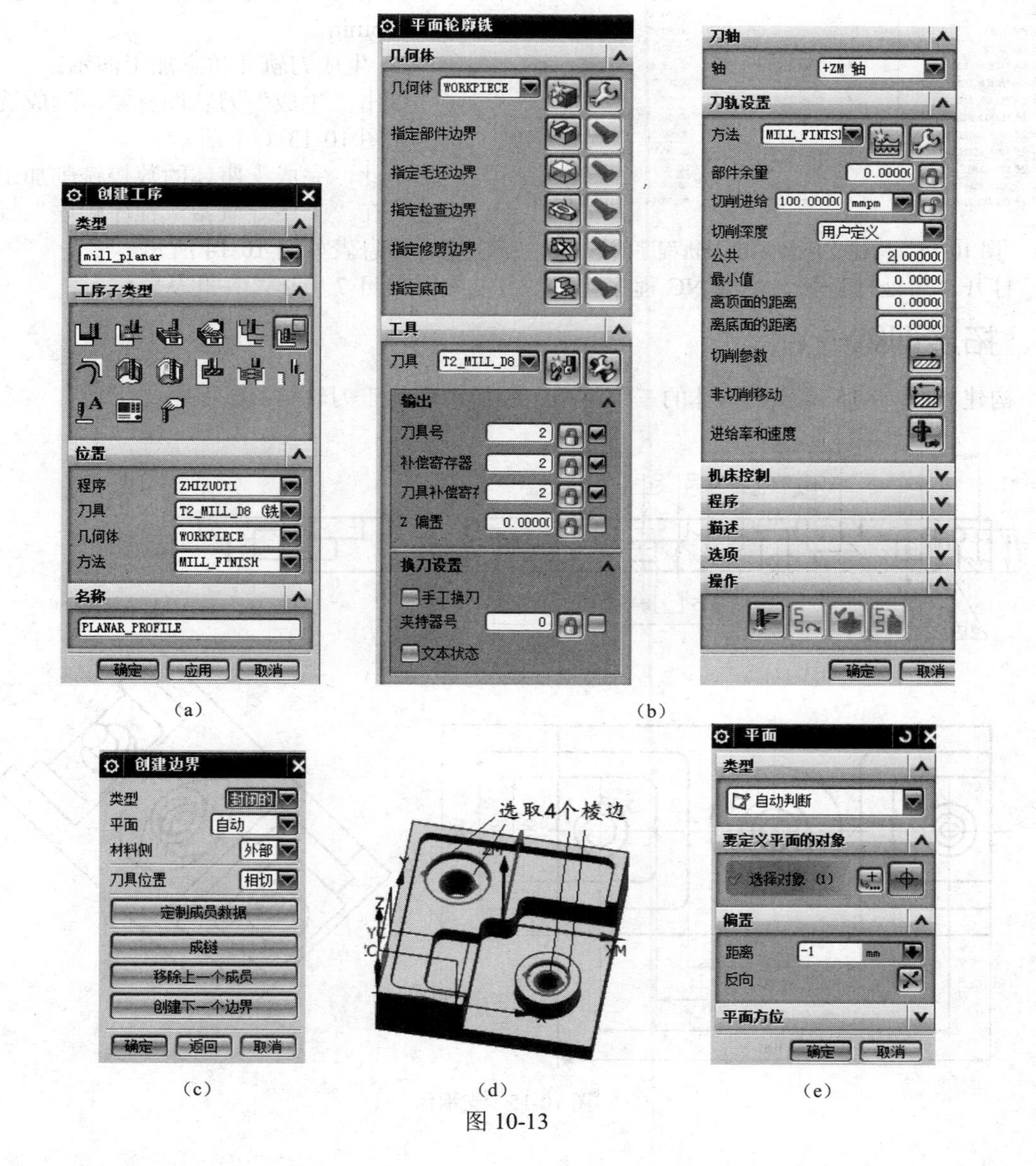

（a）　（b）

（c）　（d）　（e）

图 10-13

(f)

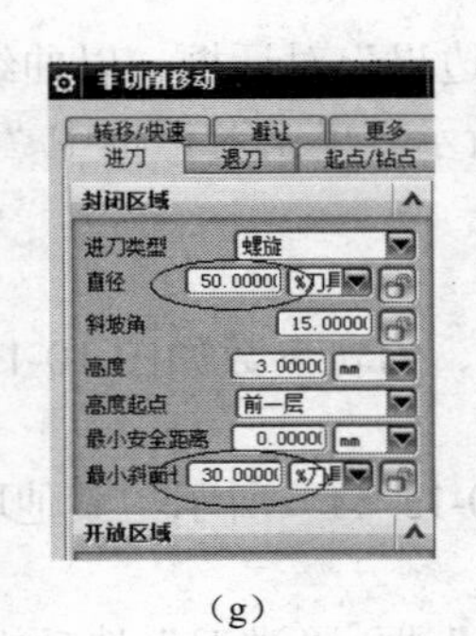

(g)

(h)

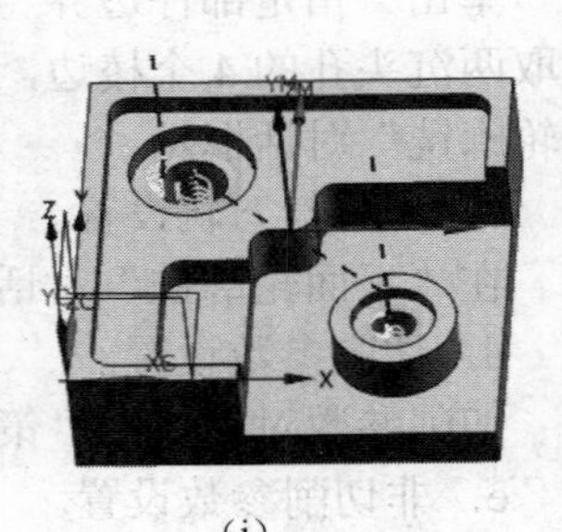

(i)

图 10-13 构建沉头孔精铣削加工刀轨

工序导航器 - 程序顺序

名称	换刀	刀轨	刀具	刀具号	时间	几何体	方法
NC_PROGRAM					02:42:11		
未用项					00:00:00		
PROGRAM					00:00:00		
ZHIZUOTI					02:42:11		
FACE_MILLING	▮	✔	T1_MILL_D16	1	00:23:48	WORKPIECE	MILL_ROUGH
FACE_MILLING_FINISH		✔	T1_MILL_D16	1	00:11:53	WORKPIECE	MILL_FINISH
PLANAR_MILL		✔	T1_MILL_D16	1	00:55:19	WORKPIECE	MILL_ROUGH
PLANAR_MILL_FINISH		✔	T1_MILL_D16	1	00:55:19	WORKPIECE	MILL_ROUGH
SPOT_DRILLING	▮	✔	T3_SPOTDRILL...	3	00:00:01	WORKPIECE	DRILL_METHOD
SPOT_DRILLING_1		✔	T3_SPOTDRILL...	3	00:00:01	WORKPIECE	DRILL_METHOD
DRILLING	▮	✔	T4_DRILLING_...	4	00:00:19	WORKPIECE	DRILL_METHOD
HOLE_MILLING	▮	✔	T2_MILL_D8	2	00:04:57	WORKPIECE	MILL_ROUGH
PLANAR_PROFILE		✔	T2_MILL_D8	2	00:09:44	WORKPIECE	MILL_FINISH

图 10-14 构建支座体加工刀轨程序信息表

f. 进给和速度设置。

设置主轴速度 1500rpm，进给率 100mmpmin。

g. 生成刀轨并仿真加工演示。

单击"生成"刀轨图标，生成铣削刀轨，如图 10-13（i）所示。

至此，完成支座体的数控铣削加工刀轨构建。在"工序导航器－程序顺序"视图中显示信息表如图 10-14 所示。

打开"后处理"器，生成 NC 程序代码，方法参考项目 7 所述，在此从略。

三、拓展训练

构建如图 10-15 所示支承体的三维造型、数控铣削加工刀轨与 NC 程序。

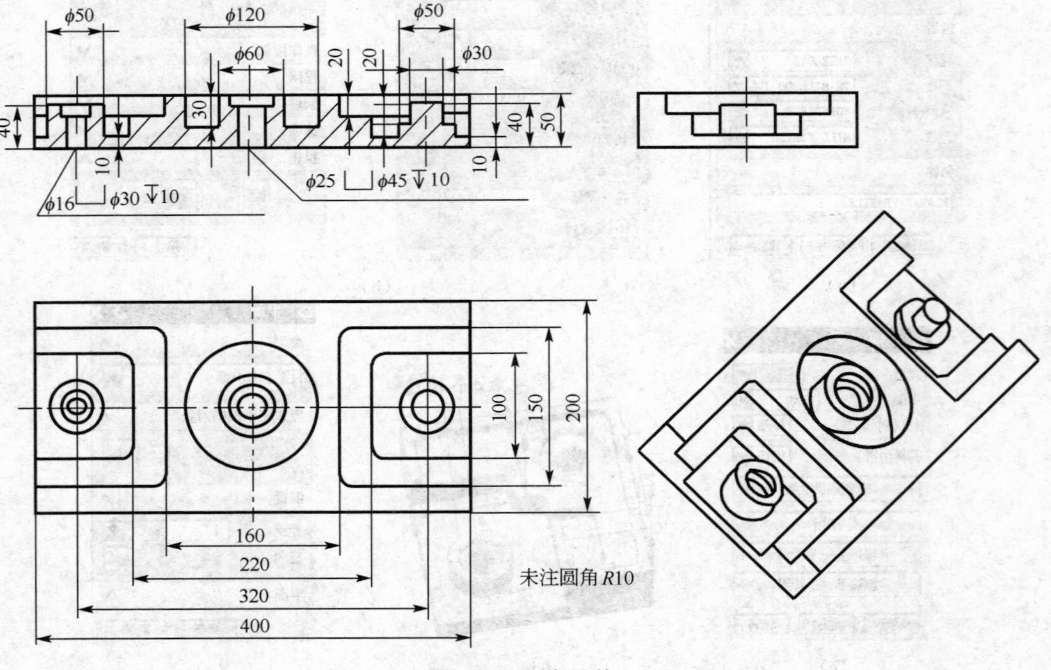

图 10-15 支承体

项目 11　玻璃烟灰缸模具的数控铣削加工

一、项目分析

如图 11-1 所示的玻璃烟灰缸是一种注塑产品，是将玻璃材料熔化成液态后注入具有一定形态的模具，待玻璃熔液冷却后，从模具中取出而得到产品。模具的形态是由注塑产品的形态所决定的。

在 NX9.0 中，可首先构建玻璃烟灰缸实体，再根据烟灰缸实体构建模具（型芯模和型腔模），再对型芯模和型腔模分别构建数控加工刀轨操作，最后根据实际机床生成数控程序代码，传输至数控机床进行实际加工。

本项目的教学重点是构建玻璃烟灰缸模具和构建模具的型腔铣削加工“mill contour”操作。要求掌握构建注塑模具的基本方法与步骤；掌握构建型腔铣削加工刀轨操作的方法与步骤。

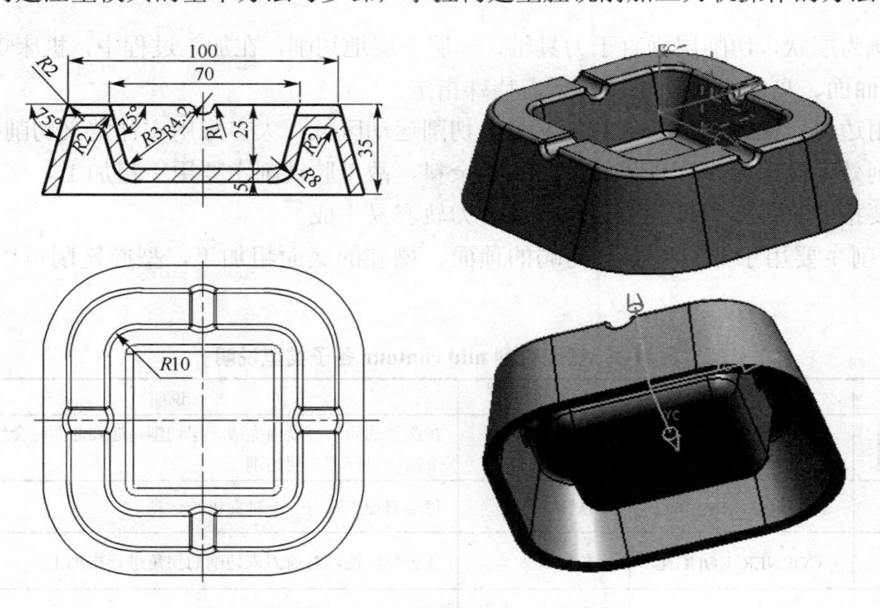

图 11-1　玻璃烟灰缸零件图

二、相关知识

1. 构建模具的方法、步骤

在 NX9.0 软件中，构建注塑模具是在“注塑模向导” 模块中，按照“初始化项目”、设置“模具坐标系”、“收缩率”、构建模具坯体（称为“工件”）、“型腔布局”、利用“模具工具”对产品实体的修补、选取型芯模区域、型腔模区域、构建“分型线”、“分型面”、分型后生成“型芯模”和“型腔模”；再经过固定模具的“模架”、顶出新产品的“顶杆”、熔化液体的“浇口”、“浇道”等设计步骤，从而构建完整的模具。

由于“模架”、“顶杆”、“浇口”、“浇道”都有规定的标准件或标准参数，可直接引用或参考，这些结构的加工也相对简单。常常利用 CAM 软件主要是对模具体与注塑产品表面相应的表面进行数控加工编程操作。故在本书中，仅介绍型芯、型腔模的构建而省略“模架”、“顶杆”、“浇口”、“浇道”的构建操作。

2. 构建模具数控加工刀轨与程序的方法

构建模具的型腔铣削加工“mill contour”类型是适用于曲面加工的一种铣削加工类型，若将平面看作是曲面的特例，不难想象，型腔铣削加工“mill contour”类型是可以代替平面铣削加工“mill planar”类型的。

型腔铣削加工“mill contour”类型可分为 20 种子类型，11 种可用于粗加工，9 种可用于精加工（9 种精加工铣削方法又称固定轴曲面轮廓铣削），如表 11-1 所示。

其中，型腔铣削“CAVITY_MILL”是最基本的粗铣削类型，其他粗铣削类型都可看作是型腔铣削“CAVITY_MILL”类型的演化。固定轴曲面轮廓铣“FIXED_CONTOUR”是最基本的精铣削类型，其他精铣削类型可看作是固定轴曲面轮廓铣“FIXED_CONTOUR”类型的演化。

型腔铣削与平面铣削一样，都是默认在与 XY 平面平行的切削层上创建刀轨，其操作有如下特点：

① 刀轨为层状，切削层垂直于刀具轴，一层一层地切削，在加工过程中，机床 X、Y 轴联动。当遇到曲面、岛屿会自动绕过，无需特殊指定。

② 采用边界、面、曲线或实体定义刀具切削运动区域，大多采用实体定义切削区域。

③ 切削效率高，但在零件表面留下层状余料，故型腔铣削主要用于粗加工。

④ 只要指定零件几何体和毛坯几何体，刀轨容易生成。

型腔铣削主要用于非直壁面、岛屿的顶面、槽腔的底面粗加工，型腔铣削可以代替平面铣削。

表 11-1 型腔铣削 mill contour 各子类型说明

序	图标	英文名称	中文名称	说明
1		CAVITY_MILL	型腔铣削	在路径的同一高度内完成一层切削，遇到曲面时会绕过，再下一个高度进行下一层切削
2		PLUNGE_MILLING	插铣削	每一刀加工只有一个轴向进给运动
3		CORNER_ROUGH	拐角粗铣	通过型腔铣，对前刀未切削的拐角进行粗加工
4		REST_MILLING	剩余铣削	去除前道工序遗留下来的材料
5		ZLEVEL_PROFILE	深度轮廓铣	通过切削多个层来对指定层的壁进行轮廓加工
6		ZLEVEL_CORNER	深度加工拐角	使用轮廓切削模式精加工前刀无法加工的拐角
7		FIXED_CONTOUR	固定轴曲面轮廓铣	基本的固定轴曲面轮廓铣削操作，用于以各种驱动方式、包容和切削模式轮廓铣削部件和区域，刀具轴+Z
8		CONTOUR_AREA	区域轮廓铣	与固定轴曲面轮廓铣削基本相同，默认设置为区域驱动方式
9		CONTOUR_SURFACE_AREA	曲面区域轮廓铣	与固定轴曲面轮廓铣削基本相同，默认设置为曲面驱动方式

续表

序	图标	英文名称	中文名称	说明
10		STREAMLINE	流线铣	使用流曲线和交叉曲线来引导切削模式并遵照驱动几何体形状的固定轴曲面轮廓铣。
11		CONTOUR_AREA_NON_STEEP	非陡峭区域轮廓铣	与固定轴曲面轮廓铣削基本相同，默认设置为非陡峭约束，角度小于 65°的区域轮廓铣削。
12		CONTOUR_AREA_DIR_STEEP	陡峭区域轮廓铣	与固定轴曲面轮廓铣削基本相同，默认设置为陡峭约束，角度大于 65°的区域轮廓铣削。
13		FLOWCUT_SINGLE	单路径清根	驱动方法为 FLOW CUT 的固定轴曲面轮廓铣，且只创建单一清根路径
14		FLOWCUT_MULTIPLE	多路径清根	驱动方法为 FLOW CUT 的固定轴曲面轮廓铣，创建多清根路径
15		FLOWCUT_REF_TOOL	参考刀具清根	驱动方法为 FLOW CUT 的固定轴曲面轮廓铣，创建多清根路径，清根驱动方法可为选择参考刀具
16		SOLID_PROFILE_3D	实体轮廓 3D 铣	沿着竖直壁的边描绘轮廓铣
17		PROFILE_3D	轮廓 3D 铣	使用部件边界描绘 3D 边或曲线轮廓
18		CONTOUR_TEXT	曲面文本铣	对文字曲线在曲面或实体的表面上进行雕刻加工
19		MILL_CONTROL	机床控制	建立机床控制操作
20		MILL_USER	自定义	用户自定义操作方式

三、项目实施

任务 1　制定方形玻璃烟灰缸的加工工艺卡

制定方形玻璃烟灰缸模具加工工艺卡，如表 11-2 所示。

表 11-2　方形玻璃烟灰缸型芯模具体的加工工艺卡

工段	工序	工步	加工内容	加工方式工步程序名称	机床	刀具	余量/mm
模具制作工段	1	1.1	下料 175×175×65				
	2	2.1	铣削 170×170×63	铣削	普通铣床		
		2.2	去毛刺	钳工			
	3 型芯模加工	3.1	装夹工件				
		3.2	粗铣削型腔槽	CAVITY_MILL	立式数控加工中心	T1_MILL_D20	0.5
		3.3	精铣非陡峭面区域	CONTOUR_AREA_NON_STEEP		T2_MILL_D12	0
		3.4	精铣陡峭面区域 YC 向	CONTOUR_AREA_DIR_STEEP		T3_MILL_D6R2	0
		3.5	精铣陡峭面区域 XC 向	CONTOUR_AREA_DIR_STEEP_1		T3_MILL_D6R2	0
		3.6	清根精铣残余区域	FLOWCUT_REF_TOOL		T4_BALLMILL_D2	0
	4 型腔模加工	4.1	装夹工件		立式数控加工中心		
		4.2	粗铣削型腔槽	CAVITY_MILL		T1_MILL_D20	0.5
		4.3	精铣平面区域	CONTOUR_AREA		T2_MILL_D10	0

续表

工段	工序	工步	加工内容	加工方式工步程序名称	机床	刀具	余量/mm
模具制作工段	4 型腔模加工	4.4	精铣曲面区域	CONTOUR_AREA_1		T3_MILL_D6R2	0
		4.5	清根精铣残余区域	FLOWCUT_REF_TOOL		T4_BALLMILL_D2	0
	5		检验				
	6		模具组装				
玻璃熔液制备工段			玻璃熔液制备				
注塑工段	1		注塑		注射机		
	2		修整	钳工			
	3		检验				

任务 2　构建方形玻璃烟灰缸三维实体

1. 构建草图线框

启动 NX9.0 软件，在文件夹“E:\…\xm11\”中创建模型文件“xm11_yanhuigang.prt”，进入建模环境。

在水平面 XC-YC 内构建草图：矩形 70mm×70mm，倒圆角 R10mm，完成草图后，再将矩形线框向外偏置 15mm，结果如图 11-2（a）所示。

在 XZ、YZ 平面分别以坐标原点为圆心，绘制ϕ8.4 圆形两个草图，结果如图 11-2（b）所示。

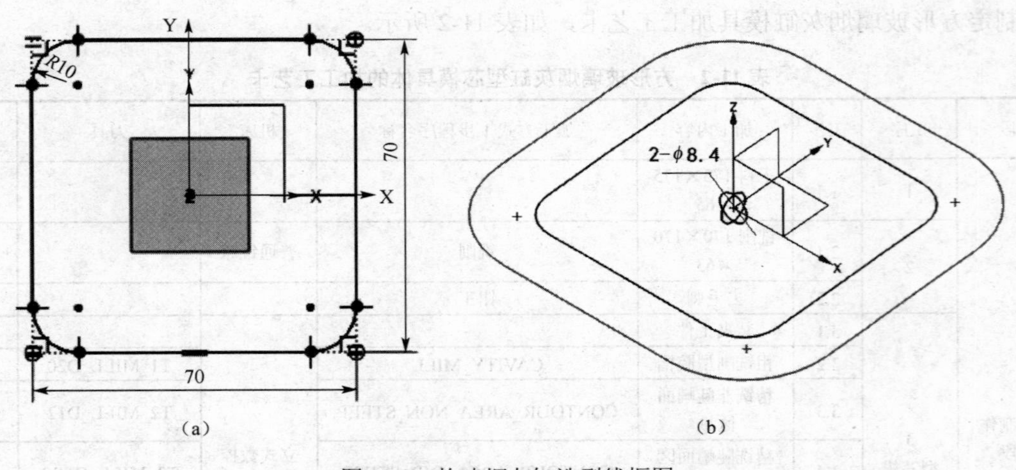

图 11-2　构建烟灰缸造型线框图

2. 构建实体

（1）构建烟灰缸主体

单击“拉伸”特征工具图标，弹出“拉伸”对话框，选取大矩形线框，设置如图 11-3（a）所示，向下拉伸 35mm；布尔运算：无；拔模：从起始限制，角度：−15°；形成造型如图 11-3（b）所示。

(a) 拉伸主体参数设置

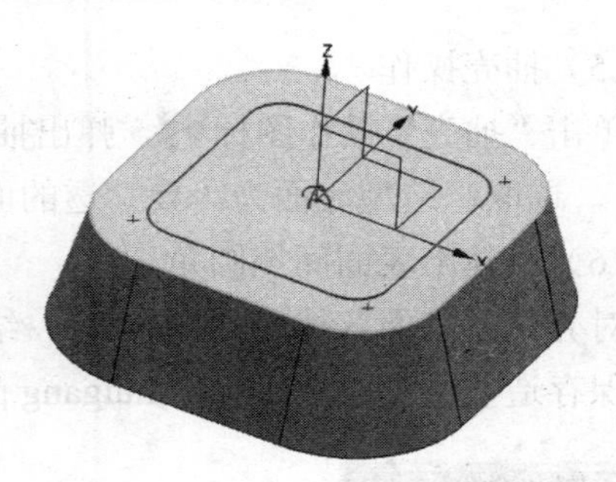

(b) 主体造型结果

图 11-3 构建烟灰缸主体模型

(2) 构建烟灰缸凹坑

单击“拉伸”特征工具图标，弹出“拉伸”对话框，选取小矩形线框，设置如图 11-4 (a) 所示，向下拉伸 25mm；布尔运算：求差；拔模：从起始限制，角度：15°；形成造型如图 11-4 (b)、(c) 所示。

(a) 拉伸凹坑参数设置

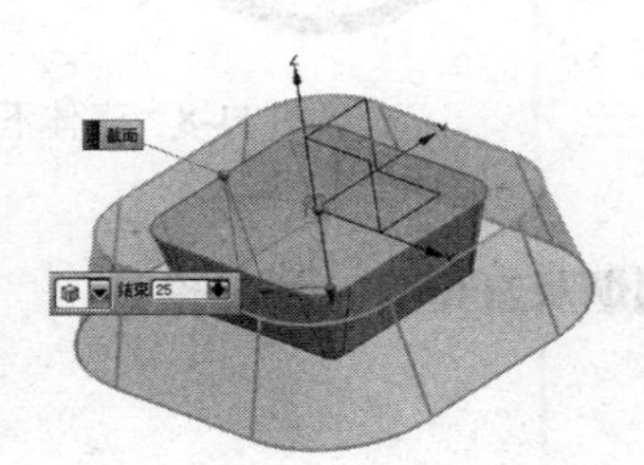

(b) 凹坑形成过程

(c) 凹坑构建结果

图 11-4 构建烟灰缸凹坑造型过程

(3) 构建放烟槽

分别拉伸已构建的两圆线框，开始距离–60，终点距离 60，双向拉伸，直接作布尔差运算，结果如图 11-5 所示。

(4) 倒圆角

从部件操作导航器中隐藏草图线框，对放烟槽及顶面内外棱边倒圆角 $R1$，内底面四边棱倒圆角 $R3$，结果如图 11-6 所示。

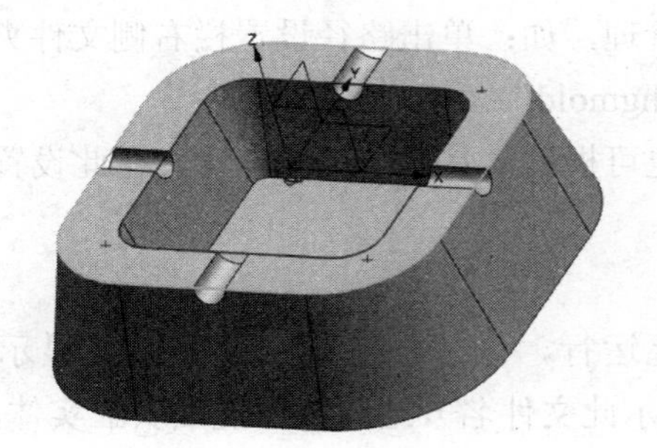

图 11-5 构建放烟槽

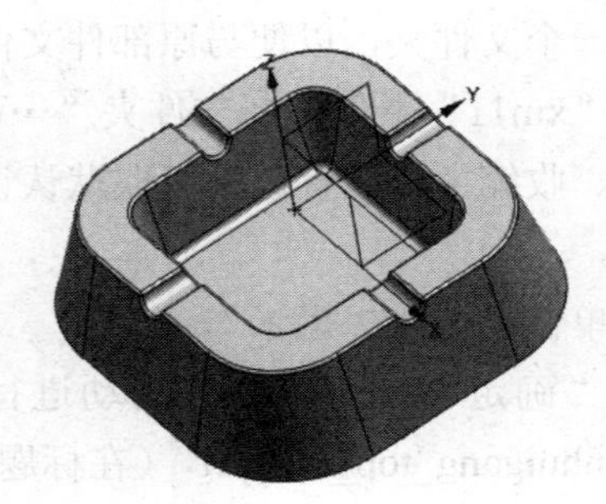

图 11-6 倒圆角操作

（5）抽壳操作

单击“抽壳”操作图标，弹出抽壳操作对话框，选取抽壳操作类型为“先移除面，然后抽壳”，选取已造型底面为“要穿透的面”，壳体厚度取 5mm，形成壳体，如图 11-7 所示。

（6）壳体下表面间倒圆角

对壳体下表面各棱边倒圆角 *R*1，结果如图 11-8 所示。

保存造型文件“xm11_yanhuigang.prt”，完成烟灰缸造型过程操作。

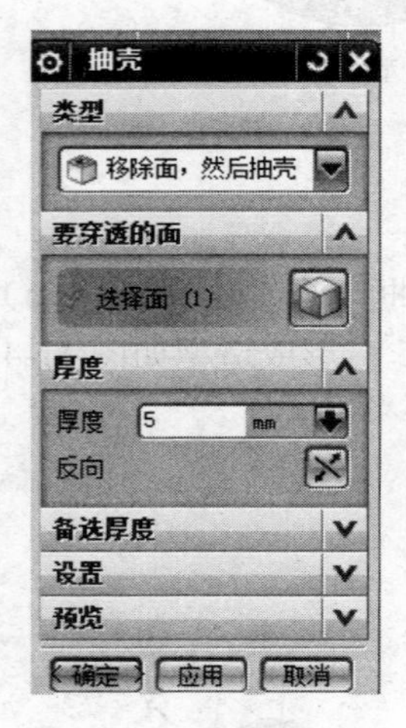

图 11-7 抽壳操作显示

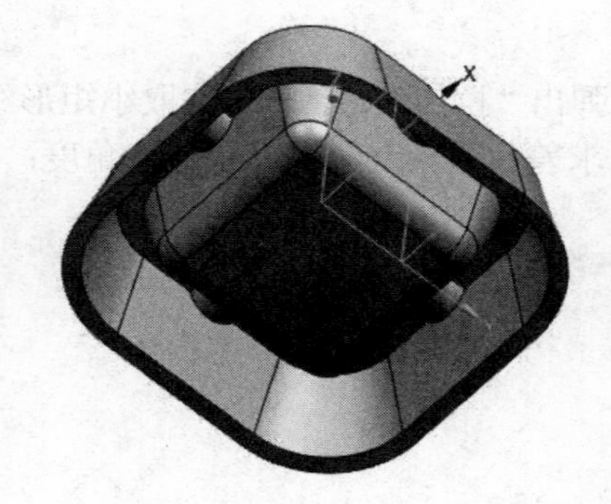

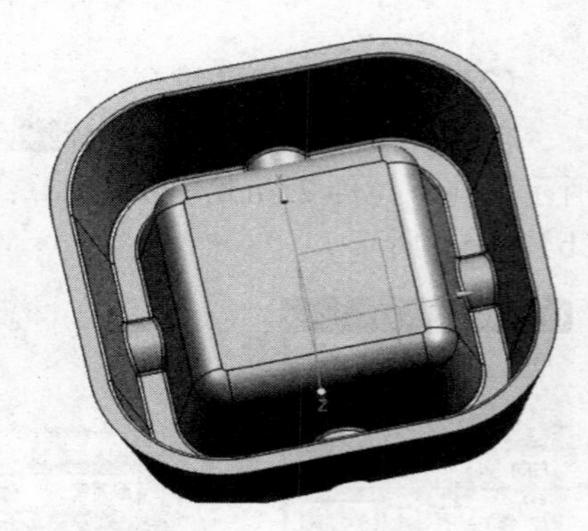

图 11-8 壳体下表面间倒圆角结果

任务 3 构建方形玻璃烟灰缸型腔、型芯模具

1. 创建模具造型项目

（1）打开部件文件

打开部件文件“E:\…\xm11\ xm11_yanhuigang.prt”。

（2）初始化项目

单击“启始”菜单图标，从下拉菜单中单击“注塑模向导”菜单项， 进入“注塑模向导”模块环境。

单击“注塑模向导”工具中的“初始化项目”图标，弹出“初始化项目”对话框，“项目设置”栏中，可取默认路径、名称，如图 11-9（a）所示；也可重新创建路径、名称。

（注塑模具项目中包括了许多文件，为了便于文件的管理，建议每创建一个注塑模具项目，单独建立一个文件夹，以便与原部件文件分开管理，如：单击路径设置栏右侧文件夹图标，在原文件夹“xm11”下创建新文件夹“…\xm11\yhgmold”）。

材料、收缩率、配置选项可取默认设置，也可根据模具材料进行设置，在此设置如图 11-9（a）所示。

项目单位：选取“毫米”。

单击“确定”按钮，系统自动进行初始化运行，创建一系列文件，最终显示顶级文件“xm11_yanhuigang_top_000.prt”（在标题栏中显示此文件名），绘图区出现烟灰缸实体，如图 11-9（b）所示。

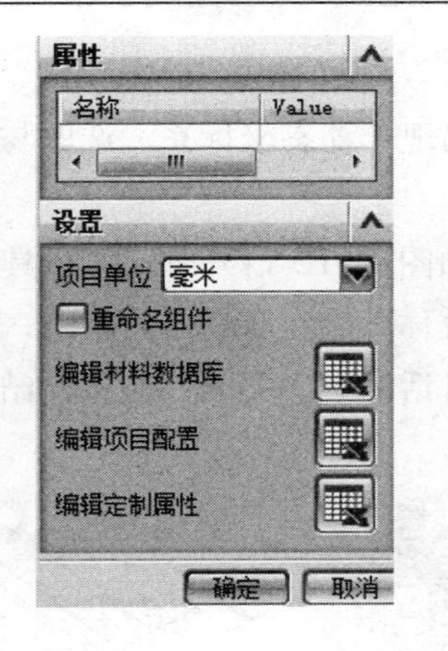

(a)

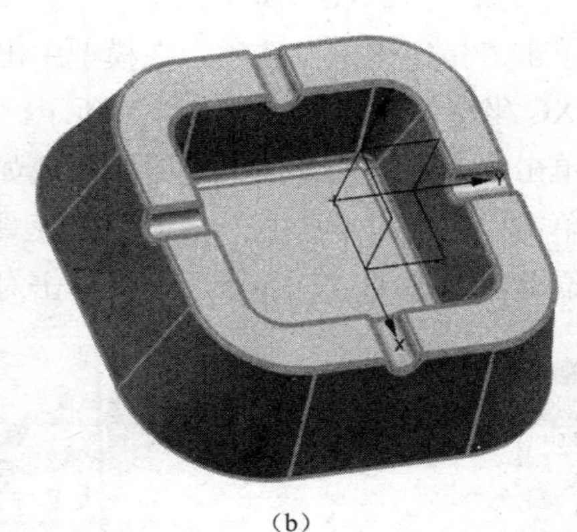

(b)

图 11-9　项目初始化设置

2. 定义模具坐标系

单击“注塑模向导”工具条中的“模具坐标系”工具图标，弹出“模具 CSYS”对话框，选取“当前 WCS”单选项，设置如图 11-10 所示。单击“确定”按钮，完成模具坐标系定义。选择“当前 WCS”含义是模具坐标系与当前的零件产品坐标系重合，故图形中无明显变化。

3. 设置收缩率

单击“注塑模向导”工具条中的“收缩率”工具图标，弹出“比例”对话框，如图 11-11 所示。可设置或修改“项目初始化”对话框中设置的注塑件的收缩率。

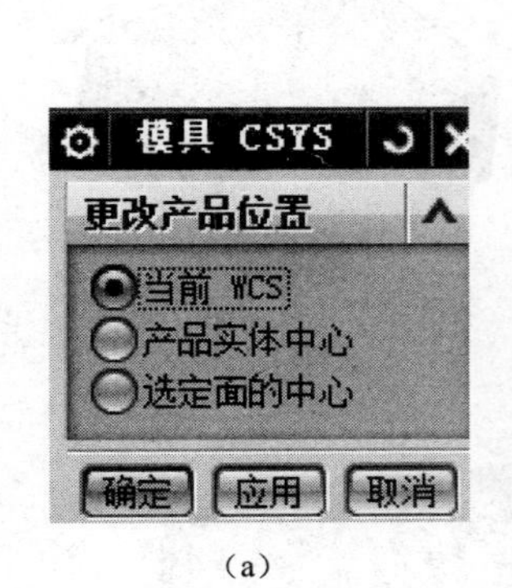

(a)

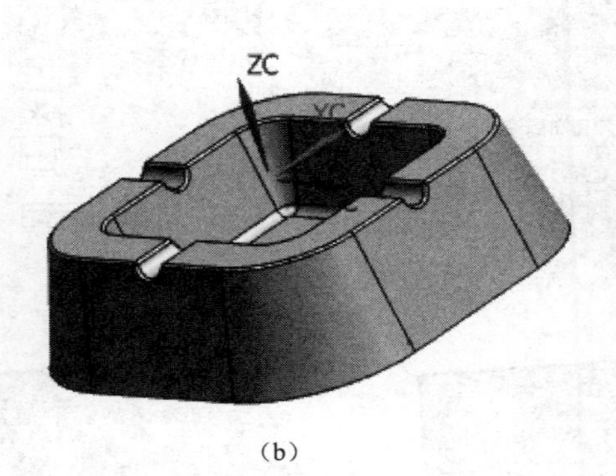

(b)

图 11-10　模具坐标系设置

图 11-11　设置收缩率

4. 定义工件

单击“注塑模向导”工具中的“工件”工具图标，弹出“工件”对话框，选择类型：“产品工件”；工件方法：“用户定义块”；勾选“显示产品包容块”选项，以静态线框显示，如图 11-12（a）、（b）所示，单击“确定”按钮，形成的模具体工件如图 11-12（c）所示。

5. 型腔布局

单击“注塑模向导”工具条中的“型腔布局”工具图标，弹出“型腔布局”对话框，选取布局类型：矩形；平衡；平衡布局设置型腔数：2（即双模具），缝隙距离：5，即两模间距

5mm，如图 11-12（d）所示。

单击“指定矢量”选项，在模型中出现一动态坐标系，选取与 XC 平行坐标方向，则自动选中 XC 坐标轴，如图 11-12（e）所示。

单击“开始布局”图标，则生成如图 11-12（f）所示两模具体。

单击“自动对准中心”按钮，模具体开始在 XC 方向移动，使坐标系原点位于两模具体中间位置，如图 11-12（g）所示，单击对话框中“关闭”按钮，结束型腔布局操作。

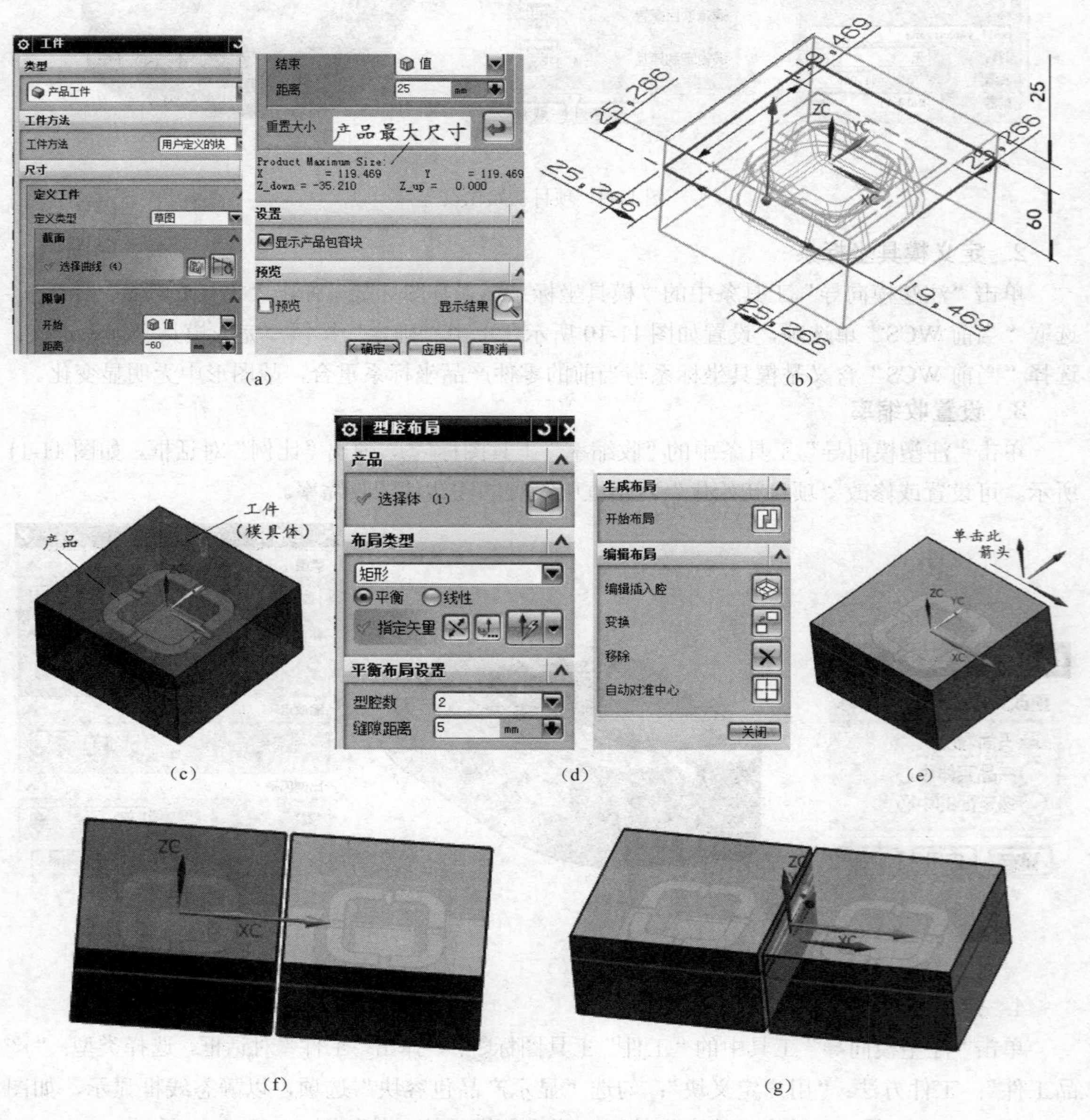

图 11-12 设置模具体与 2 腔模具布局结果

若生成 4 腔模具体，其型腔布局方法步骤与上述相同，将形成如图 11-13 所示的 4 腔模具体布局结果。

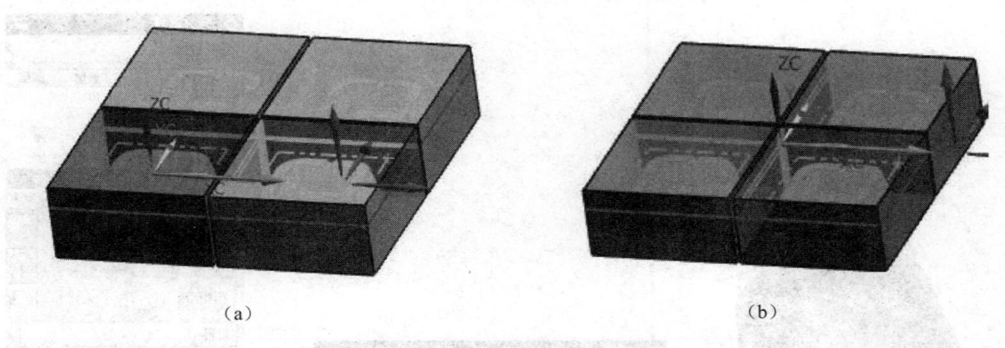

（a）　　　　　　　　　　　　（b）

图 11-13　4 腔模具布局结果

6. 定义分型区域、创建分型线

单击“注塑模向导”工具条中的“分型”工具图标，弹出“模具分型工具”工具条。

单击模型分型工具条中“定义区域”工具图标，弹出“定义区域”对话框，勾选“创建区域”、“创建分型线”前多选框，选取区域名称栏的“型腔区域”项，以相切面方式选取上表面一个面，则上表面被全部选中，共选取区域面 89 个，如图 11-14（a）、（b）所示。单击对话框中“应用”按钮，完成“型腔区域”面的选择，返回“定义区域”对话框。

再次勾选“创建区域”、“创建分型线”前多选框，选取区域名称栏的“型芯区域”项，以相切面方式选取下表面一个面，则下表面被全部选中，共选取区域面 98 个，如图 11-14（c）、（d）所示（注意：型腔区域和型芯区域面数之和必须等于所有面数，否则，模具造型不成功）。

单击对话框中“应用”按钮，弹出“现有区域”警告信息，如图 11-14（e）所示。再单击“确定”按钮，完成“型腔区域”面的选择，返回“定义区域”对话框，如图 11-14（f）所示。

对话框中显示模型的所有面已全部定义到型腔区域和型芯区域。由于本项目比较简单，不需再创建新区域，故单击“取消”按钮或关闭图标，结束定义区域操作。

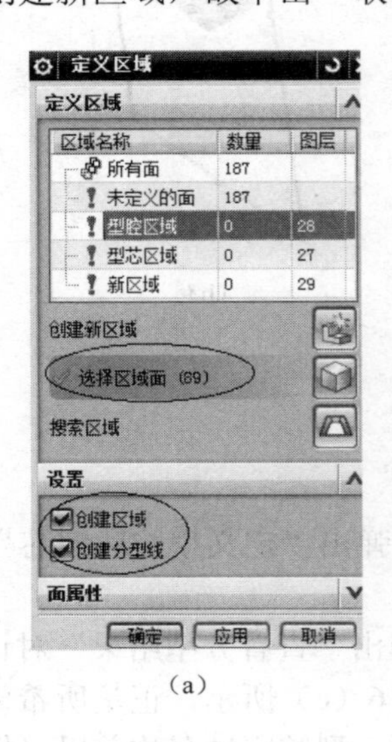

（a）

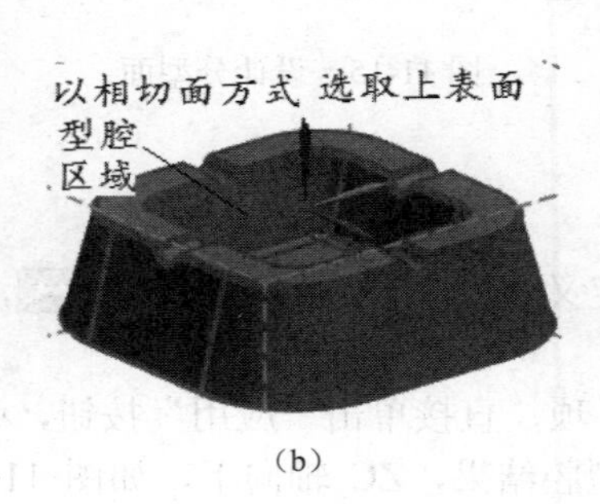

（b）

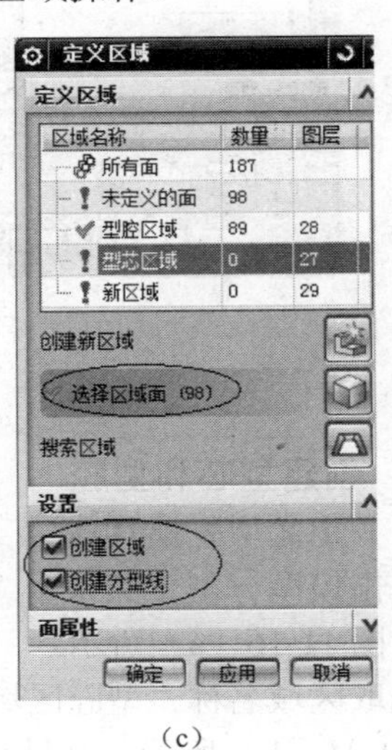

（c）

图 11-14

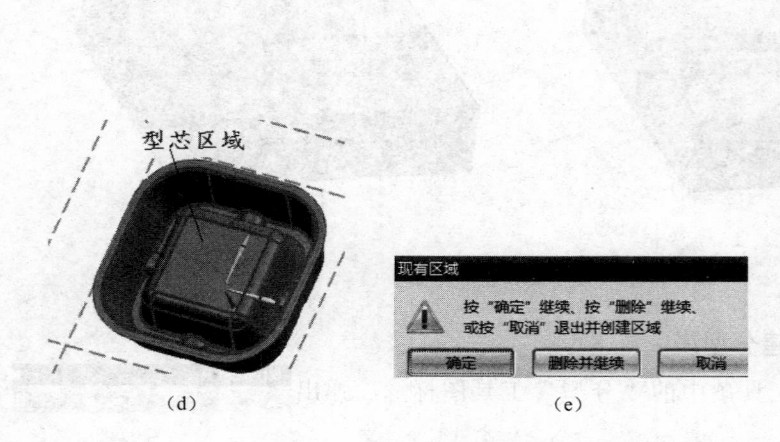

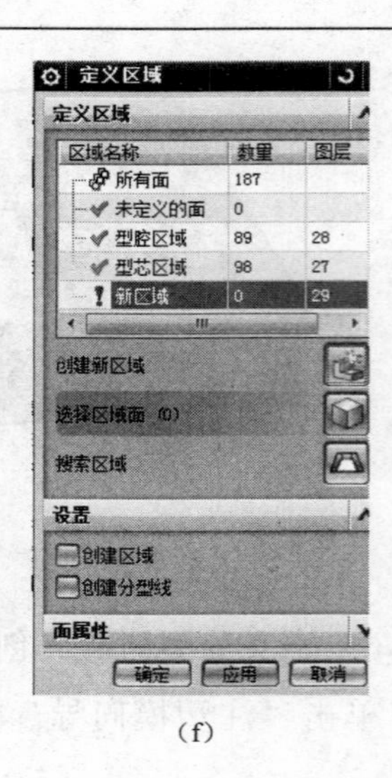

(d) (e) (f)

图 11-14 定义型腔区域和型芯区域

7. 设计分型面

单击模型分型工具条中"设计分型面"工具图标，弹出"设计分型面"对话框和自动创建的分型面样式，如图 11-15（a）、（b）所示，取默认的创建分型方法"有界平面"不变，分型面长度默认 60mm 不变，在模具中可拖动活动球改变分型面扩展长度，单击对话框中"确定"按钮，完成分型的设计。

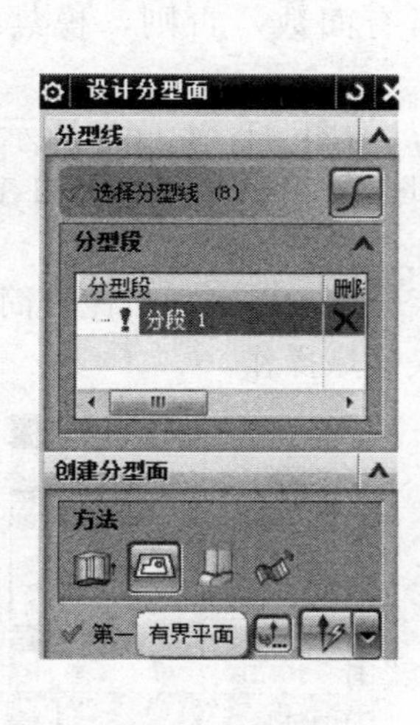

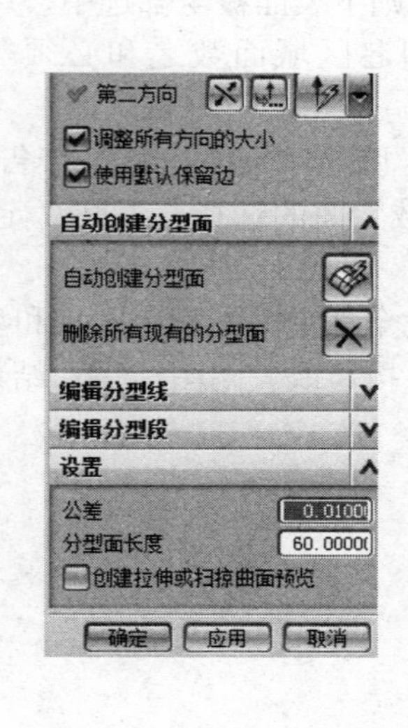

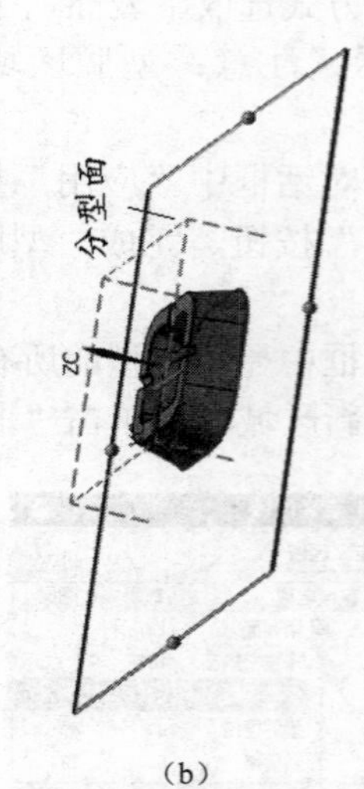

(a) (b)

图 11-15 设计分型面

8. 创建型芯和型腔

（1）定义型腔模具体

单击模型分型工具条中"定义型腔和型芯"工具图标，弹出"定义型腔和型芯"对话框，如图 11-16（a）所示。

选取区域名称"型腔区域"项，直接单击"应用"按钮，弹出"查看分型结果"对话框，如图 11-16（b）所示，且显示型腔结果，ZC 轴向下，如图 11-16（c）所示，正是所希望的型腔模具，故单击"确定"按钮，返回"定义型腔和型芯"对话框，型腔区域名称前以√标志，如图 11-16（d）所示，完成型腔创建。

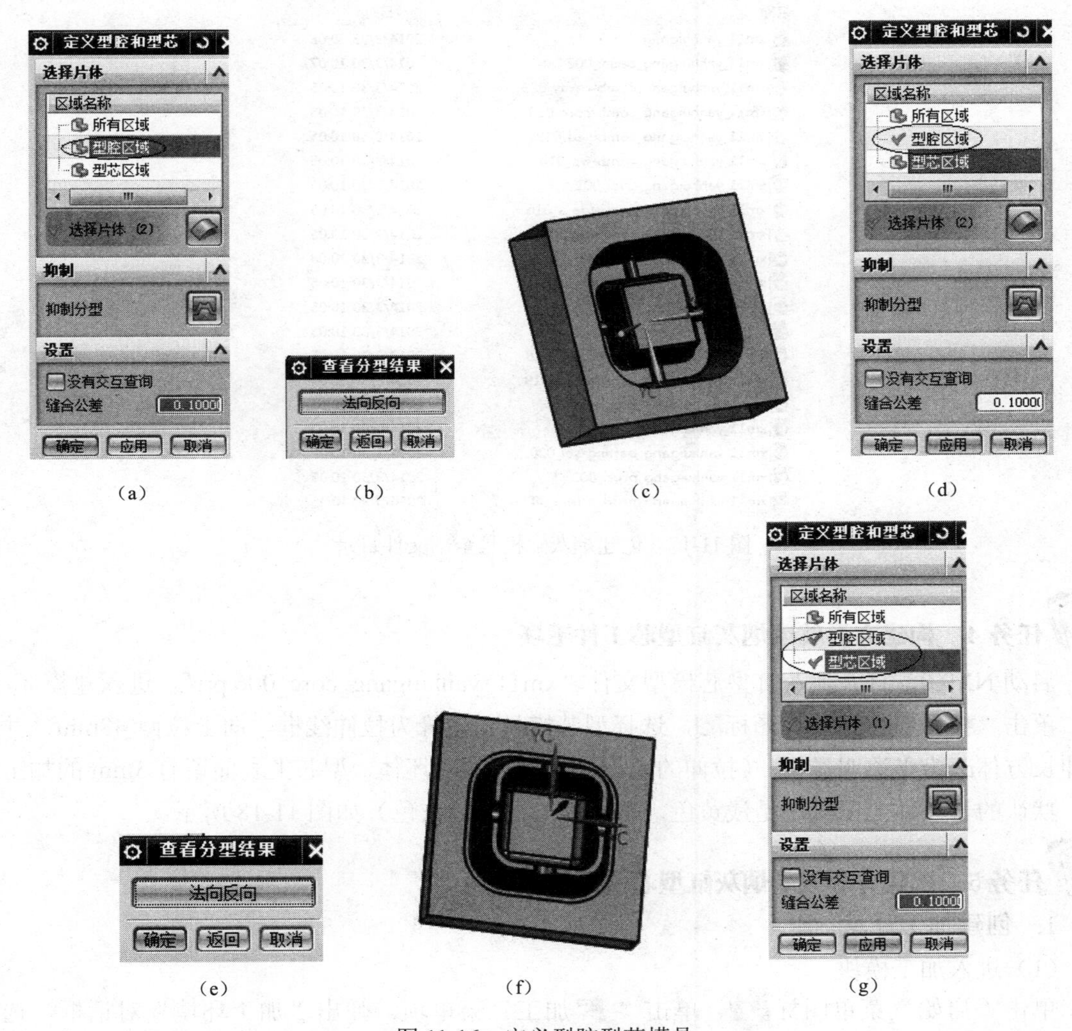

（a）（b）（c）（d）

（e）（f）（g）

图 11-16　定义型腔型芯模具

（2）定义型芯模具体

选取区域名称“型芯区域”项，直接单击“应用”按钮，弹出“查看分型结果”对话框，如图 11-16（e）所示，且显示型腔结果，ZC 轴向上，如图 11-16（f）所示，正是所希望的型芯模具，故单击“确定”按钮，返回“定义型腔和型芯”对话框，型芯区域名称前以√标志，如图 11-16（g）所示，完成型芯创建。

单击“取消”按钮或关闭图标 ✕，结束定义型腔和型芯操作。

9. 保存与查看注塑模造型全部文件

单击菜单栏“文件”、“全部保存”菜单项，分型过程中的全部文件被保存起来，其中“xm11_yanhuigang_cavity_002”为型腔模具体文件，“xm11_yanhuigang_core_006.prt”为型芯模型体文件。其他文件是关于构建模具的浇道、冷却等方面的文件，打开“xm11”文件夹，显示文件夹中文件目录，如图 11-17 所示。

图 11-17　创建烟灰缸模具全部文件目录

任务 4　构建方形玻璃烟灰缸型芯工件毛坯

启动 NX9.0，打开烟灰缸型芯模型文件“xm11_yanhuigang_core_006.prt”。进入建模环境。

单击“拉伸”特征工具图标，选择型芯模具下边缘为拉伸线框，向上拉伸 48mm，并将拉伸长方体改为半透明显示。（拉伸的长方体作型芯的毛坯体，型芯上表面留有 3mm 的加工余量，默认的长方体显示颜色是浅黄色，可改为习惯上的灰色）如图 11-18 所示。

任务 5　构建方形玻璃烟灰缸型芯铣削加工刀轨

1. 创建加工环境

（1）进入加工模块

单击“启始”菜单图标、单击“加工”菜单项，弹出“加工环境”对话框，选择 CAM 会话配置文件“Cam_general”，要创建的 CAM 设置类型为型腔铣削（mill_contour），如图 11-19 所示。单击“确定”按钮，系统进行自动加载加工模块，进入加工环境。

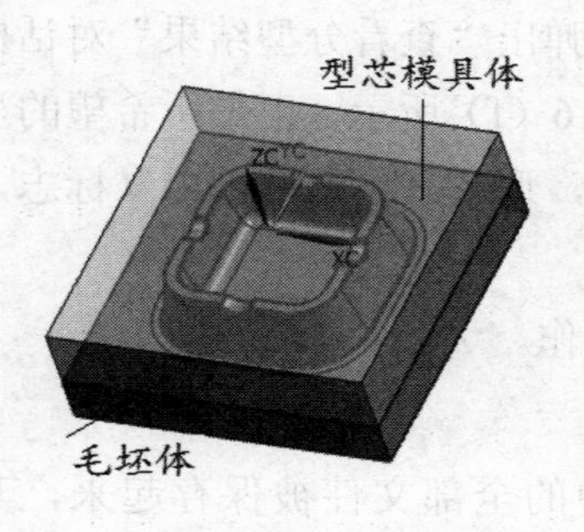

图 11-18　构建型芯的毛坯体

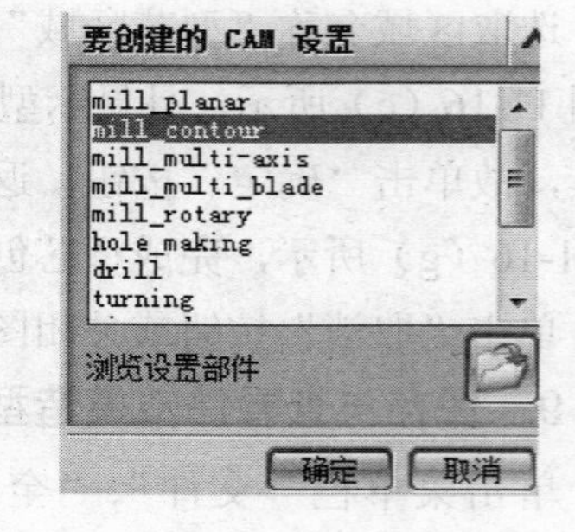

图 11-19　加工环境设置

（2）创建加工几何体

① 创建加工坐标系。

将资源条切换成“工序导航器”界面，再将“工序导航器_程序顺序”视图切换成“工序导航器_几何” 视图，双击⊞ MCS_MILL 项前⊕号，变成⊖号，双击“MCS_MILL”项，弹出“MCS 铣削”对话框，如图 11-20 所示。

在“MCS 铣削”对话框中，选取机床坐标系选项“指定 MCS”，右侧图标，如图 11-20（a）所示，弹出“CSYS”对话框，选取类型为“偏置”；参考 CSYS 为“WCS”，在偏置坐标中输入 X、Y、C 坐标（0,0,-5），即以型芯模具上表面最高点位置作为加工坐标系 Z=0 点，如图 11-20（b）所示，“确定”按钮，返回“MCS 铣削”对话框。构建的加工（工件编程）坐标系 XMYMZM（在此称作机床坐标系）如图 11-20（c）所示。

所构建机床坐标系 XMYMZM（应理解为工件编程坐标系）的坐标原点在 XC、YC、ZC 坐标系下 5mm 的位置，即型芯上表面几何中心点。

② 创建安全平面。

在图 11-20（a）所示的“MCS 铣削”对话框中，安全设置组中，“安全设置选项”中选取“平面”，如图 11-20（d）所示，单击指定平面右侧下拉列表框，选取类型为与 XC-YC 平行平面，模型中出现距离输入框，输入：50，即取 ZC=50 的水平面为安全平面。如图 11-20（e）所示。

单击“确定”按钮，关闭对话框，完成加工坐标系和安全平面的设置。

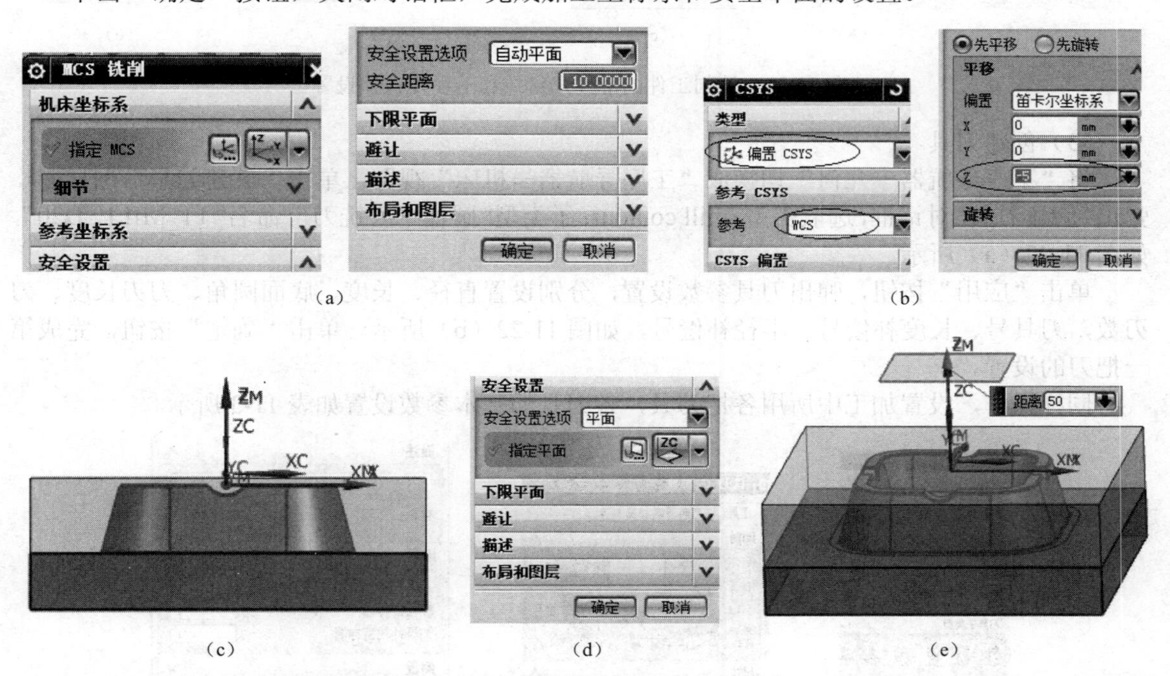

图 11-20　构建加工（工件编程）坐标系 XMYMZM 和安全平面

③ 创建加工部件几何体。

双击“工序导航器－几何”视图中“WORKPIECE”，弹出“工件”对话框，如图 11-21（a）所示。

单击“指定部件”右侧图标，弹出“部件几何体”对话框，如图 11-21（b）所示。

选取型芯模型为部件几何体，如图 11-21（d）所示。单击“确定”按钮，返回“工件”对话框。

④ 创建毛坯几何体。

单击“指定毛坯”右侧图标，弹出“毛坯几何体”对话框，如图 11-21（c）所示。选取长方体毛坯，如图 11-21（d）所示。

单击“确定”按钮，返回“工件”对话框。

分别单击“工件”对话框“指定部件”和“指定毛坯”右侧图标，如图 11-21（e）所示，可分别显示型芯模具体和长方体毛坯。

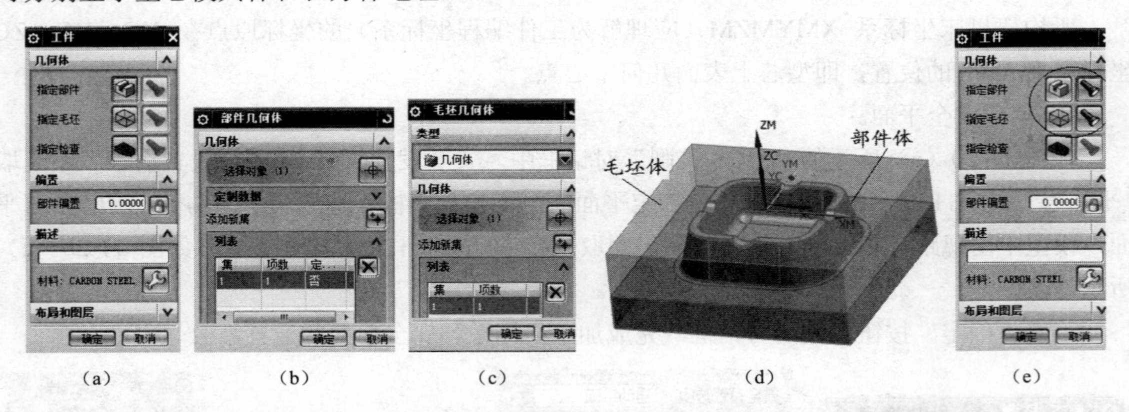

（a）（b）（c）（d）（e）

图 11-21 铣削工件的部件几何体和毛坯几何体设置

（3）创建刀具

将“工序导航器－几何”切换成“工序导航器－机床”视图，单击“创建刀具”图标，弹出“创建刀具”对话框，选取类型：mill contour；子类型“圆柱平底铣刀”，命名“T1_MILL_D20”，如图 11-22（a）所示。

单击“应用”按钮，弹出刀具参数设置，分别设置直径、长度、底面圆角、刀刃长度、刀刃数，刀具号、长度补偿号、半径补偿号，如图 11-22（b）所示。单击“确定”按钮，完成第一把刀的设置。

同样操作，设置加工中所用各把刀具，各刀具的基本参数设置如表 11-3 所示。

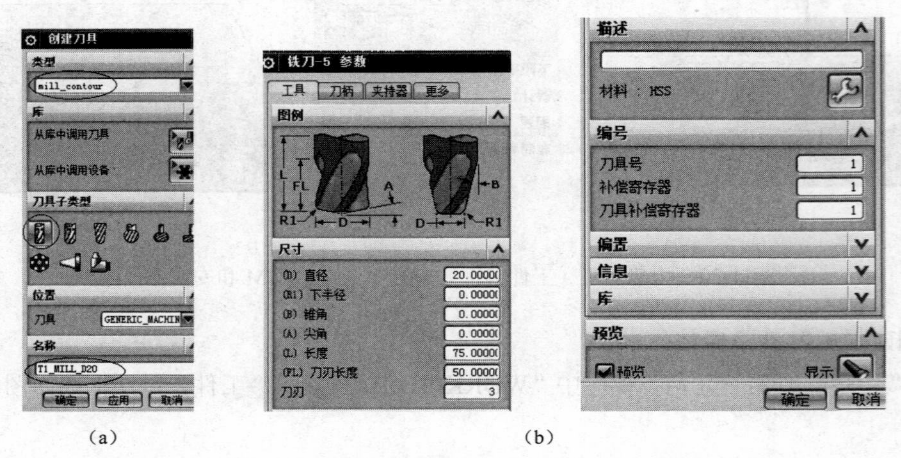

（a）（b）

图 11-22 刀具类型、名称、尺寸参数设置

表 11-3　创建刀具及参数列表

名称	直径 D/mm	底圆角 R/mm	长度/mm	刃口长度/mm	刀刃数	刀号	长度补偿号	用途
T1_MILL_D20	20	0	75	50	3	1	1	粗铣
T2_MILL_D12	12	0	75	50	3	2	2	精铣
T3_MILL_D6R2	6	2	75	50	3	3	3	精铣
T4_BALLMILL_D2	2	1	50	35	2	4	4	清根

（4）设置加工方法

“加工方法”取默认参数不变。

（5）创建程序名

将“工序导航器－加工方法”视图切换为“工序导航器－程序顺序”视图，单击“创建程序”图标，弹出“创建程序”对话框，设置类型：型腔铣削（mill–contour），位置：NC_PROGRAM，名称：YANHUIGANG_CORE，如图 11-23（a）所示。

单击“确定”按钮，弹出“程序”对话框，提示对程序作必要的描述，不作任何处理，如图 11-23（b）所示。单击“确定”按钮，完成程序名创建，在操作导航器中出现“YANHUIGANG_CORE”项，如图 11-23（c）所示。

（a）

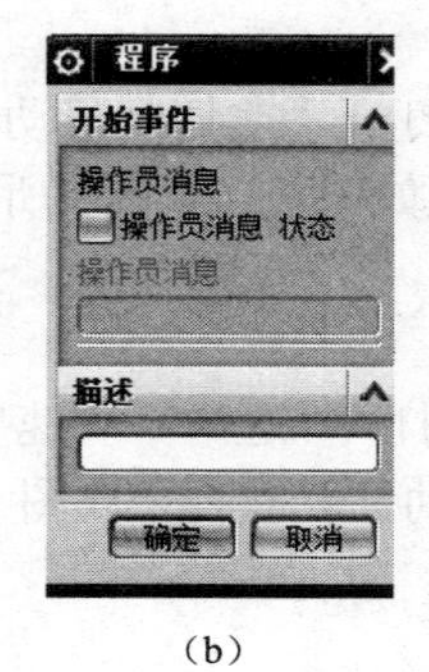

（b）

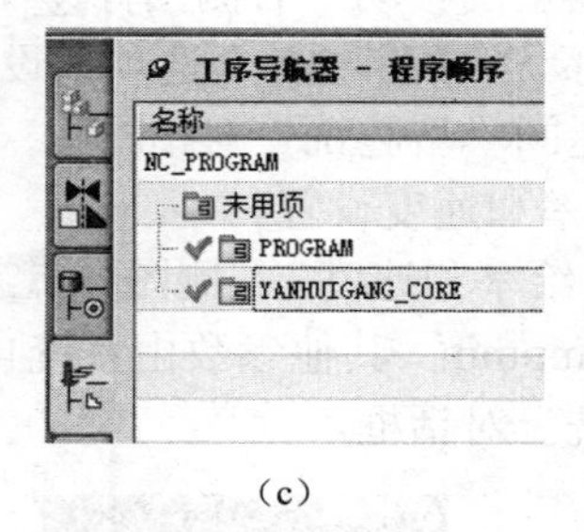

（c）

图 11-23　创建程序操作过程

2. 构建烟灰缸型芯粗铣削加工工序（步）刀轨

（1）创建粗加工操作基本设置

右键单击操作导航器中程序名“YHGMOLD_CORE”，出现快捷菜单，单击“插入\工序”，弹出“创建操作”对话框，设置子类型“型腔铣”（CAVITY_MILL）是常用的粗铣削由毛坯构成三维模型中多余材料的操作，如图 11-24（a）所示。

（2）创建粗铣削工序加工几何体

单击“创建工序”对话框中“应用”，弹出“型腔铣”（CAVITY_MILL）参数设置对话框，如图 11-24（b）所示。

“几何体”选项组中“指定部件”、“指定毛坯”项已不能选用，是因为在前面已经设定。

由于粗切削区域包括了除型芯体最外侧四个铅垂面不切削外，其他部分都应切削，选取起来，不太方便。这里采用将型芯体最外侧四个铅垂面作为不切削的修剪边界指定，从而间接指定切削区域。

单击“指定修剪边界”图标，弹出如图 11-24（c）所示“修剪边界”对话框，选取边界选择方法：面，修剪侧：外部，在模型上选取毛坯体上表面，如图 11-24（d）所示，“修剪边界”对话框立即变成如图 11-24（e）所示，单击对话框中“确定”按钮，返回“型腔铣”对话框，单击“指定修剪边界”右侧图标，模具中显示修剪边界如图 11-24（f）所示。

（3）刀轨设置

① 加工方法、切削模式、重刀量、每刀深度设置。

在“型腔铣”参数设置对话框的“刀轨设置”选项组中，设置“方法”、“切削模式”、“步进”计算方式与步进“百分比”、“全局每刀深度”切削用量，如图 11-24（b）所示。这里“步进”是指每刀切削宽度，一般以刀具直径的 50%~75%给定，从而间接指定了重刀量（重刀量等于刀具直径－步进量）。

由于数控加工，可以是较小的切深、较大的刀具转速和进给量构成切削三要素，一般粗加工每刀切深在 1~2mm 左右选取较合适。

② 切削层设置。

单击“切削层”右侧图标，打开“切削层”设置对话框，一般取默认设置不变，如图 11-24（g）所示。单击“确定”按钮，返回“型腔铣”对话框。

③ 切削参数设置。

单击“切削参数”右侧图标，弹出“切削参数”对话框，在“策略”选项卡中，选取“切削顺序”：深度优先。在“余量”选项卡中，部件侧面底面余量一致：0.5；如图 11-24（h）、（i）所示，其他取默认设置。单击“确定”按钮，返回“型腔铣”对话框。

④ 非切削参数设置。

单击“非切削移动”右侧图标，打开“非切削移动”对话框，“进刀”选项卡设置如图 11-24（j）所示。“转移/快速”选项卡设置如图 11-24（k）所示，其他参数取默认设置，单击“确定”按钮，返回“型腔铣”对话框。

⑤ 进给率和速度设置。

单击“进给率和速度”右侧图标，打开“进给率和速度”对话框，设置主轴速度 1500rpm，进给率 150mmpmin。其他参数由系统自动计算获得，如图 11-24（l）所示，单击“确定”按钮，返回“型腔铣”对话框。

(a) (b) (c)

图 11-24　粗铣削加工工序刀轨构建

（4）生成刀轨并仿真加工演示

单击“生成”图标，生成刀轨，如图 11-24（m）所示；单击“确认”图标，以 2D 方式演示，仿真铣削加工结果如图 11-24（n）所示。

3. 构建烟灰缸型芯精加工刀轨

精加工方案：由烟灰缸型芯结构可知，型芯主要由平面和陡峭的斜面和圆角面组成。平面部分，可采用直径较大的圆柱立铣刀铣削；陡峭面和圆角面可采用陡峭面铣削方法、且用直径较小的圆柱圆角铣刀或球刀铣削；可能存在平面与陡峭面之间部分材料未铣削的情况，常用参考刀具清根铣削完成。

在 NX9.0 软件中，已将这些铣削方法的操作设置格式化，可直接引用，也可由固定轴曲面轮廓铣削或区域轮廓铣削演变过来。

本任务采用直接引用方式创建精铣削操作，读者可尝试用由区域轮廓铣削演变方式创建操作。

（1）创建精铣削非陡峭区域（平面区域）刀轨

① 创建工序基本设置。

打开“创建工序”对话框，基本设置如图 11-25（a）所示。

其中的子类型“非陡峭区域轮廓铣”是常用的半精、精铣削平面区域的方法。单击“应用”按钮，弹出“非陡峭区域轮廓铣”对话框，如图 11-25（b）所示。

② 设置加工几何体。

在几何体选项组中，与粗铣削加工时选取加工区域方法相同，单击“指定修剪边界”右侧图标，弹出“修剪边界”对话框，“选择方法”：曲线；“材料侧”：外部，如图 11-25（c）所示。在模型中选取毛坯体上表面四个棱边，如图 11-25（d）所示，对话框立即变成图 11-25（e）所示，单击“确定”按钮，返回“非陡峭区域轮廓铣”对话框，模型上显示边界如图 11-25（f）所示。

注意：在此用了以“曲线”方式选择修剪边界，与上一工序粗铣削时以“面”方式选择修剪边界的效果是一样的，相比之下，以“面”方式选择修剪边界要快捷一些，请读者总结体会。

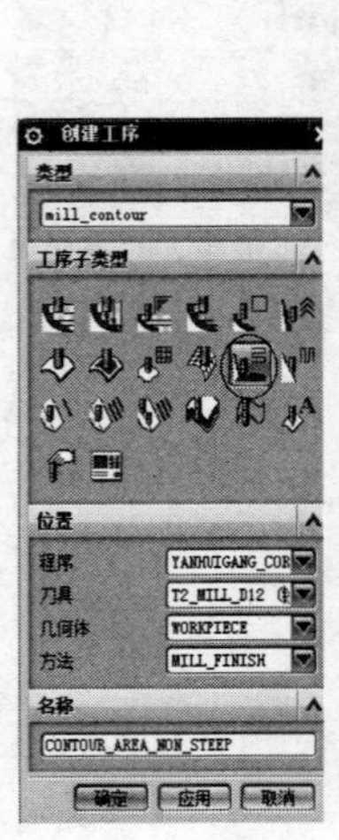

(a)

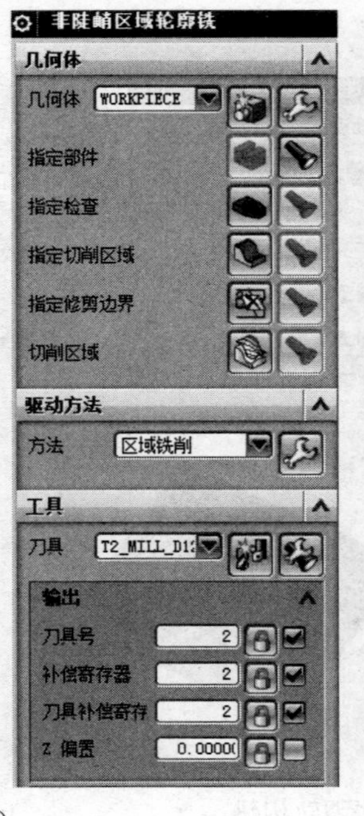

(b)

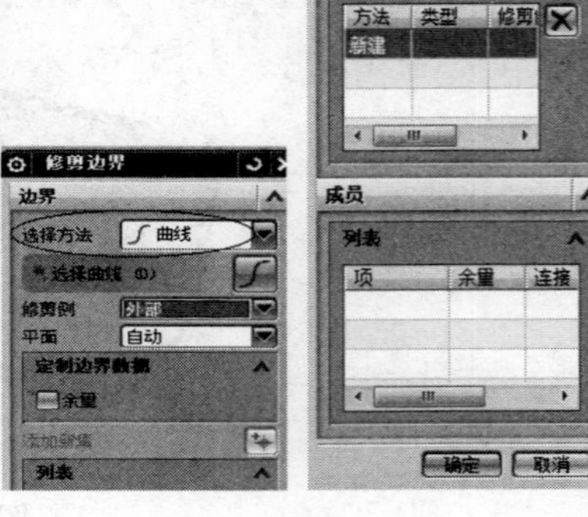

(c)

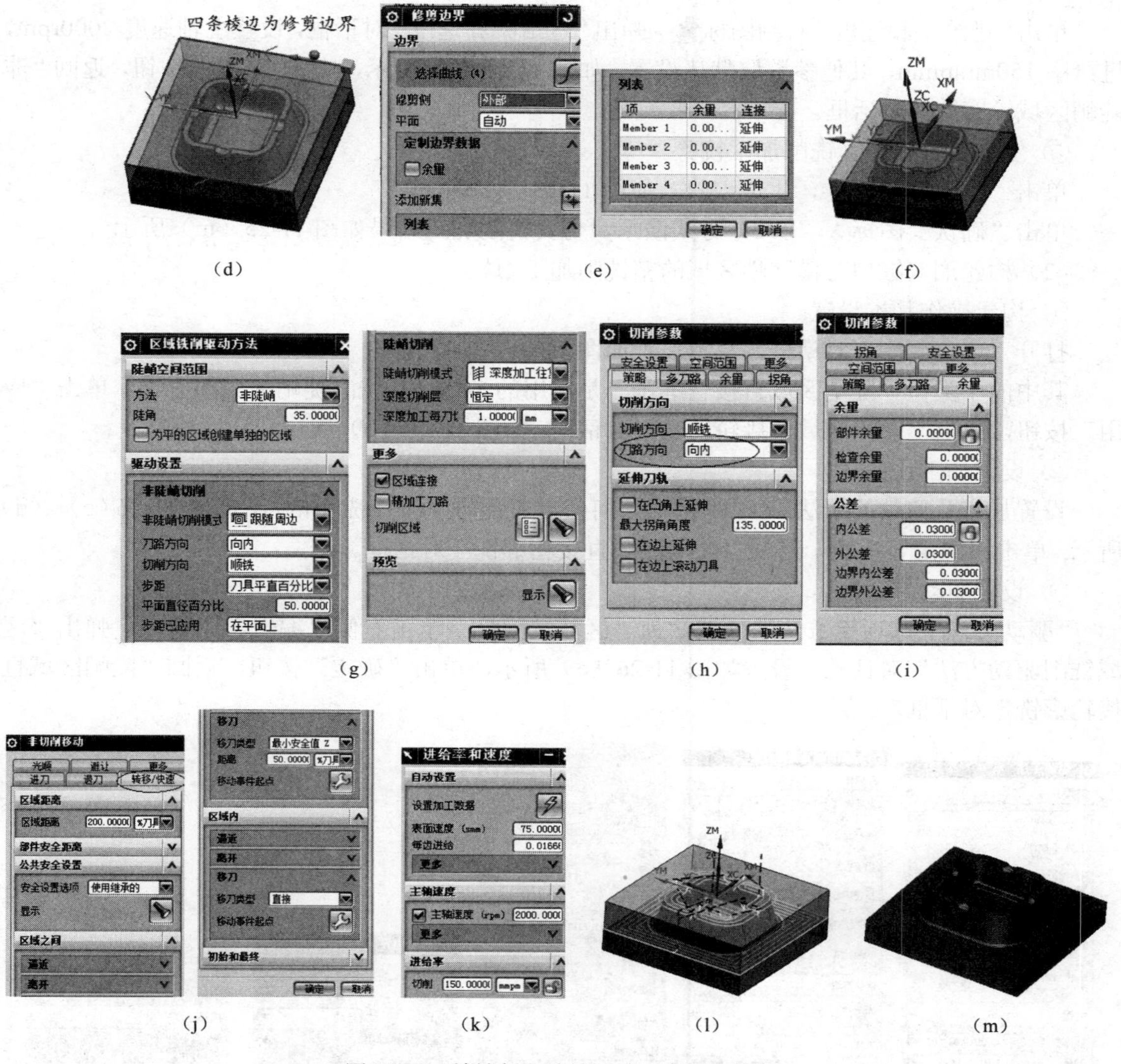

图 11-25　精铣削非陡峭区域工序刀轨构建

③ 设置驱动方法。

“驱动方法”选项组方法选项默认为“区域铣削”， 单击右侧“编辑”图标，弹出“区域铣削驱动方法”对话框，设置如图 11-25（g）所示，单击“确定”按钮，返回“非陡峭区域轮廓铣”对话框。

④ 设置刀轨。

单击“切削参数”右侧图标，弹出“切削参数”对话框，打开“策略”、“余量”选项卡，设置如图 11-25（h）、（i）所示，其他取默认设置，单击“确定”按钮，返回“非陡峭区域轮廓铣”对话框。

单击“非切削移动”右侧图标，检查默认设置情况，一般地，这项可不作任何改动，全取默认设置。在此，为减少刀具空行程，打开“转移/快速”选项卡，设置如图 11-25（j）所示，单击“确定”按钮，返回“非陡峭区域轮廓铣”对话框。

单击“进给率和速度”右侧图标，弹出“进给率和速度”对话框，设置主轴速度2000rpm，进给率150mmpmin，其他参数取默认设置，如图11-25（k）所示，单击“确定”按钮，返回“非陡峭区域轮廓铣”对话框。

⑤ 生成刀轨并仿真铣削加工校验。

单击“生成”图标，生成刀轨，如图11-25（l）所示。

单击“确认”图标，以2D方式演示，仿真铣削加工结果如图11-25（m）所示。

（2）构建烟灰缸型芯模陡峭区域的精铣削加工刀轨

① 构建操作基本设置。

打开“创建工序”对话框，基本设置如图11-26（a）所示。

其中的子类型“陡峭区域直接轮廓铣”是常用的半精、精铣削陡峭区域的方法。单击“应用”按钮，弹出“陡峭区域直接轮廓铣”对话框，如图11-26（b）所示。

② 设置加工几何体。

设置加工几何体的方法、步骤、选取几何体对象都与平面精铣削相同，如图11-26（c）、（d）所示，单击“确定”按钮，返回“陡峭区域直接轮廓铣”对话框。

③ 设置驱动方法。

“驱动方法”选项组方法选项默认为“区域铣削”，单击右侧“编辑”图标，弹出“区域铣削驱动方法”对话框，设置如图11-26（e）所示，单击“确定”按钮，返回“陡峭区域直接轮廓铣”对话框。

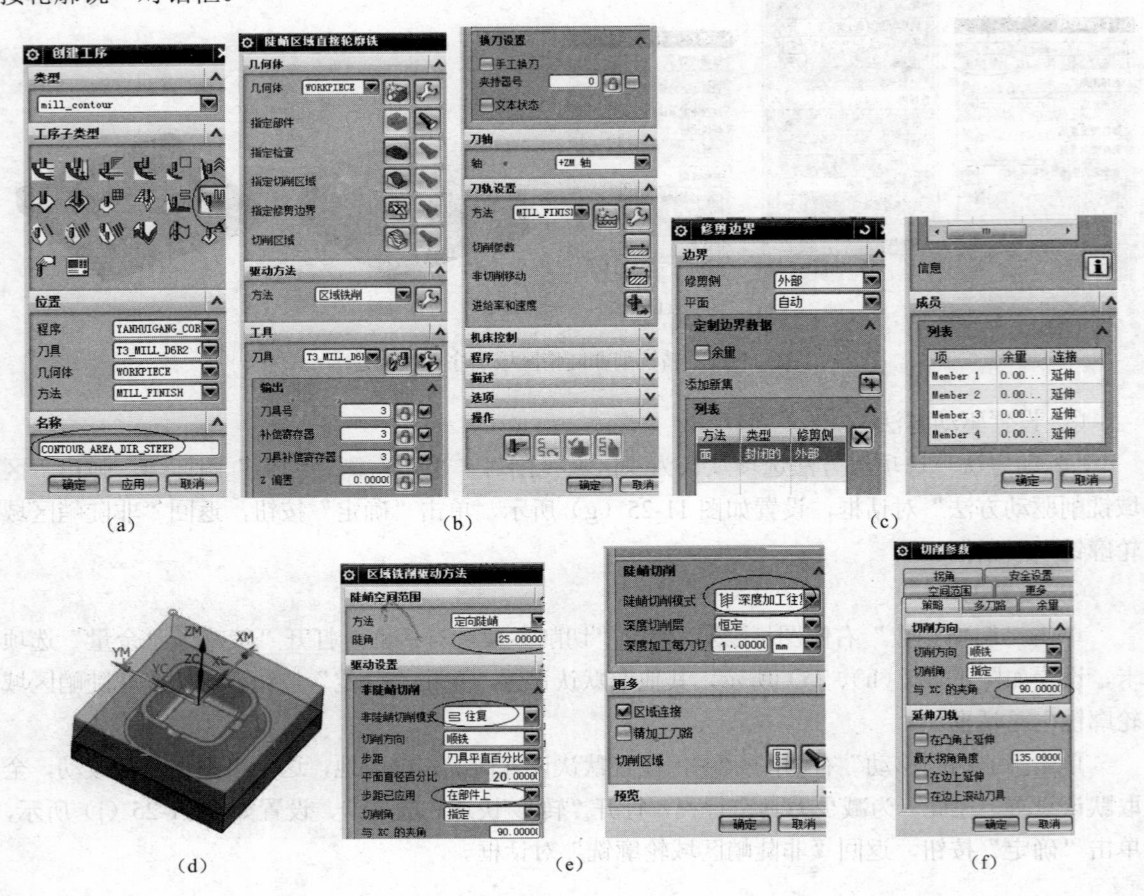

（a） （b） （c）
（d） （e） （f）

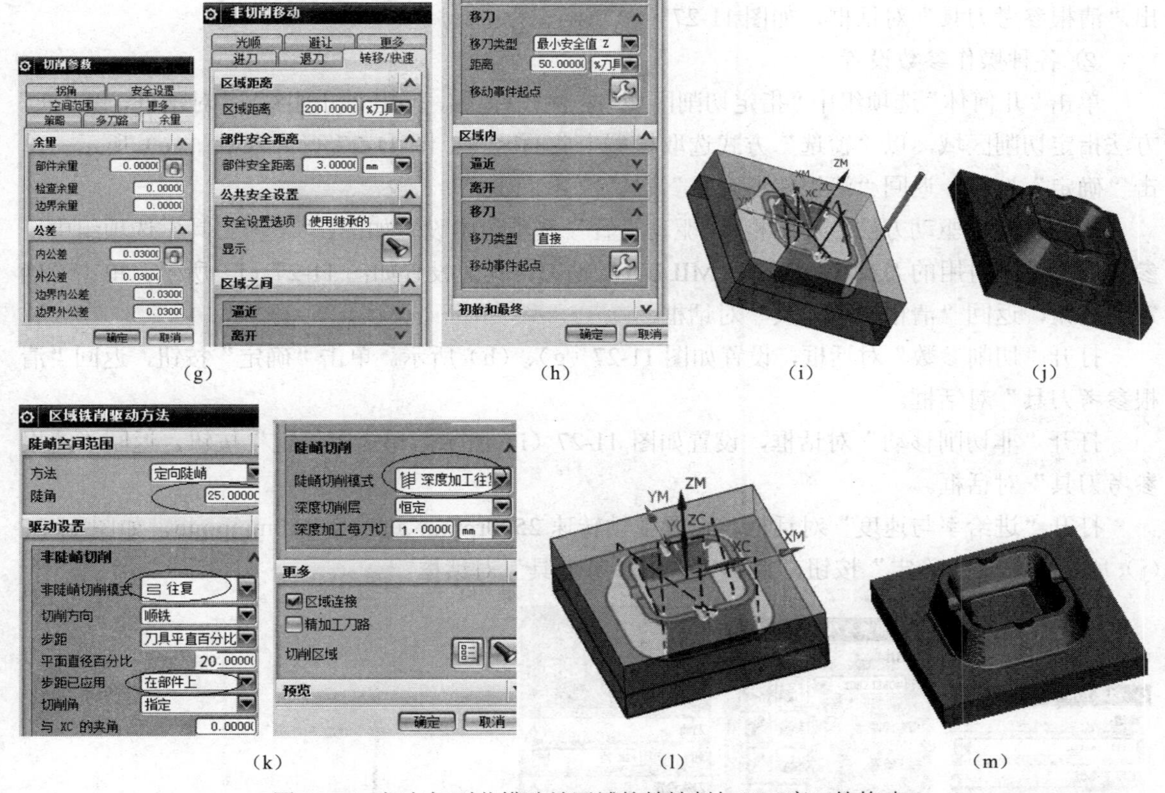

图 11-26　烟灰缸型芯模陡峭区域的精铣削加工工序刀轨构建

注意这里设置的步距量："平面直径百分比：20"，数值越小，刀轨越密，加工后表面越光滑，但程序越长；反之，加工后表面越粗糙，程序则较短；选用"步距已应用在"：部件上；（对于陡峭面加工，步距用在部件上比用在平面上的步距要小得多）。

另一注意点是"切削角度"：采用用户定义：90 度，即沿着与 XC 轴垂直的方向切削。

单击"确定"按钮，返回"陡峭区域直接轮廓铣"对话框。

④ 设置刀轨。

设置刀轨的方法、步骤与平面精铣削完全相同，如图 11-26（f）、（g）、（h）所示。

⑤ 生成刀轨并仿真铣削加工校验。

单击"生成"图标，生成刀轨，如图 11-26（i）所示。单击"确认"图标，以 2D 方式仿真铣削加工演示，如图 11-26（j）所示。

⑥ 构建 XC 向陡峭区域精铣加工刀轨。

在"工序导航器－程序顺序"视图中，复制、粘贴刚构建的"CONTOUR_AREA_DIR_STEEP"操作，重命名为"CONTOUR_AREA_DIR_STEEP_1"。双击"CONTOUR_AREA_DIR_STEEP_1"，打开"陡峭区域直接轮廓铣"对话框，单击"驱动方法"选项组方法右侧"编辑"图标，弹出"区域铣削驱动方法"对话框，将切削角度改为 0 度，如图 11-26（k）所示，即使刀轨方向改为沿 XC 轴方向，其他设置不变，单击"生成"图标，重新生成刀轨，并仿真加工演示，如图 11-26（l）、（m）所示。

（3）构建烟灰缸型芯清根铣削加工刀轨

① 创建清根参考刀具铣削工序刀轨基本设置。

打开"创建工序"对话框，进行基本设置，如图 11-27（a）所示。单击"应用"按钮，弹出“清根参考刀具”对话框，如图 11-27（b）所示。

② 各种操作参数设置。

单击“几何体”选项组中“指定切削区域”右侧图标，弹出“切削区域”对话框，以“面”方法指定切削区域，以“窗选”方式选取模型中曲面区域，图 11-27（c）、（d）、（e）所示。单击“确定”按钮，返回“清根参考刀具”对话框。

打开“清根驱动方法”对话框，“驱动设置”选项组中设置如图；“参考刀具”选项组中，参考曲面铣削时用的刀具 T3_BALL_MILL_D2 铣刀；其他设置如图 11-27（f）所示。单击“确定”按钮，返回“清根参考刀具”对话框。

打开“切削参数”对话框，设置如图 11-27（g）、（h）所示。单击“确定”按钮，返回“清根参考刀具”对话框。

打开“非切削移动”对话框，设置如图 11-27（i）所示。单击“确定”按钮，返回“清根参考刀具”对话框。

打开“进给率与速度”对话框，设置主轴转速 2500rpmin ,进给率 150mmpmin，如图 11-27（j）所示。单击“确定”按钮，返回“清根参考刀具”对话框。

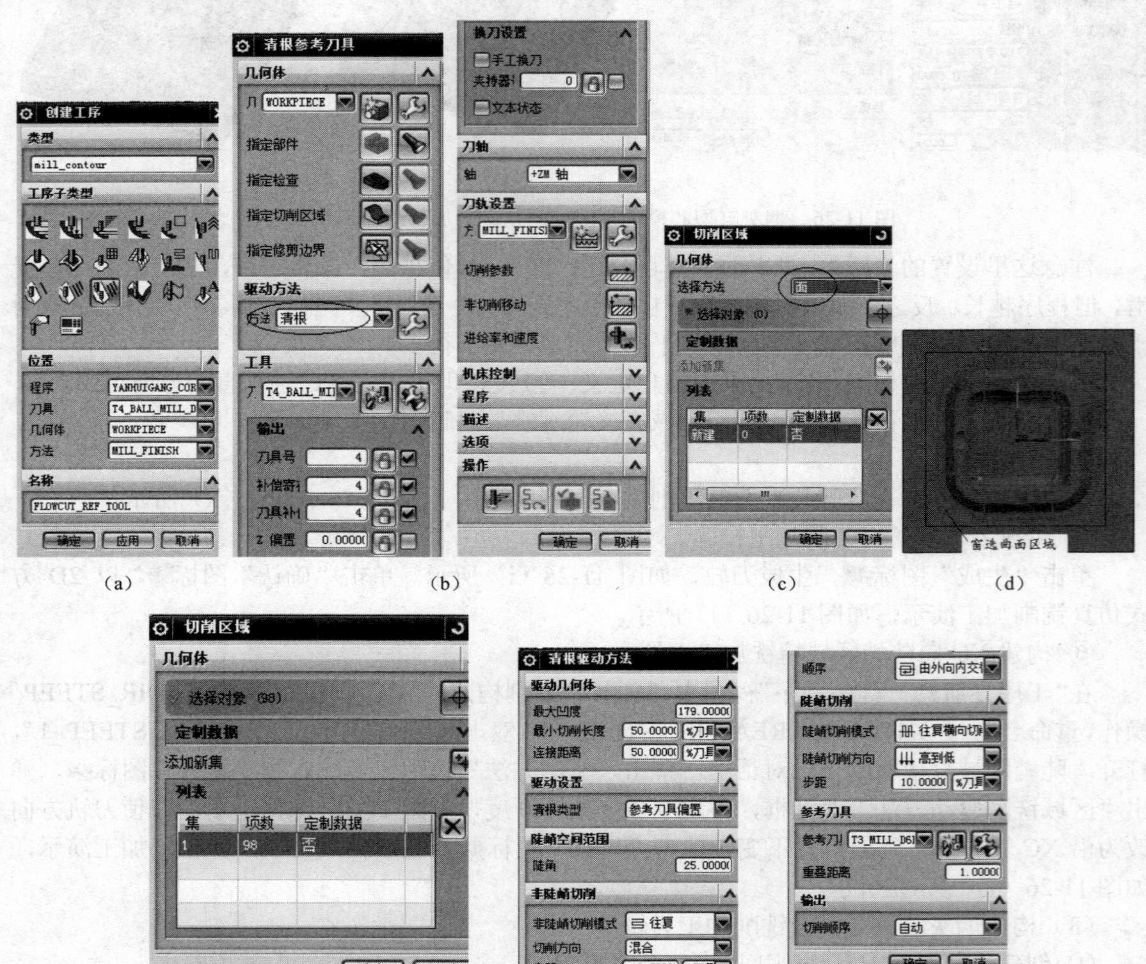

(a) (b) (c) (d) (e) (f)

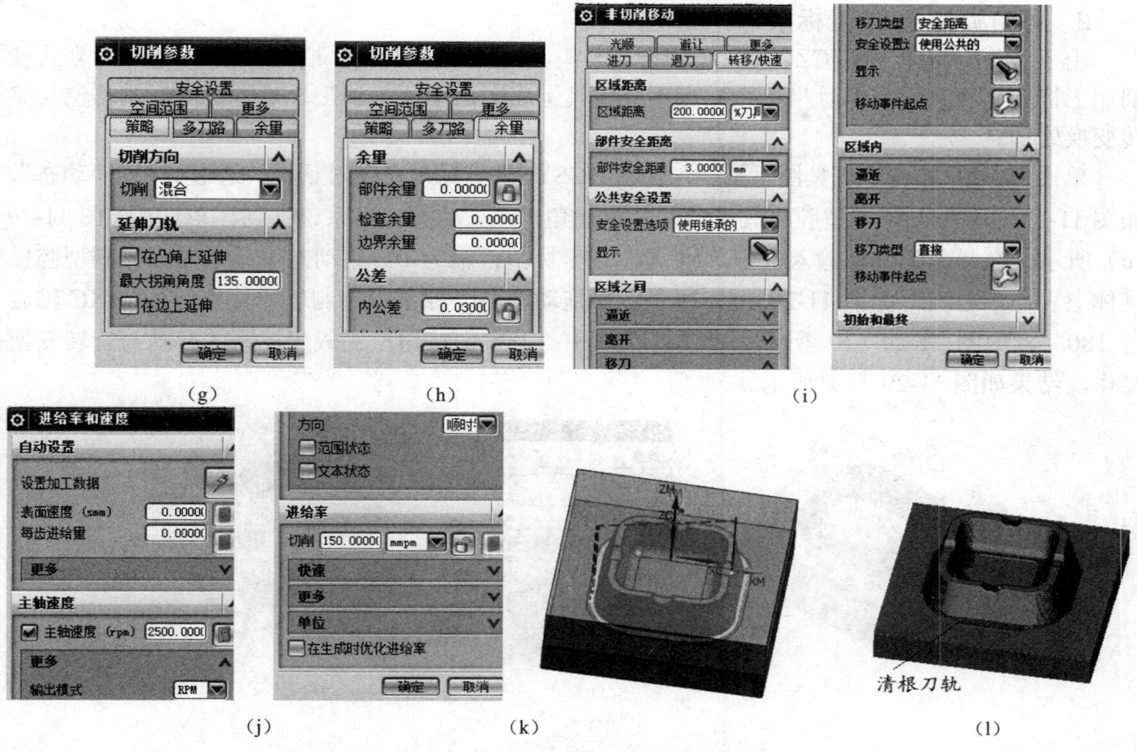

图 11-27　清根铣削工序刀轨构建

③ 生成刀轨并仿真加工校验。

单击“生成”图标，生成刀轨；如图 11-27（k）所示；单击“确认”图标，以 2D 方式演示，仿真铣削加工结果如图 11-27（l）所示。

至此，完成了烟灰缸型芯模刀轨的构建，各程序主要信息在“工序导航器—程序顺序”视图中显示，如图 11-28 所示。

工序导航器 - 程序顺序

名称	换刀	刀轨	刀具	刀具号	时间	几何体	方法
NC_PROGRAM					09:27:07		
未用项					00:00:00		
PROGRAM					00:00:00		
YANHUIGANG_CORE					09:27:07		
CAVITY_MILL	▮	✔	T1_MILL_D20	1	04:59:49	WORKPIECE	MILL_ROUGH
CONTOUR_AREA_NON_STEEP	▮	✔	T2_MILL_D12	2	00:55:15	WORKPIECE	MILL_FINISH
CONTOUR_AREA_DIR_STEEP	▮	✔	T3_MILL_D6R2	3	01:21:44	WORKPIECE	MILL_FINISH
CONTOUR_AREA_DIR_STEEP_1		✔	T3_MILL_D6R2	3	01:21:39	WORKPIECE	MILL_FINISH
FLOWCUT_REF_TOOL	▮	✔	T4_BALL_MILL_D2	4	00:47:52	WORKPIECE	MILL_FINISH

图 11-28　烟灰缸型芯模具铣削加工工序信息列表

生成 NC 程序代码的操作请读者参考项目 7 讲授内容进行。

任务 6　构建方形玻璃烟灰缸型腔模具毛坯

1. 打开烟灰缸型腔模具体

启动 NX9.0 软件，进入建模模块，打开烟灰缸型腔模具文件“xm11_yanhuigang_cavity_002.prt”，将其颜色改为深灰色。

2. 移动旋转 WCS 坐标系

由于工作坐标系 XCYCZC 的 ZC 轴指向与模具开口反向，如图 11-29（a）所示，与立式铣削加工机床坐标系反向，且坐标系原点不在模具上表面，不便于加工。故进行坐标系移位与旋转变换处理。

单击“WCS 方向”工具图标，弹出“CSYS”坐标系变换对话框，选取类型：“动态”，如图 11-29（b）所示。在型腔模具上表面任意棱角单击，动态坐标系该移到棱角点，如图 11-29（c）所示。在弹出的坐标输入框中，将 X、Y 坐标值都输为 0，则动态坐标系原点移到型腔模具体上表面中心点，如图 11-29（d）所示。再拖动动态坐标系中控制球，使坐标系绕 XC 轴旋转 180°，如图 11-29（e）所示。单击对话框中“确定”按钮，完成坐标系的移动与旋转变换操作，结果如图 11-29（f）所示。

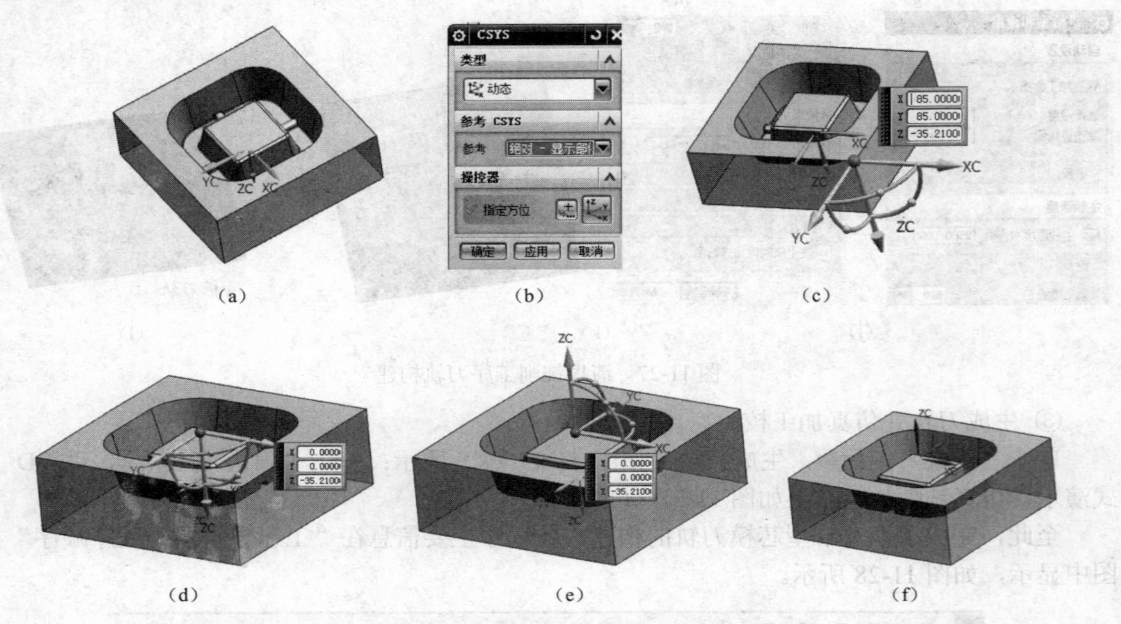

图 11-29 移动旋转工作坐标系 WCS

3. 构建烟灰缸型腔模具加工毛坯体

单击“拉伸”特征工具图标，选择型腔模具下边缘为拉伸线框，向上拉伸 58mm，不与型腔模具体作布尔运算，并将拉伸长方体改为半透明显示。（拉伸的长方体作型芯的毛坯体，型芯上表面留有 3mm 的加工余量）如图 11-30 所示。

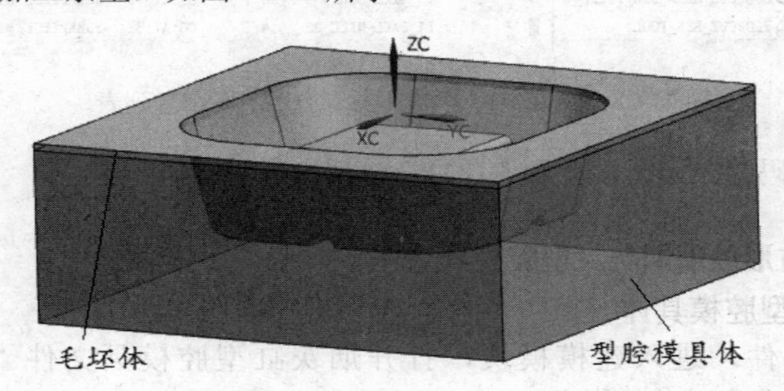

图 11-30 构建烟灰缸型腔模具毛坯体

任务 7　构建方形玻璃烟灰缸型腔铣削加工刀轨

1. 创建加工环境

（1）进入加工模块

单击“启动”菜单图标，单击“加工”菜单项，选择加工类型为型腔铣削（mill contour），单击“确定”按钮，进入加工模块。

（2）创建加工几何体

① 创建加工坐标系 XMYMZM。

将“操作导航器”切换成“几何视图”，双击“操作导航器”中“MCS_MILL”项，弹出“MCS 铣削”对话框，如图 11-31（a）所示。

在“MCS 铣削”对话框中，机床坐标系项“指定 MCS”中，单击“CSYS 构造器”工具图标，弹出“CSYS”对话框，选取类型为“动态”图标；参考 CSYS 为“WCS”，如图 11-31（b）所示；动态坐标系在模型中显示如图 11-31（c）所示；单击“确定”按钮，返回“MCS 铣削”对话框。在模型中构建的加工坐标系 XM、YM、ZM 与工作坐标系 WCS 重合，如图 11-31（d）所示。

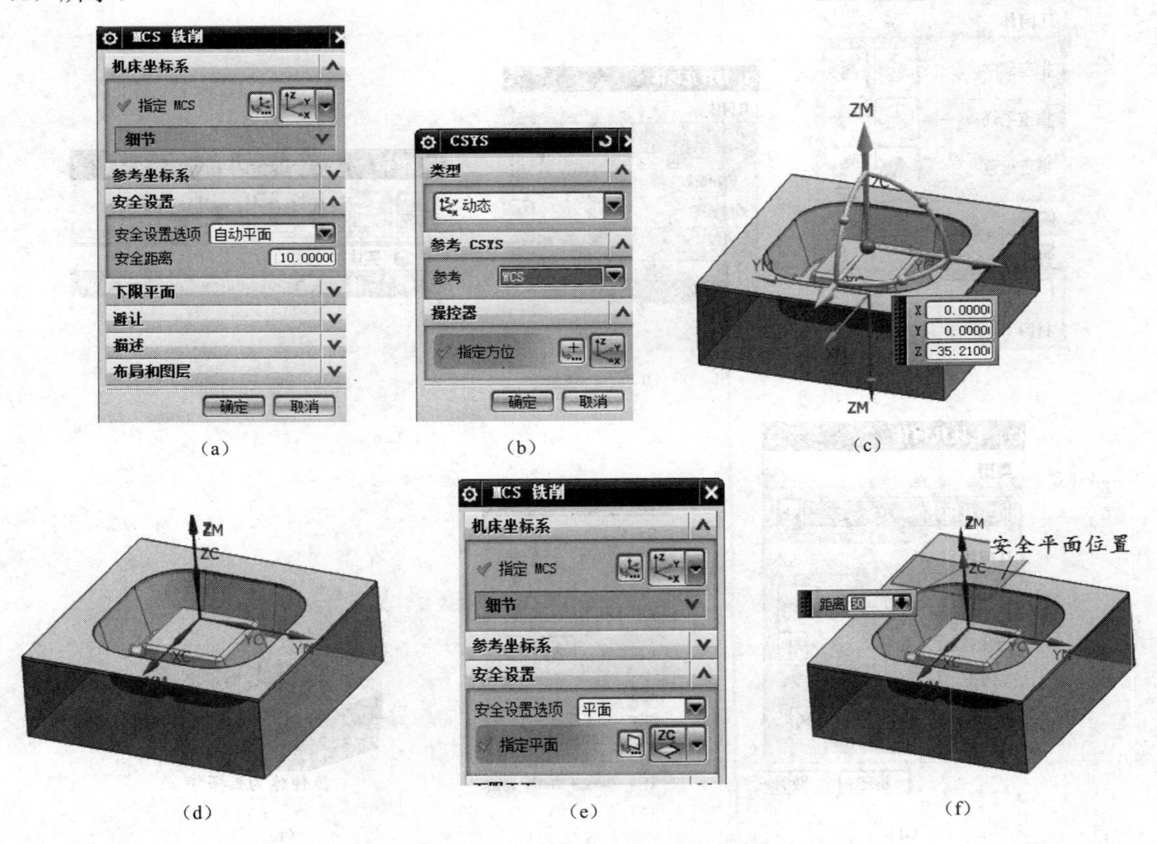

（a）　（b）　（c）

（d）　（e）　（f）

图 11-31　构建加工坐标系 XMYMZM 与安全平面

② 创建安全平面。

在“MCS 铣削”对话框安全设置选项组中，“安全设置选项”中选取“平面”，指定平面类型与 XCYC 坐标平面平行，如图 11-31（e）所示，在模型中弹出的距离输入栏输入：50，即安全平面距离 XCYC 坐标平面为 50mm，如图 11-31（f）所示。

单击“确定”按钮，创建加工坐标系和安全平面操作结束。

③ 创建加工部件几何体。

单击“操作导航器”中“MCS_MILL”前“+”号，出现“WORKPIECE”，双击“WORKPIECE”，弹出铣削几何“工件”对话框，如图 11-32（a）所示。

单击“指定部件”图标，弹出“部件几何体”对话框，如图 11-32（b）所示，在型腔上右击，弹出快捷菜单，选取“从列表中选择”，弹出“快速拾取”对话框，如图 11-32（c）所示，选取第二个实体（绘图区共有两个实体，选取不同，实体突出显示不同，很容易确定选择对象），选取型腔模型后，单击部件几何体对话框中“确定”按钮，返回“工件”对话框。

④ 创建毛坯几何体。

单击“指定毛坯”图标，弹出“毛坯几何体”对话框，如图 11-32（d）所示，与上述操作相同，选取毛坯体后返回“工件”对话框。“工件”对话框中显示如图 11-32（e）所示。

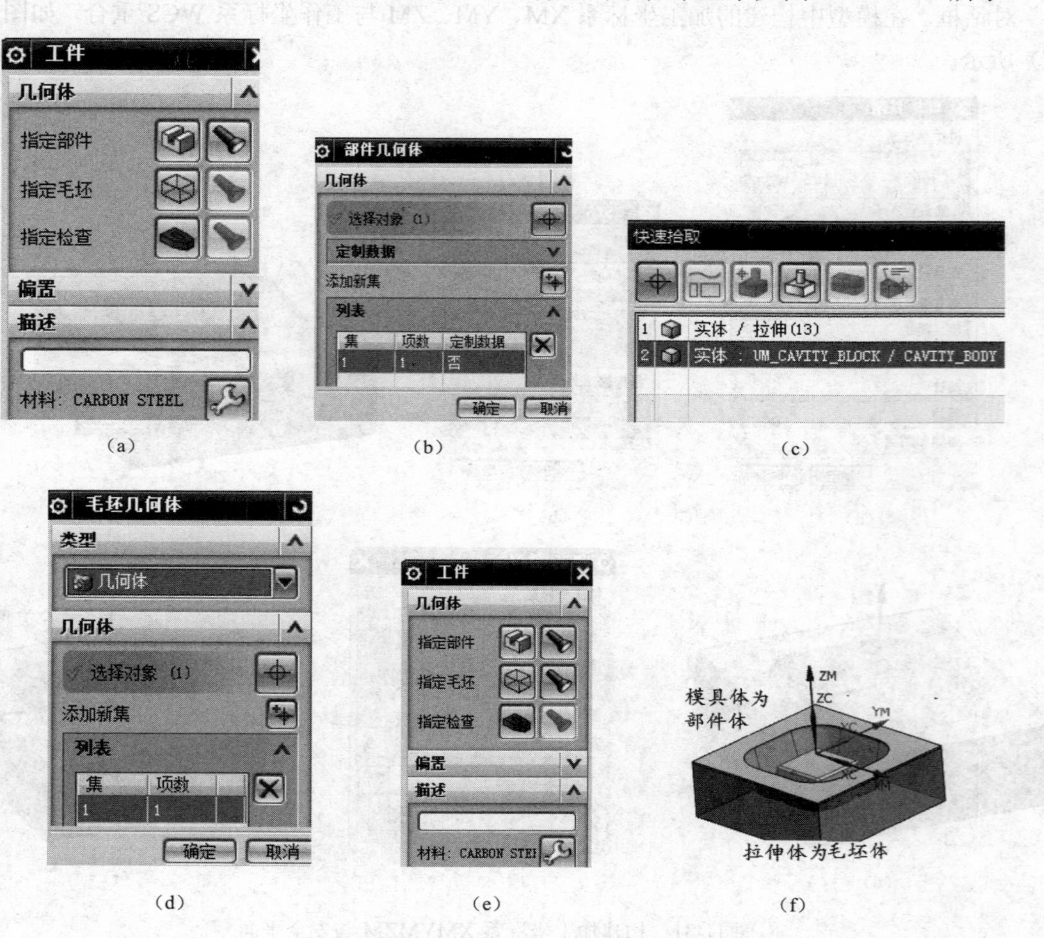

图 11-32 指定部件几何体和毛坯几何体

（3）创建刀具和加工方法

创建刀具和加工方法与型芯加工时完全相同，请参照上面讲述进行。创建刀具列表如图 11-33 所示。

工序导航器 - 机床

名称	刀轨	刀具	描述	刀具号
GENERIC_MACHINE			Generic Machine	
未用项			mill_contour	
T1_MILL_D20			Milling Tool-5 Parameters	1
T2_MILL_D10			Milling Tool-5 Parameters	2
T3_MILL_D6R2			Milling Tool-5 Parameters	3
T4_BALL_MILL_D2			Milling Tool-Ball Mill	4

图 11-33　创建刀具清单

（4）创建程序名

将“工序导航器－机床”切换到“工序导航器－程序顺序”视图，单击“创建程序”图标，弹出创建程序对话框，设置类型：型腔铣削（mill–contour），位置：NC_PROGRAM，名称：YANHUIGANG_CAVITY。

连续单击对话框中“确定”按钮两次，完成程序名创建，在“工序导航器－程序顺序”视图中出现“YANHUIGANG_CAVITY”项。

2. 创建粗铣削型腔加工刀轨

（1）创建粗加工操作基本设置

右键单击操作导航器中程序名“YANHUIGANG_CAVITY”，出现快捷菜单，单击“插入\工序”，弹出“创建工序”对话框，设置子类型“型腔铣”（CAVITY_MILL），位置栏中的程序、刀具、几何体、方法及名称设置如图 11-34（a）所示。

（2）创建粗铣削工序（步）加工几何体

单击“创建工序”对话框中“应用”，弹出“型腔铣”（CAVITY_MILL）参数设置对话框，如图 11-34（b）所示。

“几何体”选项组中“指定部件”、“指定毛坯”项已不能选用，是因为在前面已经设定。

由于粗切削区域包括了除型腔体最外侧四个铅垂面不切削外，其他部分都应切削，选取起来，不太方便。这里采用将型芯体最外侧四个铅垂面作为不切削的修剪边界指定，从而间接指定切削区域。

单击“指定修剪边界”图标，弹出如图 11-34（c）所示“修剪边界”对话框，选取边界选择方法：面，修剪侧：外部，在模型上选取毛坯体上表面，如图 11-34（d）所示，“修剪边界”对话框立即变成如图 11-34（e）所示，单击对话框中“确定”按钮，返回“型腔铣”对话框，单击“指定修剪边界”右侧图标，模具中显示修剪边界如图 11-34（f）所示。

（3）刀轨设置

① 加工方法、切削模式、重刀量、每刀深度设置。

在“型腔铣”参数设置对话框的“刀轨设置”选项组中，设置“方法”、“切削模式”、“步进”计算方式与步进“百分比”、“全局每刀深度”切削用量，如图 11-34（b）所示。

② 切削层设置。

单击“切削层”右侧图标，打开“切削层”设置对话框，一般取默认设置不变，如图 11-34（g）所示。单击“确定”按钮，返回“型腔铣”对话框。

③ 切削参数设置。

单击“切削参数”右侧图标，弹出“切削参数”对话框，在“策略”选项卡中，选取“切削顺序”：深度优先。在“余量”选项卡中，部件侧面底面余量一致：0.5；如图 11-34（h）、（i）所示，其他取默认设置。单击“确定”按钮，返回“型腔铣”对话框。

④ 非切削参数设置。

单击“非切削移动”右侧图标，打开“非切削移动”对话框，“进刀”选项卡设置如图 11-34（j）所示。“转移/快速”选项卡设置如图 11-34（k）所示，其他参数取默认设置，单击“确定”按钮，返回“型腔铣”对话框。

⑤ 进给和速度设置。

单击“进给率和速度”右侧图标，打开“进给率和速度”对话框，设置主轴转速 1500rpm，进给率 150mmpmin。其他参数由系统自动计算获得，如图 11-34（l）所示，单击“确定”按钮，返回“型腔铣”对话框。

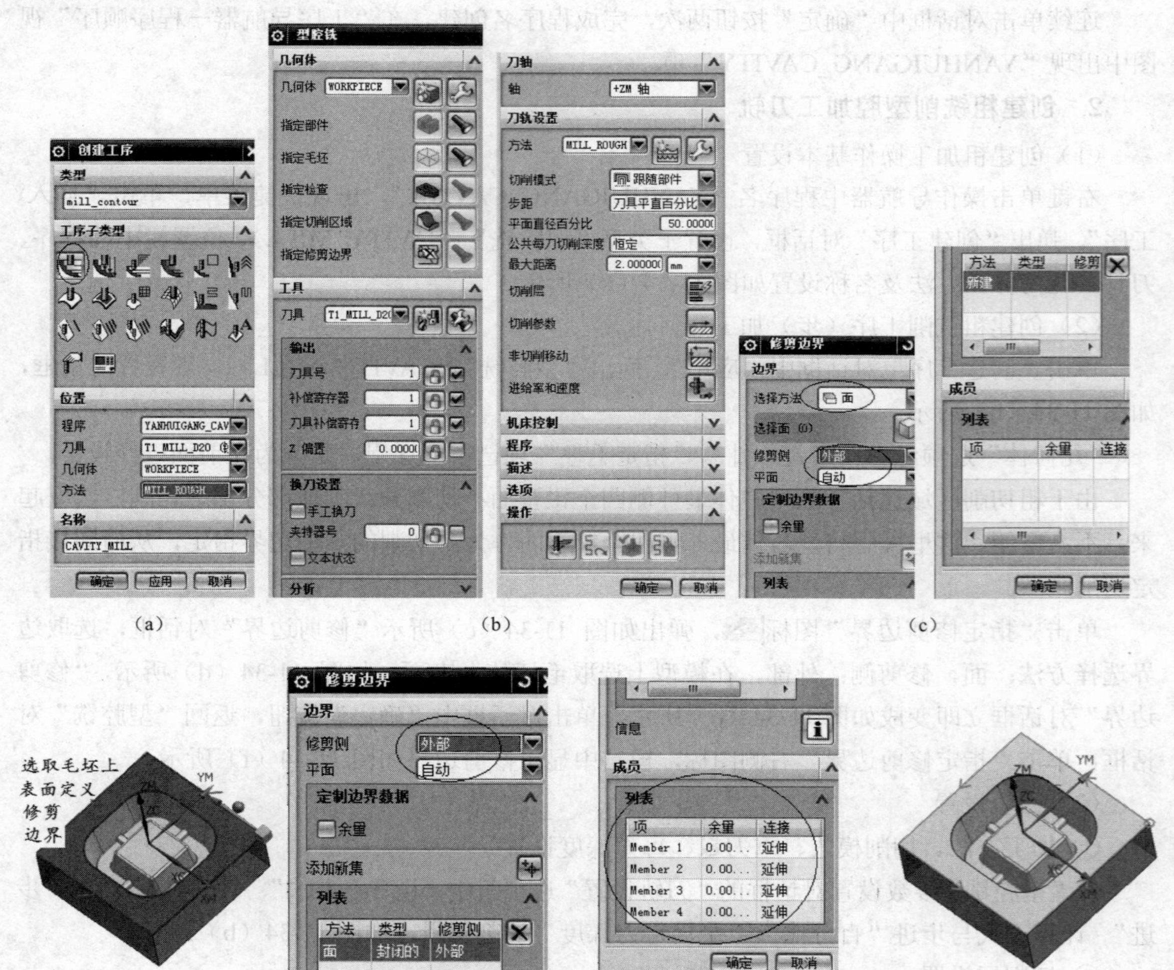

(a)　(b)　(c)　(d)　(e)　(f)

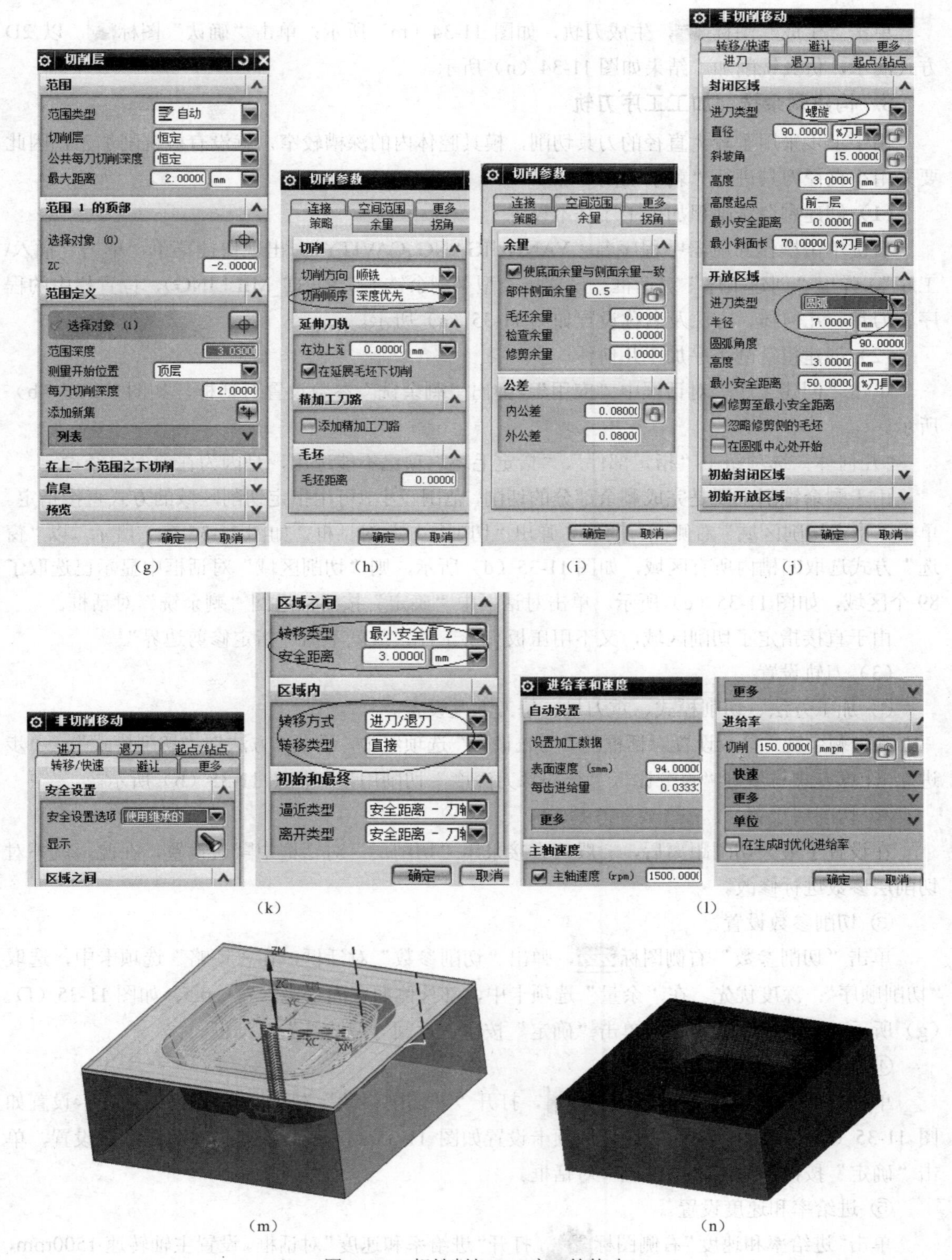

图 11-34　粗铣削加工工序刀轨构建

（4）生成刀轨并仿真加工演示

单击“生成”图标，生成刀轨，如图 11-34（m）所示；单击“确认”图标，以 2D 方式演示，仿真铣削加工结果如图 11-34（n）所示。

3. **构建剩余铣削加工工序刀轨**

由于上步采用了较大直径的刀具切削，模具腔体内的深槽较窄，就没有被铣削加工，因此要采用小直径刀具进行“剩余铣削”加工。

（1）创建剩余铣削粗加工工序基本设置

右键单击操作导航器中程序名“YANHUIGANG_CAVITY”，出现快捷菜单，单击“插入\工序”，弹出“创建工序”对话框，设置子类型“剩余铣”（ REST_MILLING），位置栏中的程序、刀具、几何体、方法及名称设置如图 11-35（a）所示。

（2）创建粗铣削工序加工几何体

单击“创建工序”对话框中“应用”，弹出“剩余铣”参数设置对话框，如图 11-35（b）所示。

“几何体”选项组中“指定部件”、“指定毛坯”项已不能选用，是因为在前面已经设定。

由于剩余铣削主要是完成剩余部分的切削，范围较小，可用指定切削区域的方式直接指定。单击“指定切削区域”右侧图标，弹出“切削区域”对话框，如图 11-35（c）所示，以“窗选”方式选取凹槽内所有区域，如图 11-35（d）所示，则“切削区域”对话框中显示已选取了 89 个区域，如图 11-35（e）所示。单击对话框中“确定”按钮，返回“剩余铣”对话框。

由于直接指定了切削区域，又不用压板夹持工件，故就不需“指定修剪边界”。

（3）刀轨设置

① 加工方法、切削模式、重刀量、每刀深度设置。

在“剩余铣”参数设置对话框的“刀轨设置”选项组中，设置“方法”、“切削模式”、 “步进” 计算方式与步进“百分比”、“全局每刀深度”切削用量，如图 11-35（b）所示。

② 切削层设置。

在设置了最大切削距离后，一般可直接采用“切削层”对话框中默认设置，在此，就不对切削层参数进行修改。

③ 切削参数设置。

单击“切削参数”右侧图标，弹出“切削参数”对话框，在“策略”选项卡中，选取“切削顺序”：深度优先。在“余量”选项卡中，部件侧面底面余量一致：0.5；如图 11-35（f）、（g）所示，其他取默认设置。单击“确定”按钮，返回“型腔铣”对话框。

④ 切削参数设置。

单击“非切削移动”右侧图标，打开“非切削移动”对话框，“进刀”选项卡设置如图 11-35（h）所示。“转移/快速”选项卡设置如图 11-35（i）所示，其他参数取默认设置，单击“确定”按钮，返回“型腔铣”对话框。

⑤ 进给率和速度设置。

单击“进给率和速度”右侧图标，打开“进给率和速度”对话框，设置主轴转速 1500rpm，进给率 150mmpmin。其他参数由系统自动计算获得，如图 11-35（j）所示，单击“确定”按钮，返回“型腔铣”对话框。

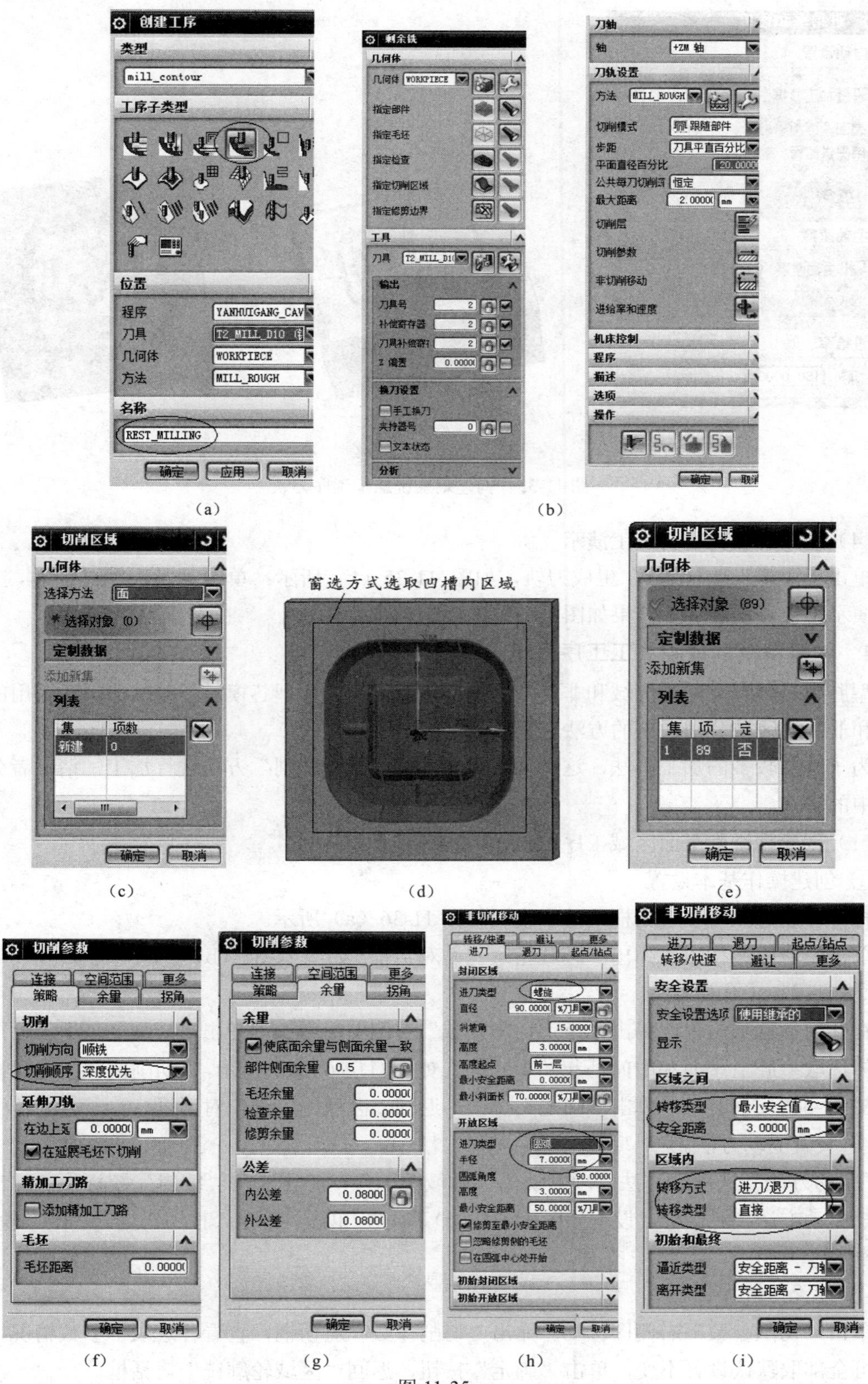

图 11-35

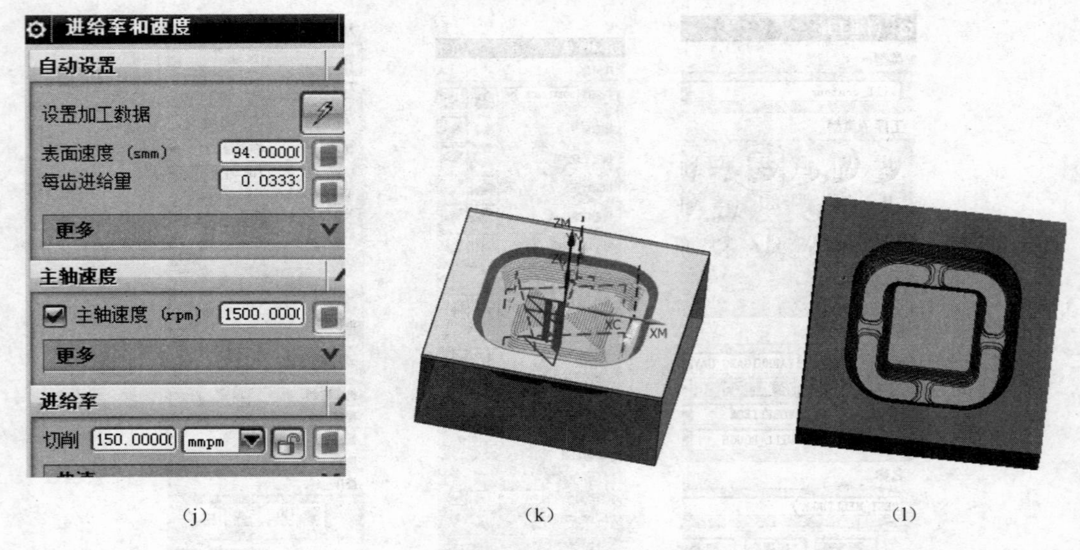

（j）　（k）　（l）

图 11-35　构建剩余铣加工工序刀轨

（4）生成刀轨并仿真加工演示

单击“生成”图标，生成刀轨，如图 11-35（k）所示；单击“确认”图标，以 2D 方式演示，仿真铣削加工结果如图 11-35（l）所示。

4. 构建精铣削型腔加工工序刀轨

型腔模具体具有陡峭区域和非陡峭区域，完全可用上述型芯模具体的精加工时采用的陡峭区域和非陡峭区域分别加工的方法进行精加工。

为了介绍较多的加工方法，这里采用更通用的“区域铣削”方法进行加工，请读者分析比较其中的区别。

（1）创建精铣削平面区域工序刀轨

① 创建操作基本设置。

打开“创建工序”对话框，基本设置如图 11-36（a）所示。

单击“应用”按钮，弹出“区域轮廓铣”对话框，如图 11-36（b）所示。

② 设置加工几何体。

在几何体选项组中，单击“指定切削区域”右侧图标，弹出“切削区域”对话框，在模具体选取型腔上平面和中间凸起的上平面，如图 11-36（d）所示，“切削区域”对话框中显示如图 11-36（c）所示。单击“确定”按钮，返回“区域轮廓铣”对话框。

③ 设置驱动方法。

“驱动方法”选项组方法选项默认为“区域铣削”， 单击右侧“编辑”图标，弹出“区域铣削驱动方法”对话框，设置如图 11-36（e）所示，单击“确定”按钮，返回“区域轮廓铣”对话框。

④ 设置刀轨。

单击“切削参数”右侧图标，弹出“切削参数”对话框，查看各选项卡参数情况，一般地，可全部取默认设置不变，单击“确定”按钮，返回“区域轮廓铣”对话框。

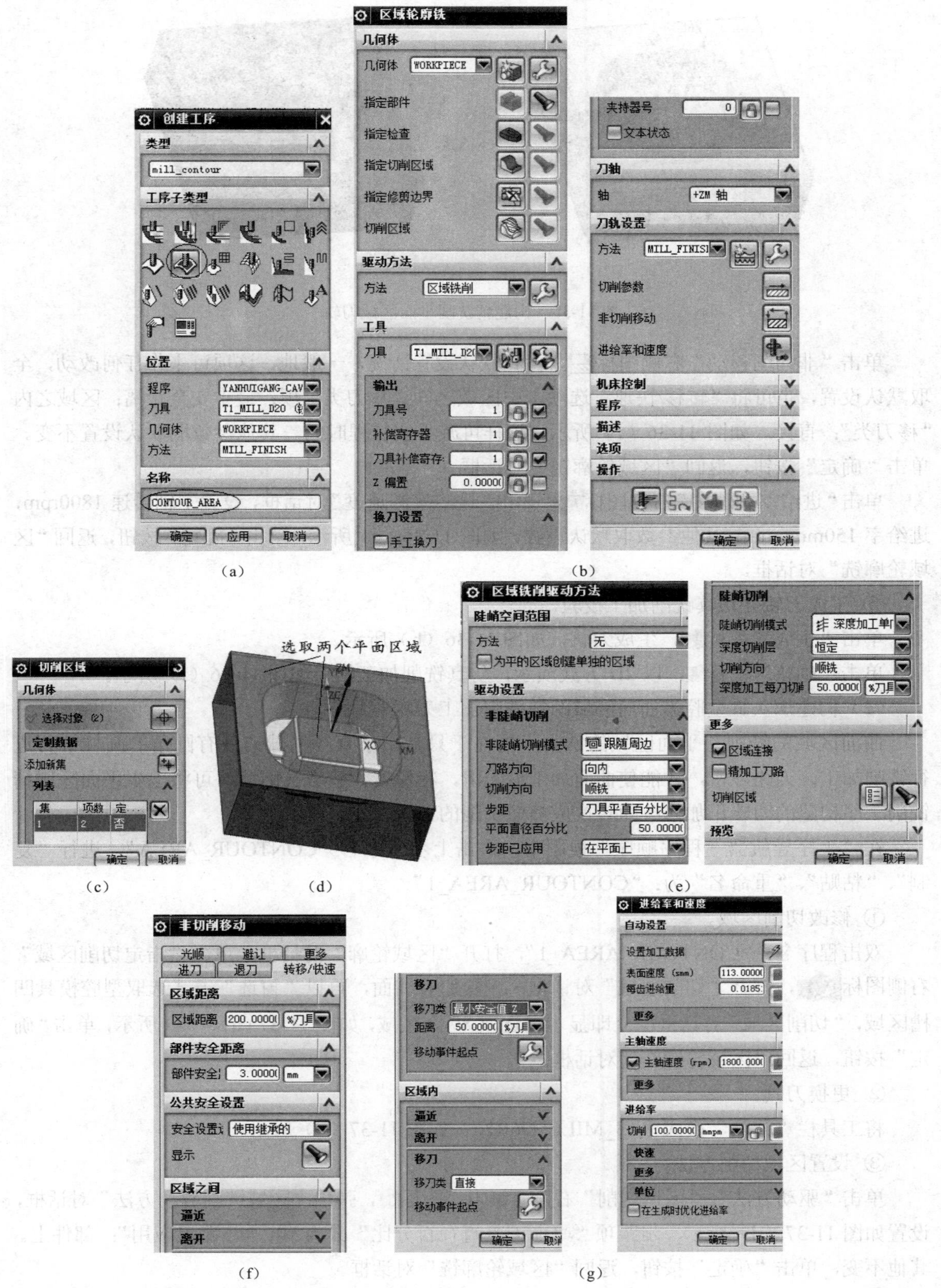

图 11-36

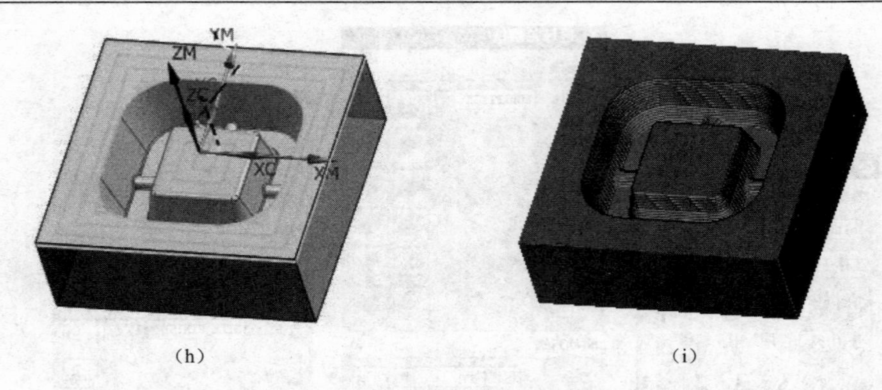

（h） （i）

图 11-36 构建精铣削平面区域刀轨

单击“非切削移动”右侧图标，检查默认设置情况，一般地，这项可不作任何改动，全取默认设置，也可将“转移/快速”选项卡中区域之间“移刀类”项：最小安全距离；区域之内“移刀类”：直接。如图 11-36（f）所示。这样可减小空行程时间。其他参数取默认设置不变。单击“确定”按钮，返回“区域轮廓铣”对话框。

单击“进给率和速度”右侧图标，弹出“进给率和速度”对话框，设置主轴转速 1800rpm，进给率 150mmpmin，其他参数取默认设置，如图 11-36（g）所示，单击“确定”按钮，返回“区域轮廓铣”对话框。

⑤ 生成刀轨并仿真铣削加工校验。

单击“生成”图标，生成刀轨，如图 11-36（h）所示。

单击“确认”图标，以 2D 方式演示，仿真铣削加工结果如图 11-36（i）所示。

（2）构建烟灰缸型腔模曲面区域的精铣削加工刀轨

曲面区域的铣削与平面区域的铣削不同在于只能用小直径的球刀或有圆角的圆柱铣刀进行铣削加工，刀路应密，才能使曲面加工后光滑，粗糙度数值小。因此，可将上步平面区域精铣削工序构建的刀轨稍加修改即转换成曲面铣削的刀轨。

在“工序导航器－程序顺序”视图中，右击上步程序名“CONTOUR_AREA”，进行“复制”、“粘贴”、“重命名”为：“CONTOUR_AREA_1”。

① 修改切削区域。

双击程序名：“CONTOUR_AREA_1”，打开“区域轮廓”对话框，单击“指定切削区域”右侧图标，打开“切削区域”对话框，删除原有曲面，再以“窗选”方式选取型腔模具凹槽区域，“切削区域”对话框中立即显示已选取 89 个区域，如图 11-37（a）、（b）所示，单击“确定”按钮，返回“区域轮廓铣”对话框。

② 更换刀具。

将工具栏“刀具”换成“T3_MILL_D6R2”。如图 11-37（c）所示。

③ 设置区域切削方法。

单击“驱动方法”：“区域铣削”右侧“编辑”图标，弹出“区域铣削驱动方法”对话框，设置如图 11-37（d）所示，步距项“平面刀具直径百分比”改为 10；“步距已应用”：部件上。其他不变，单击“确定”按钮，返回“区域轮廓铣”对话框。

④ 生成刀轨并仿真铣削加工校验。单击“生成”图标，生成刀轨，如图 11-37（e）所示。

单击“确认”图标，以 2D 方式仿真铣削加工演示，如图 11-37（f）所示。

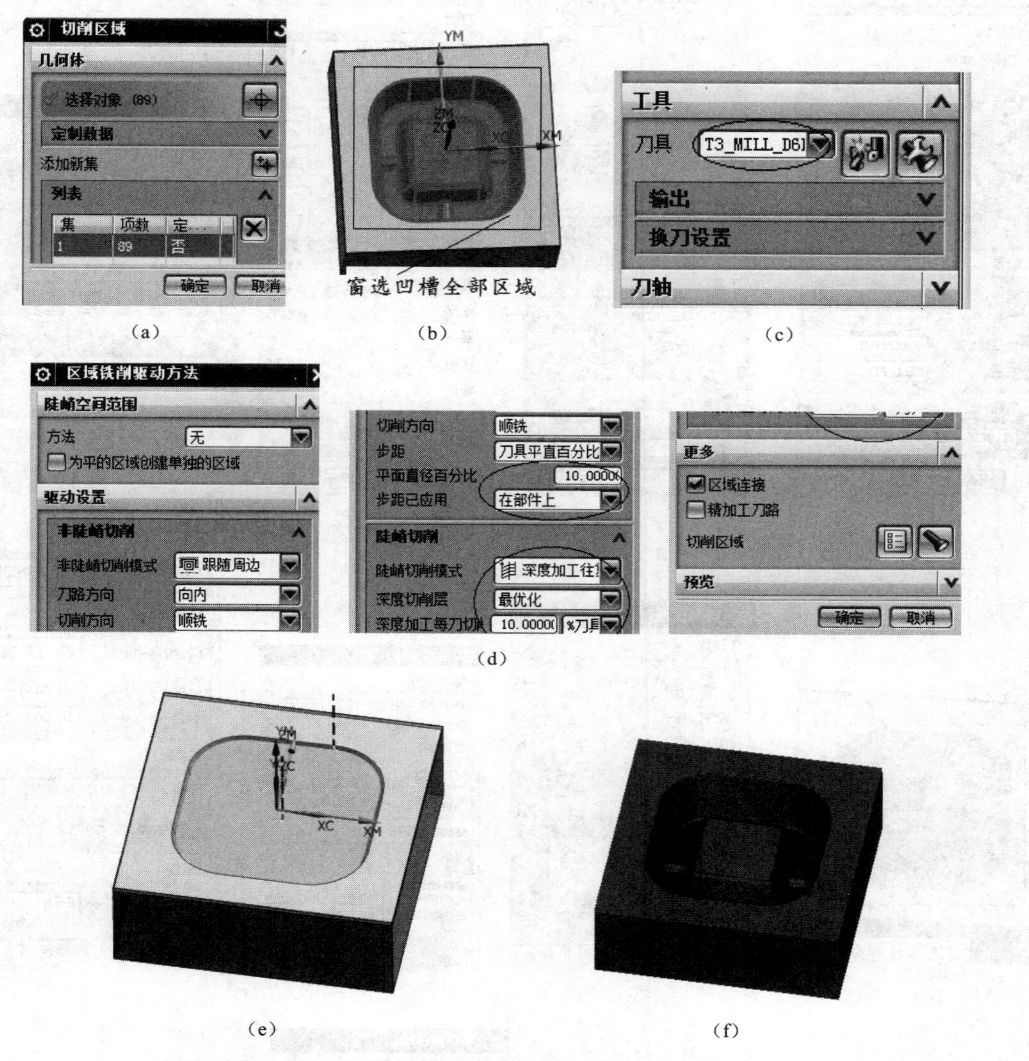

（a）　（b）　（c）

（d）

（e）　（f）

图 11-37　构建烟灰缸型腔模曲面区域的精铣削加工刀轨

（3）构建烟灰缸型腔清根加工刀轨

① 创建加工刀轨基本设置。

打开“创建工序”对话框，进行基本设置，如图 11-38（a）所示。单击“应用”按钮，弹出“清根参考刀具”对话框，如图 11-38（b）所示。

② 各种操作参数设置。

单击“几何体”选项组中“指定切削区域”右侧图标，弹出“切削区域”对话框，以“面”方法指定切削区域，以“窗选”方式选取模型中曲面区域，图 11-38（c）、（d）、（e）所示。单击“确定”按钮，返回“清根参考刀具”对话框。

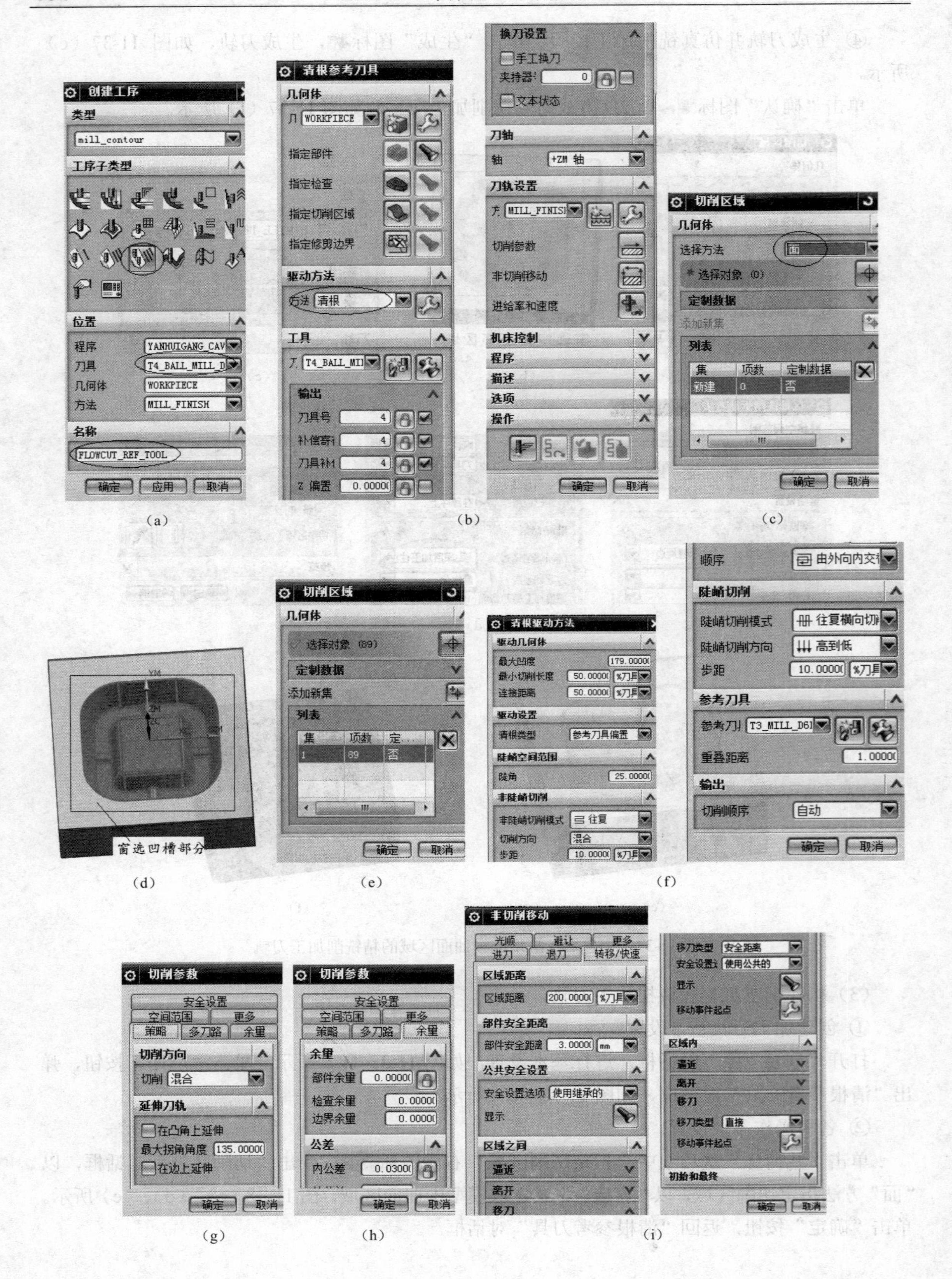

(a) (b) (c)

(d) (e) (f)

(g) (h) (i)

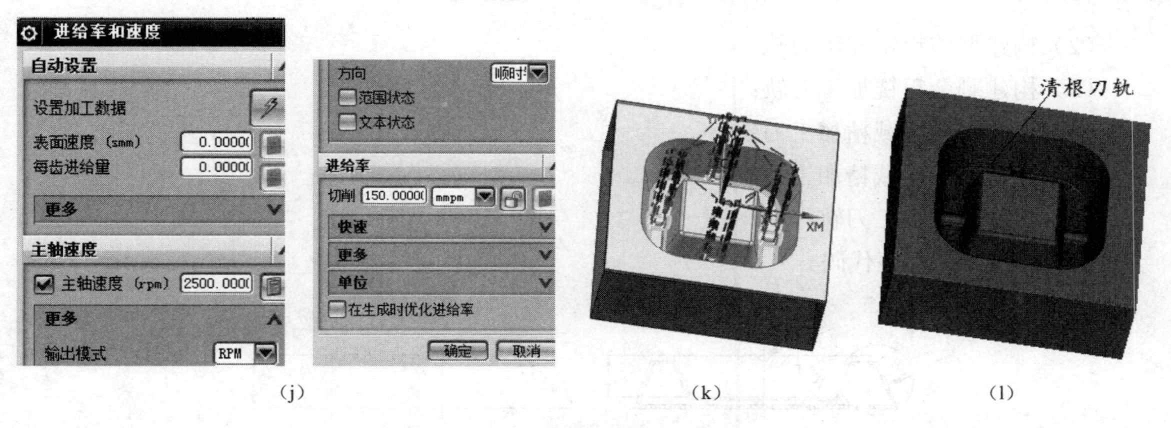

图 11-38　清根铣削加工刀轨构建

打开“清根驱动方法”对话框，“驱动设置”选项组中设置如图；“参考刀具”选项组中，参考曲面铣削时用的刀具 T3_BALL_MILL_D2 铣刀；其他设置如图 11-38（f）所示。单击“确定”按钮，返回“清根参考刀具”对话框。

打开“切削参数”对话框，设置如图 11-38（g）、（h）所示。单击“确定”按钮，返回“清根参考刀具”对话框。

打开“非切削移动”对话框，设置如图 11-38（i）所示。单击“确定”按钮，返回“清根参考刀具”对话框。

打开“进给率与速度”对话框，设置主轴转速 2500rpm ,进给率 150mmpmin，如图 11-38（j）所示。单击“确定”按钮，返回“清根参考刀具”对话框。

③ 生成刀轨并仿真加工校验。

单击“生成”图标，生成刀轨；如图 11-38（k）所示；单击“确认”图标，以 2D 方式演示，仿真铣削加工结果如图 11-38（l）所示。

至此，完成了烟灰缸型芯模刀轨的生成操作，重要操作信息在操作导航器中显示，如图 11-39 所示。

工序导航器 - 程序顺序

名称	换刀	刀轨	刀具	刀具号	时间	几何体	方法
NC_PROGRAM					1:03:4...		
未用项					00:00:00		
PROGRAM					00:00:00		
YANHUIGANG_CAVITY					1:03:4...		
CAVITY_MILL	▮	✔	T1_MILL_D20	1	01:30:54	WORKPIECE	MILL_ROUGH
REST_MILLING	▮	✔	T2_MILL_D10	2	01:59:07	WORKPIECE	MILL_ROUGH
CONTOUR_AREA	▮	✔	T1_MILL_D20	1	00:29:04	WORKPIECE	MILL_FINISH
CONTOUR_AREA_1	▮	✔	T3_MILL_D6R2	3	21:54:39	WORKPIECE	MILL_FINISH
FLOWCUT_REF_TOOL	▮	✔	T4_BALL_MILL_D2	4	01:46:18	WORKPIECE	MILL_FINISH

图 11-39　烟灰缸型腔模具铣削加工刀轨程序信息列表

生成 NC 程序代码的操作请读者参考项目 7 讲授内容进行。

四、拓展训练

1. 构建如图 11-40 所示圆形玻璃烟灰缸型芯、型腔模具构建数控加工刀轨和 NC 程序代码。

（1）构建毛坯体；

（2）构建型腔粗铣加工刀轨；
（3）构建剩余粗铣加工刀轨；
（4）构建平面区域精加工刀轨；
（5）构建曲面区域精加工刀轨；
（6）构建清根加工刀轨；
（7）生成NC程序代码。

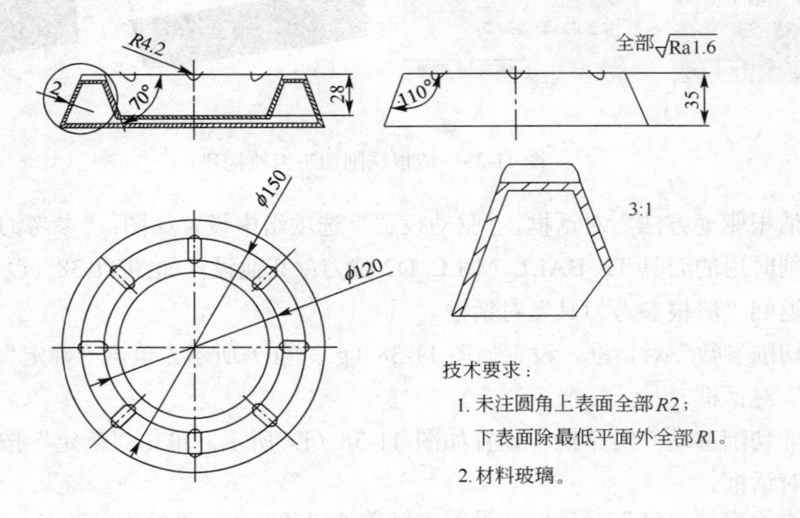

图11-40　圆形玻璃烟灰缸零件图

2．塑料碗的造型与模具体的数控加工

（1）以如图11-41所示截面，构建塑料碗实体。
（2）构建塑料碗的型腔模具、型芯模具（图11-42）。
（3）对塑料碗型芯、型腔模具构建数控加工刀轨和NC程序代码。

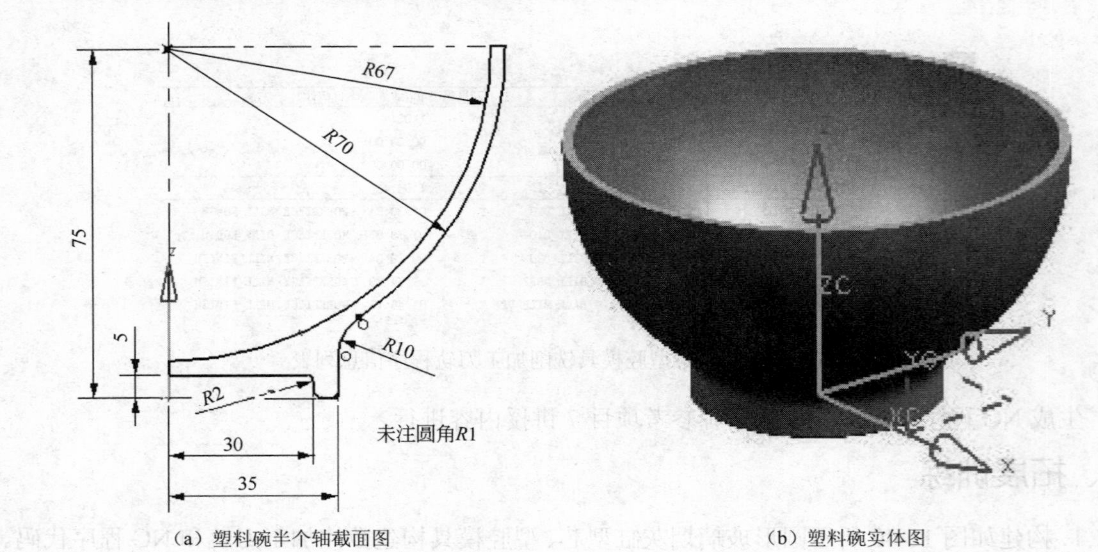

（a）塑料碗半个轴截面图　　（b）塑料碗实体图

图11-41　塑料碗造型参考零件图

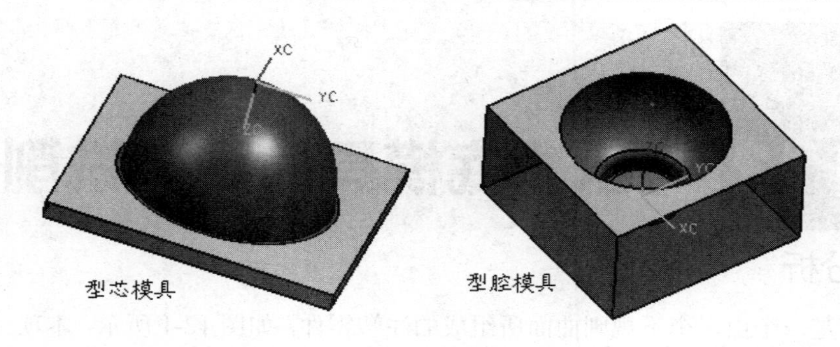

图 11-42　塑料碗模具图

① 构建毛坯体；
② 构建型腔粗铣加工刀轨；
③ 构建剩余粗铣加工刀轨；
④ 构建平面区域精加工刀轨；
⑤ 构建曲面区域精加工刀轨；
⑥ 构建清根加工刀轨；
⑦ 生成 NC 程序代码。

3.自行设计并构建一塑料洗脸盆型芯和型腔模具，并进行数控铣削加工编程。

项目 12 可乐瓶底模具的数控铣削加工

一、项目分析

可乐瓶底是一个由多个不规则曲面所组成的注塑零件，如图 12-1 所示，本项目的教学重点是可乐瓶底零件的实体造型、模具构建和数控铣削加工刀轨生成操作，难点是可乐瓶底零件的曲面造型。

可乐瓶底的曲面可采用“通过曲线网格”的方法构造。绘制曲线网格（线架）有两种方法，利用曲线功能构建曲线，另一种是利用草图功能构造曲线网格。曲线方法构建网格，易于绘制，但因曲线没有尺寸驱动功能，不便于修改编辑。

草图功能绘制曲线网格，具有尺寸驱动功能，易于修改，但只能在草图模块中变换，不便于隐藏、显示，使造型过程有所不便。

可采用将草图投影到坐标平面内，再对投影曲线进行旋转变换处理，这样即充分利用了草图和曲线两大功能的优点，使造型快捷方便。

本项目采用草图构造曲线形状——投影曲线构造网格曲线，进而构建曲面和三维实体。

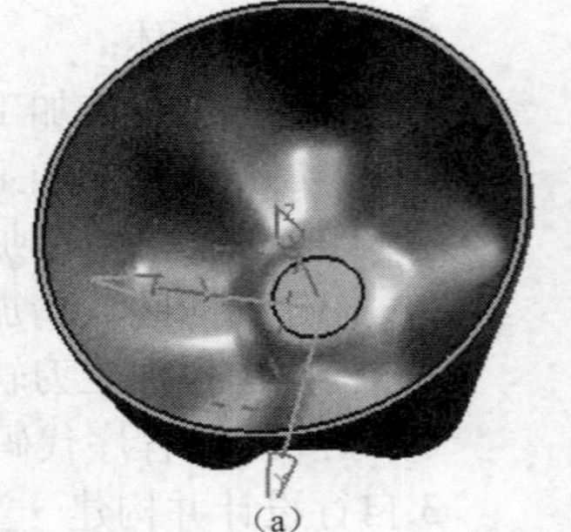

(a)

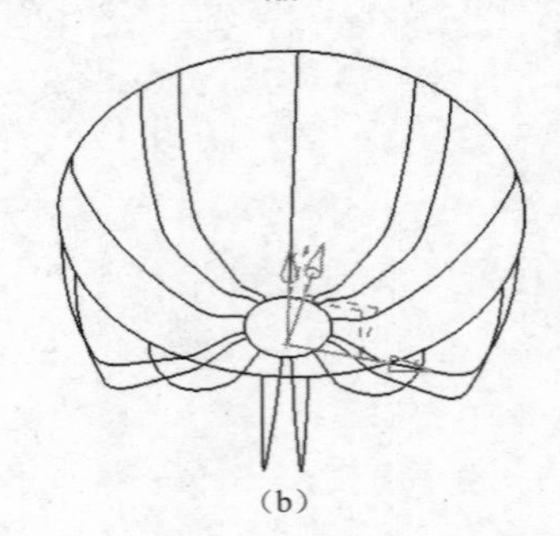

(b)

图 12-1　可乐瓶底零件图样

二、相关知识

由以上几个项目中，学习到了有关数控切削加工中创建几何体、创建刀具、创建加工方法的操作知识，在此作适当的归纳与整理，请读者结合已具有的知识，进行认真体会与理解。

1. 创建几何体

创建几何体是在零件上定义要加工的几何对象和指定零件在机床上的加工方位，包括定义加工坐标系、工件（部件、毛坯）边界和切削区域等。创建几何体所建立的几何对象可指定为相关工序的加工对象。

（1）创建几何体的步骤

在 NX9.0 数控加工中创建几何体的操作步骤如下。

① 单击“加工创建”工具栏上的“创建几何体”图标，或选择下拉菜单中的“插入”、“几何体”命令，还可在“工序导航器－程序顺序”视图中右击程序名，从快捷菜单中单击“插入”、“几何体”命令，系统弹出“创建几何体”对话框，如图 12-2（a）所示。

② 根据加工类型，在“类型”下拉列表中选择合适的操作模板类型。“类型”下拉列表中的操作模板类型就是 NX9.0 加工环境中“CAM 设置”所指定的操作模板类型。

③ 在“几何体子类型”中选择合适的几何体模板，不同类型的操作模板所包含的几何体模板不同。

④ 在“位置”组框中的“几何体”下拉列表中选择几何体父级组，该下拉列表中显示的是几何体视图中当前已经存在的节点，它们都可以作为新节点的父节点。

⑤ 在“名称”文本框中输入新建几何体的名称。

⑥ 单击“创建几何体”对话框中的“确定”按钮，会弹出相应几何体模板类型创建的对话框，引导用户完成几何体创建。

（2）创建加工坐标系

在 NX9.0 数控加工环境下，可以使用 5 种坐标系，分别为“绝对坐标系 ACS（Absolute Coordinate System）”、“工作坐标系 WCS（Work Coordinate System)”、“加工坐标系 MCS（Machine Coordinate System)、“参考坐标系 RCS（Reference Coordinate System）”和“已存坐标系 SCS(Saved Coordinate System)”。

① 绝对坐标系和工作坐标系。

工作坐标系和绝对坐标系在加工环境中的作用与它们在建模模块中的作用完全一样。概括地说，在加工环境中，工作坐标系是创建曲线、草图、指定避让几何体、指定预钻进刀点、切削开始点等对象和位置时输入坐标的参考。绝对坐标系在模型空间中固定，不能移动，也不可见，它是决定所有几何对象位置的绝对参考。

工作坐标系及绝对坐标系与加工中的“操作”和“刀轨”坐标无关，只与加工坐标相关。

② 加工坐标系和参考坐标系。

a. 加工坐标系。加工坐标系是所有后续刀具路径各坐标点的基准位置。在刀具路径中，所有位置点的坐标值与加工坐标系关联，如果移动加工坐标系，则重新确定后续刀具路径输出坐标点的基准位置。

加工坐标系的坐标轴用 XM、YM、ZM 表示，并且在图形区 MCS 坐标轴长度要比 WCS 的长。另外，如果加工坐标系（MCS）的 ZM 轴是默认的刀轴方向，系统在加工初始化时，加工坐标系定位在绝对坐标系上。如果一个零件有多个表面需要从不同的方位进行加工，则在每个方位上应建立加工坐标系和相关联的安全平面，构成一个加工方位组。

加工坐标系创建的操作步骤如下。

• 双击“创建几何体”对话框中的“MCS”图标，弹出“MCS 铣削”对话框，如图 12-2（b）所示。

• 单击“MCS”对话框中“机床坐标系”组框中的“CSYS”对话框图标，弹出“CSYS 坐标构造器”对话框。如图 12-2（c）所示。利用“坐标构造器”对话框，用户可调整机床坐标系的位置。

• 设置是否选择“连接 RCS 到 MCS”选项。勾选“参考坐标系”组框中“链接 RCS 到 MCS”复选框，则 RCS 与 MCS 相同。

• 在“安全设置”组框中设置安全平面位置，包括以下 4 个选项。

◇ 使用继承的：继承上一层次 MCS 中的安全设置。

◇ 无：不进行安全设置。

◇ 平面：在“安全设置”组框中的“安全设置选项”下拉列表中选择“平面”，单击“选择安全平面”按钮，利用弹出的“平面”对话框选择一个平面，并在“偏置”文本框中输入距离值，用于表示安全平面的高度位置。

◇ 自动：在“安全设置”组框中的“安全设置选项”下拉列表中选择“自动”，并在“安全距离”文本框中输入数值以确定安全距离。

• 单击“确定”按钮，完成加工坐标系设定。

b. 参考坐标系。当加工区域从零件的一部分转移到另一部分时，参考坐标系用于定位非模型几何体参数(起刀点、返回点、刀轴矢量、安全平面)。这样可以减少参数的重新指定。参考坐标系的坐标轴用 XR、YR、ZR 表示。系统在进行参数初始化时，参考坐标系定位在绝对坐标系上。

③ 加工坐标系的定位原则。

MCS 的原点就是机床上的对刀点，MCS 的 3 个轴的方向就是机床导轨的方向，所以决定 MCS 的方向和原点位置时，应当从现场加工的实际需要出发，保证毛坯在机床上的位置便于装夹、加工和对刀。

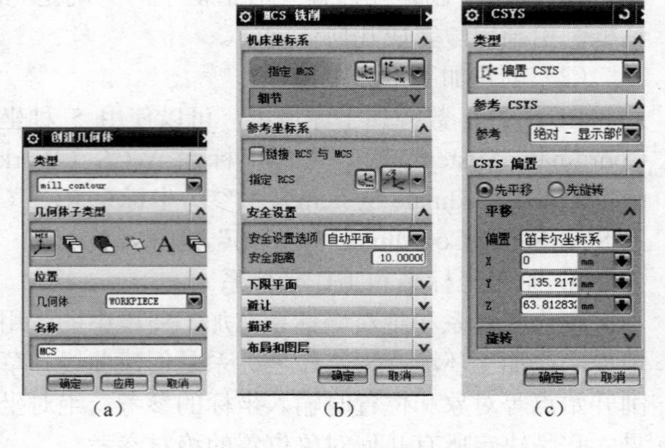

图 12-2 “创建几何体”对话框

（3）创建铣削几何体

单击“创建几何体”对话框中的“WORKPIECE”图标或“MILL_GEOM”图标，然后单击“确定”按钮，弹出“工件”对话框，如图 12-3（a）所示。

利用“工件”对话框，可定义平面铣和型腔铣中部件几何体、毛坯几何体和检查几何体，或者在固定轴铣和变轴铣中用于定义要加工的轮廓表面。常用的铣削几何体包括部件几何体、毛坯几何体和检查几何体 3 种。下面分别加以介绍。

① 部件几何体。部件几何体用于表示被加工零件的几何体形状，是系统计算刀轨的重要依据，它控制刀具运动范围。部件几何体创建的操作步骤如下。

• 在“工件”对话框中，单击“几何体”组框中“指定部件”选项后的“选择或编辑部件几何体”图标，弹出“部件几何体”对话框，如图 12-3（b）所示。

• 在“过滤方式”下拉列表中选择合适的过滤方法。然后在图形区选择需要加工的零件。

• 单击“确定”按钮，返回“工件”对话框，此时激活“工件”对话框中“编辑”和“显示”按钮。单击“几何体”组框中“指定部件”选项后的“显示”按钮，在图形区显示前面选择的部件。

② 毛坯几何体。毛坯几何体用于表示被加工零件毛坯的几何体形状，是系统计算刀轨的重要依据。毛坯几何体创建的操作步骤与部件几何体基本相同。

• 在“工件”对话框中，单击“几何体”组框中“指定毛坯”选项后的“选择或编辑毛坯几何体”按钮，弹出“毛坯几何体”对话框，如图 12-3（c）所示。

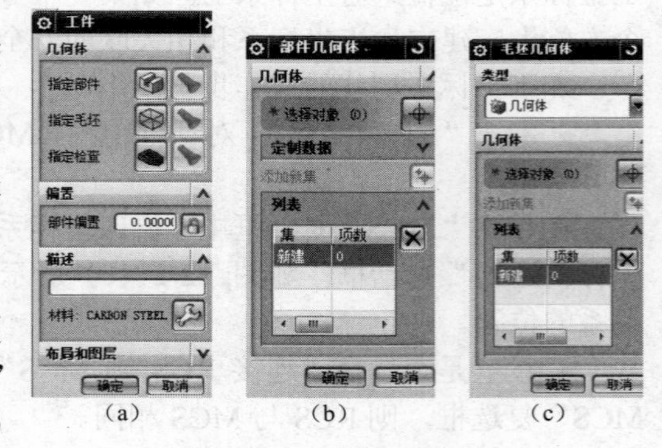

图 12-3 “工件”几何体

• 单击“确定”按钮，返回“工件”对话框，完成毛坯几何的创建。

③ 检查几何体。检查几何体用于指定不允许刀具切削的部位，比如夹具零件，如图 12-4 所示。单击“几何体”组框中“指定检查”选项后的“选择或编辑检查几何体”按钮，在弹出的“检查几何体”对话框，选择加工零件的检查体，单击“确定”按钮，完成检查几何体的创建。

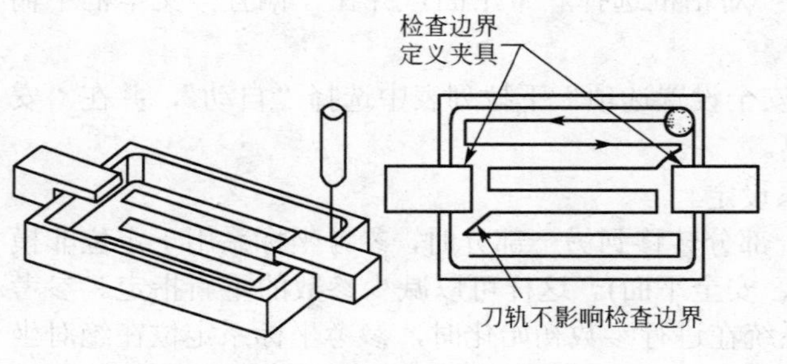

图 12-4 检查几何体示意图

（4）创建铣削边界

单击“创建几何体”对话框中的“MILL_BND”图标，然后单击“确定”按钮。弹出“铣削边界”对话框，如图 12-5（a）所示。

利用“铣削边界”对话框，在平面铣

和变轴铣用于定义刀具的切削区域。在型腔铣中也可以用边界定义切削驱动方式。刀具切削区域既可用单个边界定义，也可用多个边界来定义。常用的铣削边界包括部件边界、毛坯边界、检查边界、修剪边界和底面 5 种。下面分别加以介绍。

① 部件边界

部件边界用于描述完整的零件，它控制刀具运动的范围，可以通过选择面、曲线和点来定义部件边界。定义部件边界的操作步骤如下。

a. 在“铣削边界”对话框中。单击“几何体”组框中“指定部件边界”选项后的“选择或编辑部件边界”按钮，弹出“部件边界”对话框，如图 12-5（b）所示。

b. 在选项下选择部件边界定义方式，包括以下 3 种。

- 面边界：选择模型的平面，以平面的所有边界曲线作为部件边界。
- 曲线边界：选择曲线作为部件边界，所定义的部件边界与定义它的曲线相关。
- 点边界：利用“点”对话框指定点，在这些点之间成直线创建部件边界。

c. 当选择“面边界”图标时，设置“忽略孔”、“忽略岛”和“忽略倒斜角”等选项。该相关选项的含义如下。

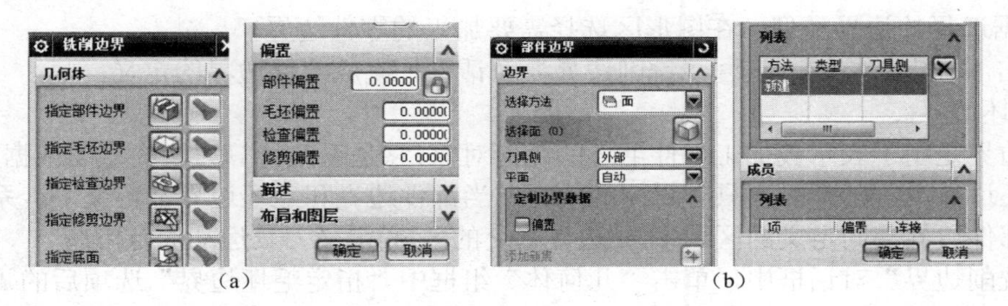

图 12-5　铣削边界和部件边界对话框

- 忽略孔：勾选“忽略孔”复选框，在所选平面上产生边界时忽略平面上包含的孔。即在孔的边缘处不产生边界，如图 12-6 所示。
- 忽略岛：勾选“忽略岛”复选框，在所选平面上产生边界时忽略平面上包含的孤岛。即在孤岛的边缘处不生成边界，所谓孤岛是指平面上的凸台、凹坑和台阶等，如图 12-7 所示。

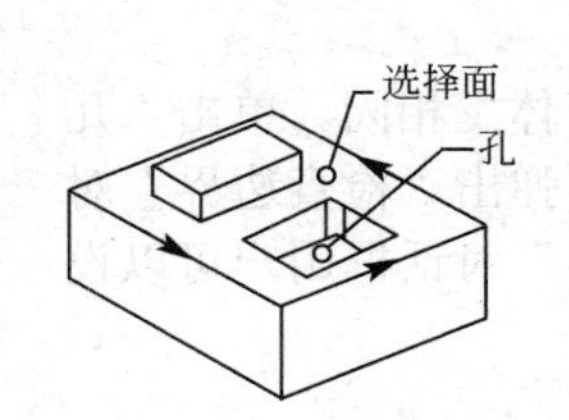

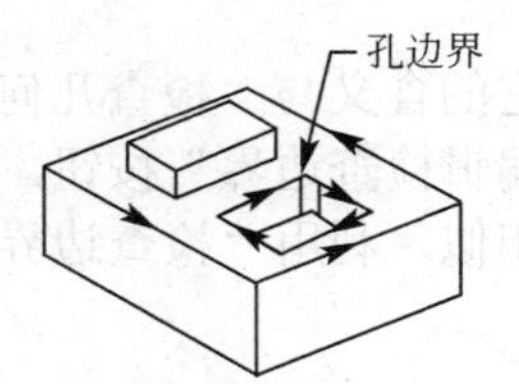

图 12-6　忽略孔示意图

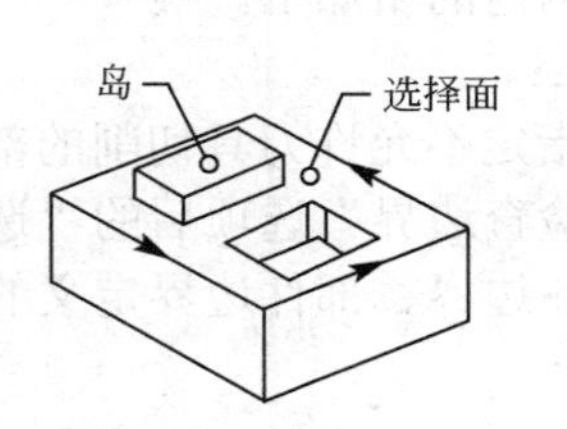

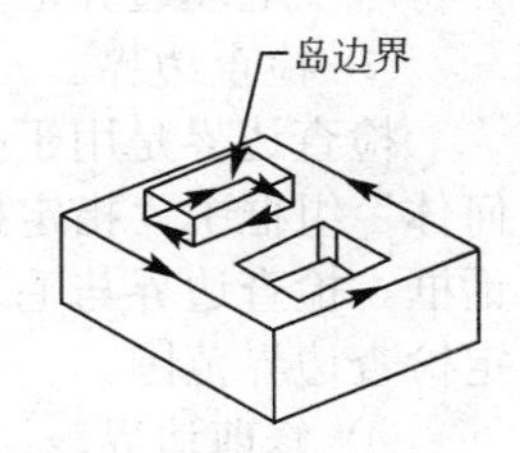

图 12-7　忽略岛示意图

- 忽略倒斜角：勾选“忽略倒斜角”复选框。在所选平面上产生边界时忽略平面上包含的倒角，在倒角的两个相邻表面的交线处创建边界，如图 12-8 所示。

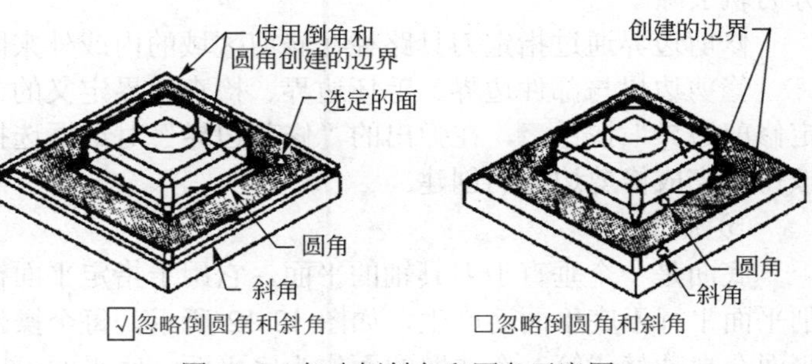

图 12-8　忽略倒斜角和圆角示意图

d. 当选择“曲线边界”图标时，设置“平面”、“类型”和“材料侧”等选项。该相关选项的含义如下。

• 平面：定义所选择几何体曲线或者边缘将投影到哪一个平面上产生边界。为了方便选择边、曲线、点定义边界，这些边、曲线、点不必位于边界所在的平面上，可以先为边界指定一个称为边界平面的平面。将选取的边、曲线、点垂直投影到该边界平面形成边界。该选项包括两个选项："手工"和"自动"。

◇ 手工：单击"手工"单选按钮，弹出"平面"对话框，定义投影平面。

◇ 自动：单击"自动"单选按钮，系统根据首先选取的两个几何对象决定投影平面。如果无法根据选择的曲线或边缘定义投影平面时，则认为 XCYC 平面为投影平面。

• 类型：定义产生的边界是否封闭。包括两个选项："封闭的"和"打开"。

◇ 封闭的：单击"封闭的"单选按钮，产生封闭的边界。如果定义边界的曲线或边不封闭，系统自动延伸形成封闭边界，或者自动添加一条直的边界成员。

◇ 打开：单击"打开"单选按钮，产生开放的边界。

• 材料侧：指定保留边界哪一侧材料，包括两个选项："内部"和"外部"。

◇ 内部：保留边界内侧的材料。

◇ 外部：保留边界外部的材料。

e. 根据选择的边界类型，在图形区选择需要加工的零件边界。

f. 单击"确定"按钮，返回"铣削边界"对话框，完成部件边界的定义。

② 毛坯边界。

毛坯边界是用于表示被加工零件毛坯的几何对象，它是系统计算刀轨的重要依据，如图 12-9 所示。毛坯边界没有敞开的，只有封闭的边界。当部件边界和毛坯边界都定义了，系统根据毛坯边界和部件边界共同定义的区域(两种边界相交的区域)定义刀具运动的范围。

在"铣削边界"对话框中，单击"几何体"组框中"指定毛坯边界"选项后的"选择或编辑毛坯边界"图标，弹出"毛坯边界"对话框，如图 12-10 所示。

毛坯边界的定义与部件边界定义的方法相似。利用"毛坯边界"对话框用户可以设定毛坯边界范围。

毛坯边界不是必须定义的。部件边界和毛坯边界至少要定义一个，作为驱动刀具切削运动的区域，既没有部件边界也没有毛坯边界将不能产生平面铣加工。只有毛坯边界而没有部件边界将产生毛坯边界范围内的粗加工。

③ 检查边界。

检查边界是用于指定不允许刀具切削的部位。它的含义与"检查几何体"相同。单击"几何体"组框中"指定检查边界"选项后的"选择或编辑检查边界"按钮，弹出"检查边界"对话框。检查边界与毛坯边界、部件边界定义的方法相似，利用"检查边界"对话框用户可以设定检查边界范围。

④ 修剪边界。

如果操作的整个刀轨涉及的切削范围的某一区域不希望被切削，可以利用修剪边界将这部分刀轨去除。

修剪边界通过指定刀具路径在修剪区域的内或外来限制整个切削范围，如图 12-11 所示。

修剪边界与部件边界、毛坯边界、检查边界定义的方法相似。单击"几何体"组框中"指定修剪边界"按钮，在弹出的"修剪边界"对话框选择修剪边界的范围。最后单击"确定"按钮，完成修剪边界的创建。

⑤ 底面。

底面是一个垂直于刀具轴的平面，它用于指定平面铣的最低高度，定义底平面后，其余切削平面平行于底平面而产生，如图 12-12 所示。每个操作中仅能定义一个底平面，第二个选择平面会自动替代第一个选取的面作为底平面。底平面可以直接在工件上选取水平的表面作为底平面，也可将选取的表面偏置一定距离后作为底平面；或者利用“平面”对话框创建一个平面作为底平面。

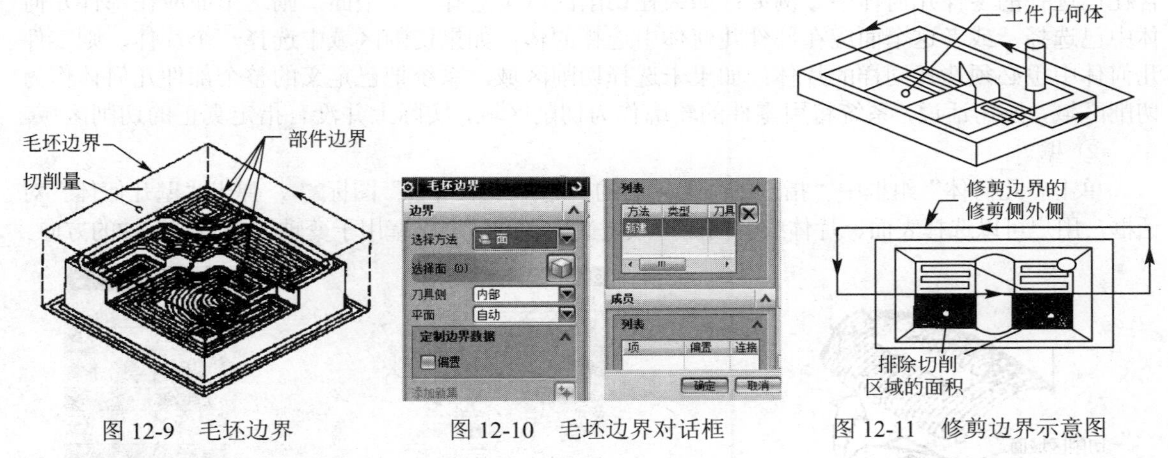

图 12-9　毛坯边界　　图 12-10　毛坯边界对话框　　图 12-11　修剪边界示意图

底平面创建操作步骤如下。

单击“几何体”组框中“指定底面”选项后的“选择或编辑底面”图标，弹出“平面”对话框，如图 12-13 所示。

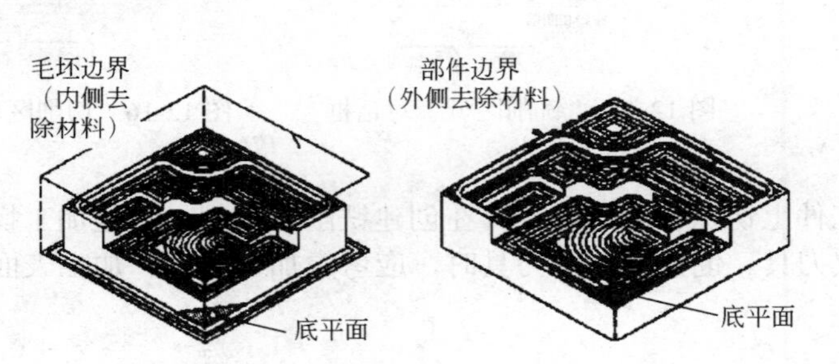

图 12-12　底平面示意图

图 12-13　“平面”对话框

在“过滤器”下拉列表中选择对象的类型，然后在图形区模型上选择相应对象作为底平面。

根据加工需要，用户可以在“偏置”文本框中输入偏置距离。

如果模型上没有合适的面作为底平面，单击“平面构造器”对话框中的“平面子功能”按钮，利用弹出的“平面”对话框创建一个平面作为底平面。

单击“确定”按钮，返回“铣削边界”对话框，完成底平面的选择。

如果用户没有选择底平面，系统用加工坐标系 XM—YM 平面作为底平面；如果部件平面与底平面在同一平面上，那么只能产生单一深度的刀轨。

（5）创建铣削区域

铣削区域是通过选择表面、片体或者曲面区域定义切削的区域。常用于创建固定轴铣或变轴铣操作中，如图 12-14 所示。

单击“创建几何体”对话框中的“铣削区域”图标，然后单击“确定”按钮，弹出“铣削区域”对话框，如图 12-15 所示。

图 12-15 所示对话框中的内容与上一节“铣削几何体”基本相同，不同的图标有“切削区域”和“壁”，下面分别加以介绍。

① 切削区域。

单击“几何体”组框中“指定切削区域”选项后的“选择或编辑切削区域”图标，弹出

“切削区域”对话框，如图12-16所示。用户可以选择表面、片体或者曲面区域定义切削区域。

在选择切削区域时，可不必讲究区域各部分选择的顺序，但切削区域中的每个成员必须包含在已选择的零件几何体中。例如：如果在切削区域中选择了一个面，则这个面应在部件几何体中已选择，或者这个面应在部件几何体中选择的体；如果切削区域中选择一个片体，则零件几何体中也必须选择同样的片体；如果未选择切削区域，系统把已定义的整个部件几何体作为切削区域，换句话说，系统将用零件的轮廓作为切削区域，实际上并没有指定真正的切削区域。

② 壁。

单击“几何体”组框中“指定壁”选项后的“选择或编辑壁”图标，弹出“壁几何体”对话框，用户可以选择表面、片体或者曲面区域定义切削的区域。壁用于变轴铣来限制刀轴的方向。

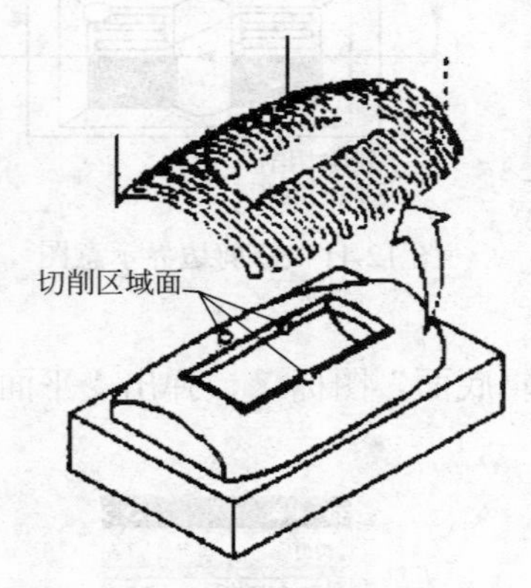

图12-14 铣削区域示意图

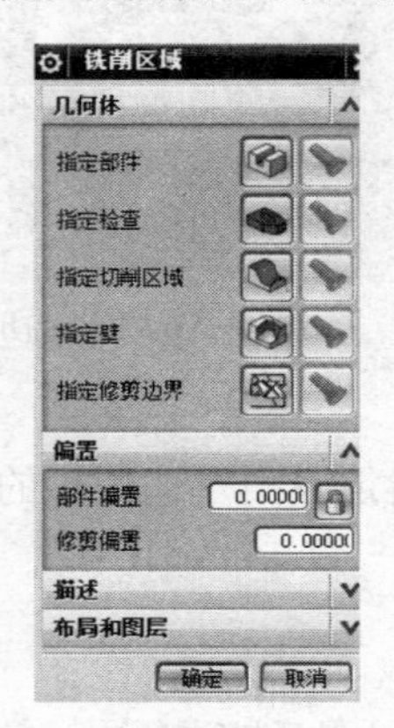

图12-15 “铣削区域”对话框

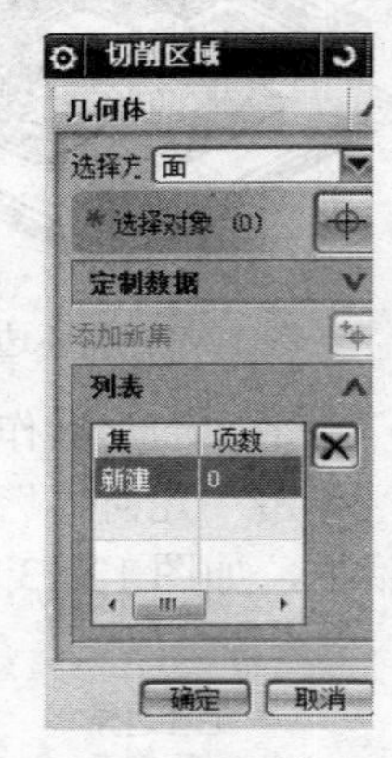

图12-16 切削区域对话框

2. 创建刀具

在加工过程中，刀具是从工件上切除材料的工具。在创建铣削、车削、点位加工操作时，必须创建刀具或在刀具库中选取刀具。创建和选取刀具时，应考虑加工类型、加工表面形状和加工部位的尺寸大小等因素。

（1）创建刀具的步骤

在NX9.0中提供了多种刀具类型供用户选择，用户只需要指定刀具的类型、直径和长度等参数即可创建刀具。

① 单击“加工创建”工具栏上的“创建刀具”图标，或选择下拉菜单中的“插入”—“刀具”命令，弹出“创建刀具”对话框，如图12-17（a）所示。

② 在“创建刀具”对话框中设定相关选项和参数。具体步骤如下。

- 在“类型”组框的下拉列表中选择刀具类型。
- 在“刀具子类型”组框中选择合适的刀具子类型。
- 在“名称”文本框中输入刀具的名称。
- 单击“创建刀具”对话框中的“确定”按钮，弹出“铣削刀具参数”对话框。

③ 在“铣削刀具参数”对话框中设定刀具参数和刀柄参数。

④ 单击“铣削刀具参数”对话框中的“确定”按钮，创建所设定的刀具。

“创建刀具”对话框的各相关选项含义如下。

①“类型”组框：刀具类型随操作模板类型不同而不同，各种操作模板类型（cam_general加工环境的操作模板）对应的刀具类型介绍如下。

- Mill_planar（平面铣）：用于平面铣的各类刀具。
- Mill_contour（轮廓铣）：用于轮廓铣的各类刀具。
- Mill_multi_axis（多轴轮廓铣）：用于多轴轮廓铣的各类刀具。

- Drill（钻）：用于钻、铰、镗、攻牙的各类刀具。
- Hole _making（孔加工）：用于钻、铰、镗、攻牙的各类刀具。
- Turning（车削）：用于车削的各类刀具。
- Wire_edm（电火花线切割）：用于电火花线切割的各类刀具。

②“库”组框。用户可以通过“库”组框，从刀库中选择一把预定义刀具。

③“刀具子类型”组框。“刀具子类型”显示对应刀具类型所列的全部刀具图标。

④“位置”组框。“位置”组框用于设定所创建的刀具的位置。

⑤“名称”组框。“名称”文本框用于输入所创建刀具的名称，由字母和数字组成，并以字母开头，名称长度不超过 90 个字符。为了便于管理，通常采用的刀具直径和下半径参数作为刀具名称的命名参照。

（2）创建铣刀

应用最多的数控加工是铣削加工，下面详细介绍一下铣刀参数设置和创建方法。

①“刀具”选项卡——铣刀的形状参数。NX 9.0 中常用的铣刀类型有 5 参数铣刀。下面以常用的 5 参数铣刀为例来讲解铣刀参数，如图 12-17（b）所示。

“铣刀-5 参数”对话框的刀具选项卡中的相关选项的含义如下。

- “尺寸”组框，铣刀的基本参数用于确定刀具的基本形状，各尺寸标注显示在刀具示意图中。下面简单介绍一下各参数的含义。

（D）直径：铣刀刃口直径，它是决定刀路轨迹产生的最主要因素。

（R1）底圆角半径：铣刀下侧圆弧半径，它是刀具底边圆角半径。对于 5 参数铣刀，该半径值可以为 0，形成平底铣刀。当该半径为刀具直径的一半时，则为球刀；若该半径小于刀具直径的一半时，则形成牛鼻刀。

（L）长度：刀具的总长，该参数指定刀具的实际长度，包括刀刃和刀柄等部分的总长度。

（B）拔锥角：指定铣刀侧面和铣刀轴线之间的夹角，其取值范围为（−90°，90°）。若该值为正，刀具外形为上粗下细：若该值为负，刀具外形为上细下粗；若该值为 0，刀具侧面与主轴平行。

（A）顶锥角：顶锥角是指铣刀底部的顶角。该角度为铣刀端部与垂直于刀轴的方向所形成的角度，其取值范围为（0°，90°）。该值为正值，则刀具端部形成一个尖角。

（FL）刃口长度：刀具齿部的长度，但刃口长度不一定代表刀具切削长度，该长度应小于刀具长度。

刀刃：刀刃的数目，也是铣刀排屑槽的个数（2、3、4、6 等）。

- “描述”组框，在“描述”文本框中可输入刀具的简单说明和提示。单击“描述”组框中的“材料”按钮，弹出“搜索结果”对话框．如图 12-17（c）所示。用户可以在该对话框中选择合适的刀具材料。

（a）

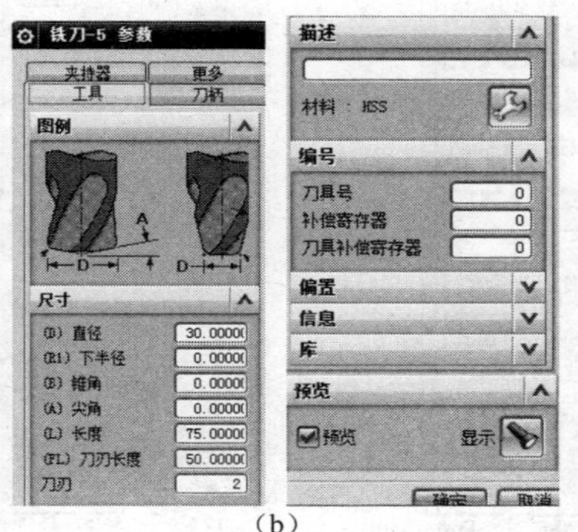

（b）

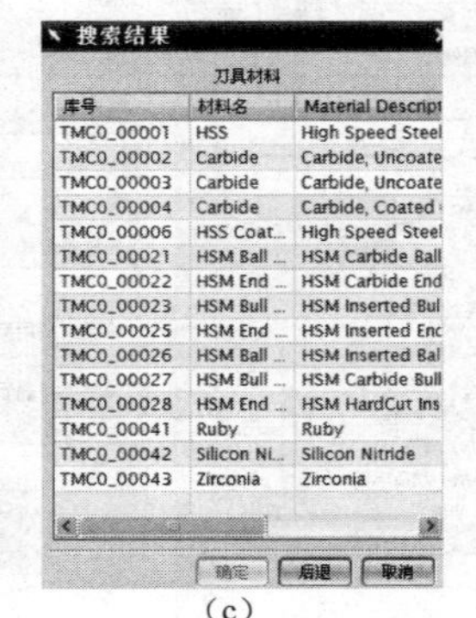

（c）

图 12-17　创建“铣刀-5 参数”铣刀对话框

- “数字”组框，“数字”组框用于设置刀具补偿和刀具号等参数，包括以下选项。

刀具号: 刀具在铣削加工中心刀具库中的编号，这也是LOAD / TOOL后置处理命令用到的值。

长度补偿：在机床控制器中刀具长度补偿寄存器的编号，便于协调不同长度的刀具统一进行加工生产。

刀具补偿：在机床控制器中刀具半径补偿寄存器的编号，便于协调不同长度的刀具统一进行加工生产。

“偏置”组框，“Z 偏置”文本框指输入刀轨在机床的加工坐标系中的位置与在 NX 编程环境中的 MCS 中的位置沿 Z 轴方向上移（正值）或下降（负值）的距离值。

②“夹持器”选项卡。夹持器是用于夹紧刀具并连接到机床的装夹工具。单击“铣刀-5 参数”对话框中的“夹持器”选项卡，用户可以设置夹持器的具体参数，如图 12-18 所示。

夹持器参数的相关选项如下。

(D)直径：刀柄的直径。

(L)长度：刀柄的长度，从刀柄的下端部开始计算，直到上部第一节的刀柄或机床的夹持位置。

(B)拔锥角：刀柄的侧边锥角，刀柄侧面与刀柄轴线的夹角。

(Rl)角半径：刀柄的圆角半径。

(OS)偏置：保证刀柄与工件之间留有一定安全距离，确保刀柄不与工件产生挤压。

③“更多”选项卡。“更多”选项卡用于控制非尺寸方面的刀具定义，如手工换刀和刀具的旋转方向。如图 12-19 所示。

- “机床控制”组框：

方向：该参数指定刀具旋转方向，可设置为“顺时针”和“逆时针”。

手工换刀：勾选“手工换刀”复选框，将触发一个停止命令用于手工换刀。

夹持器号：使用“夹持器”来选择角度正确的夹持器，在数字 1 和 6 之间。夹持器将在后处理器中分配以表示方向。

文本：在 CLS 输出期间，系统将此文本添加到 LOAD 或 TURRET 命令。在后处理期间，系统将此文本存储在 mom 变量中。

- “跟踪”组框：默认的刀具跟踪点在刀具末端位置，对任何铣刀具，系统允许定义多个跟踪点。单击“跟踪”组框中的“跟踪点”按钮⊕，弹出“跟踪点”对话框，用户可以设置跟踪点参数，如图 12-20 所示。

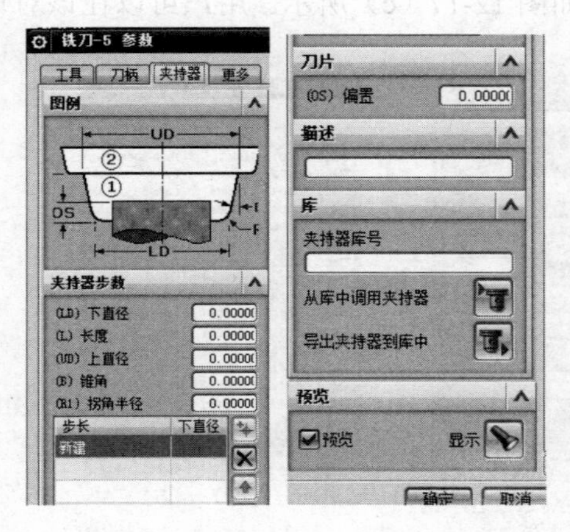

图 12-18　刀具夹持器选项卡

图 12-19　刀具更多选项卡

图 12-20　跟踪点对话框

（3）从刀具库中选择刀具

用户除了创建所需刀具外，也可使用“创建刀具”对话框中的“从库中调用刀具”图标，调用一把预定义好的刀具。如果必要的话可以更改所调用的某些参数。

从刀具库中选择刀具的操作步骤如下。

① 单击“创建刀具”对话框中的“从库中调用刀具”按钮，弹出“库类选择”对话框，如图 12-21（a）所示。

② 在“库类选择”对话框中选择一种刀具类型，如“End Mill”，然后单击“确定”按钮，弹出“搜索准则”对话框，如图 12-21（b）所示，利用该对话框，用户可指定刀具搜索的条件。

“搜索准则”对话框中相关选项含义如下。

- 单位：指定要查找的刀具数据库文件(tool—database.dat)是“英寸”还是“毫米”。
- Libref：用于指定要搜索刀具标识的名称。在刀具库中每把刀具都有唯一的标识名称，如果用户知道确切的刀具名称，可直接在该文本框中直接输入。
- 直径：用于输入要搜索刀具的直径。在“直径”文本框中既可以输入直径的数值，也可以输入关系运算符（<，<=，!=，>，>=）。
- 刃口长度：用于输入要搜索刀具的排屑槽的长度。
- 材料：用于选择搜索的刀具材料，包括“全部”、“HSS”、“HSS Coated”、“Carbide”、“Carbide Coated”和“Carbide（Brazed Solid）”等 6 种。
- 夹持器：用于指定刀柄的类型。

附加的搜索关键准则：用于指定其他的搜索条件。输入搜索条件后，系统在刀具库中搜索刀具时，不按对话框中指定的条件搜索。

匹配数：单击“匹配数”按钮，用于显示满足搜索条件的刀具把数。

③ 单击“确定”按钮，弹出满足搜索条件的“搜索结果”对话框，如图 12-21（c）所示。

④ 在“搜索结果”对话框中选择一把符合要求的刀具后，单击“确定”按钮，完成从刀具库中选择刀具。

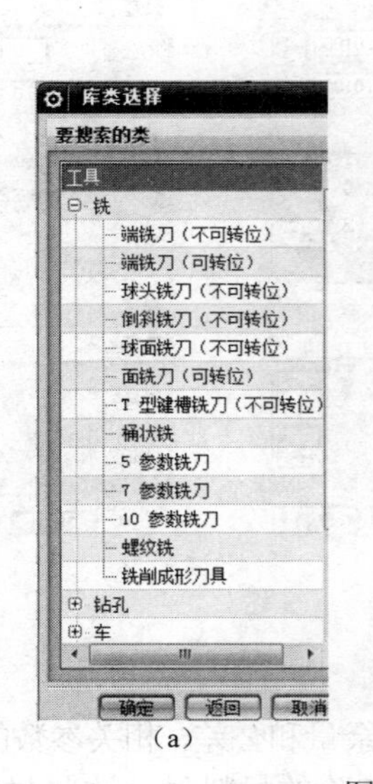

（a）

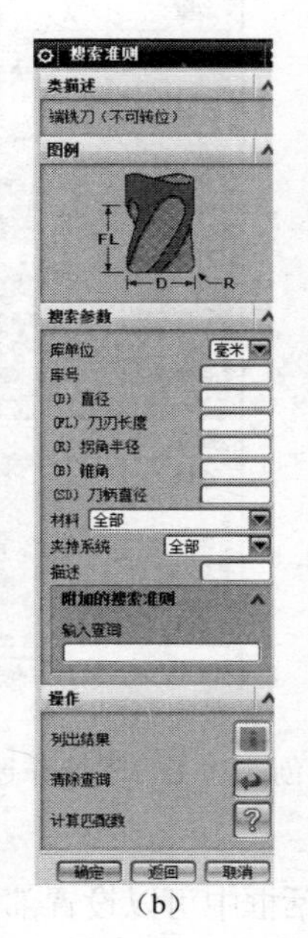

（b）

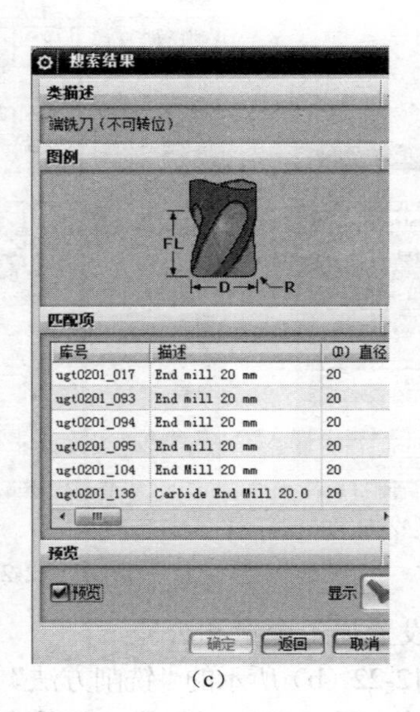

（c）

图 12-21　从刀库中选择刀具操作过程

3. 创建加工方法

在零件的加工过程中，为了达到加工精度，往往需要进行粗加工、半精加工和精加工等几个工序阶段。粗加工、半精加工和精加工的主要差异在于加工后残留在工件上余料的多少及表面粗糙度。加工方法可以通过对加工余量、几何体的内外公差、切削步距和进给速度等选项的设置，控制表面残余量，为粗加工、半精加工和精加工设定统一的参数。另外加工方法还可以设定刀具路径的显示颜色和方式。

在建立各种加工操作中，可以引用已经创建的加工方法，当修改加工方法中某个参数时，相关操作自动更新。在各种“操作”对话框中，也可以完成切削、进给等各种选项的设置，但设置的参数仅对当前操作起作用。

（1）创建加工方法的步骤

在 NX9.0 数控加工中创建加工方法的操作步骤如下。

① 单击“加工创建”工具栏上的“创建方法”按钮，或选择下拉菜单中的“插入”、“方法”命令，系统弹出“创建方法”对话框，如图 12-22（a）所示。

② 根据加工类型，在“类型”下拉列表中选择合适的操作模板类型。在“类型”下拉列表中的操作模板类型就是 NX9.0 加工环境中“CAM 设置”的操作模板类型。

③ 在“位置”组框中的“方法”下拉列表中选择方法父级组，该下拉列表中显示的是加工方法视图中当前已经存在的节点，它们都可以作为新节点的父节点。

④ 在“名称”文本框中输入新建加工方法组的名称。

⑤ 单击“创建方法”对话框中的“确定”按钮，会弹出“铣削方法”或“模具粗加工 HSM”或“模具半精加工 HSM”或“模具精加工 HSM”对话框，引导用户完成加工方法的创建，如图 12-22（b）、（c）、（d）所示。

⑥ 设置好加工方法的参数后，单击对话框上的“确定”按钮，在“位置”下拉列表中创建了指定名称的加工方法，并显示在“操作导航器”的加工方法视图中。

（a） （b） （c） （d）

图 12-22 创建加工方法操作过程

（2）设置加工余量和公差

在图 12-22（b）所示的“铣削方法”对话框中可以设置部件余量和公差，相关参数的含义如下。

- 部件余量：即切削余量。部件余量是零件加工后没有切除的材料量，这些材料在后续加工操作中将被切除，通常用于需要粗、精加工的场合，如图 12-23 所示。

● 内公差和外公差：内公差限制刀具在切削过程中越过零件表面的最大距离；外公差限制刀具在切削过程中没有切至零件表面的最大距离。指定的值越小，则加工的精度越高。如图 12-24 所示。

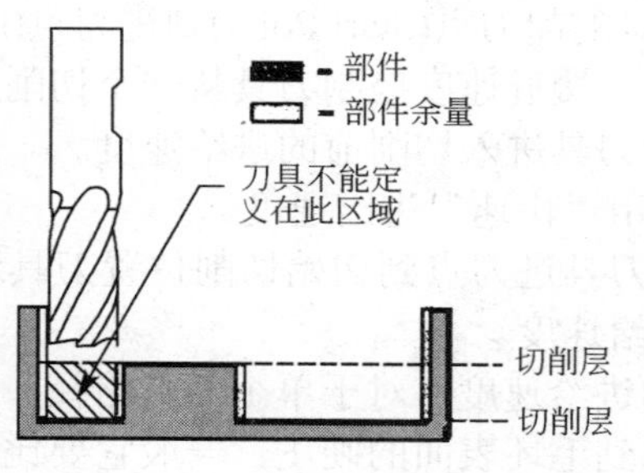

图 12-23　平面铣削部件余量示意图

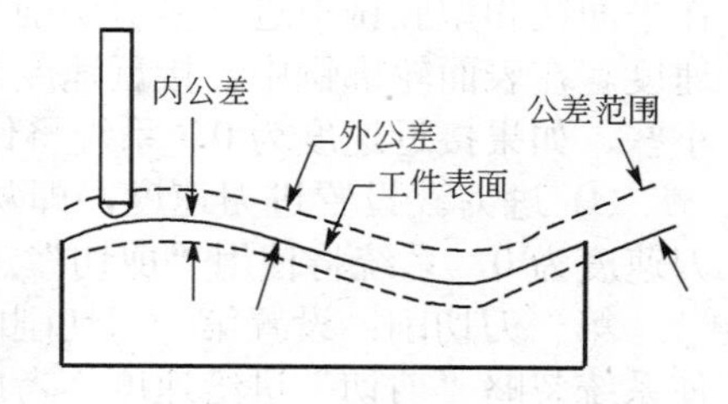

图 12-24　内外公差示意图

● 切削方法：单击“刀轨设置”组框中的“切削方法”按钮，弹出“搜索结果”对话框，列出了各种预定义的切削方法，供用户选择使用，如图 12-25 所示。

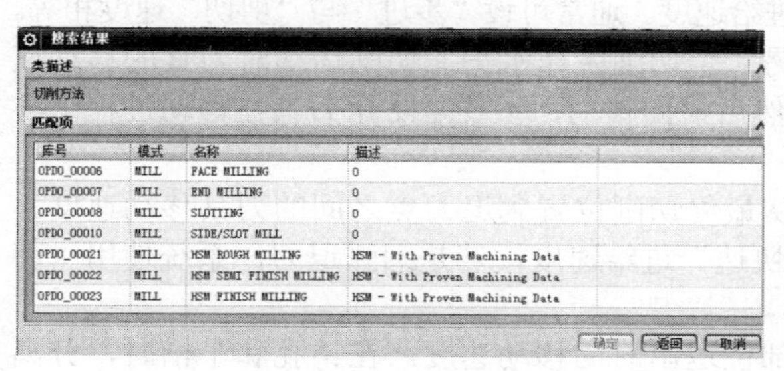

图 12-25　各种预定义切削方法

（3）设置进给量和速度

为了保证零件表面的加工质量和生产率，在一个刀具路径中一般存在多种刀具运动类型，如快速、进刀、切削、退刀等。不同的刀具类型，其进给速度不同。在 CAM 中将刀轨分段设置不同的进给速度，关于各种进给速度的名称及其对应的运动任务，如图 12-26 所示。

单击图 12-22（b）所示对话框中的“进给率和速度”按钮，弹出“进给率和速度”对话框，如图 12-27 所示。利用该对话框，用户可以设置刀具各种类型的移动速度。

结合图 12-26 介绍一下“进给率和速度”对话框中各种进给速度的含义。

① 切削。设置正常切削状态的进给速度，即进给量。根据经验或铣削工艺手册提供的数值或由系统自动计算。

② 快速。设置快进速度，即从刀具的初始点(From Point)到下一个前进点(GOTO Point)的移动速度。如果快进速度为 0，则在刀具位置源文件中自动插入一个 Rapid 命令，后置处理器将产生 G00 快进指令。

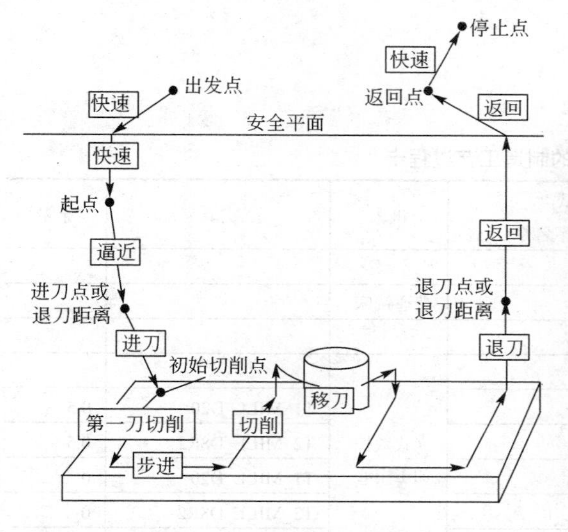

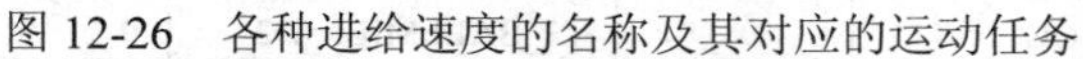
图 12-26　各种进给速度的名称及其对应的运动任务

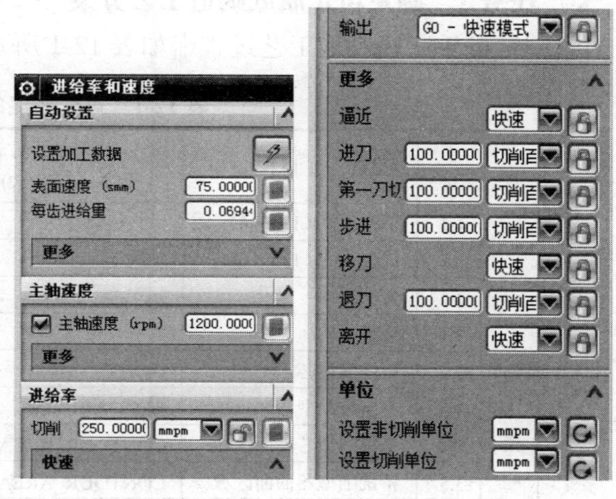

图 12-27　“进给率和速度”对话框

③ 逼近。设置接近速度，即从刀具的起刀点(Start Point)到进刀点(Engage Point)的进给速度。在平面铣和型腔铣中进行多层切削时。接近速度控制刀具从一个切削层到下一个切削层的移动速度。在表面轮廓铣中，接近速度是刀具进入切削前的进给速度。一般接近速度可比快速速度小些，如果接近速度为 0，系统将使用“快速”进给速度。

④ 进刀。设置进刀速度，即从刀具进刀点到初始切削位置刀具运动的进给速度。如果进刀速度为 0，系统将使用“剪切”进给速度。

第一刀切削：设置第一刀切削的进给速度。对于单个刀具路径，指定第一刀切削进给率可使系统忽略“剪切”进给速度。考虑到毛坯表面的硬度，一般它要比“进刀”速度小一些；如果第一刀切削为 0，系统将使用“剪切”进给速度，所以要获得相同的进给率，则应设置“剪切”进给速度，同时将“第一刀切削”设置为 0。

⑤ 步进。设置刀具移向下一平行刀轨时的进给速度。如果提刀跨过，系统将使用“快速”进给速度；如果步进取为 0，系统将使用“剪切”进给速度。通常可设“步进”与“剪切”速度相等。

⑥ 移刀。设置刀具从一个切削区转移到另一个切削区作水平非切削运动时刀具的移动速度。刀具在跨越移动时首先提升到安全平面，然后横向移动，主要是防止刀具在移动过程中与工件相碰。

⑦ 退刀。设置刀具的退刀速度，即刀具从最终切削位置到退刀点之间的刀具移动速度。如果退刀为 0，若是线性退刀，系统将使用“快速”进给速度；若是圆弧退刀，系统使用“剪切”进给速度。

⑧ 分离。设置离开速度，即刀具从加工部位退出时的移动速度。在钻孔和车槽时，分离速度影响表面粗糙度。

⑨ 返回。设置返回速度，即刀具退回到返回点的速度。如果返回为 0，系统将使用“快速”进给速度。

设置非切削单位：设置所有非切削运动速度的单位，包括“无（系统自动计算）”、“mmpmin（毫米/分钟）”和“mmpr（毫米/转）”等 3 种。

设置切削单位：设置所有切削运动速度的单位，包括“无（系统自动计算）”、“mmpmin（毫米/分钟）”和“mmpr（毫米/转）等 3 种。

三、项目实施

任务 1 制定可乐瓶底制造工艺方案

制定可乐瓶底制造工艺过程卡如表 12-1 所示。

表 12-1 可乐瓶底的制造工艺过程卡

工段	工序	工步	加工内容	加工方式 加工工步程序名称	机床	刀具	余量
模具制作工段	1	1.1	下料 138×138×65				
	2	2.1	铣削 135×135×63	铣削	普通铣床		
		2.2	去毛刺	钳工			
	3 型芯模加工	3.1	装夹工件		立式数控加工中心		
		3.2	粗铣削型芯	CAVITY_MILL		T1_MILL_D20	0.5
		3.3	剩余铣削型芯	REST_MILLING		T2_MILL_D8R2	0.5
		3.4	精铣削型芯平面区域	CONTOUR_AREA		T1_MILL_D20	0
		3.5	精铣削型芯曲面区域	CONTOUR_AREA_1		T2_MILL_D8R2	0
		3.6	清根参考刀具精铣削	FLOWCUT_REF_TOOL		T3_BALLMILL_D2	0

续表

工段	工序	工步	加工内容	加工方式 加工工步程序名称	机床	刀具	余量
模具制作工段	4 型腔模加工	4.1	装夹工件				
		4.2	粗铣削型腔	CAVITY_MILL		T1_MILL_D20	0.5
		4.3	剩余铣削型腔	REST_MILLING		T2_MILL_D8R2	0.5
		4.4	精铣削型腔平面区域	CONTOUR_AREA		T1_MILL_D20	0
		4.5	精铣削型腔曲面区域	CONTOUR_AREA_1		T2_MILL_D8R2	0
		4.6	清根参考刀具精铣削	FLOWCUT_REF_TOOL		T3_BALLMILL_D2	0
	5		检验				
	6		模具组装				
注塑工段	1		注塑		注射机		
	2		修整				
	3		检验				

任务 2　构建可乐瓶底三维实体

1. 构建可乐瓶底曲面的三维线框

启动 NX9.0，在文件夹“E:\…\xm12”中创建建模文件“xm12_kelepingdi.prt”，进入建模模块。

（1）绘制草图

打开“草图”环境，在 XCZC 平面绘制图 12-28 所示草图。

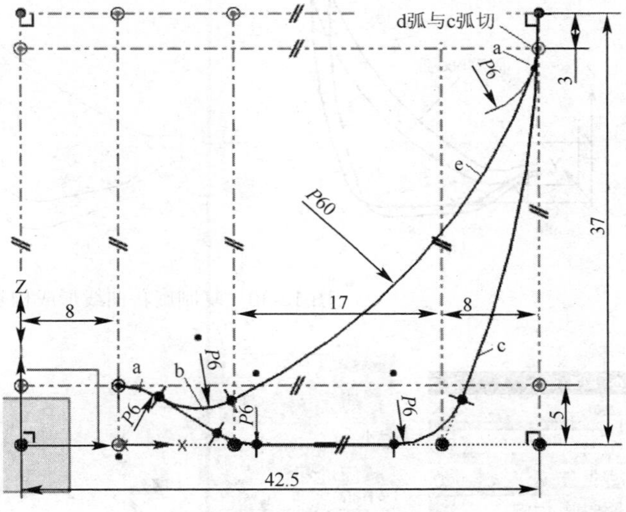

（2）将曲线投影到 XCZC 平面

运用“曲线投影”工具图标，将圆弧连续线分 c 弧、a 弧、bed 弧、倒圆角与直线段四部分分别投影到 XC-ZC 平面上。

图 12-28　构建草图曲线

隐藏草图，显示投影曲线如图 12-29（a）所示。

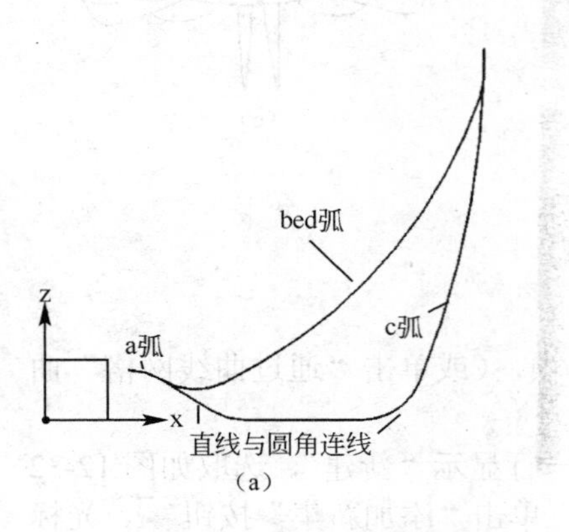

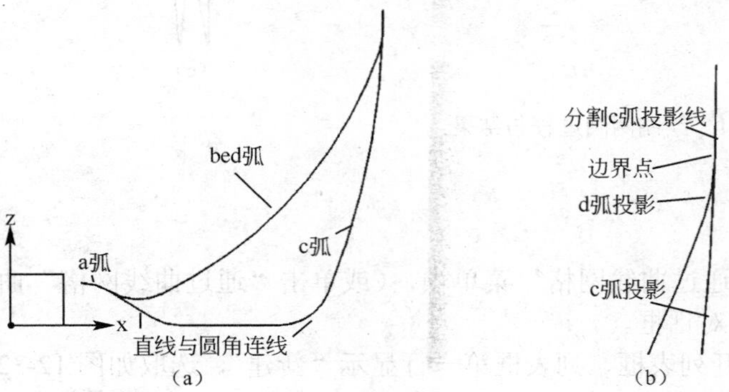

图 12-29　投影曲线及 c 弧分割

以 d 弧投影线为边界，分割 c 弧投影线为两段，如图 12-29（b）所示。

（3）旋转曲线

单击“移动对象”标准工具图标，将上方曲线 abed 及 c 弧上段正向复制旋转 30.40°；a 弧、c 弧上段及下方直线与倒圆角部分组成的曲线负向复制旋转-11.20°。注意 a 弧、c 弧上段是两次复制旋转曲线时公有曲线段，旋转时要都选取。（在建模环境下，将曲线绕 ZC 轴旋转，读者面对 ZC 轴正向，逆时针旋转为正向，顺时针旋转为负向）复制旋转结果如图 12-30（a）所示。

（4）隐藏原来 bed 曲线部分

由于 bed 曲线部分（除首尾两段圆弧外）部分是已不需要的部分曲线，故可以隐藏（若删除，则不可恢复，隐藏后还可恢复显示）。如图 12-30（b）所示为隐藏 bed 曲线后结果。

（5）将三条曲线旋转复制 4 次

欲构建的可乐瓶底曲面是个有五个凸凹曲面的曲面体，故需将已构建的一个凸凹面线框再绕 ZC 轴旋转复制 4 次，旋转角度为 72°，结果如图 12-30（c）所示。

（6）构建圆弧

打开“圆弧/圆”绘制对话框，如图 12-31（a）所示，采用三点法在曲线族上、下端点所在平面内构建两整圆，注意选取上下两圆第一点时，上下圆的第一点一定要在同一主曲线上，以利于后续选取圆构建曲面时，圆弧的起点一致，每个圆弧上三个点都是主曲线上圆弧的端点，不要选取其他点，如图 12-31（b）所示。绘制两整圆结果如图 12-31（c）所示。

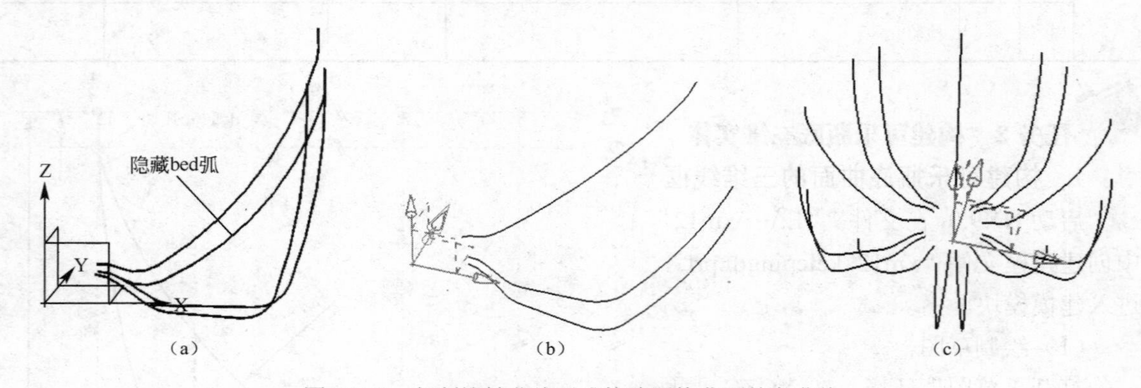

图 12-30　复制旋转曲线形成构建网格曲面的主曲线

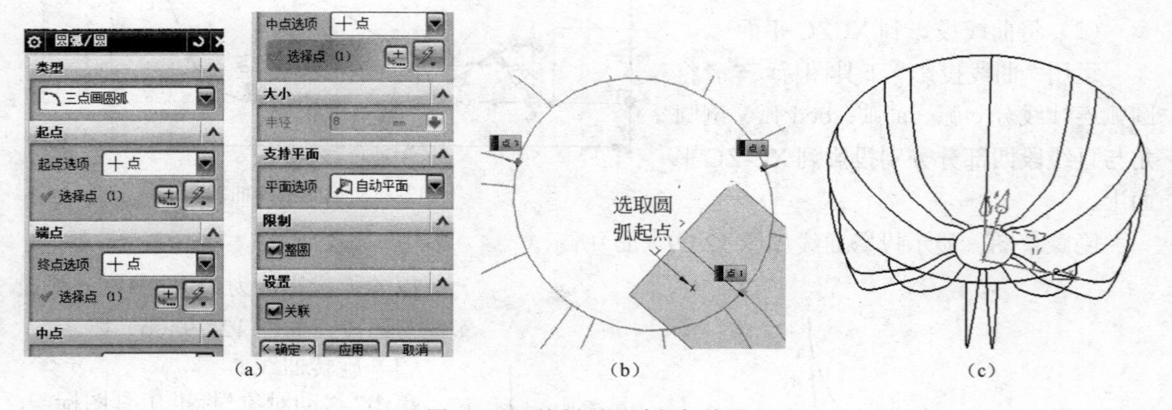

图 12-31　绘制两圆过程与结果

2. 构建可乐瓶底曲面及三维实体

（1）构建网格曲面

单击菜单“插入”、“网格曲面”、“通过曲线网格”菜单项，（或单击“通过曲线网格”曲面工具图标），弹出“通过曲线网格”对话框。

在选择“交叉曲线”选项组中，打开列表框，列表框第一行显示“新建”，选取如图 12-32（b）所示上部大圆为交叉曲线 1，列表中显示“交叉曲线 1”；单击“添加新集”按钮，光标移到第二行，又出现“新建”，选取下部小圆为交叉线 2，列表中显示“交叉曲线 2”,如图 12-32

(b) 所示。图形中显示如图 12-32 (e) 所示，注意选取圆弧的箭头方向要一致，若不一致，可单击“反向”按钮进行调整。

在“主曲线”选项组中，打开列表框，列表框第一行显示“新建”，如图 12-32 (f) 所示，以相切曲线方式选取如图 12-32 (g) 所示主曲线 1，主曲线串联起来，且在列表中显示“主曲线 1”。

单击“添加新集”按钮，光标移到第二行，又出现“新建”，再选取主曲线 2，列表中显示“主曲线 2”；且立即构成一曲面片，如图 12-32 (h) 所示。

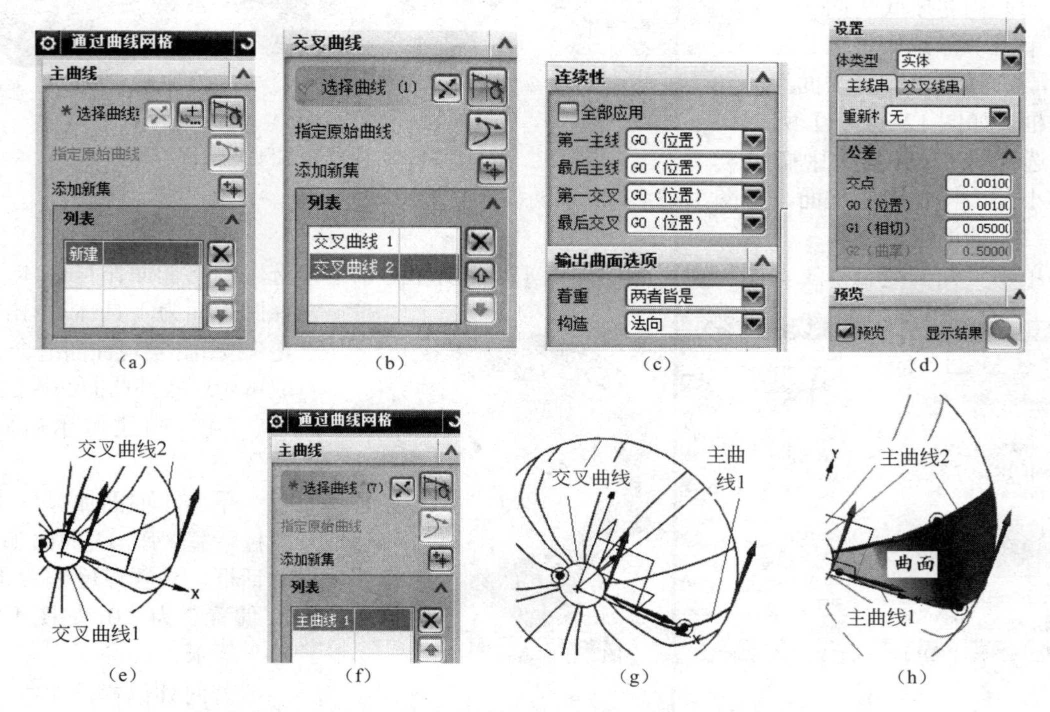

图 12-32　通过曲线网格构建曲面对话框与交叉曲线选取过程

再单击“添加新集”按钮，光标移到第三行，又出现“新建”，选取主曲线 3，列表中显示“主曲线 3”；且立即构成连续曲面片，如图 12-33 (a) 所示。

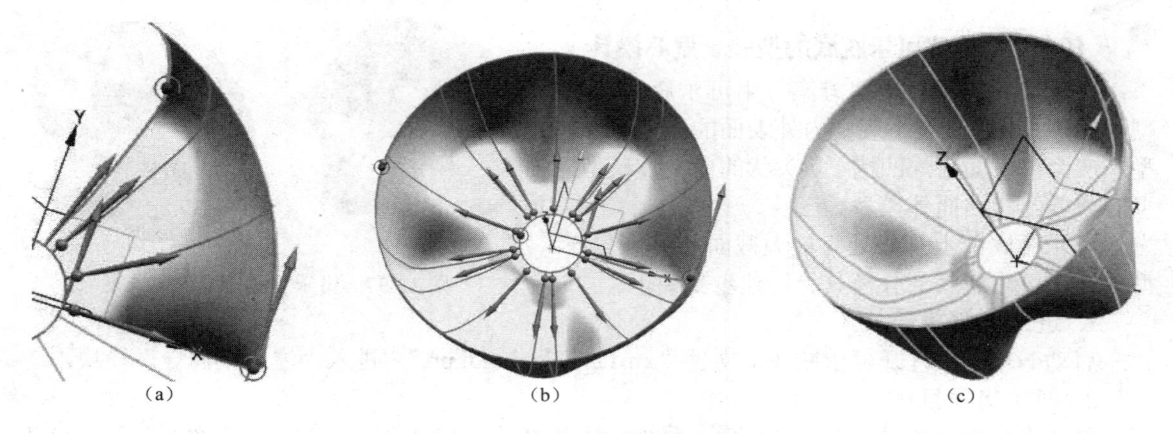

图 12-33　构建网格曲面操作结果

同样操作，一直选取到“主曲线 15”，最后重复选取主曲线 1，作为第 16 条主曲线“主曲线 16”，以保证第 15 到第 16 条主曲线之间也构成曲面，即构成可乐瓶底的主曲面部分，如图 12-33（b）所示。

其他设置取默认设置，如图 12-32（c）、（d）所示。单击“确定”按钮，造成网格曲面如图 12-33（c）所示。

（2）构建瓶底平面

单击“有界平面”工具图标，弹出“有界平面”对话框，如图 12-34（a）所示，选择图 12-34（b）中瓶底部小圆，构建成底平面，如图 12-34（c）所示。

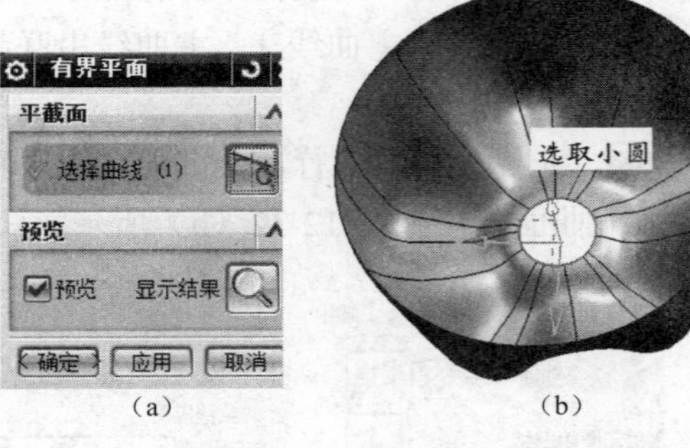

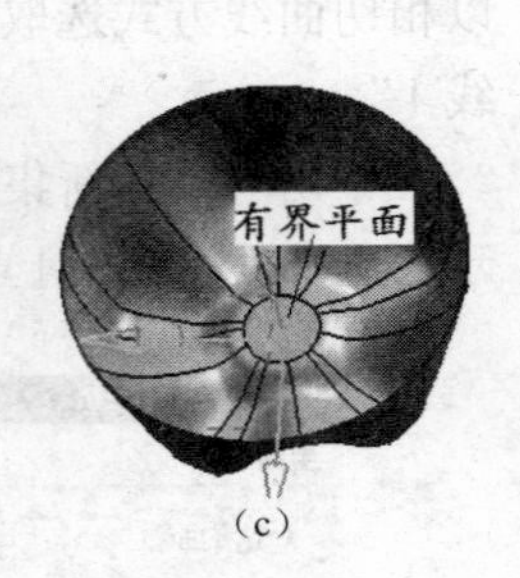

（a） （b） （c）

图 12-34 可乐瓶底部圆平面

（3）曲面缝合

单击“曲面缝合”工具图标，弹出如图 12-35 所示对话框，选取网格曲面作目标体，选择圆平面为工具体，单击“确定”按钮，实现曲面缝合。完成可乐瓶底部曲面的构建。

图 12-35 曲面缝合

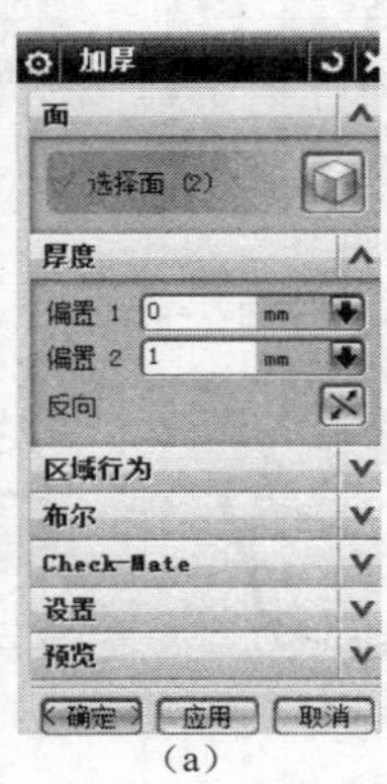

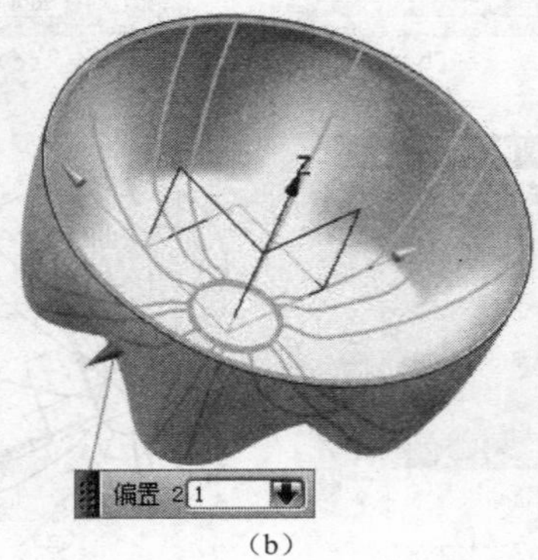

（a） （b）

图 12-36 曲面加厚设置

（4）构建可乐瓶底部实体

单击“曲面加厚”工具图标，弹出“曲面加厚”对话框，设置厚度偏置 1 为 0，偏置 2 为 1.0，如图 12-36（a）所示。

若向外偏置，加厚后的实体内表面与原曲面重合，外表面与内表面距离为 1 mm。单击“确定”按钮后，生成实体，结果如图 12-36（b）所示。

隐藏实体造型中的缝合曲面特征，将各种曲线都隐藏起来，结果如图 12-37 所示。

任务 3 构建可乐瓶底的型腔、型芯模具

可乐瓶底部模具构建方案：由可乐瓶底部造型可知，是一个具有不规则内外表面的薄壁零件，型腔应为内表面为深凹槽（坑）状的曲面体模型，型芯为外凸状曲面体模型。

可乐瓶底部上开口处为最大截面，可作为分型表面。可乐瓶底部分模具的构建步骤如下。

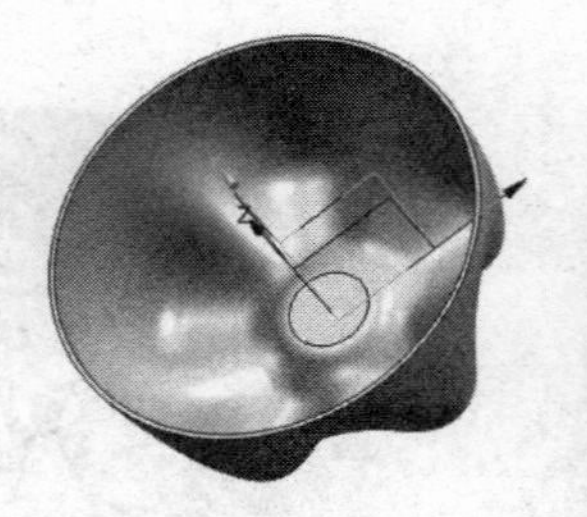

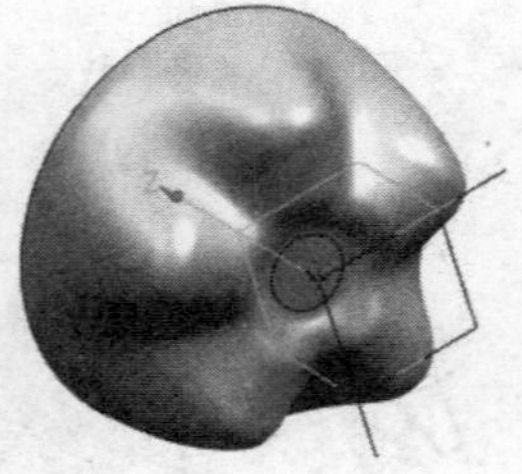

图 12-37 可乐瓶底模型造型结果

1. 进入注塑模模块

启动 NX9.0，打开可乐瓶底部文件“xm12_kelepingdi.prt”，进入“注塑模向导”模块。

2. 初始化项目

单击“初始化项目”工具图标，系统自动选取“xm12_kelepingdi.prt”部件模型，且弹出“初始化项目”对话框，在项目设置选项组中，更改模具项目的路径和项目名，如项目路径改为

“E:\…\xm12\”，项目名：“xm12_kelepingdi.prt”。可根据产品材料：填写收缩率：1.006，（此步骤可在此设置，也可在后续操作中设置）；项目单位选取为：毫米，如图 12-38（a）所示。

单击“确定”按钮，进行初始化项目处理，生成构建模具的一系列文件，最后显示文件是“xm12_kelepingdi_top_000.prt”,模型显示如图 12-38（b）所示。

图 12-38　可乐瓶底模具初始化项目处理

3. 定义模具坐标系

单击“注塑模向导”工具栏中的“模具 CSYS”工具图标，弹出“模具 CSYS”对话框，选定“当前 WCS”单选项，如图 12-39（a）所示，单击“确定”按钮，完成模具坐标系的定义。

4. 定义可乐瓶底部模型的成型工件

单击“注塑模向导”工具栏中的“工件”工具图标，弹出“工件”对话框，选择类型：“产品工件”，工件方法：“用户定义块”，限制：取默认设置不变，即开始：−25（产品模型底面到工件底面厚度尺寸），结束：60（产品模型底面到工件上表面厚度尺寸），勾选“显示产品包容块”复选项，单击“确定”按钮，完成工件尺寸设置，如图 12-39（b）、（c）、（d）所示。

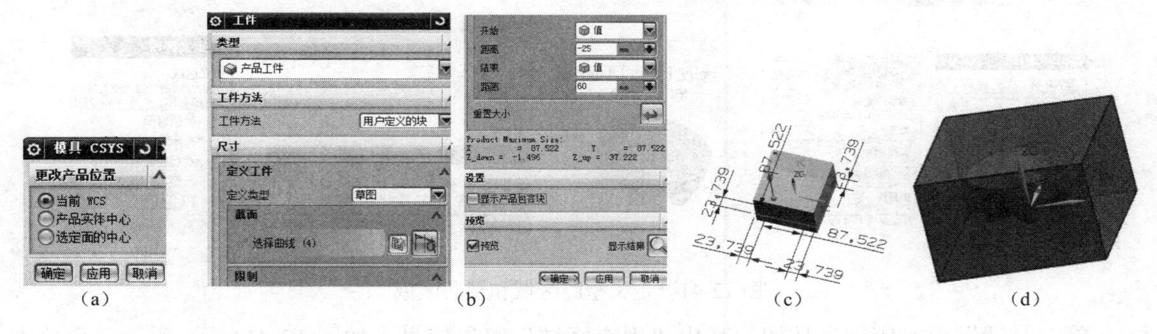

图 12-39　定义模具坐标系和工件（模具体）

5. 型腔布局

单击“注塑模向导”工具栏中的“型腔布局”工具图标，弹出“型腔布局”对话框，布局类型：矩形，平衡；型腔数：4，第一、第二距离：均为 10，如图 12-40（a）所示；选取“指定矢量”：选取自动出现的坐标系的一平行 XC 的轴，则 XC 轴被选中，即 XC 向为第一距离方向，YC 轴为第二距离方向，如图 12-40（b）所示。

单击“开始布局”按钮，形成如图 12-40（c）所示，注意其坐标系是位于左上方模具中的；单击“自动对准中心”按钮，模具坐标系移到四模腔几何中心处，单击“关闭”按钮，完成型腔布局，结果如图 12-40（d）所示。

6. 定义分型区域、创建分型线

单击“注塑模向导”工具条中的“分型”工具图标，弹出“模具分型工具”工具条。

单击模型分型工具条中“定义区域”工具图标，弹出“定义区域”对话框，勾选“创建区域”、“创建分型线”前复选框，选取区域名称栏的“型腔区域”项，以相切面方式选取下凸表面一个面，则下凸表面被全部选中，共选取区域面 2 个，如图 12-41（a）、（b）所示。单击对话框中“应用”按钮，完成“型腔区域”面的选择，返回“定义区域”对话框。

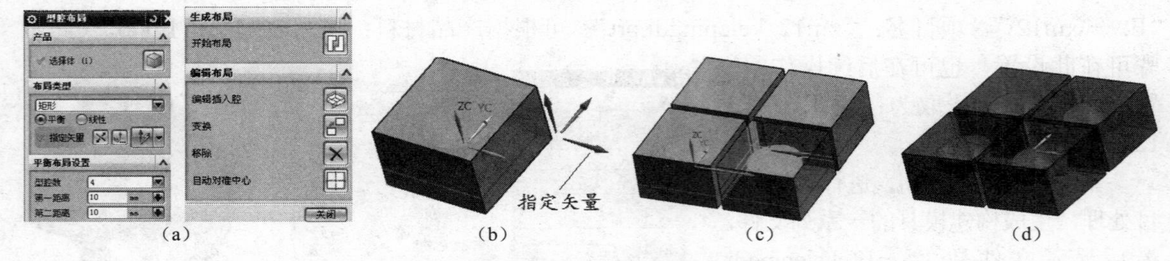

（a）（b）（c）（d）

图 12-40 四腔模具布局过程

再次勾选“创建区域”、“创建分型线”前复选框，选取区域名称栏的“型芯区域”项，以相切面方式选取上凹表面一个面，则有被 2 个面选中，再选取上平面，共选取区域面 3 个，如图 12-41（c）、（d）所示（注意：型腔区域和型芯区域面数之和必须等于所有面数，否则，模具造型不成功）。

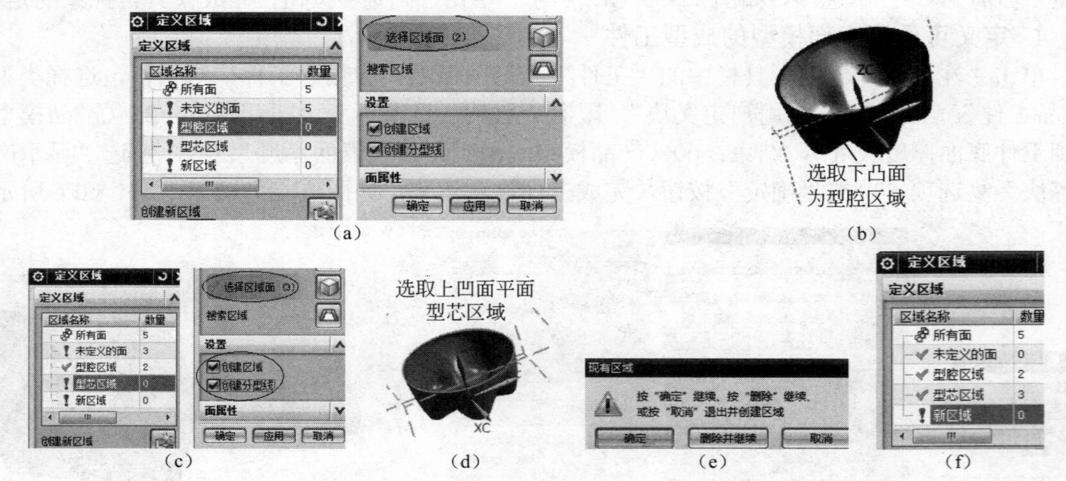

（a）（b）（c）（d）（e）（f）

图 12-41 定义型腔区域和型芯区域

单击对话框中“应用”按钮，弹出“现有区域”警告信息，如图 12-41（e）所示。再单击“确定”按钮，完成“型腔区域”面的选择，返回“定义区域”对话框，如图 12-41（f）所示。

对话框中显示模型的所有面已全部定义到型腔区域和型芯区域。由于本项目比较简单，不需再创建新区域，故单击“取消”按钮或关闭图标，结束定义区域操作。

7. 设计分型面

单击模型分型工具条中“设计分型面”工具图标，弹出“设计分型面”对话框和自动创建的分型面样式，如图 12-42（a）、（b）所示，取默认的创建分型方法“有界平面”不变，分型面长度默认 60mm 不变，单击对话框中“确定”按钮，完成分型的设计。

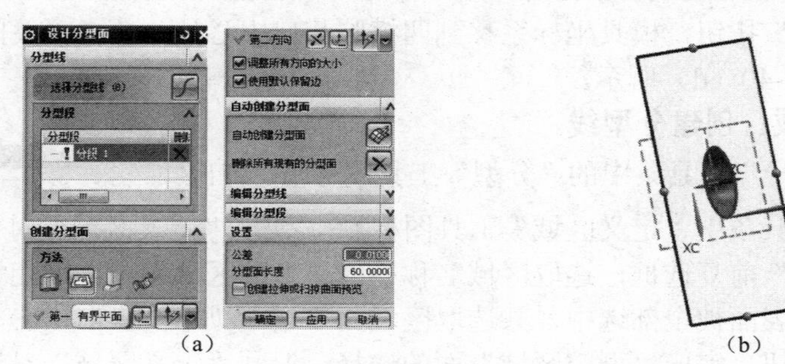

（a）（b）

图 12-42 设计分型面

8. 创建型芯和型腔

（1）定义型腔模具体

单击模型分型工具条中“定义型腔和型芯”工具图标，弹出“定义型腔和型芯”对话框，如图 12-43（a）所示。

选取区域名称“型腔区域”项，直接单击“应用”按钮，弹出“查看分型结果”对话框，如图 12-43（b）所示，且显示型腔结果，ZC 轴向下，如图 12-43（c）所示，正是所希望的型腔模具，故单击“确定”按钮，返回“定义型腔和型芯”对话框，型腔区域名称前以√标志，如图 12-43（d）所示，完成型腔创建。

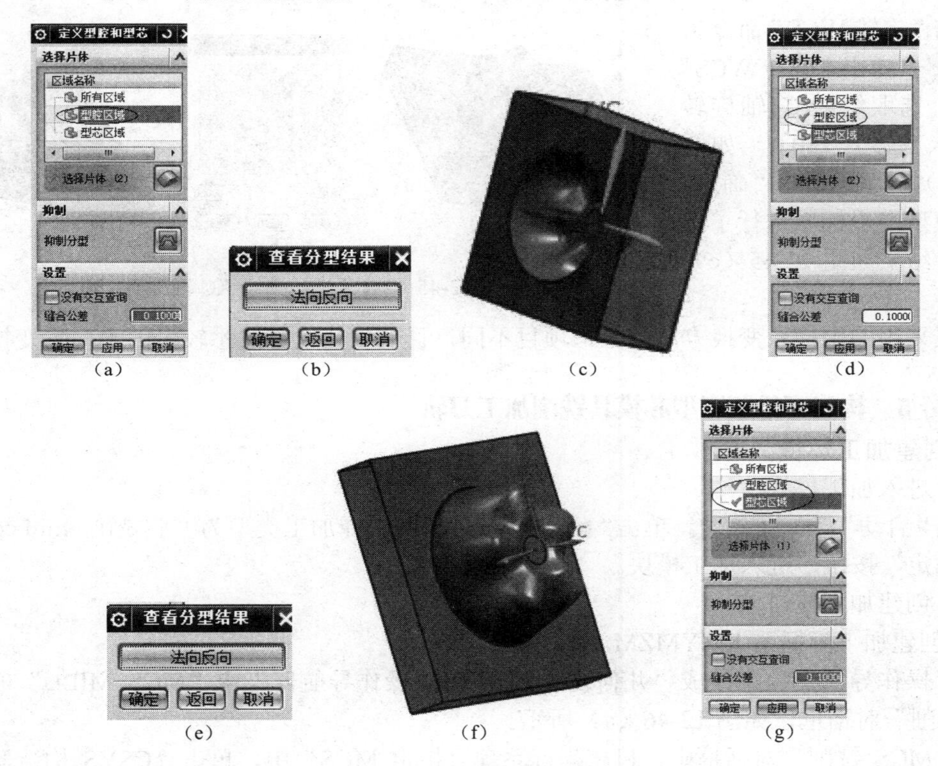

图 12-43　定义型腔、型芯模具体

（2）定义型芯模具体

选取区域名称“型芯区域”项，直接单击“应用”按钮，弹出“查看分型结果”对话框，如图 12-43（e）所示，且显示型腔结果，ZC 轴向上，如图 12-43（f）所示,正是所希望的型芯模具，故单击“确定”按钮，返回“定义型腔和型芯”对话框，型芯区域名称前以√标志，如图 12-43（g）所示，完成型芯创建。

单击“取消”按钮或关闭图标，结束定义型腔和型芯操作。

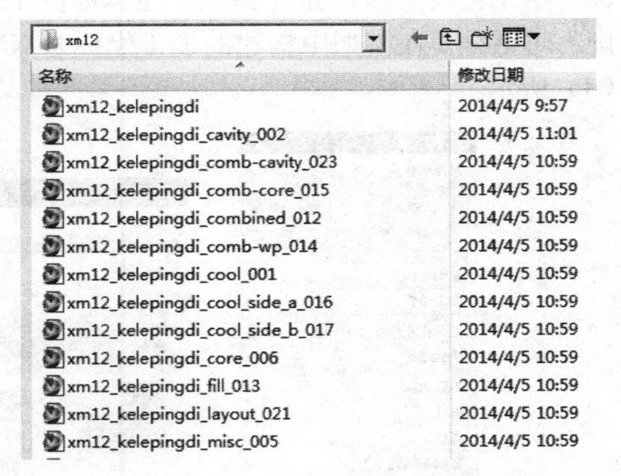

图 12-44　打开 xm12 文件夹，查看构建的模具文件

9. 保存与查看注塑模造型全部文件

单击菜单栏“文件”、“全部保存”菜单项，

分型过程中的全部文件被保存起来，其中“xm12_kelepingdi_cavity_002”为型腔模具体文件，“xm12_kelepingdi _core_006.prt”为型芯模型体文件。其他文件是关于构建模具的浇道、冷却等方面的文件，打开“xm12”文件夹，显示文件夹中文件目录，如图 12-44 所示。

任务 4　构建可乐瓶底型芯模具工件工作坐标系

打开可乐瓶底型芯模具体文件 xm12_kelepingdi_core_006.prt，发现其工作坐标系的 ZC 轴指向模具曲面的下方，如图 12-45（a）所示。与立式铣削加工机床的 Z 轴反向，应将 WCS 坐标系的 ZC 轴旋转 180°，使其与立式铣削机床方向一致。

单击“旋转 WCS”命令工具图标，弹出“旋转 WCS”对话框，选取绕+XC 轴旋转项，输入角度：180.0，如图 12-45（b）所示。单击“确定”按钮，模型中坐标系进行了旋转变换，结果如图 12-45（c）所示。

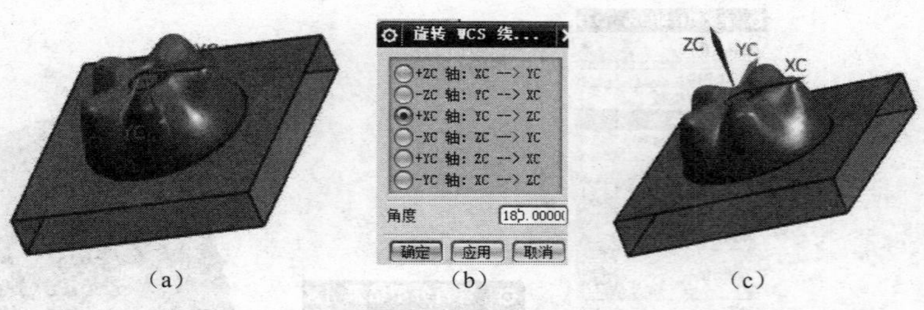

（a）　（b）　（c）

图 12-45　WCS 坐标系绕 XC 轴旋转 180°

这里采用的坐标系变换方法与上一项目不同，目的是让读者熟悉较多的坐标系变换方法。

任务 5　构建可乐瓶底型芯模具铣削加工刀轨

1. 创建加工环境

（1）进入加工模块

单击“启动”菜单图标，单击“加工”菜单项，选择加工类型为型腔铣削（mill contour），单击“确定”按钮，进入加工模块。

（2）创建加工几何体

① 创建加工坐标系 XMYMZM。

将“操作导航器”切换成“几何视图”，双击“操作导航器”中“MCS_MILL”项，弹出“MCS 铣削”对话框，如图 12-46（a）所示。

在“MCS 铣削”对话框中，机床坐标系项“指定 MCS”中，单击“CSYS 构造器”工具图标，弹出“CSYS”对话框，选取类型为“动态”图标；参考 CSYS 为“WCS”，如图 12-46（b）所示；动态坐标系在模型中显示如图 12-46（c）所示；单击“确定”按钮，返回“MCS 铣削”对话框。在模型中构建的加工坐标系 XM、YM、ZM 与工作坐标系 WCS 重合，如图 12-46（d）所示。

（a）

（b）

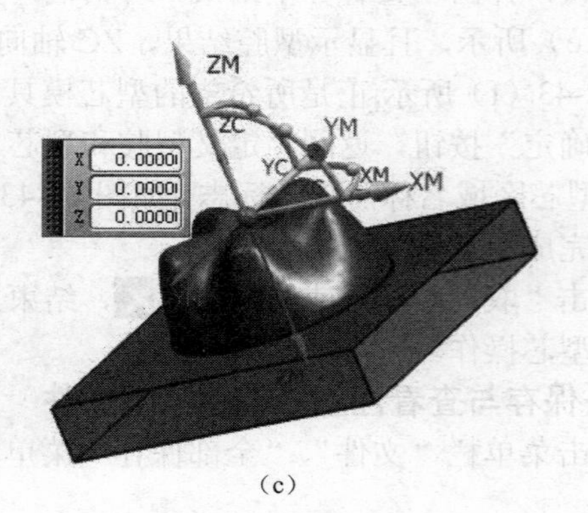

（c）

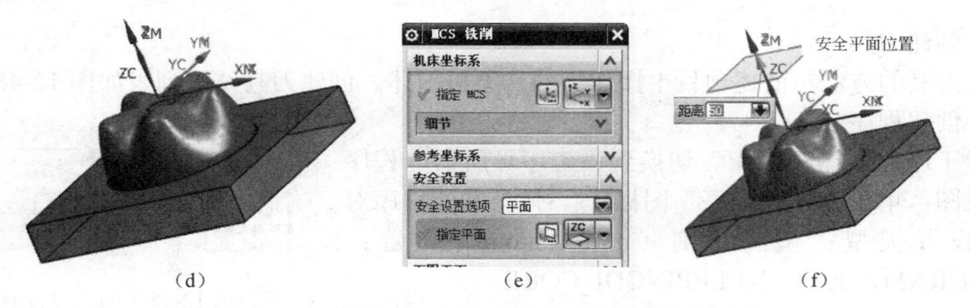

图 12-46　构建加工坐标系 XMYMZM 与安全平面

② 创建安全平面。

在“MCS 铣削”对话框安全设置选项组中，“安全设置选项”中选取“平面”，指定平面类型与 XCYC 坐标平面平行，如图 12-46（e）所示，在模型中弹出的距离输入栏输入：50，即安全平面距离 XCYC 坐标平面为 50mm，如图 12-46（f）所示。

单击“确定”按钮，创建加工坐标系和安全平面操作结束。

③ 创建加工部件几何体。

单击“操作导航器”中“MCS_MILL”前“+”号，出现“WORKPIECE”，双击“WORKPIECE”，弹出铣削几何“工件”对话框，如图 12-47（a）所示。

单击“指定部件”图标，弹出部件选择对话框，选取型芯体，如图 12-47（c）所示，对话框显示如图 12-47（b）所示，单击“部件几何体”对话框中“确定”按钮，返回“工件”对话框。

④ 创建毛坯几何体。

单击“指定毛坯”图标，弹出毛坯选择对话框，选取毛坯类型：“包容块”，且在 ZM+输入栏输入：3，即毛坯在 ZM 正向比包容块增高 3mm，如图 12-47（d）所示，留作上表面的加工余量。模型中显示如图 12-47（e）所示，单击“毛坯几何体”对话框中“确定”按钮，返回“工件”对话框。“工件”对话框中显示如图 12-47（f）所示。

单击“指定部件”右侧的图标，可显示型芯模具体；单击“指定毛坯”右侧图标，可显示毛坯几何体（包容块）。如图 12-47（g）所示。

（这里采用了“包容块”的方式构建毛坯体，与前几何项目用“拉伸”线框构建毛坯体方法不同，目的是让读者熟悉构建毛坯体的不同方法。请读者体会两种方法的不同，选取自己认为最方便的方法构建毛坯体。）

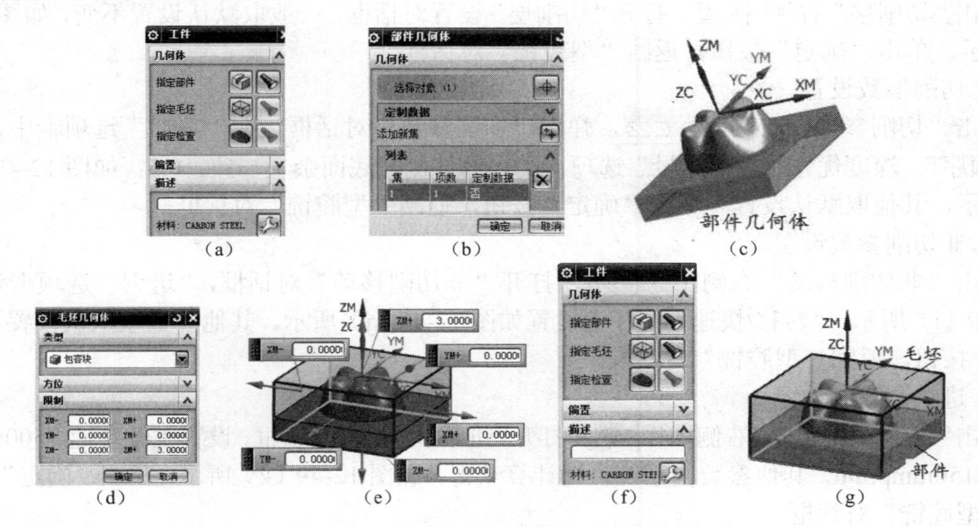

图 12-47　指定部件几何体和毛坯几何体

(3) 创建刀具

创建刀具的方法与前述项目中操作相同，不再叙述。创建刀具结果列表如图 12-48 所示。

(4) 创建程序名

将“工序导航器－机床”切换到“工序导航器－程序顺序”视图，单击“创建程序”图标，弹出创建程序对话框，设置类型：型腔铣削（mill–contour）位置：NC_PROGRAM，名称：KELEPINGDI_CORE。

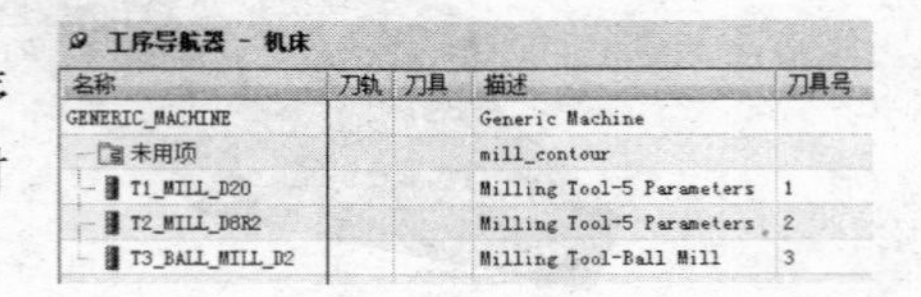

工序导航器 - 机床

名称	刀轨	刀具	描述	刀具号
GENERIC_MACHINE			Generic Machine	
未用项			mill_contour	
T1_MILL_D20			Milling Tool-5 Parameters	1
T2_MILL_D8R2			Milling Tool-5 Parameters	2
T3_BALL_MILL_D2			Milling Tool-Ball Mill	3

图 12-48　创建刀具清单

连续单击对话框中“确定”按钮两次，完成程序名创建，在“工序导航器－程序顺序”视图中出现“KELEPINGDI_CORE”项。

2. 创建粗铣削可乐瓶型芯模具工序刀轨

(1) 创建粗加工操作基本设置

右键单击操作导航器中程序名“KELEPINGDI_CORE”，出现快捷菜单，单击“插入\工序”，弹出“创建工序”对话框，设置子类型“型腔铣”（CAVITY_MILL），位置栏中的程序、刀具、几何体、方法及名称设置如图 12-49（a）所示。

(2) 创建粗铣削工序加工几何体

单击“创建工序”对话框中“应用”，弹出“型腔铣”（CAVITY_MILL）参数设置对话框，如图 12-49（b）所示。

“几何体”选项组中“指定部件”、“指定毛坯”项已不能选用，是因为在前面已经设定。

单击“指定切削区域”右侧图标，弹出“切削区域”对话框，如图 12-49（c）所示，以窗选方式选取中间曲面区域，再单选方式选取平面区域，如图 12-49（d）所示，在“切削区域”对话框中立即显示已选切削区域有 4 个，如图 12-49（e）所示。单击对话框中“确定”按钮，返回“型腔铣”对话框。

这里采用平口钳装夹毛坯体，无须用压板，故不指定修剪边界。

(3) 刀轨设置

① 加工方法、切削模式、重刀量、每刀深度设置。

在“型腔铣”参数设置对话框的“刀轨设置”选项组中，设置“方法”、“切削模式”、“步进”计算方式与步进“百分比”、“全局每刀深度”切削用量，如图 12-49（b）所示。

② 切削层设置。

单击“切削层”右侧图标，打开“切削层”设置对话框，一般取默认设置不变，如图 12-49（f）所示。单击“确定”按钮，返回“型腔铣”对话框。

③ 切削参数设置。

单击“切削参数”右侧图标，弹出“切削参数”对话框，在“策略”选项卡中，选取“切削顺序”：深度优先。在“余量”选项卡中，部件侧面底面余量一致：0.5；如图 12-49（g）、（h）所示，其他取默认设置。单击“确定”按钮，返回“型腔铣”对话框。

④ 非切削参数设置。

单击“非切削移动”右侧图标，打开“非切削移动”对话框，“进刀”选项卡设置如图 12-49（i）所示。“转移/快速”选项卡设置如图 12-49（j）所示，其他参数取默认设置，单击“确定”按钮，返回“型腔铣”对话框。

⑤ 进给和速度设置。

单击“进给率和速度”右侧图标，打开“进给和速度”对话框，设置主轴转速 1500rpmin，进给率 150mmpmin。其他参数由系统自动计算获得，如图 12-49（k）所示，单击“确定”按钮，返回“型腔铣”对话框。

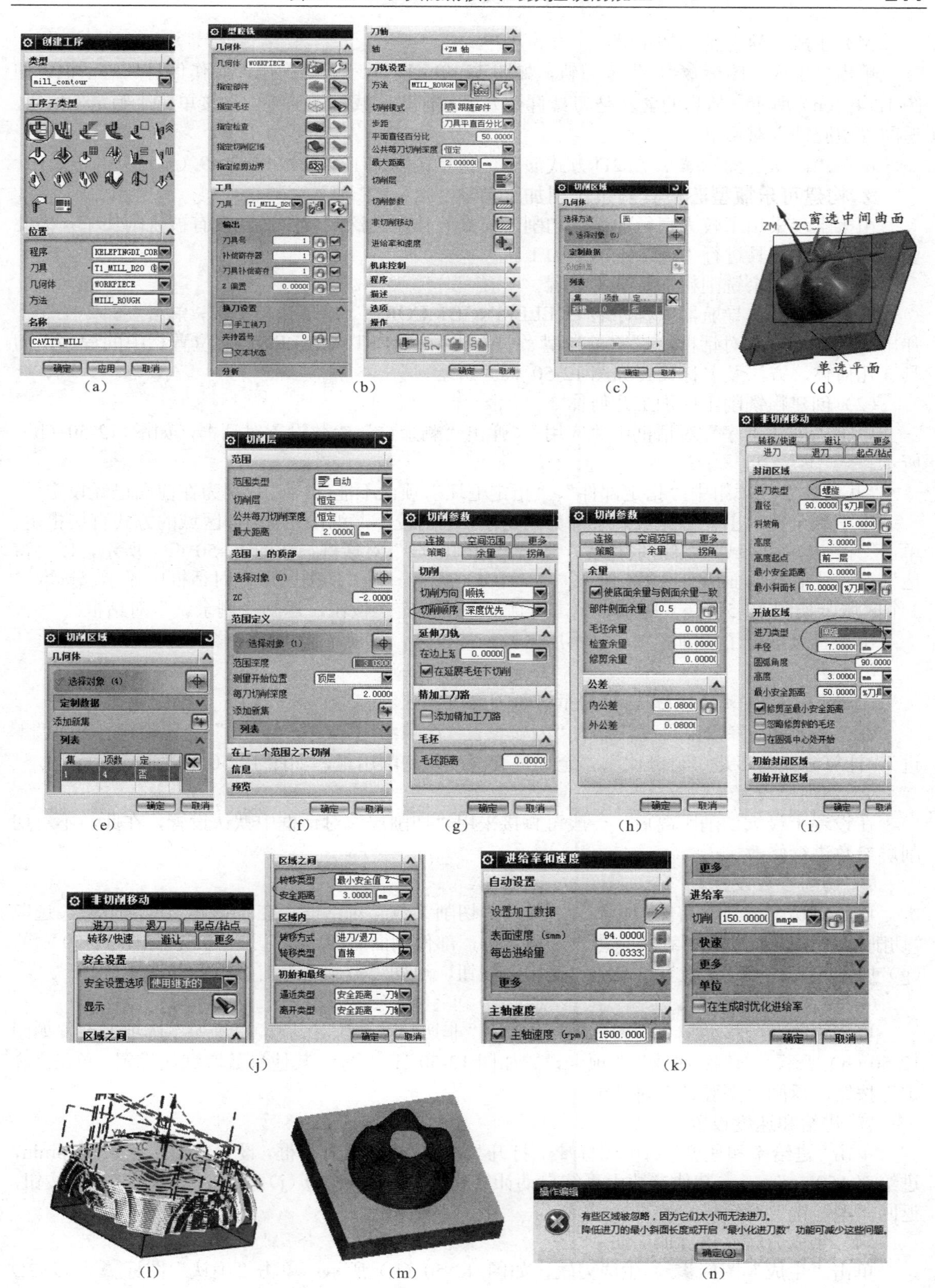

图 12-49　粗铣削加工工序刀轨构建

（4）生成刀轨并仿真加工演示

单击“生成”图标，生成刀轨，如图 12-49（l）所示，并弹出“操作信息”对话框，如图 12-49（n）所示，信息的含义是刀具直径大了，有些区域没能加工。直接单击“确定”按钮，返回“型腔铣”对话框。

单击“确认”图标，以 2D 方式演示，仿真铣削加工结果如图 12-49（m）所示。

3. 构建可乐瓶型芯模具剩余铣削加工刀轨

由于上步采用了较大直径的刀具切削，模具腔体内的深槽较窄，就没有被铣削加工，因此要采用小直径刀具进行“剩余铣削”加工。

（1）创建剩余铣削粗加工基本设置

右键单击操作导航器中程序名“KELEPINGDI_CORE”，出现快捷菜单，单击“插入\工序”，弹出“创建工序”对话框，设置子类型“剩余铣”（ REST_MILLING），位置栏中的程序、刀具、几何体、方法及名称设置如图 12-50（a）所示。

（2）创建粗铣削工序加工几何体

单击“创建工序”对话框中“应用”，弹出“剩余铣”参数设置对话框，如图 12-50（b）所示。

“几何体”选项组中“指定部件”、“指定毛坯”项已不能选用，是因为在前面已经设定。

由于剩余铣削主要是完成剩余部分的切削，范围较小，可用指定切削区域的方式直接指定。单击“指定切削区域”右侧图标，弹出“切削区域”对话框，如图 12-50（c）所示，以“窗选”方式选取凸曲面所有区域，如图 12-50（d）所示，则“切削区域”对话框中显示已选取了 3 个区域，如图 12-50（e）所示。单击对话框中“确定”按钮，返回“剩余铣”对话框。

由于直接指定了切削区域，又不用压板夹持工件，故就不需“指定修剪边界”。

（3）刀轨设置

① 加工方法、切削模式、重刀量、每刀深度设置。

在“剩余铣”参数设置对话框的“刀轨设置”选项组中，设置“方法”、“切削模式”、 “步进” 计算方式与步进“百分比”、“全局每刀深度”切削用量，如图 12-50（b）所示。

② 切削层设置。

在设置了最大切削距离后，一般可直接采用“切削层”对话框中默认设置，在此，不对切削层参数进行修改。

③ 切削参数设置。

单击“切削参数”右侧图标，弹出“切削参数”对话框，在“策略”选项卡中，选取“切削顺序”：深度优先。在“余量”选项卡中，部件侧面底面余量一致：0.5；如图 12-50（f）、（g）所示，其他取默认设置。单击“确定”按钮，返回“型腔铣”对话框。

④ 非切削参数设置。

单击“非切削移动”右侧图标，打开“非切削移动”对话框，“进刀”选项卡设置如图 12-50（h）所示。“转移/快速”选项卡设置如图 12-50（i）所示，其他参数取默认设置，单击“确定”按钮，返回“型腔铣”对话框。

⑤ 进给和速度设置。

单击“进给率和速度”右侧图标，打开“进给和速度”对话框，设置主轴转速 1500rpmin，进给率 150mmpmin。其他参数由系统自动计算获得，如图 12-50（j）所示，单击“确定”按钮，返回“型腔铣”对话框。

（4）生成刀轨并仿真加工演示

单击“生成”图标，生成刀轨，如图 12-50（k）所示；单击“确认”图标，以 2D 方式演示，仿真铣削加工结果如图 12-50（l）所示。

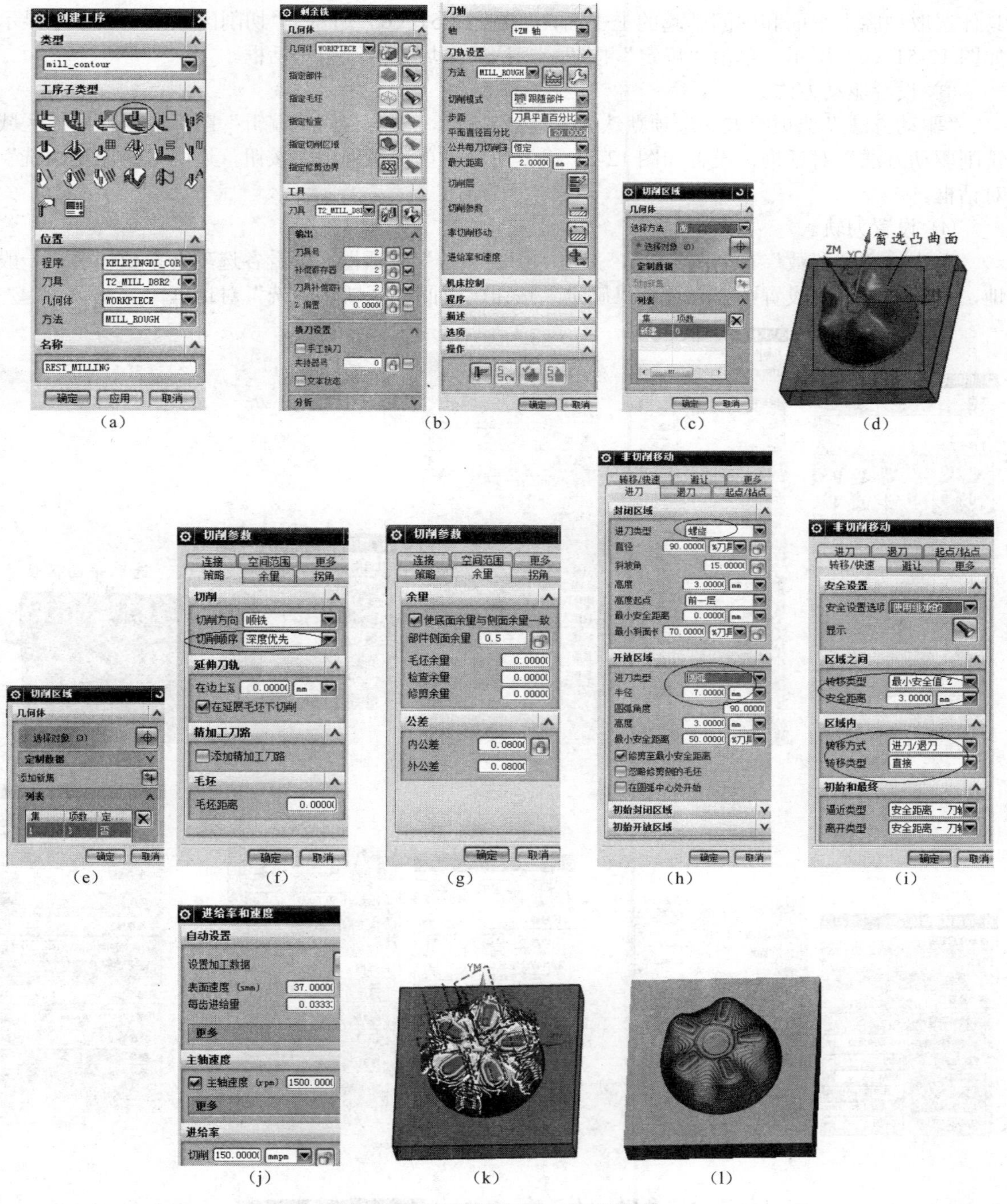

图 12-50　构建剩余铣加工工序刀轨

4. 构建可乐瓶型芯模具精铣削型腔加工刀轨

（1）创建精铣削平面区域工序刀轨

① 创建操作基本设置。打开“创建工序”对话框，基本设置如图 12-51（a）所示。单击“应用”按钮，弹出“区域轮廓铣”对话框，如图 12-51（b）所示。

② 设置加工几何体。

在几何体选项组中，单击“指定切削区域”右侧图标，弹出“切削区域”对话框，在模具体选取型腔上平面和中间凸起的上平面，如图 12-51（d）所示，“切削区域”对话框中显示如图 12-51（c）所示。单击“确定”按钮，返回“区域轮廓铣”对话框。

③ 设置驱动方法。

“驱动方法”选项组方法选项默认为“区域铣削”，单击右侧“编辑”图标，弹出“区域铣削驱动方法”对话框，设置如图 12-51（e）所示，单击“确定”按钮，返回“区域轮廓铣”对话框。

④ 设置刀轨。

单击“切削参数”右侧图标，弹出“切削参数”对话框，查看各选项卡参数情况，一般地，可全部取默认设置不变，单击“确定”按钮，返回“区域轮廓铣”对话框。

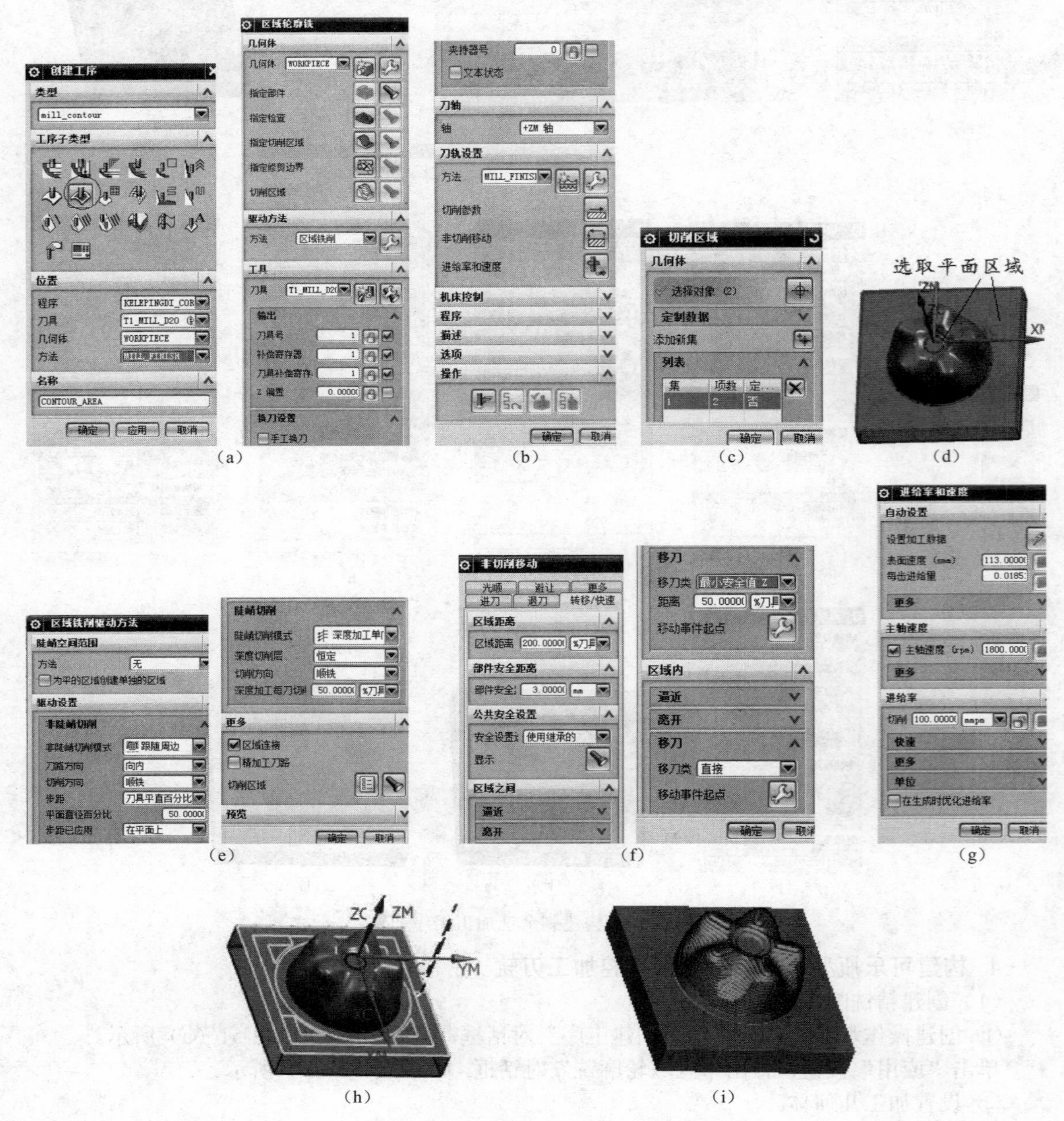

(a) (b) (c) (d)

(e) (f) (g)

(h) (i)

图 12-51 构建精铣削平面区域刀轨

单击“非切削移动”右侧图标，检查默认设置情况，一般地，这项可不作任何改动，全取默认设置，也可将“转移/快速”选项卡中区域之间“移刀类”项：最小安全距离；区域之内“移刀类”：直接。如图 12-51（f）所示。这样可减小空行程时间。其他参数取默认设置不变。单击“确定”按钮，返回“区域轮廓铣”对话框。

单击“进给率和速度”右侧图标，弹出“进给率和速度”对话框，设置主轴转速 1800rpmin，进给率 150mmpmin，其他参数取默认设置，如图 12-51（g）所示，单击“确定”按钮，返回“区域轮廓铣”对话框。

⑤ 生成刀轨并仿真铣削加工校验。

单击“生成”图标，生成刀轨，如图 12-51（h）所示。

单击“确认”图标，以 2D 方式演示，仿真铣削加工结果如图 12-51（i）所示。

（2）构建可乐瓶型芯模曲面区域的精铣削加工刀轨

曲面区域的铣削与平面区域的铣削不同在于只能用小直径的球刀或有圆角的圆柱铣刀进行铣削加工，刀路应密，才能使曲面加工后光滑，粗糙度数值小。因此，可将上步平面区域精铣削工序构建的刀轨稍加修改即转换成曲面铣削工序的刀轨。

在“工序导航器－程序顺序”视图中，右击上步程序名“CONTOUR_AREA”，进行“复制”、“粘贴”、“重命名”操作，形成程序名：“CONTOUR_AREA_1”。

① 更改切削区域。

双击程序名：“CONTOUR_AREA_1”，打开“区域轮廓”对话框，单击“指定切削区域”右侧图标，打开“切削区域”对话框，删除原有曲面，再以“窗选”方式选取型腔模具凸曲面区域，“切削区域”对话框中立即显示已选取 3 个区域，如图 12-52（a）、（b）所示，单击“确定”按钮，返回“区域轮廓铣”对话框。

② 更换刀具。

将工具栏“刀具”换成“T3_MILL_D8R2”。如图 12-52（c）所示。

③ 设置区域切削方法。

单击“驱动方法”：“区域铣削”右侧“编辑”图标，弹出“区域铣削驱动方法”对话框，设置如图 12-52（d）所示，步距项“平面刀具直径百分比”改为 10；“步距已应用”：部件上。“深度加工每刀切削”：10%刀具直径，其他不变，单击“确定”按钮，返回“区域轮廓铣”对话框。

④ 生成刀轨并仿真铣削加工校验。

单击“生成”图标，生成刀轨，如图 12-52（e）所示。

单击“确认”图标，以 2D 方式仿真铣削加工演示，如图 12-52（f）所示。

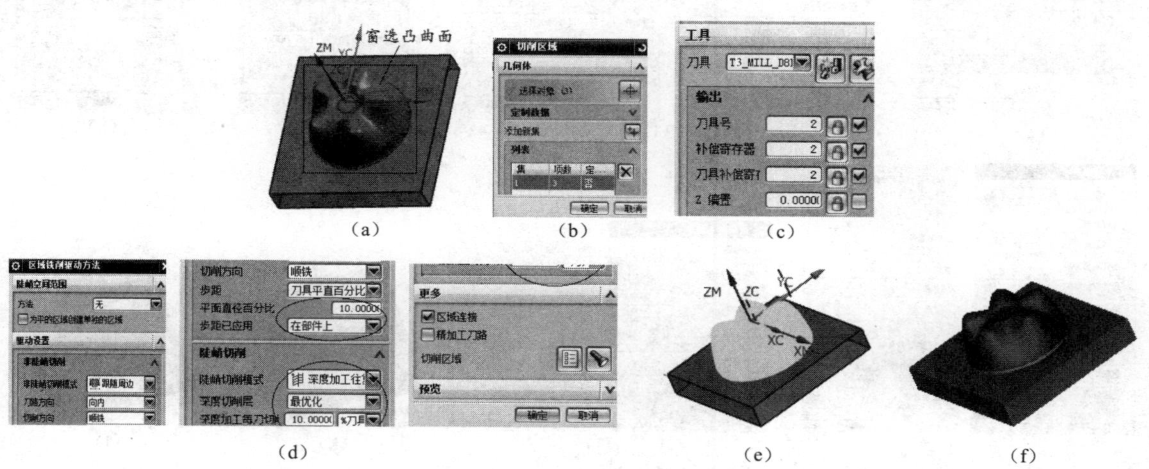

图 12-52 构建可乐瓶底型芯模曲面区域的精铣削加工刀轨

（3）构建可乐瓶型芯模具清根加工刀轨

①创建清根参考刀具工序刀轨基本设置。

打开“创建工序”对话框，进行基本设置，如图 12-53（a）所示。单击“应用”按钮，弹出“清根参考刀具”对话框，如图 12-53（b）所示。

② 各种操作参数设置。

单击“几何体”选项组中“指定切削区域”右侧图标，弹出“切削区域”对话框，以“面”方法指定切削区域，以“窗选”方式选取模型中曲面区域，如图 12-53（c）、(d)、(e) 所示。单击“确定”按钮，返回“清根参考刀具”对话框。

打开“清根驱动方法”对话框，“驱动设置”选项组中设置如图；“参考刀具”选项组中，参考曲面铣削时用的刀具 T3_BALL_MILL_D2 铣刀；其他设置如图 12-53（f）所示。单击“确定”按钮，返回“清根参考刀具”对话框。

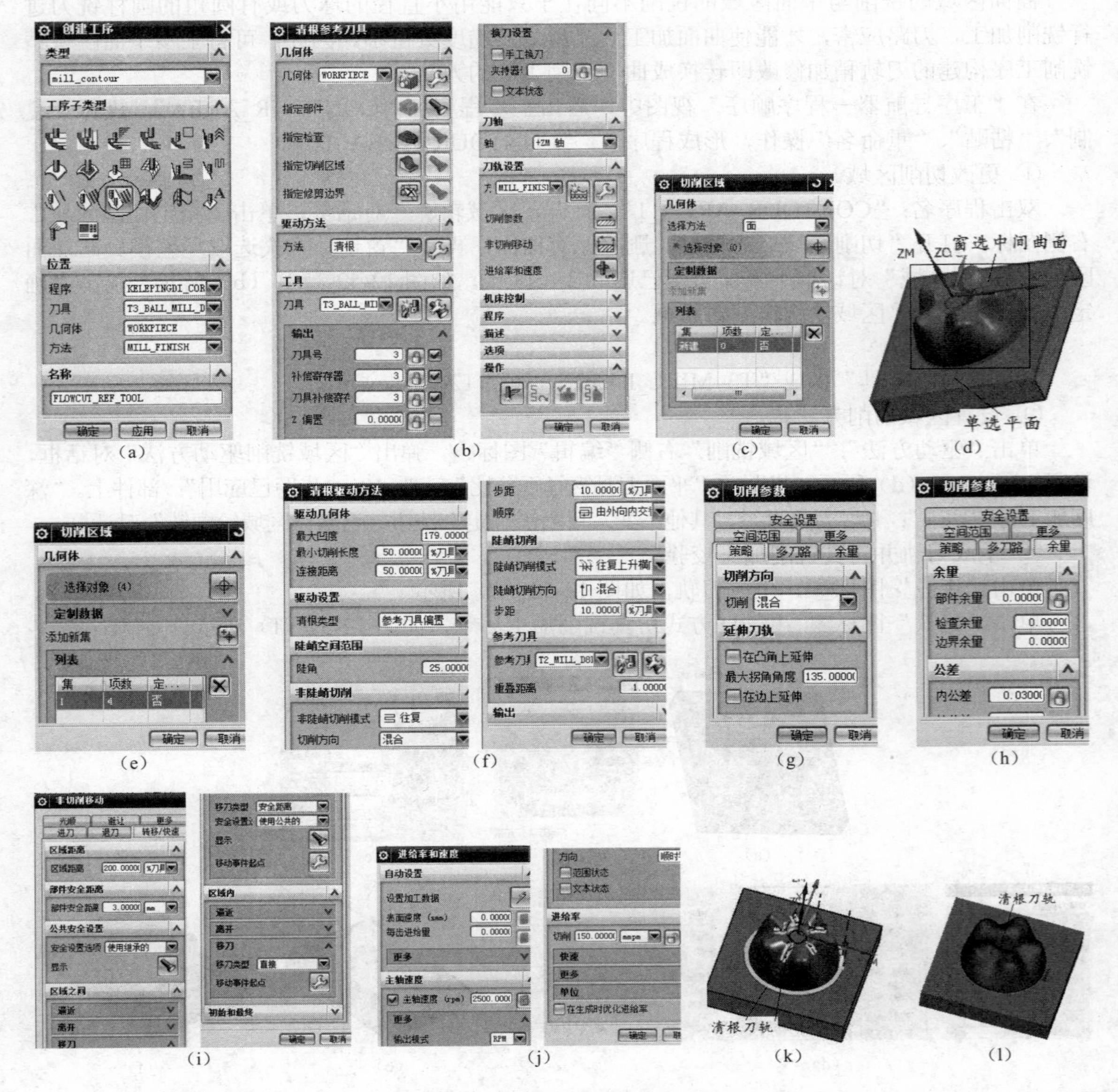

图 12-53 清根铣削刀轨构建

打开“切削参数”对话框，设置如图 12-53（g）、（h）所示。单击“确定”按钮，返回“清根参考刀具”对话框。

打开“非切削移动”对话框，设置如图 12-53（i）所示。单击“确定”按钮，返回“清根参考刀具”对话框。

打开“进给率与速度”对话框，设置主轴转速 2500rpm，进给率 150mmpmin，如图 12-53（j）所示。单击“确定”按钮，返回“清根参考刀具”对话框。

③生成刀轨并仿真加工校验。

单击“生成”图标，生成刀轨；如图 12-53（k）所示；单击“确认”图标，以 2D 方式演示，仿真铣削加工结果如图 12-53（l）所示。

至此，完成了可乐瓶底型芯模刀轨的生成操作，重要操作信息在操作导航器中显示，如图 12-54 所示。

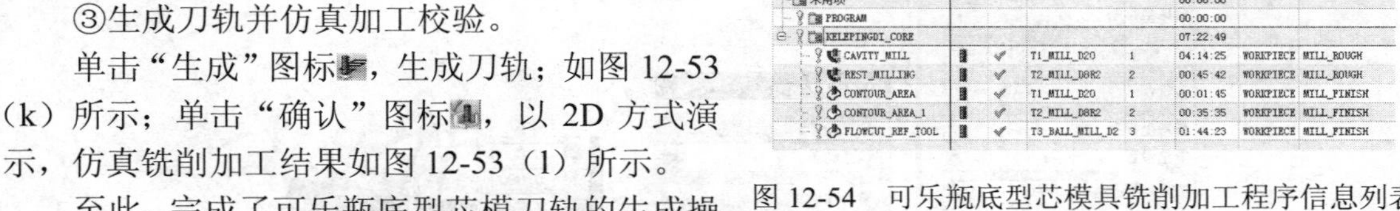

工序导航器 - 程序顺序

名称	换刀	刀轨	刀具	刀具号	时间	几何体	方法
NC_PROGRAM					07:22:49		
未用项					00:00:00		
PROGRAM					00:00:00		
KELEPINGDI_CORE					07:22:49		
CAVITY_MILL		✔	T1_MILL_D20	1	04:14:25	WORKPIECE	MILL_ROUGH
REST_MILLING		✔	T2_MILL_D8R2	2	00:45:42	WORKPIECE	MILL_ROUGH
CONTOUR_AREA		✔	T1_MILL_D20	1	00:01:45	WORKPIECE	MILL_FINISH
CONTOUR_AREA_1		✔	T2_MILL_D8R2	2	00:35:35	WORKPIECE	MILL_FINISH
FLOWCUT_REF_TOOL		✔	T3_BALL_MILL_D2	3	01:44:23	WORKPIECE	MILL_FINISH

图 12-54　可乐瓶底型芯模具铣削加工程序信息列表

生成 NC 程序代码的操作请读者参考项目 7 讲授内容进行。

任务 6　构建可乐瓶底型腔模具铣削加工刀轨操作

启动 NX9.0 软件，在建模模块，打开可乐瓶底型腔模具体文件“xm12_kelepingdi_cavity_002.prt”。

1. 将 WCS 坐标系原点移到模具上表面几何中心

从图 12-55（a）所示可乐瓶型腔模具体的工作坐标系 WCS 的原点位于模具体内部，不便于后续建立数控加工坐标系。

单击“WCS 定向”工具图标，弹出“CSYS”坐标系设置对话框，选取“动态”类型，模型中出现 XCYCZC 动态坐标系，单击选取模型上表面任意一棱角点，显示其原点在绝对坐标系中的绝对坐标值，如图 12-55（c）所示，在坐标值输入框中，将 X、Y 坐标值改为 0，Z 坐标值保持不变，则坐标原点移到模具上表面几何中心，如图 12-55（d）所示，单击 CSYS 对话框中“确定”按钮，关闭对话框，完成坐标系的移动变换。

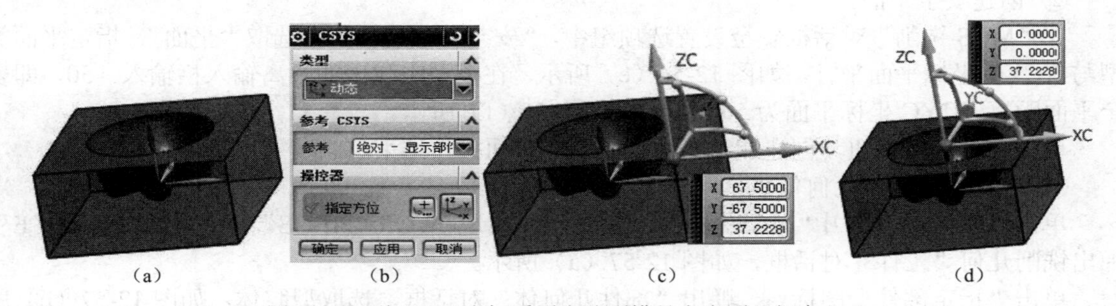

图 12-55　将 WCS 坐标系原点移到模具上表面几何中心

2. 创建加工环境

（1）进入加工模块

单击“启动”菜单图标，单击“加工”菜单项，选择加工类型为型腔铣削（mill contour），单击“确定”按钮，进入加工模块。

（2）创建加工几何体

① 创建加工坐标系 XMYMZM。

将“操作导航器”切换成“几何视图”，双击“操作导航器”中“MCS_MILL”项，弹出

“MCS铣削”对话框，如图12-56（a）所示。

在“MCS铣削”对话框中，机床坐标系项“指定MCS”中，单击“CSYS构造器”工具图标，弹出“CSYS”对话框，选取类型为“动态”图标；参考CSYS为“WCS”，如图12-56（b）所示；动态坐标系在模型中显示如图12-56（c）所示；单击“确定”按钮，返回“MCS铣削”对话框。在模型中构建的加工坐标系XM、YM、ZM与工作坐标系WCS重合，如图12-56（d）所示。

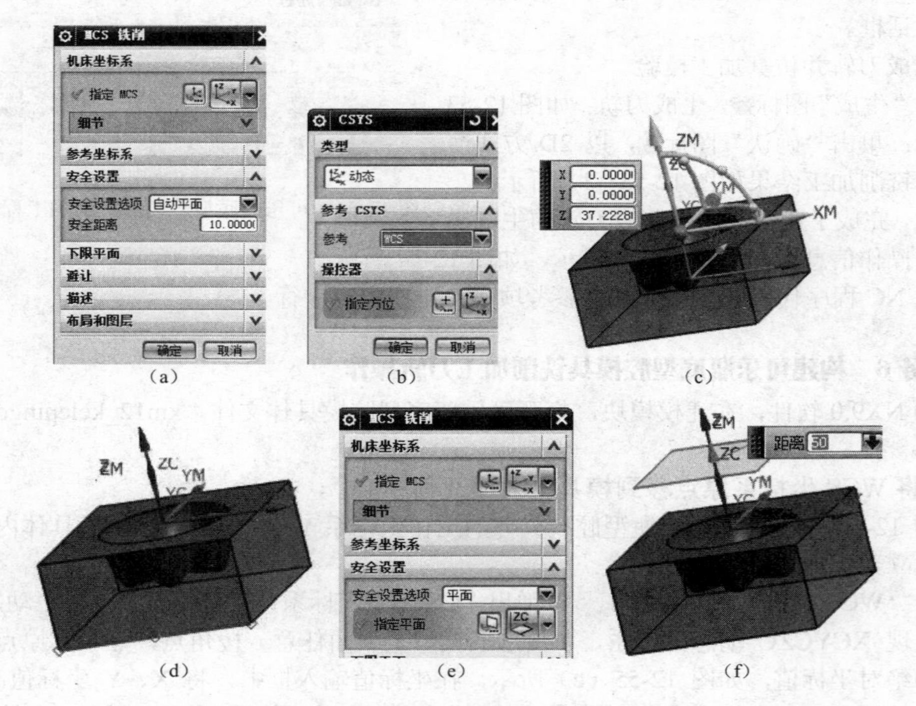

图12-56 构建加工坐标系XMYMZM与安全平面

② 创建安全平面。

在“MCS铣削”对话框安全设置选项组中，“安全设置选项”中选取“平面”，指定平面类型与XCYC坐标平面平行，如图12-56（e）所示，在模型中弹出的距离输入栏输入：50，即安全平面距离XCYC坐标平面为50mm，如图12-56（f）所示。

单击“确定”按钮，创建加工坐标系和安全平面操作结束。

③ 创建加工部件几何体。

单击“操作导航器”中“MCS_MILL”前“+”号，出现“WORKPIECE”，双击“WORKPIECE”，弹出铣削几何“工件”对话框，如图12-57（a）所示。

单击“指定部件”图标，弹出“部件几何体”对话框，选取型腔体，如图12-57（c）所示，对话框显示如图12-57（b）所示，单击“部件几何体”对话框中“确定”按钮，返回“工件”对话框。

④ 创建毛坯几何体。

单击“指定毛坯”图标，弹出“毛坯几何体”对话框，选取毛坯类型：“包容块”，且在ZM+输入栏输入：3，即毛坯在ZM正向比包容块增高3mm，如图12-57（d）所示，留作上表面的加工余量。模型中显示如图12-57（e）所示，单击“毛坯几何体”对话框中“确定”按钮，返回“工件”对话框。“工件”对话框中显示如图12-57（f）所示。

单击“指定部件”右侧的图标，可显示型芯模具体；单击“指定毛坯”右侧图标，可显示毛坯几何体（包容块）。如图 12-57（g）所示。

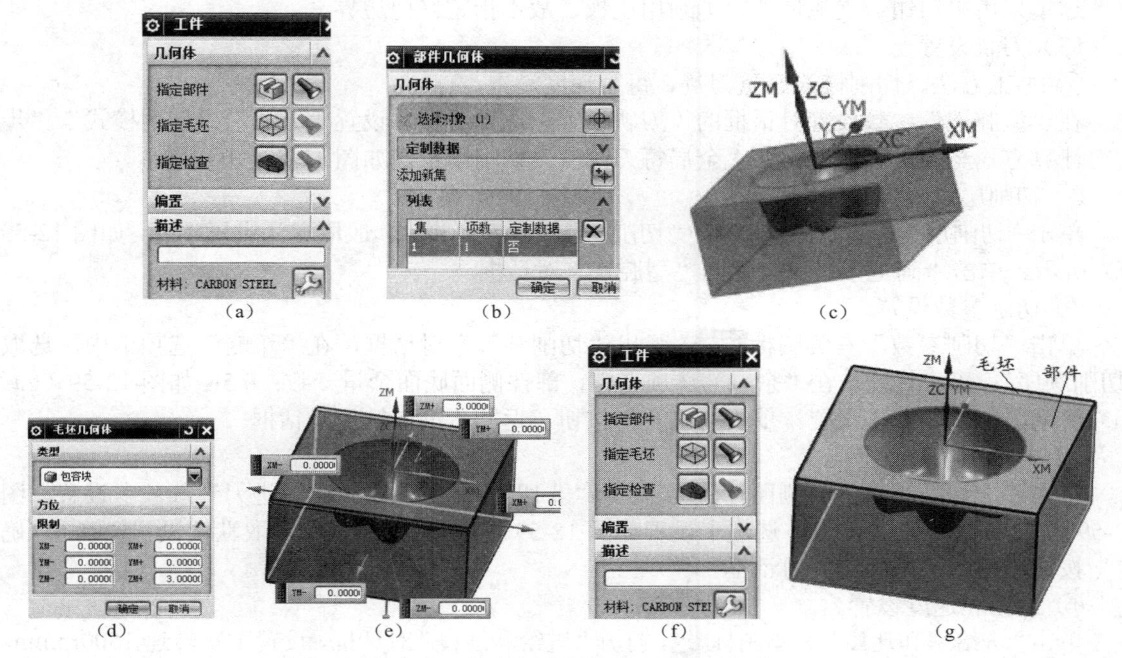

(a)　(b)　(c)　(d)　(e)　(f)　(g)

图 12-57　指定部件几何体和毛坯几何体

（3）创建刀具

创建刀具的方法与前述项目中操作相同，不再叙述。创建刀具结果列表如图 12-58 所示。

（4）创建程序名

将“工序导航器—机床”切换到“工序导航器—程序顺序”视图，单击“创建程序”图标，弹出创建程序对话框，设置类型：型腔铣削（mill–contour）位置：NC_PROGRAM，名称；KELEPINGDI_CAVITY。

连续单击对话框中“确定”按钮两次，完成程序名创建，在“工序导航器—程序顺序”视图中出现“KELEPINGDI_CAVITY”项。

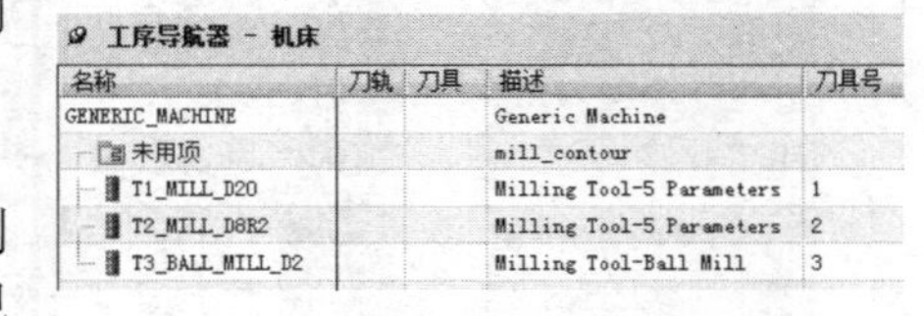

图 12-58　创建刀具清单

3. 创建粗铣削可乐瓶型腔模具刀轨

（1）创建粗加工操作基本设置

右键单击操作导航器中程序名“KELEPINGDI_CAVITY”，出现快捷菜单，单击“插入\工序”，弹出“创建工序”对话框，设置子类型“型腔铣”（CAVITY_MILL），位置栏中的程序、刀具、几何体、方法及名称设置如图 12-59（a）所示。

（2）创建粗铣削工序加工几何体

单击“创建工序”对话框中“应用”，弹出“型腔铣”（CAVITY_MILL）参数设置对话框，如图 12-59（b）所示。

“几何体”选项组中“指定部件”、“指定毛坯”项已不能选用，是因为在前面已经设定。

单击“指定切削区域”右侧图标，弹出“切削区域”对话框，如图 12-59（c）所示，以窗选方式选取中间曲面区域，再单选方式选取平面区域，如图 12-59（d）所示，在“切削区域”对话框中立即显示已选切削区域有 4 个，如图 12-59（e）所示。单击对话框中“确定”按钮，返回“型腔铣”对话框。

这里采用平口钳装夹毛坯体，无须用压板，故不指定修剪边界。

（3）刀轨设置

① 加工方法、切削模式、重刀量、每刀深度设置。

在“型腔铣”参数设置对话框的“刀轨设置”选项组中，设置“方法”、“切削模式”、“步进”计算方式与步进“百分比”、“全局每刀深度”切削用量，如图 12-59（b）所示。

② 切削层设置。

单击“切削层”右侧图标，打开“切削层”设置对话框，一般取默认设置不变，如图 12-59（f）所示。单击“确定”按钮，返回“型腔铣”对话框。

③ 切削参数设置。

单击“切削参数”右侧图标，弹出“切削参数”对话框，在“策略”选项卡中，选取“切削顺序”：深度优先。在“余量”选项卡中，部件侧面底面余量一致：0.5；如图 12-59（g）、（h）所示，其他取默认设置。单击“确定”按钮，返回“型腔铣”对话框。

④ 非切削参数设置。

单击“非切削移动”右侧图标，打开“非切削移动”对话框，“进刀”选项卡设置如图 12-59（i）所示。“转移/快速”选项卡设置如图 12-59（j）所示，其他参数取默认设置，单击“确定”按钮，返回“型腔铣”对话框。

⑤ 进给和速度设置。

单击“进给率和速度”右侧图标，打开“进给和速度”对话框，设置主轴转速 1500rpmin，进给率 150mmpmin。其他参数由系统自动计算获得，如图 12-59（k）所示，单击“确定”按钮，返回“型腔铣”对话框。

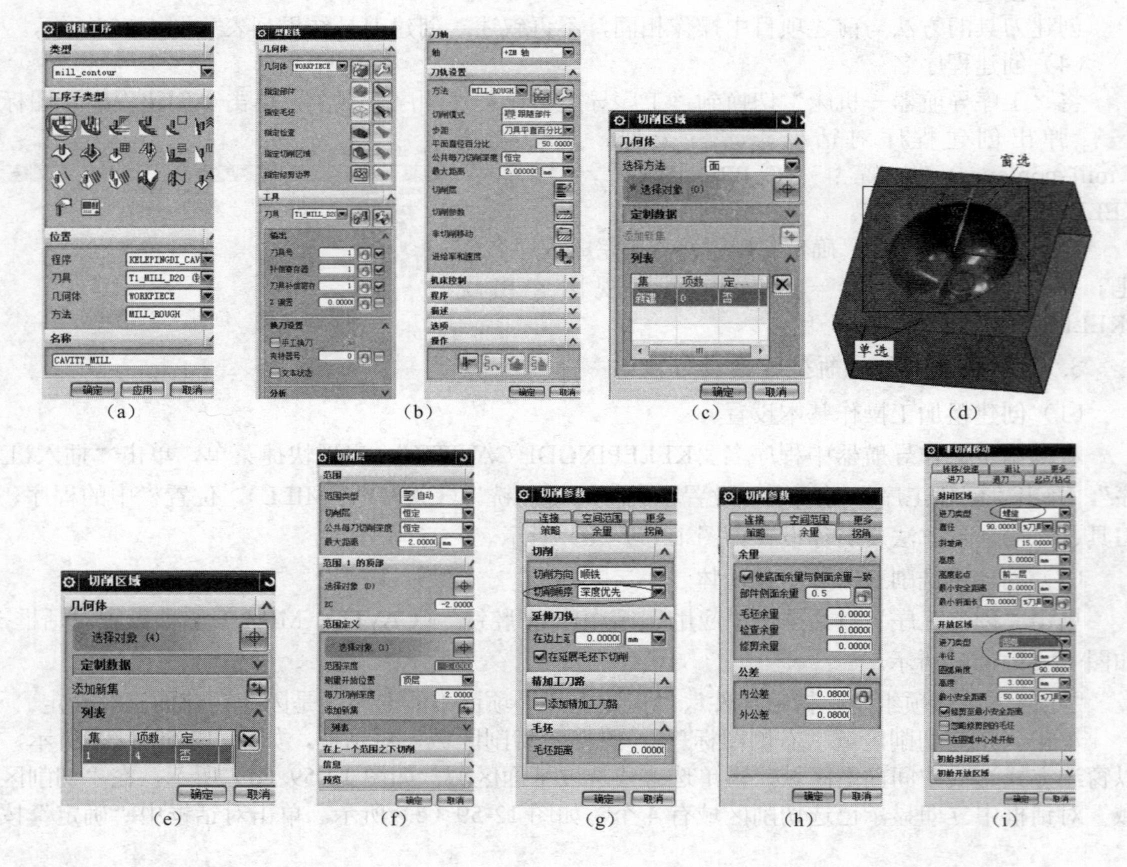

(a) (b) (c) (d)
(e) (f) (g) (h) (i)

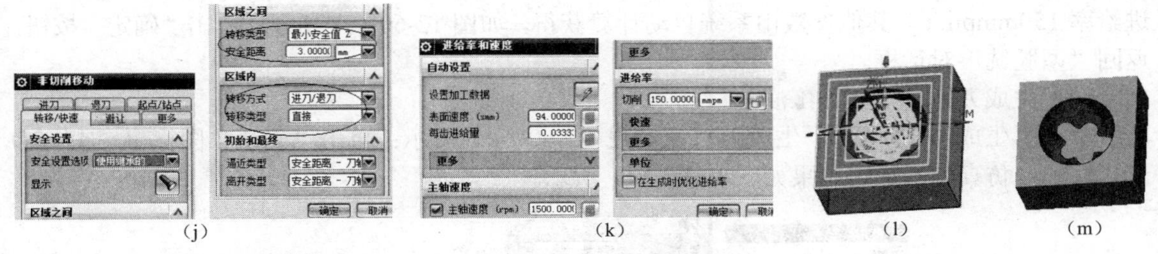

（j）（k）（l）（m）

图 12-59 粗铣削加工刀轨构建

（4）生成刀轨并仿真加工演示

单击“生成”图标，生成刀轨，如图 12-59（l）所示。

单击“确认”图标，以 2D 方式演示，仿真铣削加工结果如图 12-59（m）所示。

4. 构建可乐瓶型腔模具剩余铣削加工刀轨

由于上步采用了较大直径的刀具切削，模具腔体内的深槽较窄，就没有被铣削加工，因此要采用小直径刀具进行“剩余铣削”加工。

（1）创建剩余铣削粗加工工序基本设置

右键单击操作导航器中程序名“KELEPINGDI_CAVITY”，出现快捷菜单，单击“插入\工序”，弹出“创建工序”对话框，设置子类型“剩余铣”（ REST_MILLING），位置栏中的程序、刀具、几何体、方法及名称设置如图 12-60（a）所示。

（2）创建粗铣削工序加工几何体

单击“创建工序”对话框中“应用”，弹出“剩余铣”参数设置对话框，如图 12-60（b）所示。“几何体”选项组中“指定部件”、“指定毛坯”项已不能选用，是因为在前面已经设定。

由于剩余铣削主要是完成剩余部分的切削，范围较小，可用指定切削区域的方式直接指定。单击“指定切削区域”右侧图标，弹出“切削区域”对话框，如图 12-60（c）所示，以“窗选”方式选取凹槽内所有区域，如图 12-60（d）所示，则“切削区域”对话框中显示已选取了 2 个区域，如图 12-60（e）所示。单击对话框中“确定”按钮，返回“剩余铣”对话框。

由于直接指定了切削区域，又不用压板夹持工件，故就不需“指定修剪边界”。

（3）刀轨设置

① 加工方法、切削模式、重刀量、每刀深度设置。

在“剩余铣”参数设置对话框的“刀轨设置”选项组中，设置“方法”、“切削模式”、“步进”计算方式与步进“百分比”、“全局每刀深度”切削用量，如图 12-60（b）所示。

② 切削层设置。

在设置了最大切削距离后，一般可直接采用“切削层”对话框中默认设置，在此，不对切削层参数进行修改。

③ 切削参数设置。

单击“切削参数”右侧图标，弹出“切削参数”对话框，在“策略”选项卡中，选取“切削顺序”：深度优先。在“余量”选项卡中，部件侧面底面余量一致：0.5；如图 12-60（f）、（g）所示，其他取默认设置。单击“确定”按钮，返回“型腔铣”对话框。

④ 非切削参数设置。

单击“非切削移动”右侧图标，打开“非切削移动”对话框，“进刀”选项卡设置如图 12-60（h）所示。“转移/快速”选项卡设置如图 12-60（i）所示，其他参数取默认设置，单击“确定”按钮，返回“型腔铣”对话框。

⑤ 进给和速度设置。

单击“进给率和速度”右侧图标，打开“进给和速度”对话框，设置主轴速度 1500rpm，进给率 150mmpmin。其他参数由系统自动计算获得，如图 12-60（j）所示，单击“确定”按钮，返回“型腔铣”对话框。

（4）生成刀轨并仿真加工演示

单击“生成”图标，生成刀轨，如图 12-60（k）所示；单击“确认”图标，以 2D 方式演示，仿真铣削加工结果如图 12-60（l）所示。

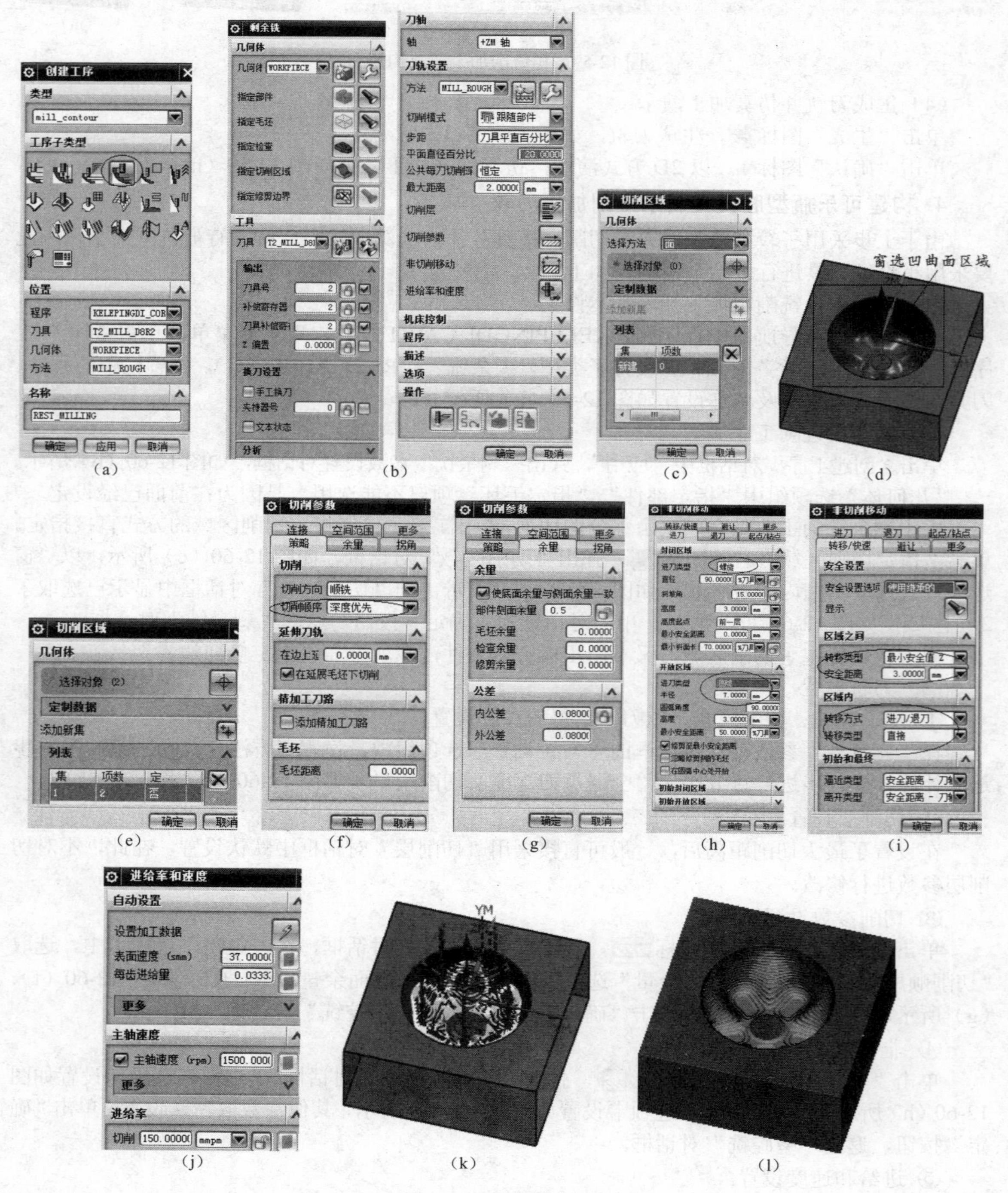

(a) (b) (c) (d) (e) (f) (g) (h) (i) (j) (k) (l)

图 12-60 构建剩余铣加工刀轨

5. 构建可乐瓶型腔模具精铣削型腔加工刀轨

（1）创建精铣削平面区域刀轨

① 创建操作基本设置。打开“创建工序”对话框，基本设置如图 12-61（a）所示。

单击“应用”按钮，弹出“区域轮廓铣”对话框，如图 12-61（b）所示。

② 设置加工几何体。

在几何体选项组中，单击“指定切削区域”右侧图标，弹出“切削区域”对话框，在模具体选取型腔上平面和中间凸起的上平面，如图 12-61（d）所示，“切削区域”对话框中显示如图 12-61（c）所示。单击“确定”按钮，返回“区域轮廓铣”对话框。

③ 设置驱动方法。

“驱动方法”选项组方法选项默认为“区域铣削”，单击右侧“编辑”图标，弹出“区域铣削驱动方法”对话框，设置如图 12-61（e）所示，单击“确定”按钮，返回“区域轮廓铣”对话框。

④ 设置刀轨。

单击“切削参数”右侧图标，弹出“切削参数”对话框，查看各选项卡参数情况，一般地，可全部取默认设置不变，单击“确定”按钮，返回“区域轮廓铣”对话框。

单击“非切削移动”右侧图标，检查默认设置情况，一般地，这项可不作任何改动，全取默认设置，也可将“转移/快速”选项卡中区域之间“移刀类”项：最小安全距离；区域之内“移刀类”：直接。如图 12-61（f）所示。这样可减小空行程时间。其他参数取默认设置不变。单击“确定”按钮，返回“区域轮廓铣”对话框。

单击“进给率和速度”右侧图标，弹出“进给率和速度”对话框，设置主轴速度 1800rpm，进给率 150mmpmin，其他参数取默认设置，如图 12-61（g）所示，单击“确定”按钮，返回“区域轮廓铣”对话框。

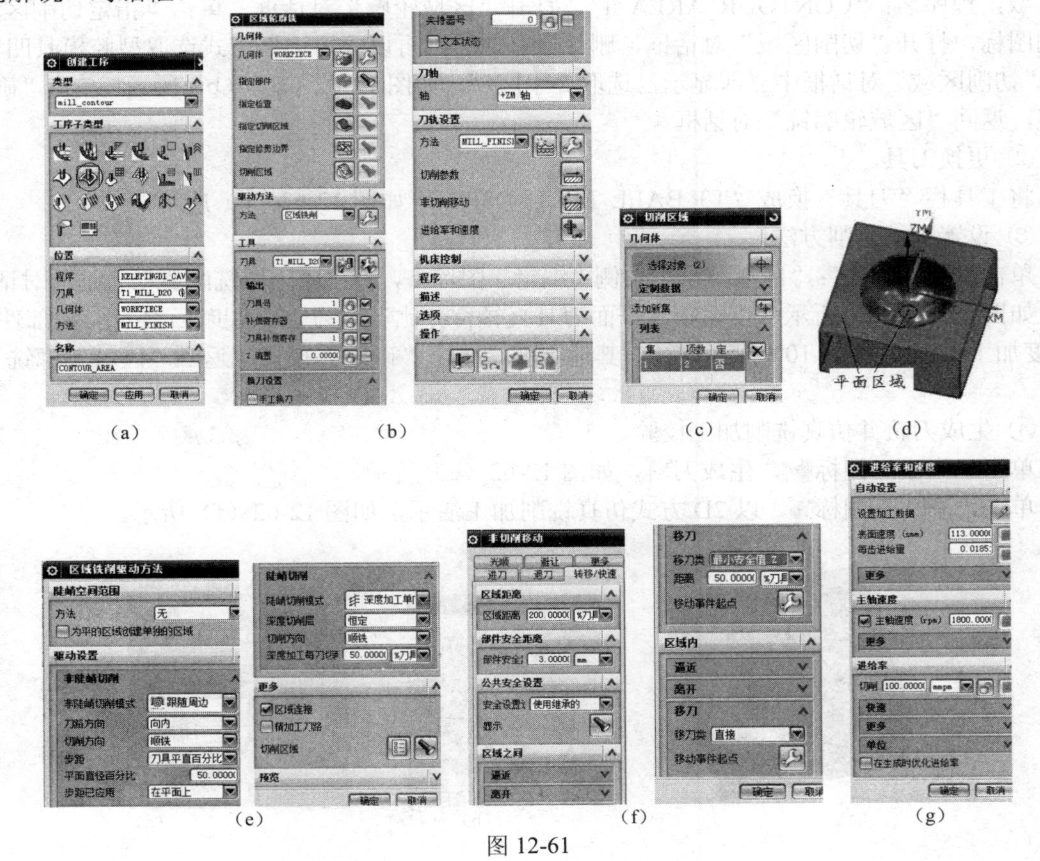

（a）　（b）　（c）　（d）

（e）　（f）　（g）

图 12-61

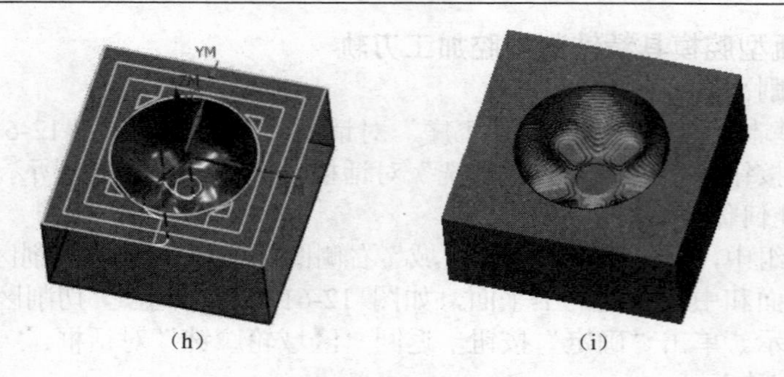

（h）　　　　　　　　　　　　　（i）

图 12-61　构建精铣削平面区域刀轨

⑤ 生成刀轨并仿真铣削加工校验。

单击“生成”图标，生成刀轨，如图 12-61（h）所示。

单击“确认”图标，以 2D 方式演示，仿真铣削加工结果如图 12-61（i）所示。

（2）构建可乐瓶型腔模曲面区域的精铣削加工刀轨

曲面区域的铣削与平面区域的铣削不同在于只能用小直径的球刀或有圆角的圆柱铣刀进行铣削加工，刀路应密，才能使曲面加工后光滑，粗糙度数值小。因此，可将上步平面区域精铣削工序构建的刀轨稍加修改即转换成曲面铣削工序的刀轨。

在“工序导航器－程序顺序”视图中，右击上步程序名“CONTOUR_AREA”，进行“复制”、“粘贴”、“重命名”操作，形成程序名：“CONTOUR_AREA_1”。

① 更改切削区域。

双击程序名：“CONTOUR_AREA_1”，打开“区域轮廓”对话框，单击“指定切削区域”右侧图标，打开“切削区域”对话框，删除原有曲面，再以“窗选”方式选取型腔模具凹坑区域，“切削区域”对话框中立即显示已选取 2 个区域，如图 12-62（a）、（b）所示，单击“确定”按钮，返回“区域轮廓铣”对话框。

② 更换刀具。

将工具栏“刀具”换成“T3_BALL_MILL_D8R2”。如图 12-62（c）所示。

③ 设置区域切削方法。

单击“驱动方法”：“区域铣削”右侧“编辑”图标，弹出“区域铣削驱动方法”对话框，设置如图 12-62（d）所示，步距项“平面刀具直径百分比”改为 10；“步距已应用”：部件上。“深度加工每刀切削”：10%刀具直径，其他不变，单击“确定”按钮，返回“区域轮廓铣”对话框。

④ 生成刀轨并仿真铣削加工校验。

单击“生成”图标，生成刀轨，如图 12-62（e）所示。

单击“确认”图标，以 2D 方式仿真铣削加工演示，如图 12-62（f）所示。

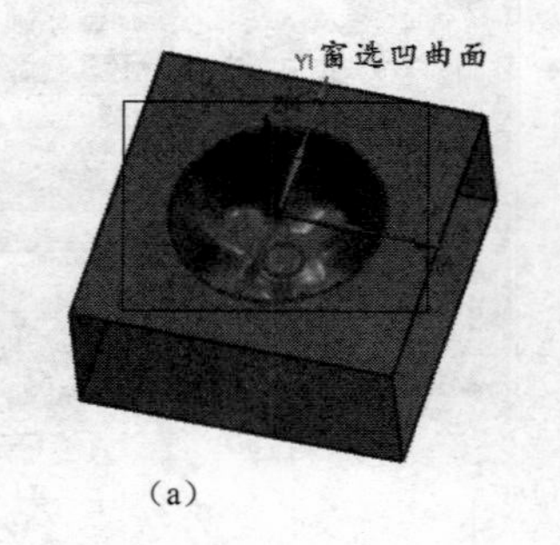

（a）

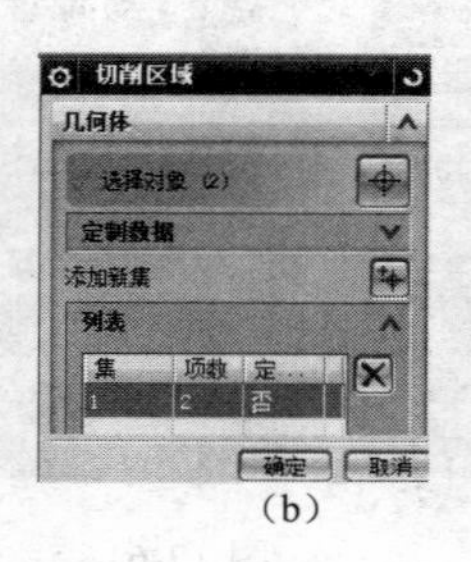

（b）

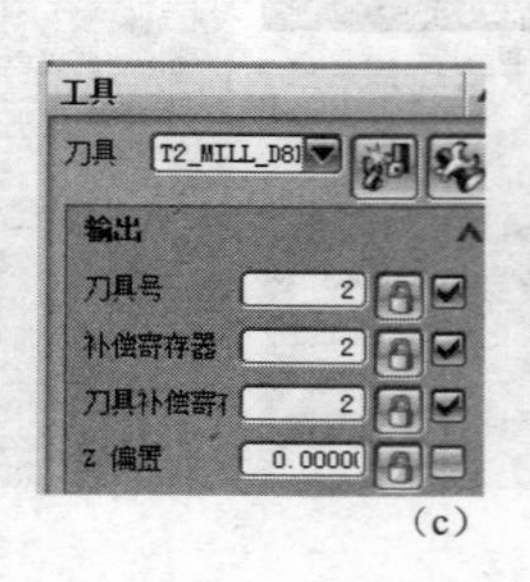

（c）

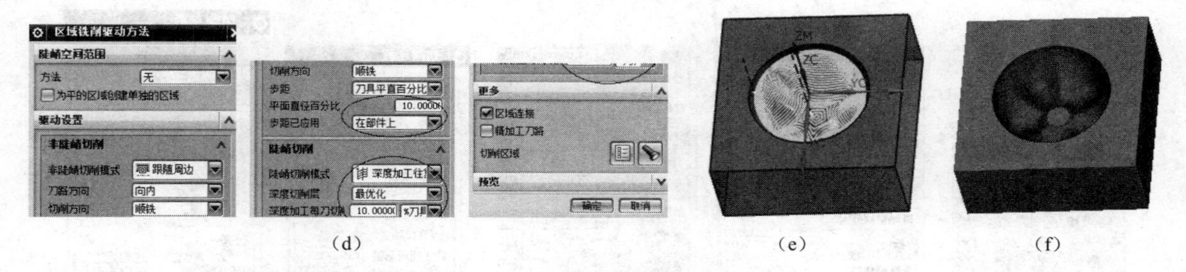

（d）　　（e）　　（f）

图 12-62　构建可乐瓶底型腔模曲面区域的精铣削加工刀轨

（3）构建可乐瓶型腔模具清根加工刀轨

① 创建清根参考刀具刀轨基本设置。

打开“创建工序”对话框，进行基本设置，如图 12-63（a）所示。单击“应用”按钮，弹出“清根参考刀具”对话框，如图 12-63（b）所示。

② 各种操作参数设置。

单击“几何体”选项组中“指定切削区域”右侧图标，弹出“切削区域”对话框，以“面”方法指定切削区域，以“窗选”方式选取模型中曲面区域，图 12-63（c）、（d）、（e）所示。单击“确定”按钮，返回“清根参考刀具”对话框。

打开“清根驱动方法”对话框，“驱动设置”选项组中设置如图；“参考刀具”选项组中，参考曲面铣削时用的刀具 T3_BALL_MILL_D2 铣刀；其他设置如图 12-63（f）所示。单击“确定”按钮，返回“清根参考刀具”对话框。

打开“切削参数”对话框，设置如图 12-63（g）、（h）所示。单击“确定”按钮，返回“清根参考刀具”对话框。

打开“非切削移动”对话框，设置如图 12-63（i）所示。单击“确定”按钮，返回“清根参考刀具”对话框。

打开“进给率与速度”对话框，设置主轴速度 2500rpm，进给率 150mmpmin，如图 12-63（j）所示。单击“确定”按钮，返回“清根参考刀具”对话框。

（a）

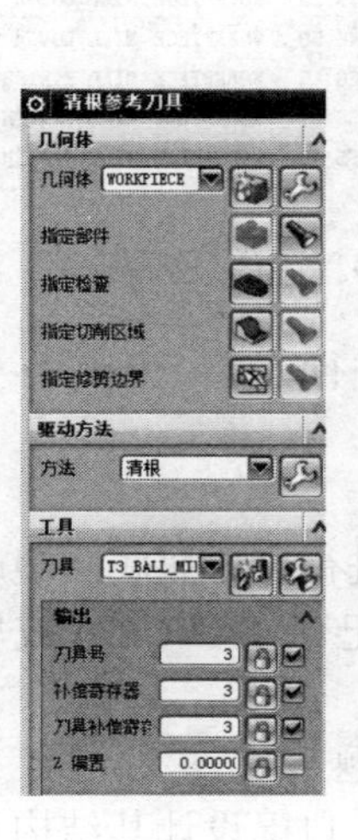

（b）

（c）

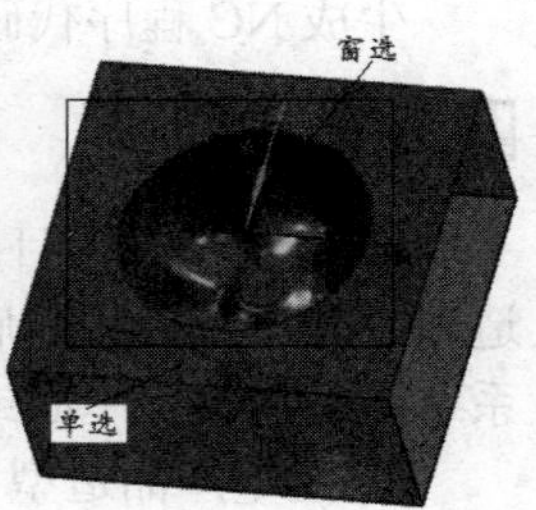

（d）

图 12-63

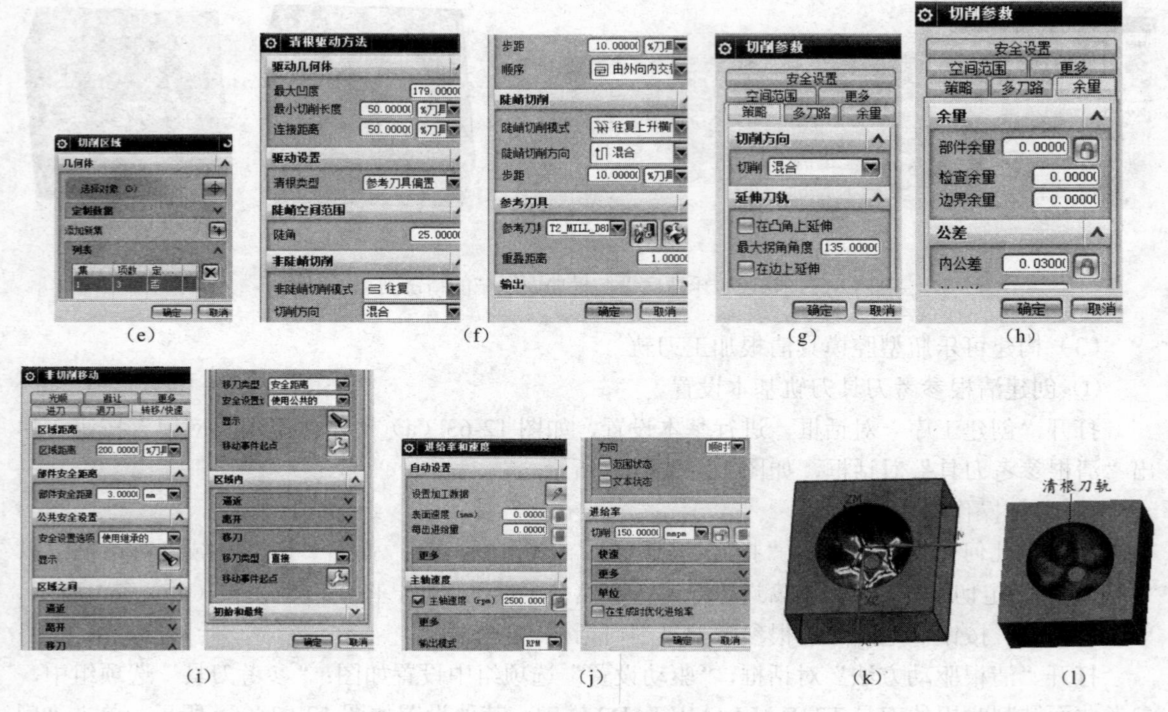

(e) (f) (g) (h)
(i) (j) (k) (l)

图 12-63 清根铣削刀轨构建

③ 生成刀轨并仿真加工校验。单击“生成”图标，生成刀轨；如图 12-63（k）所示；单击“确认”图标，以 2D 方式演示，仿真铣削加工结果如图 12-63（l）所示。

至此，完成了可乐瓶底型腔模刀轨的生成操作，重要操作信息在操作导航器中显示，如图 12-64 所示。

工序导航器 - 程序顺序

名称	换刀	刀轨	刀具	刀具号	时间	几何体	方法
NC_PROGRAM					04:15:41		
未用项					00:00:00		
PROGRAM					00:00:00		
KELEPINGDI_CAVITY					04:15:41		
CAVITY_MILL		✔	T1_MILL_D20	1	01:15:26	WORKPIECE	MILL_ROUGH
REST_MILLING		✔	T2_MILL_D8R2	2	00:46:50	WORKPIECE	MILL_ROUGH
CONTOUR_AREA		✔	T1_MILL_D20	1	00:20:15	WORKPIECE	MILL_FINISH
CONTOUR_AREA_1		✔	T2_MILL_D8R2	2	00:56:21	WORKPIECE	MILL_FINISH
FLOWCUT_REF_TOOL		✔	T3_BALL_MILL_D2	3	00:55:49	WORKPIECE	MILL_FINISH

图 12-64 可乐瓶底型腔模具铣削加工工序程序信息列表

生成 NC 程序代码的操作请读者参考项目 7 讲授内容进行。

四、拓展训练

1. 请参考本项目所讲授内容，实测一可乐瓶底尺寸，进行可乐瓶底注塑产品的设计与模具造型，并进行可乐瓶底的模具数控铣削加工，生成适用于配有 FANUC（或华中世纪星）数控系统的数控加工中心或数控立式铣床的 NC 程序代码。

2. 注塑产品造型、模具造型与模具数控铣削加工训练题

请参考图 12-65 所示液体气灶旋钮盖和塑料桶盖形状，自己设计其结构尺寸，构建其产品

实体与注塑模具，并对模具进行数控铣削加工。

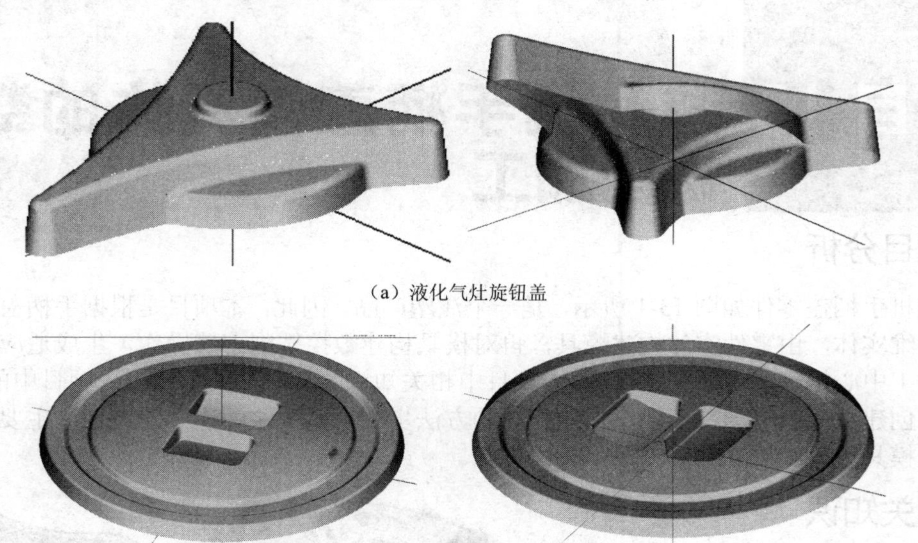

（a）液化气灶旋钮盖

（b）塑料桶盖

图 12-65　注塑产品造型、模具造型与模具数控铣削加工训练题

项目 13 游戏机手柄盖模具体的数控铣削加工

一、项目分析

游戏机手柄盖零件如图 13-1 所示，是一个注塑产品。因此，本项目是根据手柄盖零件图纸构造其三维实体，由零件实体构建模具，再对模具构建数控铣削刀轨操作，生成适应实际数控铣床或加工中心机床的 NC 程序代码。本项目中相关知识的学习主要承接上一项目中的知识点，继续总结创建数控铣削加工刀轨、数控程序的方法步骤。对于注塑模具的造型，主要通过游戏机手柄的模具造型实例介绍修补曲面片的方法。

二、相关知识

经过前面讲授的多个数控加工刀轨生成操作项目，现将创建程序与刀轨的方法、步骤作以归纳性总结如下。

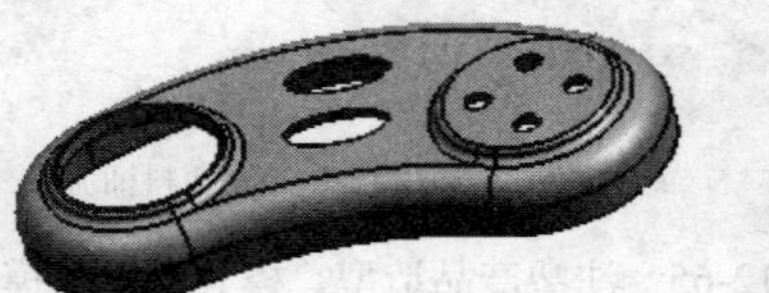

图 13-1　游戏机手柄盖零件模型图

1. 创建程序与生成刀轨

一个工件的加工往往需要用多把刀具多种切削方法进行切削加工，在 NX9.0 中，将用一把刀具进行一种方法切削生成的加工刀轨称为一个切削工序（若在同一台机床上加工，应理解为一个工步），而将多个切削工序实现对工件的加工组合称为程序，实际上可认为是“程序组”，在后处理中，可逐次输出每一刀轨操作的 NC 程序代码，也可以输出程序组中全部刀轨操作的 NC 程序代码。

（1）创建程序（组）

创建程序组的操作步骤如下。

① 单击“加工创建”工具栏上的“创建程序”按钮，或选择下拉菜单中的“插入”、“工序”菜单，弹出“创建程序”对话框，如图 13-2 所示。

② 根据加工类型，在“类型”下拉列表中选择合适的工序模板类型。在“类型”下拉列表中的工序模板类型就是 NX9.0 加工环境中“CAM 设置”的工序模板类型。

③ 在“位置”组框中的“程序”下拉列表中选择程序父级组，该下拉列表中显示的是程序视图中当前已经存在的节点，它们都可以作为新节点的父节点。

④ 在“名称”文本框中输入新建程序组的名称。

在“工序导航器－程序顺序”视图中显示所有工序名称、所用刀具、几何体、加工方法等信息。

（2）创建工序刀轨

在根据零件加工要求建立程序、几何、刀具、加工方法后，可在指定程序组下用合适刀具对已建立的几何对象用合适的加工方法建立加工工序刀轨操作。另外在没有建立程序、几何、刀具和加工方法的情况下，可以通过引用模板提供的默认对象创建加工工序。但进入“创建工序”对话框需要指定几何、刀具和加工方法。

“工序”是 NX9.0 数控加工中的重要概念。从数据的角度看，它是一个数据集，包含一个单一的刀具路径（刀轨）及生成这个刀轨所需要的所有信息。工序中包含所有用于产生刀具路径的信息，如几何、刀具、加工余量、进给量、切削深度、进刀和退刀方式等。

NX9.0 数控加工的主要工作就是创建一系列各种各样的工序刀轨，比如构建平面铣削加工的平面铣工序刀轨，主要用于构建粗加工的型腔铣工序刀轨，构建曲面精加工的各种曲面轮廓铣工序刀轨，构建钻削加工工序刀轨等。

创建工序刀轨的步骤：

NX9.0 数控加工可创建的各种操作尽管类型不同，但创建工序刀轨操作的步骤基本相同。各种工序刀轨操作创建的共同步骤如下。

① 单击“加工创建”工具栏上的“创建工序”按钮，或选择下拉菜单中的“插入”、“工序”命令，弹出“创建工序”对话框，如图 13-3 所示。

② 根据加工类型，在“类型”下拉列表中选择合适的操作模板类型。在“类型”下拉列表中的操作模板类型就是 NX9.0 加工环境中“CAM 设置”的操作模板类型。

③ 在“工序子类型”图标中选择与表面加工要求相适应的操作模板。“工序子类型”图标随指定的操作模板类型不同而不同。

④ 在“位置”组框中设置操作的父级组。在“程序”下拉列表中选择程序父组，指定新操作所用的程序（组），在“刀具”下拉列表中选择已创建的刀具，在“几何体”下拉列表中选择已经创建的几何组，在“方法”下拉列表中选择已创建的方法。

⑤ 在“名称”文本框中输入新建工序（步）的名称。

⑥ 单击“创建工序”对话框中的“确定”按钮，系统根据操作类型弹出相应的工序加工对话框，用户可以设定相应的加工操作参数。例如型腔粗铣削工序中，会弹出“型腔铣”对话框，如图 13-4 所示。

⑦ 设定好工序加工刀轨参数后，单击对话框中的“生成”按钮，生成刀具路径。

⑧ 单击对话框中的“确定”按钮，完成工序刀轨创建。此时，在“工序导航器”中所选程序父组下创建了指定名称的工序刀轨程序。

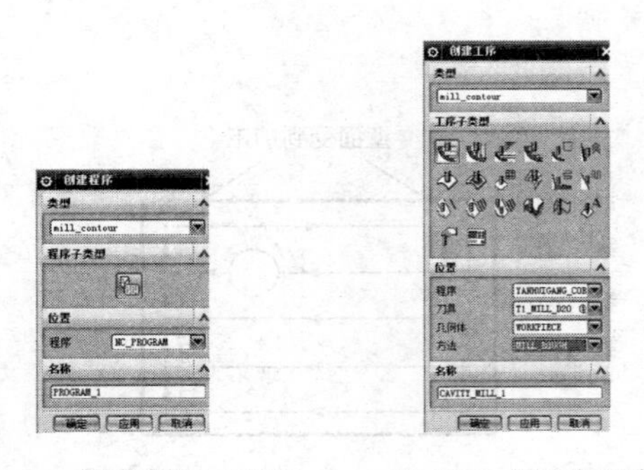

图 13-2　创建程序（组）　　图 13-3“创建工序”　　图 13-4　“型腔铣”对话框

（3）工序加工刀轨构建对话框选项说明

各种工序加工刀轨构建对话框虽然有所差异，但大多数选项基本相同。下面以“面铣削”操作对话框为例来讲解一些常用选项的含义。

① 几何体。“几何体”组框中的选项用于设置要加工的几何对象和指定零件在机床上的加工方位，相关内容读者可参见项目 12 中“创建几何体”部分。

② 刀具和刀轴。“刀具”和“刀轴”组框中的选项用于设置要加工工序刀轨操作中的刀具参数，相关内容读者可参见项目 12 中“创建刀具”部分。

③ 方法。“刀轨设置”组框中的“方法”选项用于设置工序刀轨操作中所用的加工方法。另外，用户可以单击“新建”按钮，创建新的加工方法作为本次操作中所用的加工方法；也可

以单击“编辑”按钮，对所选择的加工方法进行编辑。有关“加工方法”知识请用户参见项目12“创建加工方法”内容进行学习。

④ 切削模式。“刀轨设置”组框中的“切削模式”选项用于决定加工切削区域的刀具路径的模式与走刀方式。下面介绍平面铣中常用的切削方式。

- 往复式走刀（Zig-Zag）：往复式走刀用于产生一系列平行连续的线性往复刀轨。系统在横向进给时，刀具在往复两路径之间不提刀，形成连续的平行往复式刀具路径。因此会产生一系列交错的顺铣和逆铣循环，所以往复式走刀方式是最经济省时的切削方法，特别适合于粗铣加工，如图13-5所示。
- 单向走刀（Zig）：单向走刀用于产生一系列单向的平行线性刀具。系统在横向进给前首先提刀，然后跨越到下一个路径的起点位置，在以相同的方向切削，即相邻两个刀具路径之间都是顺铣或逆铣，如图13-6所示。

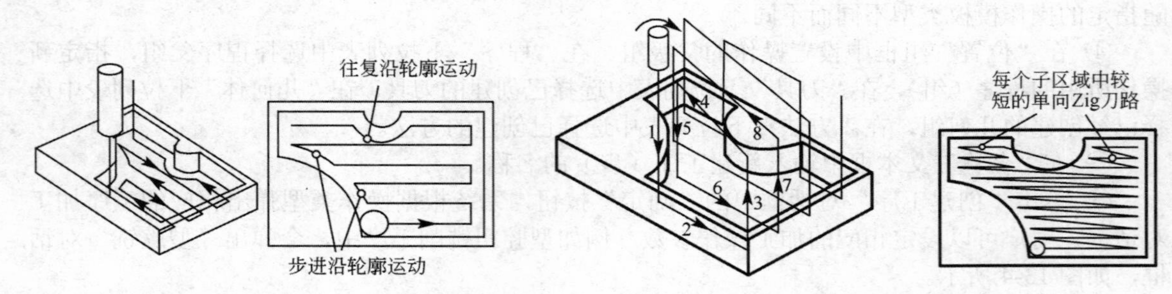

图13-5 往复式走刀示意图　　图13-6 单向走刀示意图

- 单向带轮廓铣：单向带轮廓铣用于产生一系列单向的平行线性刀轨，因此回程是快速横越运动。在横向进给时，刀具直接沿切削区域轮廓切削，因此壁面加工质量比Zig_Zag和Zig要好，如图13-7所示。

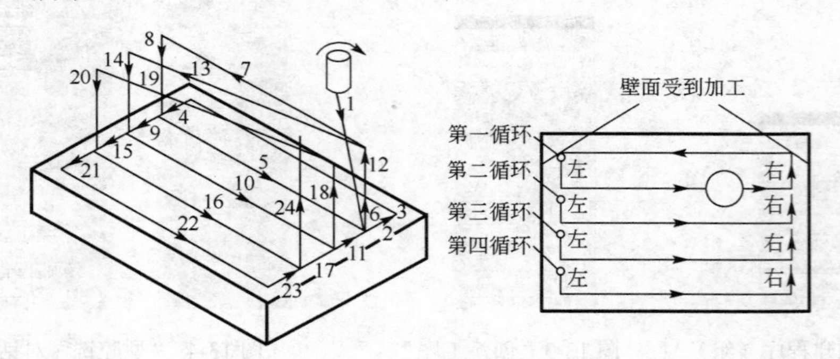

图13-7 单向沿轮廓铣示意图

- 跟随周边：跟随周边用于产生一系列同心封闭的环形刀轨，这些刀轨的形状是通过偏移切削区的外轮廓获得的。跟随周边的刀轨是连续切削的刀轨，基本上能够维持单纯的顺铣或逆铣，因此具有较高的切削效率，又能维持切削稳定和加工质量，如图13-8所示。
- 跟随部件：跟随部件用于根据所指定的零件几何产生一系列同心线来创建切削刀具路径，如图13-9所示。该方式与跟随周边走刀方式不同，后者只能从零件几何体或毛坯几何体定义的外轮廓环偏置得到刀具路径，而跟随部件走刀可以从所有零件几何定义的外轮廓环、孤岛或型腔进行同数目的偏置得到刀具路径。
- 摆线：摆线用于将刀具沿着摆线轨迹运动，如图13-10所示。当需要限制刀具具有过大的横向进给而使刀具产生破坏时，可采用摆线方式。

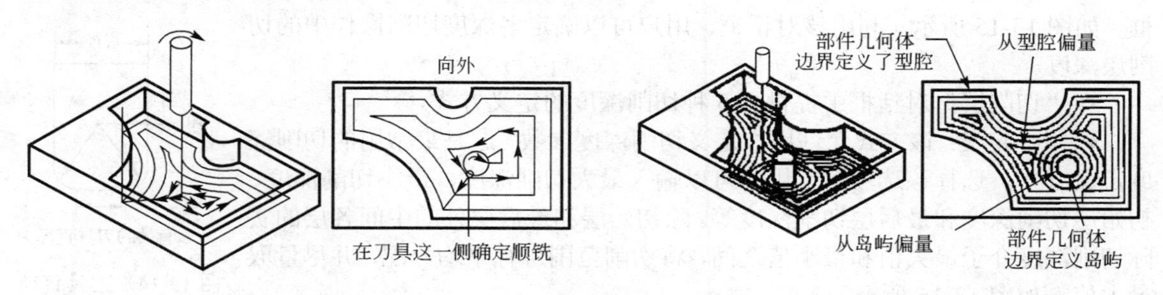

图 13-8 跟随周边示意图　　　　图 13-9 跟随部件示意图

• 轮廓（配置文件）：轮廓产生单一或指定数量的绕切削区轮廓的刀轨。目的是实现侧面的精加工，如图 13-11 所示。轮廓不需要指定毛坯几何，只需要指定零件几何，但是如果是多刀切削，需要指定“毛坯距离”来告诉系统被切除材料的厚度，以便系统确定相邻两刀间的距离。

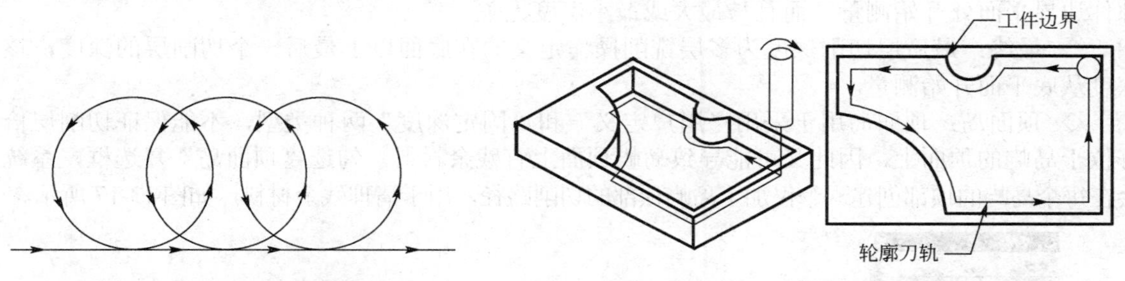

图 13-10 摆线刀轨示意图　　　　图 13-11 轮廓示意图

⑤ 步进。步进即切削步长，是指相邻两道切削路径之间的横向距离。它关系到刀具切削负荷、加工效率和零件表面质量的重要参数。步进越大，走刀数量越少，加工时间越短，但切削负荷增大，对于球面刀或大圆角半径刀具导致加工后残余材料高度值增加，对表面粗糙度影响明显。

常用步进方式有：“恒定”、“残余高度”、“刀具直径”和“可变”等 4 种，分别介绍如下。

• 恒定：指定相邻两刀切削路径之间的横向距离为常量。如果指定的距离不能将切削区域均匀分开，系统自动缩小指定的距离值，并保持恒定不变，如图 13-12 所示。

• 残余高度：指定相邻两刀切削路径刀痕间残余面积高度值，以便系统自动计算横向距离值，系统应保证残余材料高度不超过指定的值，如图 13-13 所示。

• 刀具直径：用刀具直径乘以“百分比”的积作为切削步距值，如果加工长度不能被切削步长等分，则系统将减少切削步长，并保持一个常数，如图 13-14 所示。

• 可变：指定相邻两刀具路径的最大和最小横向距离值，系统自动确定实际使用的步长。

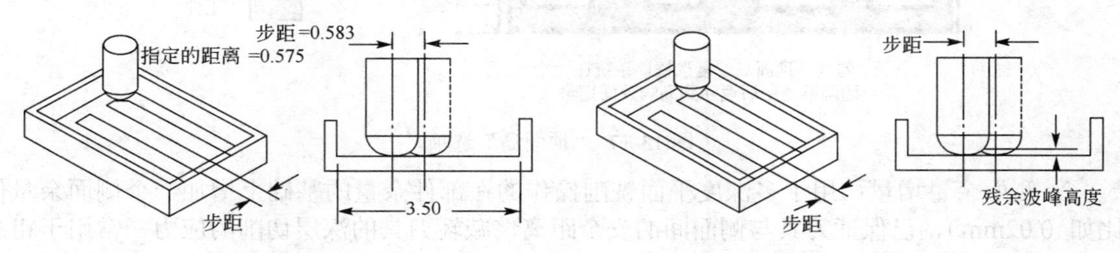

图 13-12 恒定的切削步长　　　　图 13-13 残余高度

⑥ 切削层。单击“刀轨设置”组框中的“切削层”按钮，弹出“切削深度参数”对话框。如图 13-15 所示。利用该对话框，用户可以确定多深度切削操作中的切削层深度。

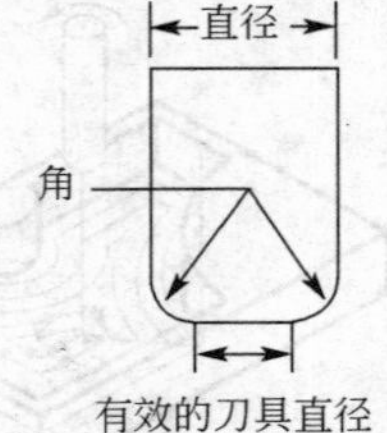

图 13-14 刀具直径

在“切削层”对话框中提供了 5 种切削深度的定义方式。

• 用户定义：该方式允许用户定义切削深度参数，这是最常用的切削深度定义方式。选择该选项后，用户可以输入最大切削深度、最小切削深度、初始层切削深度和最后层切削深度等。除初始层和最后层外的中间各层的实际切削深度介于最大值和最小值之间，将切削范围进行平均分配，并尽量取最大值，如图 13-16 所示。

用户定义方式切削深度参数的含义如下。

◇ 最大与最小：对于介于初始切削层与最终切削层之间的每一个切削层，由最大深度和最小深度指定切削层的深度方法。即指定一个切深或称为被吃刀量。

◇ 初始：“刀轨设置”组框中的“方法”选项用于初始层切削深度为多层铣削操作定义的第一个切削层的深度。该深度从毛坯几何体顶平面开始测量，如果没有定义毛坯几何体，将从部件边界平面处开始测量，而且与最大或最小深度无关。

◇ 最终：最后层切削深度为多层铣削操作定义的在底面以上最后一个切削层的深度，该深度从底平面开始测量。

◇ 顶面岛：顶面岛用于采用“用户定义”和“固定深度”两种类型，不能保证切削层恰好位于岛屿的顶面上，因此又可能导致岛屿顶面上有残余材料。勾选“顶面岛”复选框，系统会在每个岛屿的顶部创建一个仅加工岛屿顶部的切削路径，用于清理残余材料，如图 13-17 所示。

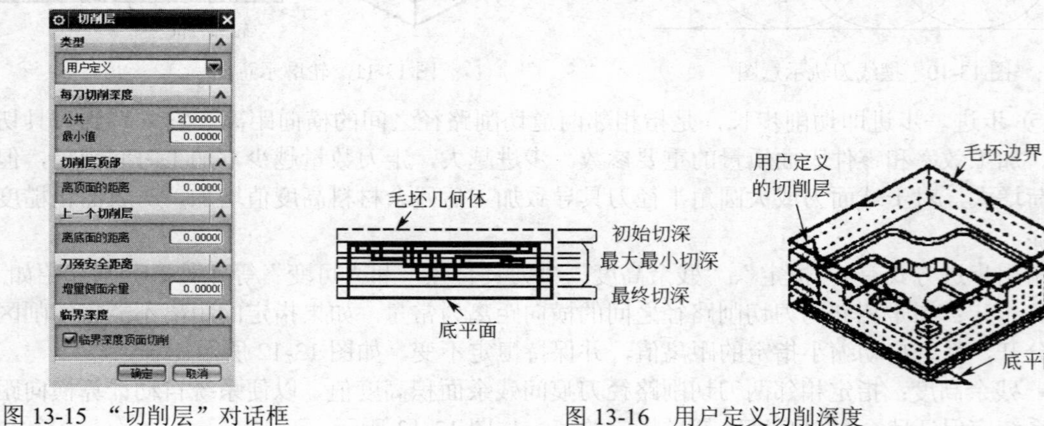

图 13-15 “切削层”对话框　　图 13-16 用户定义切削深度

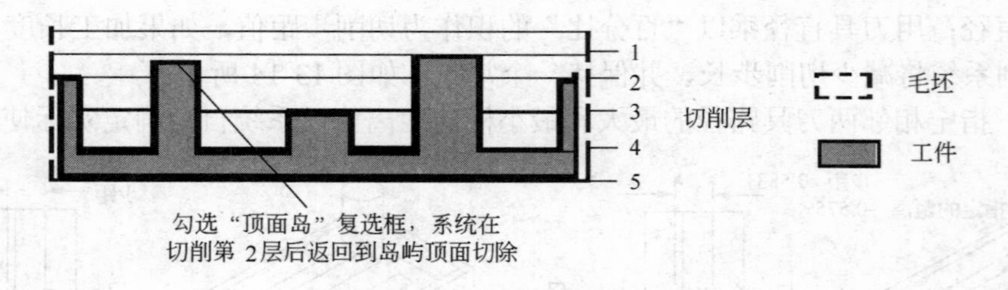

图 13-17 “顶面岛”选项

◇ 侧面余量增量：用于多深度平面铣削操作的在部件余量的基础上增加一个侧面余量值（比如 0.02mm），已保证刀具与侧面间的安全距离，减轻刀具的深层切削的应力，常用于粗加工中，如图 13-18 所示。

• 仅底部面：仅底部面用于仅有一个切削层，刀具直接深入到底平面切削来定义切削深度，如图 13-19 所示。

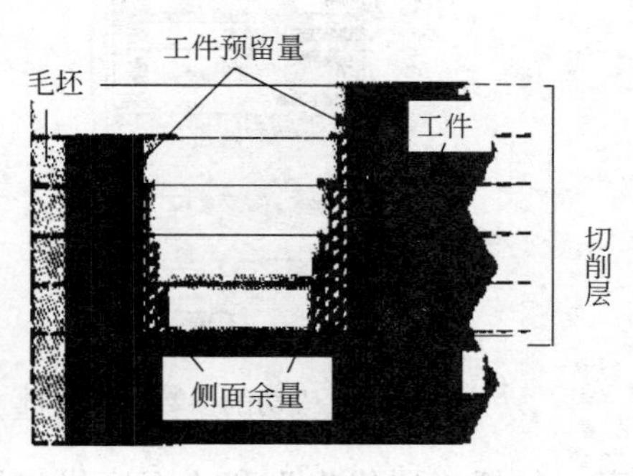

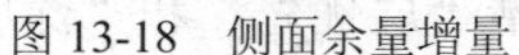

图 13-18　侧面余量增量

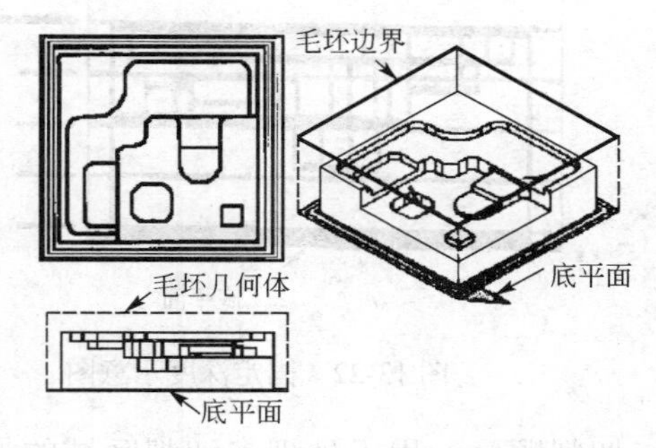

图 13-19　仅底部面切削深度示意图

• 底部面和岛的顶面：底部面和岛的顶面用于分多层切削。切削层的位置在岛屿的顶面和底平面上，在每一层内，刀具仅局限在岛屿的边界内切削毛坯材料，因此适合做水平面精加工，如图 13-20 所示。

• 岛顶部的层：岛顶部的层用于分多层铣削，切削层的位置在岛屿的顶面和底平面上，与“底面和岛的顶面”不同之处在于每一层的刀轨覆盖整个毛坯断面，如图 13-21 所示。

• 固定深度：固定深度用于分多层铣削，输入一个最大深度值，除最后一层可能小于最大深度值，其余层深度都等于最大深度值，如图 13-22 所示。

⑦ 切削参数。单击“刀轨设置”组框中的“切削参数”按钮，弹出“切削参数”对话框，如图 13-23 所示。不同的加工方法，“切削参数”对话框中的选项不同。利用该对话框，用户可以确定操作中的各种切削参数。

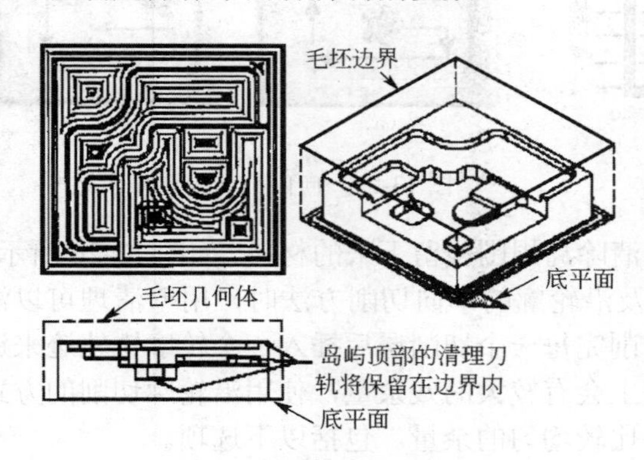

图 13-20　底部面和岛的顶面示意图

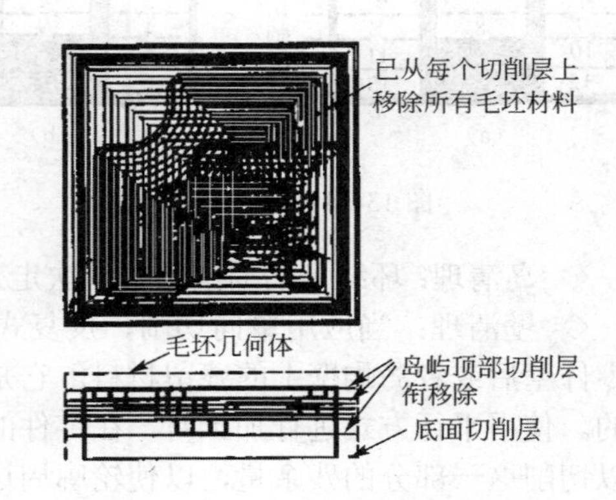

图 13-21　岛顶部的层示意图

• “策略”选项卡：单击“切削参数”对话框中的“策略”选项卡，弹出“策略”选项参数，如图 13-23 所示。

◇ 切削方向：用于决定刀具切削时的进给方向，包括“顺铣切削”、“逆铣切削”、“跟随边界”和“边界反向”等 4 种选项。

顺铣和逆铣：顺铣切削是指刀具进给方向与工件运动方向相同，而逆铣切削是指刀具进给方向与工件运动方向相反。一般数控加工多用顺铣，有利于延长刀具的寿命并获得较好的表面加工质量。

跟随边界：刀具顺着边界的方向进给。

边界反向：刀具逆着边界的方向进给。

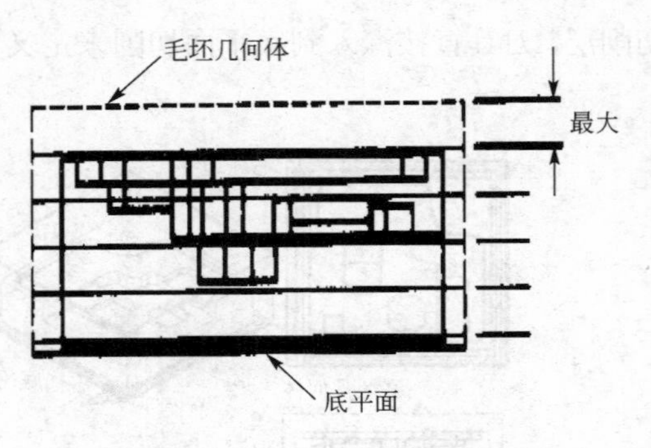

图 13-22　固定深度示意图

图 13-23　“切削参数”对话框

◇ 切削顺序：用于处理多切削区域的加工顺序，包括“层优先”和“深度优先”两个选项。

层优先：刀具先在一个深度上铣削所有外形边界，再进行下一深度的铣削。在切削的过程中刀具在各个切削区域间不断转换，如图 13-24（a）所示。

深度优先：刀具先在一个外形边界铣削到设定深度后，再进行下一个外形边界的铣削，这种方式的提刀次数和转换次数较少，如图 13-24（b）所示。

◇ 图样方式：铣削过程中，铣削开始的位置，是从毛坯的中心开始还是从毛坯的边界开始，包括“向内”和“向外”两个选项，如图 13-25 所示。

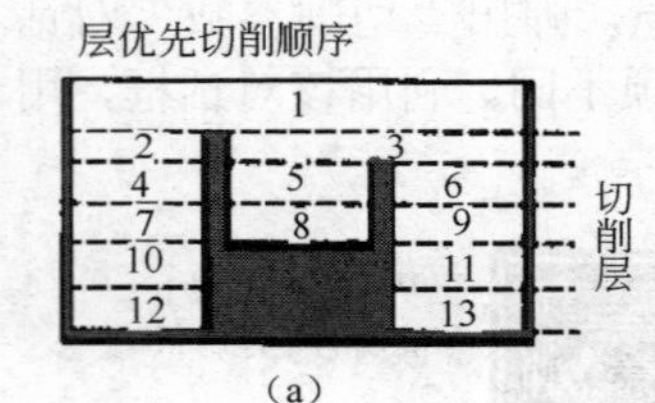

（a）　（b）

图 13-24　切削顺序选项

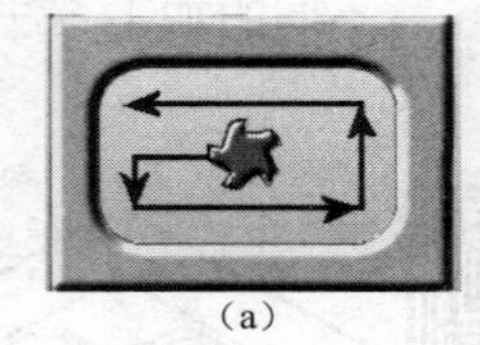
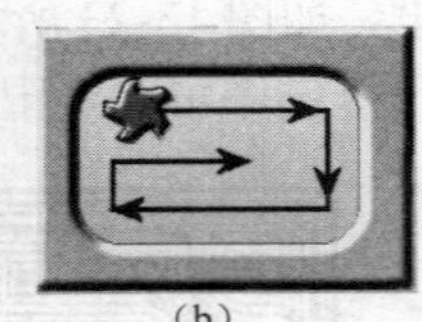

（a）　（b）

图 13-25　向内与向外选项示意图

◇ 岛清理：环绕岛的周围增加一次走刀，以清除岛周围残留下来的材料，如图 13-26 所示。

◇ 壁清理：当应用单向切削、反复式切削及沿轮廓的单向切削方法时，用壁清理可以清理零件壁后或者岛屿壁上的残留材料。它是在切削完每一个切削层后插入一个轮廓铣轨迹来进行的。使用平行方式进行加工时，在零件的侧壁上会有较大的残余量，使用沿轮廓切削的方式可以切削这一部分的残余量，以使轮廓周边保持比较均匀的余量。包括以下选项。

无：不进行周壁清理。

在起点：刀具在切削每一层前，先进行沿周边的清壁加工，再做平行铣削。

在终点：刀具在切削每一层前，先平行铣削，再做沿周边的清壁加工。

自动：刀具在切削时自动插入壁清理。

毛坯距离：毛坯距离使平面铣的零件边界朝边界的材料侧的反侧或型腔铣的所有零件几何体的表面朝外“偏置”一个毛坯距离值，从而“生成”毛坯（其实并没有看得见的毛坯边界或毛坯几何体），因此就不需要专门指定毛坯边界或毛坯几何体。

• “余量”选项卡：单击“切削参数”对话框中的“余量”选项卡。弹出“余量”参数设置界面，如图 13-27 所示。

“余量”选项卡各选项用于控制材料加工后的保留量，或者是各种边界的偏移量，各参数的含义如下。

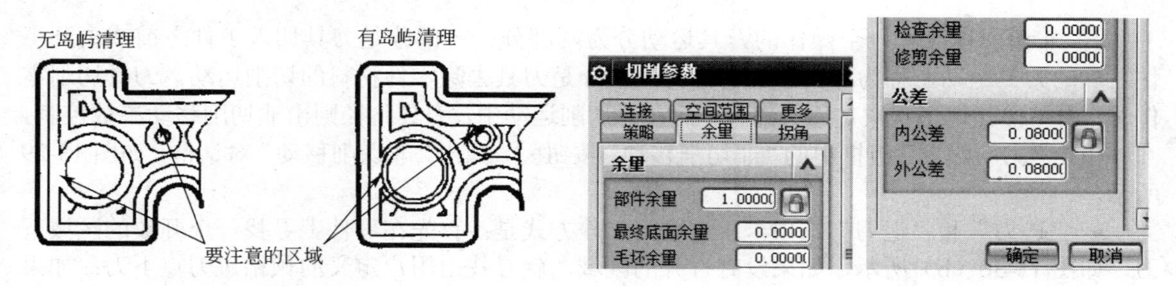

图 13-26　岛清理示意图　　图 13-27　余量选项卡

◇ 部件余量：即切削余量。部件余量是零件加工后没有切除的材料量。这些材料在后续加工操作中将被切除，通常用于需要粗、精加工的场合。

◇ 毛坯余量：定义刀具离开毛坯几何体的距离。

◇ 最终底面余量：在底平面和所有的岛屿顶面上为后续加工保留的加工余量。

◇ 检查余量：定义刀具离开检查几何体的距离。如果检查几何体是工件本身不许刀具切削的部分，那么检查余量相当于这一部分的零件余量。如果检查几何体是夹具零件，检查余量是为了防止刀具干涉夹具零件的安全距离。

◇ 修剪余量：定义刀具离开修剪几何体的距离。

◇ 内公差和外公差：内公差限制刀具在切削过程中越过零件表面的最大距离；外公差限制刀具在切削过程中没有切至零件表面的最大距离，指定的值越小，则加工的精度越高。

• “连接”选项卡：单击“切削参数”对话框中的“连接”选项卡，弹出区域顺序设置界面，如图 13-28 所示。“连接”选项卡上相关参数含义如下。

◇ 区域顺序：指有多个切削区的情况下，在各个切削区之间的切削顺序。合理的切削顺序可以减少横越运动的总长度，提高加工效率，它包括以下选项。

标准：按照切削区边界的创建顺序决定区域加工次序。如果几何体和边界被编辑，这种顺序信息丢失，系统随意决定顺序，通常该方法效果不好。

优化：按照横越运动的总长度最短的原则决定区域加工次序，系统以减少空切和缩短走刀距离为依据进行优化。

跟随起点和跟随预钻点：按照设置切削区的起始点和预钻点的顺序决定区域的加工次序。

◇ 区域连接：在同一切削层的可加工区内可能因岛屿、窄通道的存在等因素导致形成多个子切削区域。勾选该选项，只在必要的情况下，刀具从前一个子区退刀，到下一个子区进刀。否则，在子区之间跨越时，刀具一定会退刀，以保证不会过切工件。

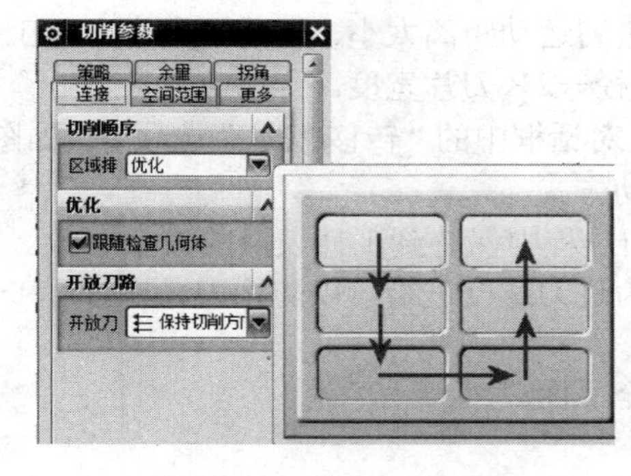

图 13-28　“连接”选项卡

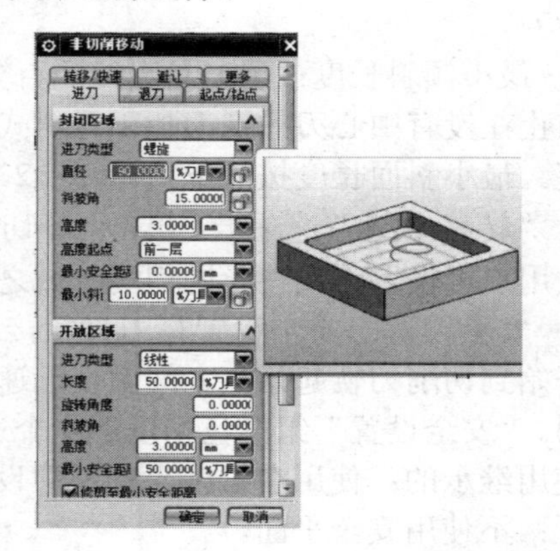

图 13-29　“非切削移动”对话框

⑧ 非切削移动。一个操作的刀具运动分为两部分：一部分是刀具切入工件之前或离开工件之后的刀具运动，称为非切削运动；另一部分是刀具去除零件材料的切削运动。刀具切削零件时，由零件几何形状决定刀具路径，而在非切削运动中，刀具路径则由非切削移动参数控制。

单击“刀轨设置”组框中的“非切削移动”按钮，弹出“非切削移动”对话框，如图 13-29 所示。

- “进刀”和“退刀”选项卡：进退刀工作方式是：首先在零件上寻找一个开放的区域下刀，如图 13-30（b）所示，如果没有打开的区域，就寻找由用户定义的预钻进刀点下刀；如果预钻进刀点也没有，就用斜式进刀，如图 13-30（a）所示。因此，即使不愿意使用自动进、退刀，而由自己定义进刀点，也不要让刀具垂直地直接切入材料表面。

“进刀”选项卡包括两个组框：“封闭的区域”和“开放区域”，两者的参数含义基本相同，只是应用的场合不同，下面以封闭的区域为例进行介绍。

进刀类型：包括“螺旋线”、“沿形状斜进刀”、“插铣”和“无”4 种。下面仅介绍常用的前两种。

◇ 螺旋线：进刀轨迹是螺旋线，用于“跟随周边”和“跟随工件”切削方式中，如图 13-31 所示。

◇ 沿形状斜进刀：进刀轨迹沿刀具轴投影到层的刀轨平面内，刚好与刀轨重合，如图 13-32 所示，可用于“跟随周边”和“跟随工件”切削方式中。

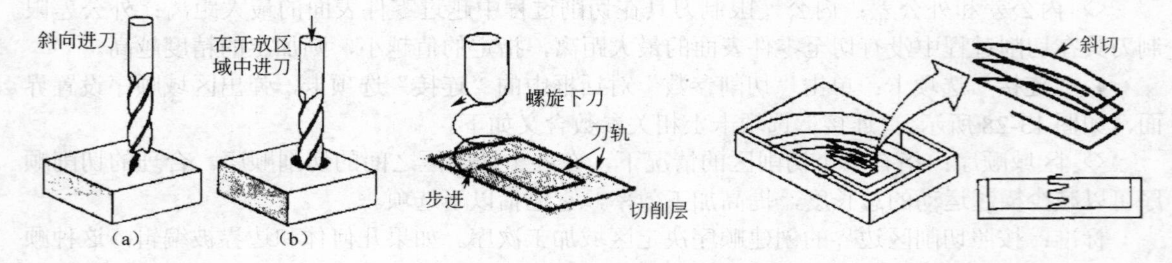

图 13-30　斜向下刀类型　　图 13-31　螺旋进刀类型　　图 13-32　沿形状斜进刀类型

◇ 螺旋直径％：是用刀具直径的百分比表示最大螺旋刀轨之直径。

◇ 斜角：指定进刀轨迹的斜角，如图 13-33 所示。斜角在垂直于零件表面内测量，范围为 0°～90°。

◇ 高度：指定进刀轨迹的高度，高度在垂直于零件表面内测量。

◇ 最小安全距离：用于设定进刀轨迹与工件的侧面之间的距离，防止刀具在接近工件时发生撞刀。

◇ 最小倾斜长度：用刀具直径的百分比表示的刀具从斜坡的顶部到底部的最小刀轨距离。为了防止在没有中心刃的铣刀加工时斜式或螺旋进刀运动距离太小，造成刀具中心与工件材料的冲突。最小斜面长度按照下式计算：2×刀具直径－2×刀片宽度。

- “转移/快速”选项卡：单击“非切削运动”对话框中的“转移/快速”选项卡，如图 13-34 所示。用户可设置刀具在不同切削区域之间的运动方式。

◇ 安全设置：安全设置是刀具在接近工件的过程中保持到工件表面的安全参数。从这个位置开始到切削刀轨起始点之间由接近速度转化为进刀速度进给，以防止刀具在接近工件时发生撞刀。“安全设置”组框包括以下 4 个选项。

使用继承的：使用在机床坐标系中设置的安全平面。

无：不使用安全平面。

自动：从工件上表面开始向上在“安全距离”文本框所设定距离处进行安全设置。

平面：安全平面是指定在离工件一定距离定义一个平面，该平面不仅可以控制刀具的非切削运动，而且还可以避免刀具在工件上移动时与工件相碰。

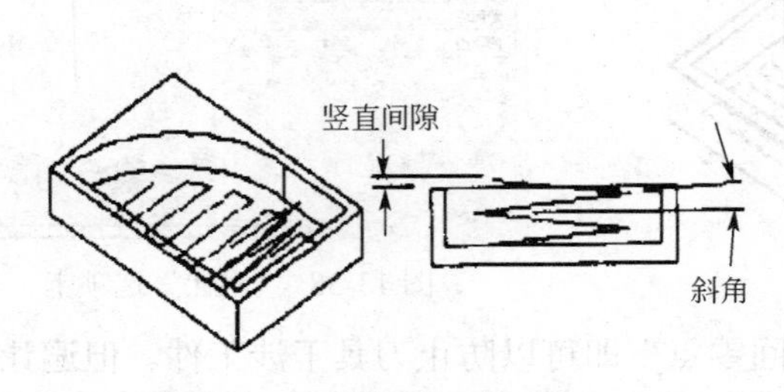

图 13-33　斜角示意图

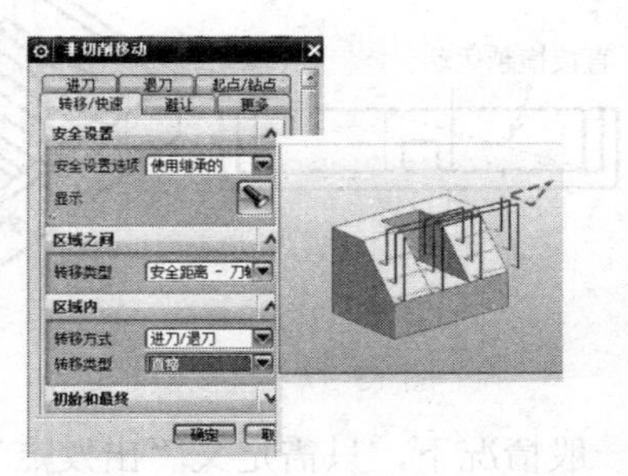

图 13-34　“转移/快速”选项卡

◇ 区域内：用于控制刀具在较小距离区域之间的转移方式。

转移方式：包括“进刀/退刀”（使用水平运动传递方式）“抬刀 / 插铣”（使用垂直运动传递方式）等两种。

转移类型：用于控制转移的位置参数，包括多个选项，其中“安全距离”是指刀具返回到安全设置中所指定的安全平面位置；“前一平面”是指刀具提升到上一切削层的高度处做横越运动。“直接”：即不抬刀而直接移动刀具。

◇ 区域之间：转移方式是刀具从一个切削区转移到下一个切削区的运动。如果可能，刀具的横越路线绕过岛屿和侧面；如果不行，刀具从一个区的提刀点提升到用于在此指定的平面高度处做横越运动，到达下一个区的进刀点的上方，然后从平面处向进刀点（或切削起始点）移动。它包括以下几种传递类型。

安全距离：采用安全设置选项，通常为安全平面方式，刀具在安全平面或垂直安全距离的高度上作横越运动，如图 13-35 所示。

前一平面：刀具完成一个切削层的切削后，提升到上一切削层的高度做横越运动。无论如何，如果可能与零件干涉的话，刀具必须提升到安全平面或毛坯顶面的高度做横越运动，如图 13-36 所示。

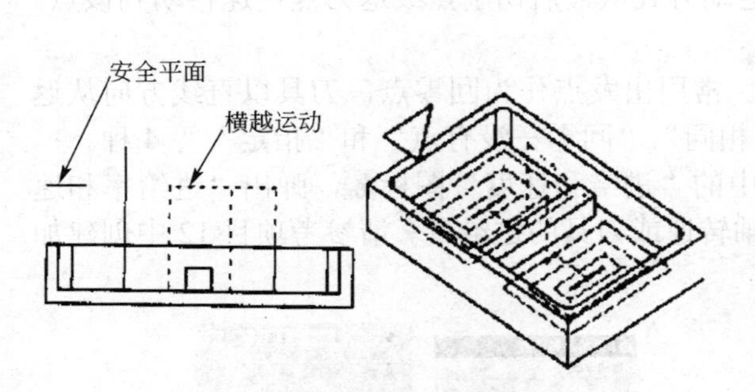

图 13-35　安全平面传递方式

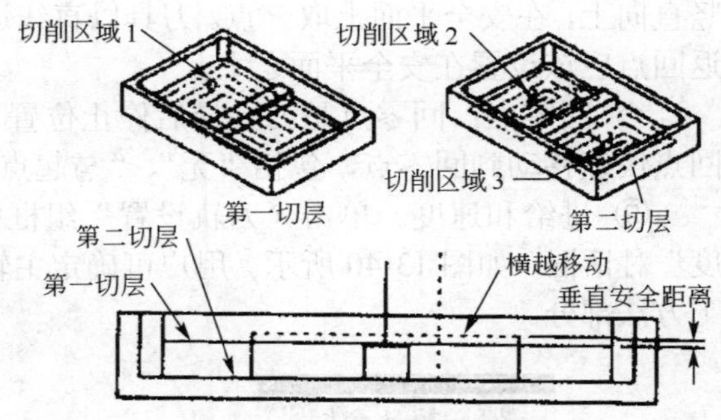

图 13-36　前一平面的传递方式

直接：刀具从当前位置直接移动到下一区的进刀点，如果没有定义进刀点，就是切削起始点，如图 13-37 所示。该方式不考虑与零件几何体的干涉，因此可能撞刀，必须小心使用。

最小安全值 Z：通过指定最小的距离设置横越运动的高度，如果该高度值小于需要，系统自动使用“前一平面”作为转移方式。

• “避让”选项卡：避让几何是控制刀具做非切削运动的点或平面，单击“非切削运动”对话框中的“避让”选项卡，可进行避让设置，如图 13-38 所示。

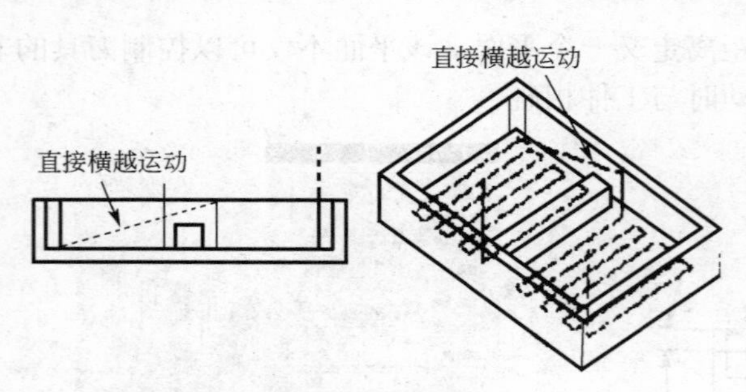

图 13-37 直接横越运动

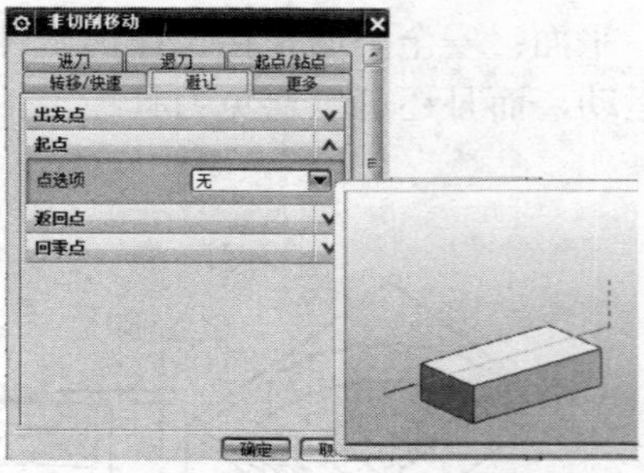

图 13-38 “避让”选项卡

一般情况下，只需定义“出发点”和“回零点”即可以防止刀具干涉工件。但避让几何体由“出发点”、“起点”、“返回点”和“回零点”组成，（各点的含义请参考项目 12 中图 12-26 所示）。

◇ 出发点：“出发点”用于指定刀具在开始运动前的刀具初始位置。如果没有指定出发点，系统把刀具第一加工运动的起刀点作为刀具的初始点。

在“出发点”组框中，选择“点选项”下拉列表中的“指定”选项，展开“出发点”组框，用户可以进行初始点的设置，如图 13-39 所示。

“出发点”组框中相关选项的含义如下。

指定点：用于指定出发点，单击“点对话框”按钮，弹出“点”对话框，可以输入点的坐标或在图形区选择点。

选择刀轴：用于指定出发点刀轴矢量的设置。单击“矢量构造器”按钮，弹出“矢量”对话框，可指定一个矢量作为刀轴矢量。如果未指定刀轴矢量，系统则将出发点的刀轴矢量默认指定为（0,0,1）。

◇ 起点：起点是刀具运动的第一个目标点。如果定义了初始点，刀具以直线运动方式从出发点快速移动到起点，如果还定义了安全平面，则由起刀点竖直向上。在安全平面上取一点，刀具以直线运动方式从出发点快速移动到该点，然后从该点快速移动到起点。

◇ 返回点：返回点是指离开零件时的运动目标点。当完成切削运动后，刀具以直线运动方式从最后切削点或退刀点快速移动到返回点。如果定义了安全平面，由最后切削点或退刀点竖直向上，在安全平面上取一点。刀具以直线运动方式从最后切削点或退刀点快速移动到该点。返回点应该设置在安全平面之上。

◇ 回零点：回零点是刀具最后停止位置。常用出发点作为回零点，刀具以直线方向从返回点快速移动到回零点，包括“无”、“与起点相同”、“回零—没有点”和“指定”等 4 种。

⑨ 进给和速度。单击“刀轨设置”组框中的“进给和速度”图标，弹出“进给率和速度”对话框，如图 13-40 所示。用户可确定主轴转速或刀具的进给量。请参考项目 12 中创建加工方法部分。

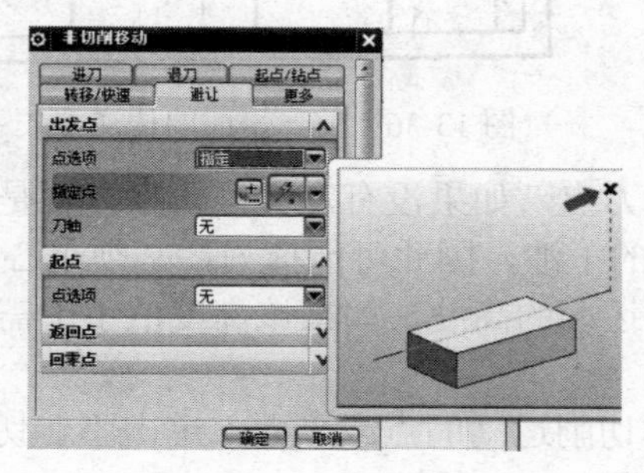

图 13-39 “出发点”组框

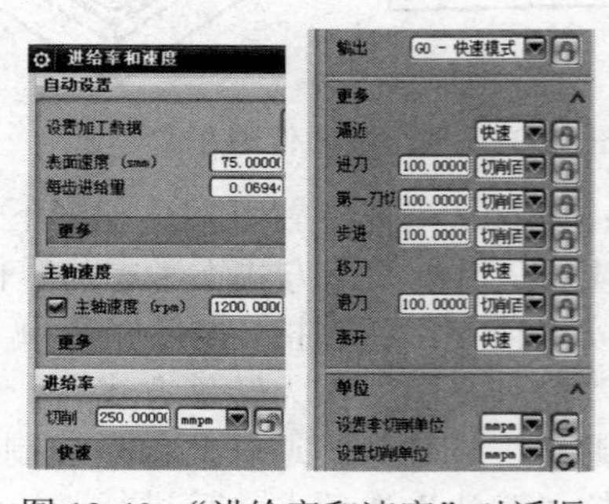

图 13-40 “进给率和速度”对话框

⑩ 生成刀轨与仿真加工演示。

单击刀轨操作对话框“操作”选项组中的“生成”图标，系统即开始根据已设置的操作参数生成刀轨。

单击刀轨操作对话框“操作”选项组中的“确认”图标，弹出“刀轨可视化”对话框，即可进行仿真加工演示。

2. 刀具路径的后处理

生成好的刀轨路径是一个内部刀轨数据，主要有“输出刀具位置源文件”、“NX/POST 后处理”（NC 代码）和“车间文档”3 种。

（1）输出刀具位置源文件

刀具位置源文件是一个可用第三方后处理器程序进行后处理的独立文件，它是包含标准 APT 命令的文本文件，其扩展名为.cls。当一个操作生成后，产生的刀具路径还是一个内部刀具路径。如果要用第三方后处理程序进行处理，还必须将其输出成外部的 ASCII 文件。即刀具位置源文件（Cutter Location Source File），简称“CLSF 文件”。

输出刀具位置源文件的操作步骤如下。

① 在“工序导航器—程序顺序”视图中选择一个已生成刀具路径的操作或程序组。

② 单击“加工操作”工具栏上的“输出 CLSF”按钮，或选择下拉菜单中的“工具”、“工序导航器”、“输出”、“CLSF”命令，此时系统弹出“CLSF 输出”对话框，如图 13-41 所示。

③ 在“CLSF 格式”对话框的“CLSF 格式”列表中选择刀具位置源文件的格式，包括以下几种。

• CLSF_STANDARD：标准的 APT 类型，包括 GOTO 和其他的后处理语句。

• CLSF_COMPRESSED：和 CLSF-STANDARD 相同,但没有 GOTO 指令,可用于用户观察什么时候使用刀具和使用哪些刀具。

• CLSF _ADVANCED：基于操作数据自动生成主轴和刀具命令。

• CLSF_BCL：表示 Binary Coded Language，是由美国海军研制开发的。

• CLSF_ISO：国际标准格式的刀具位置源文件。

• CLSF _IDEAS_MILL：用于铣削加工的与 IDEAS 兼容的刀具位置源文件。

• CLSF_IDEAS_MILLL II TURN：用于车削加工的与 IDEAS 兼容的刀具位置源文件。

④ 在“输出文件”组框中的“文件名”文本框中指定 CLSF 文件的名称和路径，或也可以单击“浏览”按钮。在弹出的“指定 CLSF 输出”对话框中设定输出文件名称和路径。

⑤ 在“单位”下拉列表中选择 CLSF 文件的输出单位。

⑥ 如果希望生成后查看结果,勾选“列出输出”复选框。

⑦ 单击“确定”按钮，完成输出刀具位置源文件。

（2）NX/POST 后处理

刀具位置源文件（CLSF）包含 GOTO 点位和控制刀具运动的其他信息。需要经过后处理（Post processing）才能生成 NC 指令。UG NX 后处理器（NX POST）读取 NX 的内部刀具路径，生成适合指定机床的 NC 代码。

使用 NX POST 后处理的操作步骤如下。

① 在“工序导航器—程序顺序”视图中选择一个已生成刀具路径的操作或程序组。

② 单击“加工操作”工具栏上的“后处理”按钮，或选择下拉菜单中的“工具”、“工序导航器”、“输出”、“NX 后处理”命令，此时系统弹出“后处理”对话框，如图 13-42 所示。

③ 根据加工类型，在“后处理”对话框的“后处理器”列表中选择合适的机床定义文件。

④ 在“输出文件”组框中“文件名”文本框中指定输出程序的名称和路径，或也可以单

击“浏览”按钮，在弹出的“指定 NC 输出”对话框中设定输出文件名称和路径。

⑤ 在“单位”下拉列表中选择输出 NC 文件的输出单位。

⑥ 如果希望生成后查看结果，勾选“列出输出”复选框。

⑦ 单击“确定”按钮，完成 NC 代码的生成输出。

（3）车间工艺文档

车间工艺文档是从操作中提取的主要加工信息，是机床操作人员加工零件的文件资料。车间工艺文档包括的信息有：数控加工程序中使用的刀具参数清单、操作次序、加工方法清单、切削参数清单等。这些文件多数是用于提供给生产现场的机床操作人员，免除手工撰写工艺文件的麻烦，同时也可以将自己定义的刀具快速加入刀具库中．供以后使用。

生成车间工艺文档的操作步骤如下。

① 在“工序导航器－程序顺序”视图中选择一个已生成刀具路径的操作或程序组。

② 单击“加工操作”工具栏上的“车间文档”按钮，或选择下拉菜单中的“信息”、“车间文档”命令，此时系统弹出“车间文档”对话框，如图 13-43 所示。

③ 根据加工类型，在“报告格式”列表中选择合适的文档输出模板。标有 HTML 的模板生成超文本链接语言网页文件，标有 TEXT 的模板生成纯文本文件。“可用模板”下拉列表包括以下信息类型。

图 13-41 “CLSF 输出”

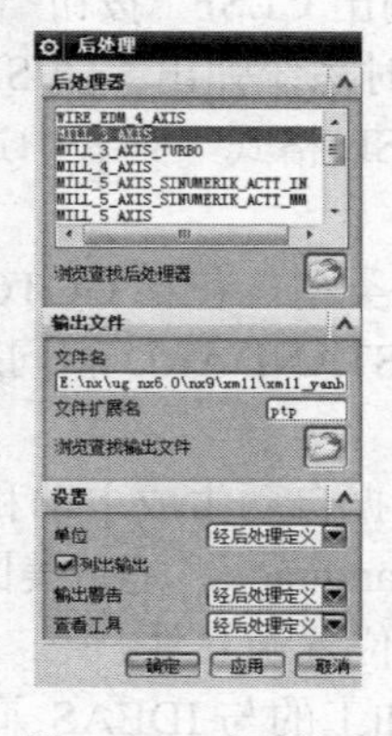

图 13-42 “后处理”

图 13-43 “车间文档”

- Operation List：工步列表。
- Operation List by Method：基于加工方法的工步列表。
- Advanced Operation List：高级的工步列表。
- Fool List：刀具列表。
- Unique Tool List By Program：基于程序的刀具列表。
- Tools and Operations：刀具和工步列表。
- Advanced Web Page Mill：高级网页铣列表。
- Advanced Web Page Mill Turn：高级网页铣车列表。
- Export Tool Library to ASCⅡDatafile：输出部件中所有刀具生成刀具库文件和一个说明文件。

④ 在“输出文件”组框中的“文件名”文本框中指定输出文档的名称和路径，或也可单击“浏览”按钮，在弹出的“指定 SHOP DOC 输出”对话框中设定输出文档名称和路径。

⑤ 如果希望生成后查看结果，勾选“显示输出”复选框。

⑥ 单击“确定”按钮，完成车工工艺文档的生成输出。

三、项目实施

任务 1　游戏机手柄盖制造工艺过程卡

游戏机手柄盖制造工艺过程卡如表 13-1 所示。

表 13-1　游戏机手柄盖制造工艺过程卡

工段	工序	工步	加工内容	加工方式 加工刀轨程序名	机床	刀具	余量
模具制作工段	1	1.1	下料 150×100×40				
	2	2.1	铣削 145×95×38	铣削	普通铣床		
		2.2	去毛刺	钳工			
	3 型芯模加工	3.1	装夹工件		立式数控加工中心		
		3.2	粗铣削型芯	CAVITY_MILL		T1_MILL_D20	0.5
		3.3	剩余铣削型芯	REST_MILLING		T2_MILL_D6R2	0.5
		3.4	精铣削型芯平面区域	CONTOUR_AREA		T1_MILL_D20	0
		3.5	精铣削型芯曲面区域	CONTOUR_AREA_1		T2_MILL_D6R2	0
		3.6	清根参考刀具精铣削	FLOWCUT_REF_TOOL		T3_BALLMILL_D2	0
	4 型腔模加工	4.1	装夹工件				
		4.2	粗铣削型腔	CAVITY_MILL		T1_MILL_D20	0.5
		4.3	剩余铣削型腔	REST_MILLING		T2_MILL_D6R2	0.5
		4.4	精铣削型腔平面区域	CONTOUR_AREA		T1_MILL_D20	0
		4.5	精铣削型腔曲面区域	CONTOUR_AREA_1		T2_MILL_D6R2	0
		4.6	清根参考刀具精铣削	FLOWCUT_REF_TOOL		T3_BALLMILL_D2	0
	5		检验				
	6		模具组装				
注塑工段	1		注塑		注塑机		
	2		修整				
	3		检验				

任务 2　构建游戏机手柄盖实体

造型思路、方案：游戏手柄盖是一个壳体类零件，主要由圆弧形线条和凸凹表面组成，可分为基本特征：四段圆弧组成外轮廓，圆台特征构成凸起部分，孔特征构成孔结构，圆角特征构成细节轮廓。

基本特征用全参数化的草图方法绘制；圆台、孔特征用基础特征生成，最后倒圆角进行细节修整。具体造型过程如下。

1. 创建部件文件

启动 NX9.0 软件，在文件夹“E:\…\xm13”中创建新部件“xm13_youxishoubinggai.prt”，进入建模环境。

2. 绘制游戏机手柄盖基本轮廓草图

（1）绘制草图形状

单击“草图”图标，选取 XY 平面为构图面，用“轮廓”工具中的圆弧命令绘制首尾相连的四段圆弧，圆弧之间尽量相切，如图 13-44（a）所示。

（2）施加位置和尺寸约束

使用“约束”工具图标，使四段圆弧全部相切，如图 13-44（b）所示。分别使 A、B 圆弧圆心与 Y 轴共线；C、D 圆弧圆心与 X 轴共线。并使用“自动判断的尺寸”工具图标，标注草图尺寸，如图 13-44（c）所示。单击“完成草图”命令，返回建模环境。

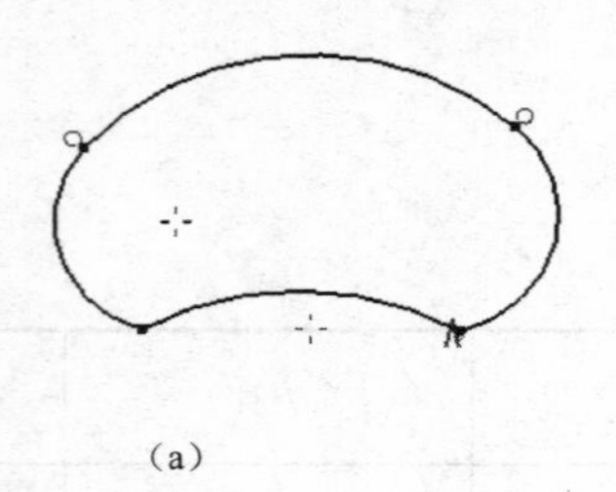
（a）

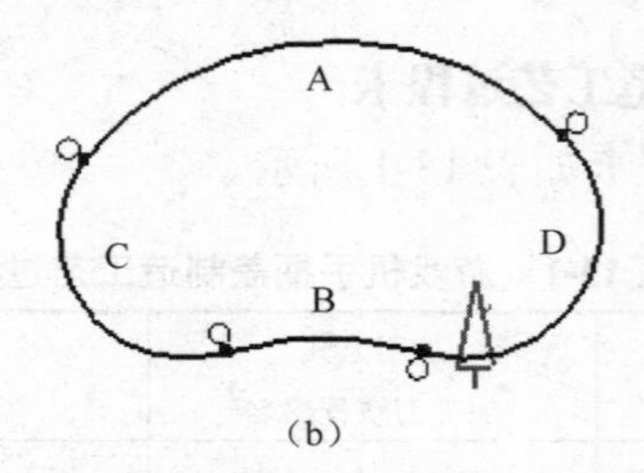

（b）

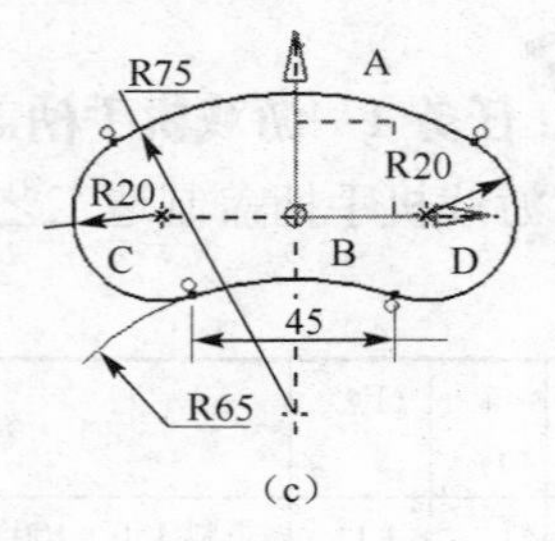

（c）

图 13-44　构建游戏机手柄盖草图

3. 创建拉伸实体

单击“拉伸”特征工具图标，选取四段圆弧线框，向下拉伸 10mm。结果如图 13-45 所示。

4. 倒圆角

右键单击部件操作导航器中草图项，或在绘图区右键单击草图，选取隐藏，使草图在绘图区不可见。

单击“边倒圆”工具图标，选取拉伸实体上边缘一段圆弧，整个上边缘被选取，在弹出的对话框中输入圆角半径 5mm，单击“应用”生成圆角，如图 13-46 所示。

5. 构建凸台

单击“凸台”工具图标，弹出对话框。选取拉伸体上表面为放置面，输入参数如图 13-47（a）所示。

单击“确定”，又弹出“定位”框，如图 13-47（b）所示，选取第五种定位方式“点到点”，又弹出“设置圆弧位置”框，如图 13-47（c）所示，选取“圆弧中心”按钮，选取拉伸实体右侧下圆弧边缘，完成凸台的构建，如图 13-47（d）所示。同样操作，完成左侧凸台的构建。

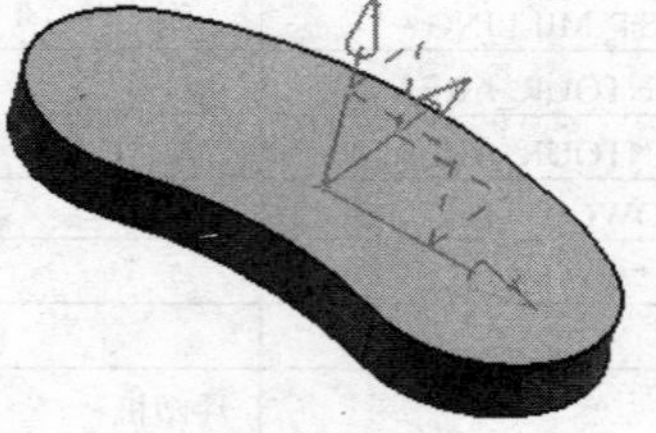
图 13-45　拉伸游戏手柄盖主体

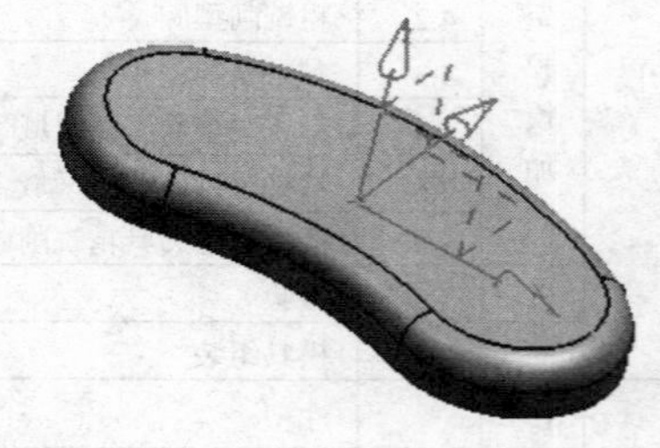
图 13-46　游戏手柄盖主体倒圆角

但也可以采用镜像特征的方法，构建左侧凸台，操作过程如图 13-48（a）所示。构建结果如图 13-48（b）所示。

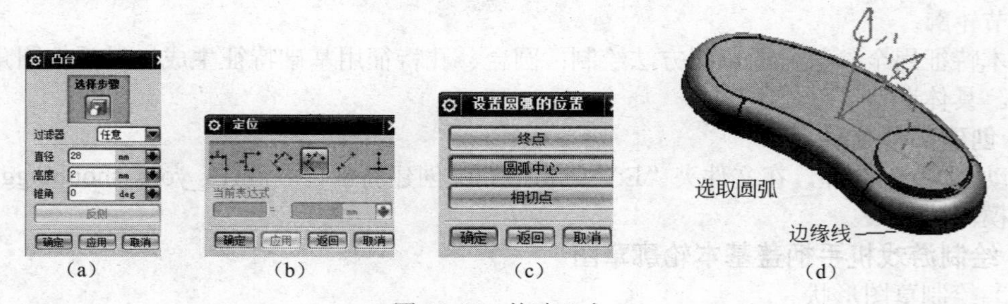

（a）　（b）　（c）　（d）

图 13-47　构建凸台

6. 抽壳操作

单击“抽壳”工具图标，弹出抽壳对话框，如图 13-49（a）所示。选取移除面为下底面，输入厚度 1.5，单击“应用”按钮，实现抽壳操作，如图 13-49（b）所示。

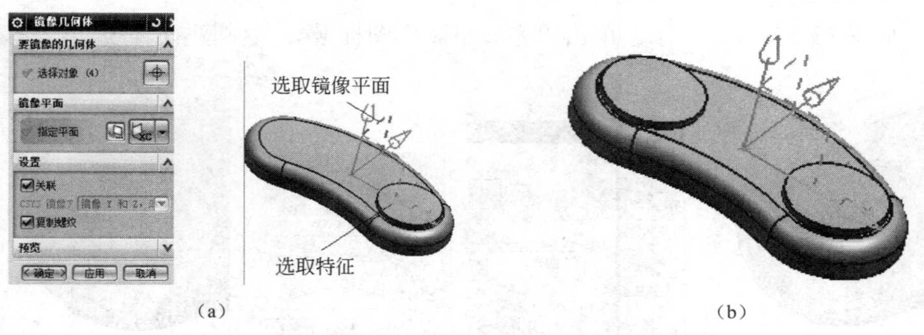

（a）　（b）

图 13-48　将凸台镜像到左侧操作

7. 构建孔操作

由于要构建的孔较多，用打孔特征打孔并不快捷，采用先绘草图，再拉伸、布尔差运算可能更快捷些。

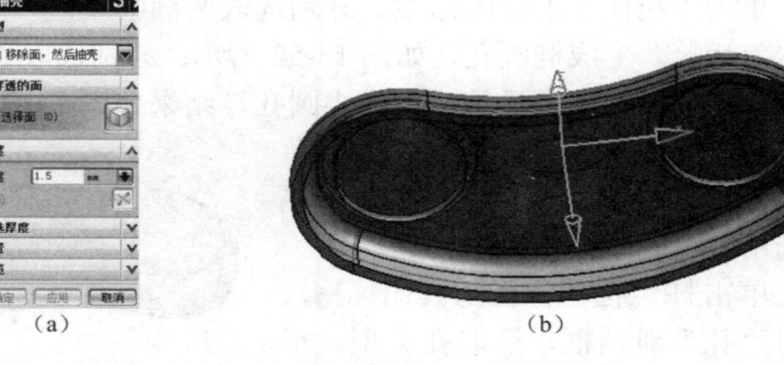

（a）　（b）

图 13-49　抽壳操作

（1）绘制椭圆

构建草图，选取现有平面(XY)为草图构图平面，进入草图绘制环境。从“插入”菜单，单击“插入/曲线”菜单下的“椭圆”菜单项，弹出“椭圆”对话框，中心选项中，单击指定点右侧的“点对话框”图标，弹出“点对话框”对话框，输入椭圆中心坐标(0,2,0)，单击“确定”按钮，返回“椭圆”对话框，大半径选项中：输入椭圆长半轴 8；小半径选项中：输入椭圆短半轴：4；勾选限制选项中“封闭的”；旋转选项中输入角度：360。如图 13-50（a）所示，单击“应用”按钮，绘制一椭圆，如图 13-50（b）所示。

再次中心选项中，单击指定点右侧的“点对话框”图标，弹出“点对话框”对话框，输入椭圆中心坐标（0,15,0），单击“确定”按钮，返回“椭圆”对话框，其他参数不变，单击“确定”按钮，绘制另一椭圆，如图 13-50（c）所示。

（2）绘制 4×ϕ4 圆

再新建草图，选取右侧凸台平面为草图平面，以圆台上平面几何中心为圆心绘制直径ϕ15 圆，自圆心绘制一水平直线与ϕ15 圆的右侧相交，再绘制ϕ4 圆，且将水平直线和ϕ15 圆转换为参考线，如图 13-51（a）所示。

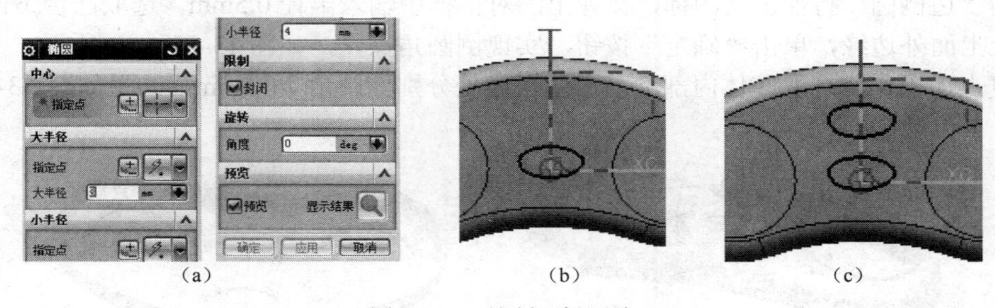

（a）　（b）　（c）

图 13-50　绘制两椭圆线

单击“阵列曲线”工具图标，弹出“阵列曲线”对话框，如图 13-51（b）所示。选取ϕ4 圆，指定轴点：绕ϕ15 圆心，数量：4；节距角：90°，单击“确定”按钮，完成ϕ4 圆的圆形阵列复制，如图 13-51（c）所示。单击“完成草图”图标，返回建模环境。

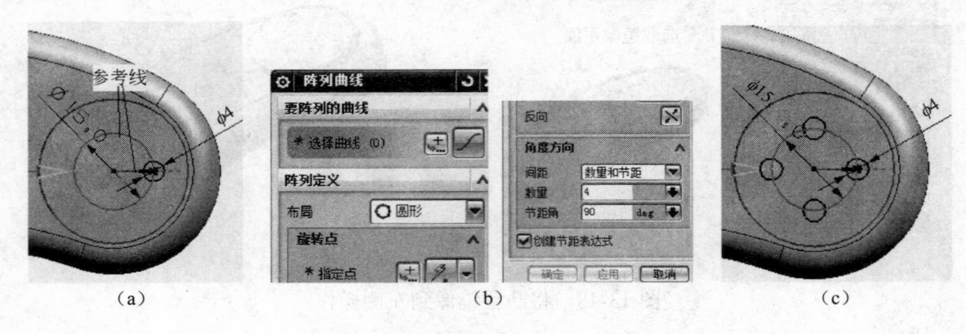

（a）　（b）　（c）

图 13-51　绘制 4×ϕ4 圆孔线框草图

（3）构建孔特征

单击“拉伸”工具图标，分别选取两椭圆线框，向下拉伸，起点距离：0，终点距离 15，布尔差运算，生成椭圆孔，如图 13-52 所示；分别选取 4 个小圆，向下拉伸，起点距离：0，终点距离：15，布尔差运算，生成小圆孔，结果如图 13-53 所示。

对于左端大圆孔，也可在绘制草图时，绘出线框，通过拉伸构建。在此选用打“孔”特征操作构建。

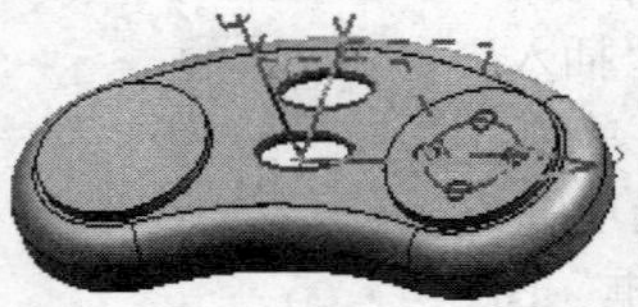

图 13-52　拉伸椭圆孔

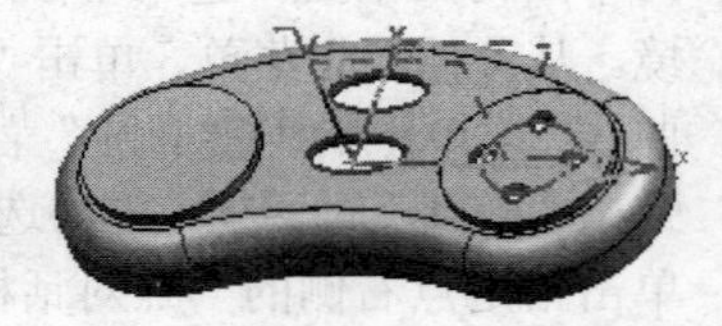

图 13-53　构建小孔操作

单击打“孔”特征工具图标，弹出“孔”对话框，选取孔类型、形状、输入孔尺寸参数，如图 13-54（a）所示；选取孔中心点，如图 13-54（b）所示，单击“确定”按钮，如图 13-54（c）所示。

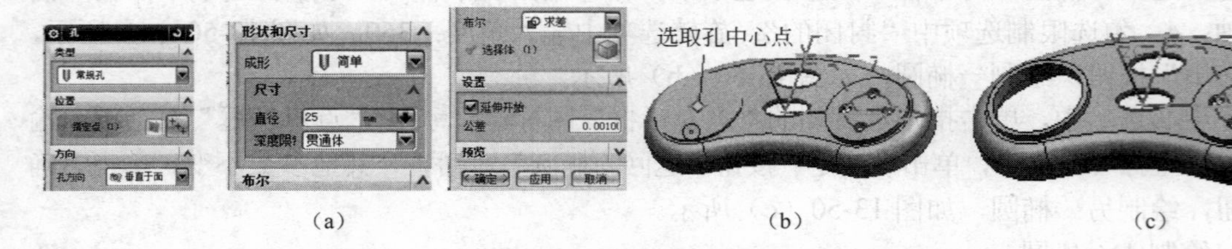

（a）　（b）　（c）

图 13-54　打孔特征操作设置过程

8. 边倒圆角

右击部件导航器中画孔的草图，从快捷菜单中选取“隐藏”；

单击“边倒圆”特征工具图标，在弹出的对话框中输入半径 0.5mm，选取凸台下侧外边缘线，凸台上面外边缘，单击“确定”按钮，实现倒圆角操作，如图 13-55（a）所示。

重复上述操作，选取腔体内部圆台内边缘线处分别倒圆角 *R*0.5mm。结果如图 13-55（b）所示。

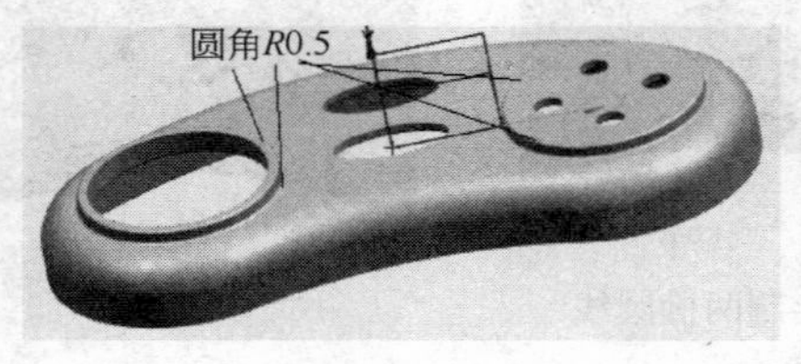

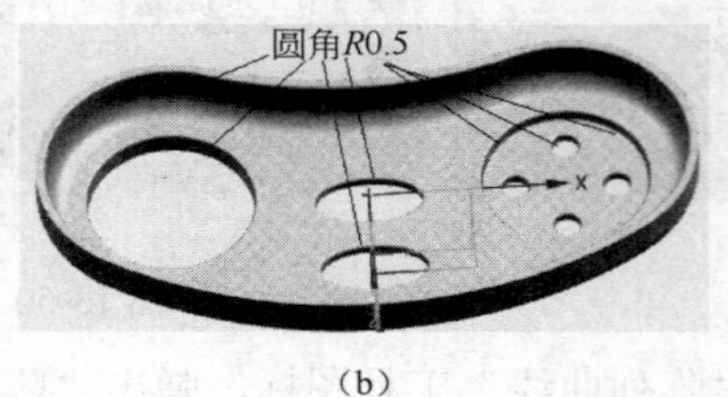

（a）　（b）

图 13-55　游戏手柄倒圆角

任务 3　构建游戏机手柄盖模具

1. 项目初始化

（1）进入注塑模向导模块

打开“启始”菜单，单击“注塑模向导”菜单项，进入注塑模向导“注塑向导”模块。

（2）初始化项目

单击“项目初始化”图标，自动选取“xm13_youxisoubinggai.prt”产品模型，弹出“项目初始化”对话框，单击“设置项目路径和名称”按钮，弹出文件保存路径、名称对话框，选取路径“E:\…\xm13\”，文件名称：“xm13_youxijishoubinggai.prt”；收缩率暂且取默认值1.006。项目单位：毫米。如图 13-56 所示，单击“确定”按钮，系统自动完成初始化项目。屏幕标题显示：youxishoubinggai_mold_top_010.prt。

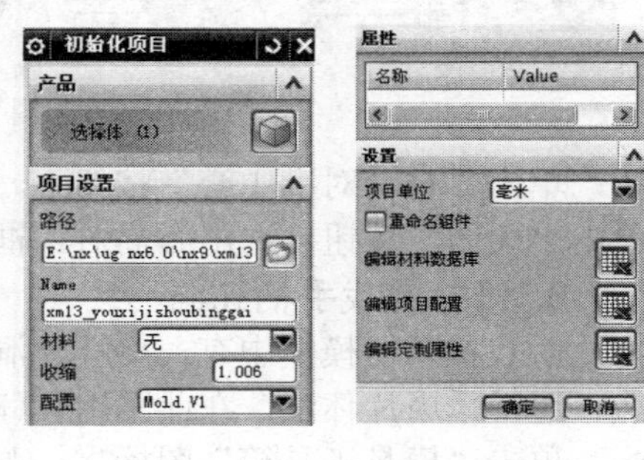

图 13-56　模具构建初始化设置

2. 构建模具坐标系、工件和型腔布局

（1）构建模具坐标系

单击“注塑向导”中的“模具 CSYS”图标，弹出 CSYS 对话框，设置参数如图 13-57（a）所示，含义是锁定+Z 方向为开模方向和模具注入口开口方向，当前坐标系为模具坐标系。单击“确定”按钮，构建模具坐标系，如图 13-57（b）所示。

（2）构建游戏机手柄盖成型工件

单击“注塑向导”中的“工件”图标，弹出“工件”对话框，工件方法选择“用户定义块”项，形成工件默认截面，且接受限制设置，即高度从底面到 ZC=0 截面为 35mm（因为产品底面到 ZC=0 截面距离为 10mm，下模具体底板厚为 25mm），从 ZC=0 到模具体顶面距离为 25mm（因为产品顶面到 ZC=0 截面距离 2mm，故上模具底板厚为 23mm），如图 13-58（a）、（b）、（c）所示，单击“确定”按钮，完成工件设置。

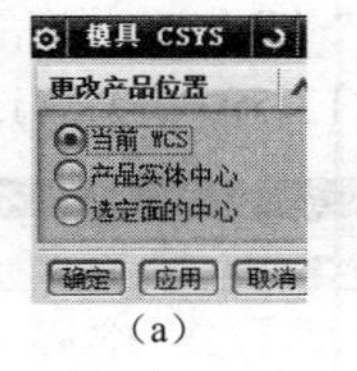

（a）

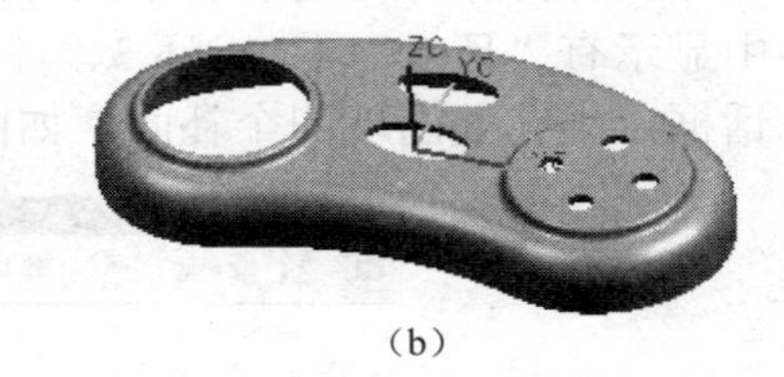

（b）

图 13-57　模具坐标系设置

（3）型腔布局

单击“注塑模向导”中的“型腔布局”图标，出现“型腔布局”对话框，选取布局类型：矩形、“平衡”单选框，单击“指定矢量”，选取“X 轴”为平衡布局的第一方向；在“平衡布局设置”选项组中，设置型腔数：4、第一距离：10、第二距离：10。如图 13-58（d）所示。

单击“开始布局”按钮，生成如图 13-58（e）所示布局。

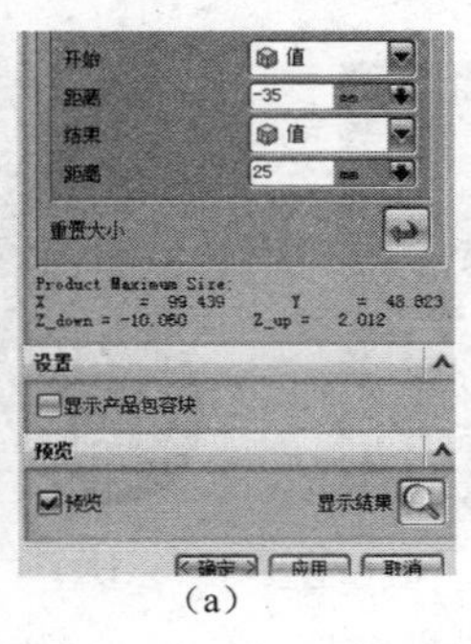

（a）

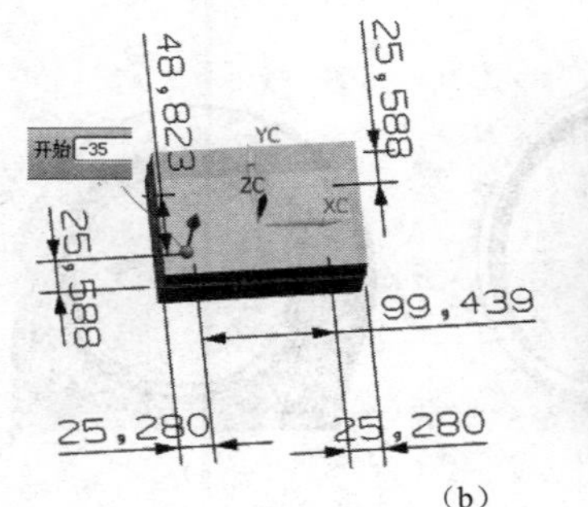

（b）

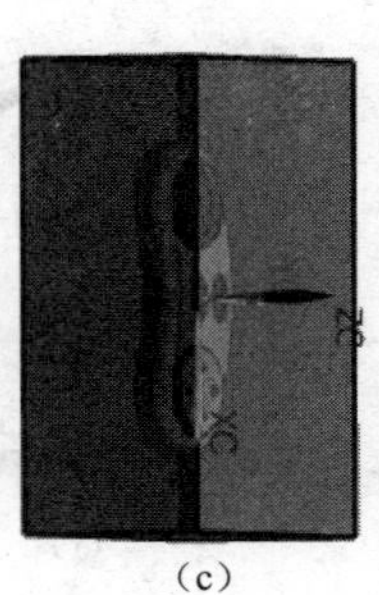

（c）

图 13-58

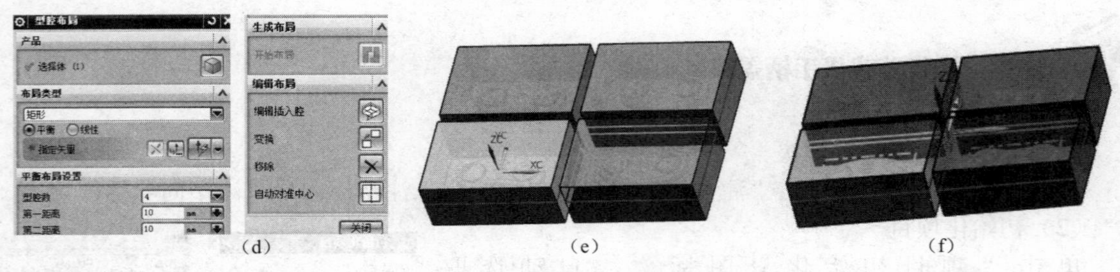

图 13-58 工件尺寸、工件布局

单击“自动对准中心”按钮田，坐标系由原来单一模具体内部移到四模具体的几何中心，单击“关闭”按钮，退出布局对话框，布局结果如图 13-58（f）所示。

3. 修补游戏手柄孔洞

游戏机手柄模型中有一些孔、洞，在构建模具时必须修补。修补方法可以是片体法和实体法。通常采用片体法，在此采用片体法修补。

单击“模具工具箱”图标，弹出“注塑模工具”条，如图 13-59（a）所示，再单击“注塑模工具”条“边修补”工具图标，弹出“边修补”对话框，选取椭圆孔所在上表面，则椭圆孔棱边突出显示，“边修补”对话框中环列表中显示有“环 1、环 2”两个环，单击对话框中“应用”按钮，大孔处出现一补面，如图 13-59（b）、(c)、(d) 所示；

再选取大孔所在上表面，大孔棱边突出显示，“边修补”对话框中环列表中显示有“环 1”一个环，单击对话框中“应用”按钮，大孔处出现一补面，如图 13-59（e）、(f)、(g) 所示；

同样操作，再选取 4 个孔所在上表面，4 个小孔棱边突出显示，“边修补”对话框中环列表中显示有“环 1、环 2、环 3、环 4”四个环，单击对话框中“确定”按钮，关闭“边修补”对话框，小孔处出现四个补面，如图 13-59（h）、(i)、(j) 所示。

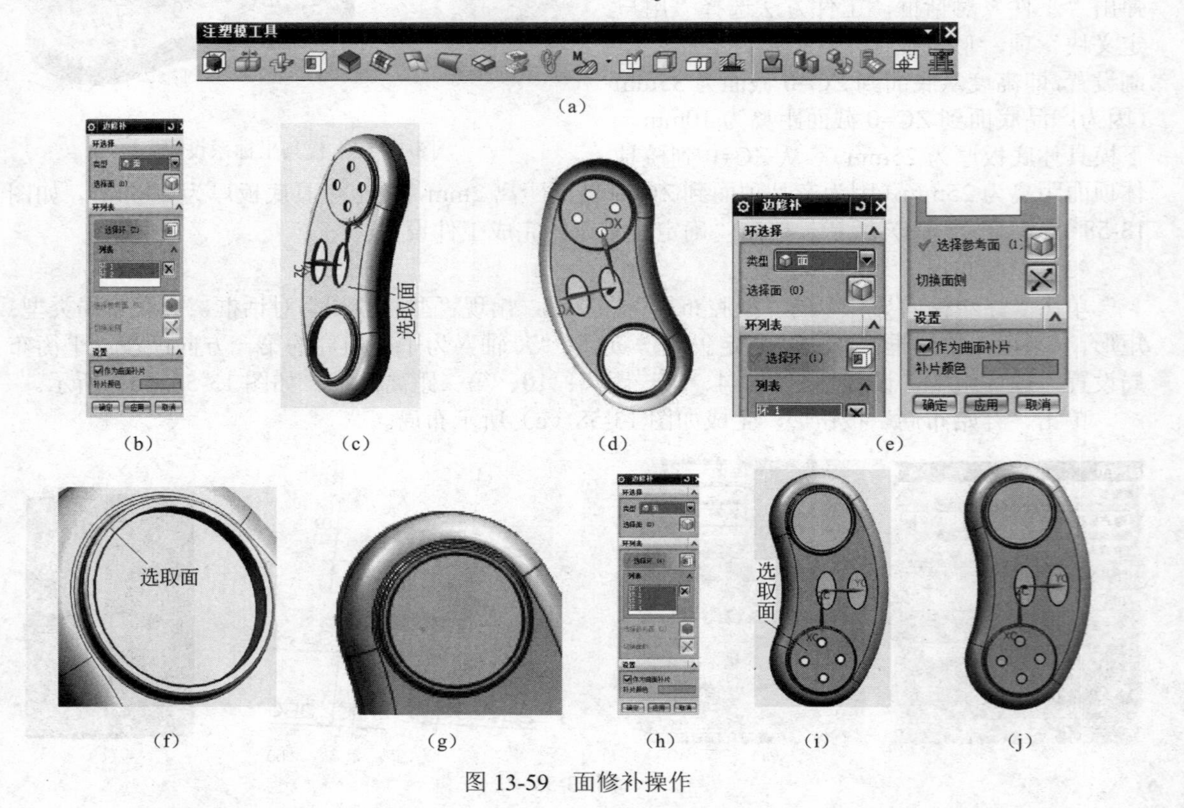

图 13-59 面修补操作

4. 定义区域

单击“注塑模向导”工具栏中的“分型”图标，弹出“模具分型工具”条。单击“定义区域”工具图标，弹出“定义区域”对话框，选取“型腔区域”项，并勾选下方复选项“创建区域”、“创建分型线”，以相切方式选取模型上表面，则对话框中显示如图 13-60（a）所示，模型上表面以红色突出显示，如图 13-60（b）所示。单击“应用”按钮，对话框中“型腔区域”项的数量由 0 变为 17，且号变为号，如图 13-60（c）所示。

再选取“型芯区域”项，并勾选下方复选项“创建区域”、“创建分型线”，以相切方式选取模型下表面，则对话框中显示如图 13-60（d）所示，模型上表面以红色突出显示，如图 13-60（e）所示。单击“应用”按钮，对话框中“型芯区域”项的数量由 0 变为 32，且号变为号，如图 13-60（f）所示。

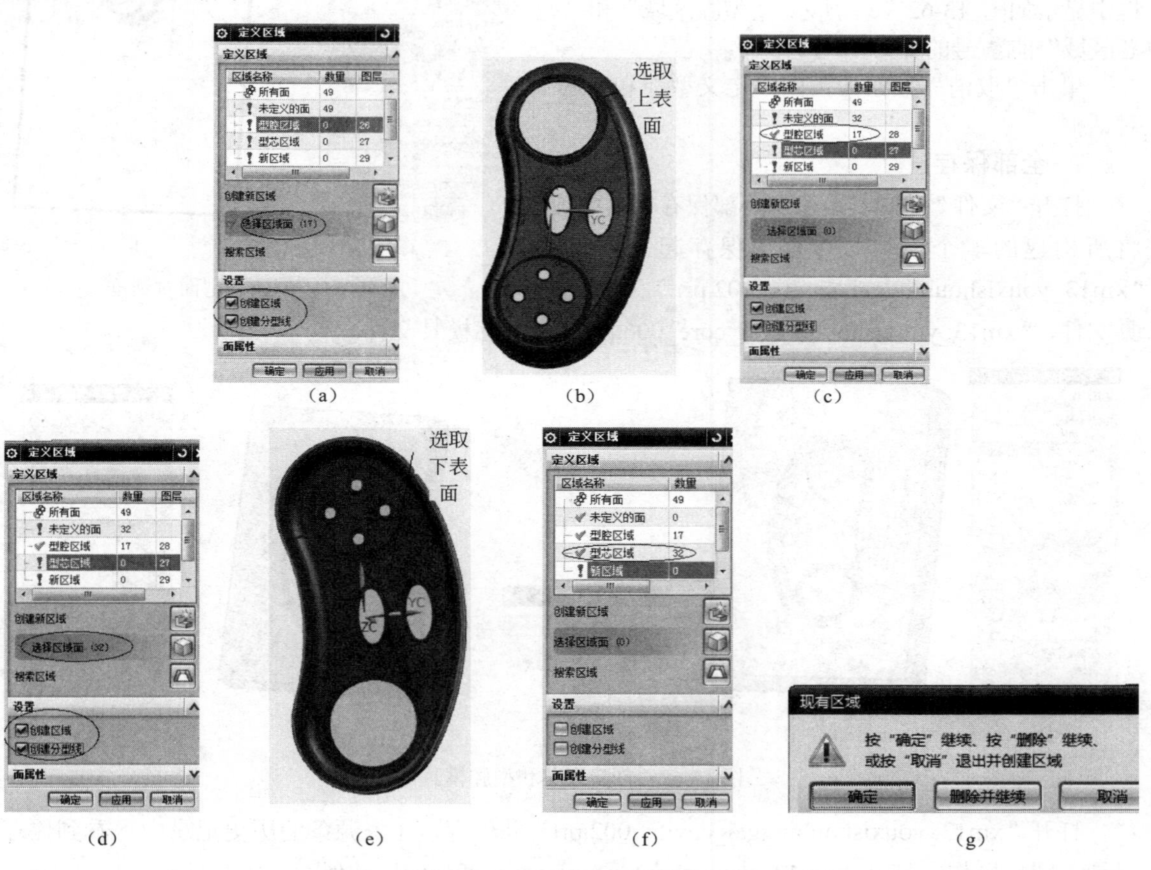

图 13-60　定义模具体型腔、型芯区域

注意：一定要使定义的型腔区域面数与型芯区域面数之和等于所有面数，否则，模具体构建会失败，这是检验定义型腔区域和型芯区域是否正确的判断依据。

单击对话框中“取消”按钮，如图 13-60（g）所示，关闭对话框。完成定义区域操作。

5. 创建分型面

单击“模具分型工具”条中的“设计分型面”图标，弹出“创建分型面”对话框，选取“有界平面”方法创建分型面图标，其他取默认设置，如图 13-61（a）所示。模型中显示如图 13-61（b）所示,单击“确定”按钮，完成分型面创建。

6. 创建游戏机手柄型腔和型芯

单击“模具分型工具”条中的“定义型腔和型芯”图标，弹出如图13-62（a）所示“定义型腔和型芯”对话框，选取“型腔区域”，单击“应用”按钮，生成型腔，如图13-62（b）所示，且弹出“查看分型结果”对话框，如图13-62（c）所示；直接单击“应用”按钮，完成型腔创建。

再选取“型芯区域”，单击“应用”按钮，生成型芯，如图13-62（d）所示，且弹出“查看分型结果”对话框，如图13-62（c）所示；直接单击“确定”按钮，完成型芯创建。“定义型腔和型芯”对话框中显示如图13-62（e）所示，“型腔区域”和“型芯区域”前号的变为号。

单击“取消”按钮，关闭“定义型腔和型芯”对话框。

7. 全部保存

打开“文件”菜单，单击“全部保存”菜单项，将所构建的多个模具文件全部保存起来。其中“xm13_youxishoubinggai_cavity_002.prt”为型腔模具文件，“xm13_youxishoubinggai_core_006.prt”为型芯模具文件。

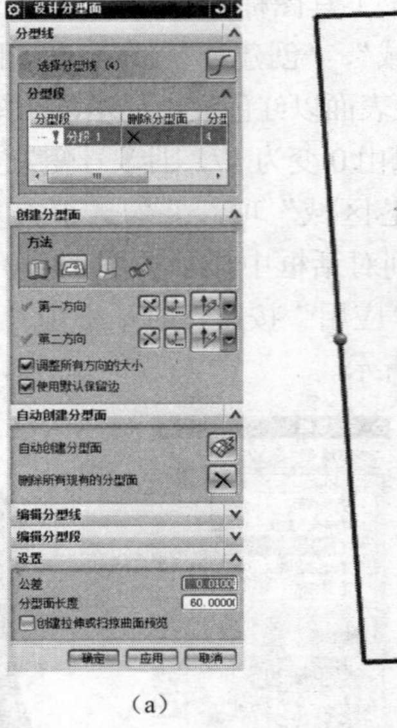
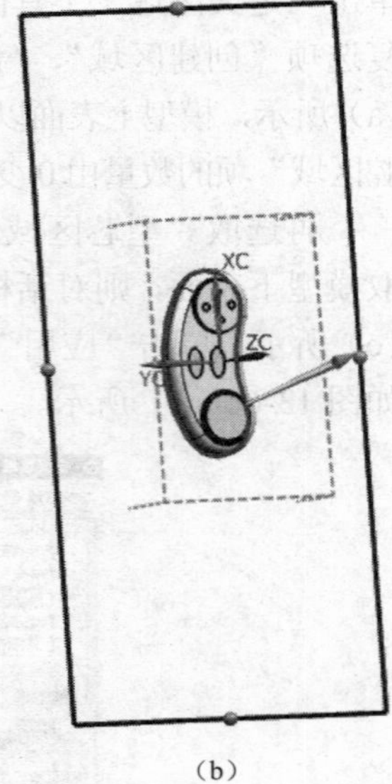

（a）　（b）

图13-61　创建分型面对话框

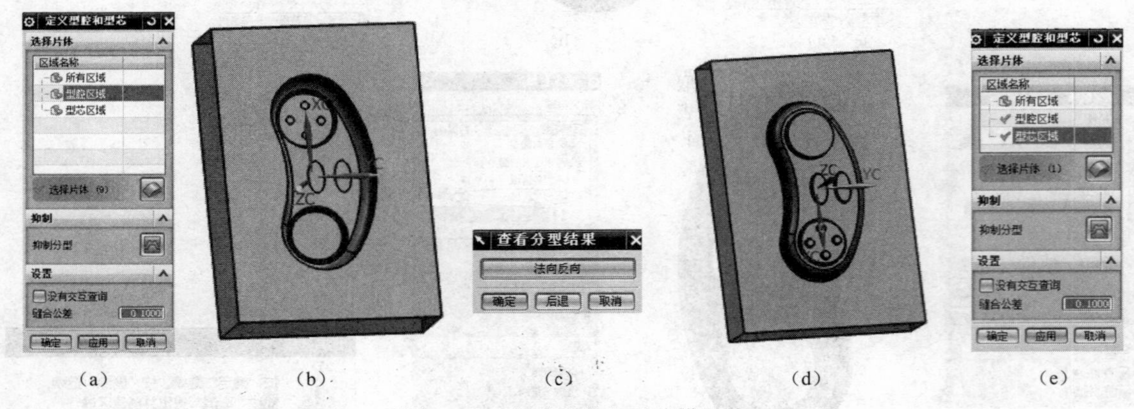

（a）　（b）　（c）　（d）　（e）

图13-62　创建型芯和型腔模具体

打开“xm13_youxishoubinggai_cavity_002.prt”并保存，在资源条的历史记录中可看到保存记录。同样操作，打开“xm13_youxishoubinggai_core_006.prt”并保存。

任务4　构建游戏机手柄盖型芯模具的数控铣削刀轨操作

1. 进入加工模块

（1）打开游戏机手柄盖型芯文件

启动NX9.0，打开游戏手柄盖型芯文件“xm13_youxishoubinggai_core_006.prt”，如图13-63（a）所示。

（2）进入数控“加工”模块

单击“启动”菜单图标，选取“加工”菜单项图标，弹出“加工环境”对话框，在“CAM

会话配置”中选取“cam_general”项，在“要创建的 CAM 设置”中选取“mill_contour”型腔铣削模板，如图 13-63（b）所示，单击“确定”按钮，进入“加工”模块。游戏手柄盖型芯模型显示如图 13-63（c）所示。

2. 创建加工几何体

由图 13-63（c）所示可知，工件加工编程坐标系 XMYMZM 与 XCYCZC 坐标系重合，都在型芯的上表面以下约 2mm 的地方，需将工件加工编程坐标系移到型芯上表面，以符合一般编程习惯。

（1）创建加工坐标系和安全平面

① 创建加工坐标系。

将“工序导航器－程序顺序”视图换成“工序导航器－几何”视图，如图 13-64（a）所示，双击“工序导航器—几何”视图中的“MCS_MILL”项，弹出“MCS 铣削” 对话框，如图 13-64（b）所示，单击“指定 MCS”项，在模型中出现加工动态坐标系 XMYMZM（与 WCS 坐标系 XCYCZC 重合），坐标系原点的绝对坐标（0,0,0），如图 13-64（c）所示。

光标选取模型右侧的圆柱凸台圆心，坐标系原点的绝对坐标（0,0,2），如图 13-64（d）所示。

在绝对坐标输入栏中输入 x：0 ；y：0，z 坐标值不变，则坐标系原点移到模型上表面几何中心，如图 13-64（e）所示。即加工坐标系原点已经移到模型上表面最高点。

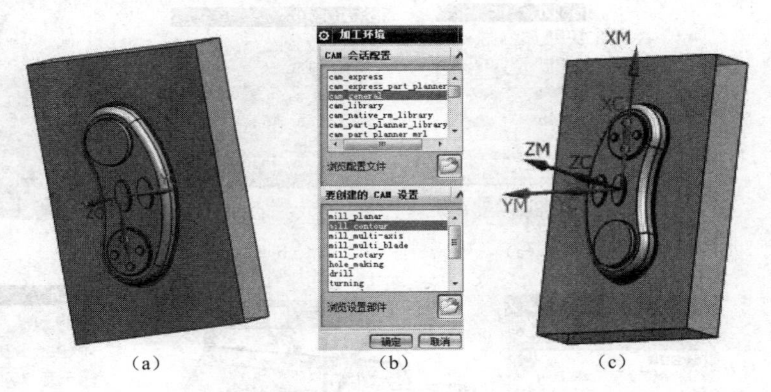

（a）　（b）　（c）

图 13-63　打开型芯模并进入加工环境设置

（注意：本项目中创建加工坐标系的方法与前述项目中创建机床加工坐标系的方法不同，这种方法可能是最简捷的。请读者分析比较。）

② 创建安全平面。

在“MCS 铣削”对话框的“安全设置”选项组中，光标从下拉列表栏中选取“平面”[此时，加工坐标系在模型中显示如图 13-64（f）所示]。

单击“指定平面”项，从下拉列表栏选取 XCYC 平面图标，如图 13-64（g）所示，模型中弹出平面偏距离输入栏：输入一定的 ZC 距离，如 30，则显示距 XCYC 坐标平面 30mm 的平面，如图 13-64（h）所示，单击对话框中“确定”按钮，完成创建坐标系与安全平面的操作。

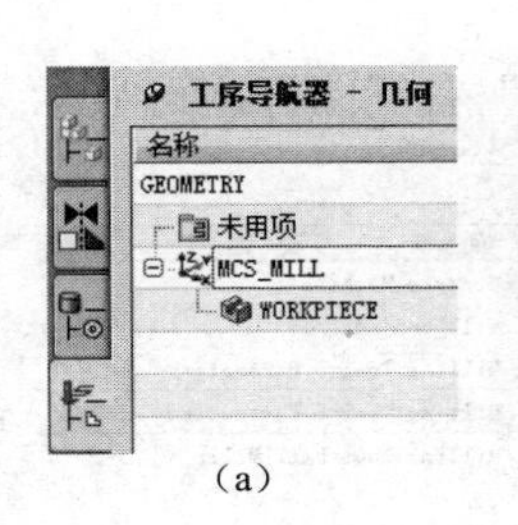

（a）

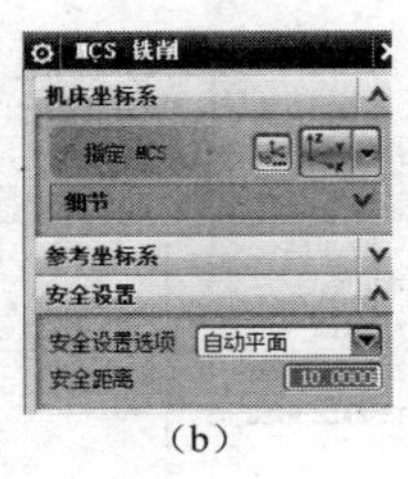

（b）

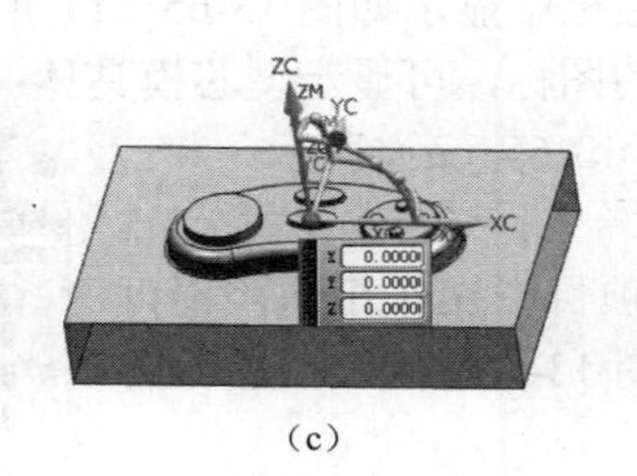

（c）

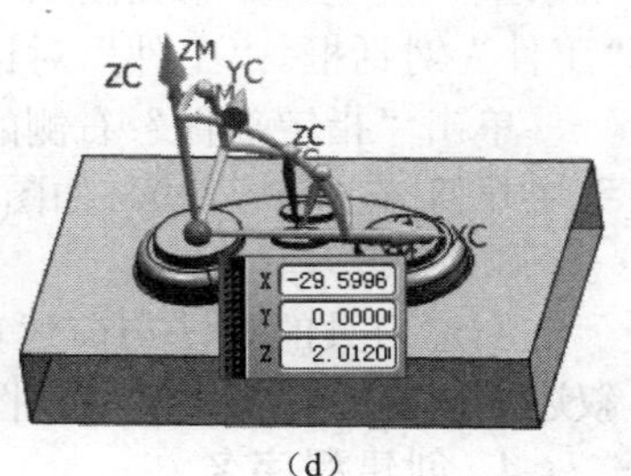

（d）

图 13-64

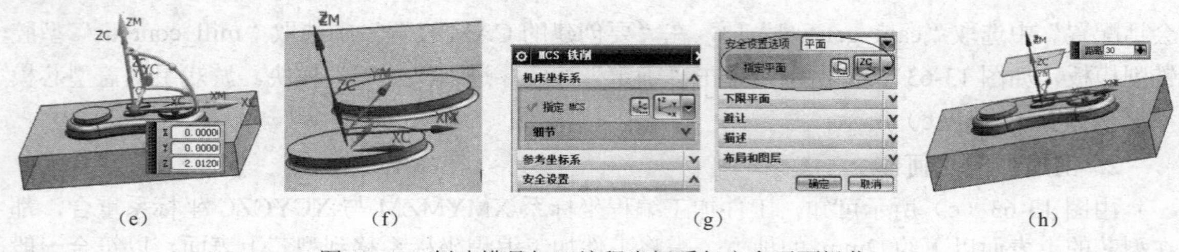

图 13-64　创建模具加工编程坐标系与安全平面操作

（2）定义部件几何体和毛坯几何体

① 创建铣削部件几何体。

单击“操作导航器”中“MCS_MILL”前“+”号，出现“WORKPIECE”，双击“WORKPIECE”，弹出铣削几何体“工件”对话框，如图 13-65（a）所示。

单击“指定部件”图标，弹出部件选择对话框，选取型芯体，如图 13-65（c）所示，对话框显示如图 13-65（b）所示，单击“部件几何体”对话框中“确定”按钮，返回“工件”对话框。

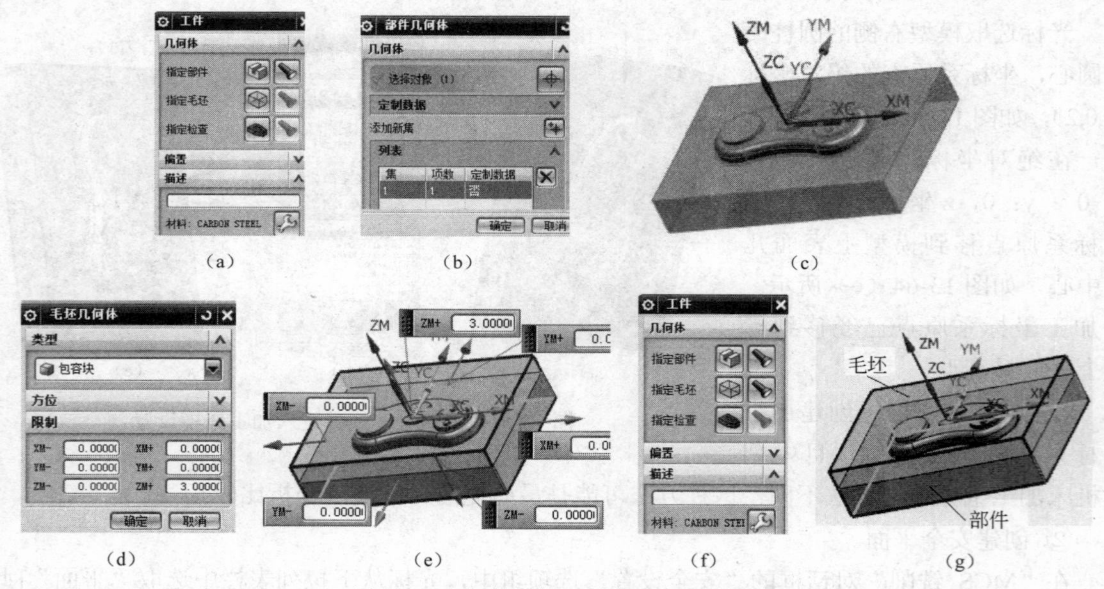

图 13-65　指定部件几何体和毛坯几何体

② 创建毛坯几何体。

单击“指定毛坯”图标，弹出毛坯选择对话框，选取毛坯类型：“包容块”，且在 ZM+输入栏输入：3，即毛坯在 ZM 正向比包容块增高 3mm，如图 13-65（d）所示，留作上表面的加工余量。模型中显示如图 13-65（e）所示，单击“毛坯几何体”对话框中“确定”按钮，返回“工件”对话框。“工件”对话框中显示如图 13-65（f）所示。

单击“指定部件”右侧的图标，可显示型芯模具体；单击“指定毛坯”右侧图标，可显示毛坯几何体（包容块）。如图 13-65（g）所示。

3. 创建刀具

创建刀具的方法与前述项目中操作相同，不再叙述。创建刀具结果列表如图 13-66 所示。

工序导航器 - 机床

名称	刀轨	刀具	描述	刀具号
GENERIC_MACHINE			Generic Machine	
未用项			mill_contour	
T1_MILL_D20			Milling Tool-5 Parameters	1
T2_MILL_D6R2			Milling Tool-5 Parameters	2
T3_BALL_MILL_D2			Milling Tool-Ball Mill	3

图 13-66　创建刀具清单

4. 创建程序名

将“工序导航器－机床”切换到“工序导航器

一程序顺序”视图，单击“创建程序”图标，弹出创建程序对话框，设置类型：型腔铣削（mill–contour），位置：NC_PROGRAM，名称：YOUXIJISHOUBINGGAI_CORE。

连续单击对话框中“确定”按钮两次，完成程序名创建，在“工序导航器一程序顺序”视图中出现“YOUXIJISHOUBINGGAI_CORE”项。

5. 创建粗铣削游戏机手柄盖型芯模具刀轨

（1）创建粗加工操作基本设置

右键单击操作导航器中程序名“YOUXIJISHOUBINGGAI_CORE”，出现快捷菜单，单击“插入\工序”，弹出“创建工序”对话框，设置子类型“型腔铣”（CAVITY_MILL），位置栏中的程序、刀具、几何体、方法及名称设置如图 13-67（a）所示。

（2）创建粗铣削工序加工几何体

单击“创建工序”对话框中“应用”，弹出“型腔铣”（CAVITY_MILL）参数设置对话框，如图 13-67（b）所示。

“几何体”选项组中“指定部件”、“指定毛坯”项已不能选用，是因为在前面已经设定。

单击“指定切削区域”右侧图标，弹出“切削区域”对话框，如图 13-67（c）所示，以窗选方式选取中间曲面区域，再单选方式选取平面区域，如图 13-67（d）所示，在“切削区域”对话框中立即显示已选切削区域有 40 个，如图 13-67（e）所示。单击对话框中“确定”按钮，返回“型腔铣”对话框。

这里采用平口钳装夹毛坯体，无须用压板，故不指定修剪边界。

（3）刀轨设置

① 加工方法、切削模式、重刀量、每刀深度设置。

在“型腔铣”参数设置对话框的“刀轨设置”选项组中，设置“方法”、“切削模式”、“步进” 计算方式与步进“百分比”、“全局每刀深度”切削用量，如图 13-67（b）所示。

② 切削层设置。

单击“切削层”右侧图标，打开“切削层”设置对话框，一般取默认设置不变，如图 13-67（f）所示。单击“确定”按钮，返回“型腔铣”对话框。

③ 切削参数设置。

单击“切削参数”右侧图标，弹出“切削参数”对话框，在“策略”选项卡中，选取“切削顺序”：深度优先。在“余量”选项卡中，部件侧面底面余量一致：0.5；如图 13-67（g）、（h）所示，其他取默认设置。单击“确定”按钮，返回“型腔铣”对话框。

④ 非切削参数设置。

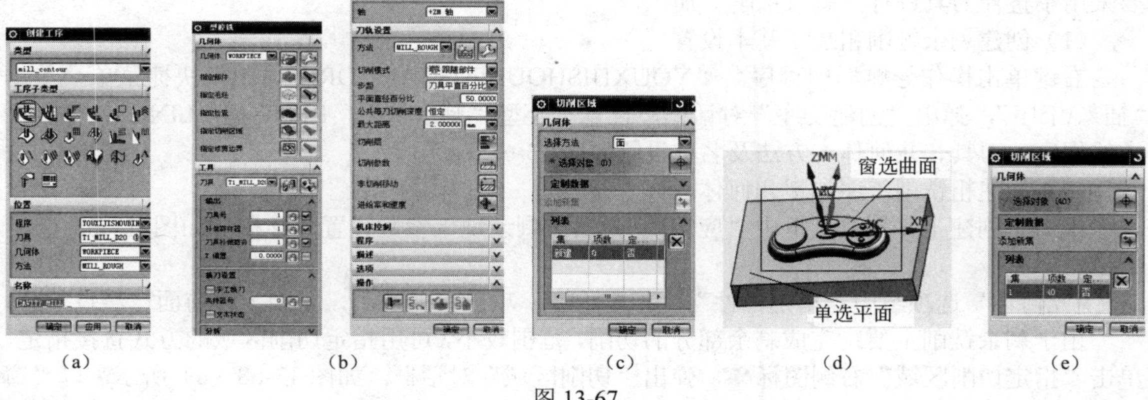

（a）　（b）　（c）　（d）　（e）

图 13-67

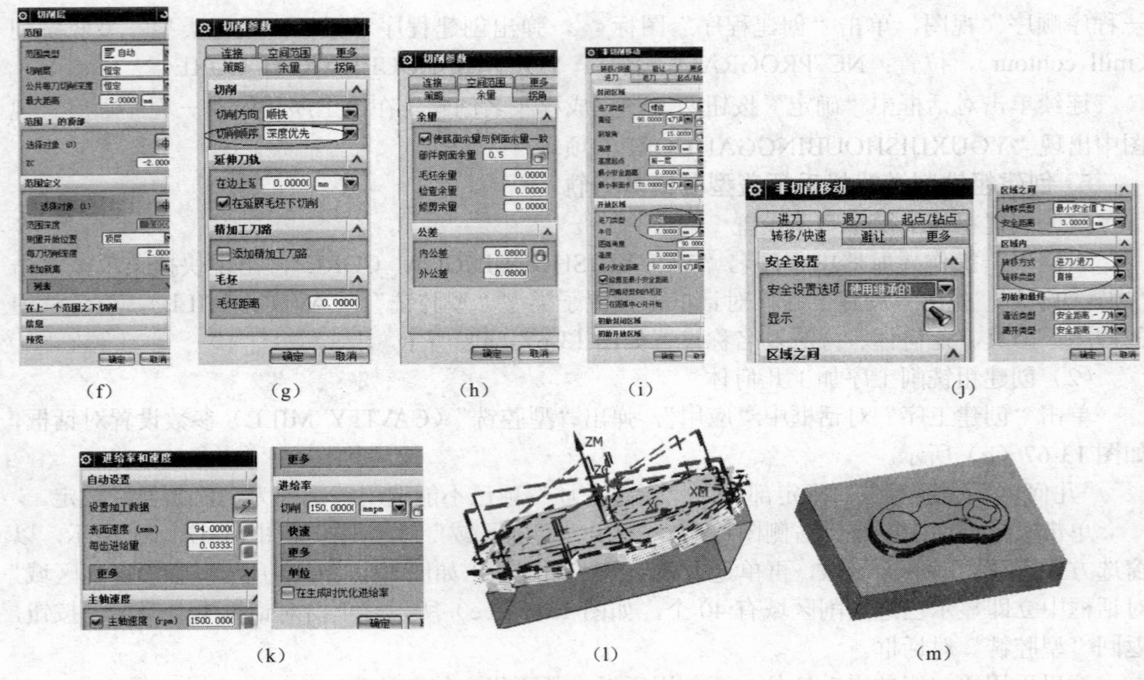

图 13-67　粗铣削加工刀轨构建

单击“非切削移动”右侧图标，打开“非切削移动”对话框，“进刀”选项卡设置如图 13-67（i）所示。“转移/快速”选项卡设置如图 13-67（j）所示，其他参数取默认设置，单击“确定”按钮，返回“型腔铣”对话框。

⑤ 进给和速度设置。

单击“进给率和速度”右侧图标，打开“进给和速度”对话框，设置主轴速度 1500rpm，进给率 150mmpmin。其他参数由系统自动计算获得，如图 13-67（k）所示，单击“确定”按钮，返回“型腔铣”对话框。

（4）生成刀轨并仿真加工演示

单击“生成”图标，生成刀轨，如图 13-67（l）所示。

单击“确认”图标，以 2D 方式演示，仿真铣削加工结果如图 13-67（m）所示。

6. 构建游戏机手柄盖型芯模具剩余铣削加工刀轨

由于上步采用了较大直径的刀具切削，模具腔体内的深槽较窄，就没有被铣削加工，因此要采用小直径刀具进行“剩余铣削”加工。

（1）创建剩余铣削粗加工基本设置

右键单击操作导航器中程序名“YOUXIJISHOUBINGGAI_CORE”，出现快捷菜单，单击“插入\工序”，弹出“创建工序”对话框，设置子类型“剩余铣”（ REST_MILLING），位置栏中的程序、刀具、几何体、方法及名称设置如图 13-68（a）所示。

（2）创建粗铣削工序加工几何体

单击“创建工序”对话框中“应用”，弹出“剩余铣”参数设置对话框，如图 13-68（b）所示。

“几何体”选项组中“指定部件”、“指定毛坯”项已不能选用，是因为在前面已经设定。

由于剩余铣削主要是完成剩余部分的切削，范围较小，可用指定切削区域的方式直接指定。单击“指定切削区域”右侧图标，弹出“切削区域”对话框，如图 13-68（c）所示，以“窗选”方式选取凸曲面区域，如图 13-68（d）所示，则“切削区域”对话框中显示已选取了 39

个区域，如图 13-68（e）所示。单击对话框中“确定”按钮，返回“剩余铣”对话框。

由于直接指定了切削区域，又不用压板夹持工件，故就不需“指定修剪边界”。

（3）刀轨设置

① 加工方法、切削模式、重刀量、每刀深度设置。

在“剩余铣”参数设置对话框的“刀轨设置”选项组中，设置“方法”、“切削模式”、“步进”计算方式与步进“百分比”、“全局每刀深度”切削用量，如图 13-68（b）所示。

② 切削层设置。

在设置了最大切削距离后，一般可直接采用“切削层”对话框中默认设置，在此，不对切削层参数进行修改。

③ 切削参数设置。

单击“切削参数”右侧图标，弹出“切削参数”对话框，在“策略”选项卡中，选取“切削顺序”：深度优先。在“余量”选项卡中，部件侧面底面余量一致：0.5；如图 13-68（f）、（g）所示，其他取默认设置。单击“确定”按钮，返回“型腔铣”对话框。

④ 非切削参数设置。

单击“非切削移动”右侧图标，打开“非切削参数”对话框，“进刀”选项卡设置如图 13-68（h）所示。“转移/快速”选项卡设置如图 13-68（i）所示，其他参数取默认设置，单击“确定”按钮，返回“型腔铣”对话框。

⑤ 进给和速度设置。

单击“进给率和速度”右侧图标，打开“进给和速度”对话框，设置主轴转速 1500rpmin，进给率 150mmpmin。其他参数由系统自动计算获得，如图 13-68（j）所示，单击“确定”按钮，返回“型腔铣”对话框。

（4）生成刀轨并仿真加工演示

单击“生成”图标，生成刀轨，如图 13-68（k）所示；单击“确认”图标，以 2D 方式演示，仿真铣削加工结果如图 13-68（l）所示。

7. 构建游戏机手柄盖型芯模具精铣削加工刀轨

（1）创建精铣削平面区域刀轨

① 创建操作基本设置。

打开“创建工序”对话框，基本设置如图 13-69（a）所示。

单击“应用”按钮，弹出“区域轮廓铣”对话框，如图 13-69（b）所示。

（a）

（b）

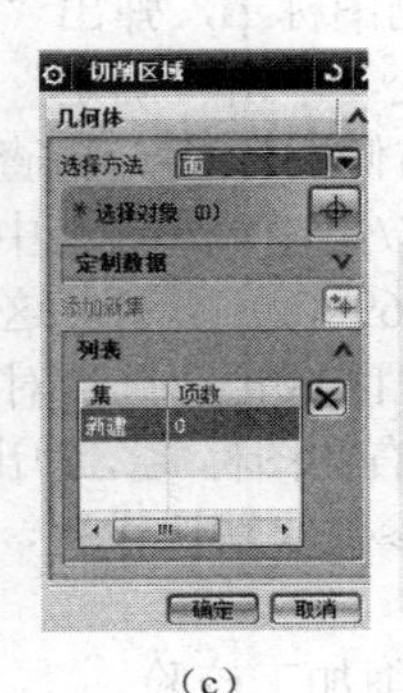

（c）

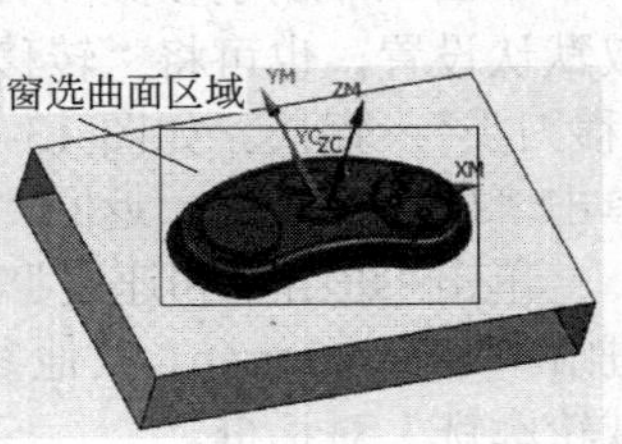

（d）

图 13-68

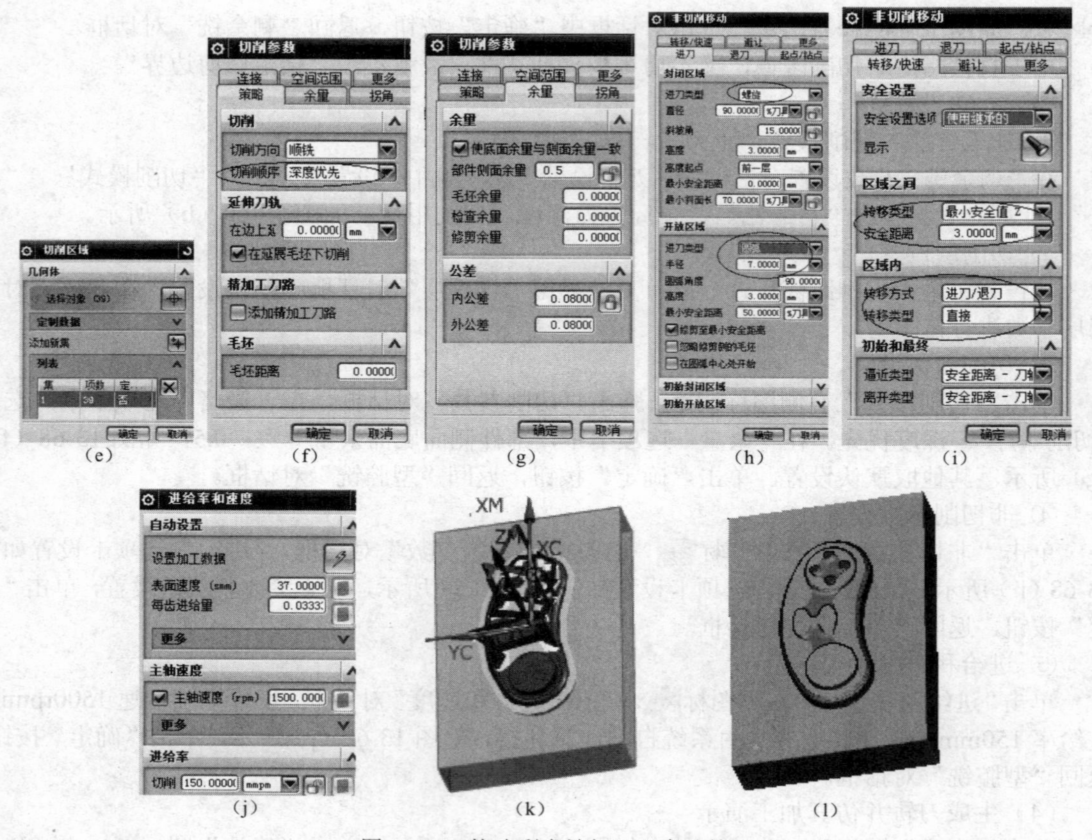

图13-68 构建剩余铣加工工序刀轨

② 设置加工几何体。

在几何体选项组中，单击“指定切削区域”右侧图标，弹出“切削区域”对话框，在模具体选取型腔上平面和中间凸起的上平面，如图13-69（d）所示，“切削区域”对话框中显示如图13-69（c）所示。单击“确定”按钮，返回“区域轮廓铣”对话框。

③ 设置驱动方法。

“驱动方法”选项组方法选项默认为“区域铣削”，单击右侧“编辑”图标，弹出“区域铣削驱动方法”对话框，设置如图13-69（e）所示，单击“确定”按钮，返回“区域轮廓铣”对话框。

④ 设置刀轨。

单击“切削参数”右侧图标，弹出“切削参数”对话框，查看各选项卡参数情况，一般地，可全部取默认设置不变，单击“确定”按钮，返回“区域轮廓铣”对话框。

单击“非切削参数”右侧图标，检查默认设置情况，一般地，这项可不作任何改动，全取默认设置，也可将“转移/快速”选项卡中区域之间“移刀类”项：最小安全距离；区域之内“移刀类”：直接。如图13-69（f）所示。这样可减小空行程时间。其他参数取默认设置不变。单击“确定”按钮，返回“区域轮廓铣”对话框。

单击“进给率和速度”右侧图标，弹出“进给率和速度”对话框，设置主轴速度1800rpm，进给率150mmpmin，其他参数取默认设置，如图13-69（g）所示，单击“确定”按钮，返回“区域轮廓铣”对话框。

⑤ 生成刀轨并仿真铣削加工校验。

单击“生成”图标，生成刀轨，如图13-69（h）所示。

单击“确认”图标，以 2D 方式演示，仿真铣削加工结果如图 13-69（i）所示。

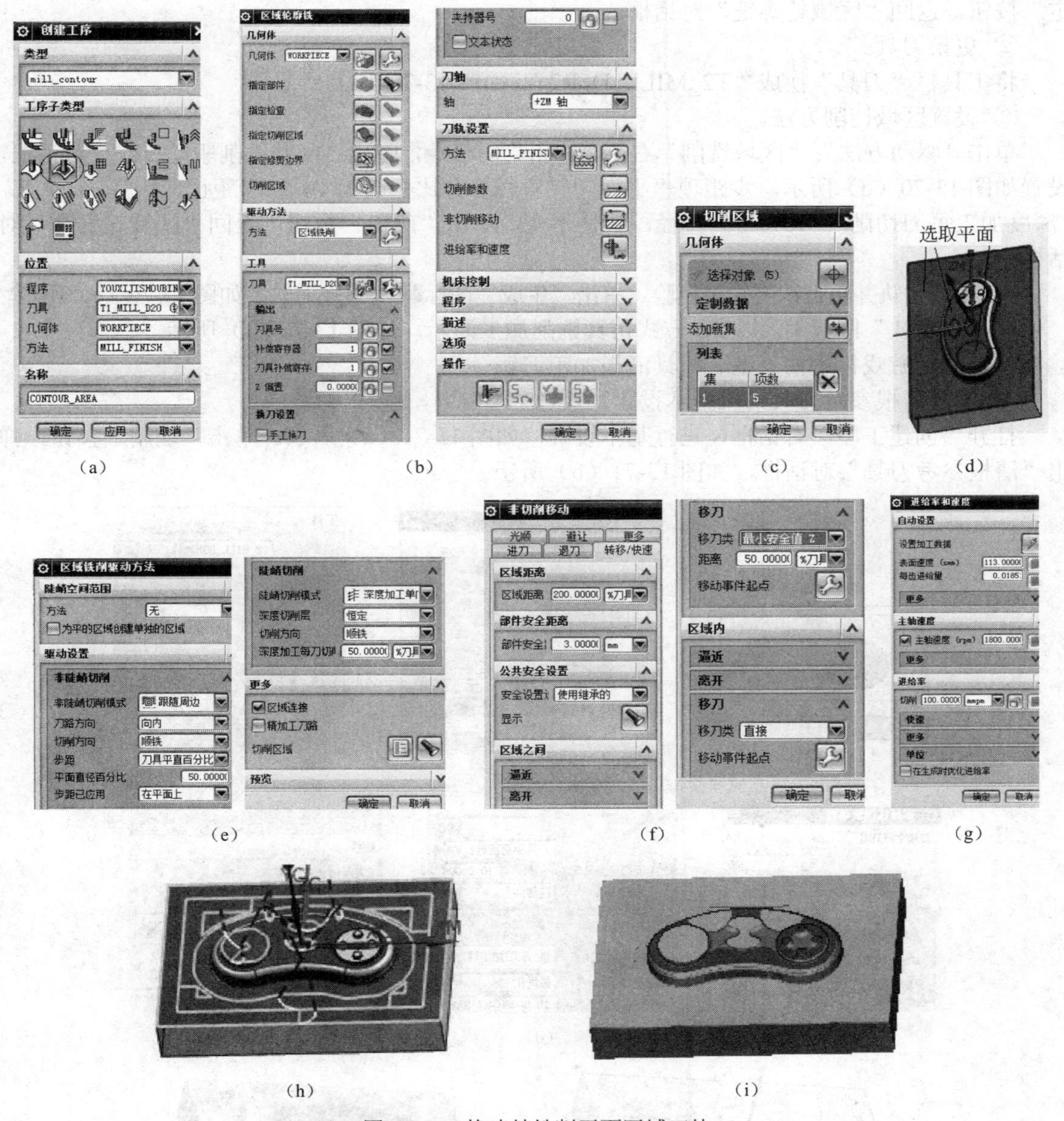

图 13-69　构建精铣削平面区域刀轨

（2）构建游戏机手柄盖型芯模曲面区域的精铣削加工刀轨

曲面区域的铣削与平面区域的铣削不同在于只能用小直径的球刀或有圆角的圆柱铣刀进行铣削加工，刀路应密，才能使曲面加工后光滑，粗糙度数值小。因此，可将上步平面区域精铣削工序构建的刀轨稍加修改即转换成曲面铣削工序的刀轨。

在“工序导航器－程序顺序”视图中，右击上步程序名“CONTOUR_AREA”，进行“复制”、“粘贴”、“重命名”操作，形成程序名：“CONTOUR_AREA_1”。

① 更改切削区域。

双击程序名：“CONTOUR_AREA_1”，打开“区域轮廓”对话框，单击“指定切削区域”右侧图标，打开“切削区域”对话框，删除原有曲面，再以“窗选”方式选取型腔模具凸曲面区域，“切削区域”对话框中立即显示已选取39个区域，如图13-70（a）、（b）所示，单击“确定”按钮，返回“区域轮廓铣”对话框。

② 更换刀具。

将工具栏“刀具”换成“T2_MILL_D6R2”。如图13-70（c）所示。

③ 设置区域切削方法。

单击“驱动方法”：“区域铣削”右侧“编辑”图标，弹出“区域铣削驱动方法”对话框，设置如图13-70（d）所示，步距项“平面刀具直径百分比”改为10；“步距已应用”：部件上。“深度加工每刀切削”：10%刀具直径，其他不变，单击“确定”按钮，返回“区域轮廓铣”对话框。

④ 生成刀轨并仿真铣削加工校验。单击“生成”图标，生成刀轨，如图13-70（e）所示。单击“确认”图标，以2D方式仿真铣削加工演示，如图13-70（f）所示。

（3）构建游戏机手柄盖型芯模具清根加工刀轨

① 创建清根参考刀具刀轨基本设置。

打开“创建工序”对话框，进行基本设置，如图13-71（a）所示。单击“应用”按钮，弹出“清根参考刀具”对话框，如图13-71（b）所示。

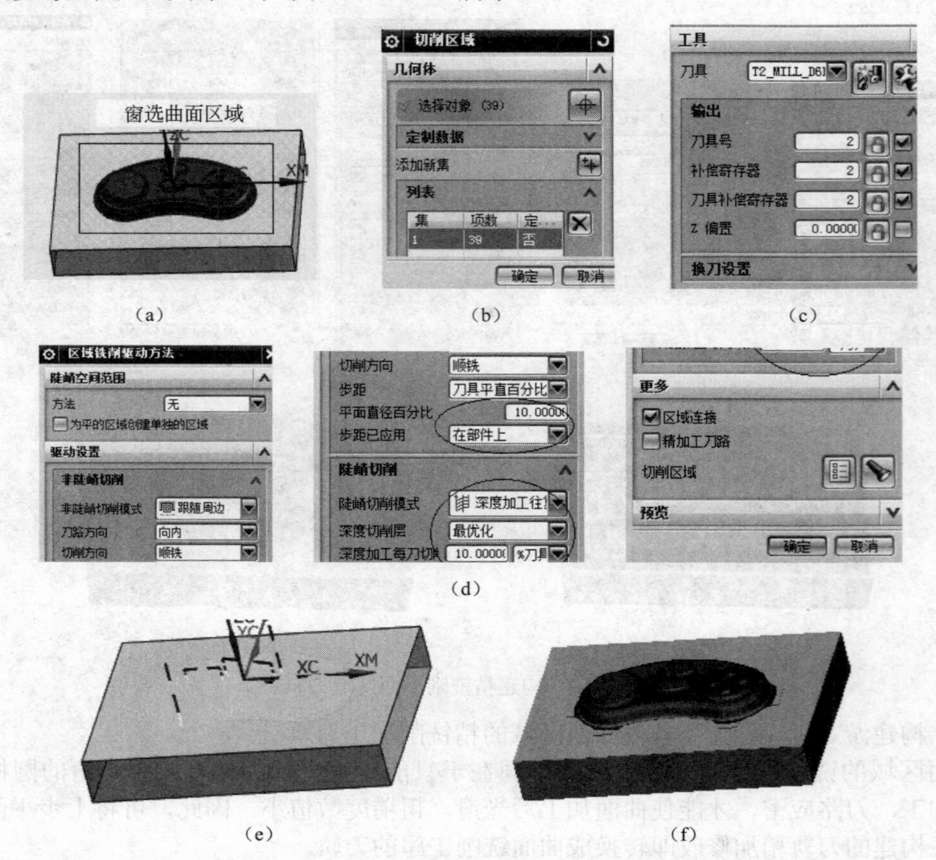

（a）　（b）　（c）

（d）

（e）　（f）

图13-70　构建游戏机手柄盖型芯模曲面区域的精铣削加工刀轨

② 各种操作参数设置。

单击“几何体”选项组中“指定切削区域”右侧图标，弹出“切削区域”对话框，以“面”方法指定切削区域，以“窗选”方式选取模型中曲面区域，如图13-71（c）、（d）、（e）所示。单击“确定”按钮，返回“清根参考刀具”对话框。

打开“清根驱动方法”对话框，“驱动设置”选项组中设置如图；“参考刀具”选项组中，参考曲面铣削时用的刀具 T3_BALL_MILL_D2 铣刀；其他设置如图 13-71（f）所示。单击“确定”按钮，返回“清根参考刀具”对话框。

打开“切削参数”对话框，设置如图 13-71（g）、（h）所示。单击“确定”按钮，返回“清根参考刀具”对话框。

打开“非切削参数”对话框，设置如图 13-71（i）所示。单击“确定”按钮，返回“清根参考刀具”对话框。

打开“进给率与速度”对话框，设置主轴速度 2500rpm，进给率 150mmpmin，如图 13-71（j）所示。单击“确定”按钮，返回“清根参考刀具”对话框。

③ 生成刀轨并仿真加工校验。单击“生成”图标，生成刀轨；如图 13-71（k）所示；单击“确认”图标，以 2D 方式演示，仿真铣削加工结果如图 13-71（l）所示。

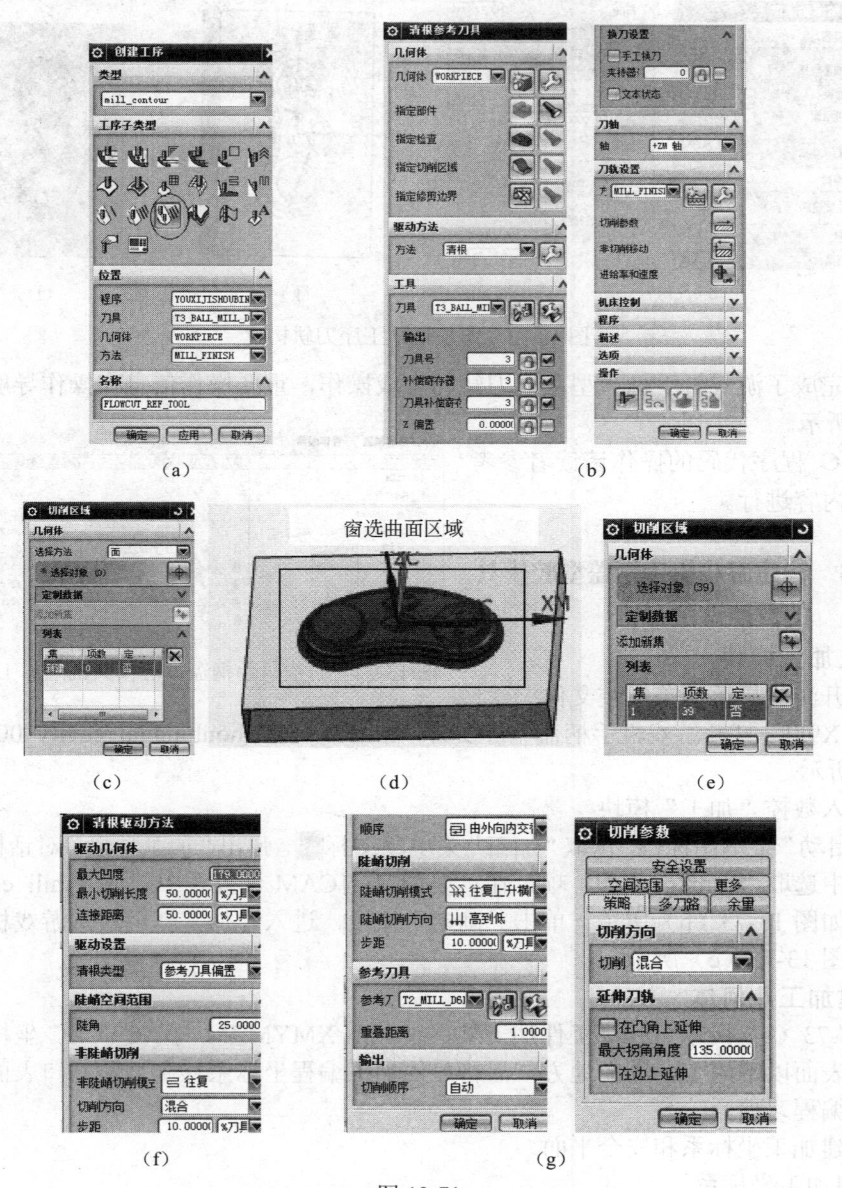

（a）　（b）　（c）　（d）　（e）　（f）　（g）

图 13-71

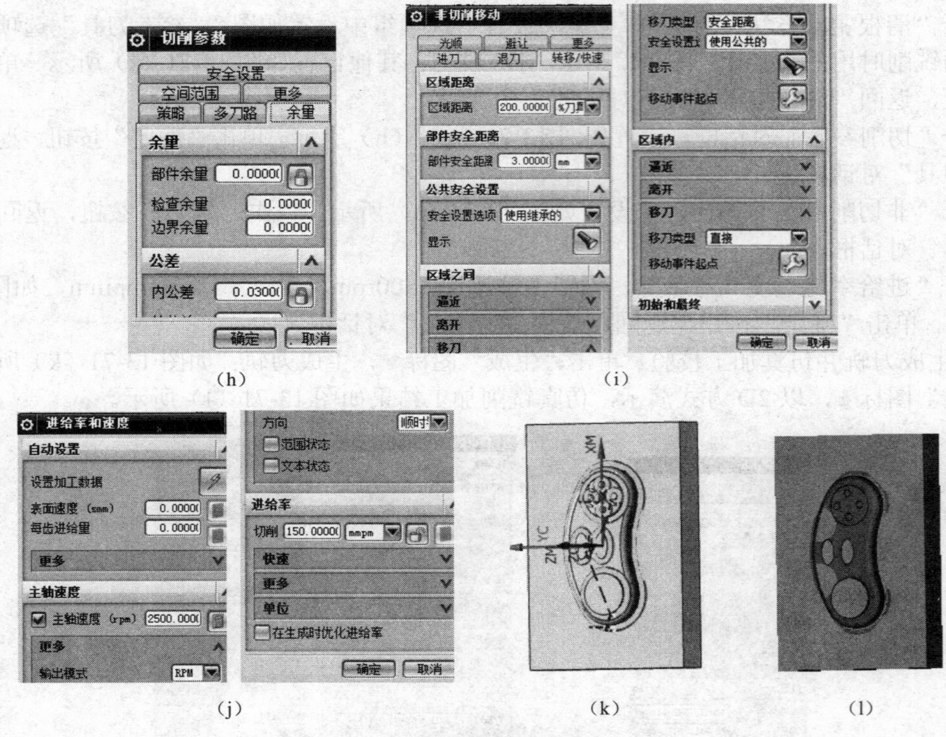

图 13-71 清根铣削工序刀轨构建

至此，完成了游戏机手柄盖型芯模刀轨的生成操作，重要操作信息在操作导航器中显示，如图 13-72 所示。

生成 NC 程序代码的操作请读者参考项目 7 讲授内容进行。

工序导航器 - 程序顺序

名称	换刀	刀轨	刀具	刀具号	时间	几何体	方法
NC_PROGRAM					06:36:02		
未用项					00:00:00		
PROGRAM					00:00:00		
YOUXIJISHOUBINGGAI_CORE					06:36:02		
CAVITY_MILL		✔	T1_MILL_D20	1	01:07:26	WORKPIECE	MILL_ROUGH
REST_MILLING		✔	T2_MILL_D6R2	2	00:16:21	WORKPIECE	MILL_ROUGH
CONTOUR_AREA		✔	T1_MILL_D20	1	00:12:28	WORKPIECE	MILL_FINISH
CONTOUR_AREA_1		✔	T2_MILL_D6R2	2	03:32:15	WORKPIECE	MILL_FINISH
FLOWCUT_REF_TOOL		✔	T3_BALL_MILL_D2	3	01:26:33	WORKPIECE	MILL_FINISH

图 13-72 游戏机手柄盖型芯模具铣削加工程序信息列表

任务 5 构建游戏机手柄盖型腔模具的数控铣削刀轨

1. 进入加工模块

（1）打开游戏机手柄盖型腔文件

启动 NX9.0，打开游戏机手柄盖型腔文件“xm13_youxishoubinggai_cavity_002.prt”。如图 13-73（a）所示。

（2）进入数控“加工”模块

单击“启动”菜单图标，选取“加工”菜单项图标，弹出“加工环境”对话框，在“CAM 会话配置”中选取“cam_genaral”项，在“要创建的 CAM 设置”中选取“mill_contour”型腔铣削模板，如图 13-73（b）所示，单击“确定”按钮，进入“加工”模块。游戏机手柄盖型腔模型显示如图 13-73（c）所示。

2. 创建加工几何体

由图 13-73（c）所示可知，工件加工编程坐标系 XMYMZM 与 XCYCZC 坐标系重合，都在型腔开口表面以下约 10mm 的地方，需将工件加工编程坐标系移到型腔开口表面（上表面），以符合一般编程习惯。

（1）创建加工坐标系和安全平面

① 创建加工坐标系。

将“工序导航器－程序顺序”视图换成“工序导航器－几何”视图，如图 13-74（a）所示，双击“工序导航器—几何”视图中的“MCS_MILL”项，弹出“MCS 铣削” 对话框，如图 13-74（b）所示，单击“指定 NCS”项，在模型中出现加工动态坐标系 XMYMZM（与 WCS 坐标系 XCYCZC 重合），坐标系原点的绝对坐标（0,0,0），如图 13-74（c）所示。

光标选取模型开口表面的某一棱角，坐标系原点的绝对坐标（75,54.19250,-10.060），如图 13-74（d）所示。

按住鼠标左键使光标拖动坐标控制球，使其绕 XM（XC）旋转 180° ，如图 13-74（e）所示；放开鼠标，如图 13-74（f）所示。

在绝对坐标输入栏中输入 x：0 ；y：0，z 坐标值不变，则坐标系原点移到模型开口表面几何中心，如图 13-74（g）所示。即加工坐标系原点已经移到模型开口表面（上表面）最高点。

② 创建安全平面。

在“MCS 铣削”对话框的“安全设置”选项组中，光标从下拉列表栏中选取“平面”[此时，加工坐标系在模型中显示如图 13-74（h）所示]。

单击“指定平面”项，从下拉列表栏选取 XCYC 平面图标，如图 13-74（i）所示，模型中弹出平面偏距离输入栏：输入一定的 ZC 距离，如 30，则显示距 XCYC 坐标平面−60mm 的平面，如图 13-74（j）所示，单击对话框中“确定”按钮，完成创建坐标系与安全平面的操作。

在本项目中，当 ZC 坐标系与模型开口方向相反时，不是像前述项目那样，旋转 XCYCZC 坐标系，而是不动 XCYCZC 坐标系，直接旋转加工坐标系 XMYMZM，达到加工坐标系符合数控加工要求的目的。请读者仔细体会两种不同的坐标系处理方法的异同，选择自己认为最快捷有效的处理方法。

实际上还有其他方法创建机床加工坐标系，如偏置坐标系法等，有兴趣的读者，不仿尝试。

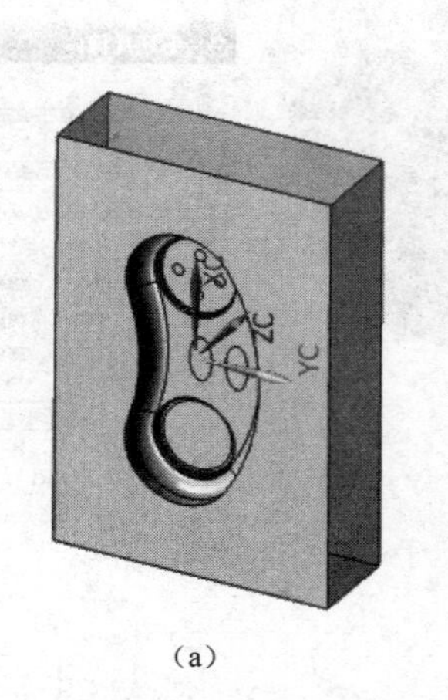

(a)

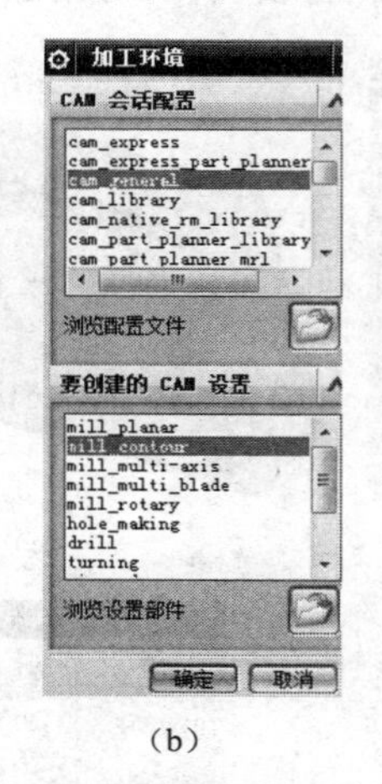

(b)

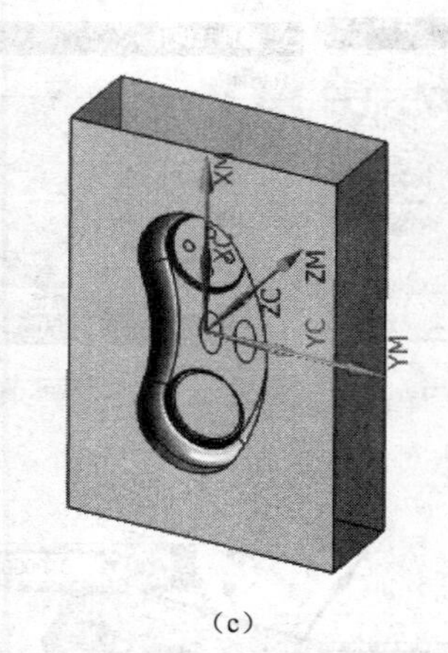

(c)

图 13-73　打开型腔模并进入加工环境设置

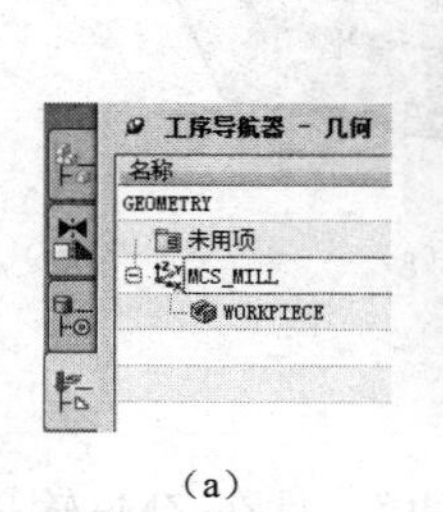

(a)

(b)

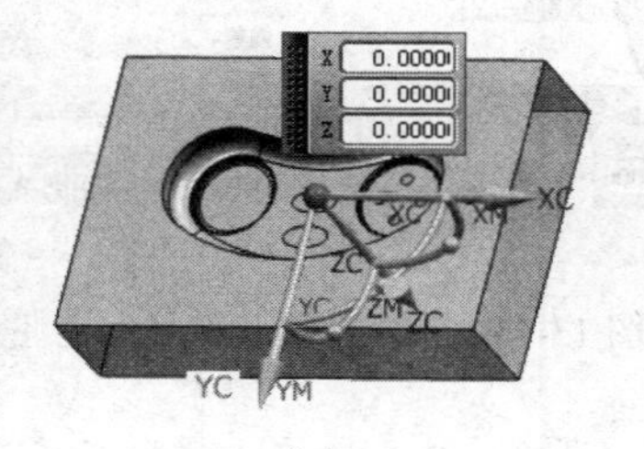

(c)

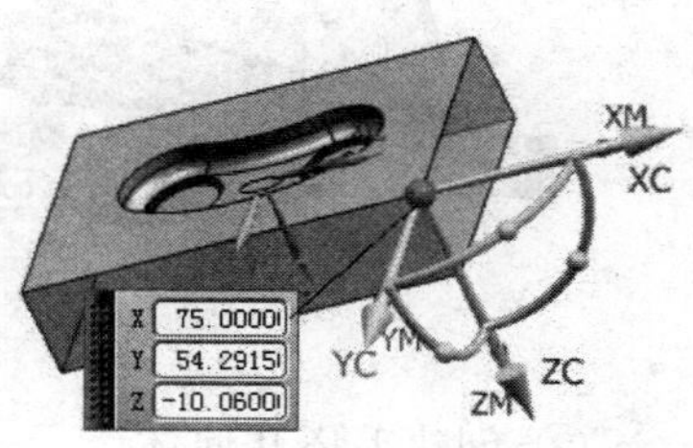

(d)

图 13-74

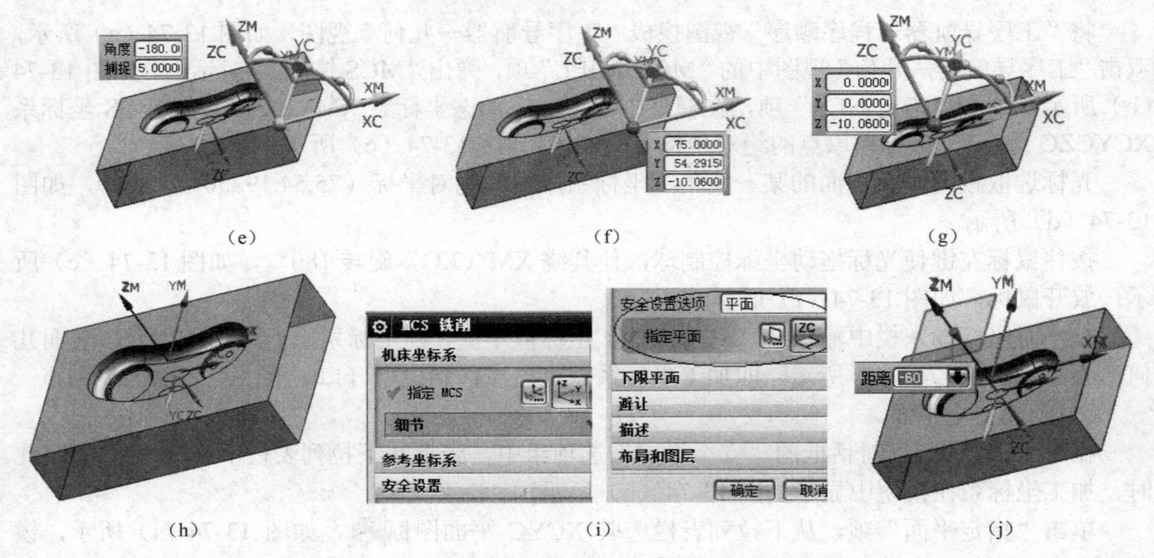

图 13-74 创建模具加工编程坐标系与安全平面操作

（2）定义部件几何体和毛坯几何体

① 创建铣削部件几何体。

单击“操作导航器”中“MCS_MILL”前“+”号，出现“WORKPIECE”，双击“WORKPIECE”，弹出铣削几何“工件”对话框，如图 13-75（a）所示。

单击“指定部件”图标，弹出部件选择对话框，选取型腔体，如图 13-75（c）所示，对话框显示如图 13-75（b）所示，单击“部件几何体”对话框中“确定”按钮，返回“工件”对话框。

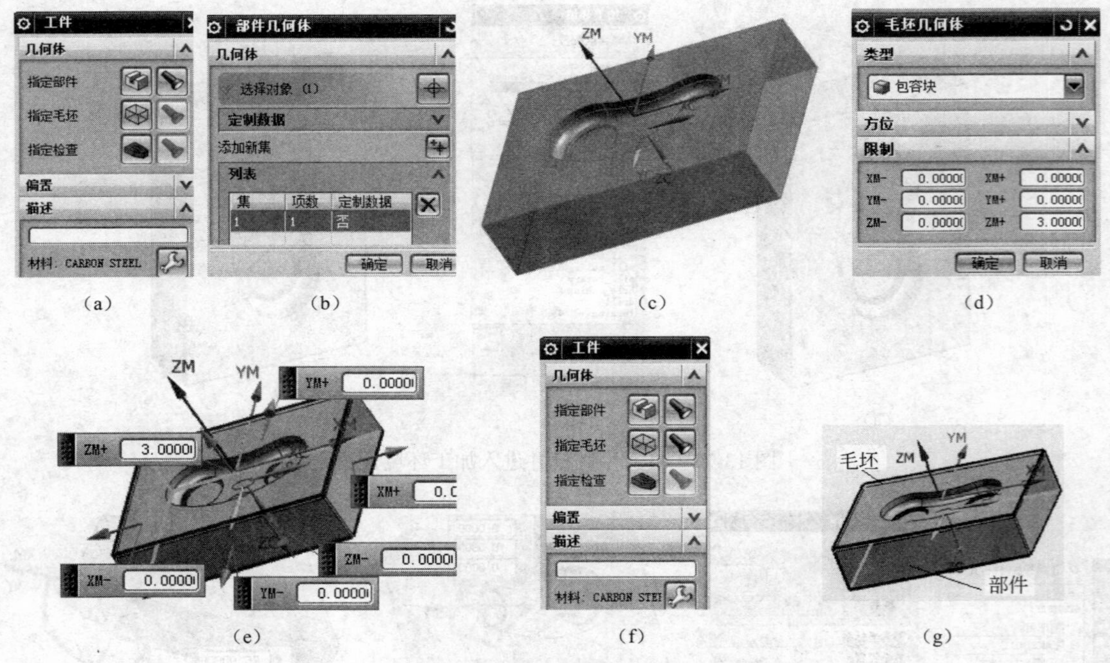

图 13-75 指定部件几何体和毛坯几何体

② 创建毛坯几何体。

单击“指定毛坯”图标，弹出毛坯选择对话框，选取毛坯类型：“包容块”，且在 ZM+输入栏输入：3，即毛坯在 ZM 正向比包容块增高 3mm，如图 13-75（d）所示，留作上表面的加工余量。模型中显示如图 13-75（e）所示，单击“毛坯几何体”对话框中“确定”按钮，返回“工件”对话框。“工件”对话框中显示如图 13-75（f）所示。

单击“指定部件”右侧的图标，可显示型芯模具体；单击“指定毛坯”右侧图标，可显示毛坯几何体（包容块）。如图 13-75（g）所示。

3. 创建刀具

创建刀具的方法与前述项目中操作相同，不再叙述。创建刀具结果列表如图 13-76 所示。

工序导航器 - 机床

名称	刀轨	刀具	描述	刀具号
GENERIC_MACHINE			Generic Machine	
未用项			mill_contour	
T1_MILL_D20			Milling Tool-5 Parameters	1
T2_MILL_D6R2			Milling Tool-5 Parameters	2
T3_BALL_MILL_D2			Milling Tool-Ball Mill	3

图 13-76　创建刀具清单

4. 创建程序名

将“工序导航器－机床”切换到“工序导航器－程序顺序”视图，单击“创建程序”图标，弹出创建程序对话框，设置类型：型腔铣削（mill-contour），位置：NC_PROGRAM，名称：YOUXIJISHOUBINGGAI_CAVITY。

连续单击对话框中“确定”按钮两次，完成程序名创建，在“工序导航器－程序顺序”视图中出现“YOUXIJISHOUBINGGAI_CAVITY”项。

5. 创建粗铣削游戏机手柄盖型腔模具刀轨

（1）创建粗加工操作基本设置

右键单击操作导航器中程序名“YOUXIJISHOUBINGGAI_CAVITY”，出现快捷菜单，单击“插入”、“工序”，弹出“创建工序”对话框，设置子类型“型腔铣”（CAVITY_MILL），位置栏中的程序、刀具、几何体、方法及名称设置如图 13-77（a）所示。

（2）创建粗铣削工序加工几何体

单击“创建工序”对话框中“应用”，弹出“型腔铣”（CAVITY_MILL）参数设置对话框，如图 13-77（b）所示。

“几何体”选项组中“指定部件”、“指定毛坯”项已不能选用，是因为在前面已经设定。

单击“指定切削区域”右侧图标，弹出“切削区域”对话框，如图 13-77（c）所示，以窗选方式选取中间凹曲面区域，再单选方式选取平面区域，如图 13-77（d）所示，在“切削区域”对话框中立即显示已选切削区域有 25 个，如图 13-77（e）所示。单击对话框中“确定”按钮，返回“型腔铣”对话框。

这里采用平口钳装夹毛坯体，无须用压板，故不指定修剪边界。

（3）刀轨设置

① 加工方法、切削模式、重刀量、每刀深度设置。

在“型腔铣”参数设置对话框的“刀轨设置”选项组中，设置“方法”、“切削模式”、“步进”计算方式与步进“百分比”、“全局每刀深度”切削用量，如图 13-77（b）所示。

② 切削层设置。

单击“切削层”右侧图标，打开“切削层”设置对话框，一般取默认设置不变，如图 13-77（f）所示。单击“确定”按钮，返回“型腔铣”对话框。

③ 切削参数设置。

单击“切削参数”右侧图标，弹出“切削参数”对话框，在“策略”选项卡中，选取“切削顺序”：深度优先。在“余量”选项卡中，部件侧面底面余量一致：0.5；如图 13-77（g）、（h）所示，其他取默认设置。单击“确定”按钮，返回“型腔铣”对话框。

④ 非切削参数设置。

单击“非切削移动”右侧图标，打开“非切削参数”对话框，“进刀”选项卡设置如图

13-77（i）所示。“转移/快速”选项卡设置如图 13-77（j）所示，其他参数取默认设置，单击“确定”按钮，返回“型腔铣”对话框。

⑤ 进给和速度设置。

单击“进给率和速度”右侧图标，打开“进给和速度”对话框，设置主轴转速 1500rpmin，进给率 150mmpmin。其他参数由系统自动计算获得，如图 13-77（k）所示，单击“确定”按钮，返回“型腔铣”对话框。

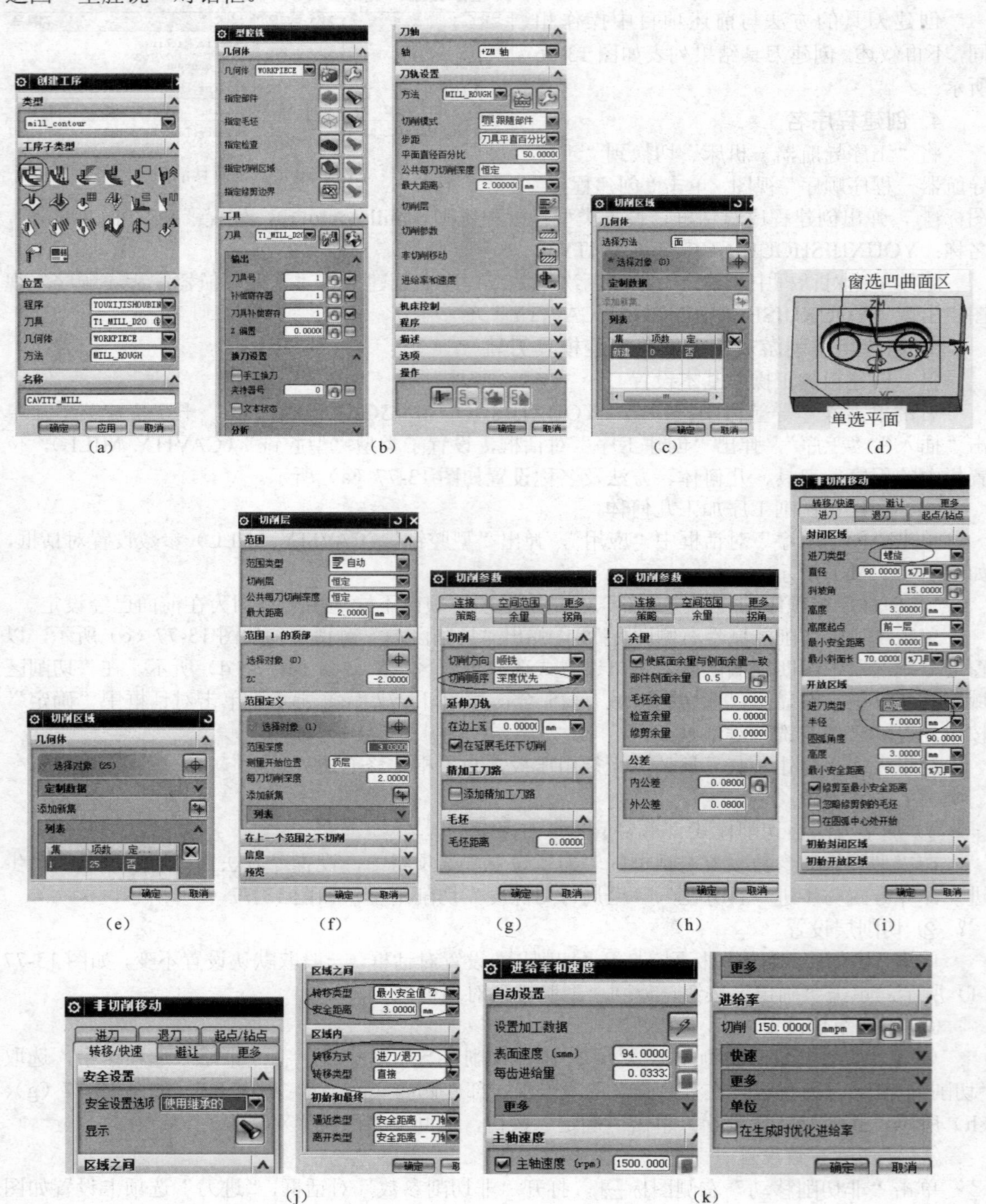

(l)　(m)　(n)

图 13-77　粗铣削加工刀轨构建

（4）生成刀轨并仿真加工演示

单击“生成”图标，生成刀轨，如图 13-77（l）所示。并弹出“操作编辑”提示框，如图 13-77（n）所示，单击“确定”按钮即可。

单击“确认”图标，以 2D 方式演示，仿真铣削加工结果如图 13-77（m）所示。

6. 构建游戏机手柄盖型腔模具剩余铣削加工刀轨

由于上步采用了较大直径的刀具切削，模具腔体内的深槽较窄，就没有被铣削加工，因此要采用小直径刀具进行“剩余铣削”加工。

（1）创建剩余铣削粗加工基本设置

右键单击操作导航器中程序名“YOUXIJISHOUBINGGAI_CAVITY”，出现快捷菜单，单击“插入\工序”，弹出“创建工序”对话框，设置子类型“剩余铣”（REST_MILLING），位置栏中的程序、刀具、几何体、方法及名称设置如图 13-78（a）所示。

（2）创建粗铣削加工几何体

单击“创建工序”对话框中“应用”，弹出“剩余铣”参数设置对话框，如图 13-78（b）所示。

“几何体”选项组中“指定部件”、“指定毛坯”项已不能选用，是因为在前面已经设定。

由于剩余铣削主要是完成剩余部分的切削，范围较小，可用指定切削区域的方式直接指定。单击“指定切削区域”右侧图标，弹出“切削区域”对话框，如图 13-78（c）所示，以“窗选”方式选取凹槽内所有区域，如图 13-78（d）所示，则“切削区域”对话框中显示已选取了 24 个区域，如图 13-78（e）所示。单击对话框中“确定”按钮，返回“剩余铣”对话框。

由于直接指定了切削区域，又不用压板夹持工件，故就不需“指定修剪边界”。

（3）刀轨设置

① 加工方法、切削模式、重刀量、每刀深度设置。

在“剩余铣”参数设置对话框的“刀轨设置”选项组中，设置“方法”、“切削模式”、“步进”计算方式与步进“百分比”、“全局每刀深度”切削用量，如图 13-78（b）所示。

② 切削层设置。

在设置了最大切削距离后，一般可直接采用“切削层”对话框中默认设置，在此，不对切削层参数进行修改。

③ 切削参数设置。

单击“切削参数”右侧图标，弹出“切削参数”对话框，在“策略”选项卡中，选取“切削顺序”：深度优先。在“余量”选项卡中，部件侧面底面余量一致：0.5；如图 13-78（f）、（g）所示，其他取默认设置。单击“确定”按钮，返回“型腔铣”对话框。

④ 非切削参数设置。

单击“非切削移动”右侧图标，打开“非切削参数”对话框，“进刀”选项卡设置如图 13-78（h）所示。“转移/快速”选项卡设置如图 13-78（i）所示，其他参数取默认设置，单击“确定”按钮，返回“型腔铣”对话框。

⑤ 进给和速度设置。

单击“进给率和速度”右侧图标，打开“进给和速度”对话框，设置主轴速度1500rpm，进给率150mmpmin。其他参数由系统自动计算获得，如图13-78（j）所示，单击“确定”按钮，返回“型腔铣”对话框。

（4）生成刀轨并仿真加工演示

单击“生成”图标，生成刀轨，如图13-78（k）所示；单击“确认”图标，以2D方式演示，仿真铣削加工结果如图13-78（l）所示。

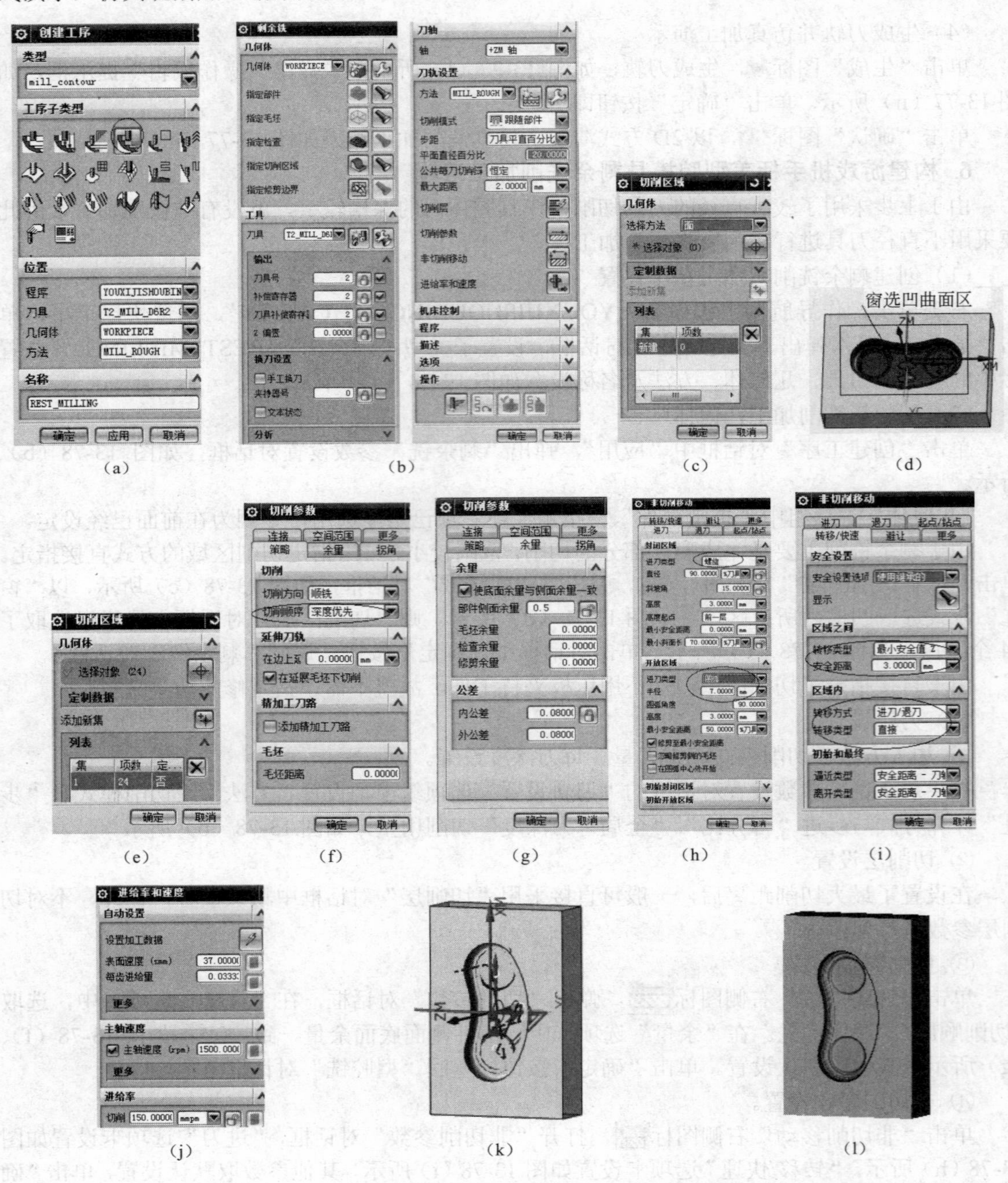

图13-78 构建剩余铣加工刀轨

7. 构建游戏机手柄盖型腔模具精铣削加工刀轨

（1）创建精铣削平面区域刀轨

① 创建操作基本设置。

打开“创建工序”对话框，基本设置如图 13-79（a）所示。

单击“应用”按钮，弹出“区域轮廓铣”对话框，如图 13-79（b）所示。

② 设置加工几何体。

在几何体选项组中，单击“指定切削区域”右侧图标，弹出“切削区域”对话框，在模具体选取型腔上平面和中间凹槽平面，如图 13-79（d）所示，“切削区域”对话框中显示如图 13-79（c）所示。单击“确定”按钮，返回“区域轮廓铣”对话框。

③ 设置驱动方法。

“驱动方法”选项组方法选项默认为“区域铣削”，单击右侧“编辑”图标，弹出“区域铣削驱动方法”对话框，设置如图 13-79（e）所示，单击“确定”按钮，返回“区域轮廓铣”对话框。

④ 设置刀轨。

单击“切削参数”右侧图标，弹出“切削参数”对话框，查看各选项卡参数情况，一般地，可全部取默认设置不变，单击“确定”按钮，返回“区域轮廓铣”对话框。

单击“非切削参数”右侧图标，检查默认设置情况，一般地，这项可不作任何改动，全取默认设置，也可将“转移/快速”选项卡中区域之间“移刀类”项：最小安全距离；区域之内“移刀类”：直接。如图 13-79（f）所示。这样可减小空行程时间。其他参数取默认设置不变。单击“确定”按钮，返回“区域轮廓铣”对话框。

单击“进给率和速度”右侧图标，弹出“进给率和速度”对话框，设置主轴转速 1800rpmin，进给率 150mmpmin，其他参数取默认设置，如图 13-79（g）所示，单击“确定”按钮，返回“区域轮廓铣”对话框。

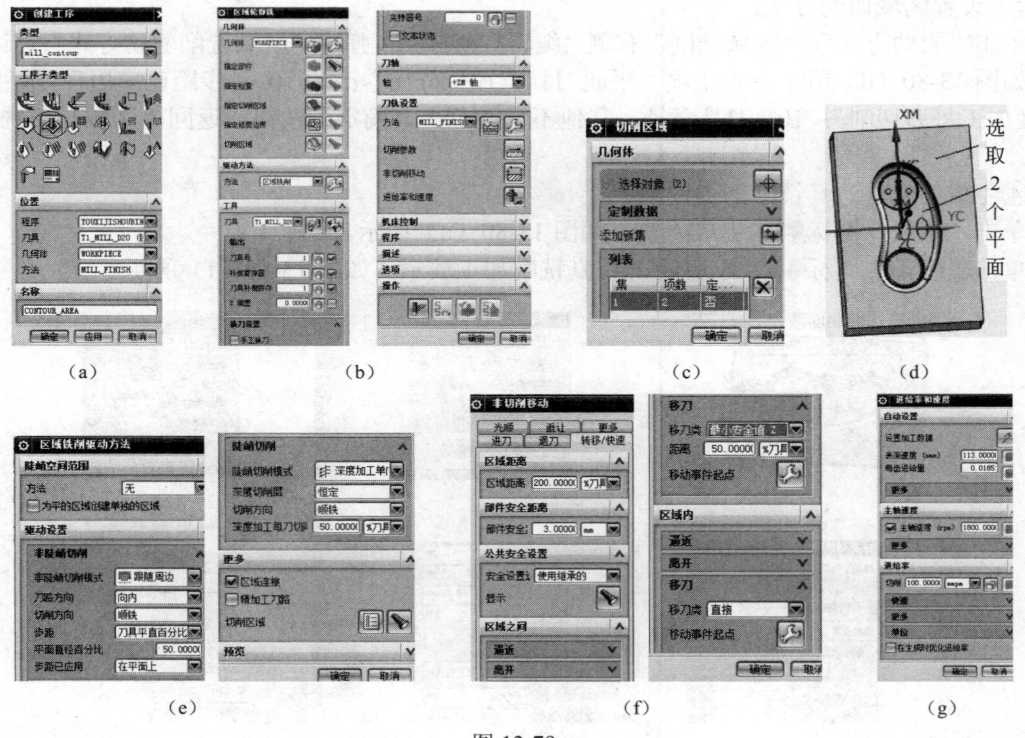

（a）　（b）　（c）　（d）

（e）　（f）　（g）

图 13-79

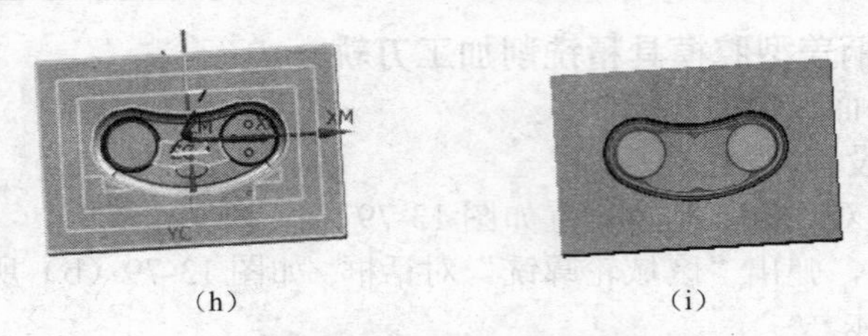

（h） （i）

图 13-79 构建精铣削平面区域刀轨

⑤ 生成刀轨并仿真铣削加工校验。

单击“生成”图标，生成刀轨，如图 13-79（h）所示。

单击“确认”图标，以 2D 方式演示，仿真铣削加工结果如图 13-79（i）所示。

（2）构建游戏机手柄盖型腔模曲面区域的精铣削加工刀轨

曲面区域的铣削与平面区域的铣削不同在于只能用小直径的球刀或有圆角的圆柱铣刀进行铣削加工，刀路应密，才能使曲面加工后光滑，粗糙度数值小。因此，可将上步平面区域精铣削工序构建的刀轨稍加修改即转换成曲面铣削工序的刀轨。

在“工序导航器－程序顺序”视图中，右击上步程序名“CONTOUR_AREA”，进行“复制”、“粘贴”、“重命名”操作，形成程序名：“CONTOUR_AREA_1”。

① 更改切削区域。

双击程序名：“CONTOUR_AREA_1”，打开“区域轮廓”对话框，单击“指定切削区域”右侧图标，打开“切削区域”对话框，删除原有曲面，再以“窗选”方式选取型腔模具凹槽区域，“切削区域”对话框中立即显示已选取 24 个区域，如图 13-80（a）、（b）所示，单击“确定”按钮，返回“区域轮廓铣”对话框。

② 更换刀具。

将工具栏“刀具”换成“T2_BALL_MILL_D6R2”。如图 13-80（c）所示。

③ 设置区域切削方法。

单击“驱动方法”：“区域铣削”右侧“编辑”图标，弹出“区域铣削驱动方式”对话框，设置如图 13-80（d）所示，步距项“平面刀具直径百分比”改为 10；“步距已应用”：部件上。“深度加工每刀切削”：10%刀具直径，其他不变，单击“确定”按钮，返回“区域轮廓铣”对话框。

④生成刀轨并仿真铣削加工校验。

单击“生成”图标，生成刀轨，如图 13-80（e）所示。

单击“确认”图标，以 2D 方式仿真铣削加工演示，如图 13-80（f）所示。

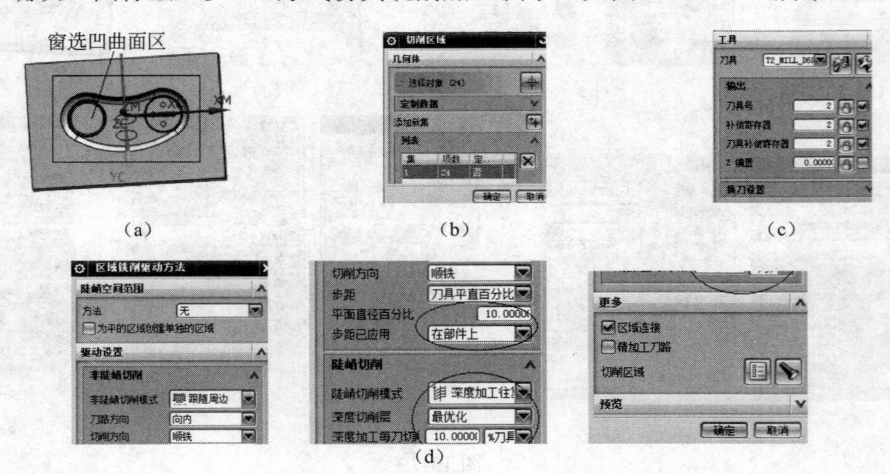

（a） （b） （c）

（d）

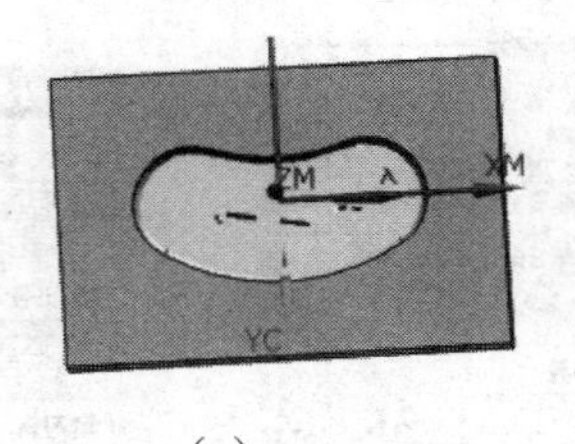

（e）

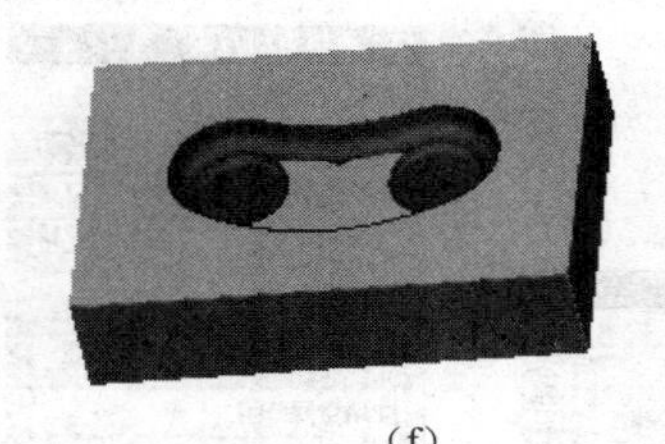

（f）

图 13-80　构建游戏机手柄盖型腔模曲面区域的精铣削加工刀轨

（3）构建游戏机手柄盖型腔模具清根加工刀轨

① 创建清根参考刀具工序刀轨基本设置。

打开“创建工序”对话框，进行基本设置，如图 13-81（a）所示。单击“应用”按钮，弹出“清根参考刀具”对话框，如图 13-81（b）所示。

② 各种操作参数设置。

单击“几何体”选项组中“指定切削区域”右侧图标，弹出“切削区域”对话框，以“面”方法指定切削区域，以“窗选”方式选取模型中凹曲面区域，图 13-81（c）、（d）、（e）所示。单击“确定”按钮，返回“清根参考刀具”对话框。

打开“清根驱动方法”对话框，“驱动设置”选项组中设置如图；“参考刀具”选项组中，参考曲面铣削时用的刀具 T3_BALL_MILL_D2 铣刀；其他设置如图 13-81（f）所示。单击“确定”按钮，返回“清根参考刀具”对话框。

打开“切削参数”对话框，设置如图 13-81（g）、（h）所示。单击“确定”按钮，返回“清根参考刀具”对话框。

打开“非切削移动”对话框，设置如图 13-81（i）所示。单击“确定”按钮，返回“清根参考刀具”对话框。

打开“进给率与速度”对话框，设置主轴速度 2500rpm，进给率 150mmpmin，如图 13-81（j）所示。单击“确定”按钮，返回“清根参考刀具”对话框。

③ 生成刀轨并仿真加工校验。

单击“生成”图标，生成刀轨；如图 13-81（k）所示；单击“确认”图标，以 2D 方式演示，仿真铣削加工结果如图 13-81（l）所示。

至此，完成了游戏机手柄盖型腔模刀轨的生成操作，重要操作信息在操作导航器中显示，如图 13-82 所示。

（a）

（b）

（c）

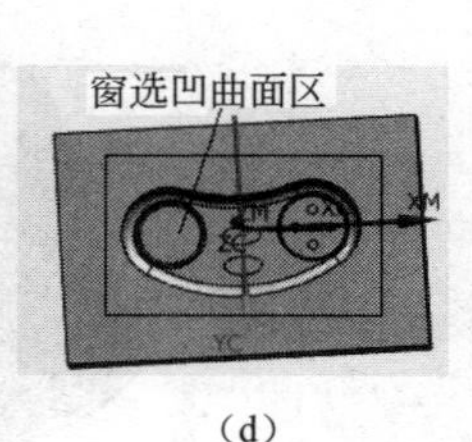

（d）

图 13-81

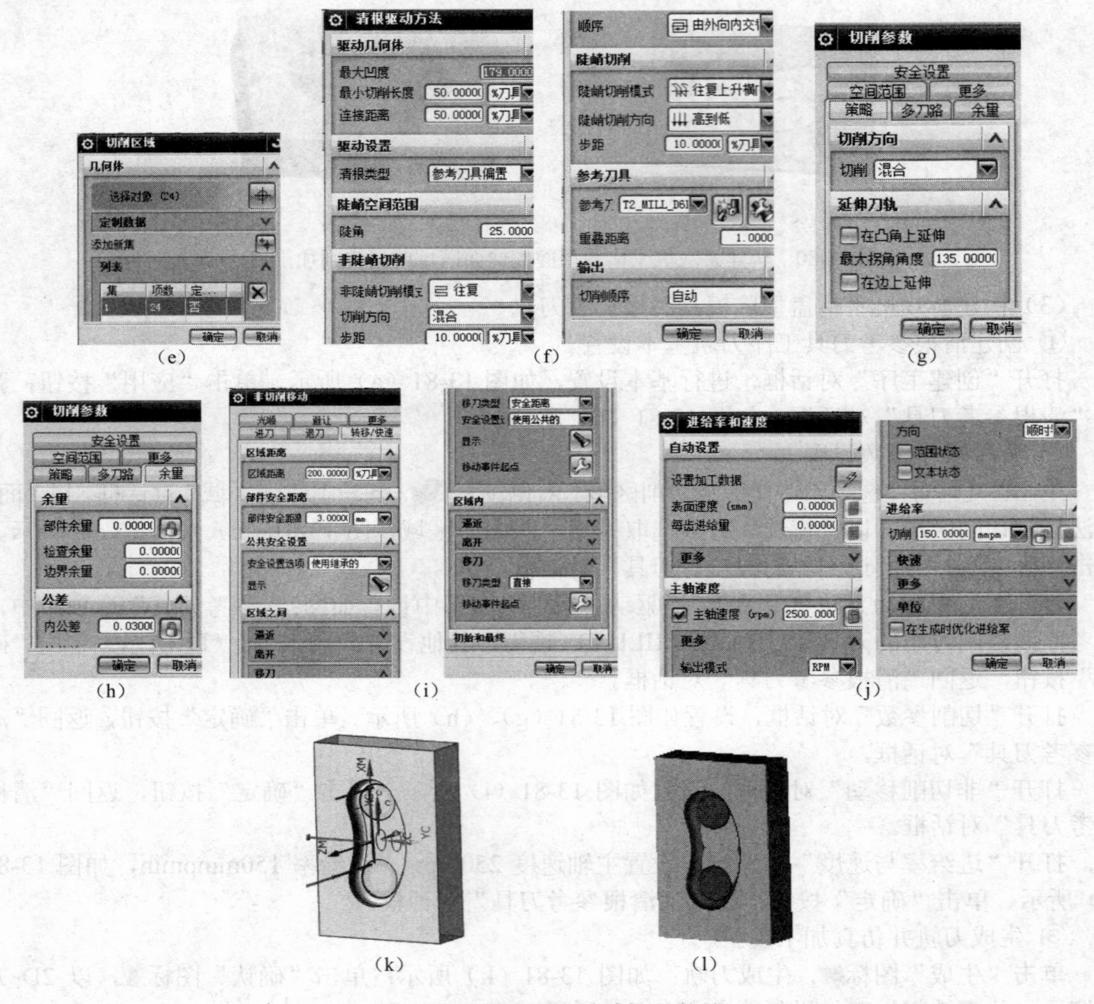

(e)　(f)　(g)　(h)　(i)　(j)　(k)　(l)

图 13-81　清根铣削工序刀轨构建

生成 NC 程序代码的操作请读者参考项目 7 讲授内容进行。

四、拓展训练

构建如图 13-83 所示的卫生纸卷塑料盒的卷纸筒和卷纸筒底三维实体图，并构建二者的注塑模具体，对模具体构建数控铣削加工刀轨和适应华中（或法兰克）数控系统的 NC 程序代码。

工序导航器 - 程序顺序

名称	换刀	刀轨	刀具	刀具号	时间	几何体	方法
NC_PROGRAM					04:30:01		
未用项					00:00:00		
PROGRAM					00:00:00		
YOUXIJISHOUBINGGAI_CAVITY					04:30:01		
CAVITY_MILL		✔	T1_MILL_D20	1	00:37:36	WORKPIECE	MILL_ROUGH
REST_MILLING		✔	T2_MILL_D6R2	2	00:36:31	WORKPIECE	MILL_ROUGH
CONTOUR_AREA		✔	T1_MILL_D20	1	00:12:08	WORKPIECE	MILL_FINISH
CONTOUR_AREA_1		✔	T2_MILL_D6R2	2	02:42:42	WORKPIECE	MILL_FINISH
FLOWCUT_REF_TOOL		✔	T3_BALL_MILL_D2	3	00:20:04	WORKPIECE	MILL_FINISH

图 13-82　游戏机手柄盖型腔模具铣削加工程序信息列表

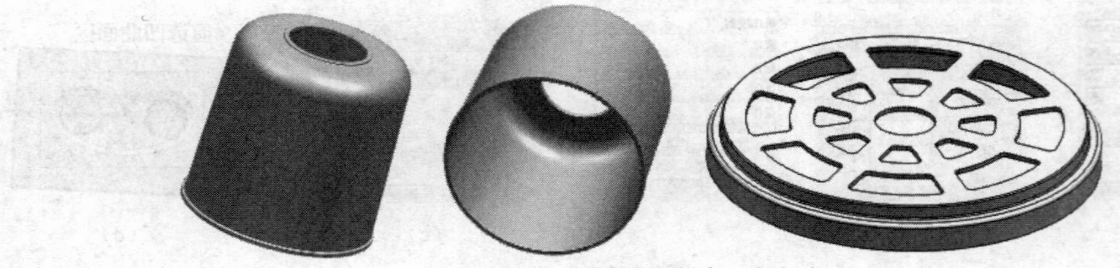

(a) 卫生纸卷注塑塑料盒三维造型

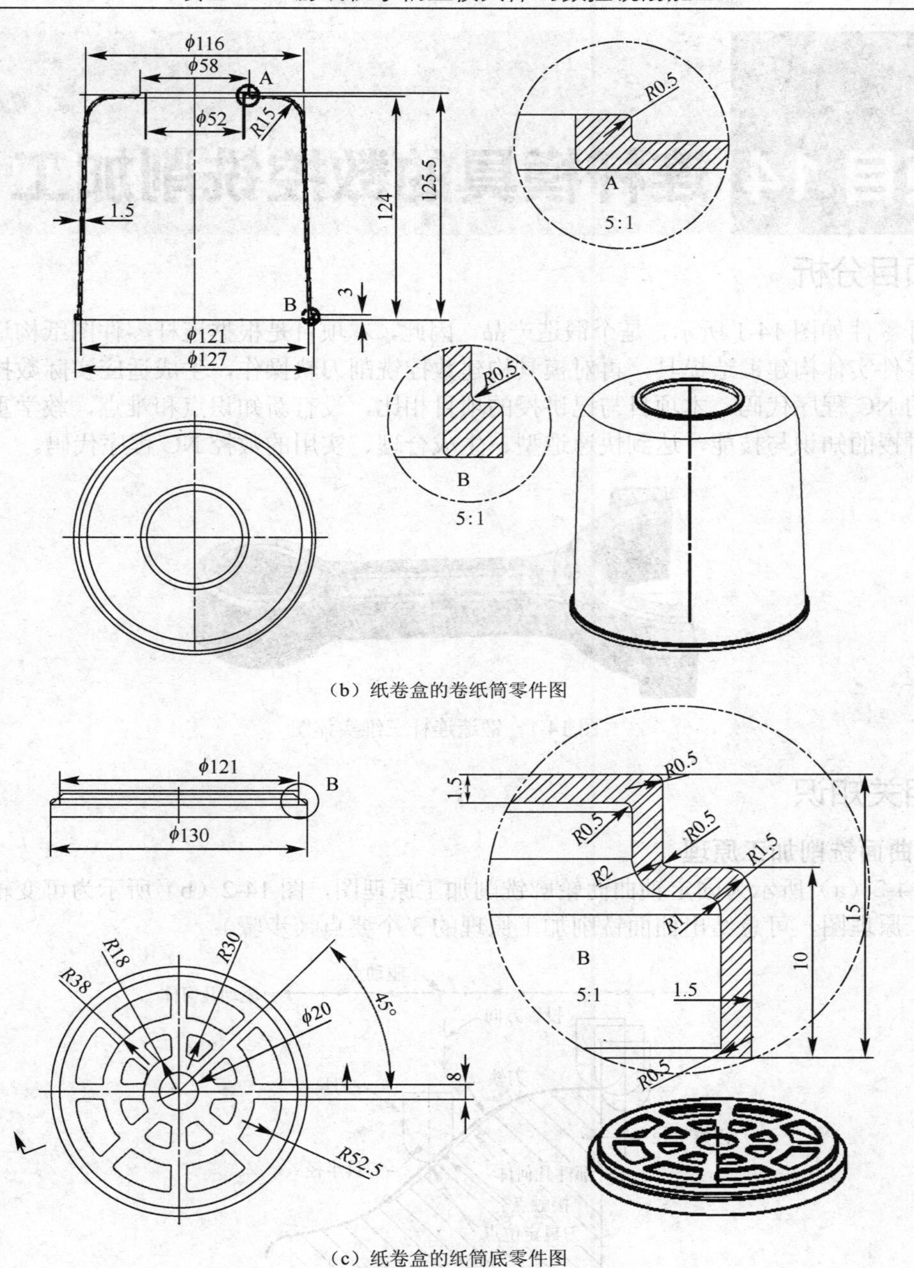

（b）纸卷盒的卷纸筒零件图

（c）纸卷盒的纸筒底零件图

图 13-83　构建注塑产品模具及数控加工编程训练题

项目 14 连杆模具的数控铣削加工

一、项目分析

连杆零件如图 14-1 所示，是个锻造产品。因此，本项目是根据连杆零件图纸构造其三维实体，由零件实体构建锻造模具，再对模具构建数控铣削刀轨操作，生成适应实际数控铣床或加工中心的 NC 程序代码。本项目与已讲授的项目相比，没有新知识点和难点，教学重点是复习巩固已讲授的知识与技能，达到快速造型、生成合理、实用的数控 NC 程序代码。

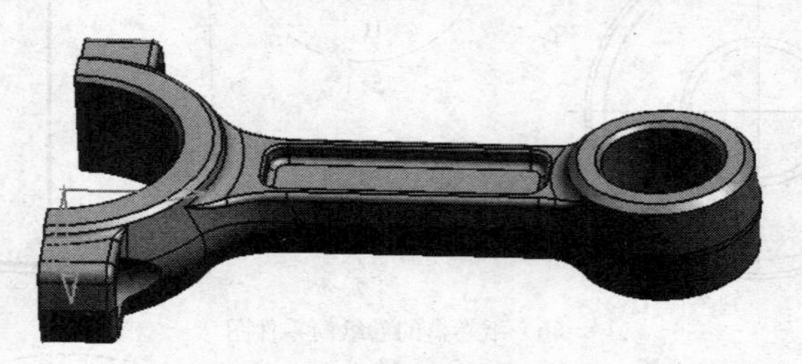

图 14-1　锻造连杆三维实体图

二、相关知识

1. 曲面铣削加工原理

图 14-2（a）所示为固定轴曲面轮廓铣削加工原理图，图 14-2（b）所示为可变轴曲面轮廓铣削加工原理图，可总结出曲面铣削加工原理的 3 个要点（步骤）：

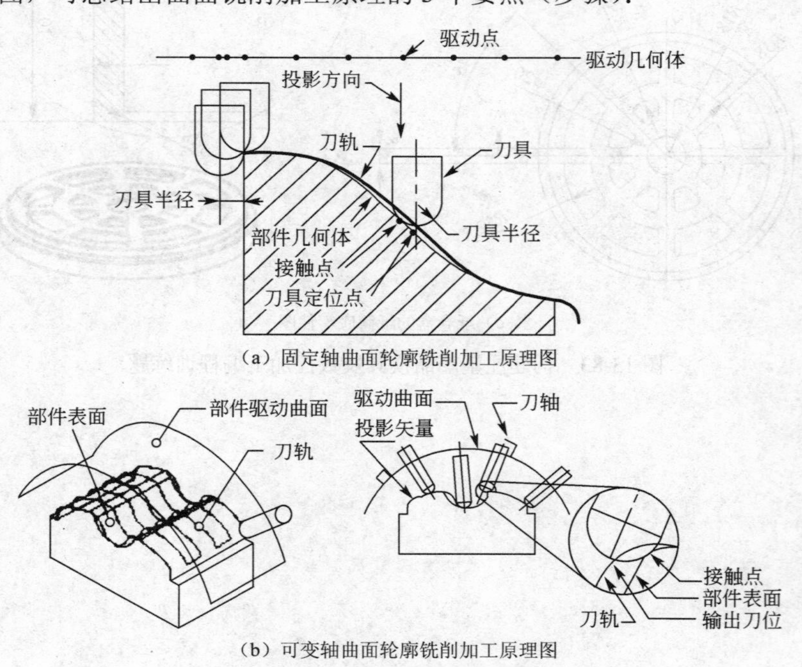

（a）固定轴曲面轮廓铣削加工原理图

（b）可变轴曲面轮廓铣削加工原理图

图 14-2　曲面轮廓铣削加工原理图

① 由驱动几何体产生驱动点，并按投影方向投影到部件几何体上，得到投影点，刀具在该点处与部件几何体接触，故投影点又称接触点。

② 程序根据点位置的部件表面曲率半径、刀具半径等因素，计算出刀具的定位点。

③ 当刀具在部件几何体表面从一个点移动到下一个接触点而形成刀轨。

2. 曲面轮廓铣削基本术语

部件几何体：加工完成的工件几何体。

切削区域：需要加工的面区域，通过选择面而定义。

驱动点：能确定刀具轨迹的点或轨迹阵列。如驱动曲面中，行与列的交叉点就是驱动点。

驱动方法：定义创建刀具驱动点的方法。

投影矢量：确定投影点投影到部件表面的方式，以及刀具接触部件表面的那一侧。

3. 固定轴曲面轮廓铣削加工分类

按驱动方法的不同，将固定轴曲面轮廓铣削加工分为：固定轮廓铣、区域轮廓铣、曲面区域轮廓铣、流线铣、非陡峭区域轮廓铣、陡峭区域轮廓铣等子类型。图 14-3 所示为前三种铣削子类型的刀轨设置对话框，从“驱动方法”栏不难发现，由任一种铣削子类型，可转换为另一种铣削子类型。

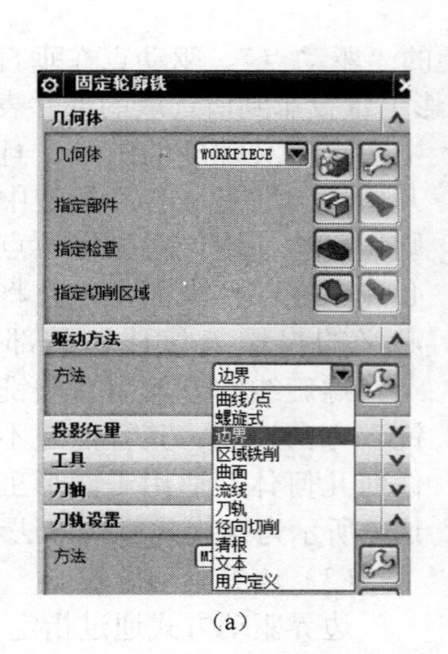

(a)

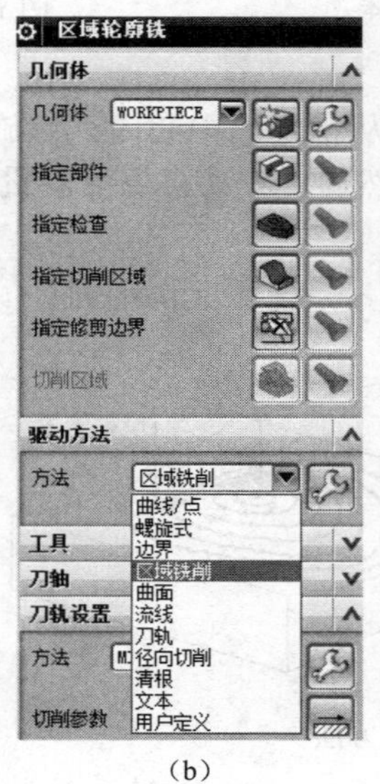

(b)

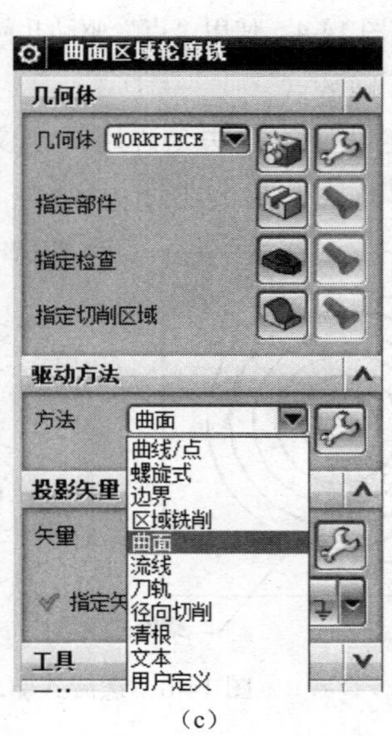

(c)

图 14-3　曲面轮廓铣削子类型对话框举例

在多种驱动方式中，区域铣削驱动、清根驱动、文本驱动仅选用于 2.5 轴或 3 轴数控铣床加工，其他驱动方式可用于任意数控铣削机床的加工。

4. 曲面铣削驱动方法简介

（1）曲线/点

通过指定点和选择曲线或面边缘定义驱动几何体，驱动几何体投影到部件几何体上，然后生成刀轨。曲线可以是开放的、封闭的、连续的、非连续的或平面的、非平面的，此方法一般用于筋槽加工的字体雕刻。

当指定点时，“驱动轨迹”创建为指定点间的线段；当指定曲线或边时，沿选定的曲线和边生成驱动点。

① 使用“点”驱动几何体。

当由点定义“驱动几何体”时，刀具沿着刀轨迹的顺序从一个点运动到下一个点。可以多次使用同一个点，也可以通过选择同一个点作为序列中的第一个或最后一个点，创建封闭刀轨。如图 14-4 所示。

② 使用“曲线/边”驱动几何体。

当选取“曲线/边”定义“驱动几何体”时，刀具沿着刀轨并按用户选取的顺序从一条曲线或边运动到下一条，所选取的曲线可以是连续的，也可以是断续的。

对于开放的曲线/边，选取的端点决定起点；对于封闭的曲线/边，起点和切削方向由用户选择线段的顺序决定。原点和切削方向同选择顺序决定。图 14-5 所示为由曲线定义的驱动几何体。

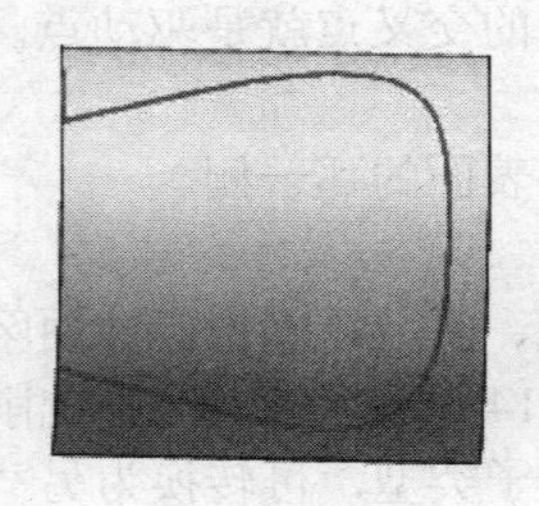

（a）选取开放轨迹的点

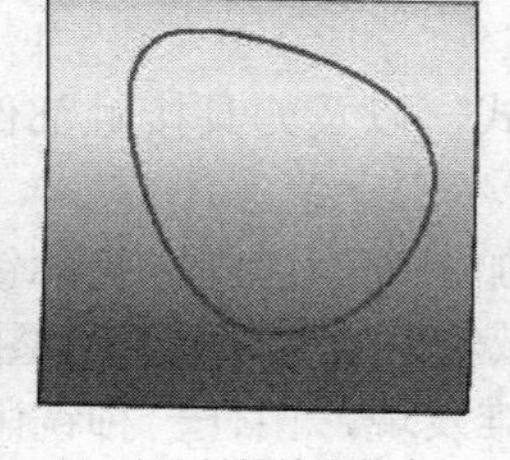

（b）选取封闭轨迹的点

图 14-4 使用“点”驱动几何体

图 14-5 由曲线定义的驱动几何体示例

（2）螺旋式

螺旋式驱动方法允许用户定义从指定的中心向外螺旋的“驱动点”。驱动点在垂直于投影矢量并包含中心点的平面上创建。然后“驱动点”沿着投影矢量投影到所选取的部件表面上。中心点定义螺旋的中心，且是刀具开始切削的点。若不指定中心点，则程序将使用绝对坐标原点；若中心点不在部件表面上，它将沿着已定义的投影矢量移动到部件表面上。螺旋线的方向由“顺铣”、“逆铣”方向控制。其特点是不用指定任何几何体，适用于圆形工件。图 14-6所示为螺旋式驱动方法示意图。

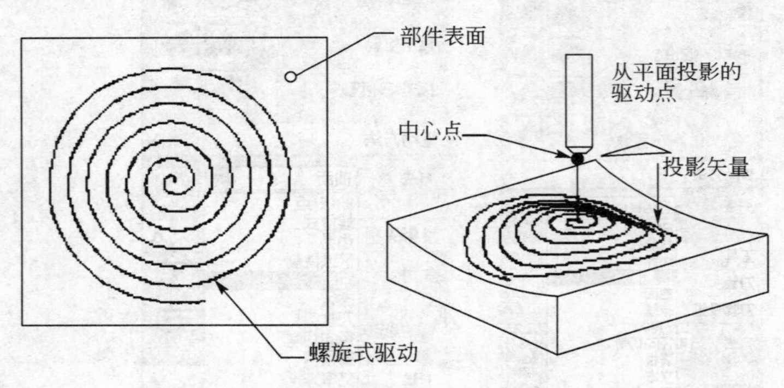

图 14-6 螺旋式驱动方法

（3）边界驱动方式

边界驱动方式通过指定“边界”和“环”定义切削区域。当“环”必须与外部“部件表面”边缘相应时，“边界”与“部件表面”的形状大小无关；切削区域由“边界”、“环”或二者的组合定义时，将已定义的切削区域的“驱动点”按照指定的“投影矢量”的方向投影到“部件表面”，这样就可以创建刀轨了，如图 14-7（a）所示。

边界可以超出“部件表面”，也可以限制在“部件表面”内一个较小的区域，也可以与“部件表面”重合，如图 14-7（b）所示。

（4）区域铣削驱动式

在指定切削区域时可在需要的情况下添加“陡峭空间范围”和“修剪边界”约束。这种方法不需要定义“驱动几何体”，它采用了一种稳固的自动免碰撞空间范围计算方法。 仅适用于“固定轴曲面轮廓铣”刀轨创建，图 14-8 所示为区域切削方法示意图。

（5）曲面区域驱动方式

曲面区域驱动方式可创建一个位于“驱动曲面”栅格内的“驱动点”阵列。将“驱动曲面”

上的点按指定的“投影矢量”方向投影，在选定的“部件表面”上创建刀轨。如果未定义“部件表面”，则直接在“驱动曲面”上创建刀轨。“驱动曲面”不必是平面，但是创建的栅格必须按一定的栅格行序或列序排列。如图 14-9 所示。这种方式主要用于多轴加工。

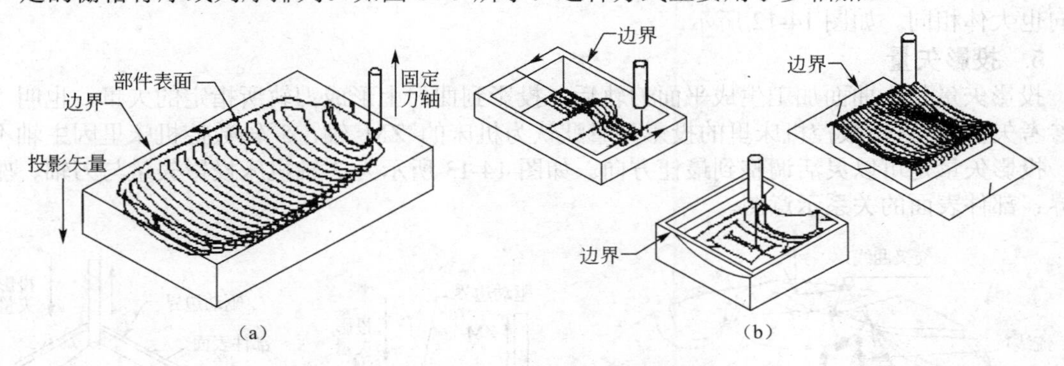

图 14-7　边界驱动方式示意图

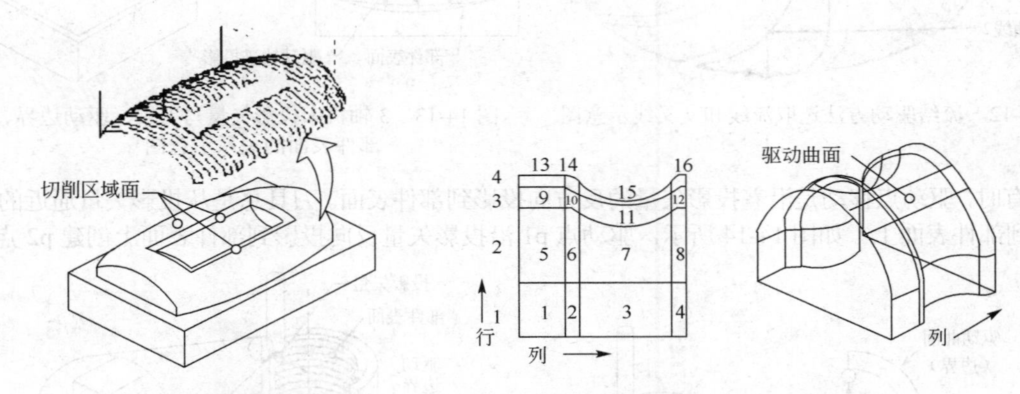

图 14-8　区域切削方法示意图　　图 14-9　曲面驱动方法示意图

（6）刀轨驱动方法

刀轨驱动方法是沿着“刀轨位置源文件”CLSF 的刀轨来定义“驱动点”，以在当前曲面铣削子类型中创建一个类似的“曲面轮廓铣刀轨”。“驱动点”沿着现有的“刀轨”生成。然后投影到所选取的“部件表面”上，以创建新的刀轨。新刀轨是沿着曲面轮廓形成的。如图 14-10 所示。

（7）径向切削驱动方法

径向切削驱动方法使用指定的“步距”、“带宽”、“切削类型”生成沿着并垂直于给定边界的驱动轨迹，如图 14-11 所示，用于创建清理（根）铣削。

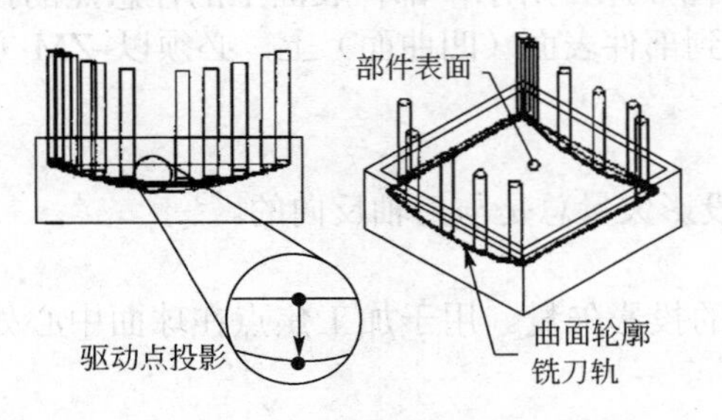

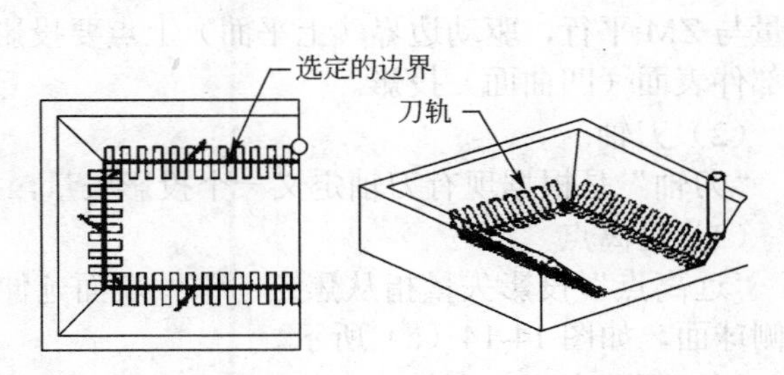

图 14-10　刀轨驱动方法示意图　　图 14-11　径向切削驱动方法示意图

（8）流线驱动方法

流线驱动方法根据选取的几何体来构建隐式驱动曲面。在部件表面要选取“流曲线”和“交叉曲线”，要注意流曲线 1、流曲线 2 的的方向要大体相同，同理，交叉曲线 1 和交叉曲线 2 的方向也大体相同。如图 14-12 所示。

5. **投影矢量**

投影矢量是指曲面加工生成平面刀轨后，投影到曲面上形成刀轨所指定的矢量，也叫“投影参考矢量”。三轴数控机床里的投影矢量默认为机床的–ZM 轴，5 轴数控机床里因主轴不固定，投影矢量是可以灵活调整到最佳方向。如图 14-13 所示为 3 轴机床投影矢量与刀轴、驱动边界、部件表面的关系示意图。

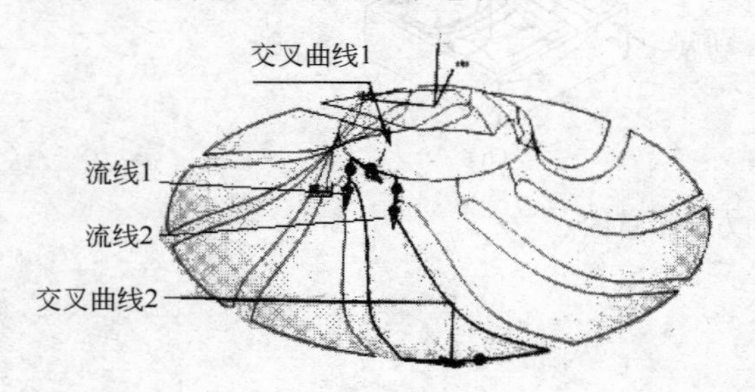

图 14-12 流结驱动方法选取流线和交叉线示意图

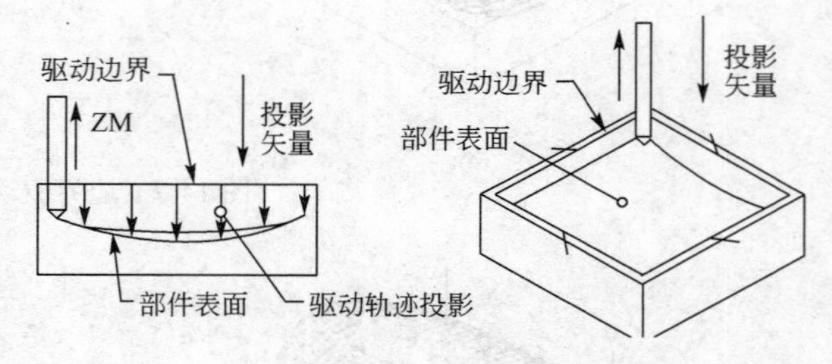

图 14-13 3 轴机床投影矢量与刀轴、驱动边界、部件表面的关系示意图

有时，驱动点移动是沿着投影矢量的反方向投影到部件表面。刀具总是从投影矢量逼近的一侧定位到部件表面上。如图 14-14 所示，驱动点 p1 沿投影矢量反向投影到部件表面上创建 p2 点。

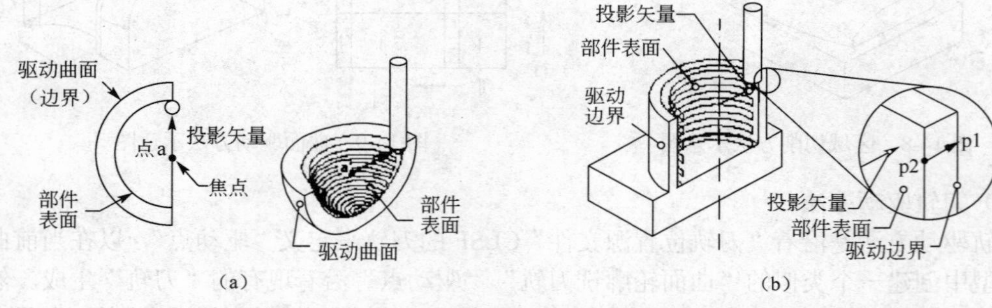

图 14-14 驱动点 p1 沿投影矢量反向投影到部件表面上创建 p2 点

投影矢量的类型取决于使用的驱动方法，常用的类型有“指定矢量”、“刀轴”、“远离点”、“朝向点”、“远离直线”、“朝向直线”、“垂直于驱动体”、“朝向驱动体”等。

（1）指定矢量

指定矢量是通过“矢量构造器”定义矢量。如图 14-13 所示，部件表面上的任意点的投影矢量与 ZM 平行，驱动边界（上平面）上点要投影到部件表面（凹曲面）上，必须以–ZM 方向向部件表面（凹曲面）投影。

（2）刀轴

“刀轴”是根据现有刀轴定义一个投影矢量，投影矢量总是与刀轴反向的。

（3）远离点

“远离点”投影矢量指从焦点向部件表面延伸的投影矢量。用于加工焦点在球面中心处的内侧球面，如图 14-14（a）所示。

（4）朝向点

“朝向点”投影矢量指从部件表面延伸到指定焦点的投影矢量。用于加工焦点在球面中心处的外侧球面，如图 14-15 所示。

（5）远离直线

“远离直线”投影矢量指从指定直线延伸到部件表面的投影矢量。用于加工内侧圆柱面，如图 14-16 所示。圆柱的中心线就是指定的直线——焦线。

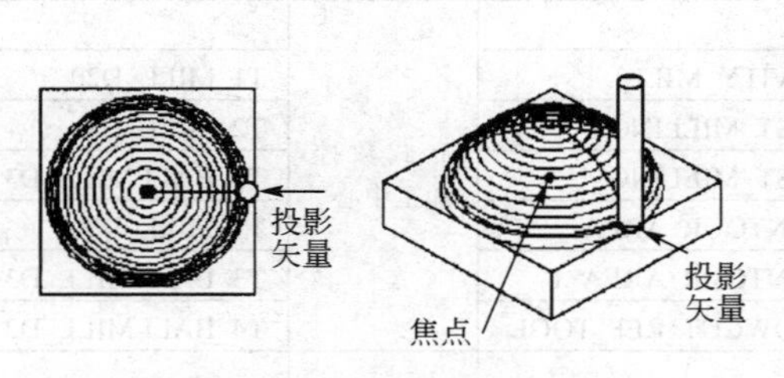

图 14-15　朝向点投影矢量

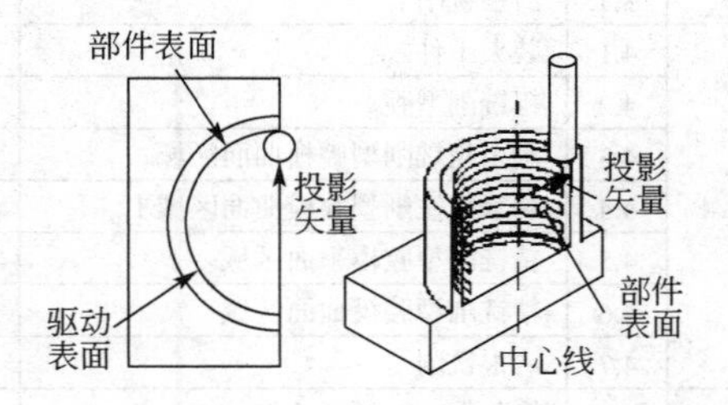

图 14-16　远离直线投影矢量

使用“远离点”和“远离直线”的投影时，从部件表面到焦点或焦线的最小距离必须大于刀具半径。

（6）朝向直线

“朝向直线”投影矢量指从指定直线延伸到部件表面的投影矢量。用于加工外侧圆柱面，如图 14-17 所示。圆柱的中心线就是指定的直线——焦线。

（7）垂直于驱动体与朝向驱动体

以相对于部件表面的法线定义投影矢量。垂直于驱动体的投影矢量用于外表面的铣削加工，如图 14-18 所示。朝向驱动体的投影矢量用于部件内部的铣削加工。

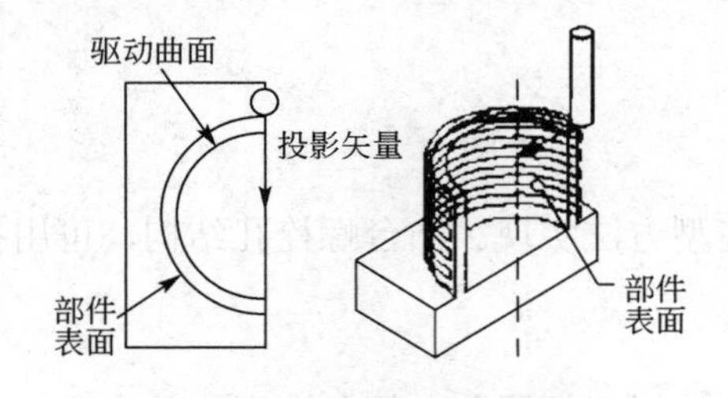

图 14-17　朝向直线的投影矢量

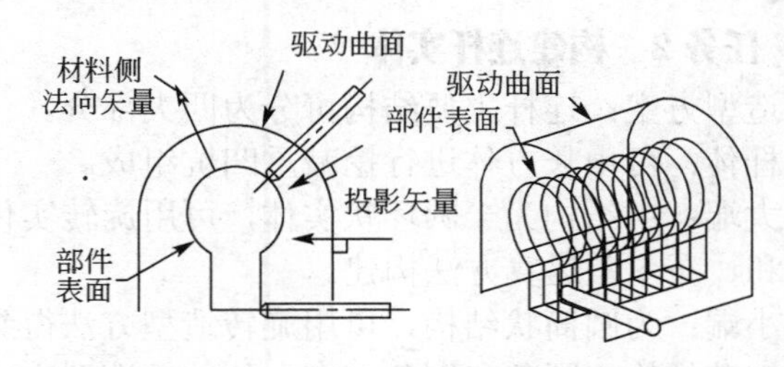

图 14-18　垂直于驱动体的投影矢量

三、项目实施

任务 1　制定连杆制造工艺过程卡

连杆制造工艺过程卡如表 14-1 所示。

表 14-1　连杆制造工艺过程卡

工段	工序	工步	加工内容	加工方式 加工工步程序名	机床	刀具	余量/mm
模具制作工段	1	1.1	下料 303×163×43				
	2	2.1	铣削 300×160×40	铣削	普通铣床		
		2.2	去毛刺	钳工			
	3	3.1	装夹工件		立式数控加工中心		
		3.2	粗铣削型腔	CAVITY_MILL		T1_MILL_D20	0,5
		3.3	剩余粗铣削型芯模曲面区域	REST_MILLING		T2_MILL_D8	0.5
		3.4	剩余粗铣削型芯模曲面区域 1	REST_MILLING_1		T3_BALLMILL_D3	0.5
		3.5	精铣削型芯模平面区域	CONTOUR_AREA		T1_MILL_D20	0

续表

工段	工序	工步	加工内容	加工方式 加工工步程序名	机床	刀具	余量/mm
模具制作工段	3	3.6	精铣削型芯模曲面区域	CONTOUR_AREA_1	立式数控加工中心	T3_BALLMILL_D3	0
		3.7	清根铣削	FLOWCUT_REF_TOOL		T4_BALLMILL_D2	0
	4	4.1	装夹工件				
		4.2	粗铣削型腔	CAVITY_MILL		T1_MILL_D20	0,5
		4.3	剩余粗铣削型腔模曲面区域	REST_MILLING		T2_MILL_D8	0.5
		4.4	剩余粗铣削型腔模曲面区域 1	REST_MILLING_1		T3_BALLMILL_D3	0.5
		4.5	精铣削型腔模平面区域	CONTOUR_AREA		T1_MILL_D20	0
		4.6	精铣削型腔模曲面区域	CONTOUR_AREA_1		T3_BALLMILL_D3	0
		4.7	清根铣削	FLOWCUT_REF_TOOL		T4_BALLMILL_D2	0
	5		检验				
	6		模具组装				
锻造工段	1		加热		加热炉		
	2		锻造		锻压机		
	3		检验				
机加工工段	1		铣削端面		立式数控加工中心		
	2		钻螺栓孔		钻床		
	3		锪螺栓沉孔				
	4		镗孔		立式数控车床或镗床		
	5		检验				

任务 2 构建连杆实体

造型方案：连杆主要结构可分为四大部分。

杆体：可由长方体进行挖减重凹坑组成。

大端：主结构为半圆环状实体，可用旋转实体造型方法实现。凸台螺栓孔结构，可用拉伸布尔和、布尔差运算方法构建。

小端：为圆筒状结构，可用旋转造型方法得到。

细节结构：圆角和倒角，在主体结构造型完成后，运用倒圆角、倒角造型工具完成。下面按此分析，进行分步造型。具体造型步骤如下。

1. 构建连杆主体

（1）构建连杆主体草图

启动 SIEMENS NX9.0，在文件夹“E:\…\xm14”中创建建模文件“xm14_langan.prt”，进入建模界面。

单击“草图”图标，选取草图平面为 XC-YC 平面，绘制矩形 102×30、75×20，如图 14-19 所示，单击“完成草图”图标，返回建模界面。

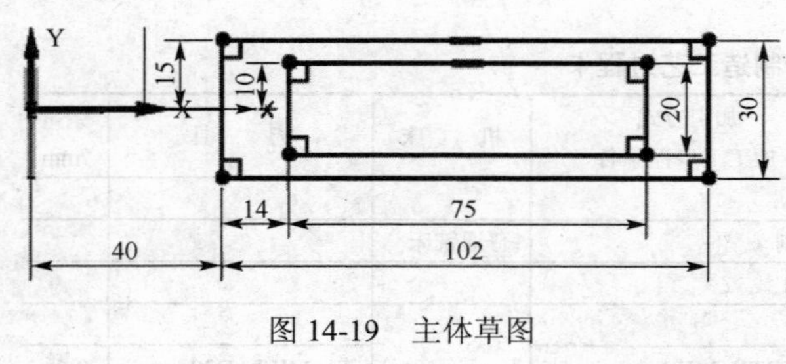

图 14-19 主体草图

（2）拉伸连杆主体

单击“拉伸”图标，选取矩形 102×30，距离从 0 到 10 向上拉伸。如图 14-20 所示。

（3）拉伸减重凹坑

再次单击“拉伸”工具图标，选取草图中矩形 75×20，距离从 5 到 10 向上拉伸，在布尔选项组中，设置为“求差”，实现向上拉伸除料，结果如图 14-21 所示。

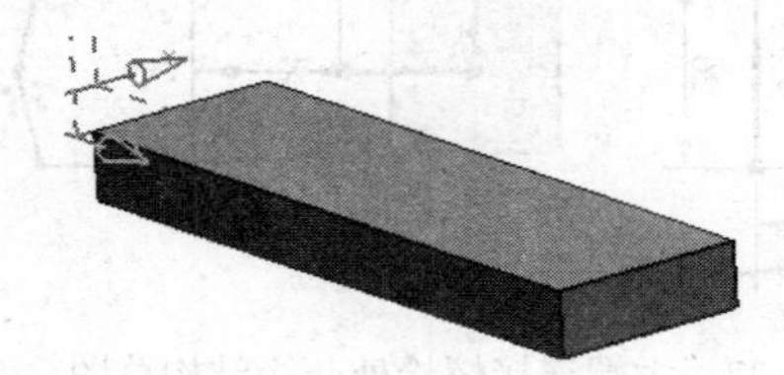

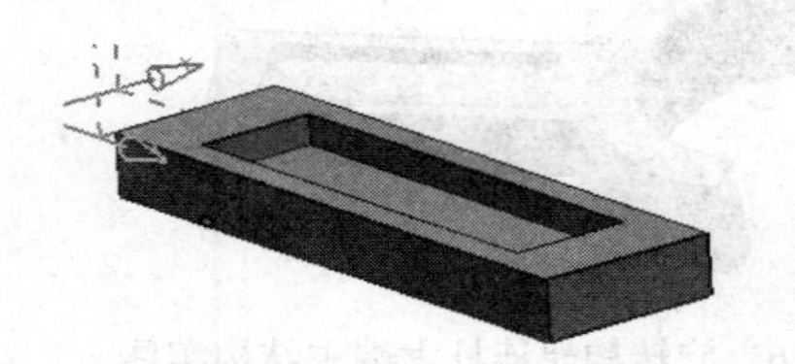

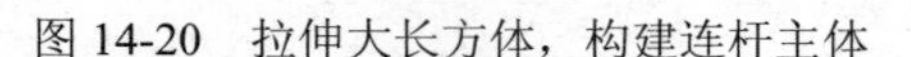

图 14-20　拉伸大长方体，构建连杆主体　　图 14-21　拉伸除料构建凹坑

（4）构建连杆主体两侧面拔模斜度

单击“拔模”工具图标，选择拔模方向向上，固定面为底面，拔模面为两侧面，拔模角度向上向内倾斜为 5°，如图 14-22 所示。

同理，减重凹坑也作四周侧面的拔模操作，其固定面为上表面，拔模面为四周侧面，拔模角度向下向内倾斜为 5°，做到凹坑底面小，开口大。

（5）镜像上半部分连杆主体

单击“镜像几何体”工具图标，在弹出的“镜像几何体”对话框中，选取已构建实体，选择镜像平面 XCYC 平面，偏置量：0。单击“确定”按钮，构建镜像特征。

（6）布尔求和操作

单击布尔“求和”图标，分别选取上下两半连杆体，实现连主体的构建，如图 14-23 所示。

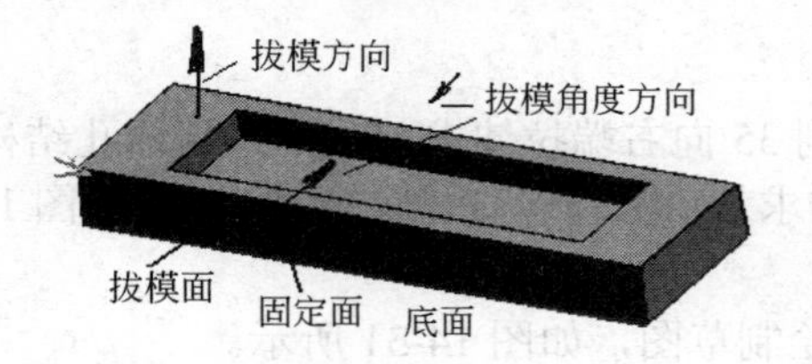

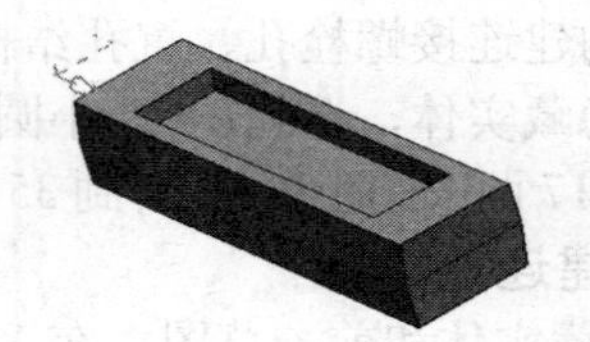

图 14-22　拔模操作　　图 14-23　镜像并求和构建连杆主体

2. 构建连杆大端

（1）构建连杆大端草图

隐藏连杆主体，选择草图构图面为 YC-ZC 平面，按图 14-24 绘制草图。

（2）旋转连杆大端实体

显示连杆主体。单击“旋转”实体图标，选择图 14-24 中的五边形线框，绕 ZC 轴从 0°到 180°旋转，与连杆主体布尔求和运算，旋转实体对话框如图 14-25 所示，旋转结果如图 14-26 所示。

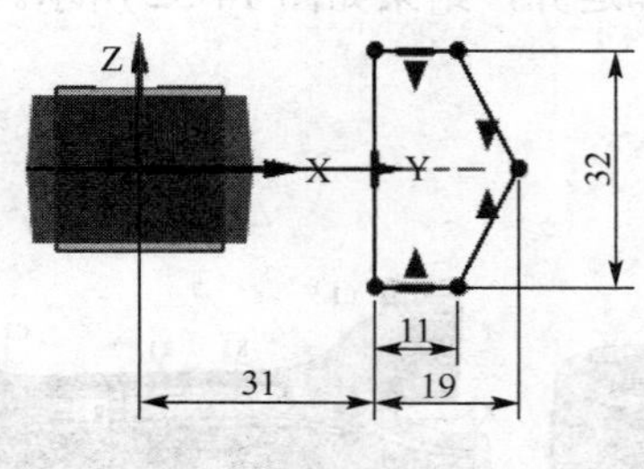

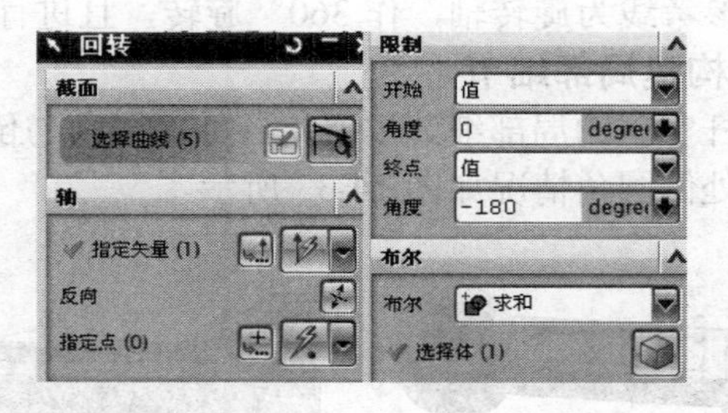

图 14-24　连杆大端草图　　图 14-25　旋转实体操作对话框设置

（3）构建大端连接螺栓孔处结构草图

隐藏已构建实体，在 YCZC 平面绘制草图如图 14-27 所示。

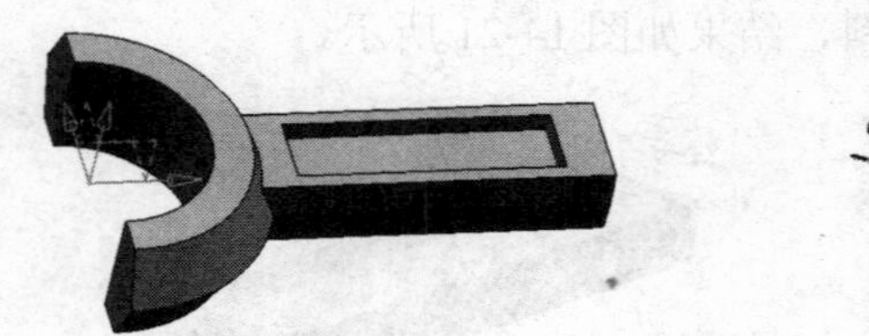

图 14-26　旋转构建连杆大端主结构实体　　　图 14-27　大端连接螺栓处凸缘结构草图

（4）拉伸构建大端连接螺栓孔处结构实体

显示隐藏实体，选择两五边形线框，距离从 0 到 20 向右端拉伸求和，构建凸台结构。如图 14-28 所示。

（5）绘制连接螺栓孔草图

隐藏已构建实体，在 YCZC 平面绘制 2×ϕ8、2×ϕ17 连接螺栓孔的草图，如图 14-29 所示。

图 14-28　拉伸大端凸缘结构

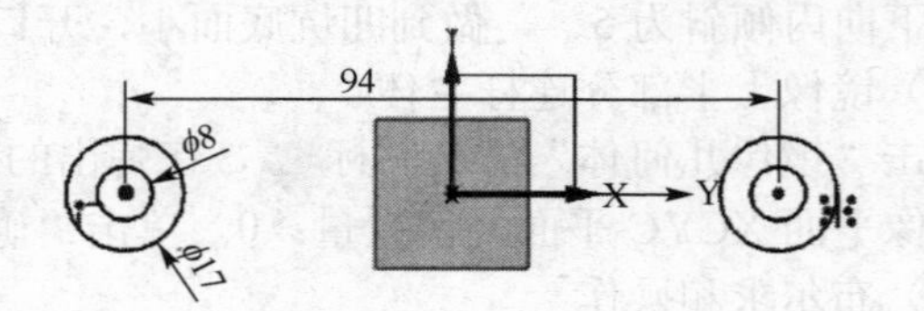

图 14-29　连接螺栓孔草图

（6）构建连接螺栓孔、沉孔结构

显示隐藏实体，选择ϕ8 两小圆距离从 0 到 35 向右端拉伸求差，构建螺栓孔结构。

选择ϕ17 两大圆距离从 17 到 35 向右端拉伸求差，构建凸台右侧的沉孔。结果如图 14-30 所示。

3. 构建连杆小端

① 隐藏实体和前一草图，在 XCZC 平面绘制草图，如图 14-31 所示。

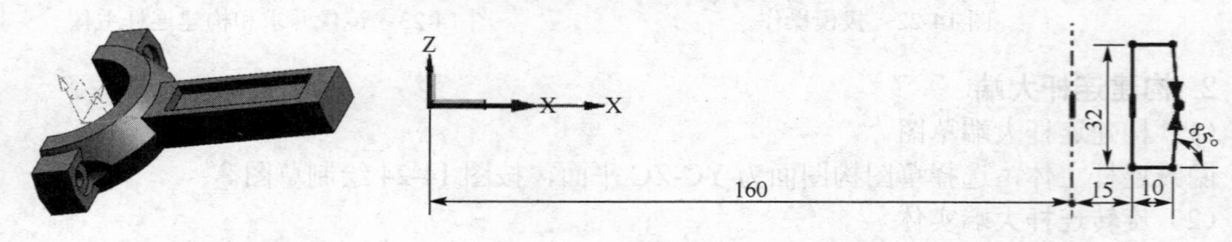

图 14-30　构建连杆大端结构结果　　　图 14-31　连杆小端草图

② 旋转构建实体。显示已构建的实体，单击“回转”实体图标，选取绘制的连杆小端草图，以参考线为旋转轴，作 360° 旋转，且进行布尔求和运算，结果如图 14-32 所示。

4. 构建局部细节

连杆实体的局部细节主要指各处的圆角与倒角结构。

各处倒圆角情况如图 14-33 所示。

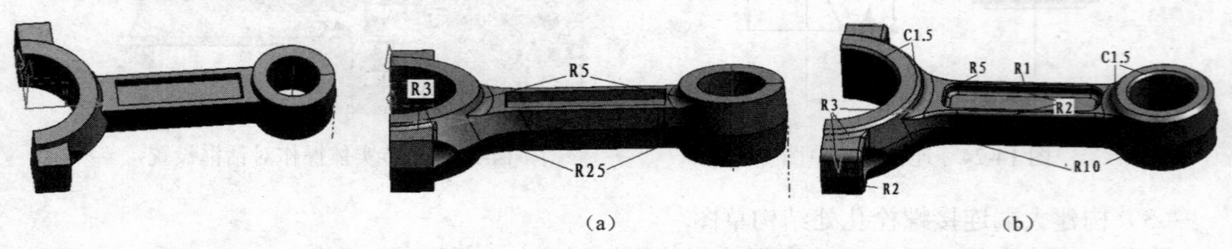

图 14-32　旋转连杆小端　　　图 14-33　倒圆角部位与圆角大小

任务 3　构建连杆模具体

1. 锻模的造型分析

作为锻造零件，连杆的螺栓孔不必锻造出来，待锻造后用机加工方法获得。大小端的倒角也是机加工时获得的，故锻模造型应将螺栓孔、倒角先隐藏。

由于连杆体上下对称，中间水平面为最大平面，可作为分型面，且分型后型芯和型腔结构形状完成相似，只是小端孔的分型有所不同。

打开连杆零件造型，隐藏倒角和螺栓孔，结果如图 14-34 所示。

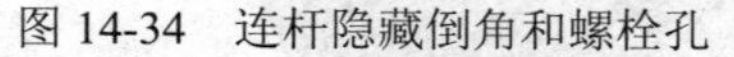

图 14-34　连杆隐藏倒角和螺栓孔　　　图 14-35　连杆模具初始化项目

2. 锻模的造型

（1）进入注塑模模块，建立初始化项目

单击“启动”图标，打开“注塑模向导”工具条，进入注塑模块。

单击“初始化项目”图标，打开“初始化项目”对话框，设置如图 14-35 所示，单击“确定”按钮，系统建立一系列初始化模具文件。

（2）建立模具坐标系

单击“模具 CSYS”图标，打开“模具 CSYS”对话框，选取“当前 WCS”项，如图 14-36（a）所示。单击“确定”按钮，建立模具坐标系。

（3）构建模具体总体尺寸（工件）

单击“工件”图标，弹出“工件”对话框，“工件方法”，选取“用户定义的块”，自动生成工件体尺寸，模型中生成一尺寸草图，对话框中显示尺寸范围。如图 14-36（b）、（c）所示。单击“确定”按钮，构建工件结果如图 14-36（d）所示。

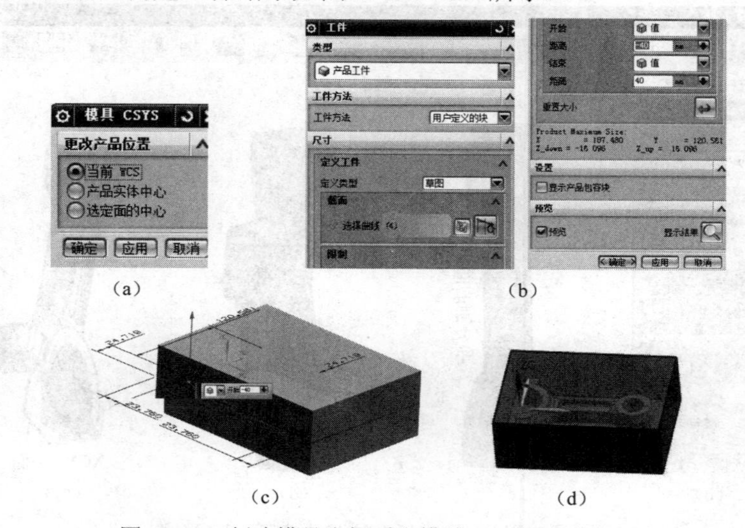

（a）　（b）　（c）　（d）

图 14-36　创建模具坐标系和模具（工件）总体尺寸

（4）型腔布局

单击“型腔布局”工具图标，弹出“型腔布局”对话框，设置如图14-37（a）所示，单击“指定矢量”项，模型中出现一动态坐标系，选取与XC平行矢量，再单击“开始布局”右侧图标，系统开始布局，结果如图14-37（b）所示。

再单击“自动对准中心”右侧图标，结果如图14-37（c）所示。

单击“关闭”按钮，关闭“型腔布局”对话框。

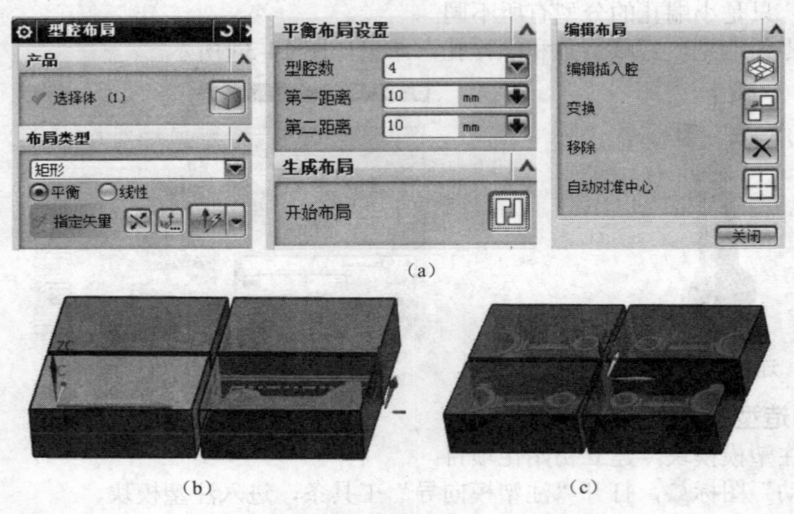

（a）

（b）（c）

图14-37 模具体型腔布局

（5）拆分面

单击“注塑模工具”图标，弹出“注塑模工具”条，如图14-38（a）所示。

单击“拆分面”工具图标，弹出“拆分面”对话框，“类型”选取：平面/面，如图14-38（b）所示；在“选择面”项，选取连杆模型的中间的一系列面，如图14-38（c）、（d）所示，在对话框中显示有18个面。

在“分割对象”栏，单击“添加基准平面”右侧图标，弹出基准面选择对话框，选取XCYC平面，模型中显示如图14-38（e）所示。单击对话框中单击“确定”按钮，完成“拆分面”操作。

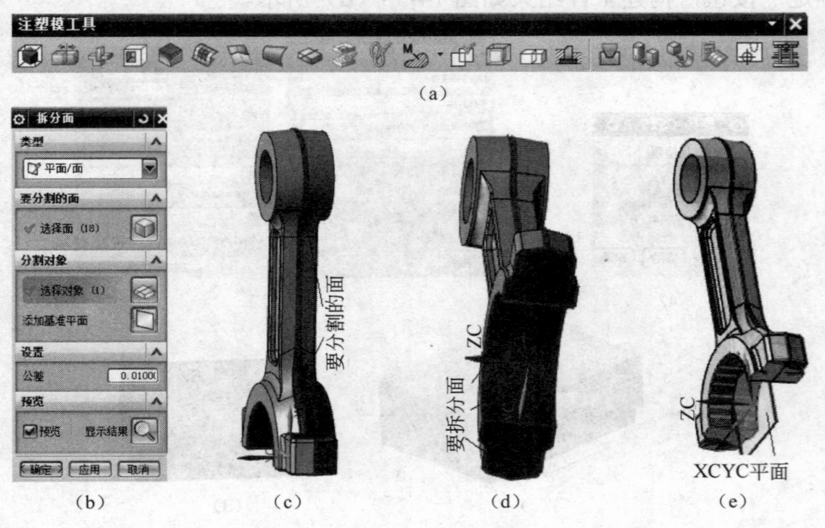

（a）

（b）（c）（d）（e）

图14-38 拆分连杆中间面

（6）修补连杆孔顶面

单击分型工具图标，弹出分型工具条，单击“边修补”工具图标，弹出“边修补”对话框，“类型”选取“面”，光标选取连杆小端顶面，则在模型中连杆小端顶面孔棱边突出显示，如图 14-39（b）所示，对话框列表中显示“环 1”，如图 14-39（a）所示，单击对话框中“确定”按钮，完成“修补面”操作。模型中连杆小端顶面孔被面修补，如图 14-39（c）所示。

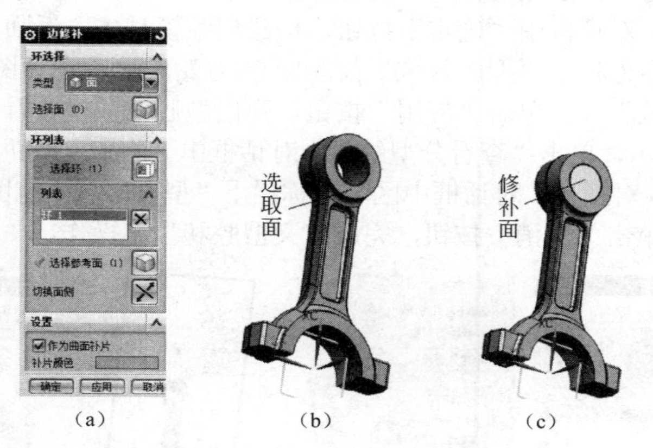

图 14-39　修补连杆小端孔顶面

（7）定义型腔型芯区域

单击“定义区域”工具图标，弹出“定义区域”对话框，选取“型腔区域”项，勾选“设置”栏两复选项，在模型中选取连杆上半部所有面，对话框中显示已“选择区域面（84）”，如图 14-40（a）、（b）所示，单击“应用”按钮，对话框中“区域名称”栏“型腔区域”前的❗号变为✔，且数量栏显示 84，如图 14-40（c）所示。

再选取“型芯区域”项，且勾选“设置”栏两复选项，在模型中选取连杆下半部所有面和连杆小端孔面，对话框中显示已“选择区域面（85）”，如图 14-40（c）、（d）所示，单击“应用”按钮，弹出“现有区域”警示框，如图 14-40（f）所示，单击“确定”按钮，“定义区域”对话框中“区域名称”栏“型芯区域”前的❗号变为✔，且数量栏显示 85，如图 14-40（e）所示。

单击“取消”按钮，关闭“定义区域”对话框。

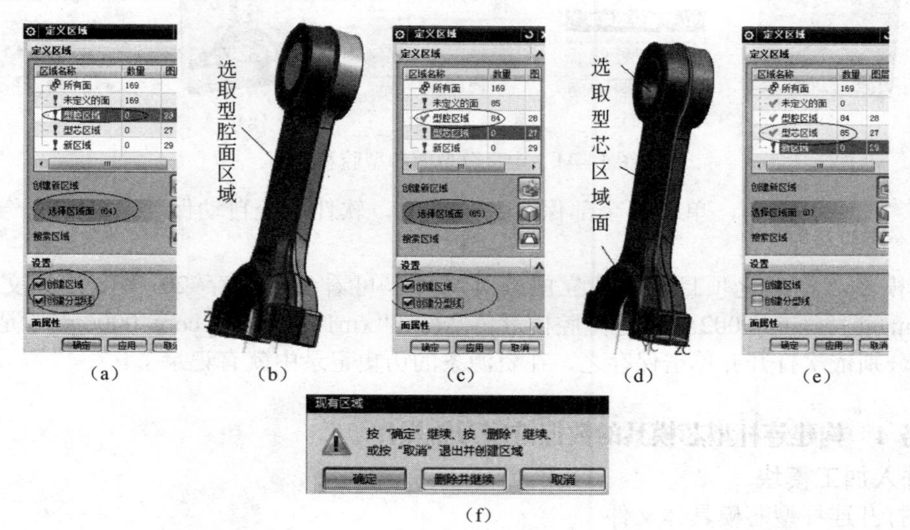

图 14-40　定义型腔和型芯区域

（8）设计分型面

单击“设计分型面”工具图标，弹出“设计分型面”对话框，取默认设置不变，模型中出现一分型平面，如图 14-41（a）、（b）所示，单击“确定”按钮，完成设计分型面操作。

（9）定义型腔和型芯

单击“定义型腔和型芯”工具图标，弹出“定义型腔和型芯”对话框，选取“型腔区域”项，单击“应用”按钮，弹出型腔体和“查看分型结果”对话框，如图 14-41（c）、（d）所示，单击“查看分型结果”对话框中“确定”按钮，构建型腔模具体，返回“定义型腔和型芯”对话框，对话框中区域名称栏下“型腔区域”前图标号变成号，如图 14-41（e）所示。

再选取“型芯区域”项，单击“应用”按钮，弹出型芯体和“查看分型结果”对话框，如图 14-41（f）、（g）所示，单击“查看分型结果”对话框中“确定”按钮，构建型腔模具体，返回“定义型腔和型芯”对话框，对话框中区域名称栏下“型芯区域”前图标号变成号，如图 14-41（h）所示。单击“取消”按钮，完成定义型腔和型芯操作。

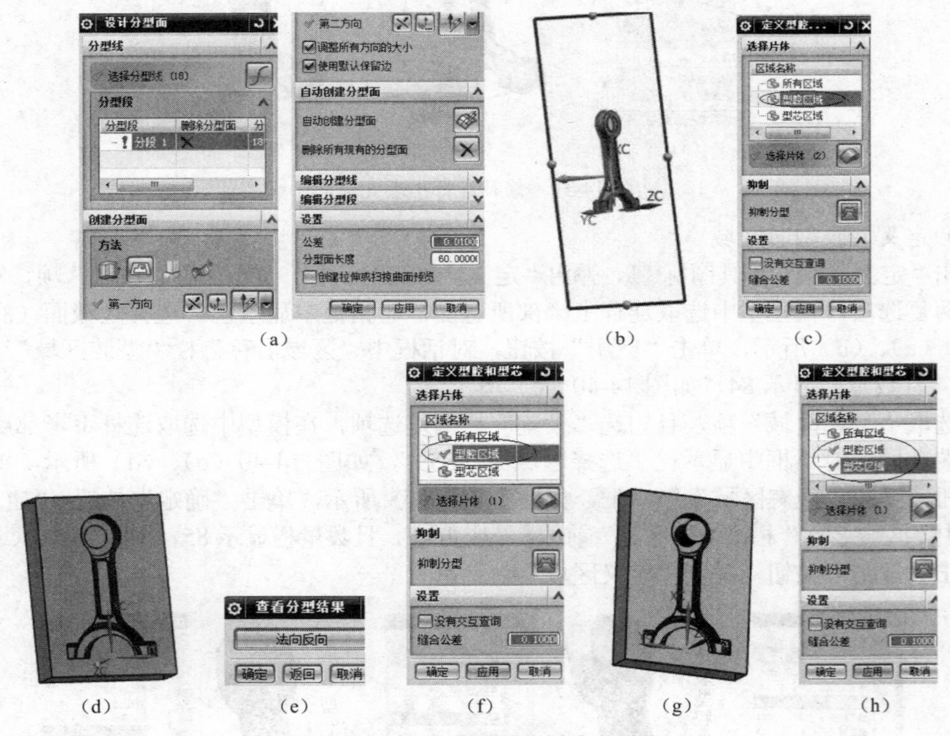

（a）（b）（c）

（d）（e）（f）（g）（h）

图 14-41 定义分型面和型腔和型芯

打开“文件”菜单，单击“全部保存”菜单项，软件系统自动保存所建立的一系列模具文件。

打开模具“初始化项目”时建立的模具文件，可看到已保存 20 多个模具文件。其中“xm14_liangan_cavity_0002.prt”是型腔模具体文件、“xm14_liangan_core_0006.prt”是型芯模具体文件。分别依次打开并单击保存之，在资源条的历史记录中就有记录了。

任务 4 构建连杆型芯模具的数控铣削刀轨操作

1. 进入加工模块

（1）打开连杆型芯模具体文件

启动 SIEMENS NX9.0，打开连杆型芯模文件“xm14_liangan_core_0006.prt”。如图 14-42

（a）所示。

（2）进入数控“加工”模块

单击“启动”菜单图标，选取“加工”菜单项图标，弹出“加工环境”对话框，在“CAM会话配置”中选取“cam_general”项，在“要创建的 CAM 设置”中选取“mill_contour”型腔铣削模板，如图 14-42（b）所示，单击“确定”按钮，进入“加工”模块。连杆型芯模型显示如图 14-42（c）所示。

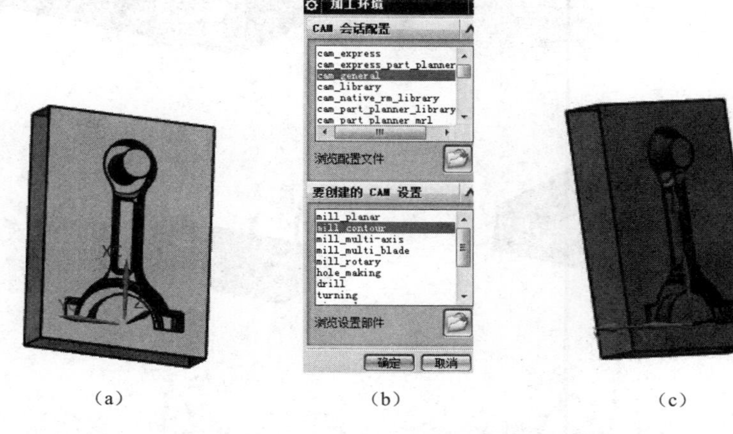

（a）　（b）　（c）

图 14-42　打开型芯模并进入加工环境设置

2. 创建加工几何体

由图 14-42（c）所示可知，工件加工编程坐标系 XMYMZM 与 XCYCZC 坐标系重合，都在型芯的最高表面以下，需将工件加工编程坐标系移到型芯上表面，以符合一般编程习惯。

（1）创建加工坐标系和安全平面

① 创建加工坐标系。

将“工序导航器—程序顺序”视图换成“工序导航器一几何”视图，如图 14-43（a）所示，双击“工序导航器—几何”视图中的“MCS_MILL”项，弹出“MCS 铣削” 对话框，如图 14-43（b）所示，单击“指定 MCS”项，在模型中出现加工动态坐标系 XMYMZM（与 WCS 坐标系 XCYCZC 重合），坐标系原点的绝对坐标（0,0,0），如图 14-43（c）所示。

光标选取模型长方体上表面左侧前棱角点，该点的 X 向绝对坐标 X1= –23.76，如图 14-43（d）所示。

光标选取模型长方体上表面右侧前棱角点，该点的 X 向绝对坐标 X2=211.2399，如图 14-43（e）所示。记住这两点的 X 坐标值。[这两步是为了测得长方体上表面两角点的坐标，进而求出长方体 X 向中心点坐标值（X2–|X1|）/2=（211.2399–|–23.76|）/2=93.74）]。

光标选取模型右端凸圆柱上表面圆心点，该点的 X 向绝对坐标 160.96，如图 14-43（f）所示。（这步测得模型是高点坐标值 z=16.096）。

将这点的 X 坐标改为 93.74，而 Y、Z 坐标值不变，则坐标系原点移到模型上表面几何中心，如图 14-43（g）所示。即加工坐标系原点已经移到模型上表面几何中心的最高点。

② 创建安全平面。

在“MCS 铣削”对话框的“安全设置”选项组中，光标从下拉列表栏中选取“平面”[此时，加工坐标系在模型中显示如图 14-43（i）所示]。

单击“指定平面”项，从下拉列表栏选取 XCYC 平面图标，如图 14-43（h）所示，模型中弹出平面偏距离输入栏：输入一定的 ZC 距离，如 50，则显示距 XCYC 坐标平面 50mm 的平面（该平面与XMYM坐标平面距离是33.904），如图14-43（i）所示，单击对话框中“确定”按钮，完成创建坐标系与安全平面的操作。

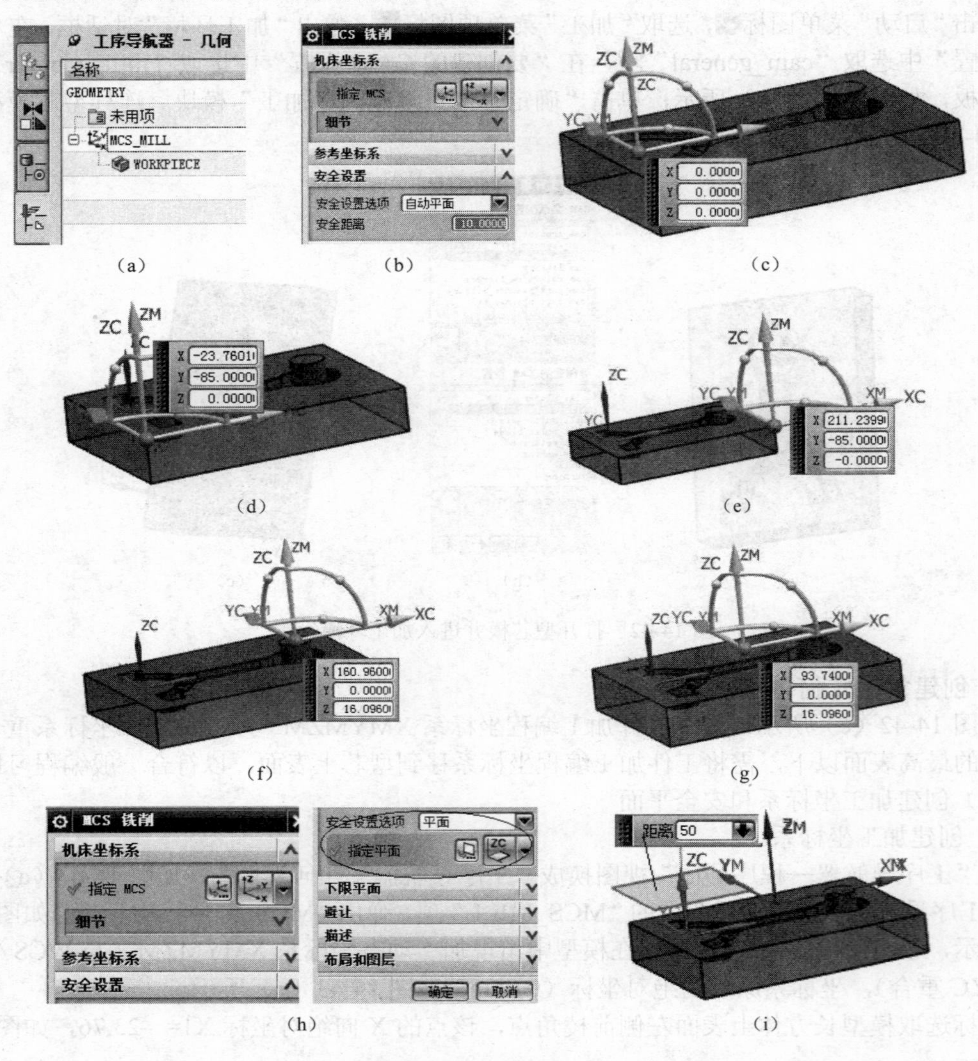

图14-43 创建模具加工编程坐标系与安全平面操作

（2）定义部件几何体和毛坯几何体

① 创建铣削部件几何体。

单击“操作导航器”中“MCS_MILL”前“+”号，出现“WORKPIECE”，双击“WORKPIECE”，弹出铣削几何“工件”对话框，如图14-44（a）所示。

单击“指定部件”图标，弹出部件选择对话框，选取型芯体，如图14-44（c）所示，对话框显示如图14-44（b）所示，单击“部件几何体”对话框中“确定”按钮，返回“工件”对话框。

② 创建毛坯几何体。

单击“指定毛坯”图标，弹出毛坯选择对话框，选取毛坯类型：“包容块”，且在ZM+输入栏输入：3，即毛坯在ZM正向比包容块增高3mm，如图14-44（d）所示，留作上表面的加工余量。模型中显示如图14-44（e）所示，单击“毛坯几何体”对话框中“确定”按钮，返回

“工件”对话框。“工件”对话框中显示如图 14-44（f）所示。

单击“指定部件”右侧的图标，可显示型芯模具体；单击“指定毛坯”右侧图标，可显示毛坯几何体（包容块）。如图 14-44（g）所示。

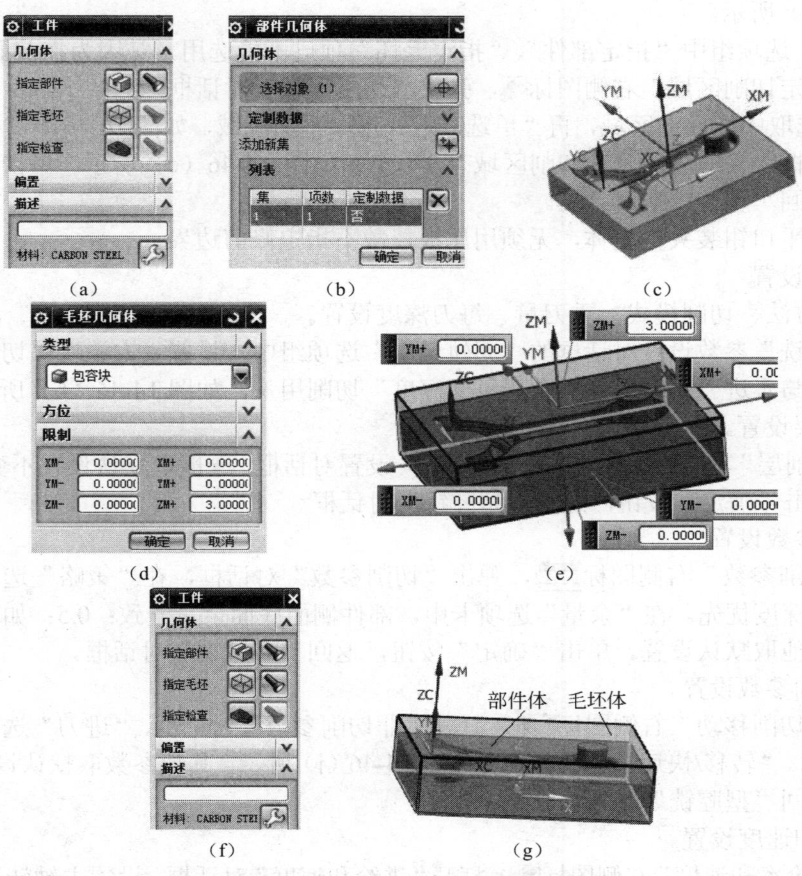

图 14-44　指定部件几何体和毛坯几何体

3. 创建刀具

创建刀具的方法与前述项目中操作相同，不再叙述。创建刀具结果列表如图 14-45 所示。

4. 创建程序名

将“工序导航器－机床”切换到“工序导航器－程序顺序”视图，单击“创建程序”图标，弹出创建程序对话框，设置类型：型腔铣削（mill_contour），位置：NC_PROGRAM，名称：LIANGAN_CORE。

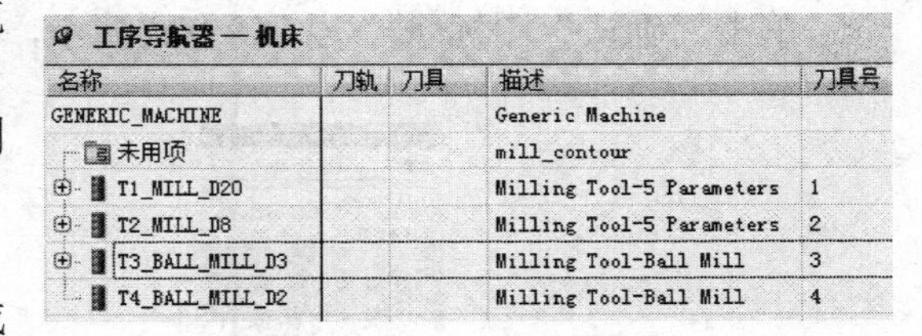

工序导航器 — 机床

名称	刀轨	刀具	描述	刀具号
GENERIC_MACHINE			Generic Machine	
未用项			mill_contour	
T1_MILL_D20			Milling Tool-5 Parameters	1
T2_MILL_D8			Milling Tool-5 Parameters	2
T3_BALL_MILL_D3			Milling Tool-Ball Mill	3
T4_BALL_MILL_D2			Milling Tool-Ball Mill	4

图 14-45　创建刀具清单

连续单击对话框中“确定”按钮两次，完成程序名创建，在“工序导航器－程序顺序”视图中出现“LIANGAN_CORE”项。

5. 创建粗铣削连杆型芯模具工序刀轨

（1）创建粗加工操作基本设置

右键单击操作导航器中程序名“LIANGAN_CORE”，出现快捷菜单，单击“插入\工序”，弹出“创建工序”对话框，设置子类型“型腔铣”（CAVITY_MILL），位置栏中的程序、刀具、几何体、方法及名称设置如图 14-46（a）所示。

（2）创建粗铣削工序加工几何体

单击“创建工序”对话框中“应用”，弹出“型腔铣”（CAVITY_MILL）参数设置对话框，如图 14-46（b）所示。

“几何体”选项组中“指定部件”、“指定毛坯”项已不能选用，是因为在前面已经设定。

单击“指定切削区域”右侧图标，弹出“切削区域”对话框，如图 14-46（c）所示，以“窗选”方式选取中间曲面区域，再“单选”方式选取平面区域，如图 14-46（d）所示，在“切削区域”对话框中立即显示已选切削区域有 87 个，如图 14-46（e）所示。单击对话框中“确定”按钮，返回“型腔铣”对话框。

这里采用平口钳装夹毛坯体，无须用压板，故不指定修剪边界。

（3）刀轨设置

① 加工方法、切削模式、重刀量、每刀深度设置。

在“型腔铣”参数设置对话框的“刀轨设置”选项组中，设置“方法”、“切削模式”、“步进”计算方式与步进“百分比”、“全局每刀深度”切削用量，如图 14-46（b）所示。

② 切削层设置。

单击“切削层”右侧图标，打开“切削层”设置对话框，一般取默认设置不变，如图 14-46（f）所示。单击“确定”按钮，返回“型腔铣”对话框。

③ 切削参数设置。

单击“切削参数”右侧图标，弹出“切削参数”对话框，在“策略”选项卡中，选取“切削顺序”：深度优先。在“余量”选项卡中，部件侧面底面余量一致：0.5；如图 14-46（g）、（h）所示，其他取默认设置。单击“确定”按钮，返回“型腔铣”对话框。

④ 非切削参数设置。

单击“非切削移动”右侧图标，打开“非切削参数”对话框，“进刀”选项卡设置如图 14-46（i）所示。“转移/快速”选项卡设置如图 14-46（j）所示，其他参数取默认设置，单击“确定”按钮，返回“型腔铣”对话框。

⑤ 进给和速度设置。

单击“进给率和速度”右侧图标，打开“进给和速度”对话框，设置主轴转速 1500rpmin，进给率 150mmpmin。其他参数由系统自动计算获得，如图 14-46（k）所示，单击“确定”按钮，返回“型腔铣”对话框。

（4）生成刀轨并仿真加工演示

单击“生成”图标，生成刀轨，如图 14-46（l）所示。

单击“确认”图标，以 2D 方式演示，仿真铣削加工结果如图 14-46（m）所示。

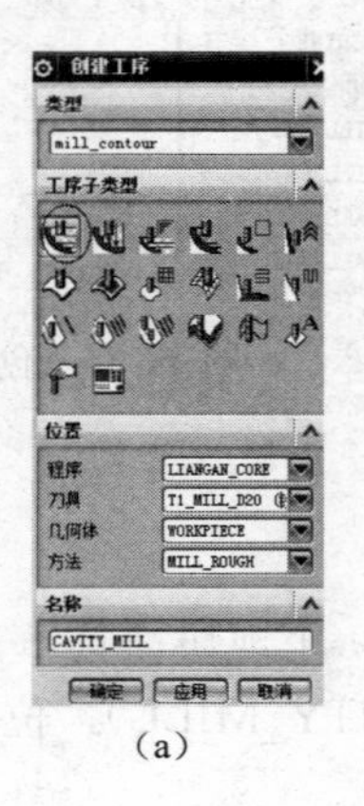

（a）

（b）

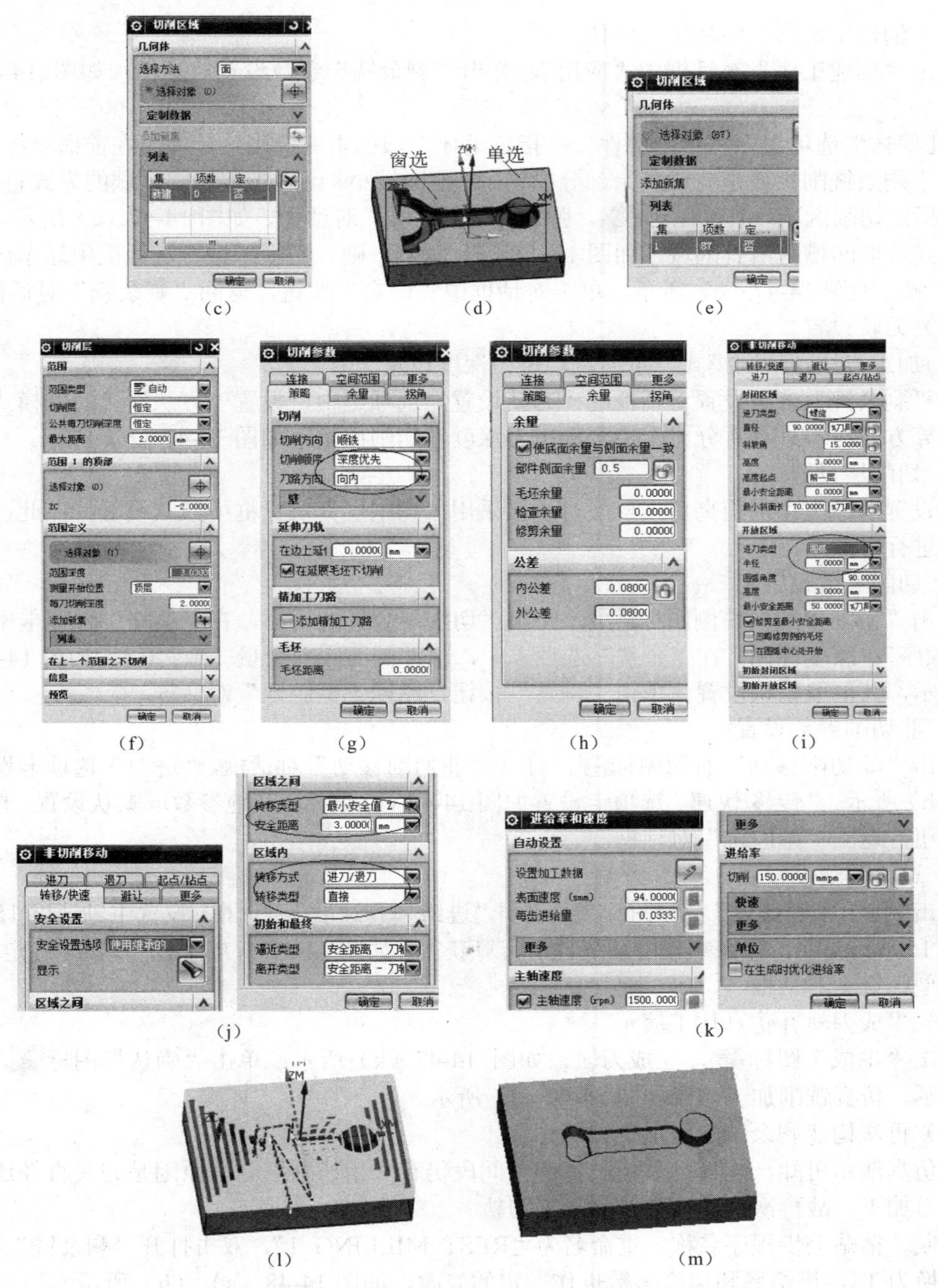

图 14-46　粗铣削加工工序刀轨构建

6. 构建连杆型芯模具剩余铣削加工工序刀轨

由于上步采用了较大直径的刀具切削，模具腔体内的深槽较窄，就没有被铣削加工，因此要采用小直径刀具进行“剩余铣削”加工。

（1）创建剩余铣削粗加工工序基本设置

右键单击操作导航器中程序名“LIANGAN_CORE”，出现快捷菜单，单击“插入\工序”，弹出“创建工序”对话框，设置子类型“剩余铣”（REST_MILLING），位置栏中的程序、刀具、几何体、方法及名称设置如图 14-47（a）所示。

（2）创建粗铣削工序加工几何体

单击“创建工序”对话框中“应用”，弹出“剩余铣”参数设置对话框，如图 14-47（b）所示。

“几何体”选项组中“指定部件”、“指定毛坯”项已不能选用，是因为在前面已经设定。

由于剩余铣削主要是完成剩余部分的切削，范围较小，可用指定切削区域的方式直接指定。单击“指定切削区域”右侧图标，弹出“切削区域”对话框，如图 14-47（c）所示，以“窗选”方式选取凹槽内所有区域，如图 14-47（d）所示，则“切削区域”对话框中显示已选取了84 个区域，如图 14-47（e）所示。单击对话框中“确定”按钮，返回“剩余铣”对话框。

（3）刀轨设置

① 加工方法、切削模式、重刀量、每刀深度设置。

在“剩余铣”参数设置对话框的“刀轨设置”选项组中，设置“方法”、“切削模式”、“步进”计算方式与步进“百分比”、“全局每刀深度”切削用量，如图 14-47（b）所示。

② 切削层设置。

在设置了最大切削距离后，一般可直接采用“切削层”对话框中默认设置，在此，对切削层参数进行修改。

③ 切削参数设置。

单击“切削参数”右侧图标，弹出“切削参数”对话框，在“策略”选项卡中，选取“切削顺序”：深度优先。在“余量”选项卡中，部件侧面底面余量一致：0.5；如图 14-47（f）、（g）所示，其他取默认设置。单击“确定”按钮，返回“型腔铣”对话框。

④ 非切削参数设置。

单击“非切削移动”右侧图标，打开“非切削移动”对话框，“进刀”选项卡设置如图 14-47（h）所示。“转移/快速”选项卡设置如图 14-47（i）所示，其他参数取默认设置，单击“确定”按钮，返回“型腔铣”对话框。

⑤ 进给和速度设置。

单击“进给率和速度”右侧图标，打开“进给率和速度”对话框，设置主轴速度 1500rpm，进给率 150mmpmin。其他参数由系统自动计算获得，如图 14-47（j）所示，单击“确定”按钮，返回“型腔铣”对话框。

（4）生成刀轨并仿真加工演示

单击“生成”图标，生成刀轨，如图 14-47（k）所示；单击“确认”图标，以 2D 方式演示，仿真铣削加工结果如图 14-47（l）所示。

（5）再次构建剩余铣削粗加工刀轨

由仿真演示可知，连杆型芯模具体的中间段仍有未粗切削部分，原因是刀具直径还大了，无法下刀加工。故再次构建剩余铣削加工刀轨。

复制、粘贴上步程序名称，重命名为“REST_MILLING_1”，双击打开“剩余铣”对话框，将刀具换为 T3，进给率和速度参数也作一定的修改，如图 14-48（a）、（b）所示。

重新“生成”刀轨，并加工仿真演示，如图 14-48（c）、（d）所示。可见，最狭窄的中间段也得到了加工。

7. 构建连杆型芯模具精铣削加工刀轨

（1）创建精铣削平面区域刀轨

① 创建操作基本设置。

打开“创建工序”对话框，基本设置如图 14-49（a）所示。

单击“应用”按钮，弹出“区域轮廓铣”对话框，如图 14-49（b）所示。

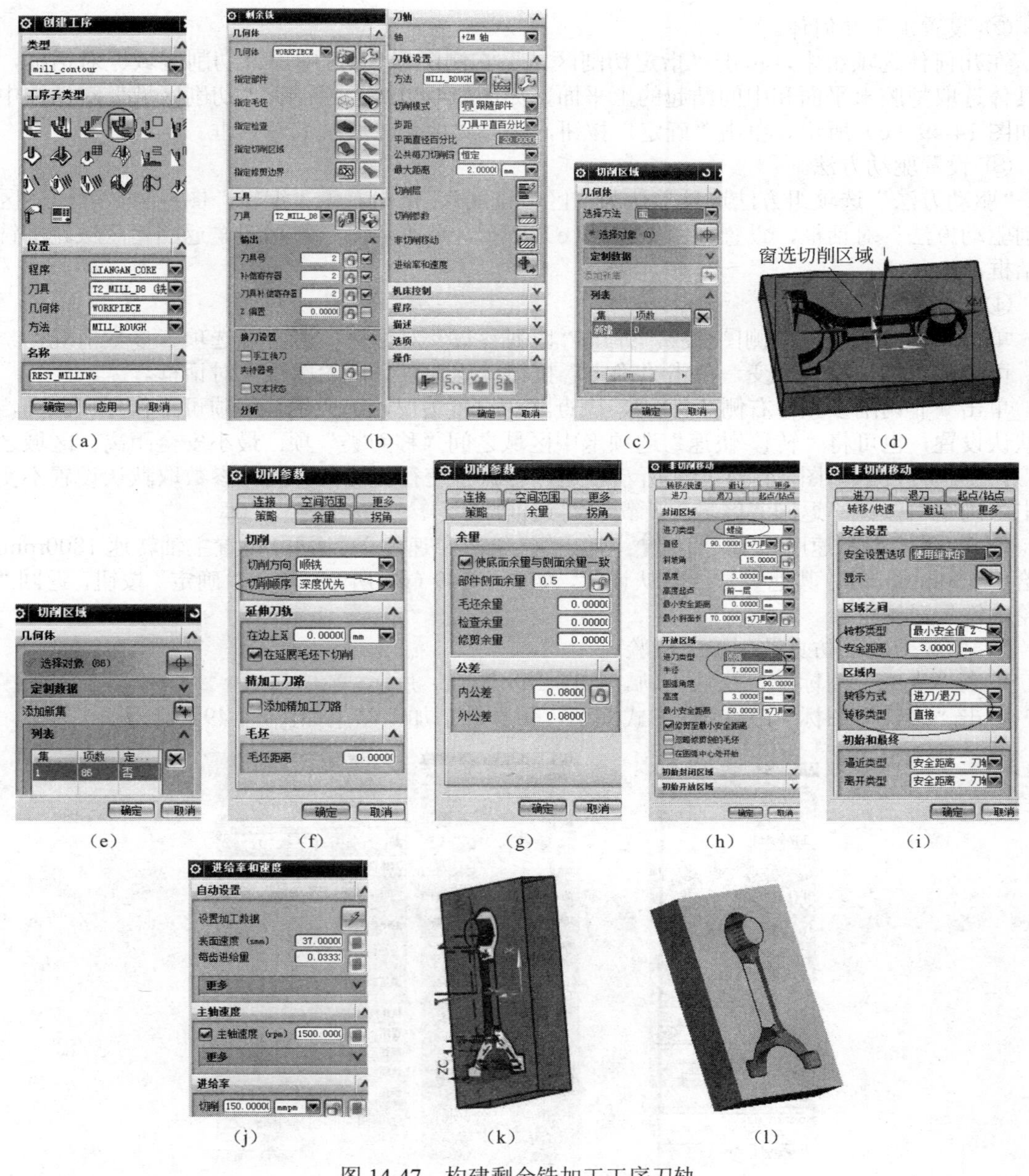

图 14-47　构建剩余铣加工工序刀轨

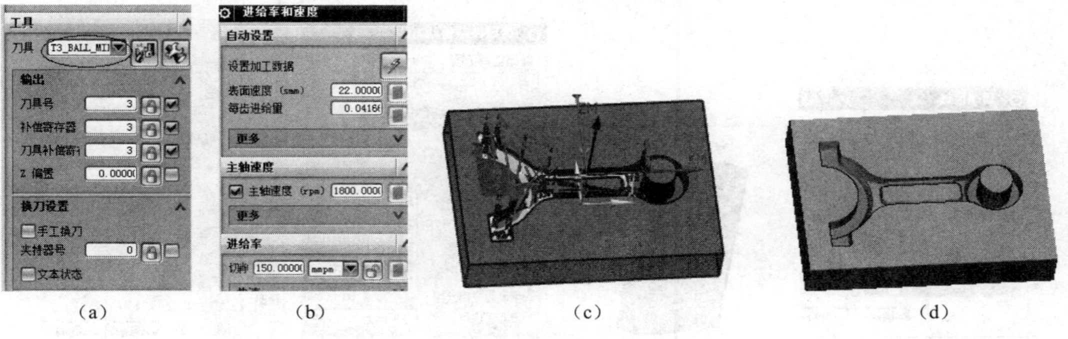
图 14-48　再次剩余铣削加工刀轨构建

② 设置加工几何体。

在几何体选项组中，单击“指定切削区域”右侧图标，弹出“切削区域”对话框，在模具体选取型腔上平面和中间凸起的上平面，如图 14-49（d）所示，“切削区域”对话框中显示如图 14-49（c）所示。单击“确定”按钮，返回“区域轮廓铣”对话框。

③ 设置驱动方法。

“驱动方法”选项组方法选项默认为“区域铣削”，单击右侧“编辑”图标，弹出“区域铣削驱动方法”对话框，设置如图 14-49（e）所示，单击“确定”按钮，返回“区域轮廓铣”对话框。

④ 设置刀轨。

单击“切削参数”右侧图标，弹出“切削参数”对话框，查看各选项卡参数情况，一般地，可全部取默认设置不变，单击“确定”按钮，返回“区域轮廓铣”对话框。

单击“非切削参数”右侧图标，检查默认设置情况，一般地，这项可不作任何改动，全取默认设置，也可将“转移/快速”选项卡中区域之间“移刀类”项：最小安全距离；区域之内“移刀类”：直接。如图 14-49（f）所示。这样可减小空行程时间。其他参数取默认设置不变。单击“确定”按钮，返回“区域轮廓铣”对话框。

单击“进给率和速度”右侧图标，弹出“进给率和速度”对话框，设置主轴转速 1800rpmin，进给率 150mmpmin，其他参数取默认设置，如图 14-49（g）所示，单击“确定”按钮，返回“区域轮廓铣”对话框。

⑤ 生成刀轨并仿真铣削加工校验。

单击“生成”图标，生成刀轨，如图 14-49（h）所示。

单击“确认”图标，以 2D 方式演示，仿真铣削加工结果如图 14-49（i）所示。

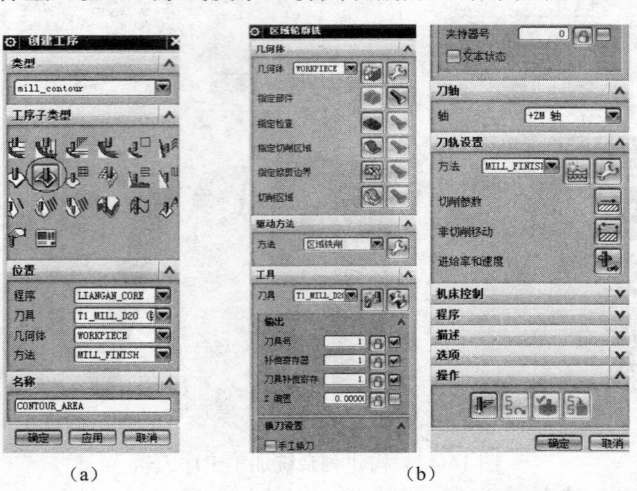

（a）　　（b）

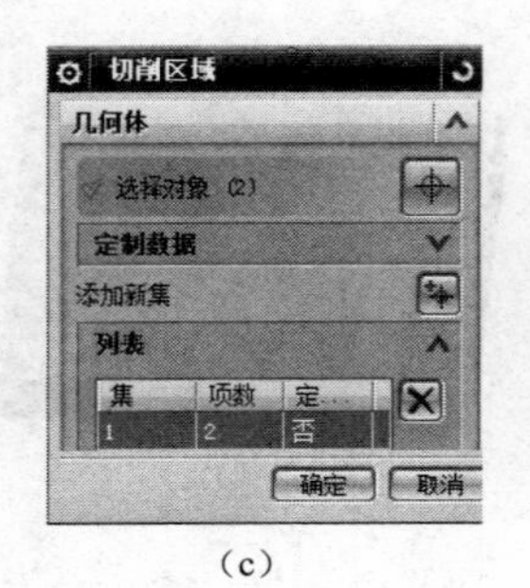

（c）

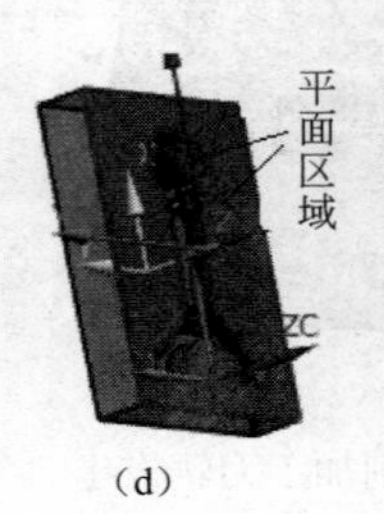

（d）

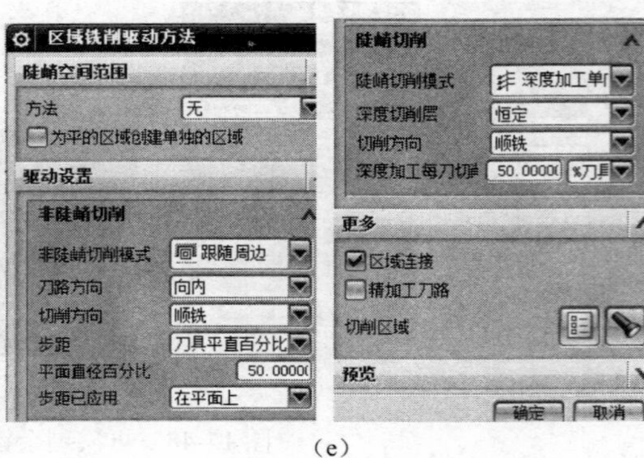

（e）

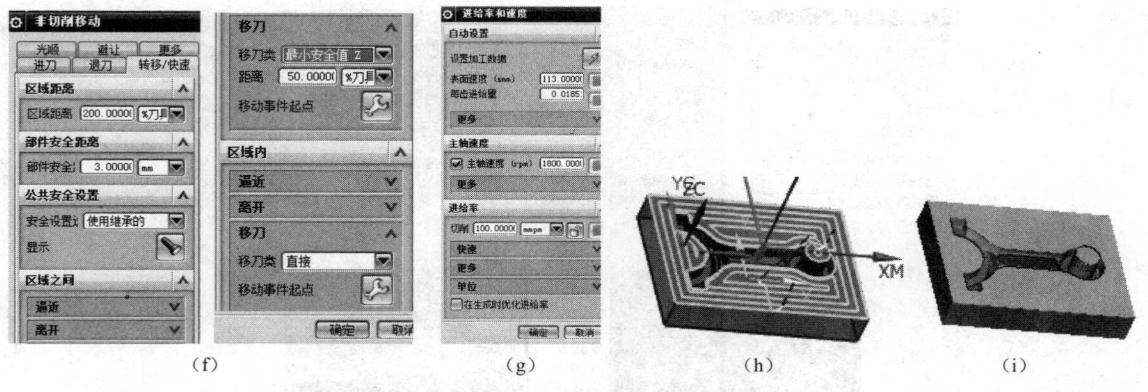

(f)　(g)　(h)　(i)

图 14-49　构建精铣削平面区域刀轨

（2）构建连杆型芯模曲面区域的精铣削加工刀轨

曲面区域的铣削与平面区域的铣削不同在于只能用小直径的球刀或有圆角的圆柱铣刀进行铣削加工，刀路应密，才能使曲面加工后光滑，粗糙度数值小。因此，可将上步平面区域精铣削工序构建的刀轨稍加修改即转换成曲面铣削工序的刀轨。

在“工序导航器－程序顺序”视图中，右击上步程序名“CONTOUR_AREA”，进行“复制”、“粘贴”、“重命名”操作，形成程序名：“CONTOUR_AREA_1”。

① 更改切削区域。

双击程序名：“CONTOUR_AREA_1”，打开“区域轮廓”对话框，单击“指定切削区域”右侧图标，打开“切削区域”对话框，删除原有曲面，再以“窗选”方式选取型腔模具凹槽区域，“切削区域”对话框中立即显示已选取 86 个区域，如图 14-50（a）、（b）所示，单击“确定”按钮，返回“区域轮廓铣”对话框。

② 更换刀具。

将工具栏“刀具”换成“T3_BALL_MILL_D3”。如图 14-50（c）所示。

③ 设置区域切削方法。

单击“驱动方法”：“区域铣削”右侧“编辑”图标，弹出“区域铣削驱动方法”对话框，设置如图 14-50（d）所示，步距项“平面刀具直径百分比”改为 10；“步距已应用”：部件上。“深度加工每刀切削”：10%刀具直径，其他不变，单击“确定”按钮，返回“区域轮廓铣”对话框。

④ 生成刀轨并仿真铣削加工校验。

单击“生成”图标，生成刀轨，如图 14-50（e）所示。

单击“确认”图标，以 2D 方式仿真铣削加工演示，如图 14-50（f）所示。

（3）构建连杆型芯模具清根加工刀轨

① 创建清根参考刀具工序刀轨基本设置。

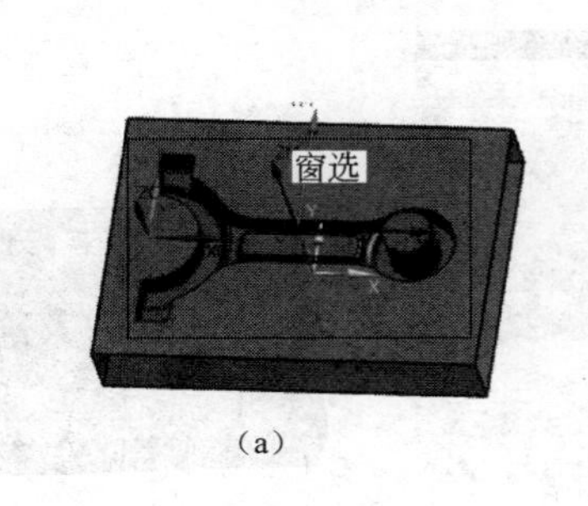

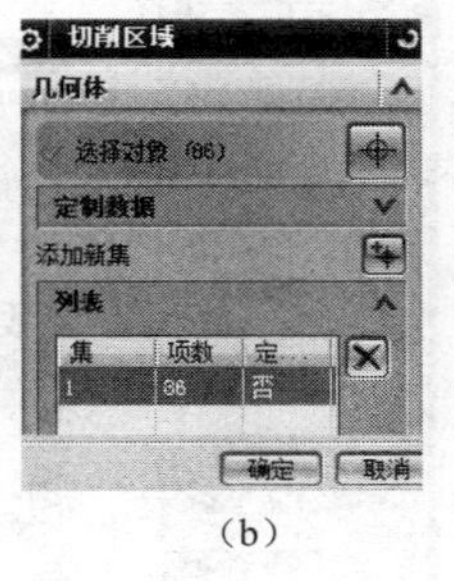

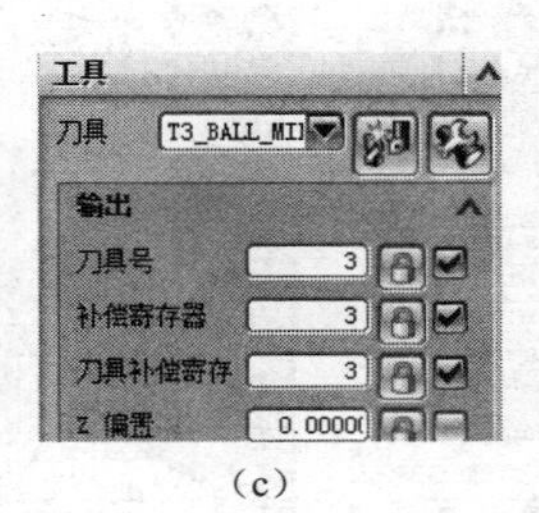

(a)　(b)　(c)

图 14-50

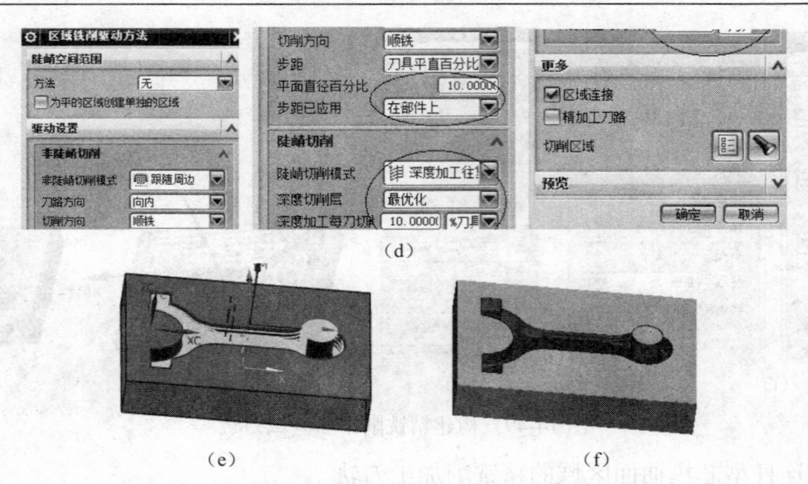

图 14-50　构建连杆型腔模曲面区域的精铣削加工刀轨

打开“创建工序”对话框，进行基本设置，如图 14-51（a）所示。单击“应用”按钮，弹出“清根参考刀具”对话框，如图 14-51（b）所示。

② 各种操作参数设置。

单击“几何体”选项组中“指定切削区域”右侧图标，弹出“切削区域”对话框，以“面”方法指定切削区域，以“窗选”方式选取模型中曲面区域，如图 14-51（c）、（d）、（e）所示。单击“确定”按钮，返回“清根参考刀具”对话框。

打开“清根驱动方法”对话框，“驱动设置”选项组中设置如图；“参考刀具”选项组中，参考曲面铣削时用的刀具 T4_BALL_MILL_D2 铣刀；其他设置如图 14-51（f）所示。单击“确定”按钮，返回“清根参考刀具”对话框。

打开“切削参数”对话框，设置如图 14-51（g）、（h）所示。单击“确定”按钮，返回“清根参考刀具”对话框。

打开“非切削参数”对话框，设置如图 14-51（i）所示。单击“确定”按钮，返回“清根参考刀具”对话框。

打开“进给率与速度”对话框，设置主轴转速 2500rpmin，进给率 150mmpmin，如图 14-51（j）所示。单击“确定”按钮，返回“清根参考刀具”对话框。

③ 生成刀轨并仿真加工校验。

单击“生成”图标，生成刀轨；如图 14-51（k）所示；单击“确认”图标，以 2D 方式演示，仿真铣削加工结果如图 14-51（l）所示。

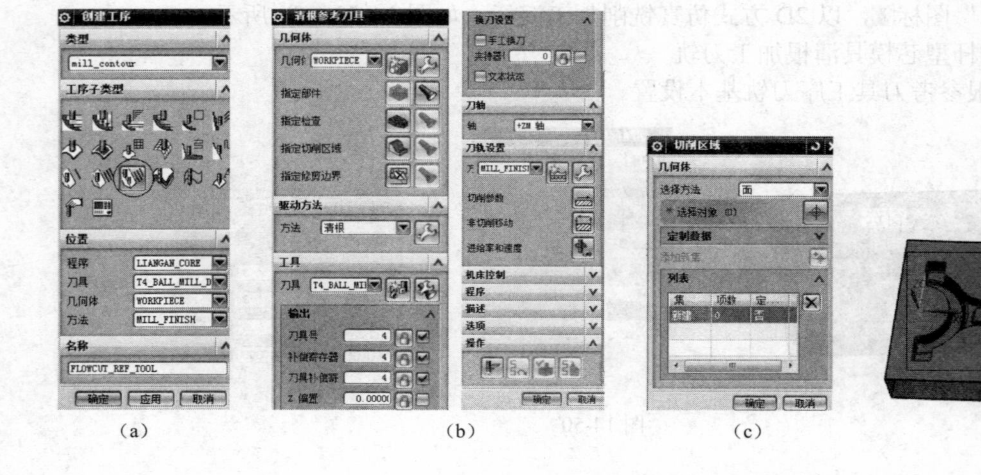

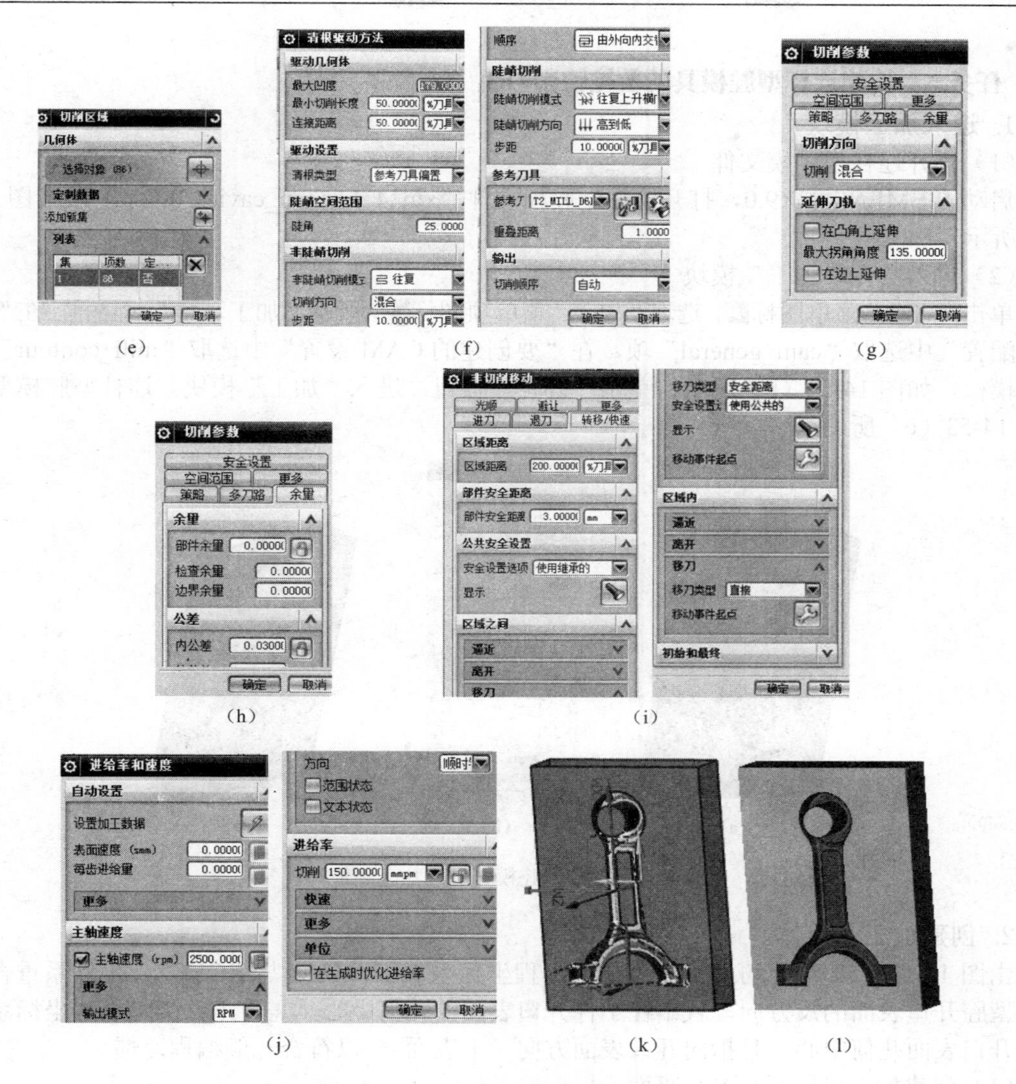

图 14-51　清根铣削刀轨构建

至此，完成了连杆型芯模刀轨的生成操作，重要操作信息在操作导航器中显示，如图 14-52 所示。

工序导航器 － 程序顺序

名称	换刀	刀轨	刀具	刀具号	时间	几何体	方法
NC_PROGRAM					12:20:52		
未用项					00:00:00		
PROGRAM					00:00:00		
LIANGAN_CORE					12:20:52		
CAVITY_MILL		✔	T1_MILL_D20	1	05:39:03	WORKPIECE	MILL_ROUGH
REST_MILLING		✔	T2_MILL_D8	2	01:09:12	WORKPIECE	MILL_ROUGH
REST_MILLING_1		✔	T3_BALL_MILL_D3	3	00:30:14	WORKPIECE	MILL_ROUGH
CONTOUR_AREA		✔	T1_MILL_D20	1	00:31:03	WORKPIECE	MILL_FINISH
CONTOUR_AREA_1		✔	T3_BALL_MILL_D3	3	02:53:38	WORKPIECE	MILL_FINISH
FLOWCUT_REF_TOOL		✔	T4_BALL_MILL_D2	4	01:36:30	WORKPIECE	MILL_FINISH

图 14-52　连杆型芯模具铣削加工程序信息列表

生成 NC 程序代码的操作请读者参考项目 7 讲授内容进行。

任务 5　构建连杆型腔模具的数控铣削刀轨

1. 进入加工模块

（1）打开连杆型腔模文件

启动 SIEMENS NX9.0，打开连杆型腔模文件“xm14_liangan_cavity_002.prt”。如图 14-53（a）所示。

（2）进入数控“加工”模块

单击“启动”菜单图标，选取“加工”菜单项图标，弹出“加工环境”对话框，在“CAM 会话配置”中选取“cam_general”项，在“要创建的 CAM 设置”中选取“mill_contour”型腔铣削模板，如图 14-53（b）所示，单击“确定”按钮，进入“加工”模块。连杆型腔模型显示如图 14-53（c）所示。

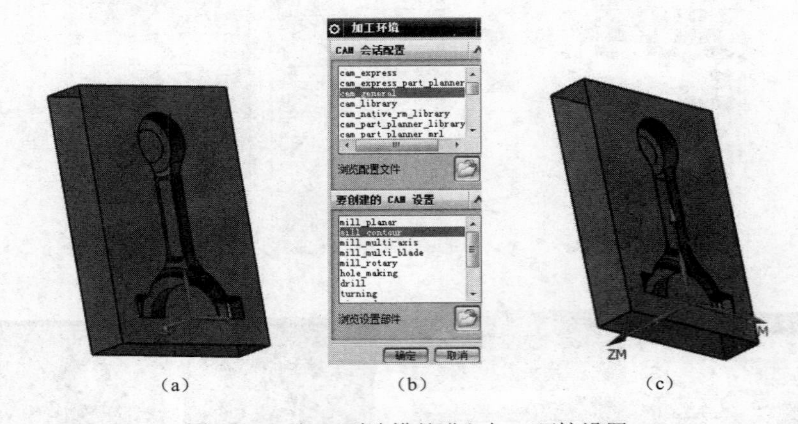

（a）　（b）　（c）

图 14-53　打开型腔模并进入加工环境设置

2. 创建加工几何体

由图 14-53（c）所示可知，工件加工编程坐标系 XMYMZM 与 XCYCZC 坐标系重合，都指向型腔开口表面的反方向，且不在工件开口表面的几何中心，需将工件加工编程坐标系移到型腔开口表面几何中心，且指向开口表面方向（上表面），以符合一般编程习惯。

（1）创建加工坐标系和安全平面

① 创建加工坐标系。

将“工序导航器－程序顺序”视图换成“工序导航器－几何”视图，如图 14-54（a）所示，双击“工序导航器—几何”视图中的“MCS_MILL”项，弹出“MCS 铣削” 对话框，如图 14-54（b）所示，单击“指定 MCS”项，在模型中出现加工动态坐标系 XMYMZM（与 WCS 坐标系 XCYCZC 重合），坐标系原点的绝对坐标（0,0,0），如图 14-54（c）所示。

光标选取模型开口表面的左前棱角，坐标系原点的绝对坐标（–23.76,85,0），如图 14-54（d）所示。

光标选取模型开口表面的右前棱角，坐标系原点的绝对坐标（211.24,85,0），如图 14-54（e）所示。

按住鼠标左键使光标拖动坐标控制球，使其绕 XM（XC）旋转 180°，如图 14-54（f）所示；放开鼠标，如图 14-54（g）所示。

在绝对坐标输入栏中输入 x：93.74=(211.24–23.76)/2；y：0，z：0，则坐标系原点移到模型开口表面几何中心，如图 14-54（h）所示。即加工坐标系原点已经移到模型开口表面（上表面）最高点。

② 创建安全平面。

在“MCS 铣削”对话框的“安全设置”选项组中，光标从下拉列表栏中选取“平面”[此时，加工坐标系在模型中显示如图 14-54（i）所示]。

单击“指定平面”项，从下拉列表栏选取 XCYC 平面图标，如图 14-54（j）所示，模型中弹出平面偏距离输入栏：输入一定的 ZC 距离，如–50，则显示距 XCYC 坐标平面–50mm 的平面，如图 14-54（k）所示，单击对话框中“确定”按钮，完成创建坐标系与安全平面的操作。（特别注意，这里的安全平面是以 XCYCZC 坐标系作参考的，ZC 坐标轴与 ZM 反向，故 ZC 坐标要以负值确定）。

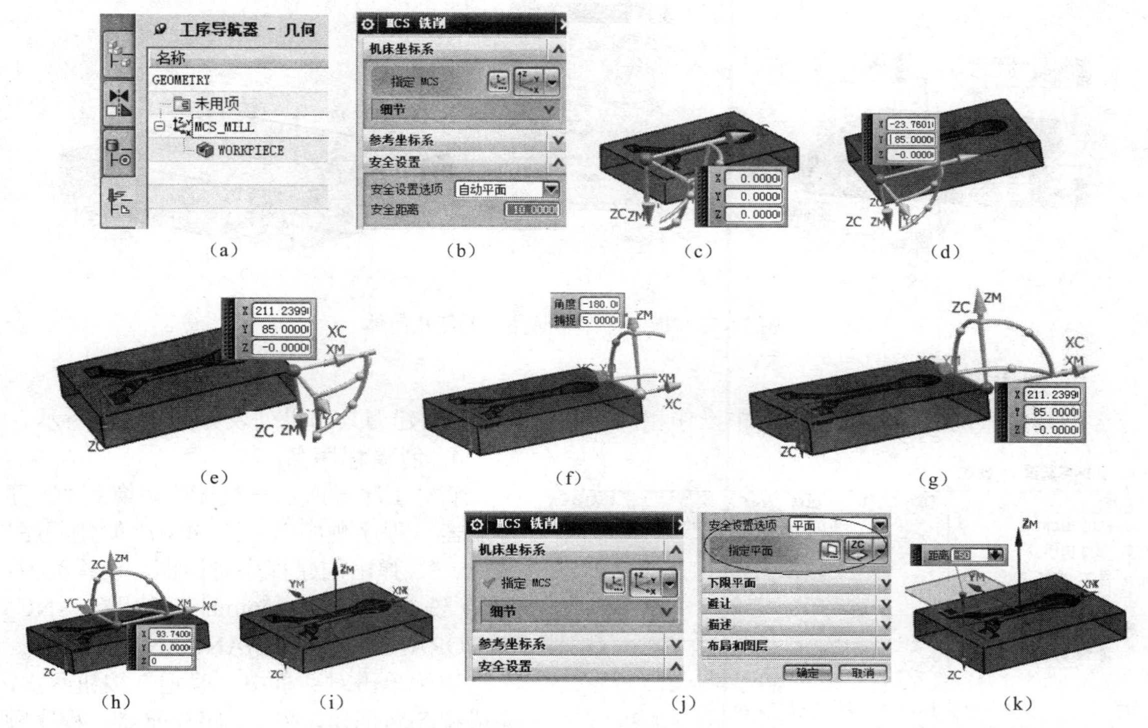

图 14-54　创建模具加工编程坐标系与安全平面操作

（2）定义部件几何体和毛坯几何体

① 创建铣削部件几何体。

单击“操作导航器”中“MCS_MILL”前“+”号，出现“WORKPIECE”，双击“WORKPIECE”，弹出铣削几何“工件”对话框，如图 14-55（a）所示。

单击“指定部件”图标，弹出部件选择对话框，选取型芯体，如图 14-55（c）所示，对话框显示如图 14-55（b）所示，单击“部件几何体”对话框中“确定”按钮，返回“工件”对话框。

② 创建毛坯几何体。

单击“指定毛坯”图标，弹出毛坯选择对话框，选取毛坯类型：“包容块”，且在 ZM+输入栏输入：3，即毛坯在 ZM 正向比包容块增高 3mm，如图 14-55（d）所示，留作上表面的加工余量。模型中显示如图 14-55（e）所示，单击“毛坯几何体”对话框中“确定”按钮，返回“工件”对话框。“工件”对话框中显示如图 14-55（f）所示。

单击“指定部件”右侧的图标，可显示型芯模具体；单击“指定毛坯”右侧图标，可显示毛坯几何体（包容块）。如图 14-55（g）所示。

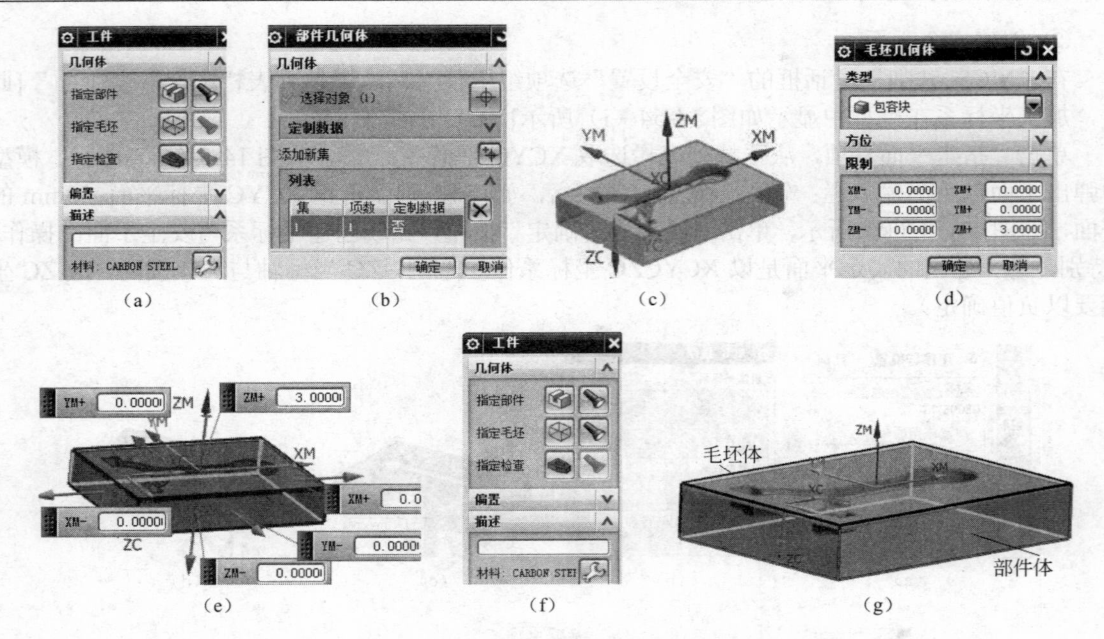

图 14-55 指定部件几何体和毛坯几何体

3. 创建刀具

创建刀具的方法与前述项目中操作相同，不再叙述。创建刀具结果列表如图 14-56 所示。

工序导航器 - 机床

名称	刀轨	刀具	描述	刀具号
GENERIC_MACHINE			Generic Machine	
未用项			mill_contour	
T1_MILL_D20			Milling Tool-5 Parameters	1
T2_MILL_D8			Milling Tool-5 Parameters	2
T3_BALL_MILL_D3			Milling Tool-Ball Mill	3
T4_BALL_MILL_D2			Milling Tool-Ball Mill	4

图 14-56 创建刀具清单

4. 创建程序名

将“工序导航器－机床”切换到“工序导航器－程序顺序”视图，单击“创建程序”图标，弹出创建程序对话框，设置类型：型腔铣削（mill_contour）位置：NC_PROGRAM，名称：LIANGAN_CAVITY。

连续单击对话框中“确定”按钮两次，完成程序名创建，在“工序导航器－程序顺序”视图中出现“LIANGAN_CAVITY”项。

5. 创建粗铣削连杆型腔模具刀轨

（1）创建粗加工操作基本设置

右键单击操作导航器中程序名“LIANGAN_CAVITY”，出现快捷菜单，单击“插入\工序”，弹出“创建工序”对话框，设置子类型“型腔铣”（CAVITY_MILL），位置栏中的程序、刀具、几何体、方法及名称设置如图 14-57（a）所示。

（2）创建粗铣削工序加工几何体

单击“创建工序”对话框中“应用”，弹出“型腔铣”（CAVITY_MILL）参数设置对话框，如图 14-57（b）所示。

“几何体”选项组中“指定部件”、“指定毛坯”项已不能选用，是因为在前面已经设定。

单击“指定切削区域”右侧图标，弹出“切削区域”对话框，如图 14-57（c）所示，以“窗选”方式选取中间曲面区域，再“单选”方式选取平面区域，如图 14-57（d）所示，在“切削区域”对话框中立即显示已选切削区域有 86 个，如图 14-57（e）所示。单击对话框中“确定”按钮，返回“型腔铣”对话框。

这里采用平口钳装夹毛坯体，无须用压板，故不指定修剪边界。

（3）刀轨设置

① 加工方法、切削模式、重刀量、每刀深度设置。

在“型腔铣”参数设置对话框的“刀轨设置”选项组中，设置“方法”、“切削模式”、“步进”计算方式与步进“百分比”、“全局每刀深度”切削用量，如图 14-57（b）所示。

② 切削层设置。

单击“切削层”右侧图标，打开“切削层”设置对话框，一般取默认设置不变，如图 14-57（f）所示。单击“确定”按钮，返回“型腔铣”对话框。

③ 切削参数设置。

单击“切削参数”右侧图标，弹出“切削参数”对话框，在“策略”选项卡中，选取“切削顺序”：深度优先。在“余量”选项卡中，部件侧面底面余量一致：0.5；如图 14-57（g）、（h）所示，其他取默认设置。单击“确定”按钮，返回“型腔铣”对话框。

④ 非切削参数设置。

单击“非切削移动”右侧图标，打开“非切削移动”对话框，“进刀”选项卡设置如图 14-57（i）所示。“转移/快速”选项卡设置如图 14-57（j）所示，其他参数取默认设置，单击“确定”按钮，返回“型腔铣”对话框。

⑤ 进给和速度设置。

单击“进给率和速度”右侧图标，打开“进给率和速度”对话框，设置主轴速度 1500rpm，进给率 150mmpmin。其他参数由系统自动计算获得，如图 14-57（k）所示，单击“确定”按钮，返回“型腔铣”对话框。

（4）生成刀轨并仿真加工演示

单击“生成”图标，生成刀轨，如图 14-57（l）所示。

单击“确认”图标，以 2D 方式演示，仿真铣削加工结果如图 14-57（m）所示。

6. 构建连杆型腔模具剩余铣削加工刀轨

由于上步采用了较大直径的刀具切削，模具腔体内的深槽较窄，就没有被铣削加工，因此要采用小直径刀具进行“剩余铣削”加工。

（1）创建剩余铣削粗加工工序基本设置

右键单击操作导航器中程序名“LIANGAN_CAVITY”，出现快捷菜单，单击“插入\工序”，弹出“创建工序”对话框，设置子类型“剩余铣”（REST_MILLING），位置栏中的程序、刀具、几何体、方法及名称设置如图 14-58（a）所示。

（a）

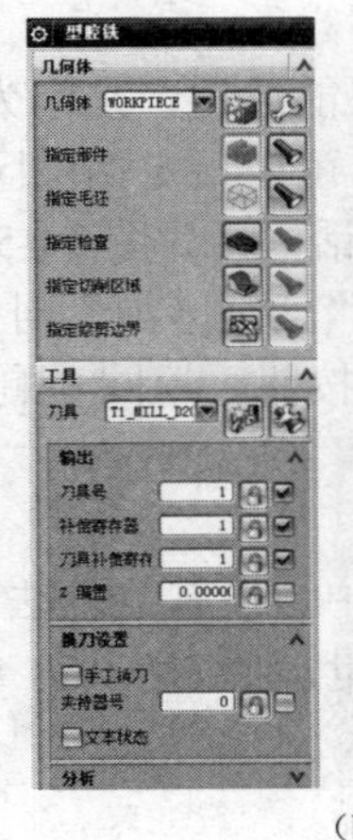

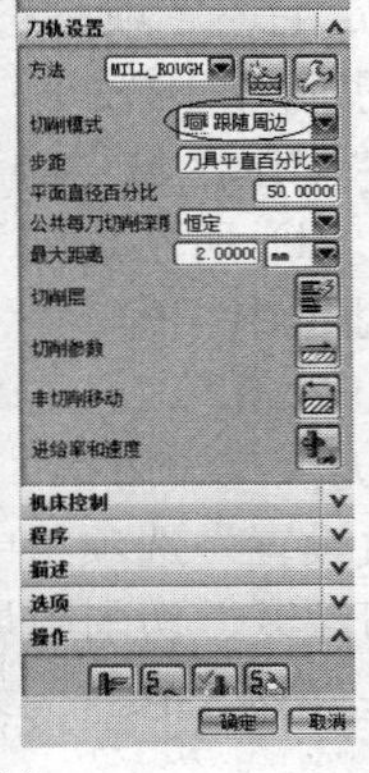

（b）

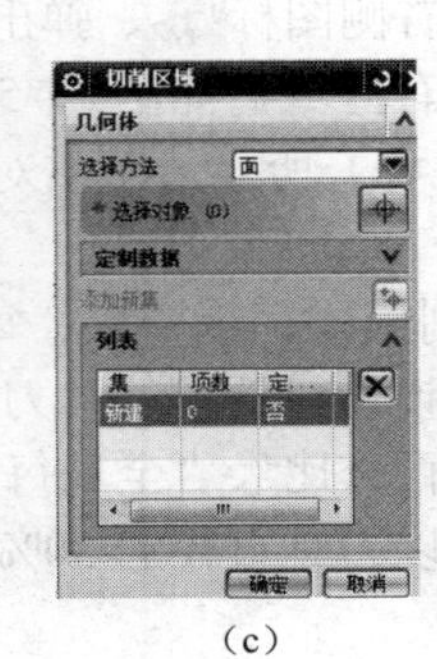

（c）

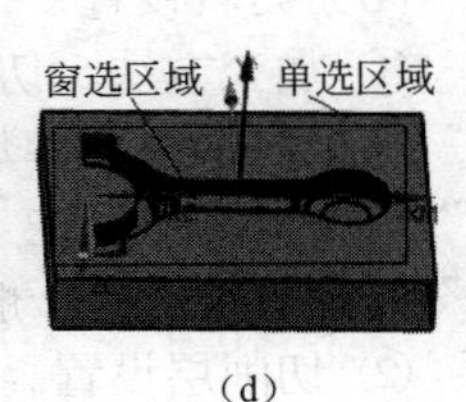

（d）

图 14-57

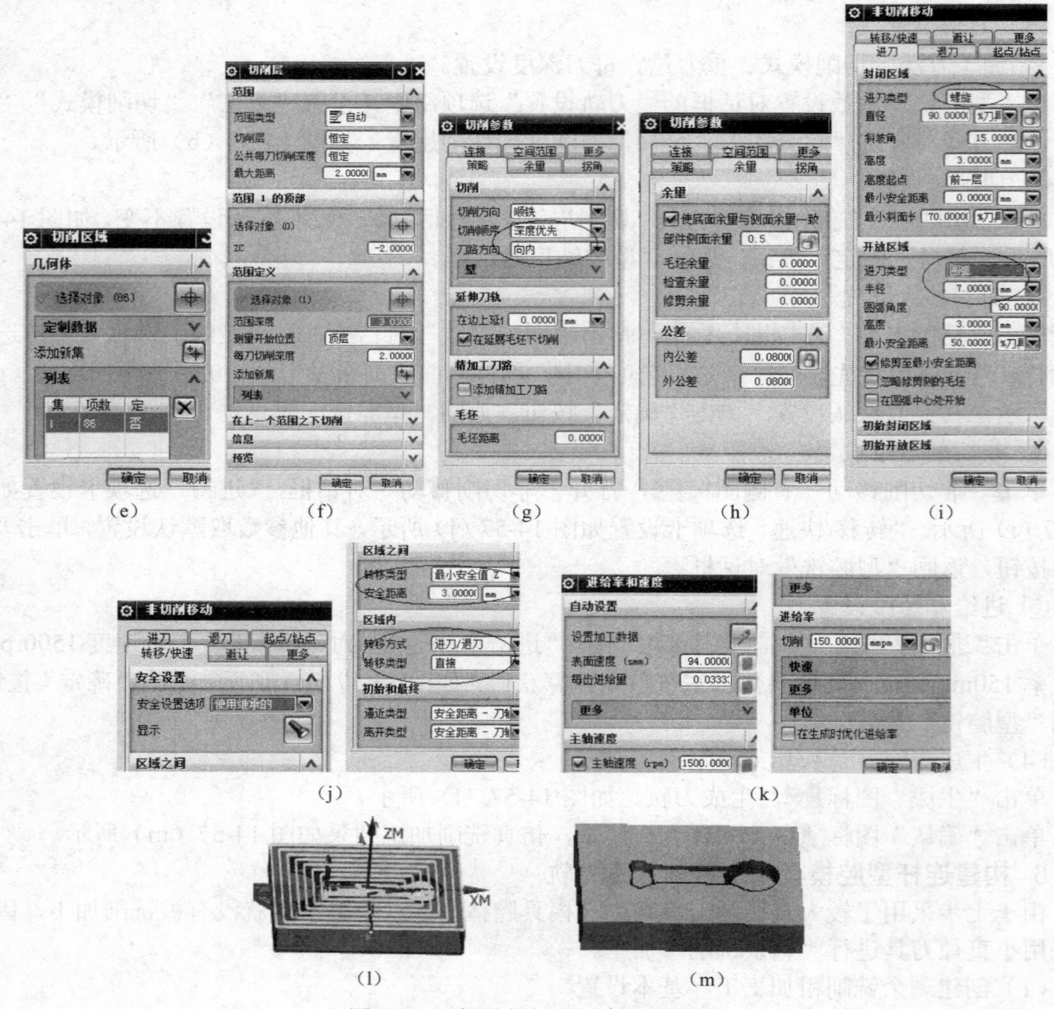

图 14-57 粗铣削加工工序刀轨构建

（2）创建粗铣削工序加工几何体

单击“创建工序”对话框中“应用”，弹出“剩余铣”参数设置对话框，如图 14-58（b）所示。

“几何体”选项组中“指定部件”、“指定毛坯”项已不能选用，是因为在前面已经设定。

由于剩余铣削主要是完成剩余部分的切削，范围较小，可用指定切削区域的方式直接指定。单击“指定切削区域”右侧图标，弹出“切削区域”对话框，如图 14-58（c）所示，以“窗选”方式选取凹槽内所有区域，如图 14-58（d）所示，则“切削区域”对话框中显示已选取了 85 个区域，如图 14-58（e）所示。单击对话框中“确定”按钮，返回“剩余铣”对话框。

（3）刀轨设置

① 加工方法、切削模式、重刀量、每刀深度设置。

在“剩余铣”参数设置对话框的“刀轨设置”选项组中，设置“方法”、“切削模式”、“步进”计算方式与步进“百分比”、“全局每刀深度”切削用量，如图 14-58（b）所示。这里“步进”是指重刀量，一般以刀具直径的 50%～75%给定。

② 切削层设置。

在设置了最大切削距离后，一般可直接采用“切削层”对话框中默认设置，在此，就对切削层参数进行修改。

③ 切削参数设置。

单击“切削参数”右侧图标，弹出“切削参数”对话框，在“策略”选项卡中，选取“切削顺序”：深度优先。在“余量”选项卡中，部件侧面底面余量一致：0.5；如图 14-58（f）、（g）所示，其他取默认设置。单击“确定”按钮，返回“型腔铣”对话框。

④ 非切削参数设置。

单击“非切削移动”右侧图标，打开“非切削移动”对话框，“进刀”选项卡设置如图 14-58（h）所示。“转移/快速”选项卡设置如图 14-58（i）所示，其他参数取默认设置，单击“确定”按钮，返回“型腔铣”对话框。

⑤ 进给和速度设置。

单击“进给率和速度”右侧图标，打开“进给率和速度”对话框，设置主轴速度 1500rpm，进给率 150mmpmin。其他参数由系统自动计算获得，如图 14-58（j）所示，单击“确定”按钮，返回“型腔铣”对话框。

（4）生成刀轨并仿真加工演示

单击“生成”图标，生成刀轨，如图 14-58（k）所示；单击“确认”图标，以 2D 方式演示，仿真铣削加工结果如图 14-58（l）所示。

（5）再次构建剩余铣削粗加工刀轨

由仿真演示可知，连杆型芯模具体的中间段仍有未粗切削部分，原因是刀具直径还大了，无法下刀加工。故再次构建剩余铣削加工刀轨。

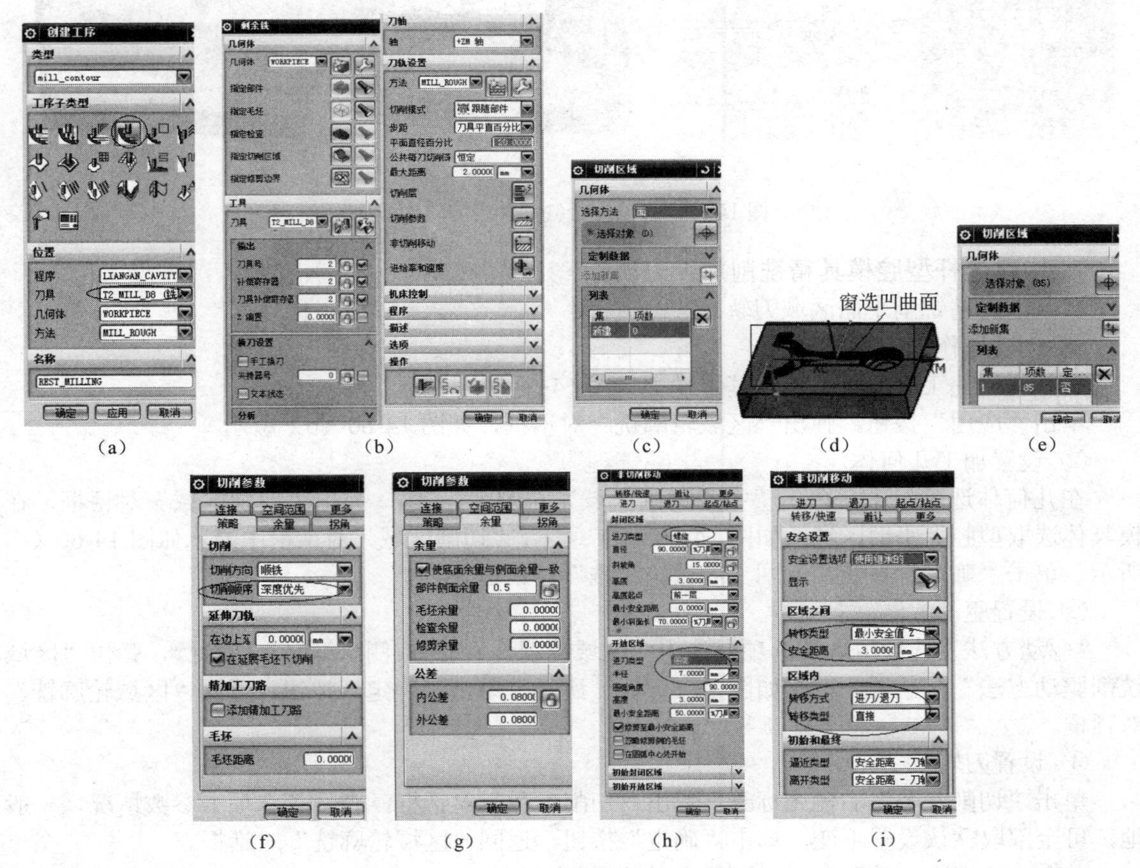

（a）　（b）　（c）　（d）　（e）

（f）　（g）　（h）　（i）

图 14-58

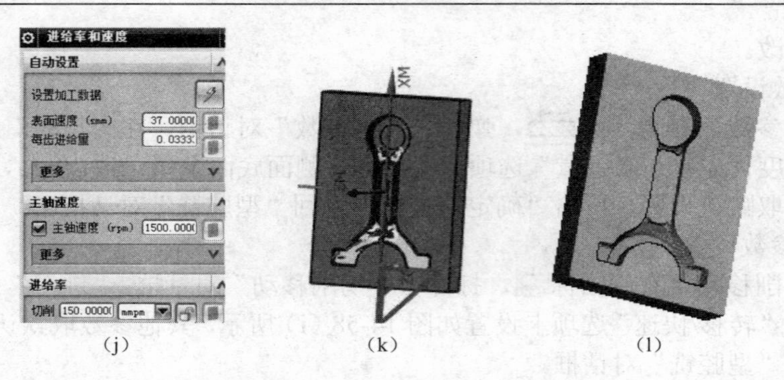

图 14-58 构建剩余铣加工刀轨

复制、粘贴上步程序名称，重命名为“REST_MILLING_1”，双击打开“剩余铣”对话框，将刀具换为 T3，进给率和速度参数也作一定的修改，如图 14-59（a）、（b）所示。

重新“生成”刀轨，并加工仿真演示，如图 14-59（c）、（d）所示。可见，最狭窄的中间段也得到了加工。

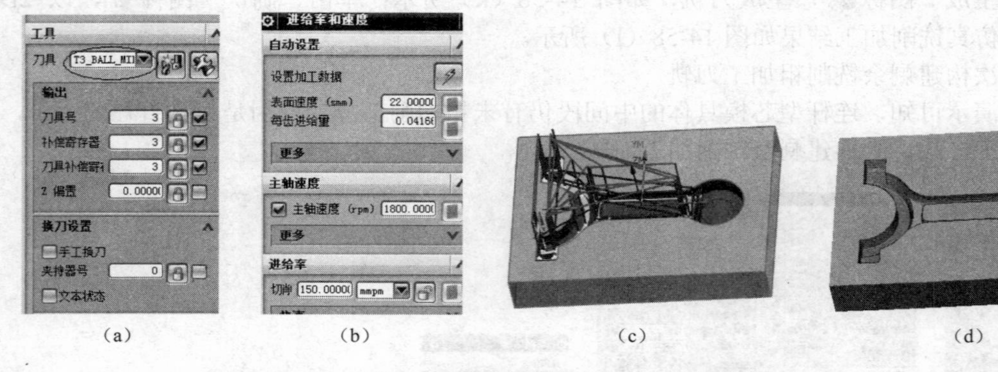

图 14-59 再次剩余铣削加工刀轨构建

7. 构建连杆型腔模具精铣削加工刀轨

（1）创建精铣削平面区域刀轨

① 创建操作基本设置。

打开“创建工序”对话框，基本设置如图 14-60（a）所示。

单击“应用”按钮，弹出“区域轮廓铣”对话框，如图 14-60（b）所示。

② 设置加工几何体。

在几何体选项组中，单击“指定切削区域”右侧图标，弹出“切削区域”对话框，在模具体选取型腔上平面区域，如图 14-60（d）所示，“切削区域”对话框中显示如图 14-60（c）所示。单击“确定”按钮，返回“区域轮廓铣”对话框。

③ 设置驱动方法。

“驱动方法”选项组方法选项默认为“区域铣削”，单击右侧“编辑”图标，弹出“区域铣削驱动方法”对话框，设置如图 14-60（e）所示，单击“确定”按钮，返回“区域轮廓铣”对话框。

④ 设置刀轨。

单击“切削参数”右侧图标，弹出“切削参数”对话框，查看各选项卡参数情况，一般地，可全部取默认设置不变，单击“确定”按钮，返回“区域轮廓铣”对话框。

单击“非切削参数”右侧图标，检查默认设置情况，一般地，这项可不作任何改动，全取默认设置，也可将“转移/快速”选项卡中区域之间“移刀类”项：最小安全距离；区域之内“移刀类”：直接。如图 14-60（f）所示。这样可减小空行程时间。其他参数取默认设置不变。单击“确定”按钮，返回“区域轮廓铣”对话框。

单击“进给率和速度”右侧图标，弹出“进给率和速度”对话框，设置主轴速度 1800rpm，进给率 150mmpmin，其他参数取默认设置，如图 14-60（g）所示，单击“确定”按钮，返回“区域轮廓铣”对话框。

⑤ 生成刀轨并仿真铣削加工校验。

单击“生成”图标，生成刀轨，如图 14-60（h）所示。

单击“确认”图标，以 2D 方式演示，仿真铣削加工结果如图 14-60（i）所示。

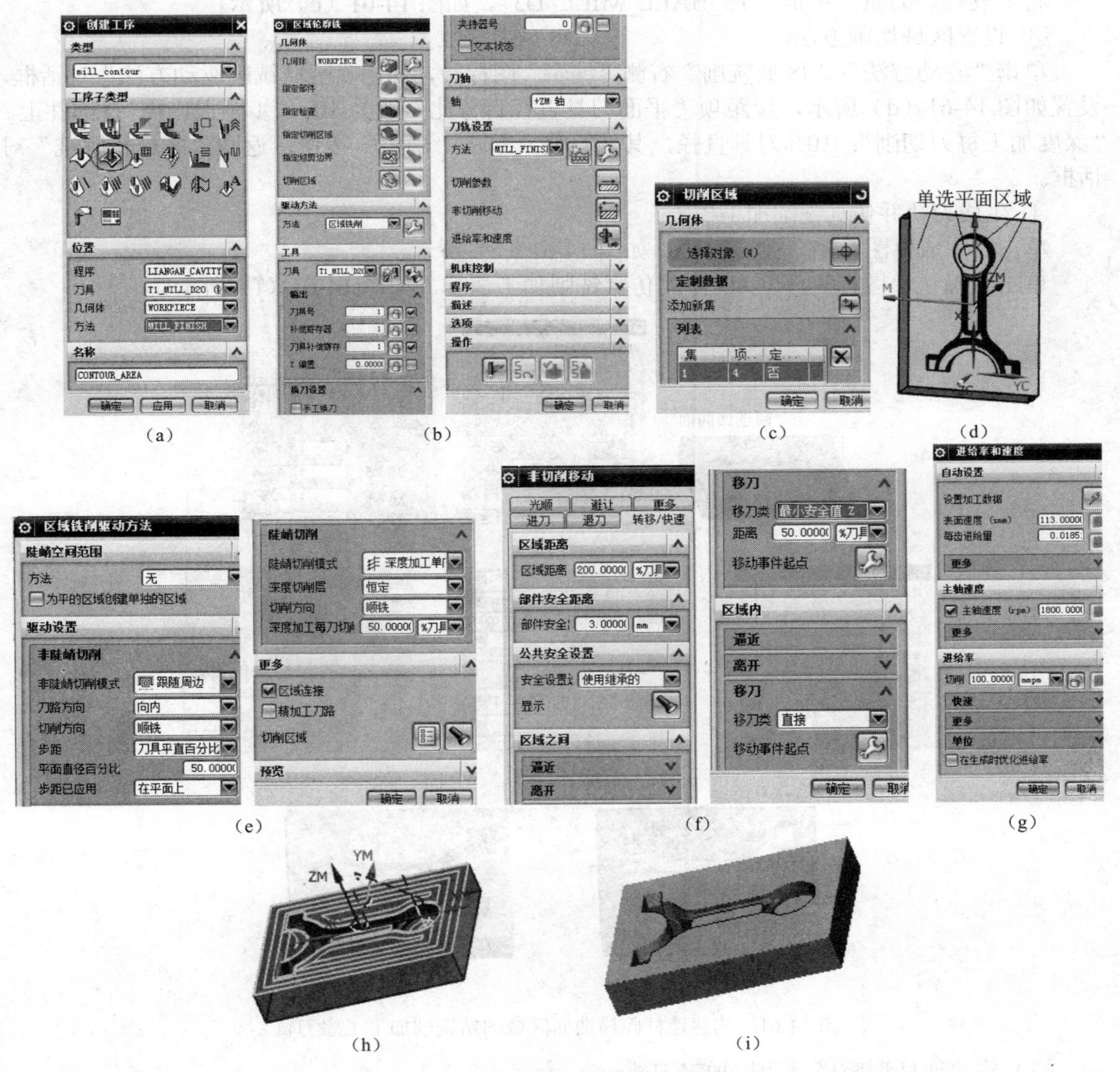

图 14-60　构建精铣削平面区域刀轨

（2）构建连杆型腔模曲面区域的精铣削加工刀轨

曲面区域的铣削与平面区域的铣削不同在于只能用小直径的球刀或有圆角的圆柱铣刀进行铣削加工，刀路应密，才能使曲面加工后光滑，粗糙度数值小。因此，可将上步平面区域精铣削工序构建的刀轨稍加修改即转换成曲面铣削工序的刀轨。

在“工序导航器－程序顺序”视图中，右击上步程序名“CONTOUR_AREA”，进行“复制”、“粘贴”、“重命名”操作，形成程序名：“CONTOUR_AREA_1”。

① 修改切削区域。

双击程序名：“CONTOUR_AREA_1”，打开“区域轮廓”对话框，单击“指定切削区域”右侧图标，打开“切削区域”对话框，删除原有曲面，再以“窗选”方式选取型腔模具凹曲面区域，“切削区域”对话框中立即显示已选取85个区域，如图14-61（a）、（b）所示，单击“确定”按钮，返回“区域轮廓铣”对话框。

② 更换刀具。

将工具栏“刀具”换成“T3_BALL_MILL_D3”。如图14-61（c）所示。

③ 设置区域切削方法。

单击“驱动方法”：“区域铣削”右侧“编辑”图标，弹出“区域铣削驱动方法”对话框，设置如图14-61（d）所示，步距项“平面刀具直径百分比”改为10；“步距已应用”：部件上。“深度加工每刀切削”：10%刀具直径，其他不变，单击“确定”按钮，返回“区域轮廓铣”对话框。

④ 生成刀轨并仿真铣削加工校验。

单击“生成”图标，生成刀轨，如图14-61（e）所示。

单击“确认”图标，以2D方式仿真铣削加工演示，如图14-61（f）所示。

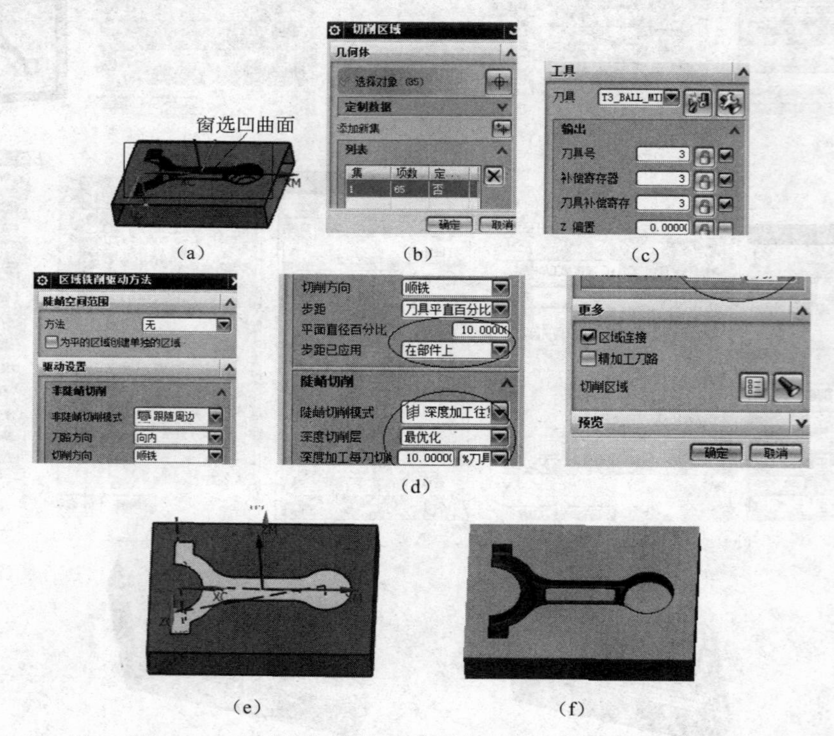

图14-61 构建连杆腔模曲面区域的精铣削加工工序刀轨

（3）构建连杆型腔模具清根加工刀轨

① 创建清根参考刀具工序刀轨基本设置。

打开“创建工序”对话框，进行基本设置，如图14-62（a）所示。单击“应用”按钮，弹出“清根参考刀具”对话框，如图14-62（b）所示。

② 各种操作参数设置。

单击“几何体”选项组中“指定切削区域”右侧图标，弹出“切削区域”对话框，以“面”方法指定切削区域，以“窗选”方式选取模型中曲面区域，如图 14-62（c）、（d）、（e）所示。单击“确定”按钮，返回“清根参考刀具”对话框。

打开“清根驱动方法”对话框，“驱动设置”选项组中设置如图；“参考刀具”选项组中，参考曲面铣削时用的刀具 T4_BALL_MILL_D2 铣刀；其他设置如图 14-62（f）所示。单击“确定”按钮，返回“清根参考刀具”对话框。

打开“切削参数”对话框，设置如图 14-62（g）、（h）所示。单击“确定”按钮，返回“清根参考刀具”对话框。

打开“非切削移动”对话框，设置如图 14-62（i）所示。单击“确定”按钮，返回“清根参考刀具”对话框。

打开“进给率与速度”对话框，设置主轴速度 2500rpm，进给率 150mmpmin，如图 14-62（j）所示。单击“确定”按钮，返回“清根参考刀具”对话框。

③ 生成刀轨并仿真加工校验。单击“生成”图标，生成刀轨；如图 14-62（k）所示；单击“确认”图标，以 2D 方式演示，仿真铣削加工结果如图 14-62（l）所示。

（a） （b） （c）

（d） （e） （f）

（g） （h） （i）

图 14-62

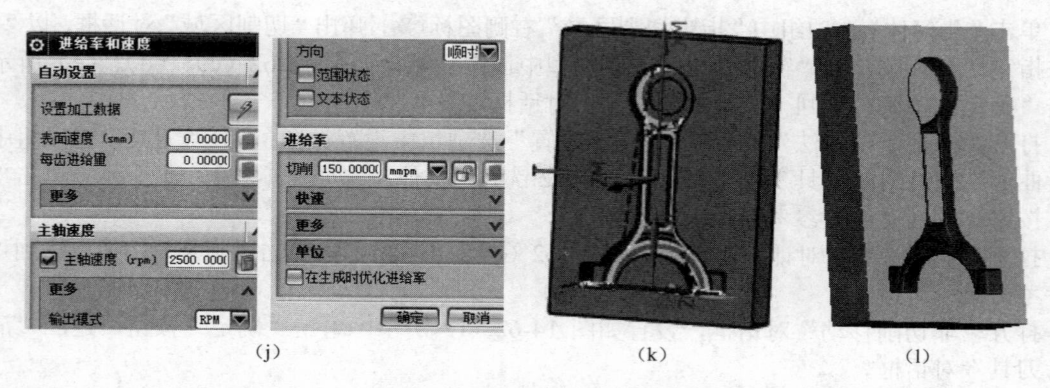

图 14-62　清根铣削工序刀轨构建

至此，完成连杆型腔模刀轨的生成操作，重要操作信息在操作导航器中显示，如图 14-63 所示。

工序导航器 - 程序顺序

名称	换刀	刀轨	刀具	刀具号	时间	几何体	方法
NC_PROGRAM					09:47:17		
未用项					00:00:00		
PROGRAM					00:00:00		
LIANGAN_CAVITY					09:47:17		
CAVITY_MILL	▌	✔	T1_MILL_D20	1	01:18:04	WORKPIECE	MILL_ROUGH
REST_MILLING	▌	✔	T2_MILL_D8	2	00:47:54	WORKPIECE	MILL_ROUGH
REST_MILLING_1	▌	✔	T3_BALL_MILL_D3	3	00:30:52	WORKPIECE	MILL_ROUGH
CONTOUR_AREA	▌	✔	T1_MILL_D20	1	00:32:26	WORKPIECE	MILL_FINISH
CONTOUR_AREA_1	▌	✔	T3_BALL_MILL_D3	3	05:17:13	WORKPIECE	MILL_FINISH
FLOWCUT_REF_TOOL	▌	✔	T4_BALL_MILL_D2	4	01:19:36	WORKPIECE	MILL_FINISH

图 14-63　连杆型腔模具铣削加工程序信息列表

生成 NC 程序代码的操作请读者参考项目 7 讲授内容进行。

四、拓展训练

构建图 14-64 所示连杆零件及其锻造模具，并对锻造模具进行数控铣削加工编程。

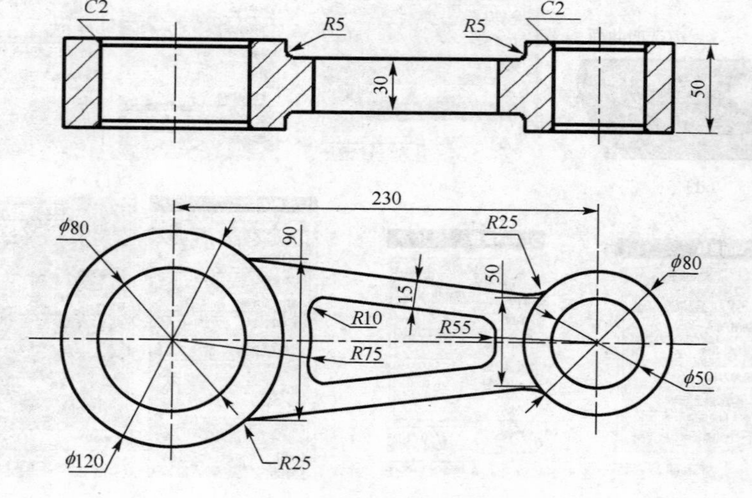

图 14-64　锻造连杆零件图

项目 15 叶轮的造型与数控铣削加工

一、项目分析

叶轮（图 15-1）是涡轮机中的重要零件，由于叶片的形状不规则，叶片曲面应以多点构建曲线、曲面方式获得，而多点一般应根据实物由扫描设备（如激光扫描仪、三坐标测量仪）测得后再进行修改完善处理，使得其造型过程比较复杂漫长。本项目以一种近似方法构建叶片形状，目的是训练构建曲面的一些基本方法，可能与涡轮机中的叶片的尺寸、形状要求有较大出入。

另一方面，对于叶片曲面来说，其数控加工若用三轴机床加工，已远远达不到要求，故本项目引入多轴数控加工，重点讲授“可变轴轮廓铣”、“深度轮廓铣”、“流线驱动”加工等多轴铣削加工方法。

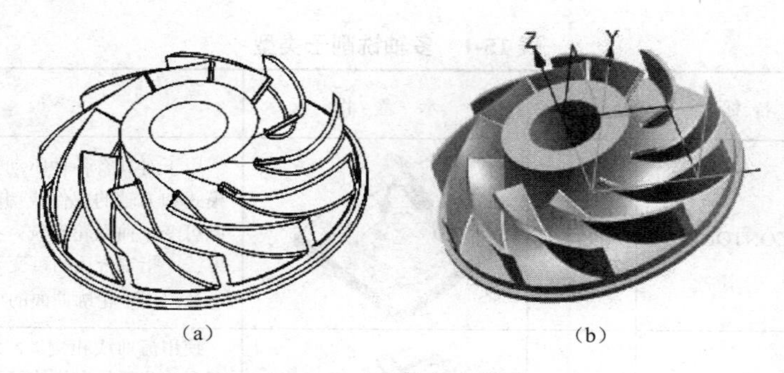

(a)　　(b)

图 15-1　叶轮实体模型

二、相关知识

1. 多轴机床分类

常用机床的坐标轴数是 3 个，即沿 X、Y、Z 三个移动坐标轴的移动。其中二轴或三轴联动即可实现对工件的各种表面进行加工。由于刀轴只能沿坐标轴方向移动，刀具相对工件的加工曲面不一定是沿其法线方向，故加工精度不高。

增加沿三个移动坐标轴的旋转运动坐标轴，可使刀轴相对工件曲面旋转到其法线方向，提高对曲面的加工精度。

增加旋转运动坐标轴后的机床，就称为多轴机床。按增加的旋转坐标轴的位置、方向和数量，将多轴机床分为四轴机床、五轴机床。而五轴机床又可分为：

① 两个旋转轴都在主轴头的刀具侧，称为主轴倾斜型，如图 15-2（a）、（b）所示。

② 两个旋转轴都在工作台侧，称为工作台倾斜型，如图 15-2（c）、（d）所示。

③ 一个旋转轴在主轴头侧，另一旋转轴在工作物侧，称为主轴/工作台倾斜型，如图 15-2（e）、（f）所示。

2. 多轴铣削分类

NX9.0 的 CAM 模块中，多轴铣削主要指可变轴曲面轮廓铣削和顺序铣削。根据铣削控制的各种几何体与应用场合的不同，可分为如表 15-1 所示的各种子类型。

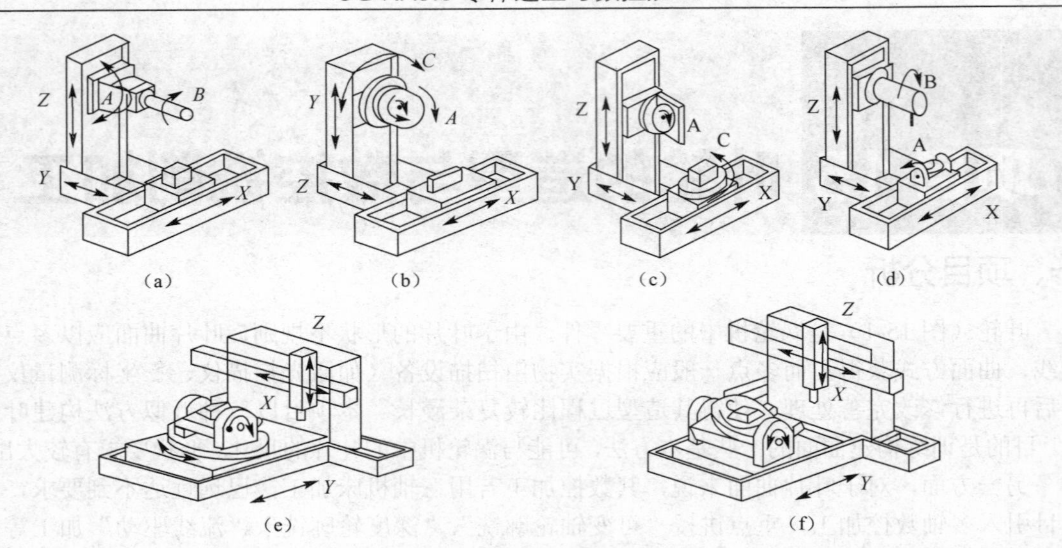

图 15-2　5轴数控机床类型

表 15-1　多轴铣削子类型

图标	英文名称	中文名称	示意图	说明
	VARIABLE_CONTOUR	可变轮廓铣		用于对具有各种驱动方法、空间范围、切削模式和刀轴的部件或切削区域进行轮廓铣的基础可变轴曲面轮廓铣。指定部件几何体、驱动方法。指定合适的可变刀轴。 建议用于轮廓曲面的可变轴精加工。
	VARIABLE_STREAMLINE	可变流线铣		使用流曲线和交叉曲线来引导切削模式并遵照驱动几何体形状的可变轴曲面轮廓铣削。 指定部件几何体和切削区域。编辑驱动方法来选择一组流曲线和交叉曲线以引导和包含路径。指定切削模式。 建议用于精加工复杂形状，尤其是要控制光顺切削模式的流线方向。
	CONTOUR_PROFILE	外形轮廓铣		使用外形轮廓铣驱动方法以刀刃侧面对斜壁进行轮廓加工的可变轴曲面轮廓铣。 指定部件几何体、底面几何体。建议用于精加工斜壁。
	FIXED_CONTOUR	固定轮廓铣		用于对具有各种驱动方法、空间范围和切削模式的部件或切削区域进行轮廓铣工序。 指定部件几何体、切削区域，选择并编辑驱动方法。建议用于精加工轮廓形状。
	ZLEVEL_5AXIS	深度加工5轴		用于深度铣削工序，将侧倾刀轴以远离部件几何体，避免在使用短球头刀时与刀柄/夹持器碰撞。 指定部件几何体、切削区域以确定轮廓加工刀路的间距，指定刀具的侧倾角和方向。 建议用于半精加工和精加工轮廓形状。

续表

图标	英文名称	中文名称	示意图	说明
	SEQUENTIAL_MILL	顺序铣		使用三、四或五轴刀具移动连续加工一系列曲面或曲线。选择部件、驱动及检查曲面以确定每个连续的刀具移动。 建议用于在需要高度刀具和刀路控制时进行精加工。

3. 可变轴曲面轮廓铣

可变轴曲面轮廓铣是表 15-1 中各种子类型中最基本的加工类型。其驱动方法与固定轴曲面轮廓铣削方法基本相同，不同的是没有区域驱动和清根驱动形式。图 15-3 所示为采用曲面驱动的可变轴轮廓铣削示意图。图中反映了部件表面、驱动曲面刀轴之间的相对关系。

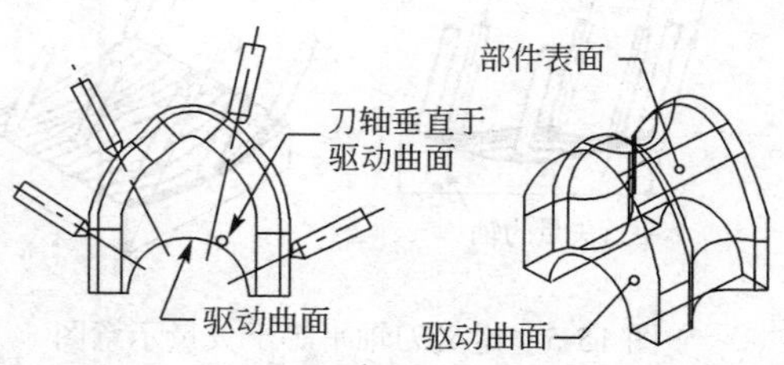

图 15-3　曲面驱动的可变轴轮廓铣削示意图

（1）几何体

几何体分为三类：部件几何体、检查几何体和切削区域几何体。

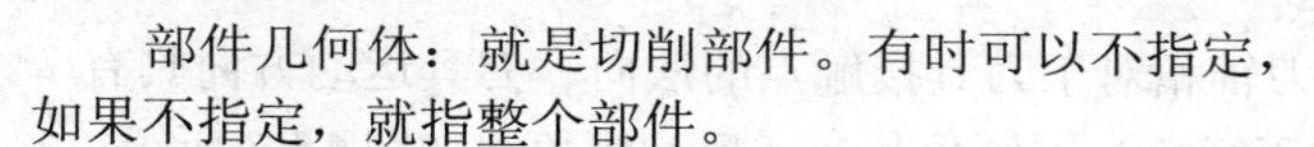

部件几何体：就是切削部件。有时可以不指定，如果不指定，就指整个部件。

检查几何体：是指不切削的部分，如用压板夹持毛坯工件时，压板处不能切削，则可指定压板是检查几何体。

切削区域几何体：指要切削的表面区域部分。可用选择曲面、片体、曲线围成的区域来指定切削区域。

（2）驱动方法

驱动方法用于定义创建刀路径的驱动点。大体分为边界驱动和区域驱动两大类。与固定轴曲面轮廓铣的驱动方法指定方法相同，但少了“区域切削”、“文本”和“清根”三种子类型，增加“外形轮廓加工”子类型，请参考前一项目中相关知识介绍的内容。

（3）投影矢量

投影矢量的定义与指定方法与固定轴曲面铣削的投影矢量完全相同，请参考前一项目中相关知识介绍的内容。

（4）刀轴

可变轴曲面轮廓铣削是多轴铣削的基本类型。刀轴的类型有：远离点、朝向点、远离直线、相对于矢量、垂直于部件、相对于部件、4 轴并垂直于部件、4 轴并相对于部件、双 4 轴在部件上等。

① 远离点。远离点定义刀轴自焦点出发朝向远离该点的方向。使用往复切削类型的“远离点”刀轴如图 15-4（a）所示。

② 朝向点。朝向点定义刀轴的方向朝向焦点。使用往复切削类型的“朝向点”刀轴如图 15-4（b）所示。

③ 远离直线。远离直线定义刀轴自焦线出发朝向远离该直线的方向。如图 15-4（c）所示。

④ 相对于矢量。相对于矢量的刀轴定义了带有前倾或侧倾角的矢量的可变刀轴。“前倾角”定义了刀轴沿刀轨方向具有前倾或后倾角；“侧倾角”定义了刀轨沿刀轨方向具有的向一侧倾斜的角度。图 15-5 中的 ab 两点定义了刀轴的矢量。

⑤ 垂直于部件。定义了在每个接触点处刀轴都与部件表面相垂直。如图 15-6 所示。

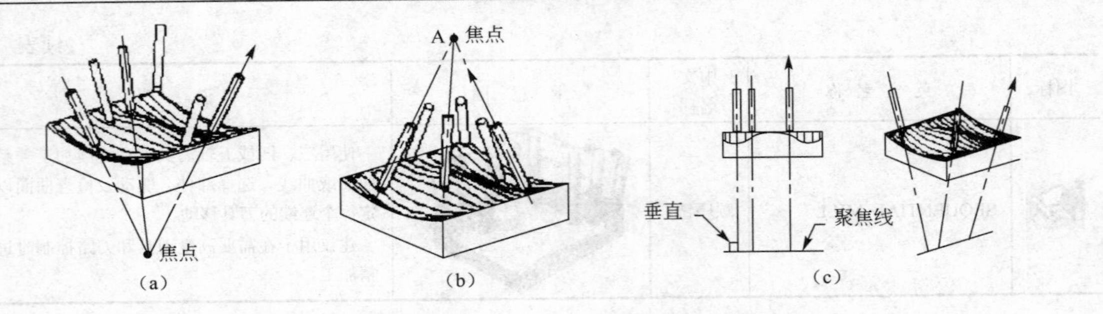

图 15-4　刀轴远离点、朝向点和远离直线示意图

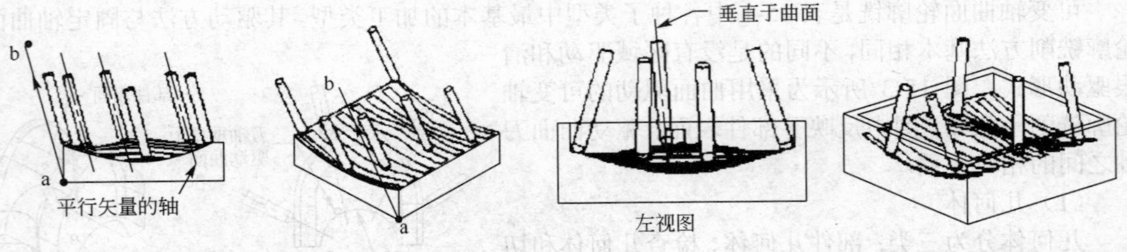

图 15-5　定义刀轴平等于矢量示意图　　图 15-6　垂直于部件的刀轴示意图

⑥ 相对于部件。相对于部件定义了刀轴相对于刀具接触点的法向、刀具运动方向具有一定的正（负）侧倾角和前（后）倾角。如图 15-7 所示。

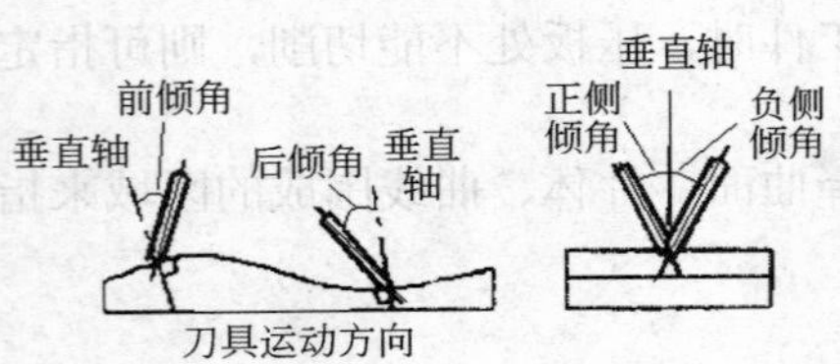

图 15-7　相对于部件的刀轴示意图

另外还有 4 轴，垂直于部件；4 轴，相对于部件；双 4 轴在部件上等刀轴的定义，由于应用不多，在此从略。若有必要请参考相关资料学习。

4. 顺序铣削

顺序铣削是利用部件表面控制刀具底部、驱动表面控制刀具侧刃、检查面控制刀具停止位置的加工类型。刀具在切削过程中，侧刀刃沿着驱动表面运动且保证底部与部件面相切，直到刀具接触到检查面。这种切削类型适应于切削有角度的侧壁。

这种类型又可分为四种运动类型：点到点运动、进刀运动、连续轨迹运动和退刀运动，如图 15-8 所示。

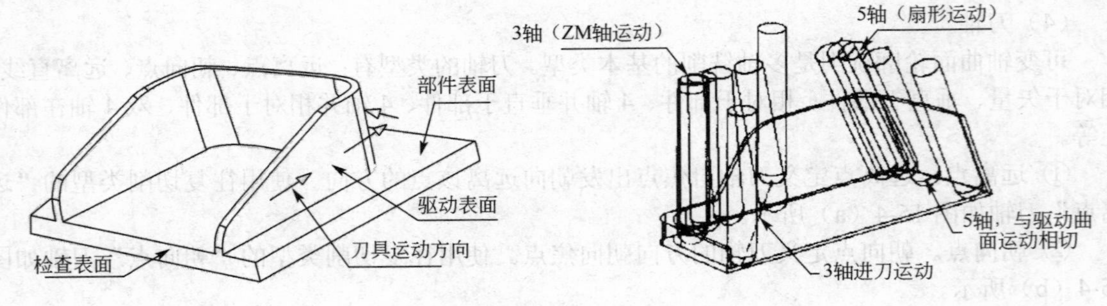

图 15-8　顺序铣削加工示意图

通过使用 3 个或 4 个、5 个刀轴的运动，顺序铣削可使刀具准确地沿曲面轮廓运动，是一种精铣削工件的有效方法。

由于篇幅有限，本教材对于顺序铣削的加工实例从略，请参考相关资料学习。

三、项目实施

任务 1　制定叶轮数控加工工艺过程卡

加工方案：

① 叶轮的叶片受力较大，叶轮坯料应先锻造加工处理，坯料加工后呈圆柱体形状。

② 叶轮叶片呈扭曲状，属于特殊曲面，采用多轴立式数控铣削加工中心机床加工。

③ 圆柱体坯料在立式加工中心机床的水平工作台上用三爪卡盘装夹，三爪卡盘用压板与水平工作台相连接。

④ 现在数控多轴加工机床都可实现高速切削加工，故采用高速切削特点制定叶轮数控加工工艺过程卡如表 15-2 所示。

表 15-2　叶轮制造工艺过程卡

工序	工步	加工范围	刀具	加工工序（步）名称		余量/mm	步距%刀直径	主轴转速/（r/min）	进给率/（mm/min）
				英文	中文				
1	1.1	下料							
2	2.1	锻造							
3 铣削	3.1	粗铣整体	T2（带圆角圆柱立铣刀）	CAVITY_MILL	型腔铣	0.5	75	12000	5000
	3.2	精铣叶轮内孔和台阶侧面	T1（圆柱立铣刀）	ZLEVEL_PROFILE	轮廓加工	0	30	8000	1500
	3.3	半精加工圆角曲面叶片曲面	T3（球头铣刀）	ZLEVEL_5AXIS	深度加工 5 轴铣	0.1	30	15000	2500
	3.4	精铣圆弧曲面	T4（球头铣刀）	ZLEVEL_CONTOUR	曲面流线铣				
				CONTOUR_PROFILE	外形轮廓铣				
	3.5	精铣叶片曲面		VARIABLE_CONTOUR_CEMIAN	可变外形曲面铣	0	30	8000	1500
	3.6	精铣叶片圆角面		VARIABLE_STREAMLINE_JAOIMIAN	曲面流线铣				
	3.7	精铣叶片顶面		VARIABLE_STREAMLINE_DINGMIAN	曲面流线铣	0	10	8000	1500
4		检验							

任务 2　构建叶轮实体

启动 SIEMENS NX9.0，在文件夹“E:\…\xm15”中创建建模文件“xm15_yelun.prt”，进入建模界面。

1. 构建叶轮主模型实体

构建圆柱体ϕ190×10，如图 15-9（a）所示。构建圆柱凸台ϕ80×50，如图 15-9（b）所示。凸台与圆盘间倒圆角 *R*50，如图 15-9（c）所示。

2. 构建叶轮曲面的网格主曲线

（1）构建网格主曲线 1

① 构建网格主曲线 1 的第 1 点。

以圆柱顶面为草图平面，构建草图，绘圆ϕ185、直线，得到直线与圆的交点，如图 15-9（d）所示，该点为网格主曲线 2 的第一点。

以 ZC=35 的水平面构建草图圆ϕ185、直线，得到直线与圆的交点，该点为网格主曲线 1 的第 1 点，如图 15-9（e）所示，

② 构建网格主曲线 1 的第 2 点。

以 ZC=40 的水平面构建草图圆ϕ160、直线，得到直线与圆的交点，该点为网格主曲线 1 的第 2 点，如图 15-9（f）所示。

③ 构建网格主曲线 1 的第 3 点。

以 ZC=45 的水平面构建草图圆ϕ140、直线，得到直线与圆的交点，该点为网格主曲线 1 的第 3 点，如图 15-9（g）所示。

④ 构建网格主曲线 1 的第 4 点。

以 ZC=55 的水平面构建草图圆ϕ125、直线，得到直线与圆的交点，该点为网格主曲线 1 的第 4 点，如图 15-9（h）所示。

网格主曲线 1 的四个点着重标识如图 15-9（i）所示，用“艺术样条”曲线工具命令绘制网格主曲线 1，如图 15-9（j）所示，隐藏构建网格主曲线 1 的四个的草图，仅显示网格主曲线 1，如图 15-9（k）所示。

（2）构建网格主曲线 2

① 构建网格主曲线 2 的第 1 点。

以上（1）的①步已完成。

② 构建网格主曲线 2 的第 2 点。

以 ZC=15 的水平面构建基准平面，求倒圆角曲面与基准平面的交线。如图 15-9（l）所示。

以 ZC=15 的水平面构建基准平面为构建草图平面，绘制直线，如图 15-9（m）所示。得到直线与两面交线的交点，为网格主曲线 2 的第 2 点。

③ 构建网格主曲线 2 的第 3 点。

以 ZC=25 的水平面构建基准平面，求倒圆角曲面与基准平面的交线。如图 15-9（n）所示。

以 ZC=25 的水平面构建基准平面为构建草图平面，绘制直线，如图 15-9（o）所示。得到直线与两面交线的交点，为网格主曲线 2 的第 3 点。

④ 构建网格主曲线 2 的第 4 点。

以 ZC=35 的水平面构建基准平面，求倒圆角曲面与基准平面的交线。如图 15-9（p）所示。

以 ZC=35 的水平面构建基准平面为构建草图平面，绘制直线，如图 15-9（q）所示。得到直线与两面交线的交点，为网格主曲线 2 的第 4 点。

⑤ 构建网格主曲线 2 的第 5 点。

以 ZC=45 的水平面构建基准平面，求倒圆角曲面与基准平面的交线。如图 15-9（r）所示。

以 ZC=45 的水平面构建基准平面为构建草图平面，绘制直线，如图 15-9（s）所示。得到直线与两面交线的交点，为网格主曲线 2 的第 5 点。

网格主曲线 2 的五个点着重标识如图 15-9（t）所示，用“艺术样条”曲线工具命令绘制网格主曲线 2，如图 15-9（u）所示，隐藏构建网格主截面曲线 2 的五个的草图，仅显示网格主曲线 1、2，如图 15-9（v）所示。

3. 构建叶轮曲面的网格交叉曲线

用直线分别连接网格主曲线 1、2 的两点，即得到两条网格交叉曲线，如图 15-9（w）所示。

4. 构建网格曲面

由以上绘制的主曲线和交叉曲线，构建网格曲面，如图 15-9（x）所示。

5. 构建叶片实体

将网格曲面加厚，设置参数：偏置 1：0；偏置 2：3，从模型中心向外偏置加厚，布尔运算：无，结果如图 15-10（a）所示。

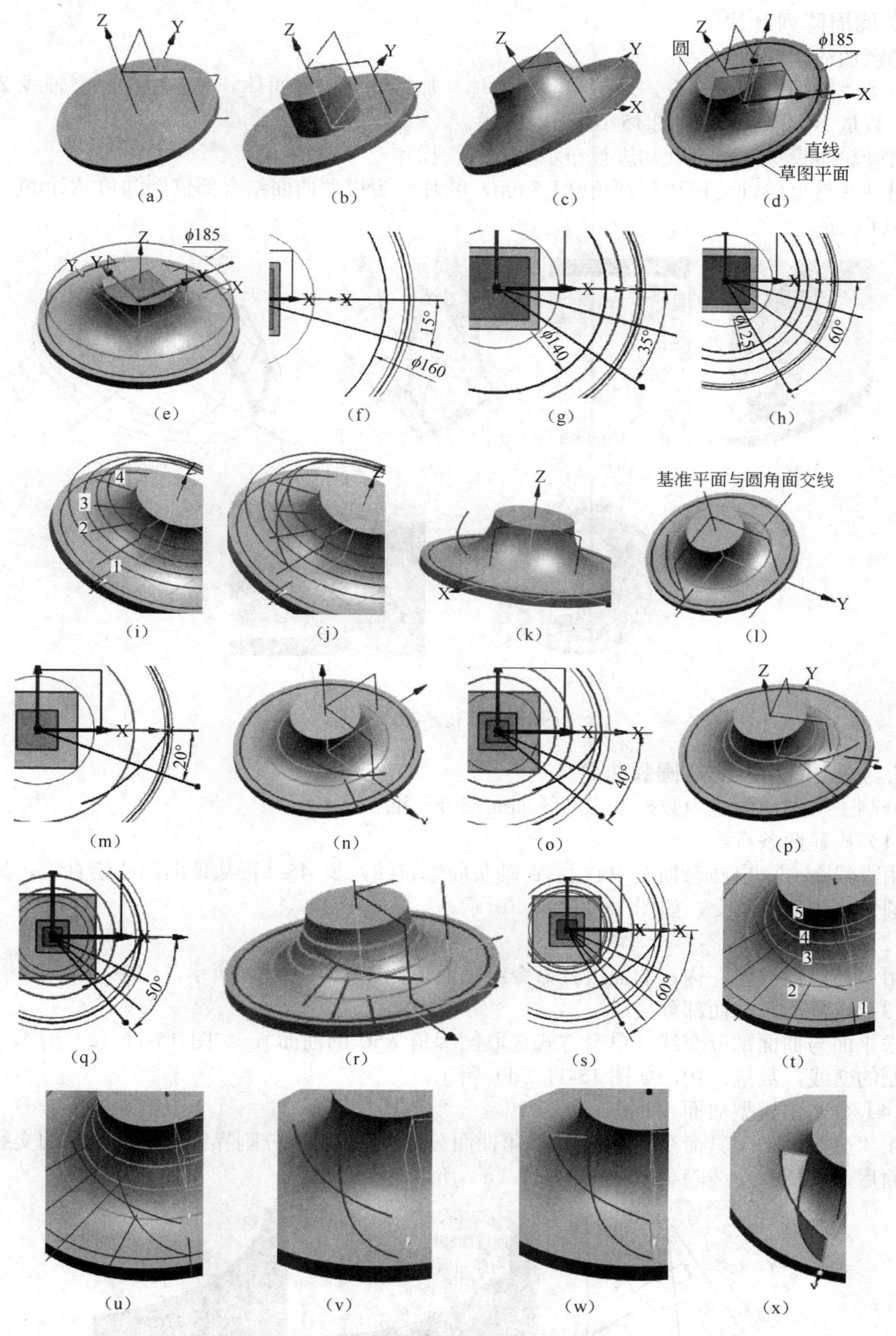

图 15-9　构建叶轮主模型实体和叶片扫掠曲面

为了使叶片实体与叶轮主模型很好地结合，将叶片实体下表面向下进行“偏置面”操作，偏置距离：5。如图 15-10（b）、（c）、（d）所示。

6. 圆周阵列叶片

隐藏曲线、曲面。

启动“阵列”工具命令，均匀将叶片实体（加厚体和偏置面体一起）绕主模型轴线 ZC 轴阵列，数量 10 个，结果如图 15-10（e）所示。

对叶轮主模型和所有叶片进行布尔“求和”操作。

对叶片接近轮轴处棱边倒圆角 R1.5mm，叶片与主模型曲面结合部位倒圆角 R2mm。如图 15-10（f）示。

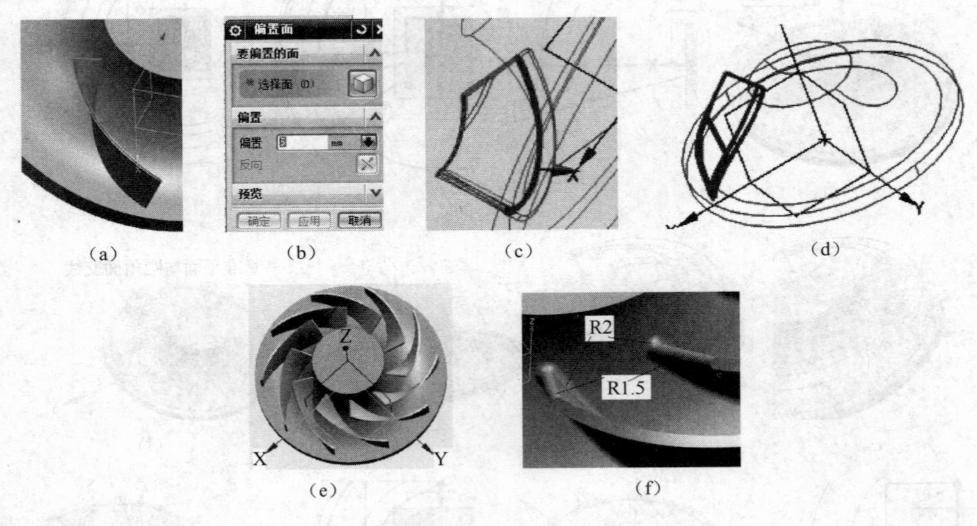

(a)　(b)　(c)　(d)　(e)　(f)

图 15-10　构建叶片实体

7. 分割主模型 R50 圆弧曲面

分割主模型曲面是为数控加工叶轮曲面部分做准备。

（1）构建两条直线

用直线命令，自凸台顶面中心沿 Y 轴负向绘直线，长 45；再从顶面圆心绘直线，另一端与倒圆角边的中点相交，如图 15-11（a）所示。

（2）构建一平面

用“通过曲线组”构建曲面工具命令绘平面，如图 15-11（b）所示。

（3）求平面与曲面部分交线

求平面与曲面部分交线（单个方式选取倒圆角 R50 的曲面），如图 15-11（c）所示。阵列所绘制的交线，数量：10，如图 15-11（d）所示。

（4）分割主模型曲面

用“分割面”工具命令，将 R50 圆角曲面分割成 10 份，分割界线是上步绘制的交线。分割曲面后，将所有交线隐藏。如图 15-11（e）所示。

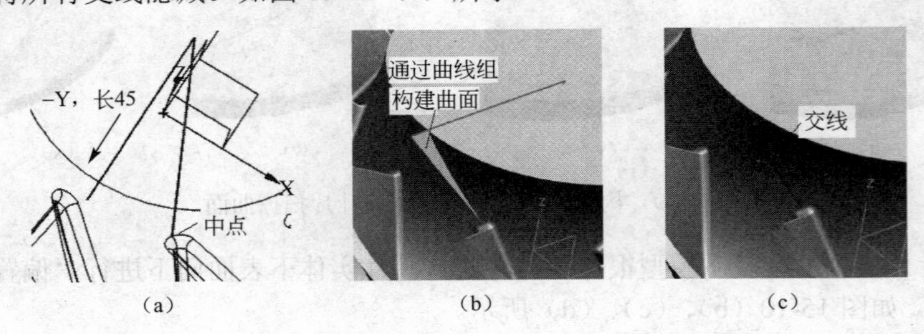

(a)　(b)　(c)

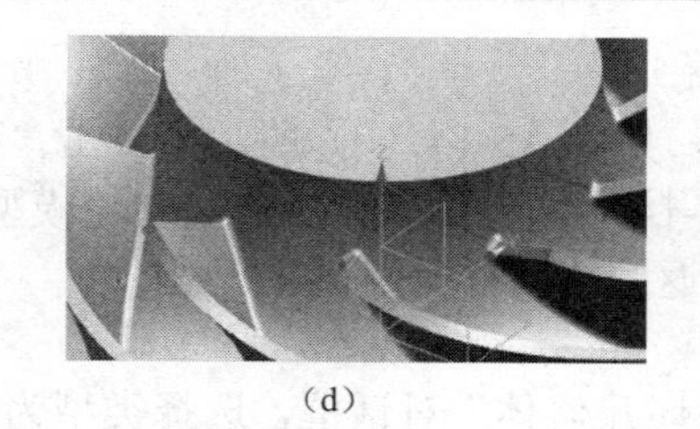
(d)

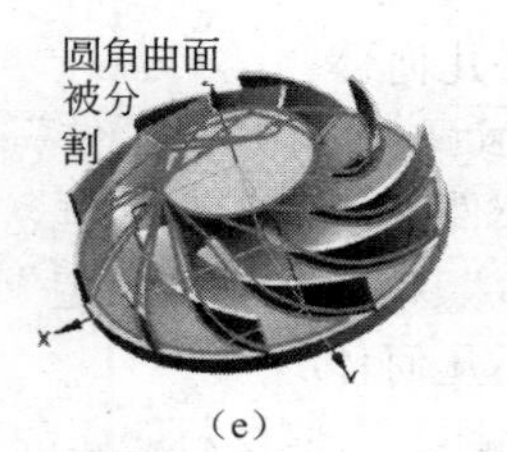

(e)

图 15-11　分割主模型 $R50$ 圆角曲面

8. 构建叶轮轴孔及键槽

用“打孔”工具命令构建叶轮轴通孔$\phi 50$特征，如图 15-12（a）所示。

绘制草图如图 15-12（b）所示，拉伸求差，构建键槽，结果如图 15-12（c）所示。

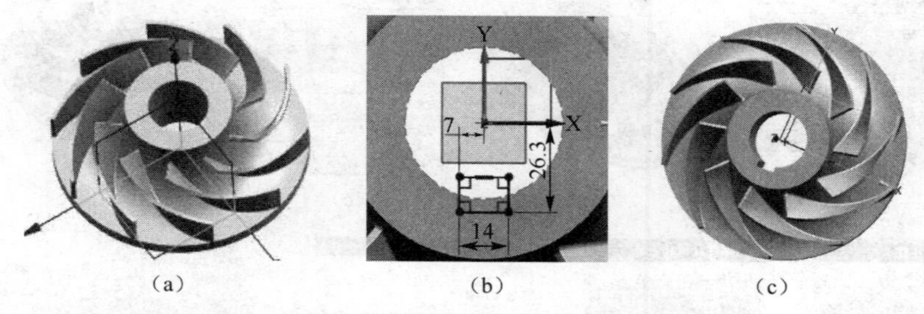

(a)　(b)　(c)

图 15-12　构建叶轮轴孔及键槽

9. 切除叶轮外缘部分

以顶面为草图平面，绘制如图 15-13（a）所示草图，向下拉伸 55，与叶轮模型布尔求差，如图 15-13（b）所示。

隐藏键槽特征和草图，完成叶轮实体模型构建，保存文件，准备数控切削加工。

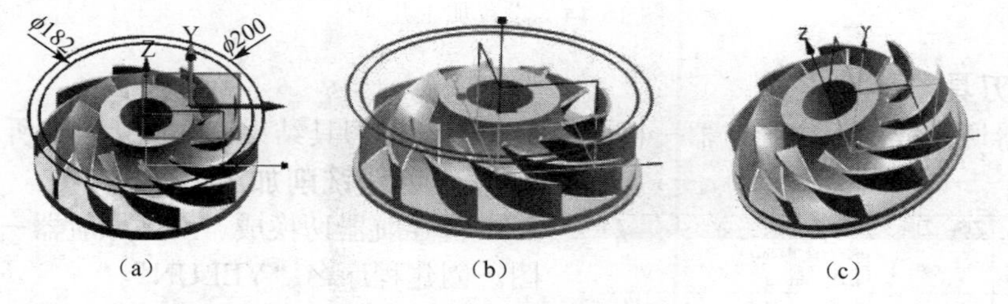

(a)　(b)　(c)

图 15-13　切除叶轮外缘部分

任务 3　构建叶轮数控铣削加工刀轨

1. 设置加工几何体

（1）设置加工坐标系 MCS

启动“加工”模块，进入“工序导航器—几何”视图，单击 MCS_MILL 项，打开“MCS 铣削”对话框，选取“指定 MCS”项，如图 15-14（a）所示，在模型中选取叶轮顶面孔圆心，显示动态坐标如图 15-14（b）所示，即将加工坐标系原点设置在叶轮顶面几何中心。

（2）设置安全平面

在“MCS 铣削”对话框中，选取“安全设置”项，选取“平面”，指定平面中，打开下拉列表框，选取 ZC，如图 15-14（c）所示。在模型中弹出的“距离”动态输入框中输入 100，即安全平面位于 XCYCZC 坐标系中 ZC＝100 的位置，如图 15-14（d）所示。

单击“MCS 铣削”对话框中“确定”按钮，完成坐标系与安全平面的设置。

（3）设置部件几何体

双击 WORKPIECE项，打开“工件”对话框，如图 15-14（e）所示。单击“指定部件”右侧图标，打开“部件几何体”对话框，如图 15-14（f）所示。直接选取叶轮模型为部件几何体，单击“部件几何体”对话框中“确定”按钮，返回“工件”对话框。

（4）设置毛坯几何体

单击“指定毛坯”右侧图标，打开“毛坯几何体”对话框，选择类型为“包容圆柱体”，并在限制栏 ZM–栏输入：–60；ZM+栏输入：2.0，在半径偏置栏输入：2，如图 15-14（g）所示。则在模型中显示如图 15-14（h）所示。单击“毛坯几何体”对话框中“确定”按钮，返回“工件”对话框；单击“工件”对话框中“确定”按钮，结束工件的设置。

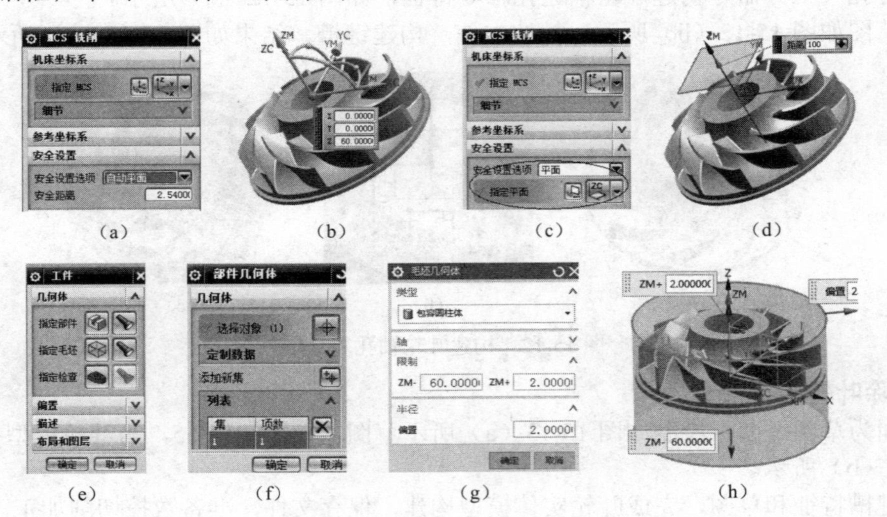

（a）（b）（c）（d）

（e）（f）（g）（h）

图 15-14　设置加工几何体

2. 创建刀具

将导航器切换成“工序导航器－机床”视图，创建刀具结果，如图 15-15 所示。

工序导航器 - 机床

名称	刀轨	刀具	描述	刀具号
GENERIC_MACHINE			Generic Machine	
未用项			mill_contour	
T1_MILL_D10			Milling Tool-5 Parameters	1
T2_MILL_D10R2			Milling Tool-5 Parameters	2
T3_BALL_MILL_D6			Milling Tool-Ball Mill	3
T4_BALL_MILL_D4			Milling Tool-Ball Mill	4

图 15-15　创建刀具列表

3. 创建铣削加工刀轨

将导航器切换成“工序导航器－程序顺序”视图。创建程序名“YELUN”。

（1）创建粗铣整个零件的刀轨

在“工序导航器－程序顺序”视图中，右击程序名“YELUN”，从快捷菜单中选取“插入”－“工序”项，打开“创建工序”对话框，设置各参数如图 15-16（a）所示。单击对话框中“应用”按钮，弹出“型腔铣”对话框，如图 15-16（b）所示。

① 指定切削区域。

单击“指定切削区域”右侧图标，弹出“切削区域”对话框，以“面”的选择方式，窗选叶轮模型的整体，再按住“Shift”键，选取底面，即选取了除底面外的所有区域为切削区域。如图 15-16（c）、（d）、（e）所示，共选取了 155 个面为切削区域。单击“切削区域”对话框中“确定”按钮，返回“型腔铣”对话框。

② 选择切削模式、步距、最大切削深度。

在“型腔铣”对话框的“刀轨设置”栏，选取 “切削模式”：跟随部件；“步距”：刀具直径的 75%；“最大切削深度”：1.0，如图 15-16（b）所示。

③ 设置切削参数。

单击对话框中“切削参数”右侧图标，弹出“切削参数”对话框，在“策略”选项卡中，设置“切削顺序”：深度优先；在“余量”选项卡中，底面和侧面余量一致，都为 0.5；在“空间范围”选项卡毛坯栏中，处理中的工件项为：使用 3D，如图 15-16（f）、（g）、（h）所示。

④ 设置非切削运动参数。

单击对话框中“非切削运动”右侧图标，弹出“非切削参数”对话框，设置选项如图 15-16（i）、（j）所示。

⑤ 设置进给率和主轴转速。

单击对话框中“进给率和速度”右侧图标，弹出“进给率和速度”对话框，设置主轴转速：12000rpm；进给率：5000mmpm，如图 15-16（k）所示。

⑥ 生成刀轨并切削仿真。

单击对话框中生成刀轨图标，开始生成刀轨，并弹出“操作编辑”信息提示，如图 15-16（n）所示，单击“确定”按钮，完成刀轨的生成，如图 15-16（l）所示。

单击对话框中确认图标，进入切削仿真界面，进行 2D 切削仿真，切削后结果如图 15-16（m）所示。

（2）精铣叶轮孔和台阶面

在“工序导航器－程序顺序”视图中，右击程序名“YELUN”，从快捷菜单中选取“插入”－“工序”项，打开“创建工序”对话框，设置各参数如图 15-17（a）所示。单击对话框中“应用”按钮，弹出“深度轮廓加工”对话框，如图 15-17（b）所示。

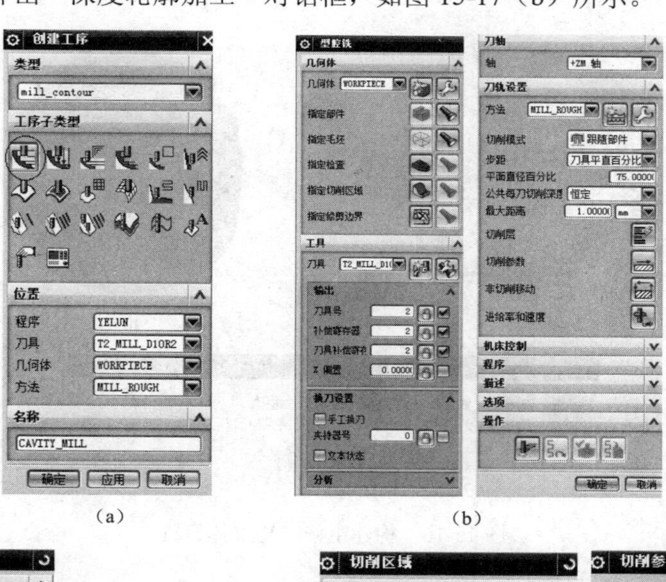

（a）　（b）

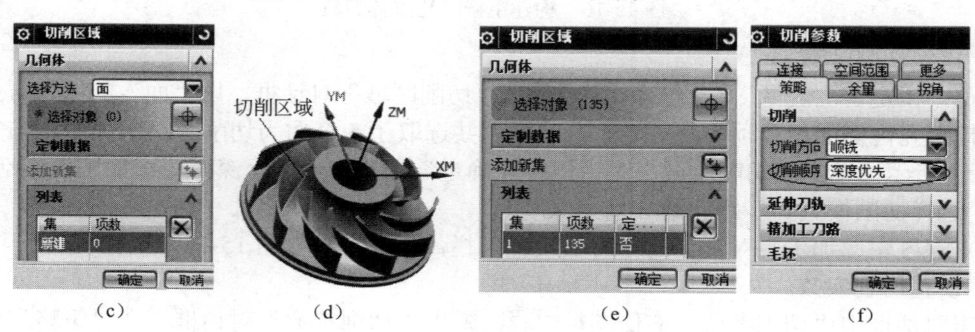

（c）　（d）　（e）　（f）

图 15-16

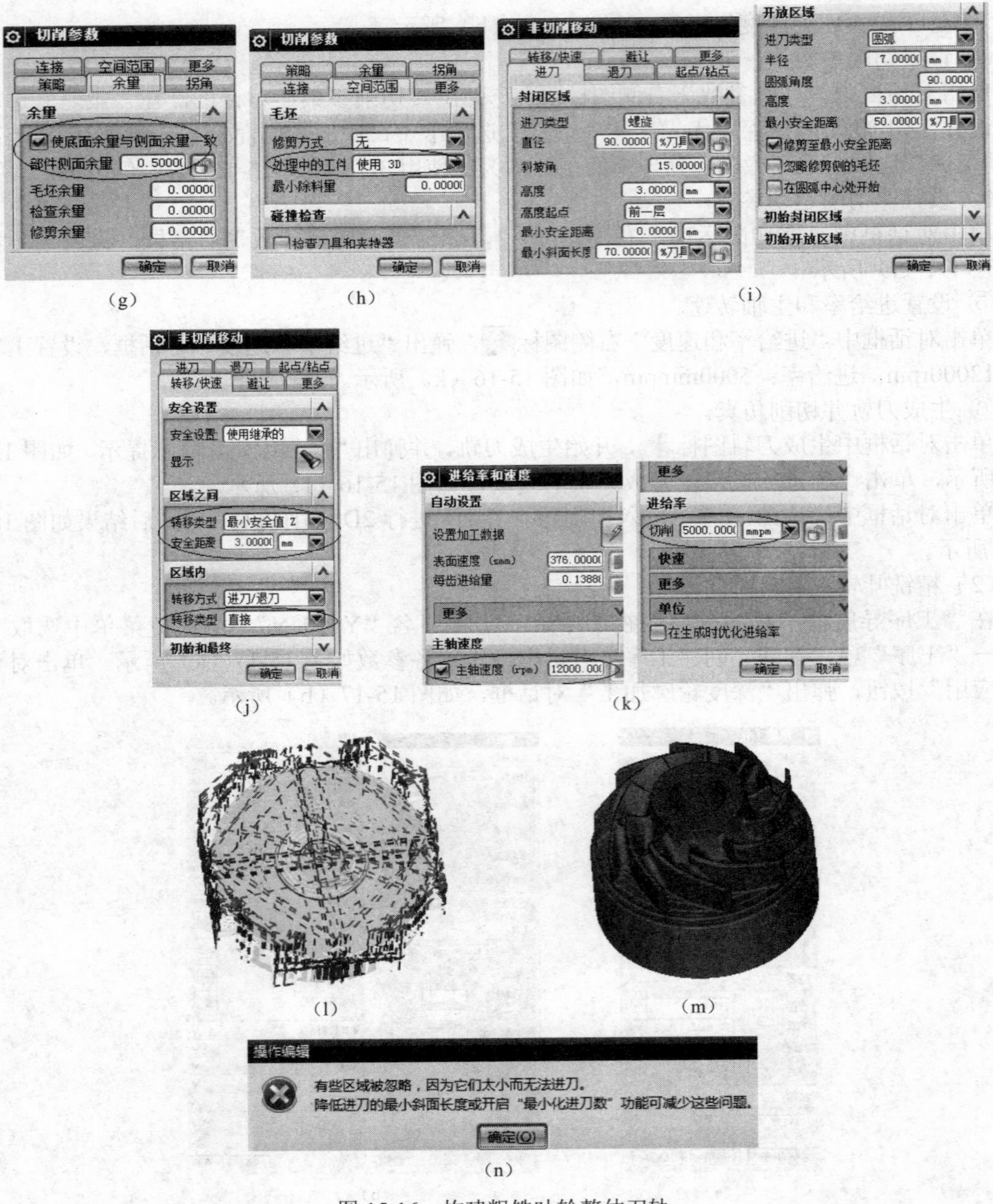

图 15-16　构建粗铣叶轮整体刀轨

① 指定切削区域。

单击“指定切削区域”右侧图标，弹出“切削区域”对话框，以“面”的选择方式，选取叶轮模型孔内侧面、孔顶面和外轮廓台阶面，共选取了 5 个面为切削区域。如图 15-17（c）、（d）、（e）所示，单击“切削区域”对话框中“确定”按钮，返回“深度轮廓加工”对话框。

② 选择切削模式、步距、最大切削深度。

在“深度轮廓加工”对话框的“刀轨设置”栏，设置参数如图 15-17（b）所示。

③ 设置切削参数。

单击对话框中“切削参数”右侧图标，弹出“切削参数”对话框，在“策略”选项卡中，设置“切削顺序”：深度优先；在“余量”选项卡中，底面和侧面余量一致，全为 0；“拐角”、“连接”选项卡设置，如图 15-17（f）、（g）、（h）、（i）所示。

④ 设置非切削运动参数。

单击对话框中“非切削运动”右侧图标，弹出“非切削移动”对话框，设置选项如图 15-17（j）、（k）所示。

⑤ 设置进给率和主轴速度。

单击对话框中“进给率和速度”右侧图标，弹出“进给率和速度”对话框，设置主轴速度：8000rpm；进给率：1500mmpmin，如图 15-17（l）所示。

⑥ 生成刀轨并切削仿真。

单击对话框中“生成刀轨”图标，开始生成刀轨，如图 15-17（m）所示。

单击对话框中“确认”图标，进入切削仿真界面，进行 2D 切削仿真，切削后结果如图 15-17（n）所示。

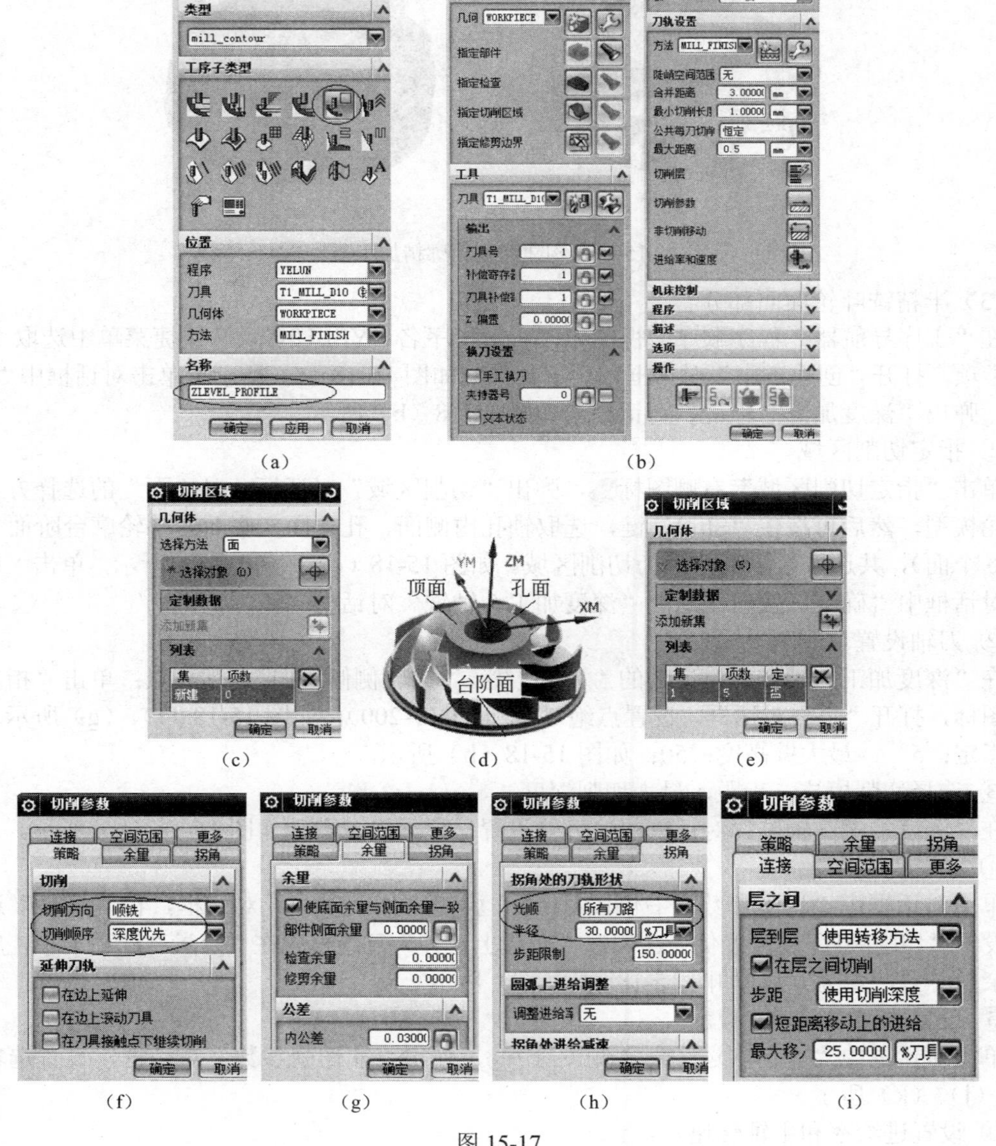

（a）（b）（c）（d）（e）（f）（g）（h）（i）

图 15-17

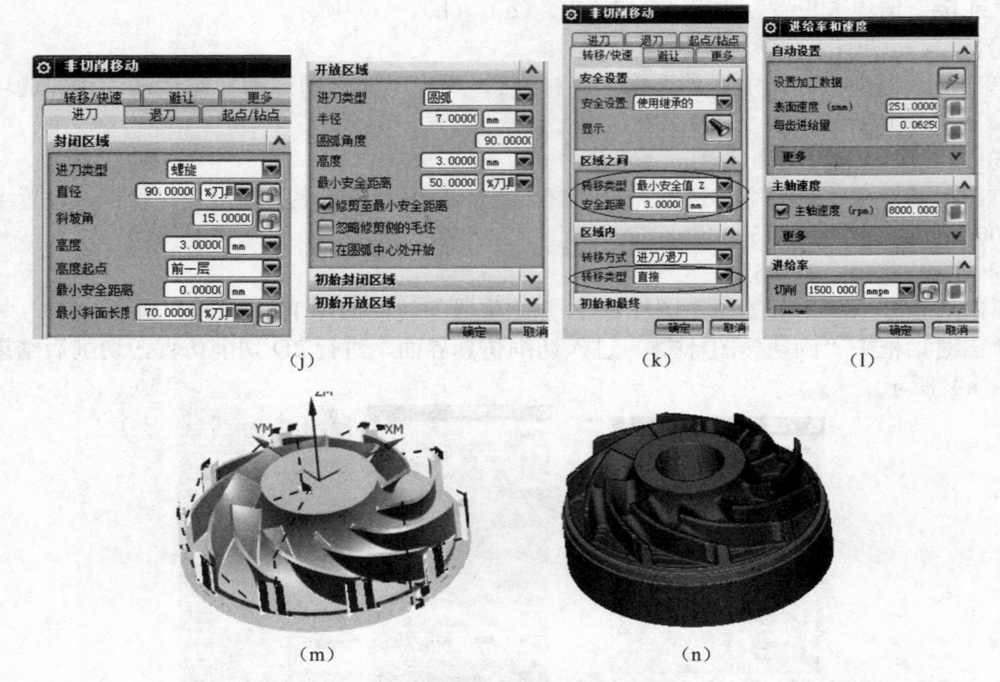

（j） （k） （l）

（m） （n）

图 15-17 构建深度轮廓精加工刀轨

（3）半精铣叶轮曲面部分

在“工序导航器－程序顺序”视图中，右击程序名“YELUN”，从快捷菜单中选取“插入\工序”项，打开“创建工序”对话框，设置各参数如图 15-18（a）所示。单击对话框中“应用”按钮，弹出“深度加工 5 轴铣”对话框，如图 15-18（b）所示。

① 指定切削区域。

单击“指定切削区域”右侧图标，弹出“切削区域”对话框，以“面”的选择方式，窗选叶轮模型，然后再按住“Shift”键，选取轴孔内侧面、孔顶面、底面和外轮廓台阶面（即移除这 6 个面），共选取了 150 个面为切削区域。如图 15-18（c）、（d）、（e）所示，单击“切削区域”对话框中“确定”按钮，返回“深度加工 5 轴铣”对话框。

② 刀轴设置。

在“深度加工 5 轴铣”对话框的“刀轴”栏，“刀轴侧倾方向”：远离点；单击“指定点”右侧图标，打开“点”对话框，设置点绝对坐标（0.0,–200），如图 15-18（f）、（g）所示。侧倾角：指定：5°；最大壁高度：50；如图 15-18（b）所示。

③ 选择切削模式、步距、最大切削深度。

在“深度加工 5 轴铣”对话框的“刀轨设置”栏，设置参数如图 15-18（b）所示。

④ 设置切削参数。

单击对话框中“切削参数”右侧图标，弹出“切削参数”对话框，在“策略”选项卡中，设置“切削顺序”：深度优先；勾选“在边上延伸”复选框；在“余量”选项卡中，底面和侧面余量一致，全为 0.1，如图 15-18（h）、（i）所示。

⑤ 设置非切削运动参数。

单击对话框中“非切削运动”右侧图标，弹出“非切削参数”对话框，设置选项如图 15-18（j）、（k）所示。

⑥ 设置进给率和主轴转速。

单击对话框中“进给率和速度”右侧图标，弹出“进给率和速度”对话框，设置主轴转速：15000rpm；进给率：2000mmpm，如图 15-18（l）所示。

⑦ 生成刀轨并切削仿真。

单击对话框中“生成刀轨”图标，开始生成刀轨，如图 15-18（m）所示。

单击对话框中“确认”图标，进入切削仿真界面，进行 2D 切削仿真，切削后结果如图 15-18（n）所示。

(a)

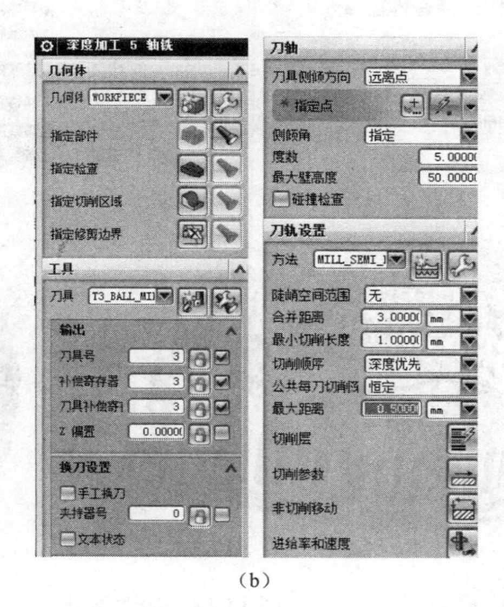

(b)

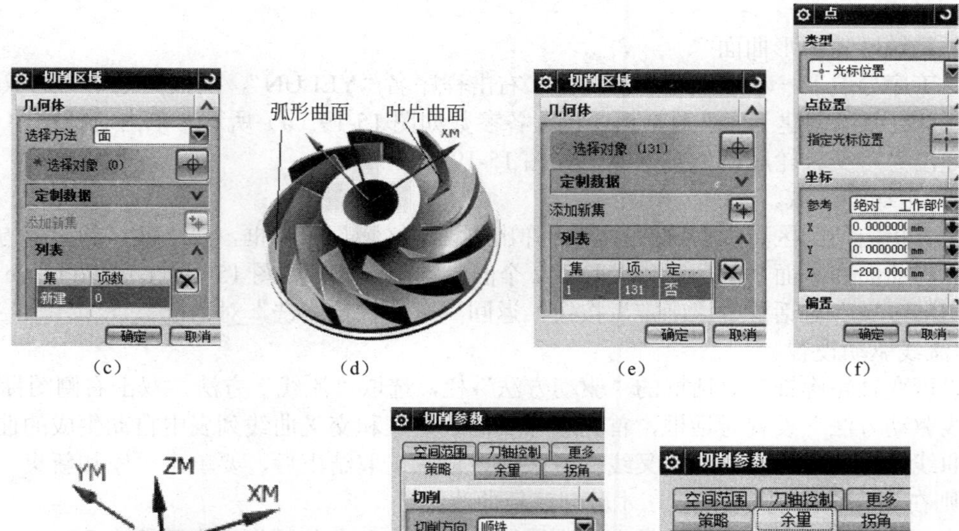

(c)　(d)　(e)　(f)

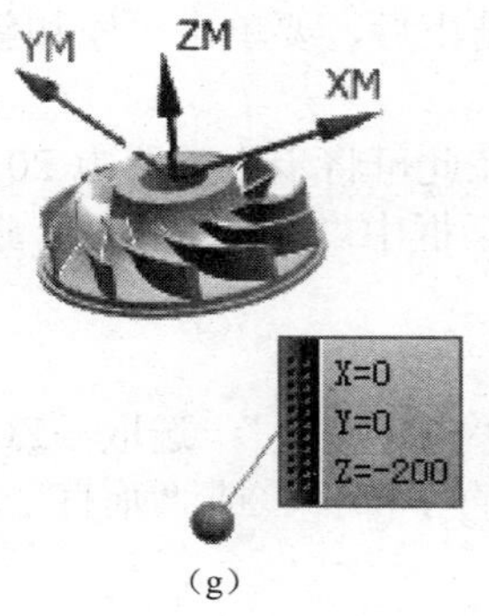

(g)

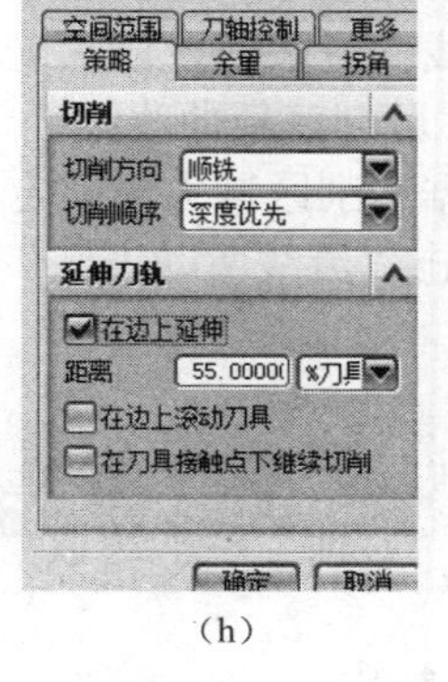

(h)

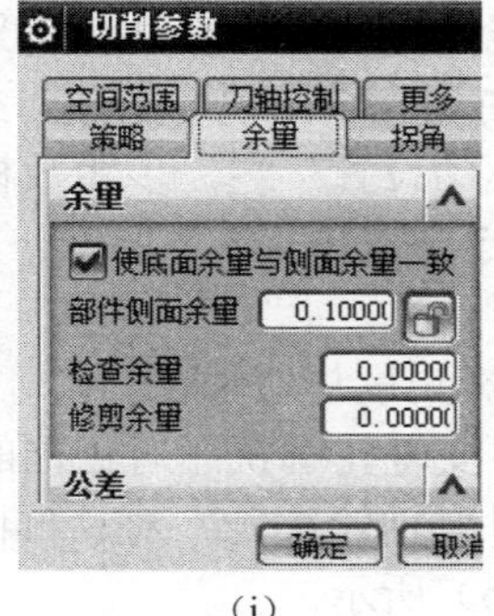

(i)

图 15-18

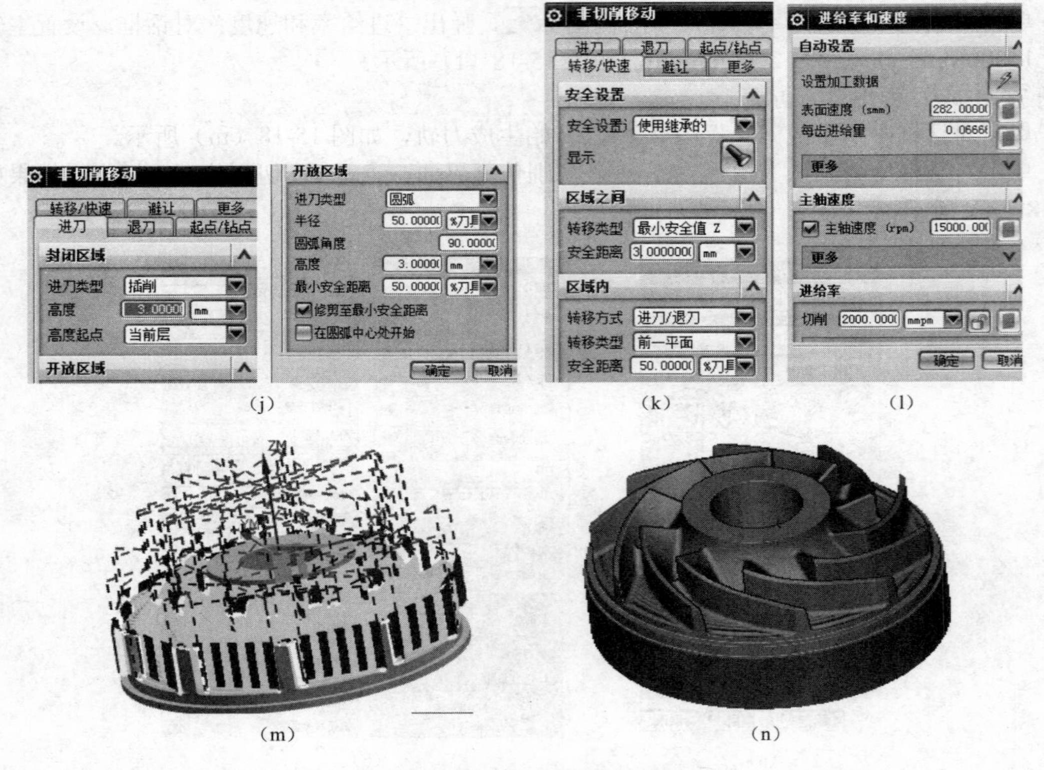

图 15-18 构建深度加工 5 轴铣刀轨

（4）精铣叶轮弧形曲面

在“工序导航器－程序顺序”视图中，右击程序名“YELUN”，从快捷菜单中选取“插入\工序”项，打开“创建工序”对话框，设置各参数如图 15-19（a）所示。单击对话框中“应用”按钮，弹出“可变轴轮廓铣”对话框，如图 15-19（b）所示。

① 指定切削区域。

单击“指定切削区域”右侧图标，弹出“切削区域”对话框，以“面”的选择方式，单选叶轮弧形曲面和平面一部分，共选取了 2 个面为切削区域。如图 15-19（c）、（d）、（e）所示，单击“切削区域”对话框中“确定”按钮，返回“可变轴轮廓铣”对话框。

② 流线驱动设置。

在“可变轴轮廓铣”对话框的“驱动方法”栏，选取“流线”方法，双击右侧图标，打开“流线驱动方法”设置对话框，首先删除流曲线列表和交叉曲线列表中自动生成的曲线；再以单条曲线方式选取各流线和交叉线，每条曲线依次选取结束后，要单击“添加新集”右侧图标，则在列表中出现“新建”，才可创建新曲线；

在“驱动设置”栏，步距数根据切削区域大小而定，在此可将步距数改为 20 或 30，设置结果如图 15-19（f）、（g）所示，单击“流线驱动方法”对话框中“确定”按钮，返回“可变轴轮廓铣”对话框。

③ 投影矢量与刀轴设置。

在“可变轴轮廓铣”对话框的“投影矢量”栏，选取“指定矢量”：选取－ZC 轴向；

在“可变轴轮廓铣”对话框的“刀轴”栏，选取“垂直于部件”或“垂直于驱动体”；如图 15-19（b）所示。

④ 设置切削参数、非切削运动参数。

切削参数和非切削参数在此全部取默认参数不变。

⑤ 设置进给率和主轴速度。

单击对话框中“进给率和速度”右侧图标，弹出“进给率和速度”对话框，设置主轴速度：8000rpm；进给率：1500mmpmin，如图 15-19（h）所示。

⑥ 生成刀轨并切削仿真。

单击对话框中“生成刀轨”图标，开始生成刀轨，如图 15-19（i）所示。

单击对话框中“确认”图标，进入切削仿真界面，进行 2D 切削仿真，切削后结果如图 15-19（j）所示。

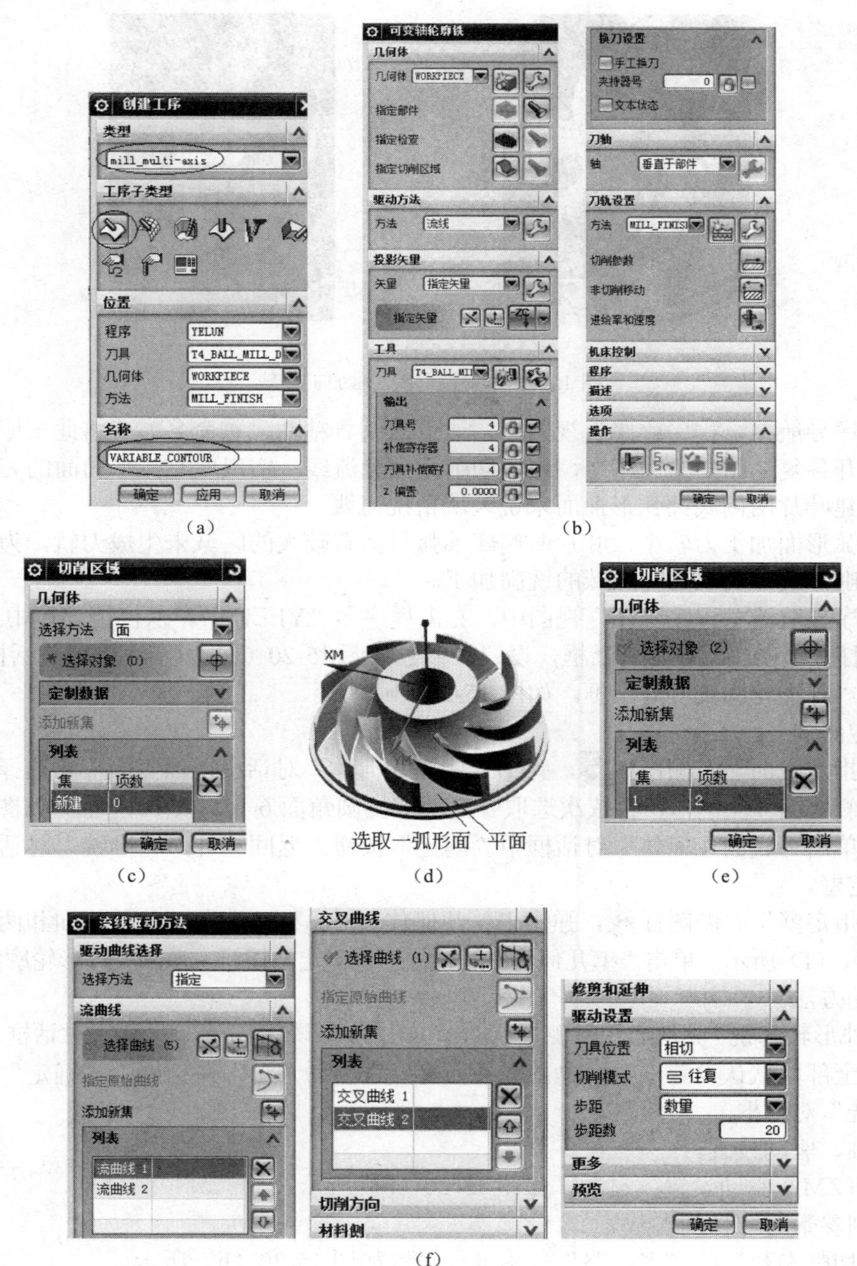

（a）（b）（c）（d）（e）（f）

图 15-19

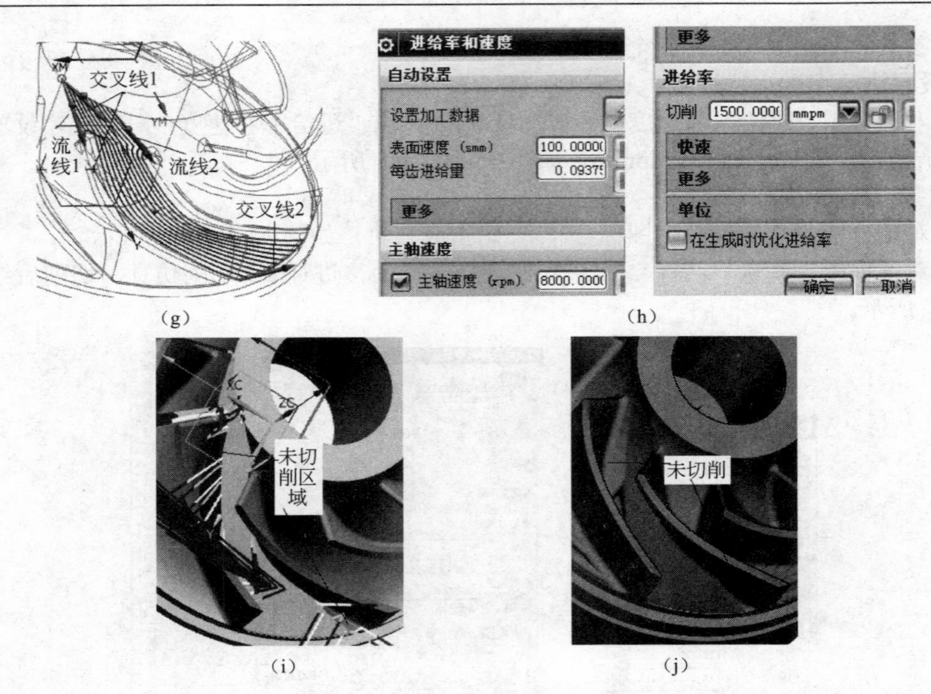

（g）　（h）　（i）　（j）

图 15-19　创建弧形曲面加工刀轨

在“工序导航器－程序顺序”视图中，通过复制、粘贴、重命名方式将此工序名再复制 9 个，逐一打开各复制粘贴的工序名，修改切削区域和流线，实现所有弧形曲面的刀轨创建。

（5）构建叶片两侧底部弧形曲面未铣区域精铣刀轨

在上步弧形面加工刀轨中，叶片两侧底部弧形面有较大的区域未生成刀轨，为此，需采取外形轮廓铣削方式，实现这些区域的铣削加工。

在“工序导航器－程序顺序”视图中，右击程序名“YELUN”，从快捷菜单中选取“插入\工序”项，打开“创建工序”对话框，设置各参数如图 15-20（a）所示。单击对话框中“应用”按钮，弹出“外形轮廓铣”对话框，如图 15-20（b）所示。

① 指定底面。

单击“指定底面”右侧图标，弹出“底面几何体”对话框，以“面”的选择方式，依次单选叶片两侧底面 4 个区域；再依次选取叶片根部倒圆角面 6 个，共 10 个面，如图 15-20（c）、（d）所示，单击“底面几何体”对话框中“确定”按钮，返回“外形轮廓铣”对话框。

② 指定壁。

单击“指定壁”右侧图标，弹出“壁几何体”对话框，选取叶片两侧面和两圆角面，如图 15-20（e）、（f）所示，单击“壁几何体”对话框中“确定”按钮，返回“外形轮廓铣”对话框。

③ 驱动方法。

单击“外形轮廓铣”驱动方法右侧图标，弹出“外形轮廓铣驱动方法”对话框，如图 15-20（g）所示，全部取默认设置不变。单击“外形轮廓铣驱动方法”对话框中“确定”按钮，返回“外形轮廓铣”对话框。

④ 刀轴、驱动设置。

刀轴：+ZM；驱动设置：自动。如图 15-20（b）所示。

⑤ 切削参数与非切削参数。

打开“切削参数”的“多刀路”选项卡，设置如图 15-20（h）所示。

非切削参数全部取默认设置不变。

⑥ 进给率和速度。

取主轴速度 8000rpm；进给率 1500mmpmin。

⑦ 生成刀轨。

单击“生成”刀轨工具图标，生成刀轨如图 15-20（i）所示。

同时显示上步的弧形底面加工刀轨，如图 15-20（j）所示，可见，上步未切削区域现在可以得到切削。

对这两步刀轨进行仿真加工，如图 15-20（k）所示，弧形曲面部分得到了全部切削。

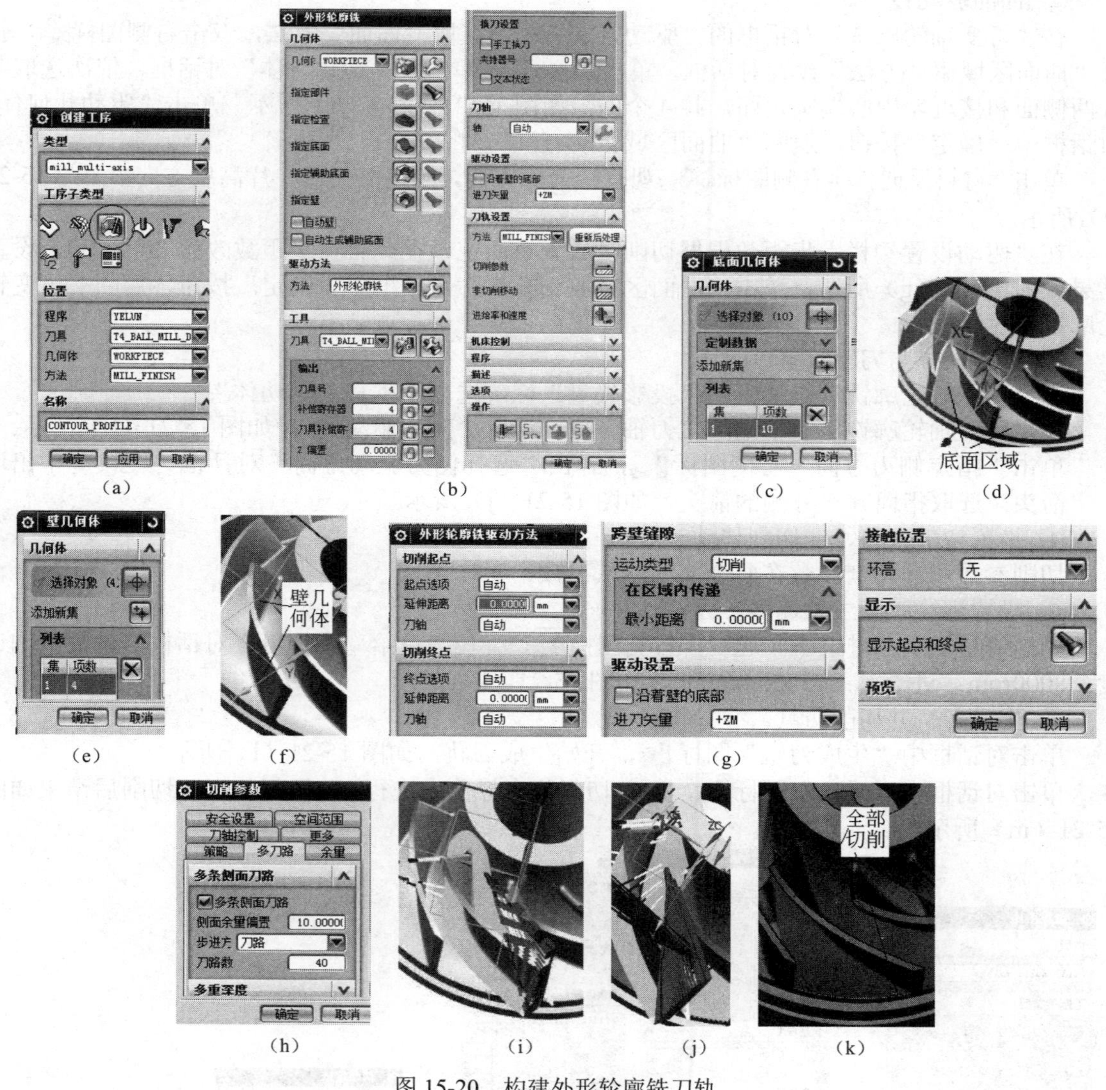

(a) (b) (c) (d) (e) (f) (g) (h) (i) (j) (k)

图 15-20　构建外形轮廓铣刀轨

在“工序导航器－程序顺序”视图中，通过复制、粘贴、重命名方式将此工序名再复制 9 个，逐一打开各复制粘贴的工序名，修改切削区域和壁几何体，实现所有弧形曲面的刀轨创建。

（6）精铣叶轮叶片曲面

采用可变轴曲面轮廓铣的“曲面”驱动方式，投影矢量垂直于驱动体，刀轴为侧刃驱动。

在“工序导航器－程序顺序”视图中，右击程序名“YELUN”，从快捷菜单中选取“插入\工序”项，打开“创建工序”对话框，设置各参数如图 15-21（a）所示，注意，为了不与弧形面程序名重名，将此工序的程序名命为“VARIABLE_CONTOUR_CEMIAN”。单击对话框中“应用”按钮，弹出“可变轴轮廓铣”对话框，如图 15-21（b）所示。

① 指定切削区域。

单击“指定切削区域”右侧图标，弹出“切削区域”对话框，以“面”的选择方式，依次单选叶片侧面和叶片接近轮轴孔端的倒圆角面 4 个；再依次选取叶片根部倒圆角面 6 个，共 10 个面，如图 15-21（c）、(d)、(e)、(f）所示，单击“切削区域”对话框中“确定”按钮，返回“可变轴轮廓铣”对话框。

② 曲面驱动设置。

在“可变轴轮廓铣”对话框的“驱动方法”栏，选取“曲面”方法，双击右侧图标，打开“曲面区域驱动方法”设置对话框，单击图标，弹出“驱动几何体”对话框，依次选取叶片两侧面和接近轮中心端圆角面，共 4 个面。如图 15-21（g）、(h）所示。单击“驱动几何体”对话框中“确定”按钮，返回“曲面区域驱动方法”对话框。

单击“材料反向”项右侧图标，观察一箭头方向，应使箭头沿叶片高度方向，如图 15-21（i）所示。

在“驱动设置”栏，步距数根据切削区域大小而定，在此可将步距数改为 20 或 30，设置结果如图 15-21（g）所示，单击“曲面区域驱动方法”对话框中“确定”按钮，返回“可变轴轮廓铣”对话框。

③ 投影矢量与刀轴设置。

在“可变轴轮廓铣”对话框的“投影矢量”栏，选取“垂直于驱动体”；

在“可变轴轮廓铣”对话框的“刀轴”栏，选取“侧刃驱动体”；如图 15-21（b）所示。

单击“指定侧刃方向”右侧图标，弹出“选择侧刃驱动方向”对话框，在模型中出现十字箭头，选取指向叶片外侧的箭头，如图 15-21（j）所示。

④ 设置切削参数、非切削移动参数。

切削参数和非切削参数在此全部取默认参数不变。

⑤ 设置进给率和主轴速度。

单击对话框中“进给率和速度”右侧图标，弹出“进给率和速度”对话框，设置主轴速度：8000rpm；进给率：1500mmpmin，如图 15-21（k）所示。

⑥ 生成刀轨并切削仿真。

单击对话框中“生成刀轨”图标，开始生成刀轨，如图 15-21（l）所示。

单击对话框中“确认”图标，进入切削仿真界面，进行 2D 切削仿真，切削后结果如图 15-21（m）所示。

(a)

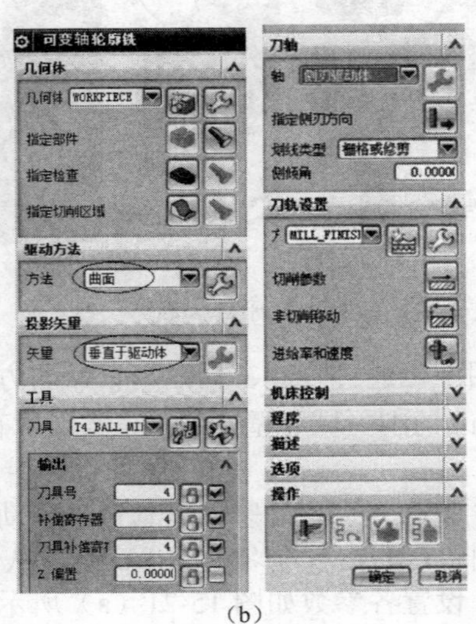

(b)

(c)

(d)

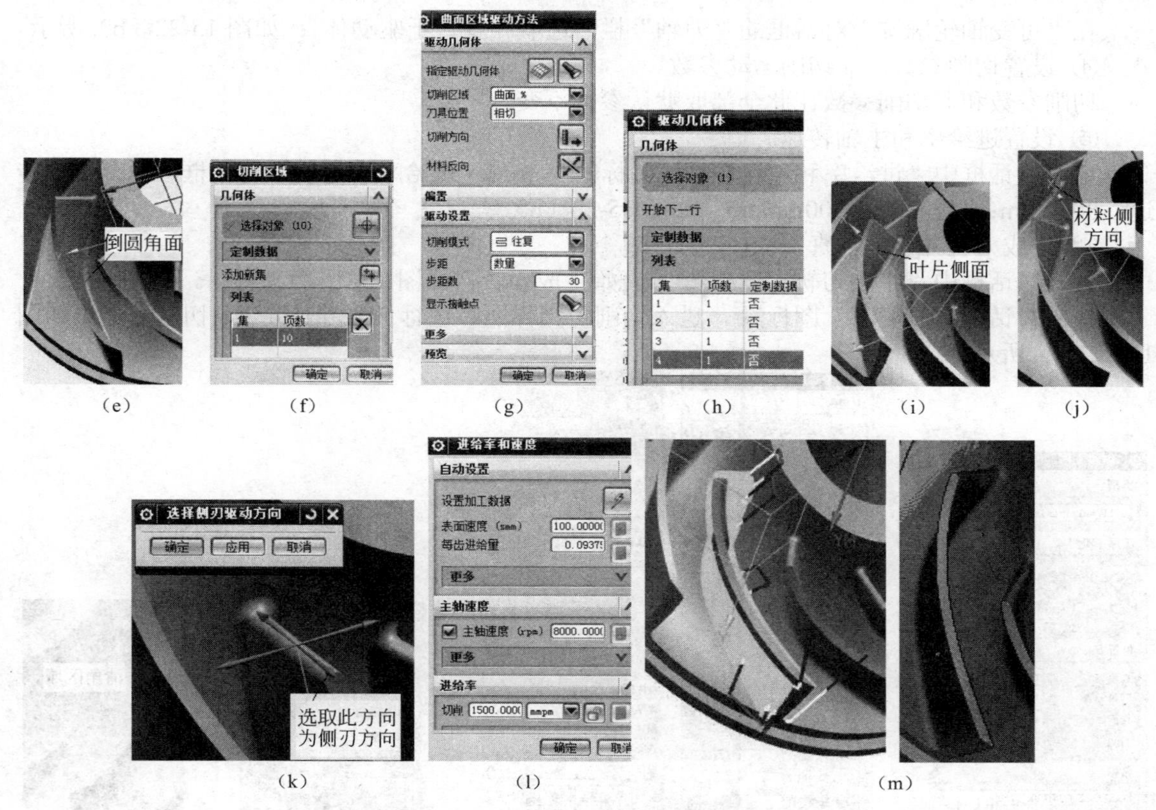

（e）（f）（g）（h）（i）（j）

（k）（l）（m）

图 15-21　构建叶片侧面铣削刀轨

在“工序导航器－程序顺序”视图中，通过复制、粘贴、重命名方式将此工序名再复制 9 个，逐一打开各复制粘贴的工序名，修改切削区域和流线，重新生成刀轨，实现所有叶片侧面的刀轨创建。

（7）精铣叶轮叶片根部圆角曲面

采用可变轴曲面轮廓铣的“流线”驱动方式，投影矢量选取“垂直于驱动体”、刀轴选取“4 轴，相对于驱动体”。

在“工序导航器－程序顺序”视图中，右击程序名“YELUN”，从快捷菜单中选取“插入\工序”项，打开“创建工序”对话框，设置各参数如图 15-22（a）所示。单击对话框中“应用”按钮，弹出“可变轴轮廓铣”对话框，如图 15-22（b）所示。

① 指定切削区域。

单击“指定切削区域”右侧图标，弹出“切削区域”对话框，以“面”的选择方式，单选叶轮叶片根部倒圆角曲面，共选取了 6 个面为切削区域。如图 15-22（c）、（d）、（e）所示，单击“切削区域”对话框中“确定”按钮，返回“可变轴轮廓铣”对话框。

② 流线驱动设置。

在“可变轴轮廓铣”对话框的“驱动方法”栏，选取“流线”方法，双击右侧图标，打开“流线驱动方法”设置对话框，流线和交叉曲线都取自动生成的曲线不变。

在“驱动设置”栏，步距数根据切削区域大小而定，在此可将步距数改为 10，设置结果如图 15-22（f）、（g）所示，单击“流线驱动方法”对话框中“确定”按钮，返回“可变轴轮廓铣”对话框。

③ 投影矢量与刀轴设置。

在“可变轴轮廓铣”对话框的“投影矢量”栏，选取“垂直于驱动体”；

在“可变轴轮廓铣”对话框的“刀轴”栏，选取“垂直于驱动体”；如图 15-22（b）所示。

④ 设置切削参数、非切削运动参数。

切削参数和非切削参数在此全部取默认参数不变。

⑤ 设置进给率和主轴转速。

单击对话框中“进给率和速度”右侧图标，弹出“进给率和速度”对话框，设置主轴转速：8000rpm；进给率：1500mmpm，如图 15-22（h）所示。

⑥ 生成刀轨并切削仿真。

单击对话框中“生成刀轨”图标，开始生成刀轨，如图 15-22（i）所示。

单击对话框中“确认”图标，进入切削仿真界面，进行 2D 切削仿真，切削后结果如图 15-22（j）所示。

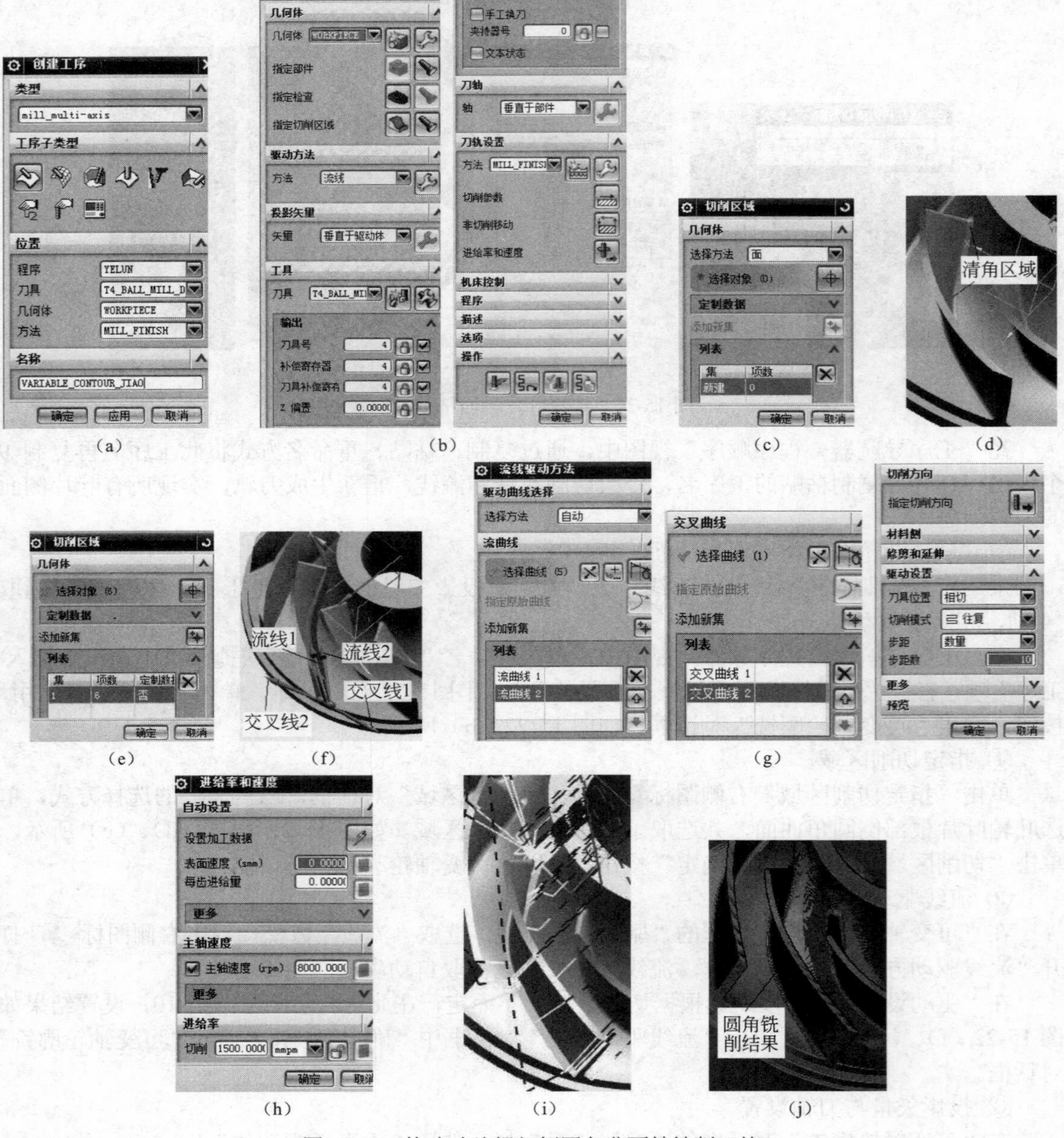

图 15-22 构建叶片根部倒圆角曲面精铣削刀轨

在“工序导航器－程序顺序”视图中，通过复制、粘贴、重命名方式将此工序名再复制 9 个，逐一打开各复制粘贴的工序名，修改切削区域和驱动几何体为相应叶片的根部倒圆角曲面，重新生成刀轨，实现所有叶片根部倒圆角曲面的刀轨创建。

（8）创建精铣削叶轮叶片顶面加工刀轨

采用可变轴曲面轮廓铣的“流线”驱动方式，投影矢量选取“指定矢量”：－ZC、刀轴选取“垂直于驱动体”。

在“工序导航器－程序顺序”视图中，右击程序名“YELUN”，从快捷菜单中选取“插入\工序”项，打开“创建工序”对话框，设置各参数如图 15-23（a）所示。单击对话框中“应用”按钮，弹出“可变轴轮廓铣”对话框，如图 15-23（b）所示。

① 指定切削区域。

单击“指定切削区域”右侧图标，弹出“切削区域”对话框，以“面”的选择方式，单选叶轮叶片根部倒圆角曲面，共选取了 1 个面为切削区域。如图 15-23（c）、（d）、（e）所示，单击“切削区域”对话框中“确定”按钮，返回“可变轴轮廓铣”对话框。

② 流线驱动设置。

在“可变轴轮廓铣”对话框的“驱动方法”栏，选取“流线”方法，双击右侧图标，打开“流线驱动方法”设置对话框，删除流线和交叉曲线栏自动生成的曲线，分别选取顶面的四个边界为流线和交叉曲线，如图 15-23（f）、（g）所示，单击“流线驱动方法”对话框中“确定”按钮，返回“可变轴轮廓铣”对话框。

③ 投影矢量与刀轴设置。

在“可变轴轮廓铣”对话框的“投影矢量”栏，选取“指定矢量”，再选取–ZC；

在“可变轴轮廓铣”对话框的“刀轴”栏，选取“垂直于驱动体”；如图 15-23（b）所示。

④ 设置切削参数、非切削移动参数。

切削参数和非切削参数在此全部取默认参数不变。

⑤ 设置进给率和主轴速度。

单击对话框中“进给率和速度”右侧图标，弹出“进给率和速度”对话框，设置主轴速度：8000rpm；进给率：1500mmpm，如图 15-23（h）所示。

⑥ 生成刀轨并切削仿真。

单击对话框中“生成刀轨”图标，开始生成刀轨，如图 15-23（i）所示。

单击对话框中“确认”图标，进入切削仿真界面，进行 2D 切削仿真，切削后结果如图 15-23（j）所示。

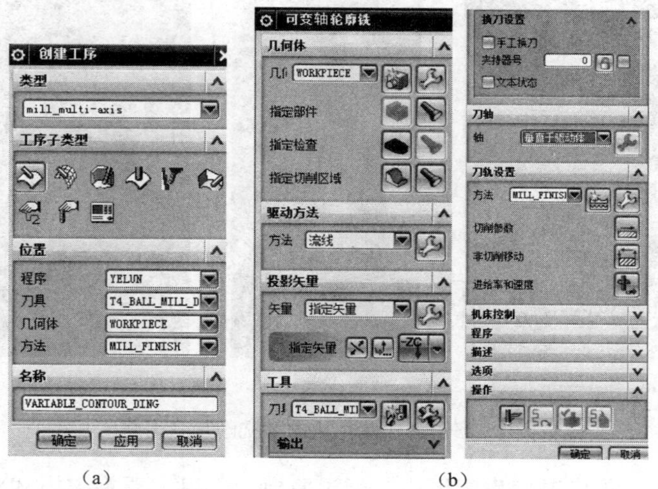

（a）　（b）

图 15-23

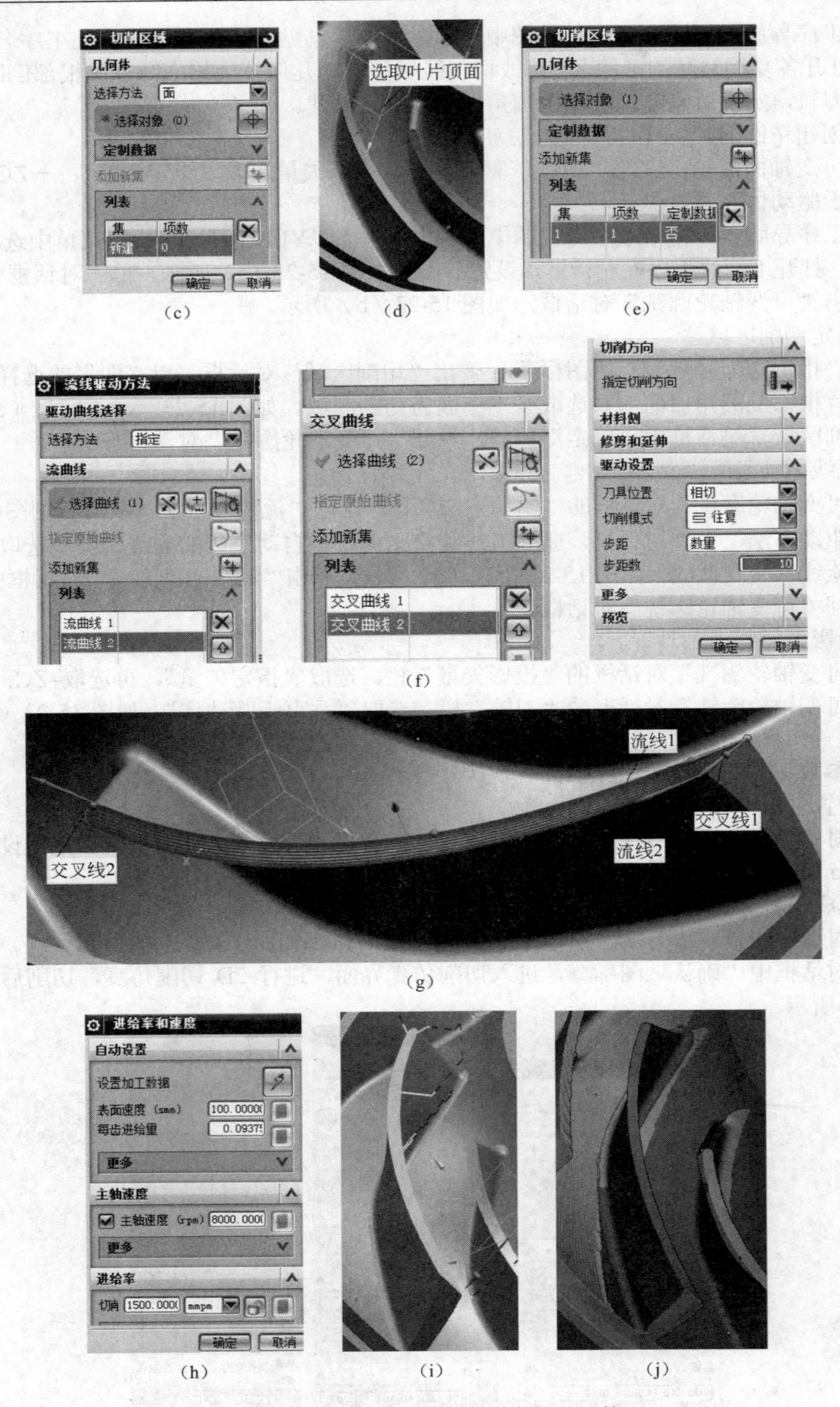

(c) (d) (e) (f) (g) (h) (i) (j)

图 15-23 创建叶片顶面精铣削加工刀轨

在“工序导航器－程序顺序”视图中，通过复制、粘贴、重命名方式将此工序名再复制 9 个，逐一打开各复制粘贴的工序名，修改切削区域和流线，重新生成刀轨，实现所有弧形曲面的刀轨创建。

打开车间文档，显示叶轮加工所有工序（步）名称、描述与刀具如下。

OPERATION NAME	OPERATION DESCRIPTION	TOOL NAME
CAVITY_MILL	mill_contour/CAVITY_MILL	T2_MILL_D10R2
ZLEVEL_PROFILE	mill_contour/ZLEVEL_PROFILE	T1_MILL_D10
ZLEVEL_5AXIS	mill_multi-axis/ZLEVEL_5AXIS	T3_BALL_MILL_D6
VARIABLE_CONTOUR	mill_multi-axis/VARIABLE_CONTOUR	T4_BALL_MILL_D4
VARIABLE_CONTOUR_1	mill_multi-axis/VARIABLE_CONTOUR	T4_BALL_MILL_D4
VARIABLE_CONTOUR_2	mill_multi-axis/VARIABLE_CONTOUR	T4_BALL_MILL_D4
VARIABLE_CONTOUR_3	mill_multi-axis/VARIABLE_CONTOUR	T4_BALL_MILL_D4
VARIABLE_CONTOUR_4	mill_multi-axis/VARIABLE_CONTOUR	T4_BALL_MILL_D4
VARIABLE_CONTOUR_5	mill_multi-axis/VARIABLE_CONTOUR	T4_BALL_MILL_D4
VARIABLE_CONTOUR_6	mill_multi-axis/VARIABLE_CONTOUR	T4_BALL_MILL_D4
VARIABLE_CONTOUR_7	mill_multi-axis/VARIABLE_CONTOUR	T4_BALL_MILL_D4
VARIABLE_CONTOUR_8	mill_multi-axis/VARIABLE_CONTOUR	T4_BALL_MILL_D4
VARIABLE_CONTOUR_9	mill_multi-axis/VARIABLE_CONTOUR	T4_BALL_MILL_D4
CONTOUR_PROFILE	mill_multi-axis/CONTOUR_PROFILE	T4_BALL_MILL_D4
CONTOUR_PROFILE_1	mill_multi-axis/CONTOUR_PROFILE	T4_BALL_MILL_D4
CONTOUR_PROFILE_2	mill_multi-axis/CONTOUR_PROFILE	T4_BALL_MILL_D4
CONTOUR_PROFILE_3	mill_multi-axis/CONTOUR_PROFILE	T4_BALL_MILL_D4
CONTOUR_PROFILE_4	mill_multi-axis/CONTOUR_PROFILE	T4_BALL_MILL_D4
CONTOUR_PROFILE_5	mill_multi-axis/CONTOUR_PROFILE	T4_BALL_MILL_D4
CONTOUR_PROFILE_6	mill_multi-axis/CONTOUR_PROFILE	T4_BALL_MILL_D4
CONTOUR_PROFILE_7	mill_multi-axis/CONTOUR_PROFILE	T4_BALL_MILL_D4
CONTOUR_PROFILE_8	mill_multi-axis/CONTOUR_PROFILE	T4_BALL_MILL_D4
CONTOUR_PROFILE_9	mill_multi-axis/CONTOUR_PROFILE	T4_BALL_MILL_D4
VARIABLE_CONTOUR_CEMIAN	mill_multi-axis/VARIABLE_CONTOUR	T4_BALL_MILL_D4
VARIABLE_CONTOUR_CEMIAN_1	mill_multi-axis/VARIABLE_CONTOUR	T4_BALL_MILL_D4
VARIABLE_CONTOUR_CEMIAN_2	mill_multi-axis/VARIABLE_CONTOUR	T4_BALL_MILL_D4
VARIABLE_CONTOUR_CEMIAN_3	mill_multi-axis/VARIABLE_CONTOUR	T4_BALL_MILL_D4
VARIABLE_CONTOUR_CEMIAN_4	mill_multi-axis/VARIABLE_CONTOUR	T4_BALL_MILL_D4
VARIABLE_CONTOUR_CEMIAN_5	mill_multi-axis/VARIABLE_CONTOUR	T4_BALL_MILL_D4
VARIABLE_CONTOUR_CEMIAN_6	mill_multi-axis/VARIABLE_CONTOUR	T4_BALL_MILL_D4
VARIABLE_CONTOUR_CEMIAN_7	mill_multi-axis/VARIABLE_CONTOUR	T4_BALL_MILL_D4
VARIABLE_CONTOUR_CEMIAN_8	mill_multi-axis/VARIABLE_CONTOUR	T4_BALL_MILL_D4
VARIABLE_CONTOUR_CEMIAN_9	mill_multi-axis/VARIABLE_CONTOUR	T4_BALL_MILL_D4
VARIABLE_STREAMLINE_JAOIMIAN	mill_multi-axis/VARIABLE_STREAMLINE	T4_BALL_MILL_D4
VARIABLE_STREAMLINE_JAOIMIAN_1	mill_multi-axis/VARIABLE_STREAMLINE	T4_BALL_MILL_D4
VARIABLE_STREAMLINE_JAOIMIAN_2	mill_multi-axis/VARIABLE_STREAMLINE	T4_BALL_MILL_D4
VARIABLE_STREAMLINE_JAOIMIAN_3	mill_multi-axis/VARIABLE_STREAMLINE	T4_BALL_MILL_D4
VARIABLE_STREAMLINE_JAOIMIAN_4	mill_multi-axis/VARIABLE_STREAMLINE	T4_BALL_MILL_D4
VARIABLE_STREAMLINE_JAOIMIAN_5	mill_multi-axis/VARIABLE_STREAMLINE	T4_BALL_MILL_D4
VARIABLE_STREAMLINE_JAOIMIAN_6	mill_multi-axis/VARIABLE_STREAMLINE	T4_BALL_MILL_D4
VARIABLE_STREAMLINE_JAOIMIAN_7	mill_multi-axis/VARIABLE_STREAMLINE	T4_BALL_MILL_D4
VARIABLE_STREAMLINE_JAOIMIAN_8	mill_multi-axis/VARIABLE_STREAMLINE	T4_BALL_MILL_D4

VARIABLE_STREAMLINE_JAOIMIAN_9 mill_multi-axis/VARIABLE_STREAMLINE T4_BALL_MILL_D4
VARIABLE_STREAMLINE_DINGMIAN mill_multi-axis/VARIABLE_STREAMLINE T4_BALL_MILL_D4
VARIABLE_STREAMLINE_DINGMIAN_1 mill_multi-axis/VARIABLE_STREAMLINE T4_BALL_MILL_D4
VARIABLE_STREAMLINE_DINGMIAN_2 mill_multi-axis/VARIABLE_STREAMLINE T4_BALL_MILL_D4
VARIABLE_STREAMLINE_DINGMIAN_3 mill_multi-axis/VARIABLE_STREAMLINE T4_BALL_MILL_D4
VARIABLE_STREAMLINE_DINGMIAN_4 mill_multi-axis/VARIABLE_STREAMLINE T4_BALL_MILL_D4
VARIABLE_STREAMLINE_DINGMIAN_5 mill_multi-axis/VARIABLE_STREAMLINE T4_BALL_MILL_D4
VARIABLE_STREAMLINE_DINGMIAN_6 mill_multi-axis/VARIABLE_STREAMLINE T4_BALL_MILL_D4
VARIABLE_STREAMLINE_DINGMIAN_7 mill_multi-axis/VARIABLE_STREAMLINE T4_BALL_MILL_D4
VARIABLE_STREAMLINE_DINGMIAN_8 mill_multi-axis/VARIABLE_STREAMLINE T4_BALL_MILL_D4
VARIABLE_STREAMLINE_DINGMIAN_9 mill_multi-axis/VARIABLE_STREAMLINE T4_BALL_MILL_D4

四、拓展训练

试对本教材项目11中构建的玻璃烟灰缸型芯模具体进行多轴铣削加工编程操作，并生成多轴铣削加工NC程序代码。

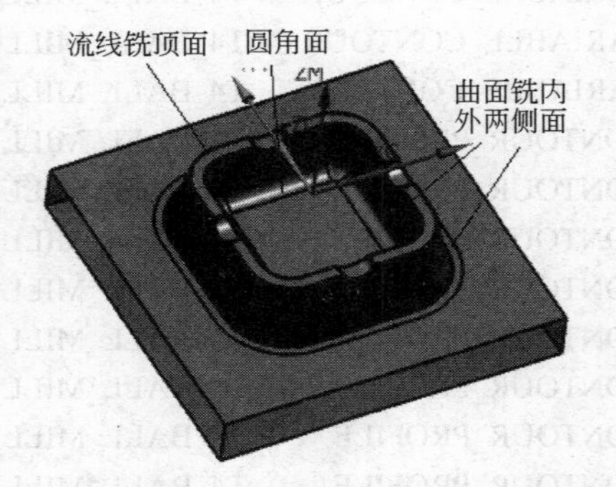

图15-24 玻璃烟灰缸型芯模具体的多轴加工提示

提示：如图15-24所示。

对于烟灰缸模具体的粗铣削加工用三轴型腔铣加工；型芯模具的平面部分精加工用三轴平面铣削方法加工。

对于烟灰缸模具体的陡峭面精加工用可变轴曲面铣，驱动方法“曲面”，投影矢量：“垂直于驱动体”，刀轴：“侧刃驱动体”；

型芯模具顶部放烟槽部分的倒圆角面小平面和内侧底部圆角面精加工分别用可变轴流线铣，驱动方法“流线”，投影矢量：“–ZC”，刀轴：“垂直驱动体”。

项目 16 轴类零件的数控车削加工

一、项目分析

如图 16-1 所示的轴类零件为回转体零件，利用旋转实体特征工具或圆凸台特征工具很容易构建其主体部分，轴上细微结构如圆角、倒角、键槽、孔、螺纹都可运用相应的特征工具创建，在此不作详述。本项目主要学习 NX9.0 软件构建数控车削加工刀轨操作的方法与步骤。

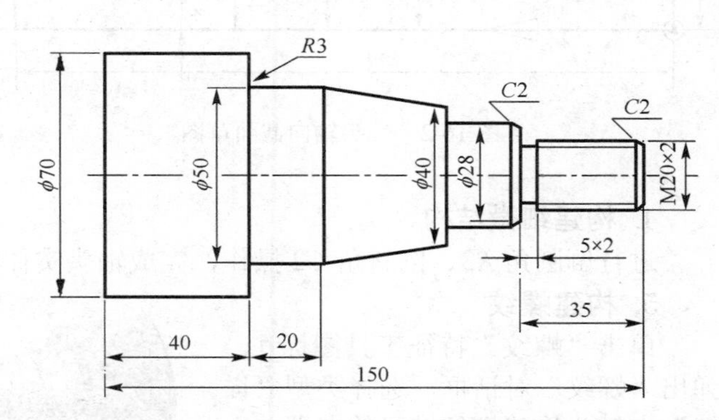

图 16-1 轴头零件图纸

二、相关知识

构建轴类零件的车削刀轨方法与构建铣削刀轨方法类似，一般需要如下工作步骤。

① 构建轴零件三维实体。

② 创建加工几何体：包括创建加工坐标系、车削截面、毛坯边界、每刀切削加工区域等。

③ 创建刀具：包括创建粗、精车内外圆刀具、车槽切断刀具、螺纹刀具等。

④ 创建加工方法：包括粗、精车削方法、车槽切断方法和车螺纹方法等，可取软件系统默认的加工方法，只对相关参数做一定的修改。

⑤ 创建刀轨：包括创建基本设置、切削模式设置、切削范围修剪、避让设置、进给率和主轴转速设置等。

⑥ 生成数控 NC 程序代码：包括生成刀轨、仿真切削演示和后处理，生成 NC 代码，车间文档等。

三、项目实施

任务 1 制定轴头零件制造工艺卡

制定轴头零件制造工艺过程卡如表 16-1 所示。

表 16-1 轴头零件制造工艺过程卡

工序	工步	加工内容	加工方式	加工刀轨程序名称	机床	刀具	端面余量	径向余量/mm
车削	1	粗车端面、外圆	数控车削	ROUGH_TURN_OD	数控车床	OD_80_L	0.5	0.5
	2	精车端面、外圆		FINISH_TURN_OD		OD_55_L	0	0
	3	车退刀槽		GROOVE_OD		OD_GROOVE_L	0	0
	4	车螺纹		THREAD_OD		OD_THREAD_L	0	0
	5	切断		GROOVE_OD_1		OD_GROOVE_L	0	0
检		检验						

任务 2　构建轴类零件三维实体

1. 创建“zhoutou.prt”建模文件

启动 NX9.0 软件，在文件夹“E:\…\xm16”中创建建模文件“xm16_zhoutou.prt”。

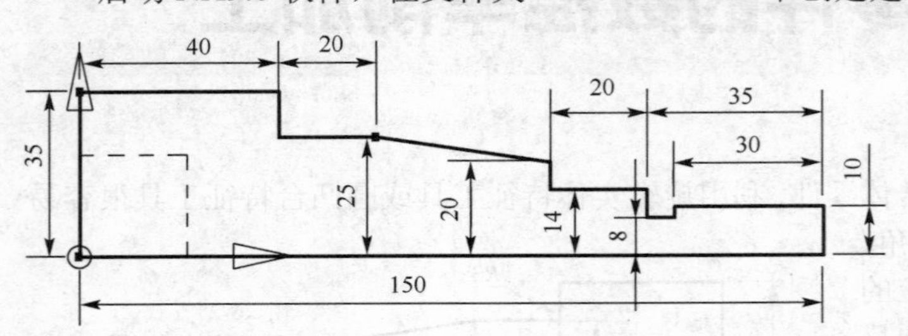

图 16-2　轴头轴向截面草图

2. 绘制轴向截面草图

在“草图”环境中，以 XC-YC 平面为构图平面，绘制轴头轴向截面草图，如图 16-2 所示。

3. 构建轴头主体

单击“回转”特征工具图标，选取轴头轴向截面草图，绕 XC 轴旋转 360°，构建轴头主要实体，如图 16-3（a）所示。

4. 构建细微结构

进行倒圆角 *R*3、倒斜角 *C*2 操作，完成轴头实体构建。如图 16-3（b）所示。

5. 构建螺纹

单击“螺纹”特征工具图标，弹出“螺纹”对话框，选择类型“详细”，在轴头构建螺纹轴段的左端单击鼠标，“螺纹”对话框中出现螺纹参数，如图 16-4（a）所示；且轴段中有一向右箭头，表示螺纹生成方向从左向右，如图 16-4（b）所示；将自动检测的轴段长度值加大 5～8mm，以确保螺纹线槽贯穿整个轴段，其他不作变动，单击“确定”按钮，完成螺纹段构建，如图 16-4（c）所示。

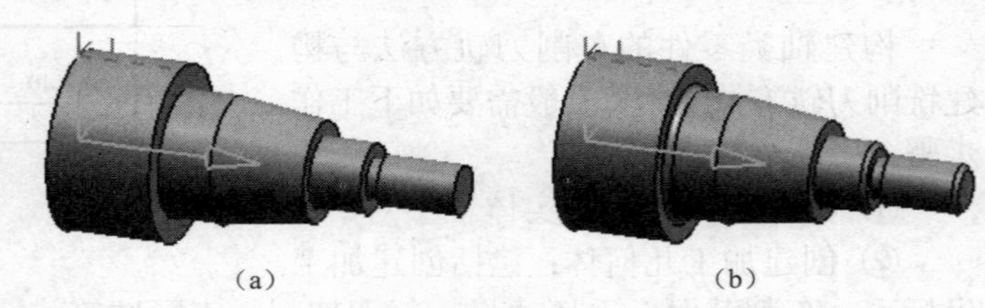

（a）　（b）

图 16-3　构建轴头主体和圆角、斜角

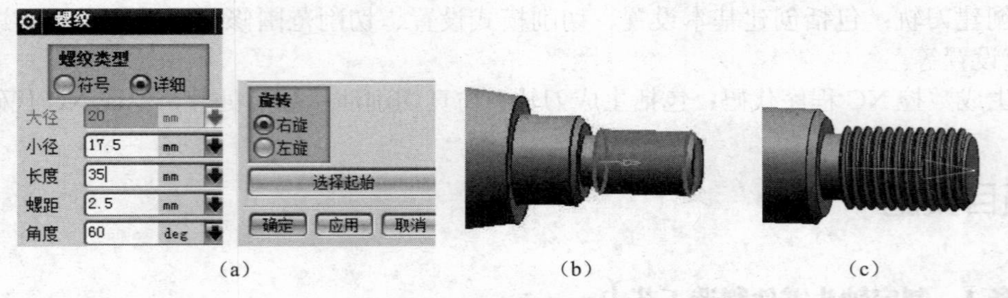

（a）　（b）　（c）

图 16-4　构建轴头右端螺纹

任务 3　构建车削加工工序刀轨

为了便于后续操作，先隐藏螺纹特征，减少图形线条。

1. 进入“加工”模块

单击“启始”菜单菜单图标，选取“加工”菜单项，弹出“加工环境”对话框，选择 CAM 加工模块环境中的“turning”，如图 16-5（a）所示，单击“确定”按钮，进入车削加工模块。

2. 创建加工几何体

（1）创建加工坐标系

进入车削模块后，轴头的静态线框显示如图 16-5（b）所示，加工坐标系 XMYMZM、建模工作坐标系 XCYCZC 和绝对坐标系 XYZ 重合，都位于轴头左端几何中心。

而在数控车床上，一般设定轴线方向为 ZM 轴，水平半径方向为 XM 轴，且可将坐标系原点设定在工件右端面几何中心。

将“操作导航器”切换为“几何视图”，双击“MCS_SPINDLE”图标，弹出“MCS 主轴”对话框，如图 16-5（c）所示。

在车床工作平面栏“指定平面”：ZM-XM；单击“指定 MCS”项，在轴右端面几何中心点单击，即将坐标系移到该点（150,0,0）处；单击“确定”按钮，实现加工坐标系 XM-YM-ZM 的设置，如图 16-5（e）、（f）所示。

这里要强调的是不能用“WCS 旋转”坐标系工具进行加工坐标系 XM-YM-ZM 的旋转设置，要保持默认的 XC-YC-ZC 坐标系状态不变，否则会影响刀具默认方位的改变，带来不必要的复杂操作。

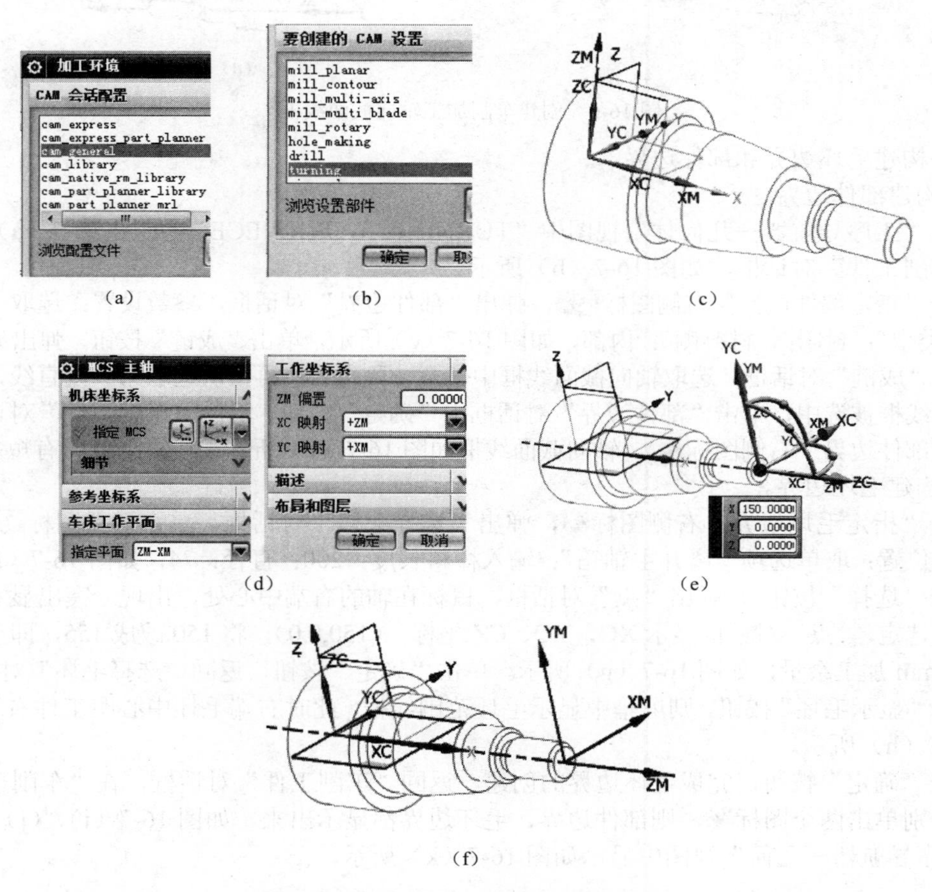

图 16-5　创建加工坐标系 XM-YM-ZM

（2）创建车削加工截面

打开“工具”下拉菜单，单击“车加工横截面”菜单项，打开“车加工横截面”对话框，如图 16-6（a）所示。

先选择剖切面形式：单击“简单截面”图标；选工件：第一个图标“体”，再在轴模型上单击，轴以突出显示，最后单击“剖切平面”图标，如图 16-6（b）所示；则在工件上显示在 XM-ZM 平面内的投影线框截面，如图 16-6（c）所示。单击“确定”按钮，完成车削加工截面的创建。打开“部件导航器”，隐藏轴实体，轴向截面线框如图 16-6（d）所示。

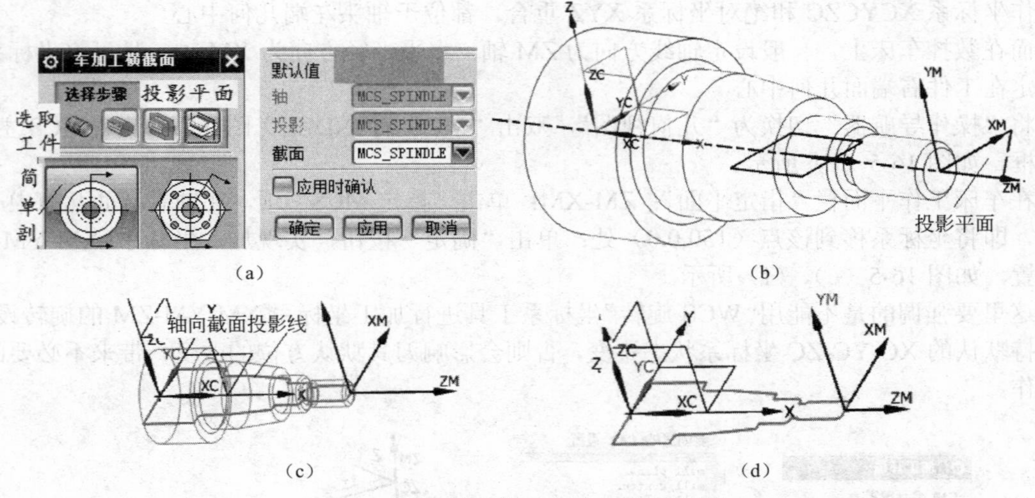

（a）（b）（c）（d）

图 16-6 创建车削加工轴向截面线框

（3）构建毛坯边界和部件边界

① 构建部件边界。

双击“工序导航器—几何体”视图中“TURNING_WORKPIECE”，如图 16-7（a）所示。弹出“车削工件”对话框，如图 16-7（b）所示。

单击“指定部件边界”右侧图标，弹出“部件边界”对话框，参数设置：选取“平面”：自动；“类型”：封闭；“材料侧”：内部，如图 16-7（c）所示，单击“成链”按钮，弹出如图 16-7（d）所示“成链”对话框，选取轴向截面线框中任意一段直线，再依次选取第二段直线，则全部轴向截面线框被选中，单击“部件边界”对话框中“确定”按钮，返回“车削工件”对话框，单击“指定部件边界”右侧图标，轴向截面线框如图 16-7（e）所示，线框外侧带有短斜线。

② 构建毛坯边界。

单击“指定毛坯边界”右侧图标，弹出“选择毛坯”对话框，单击棒料图标，安装位置，点位置：取单选项“离开主轴箱”；输入棒料长度：200；直径：74，如图 16-7（f）所示。

单击“选择”按钮，弹出“点”对话框，鼠标在轴的右端中心处，出现一突出显示直线端点，单击选定，“点”对话框显示 XC、YC、CZ 坐标：（150,0,0），将 150 改成 155，即毛坯右端面预留 5mm 加工余量，如图 16-7（g）所示。单击“确定”按钮，返回“选择毛坯”对话框。

单击“显示毛坯”按钮，则屏幕中显示毛坯范围线框，此时右端毛坯中心距工件右端 5mm，如图 16-7（h）所示。

单击“确定”按钮，完成毛坯边界的创建，返回“车削工件”对话框，在“车削工件”对话框中分别单击两个图标，则部件边界、毛坯边界都显示出来，如图 16-7（i）、（j）所示。

“工序导航器－几何”视图中显示如图 16-7（k）所示。

（a）（b）（c）

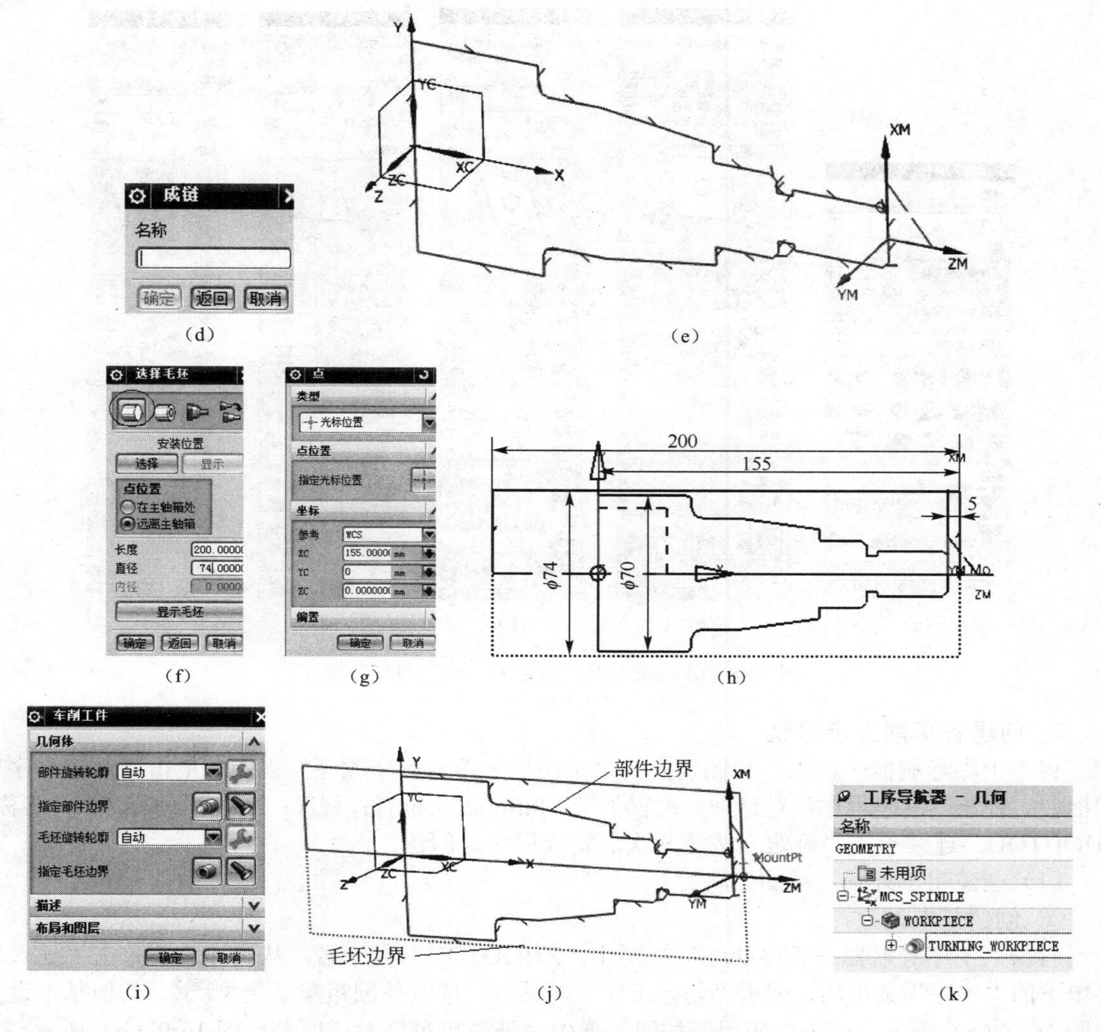

图 16-7　创建部件边界和毛坯边界

3. 创建刀具

将“工序导航器－几何”视图切换成“工序导航器－机床”视图，单击“创建刀具”图标，弹出“创建刀具”对话框，选取“OD_80_L”左外圆车刀，名称为：T1_OD_80_L，如图 16-8（a）所示。单击“应用”按钮，弹出“车刀－标准”对话框，主要修改参数：刀尖半径 1.2，刀具号：1，设置参数如图 16-8（b）所示。单击“确定”按钮，完成第一把车刀的创建。

同样操作，创建精车外圆刀（刀具名：T2_OD_55_L；刀尖半径：0.5，刀具号：2）；如图 16-8（c）所示。

创建切槽、切断刀（刀具名：T3_OD_GROOVE_L；刀片宽度：4，刀具号：3）；如图 16-8（d）所示。

创建车螺纹刀（刀具名：T4_OD_THREAD_L；刀片宽度：6.0，刀具号：4），如图 16-8（e）所示。

4. 创建加工方法

粗车、精车等加工方法大部分取默认设置，个别参数的设置，在创建刀轨中再对默认设置进行修改。

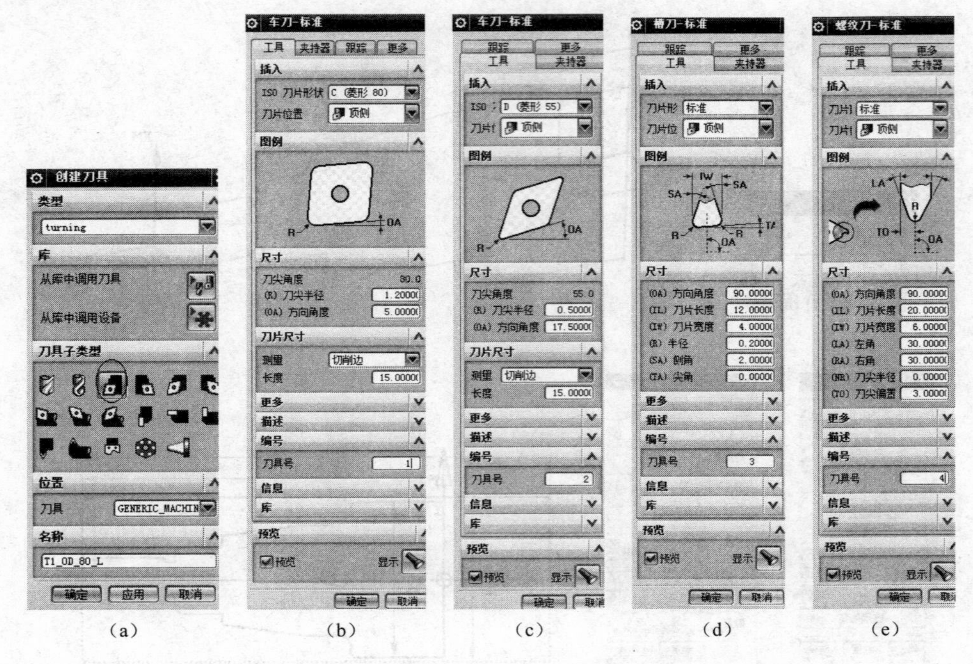

图 16-8 外圆精车刀、切断刀、螺纹刀参数设置

5. 创建各车削工步刀轨

将“工序导航器－机床”视图切换为“工序导航器－程序顺序”视图，单击“创建程序”图标，弹出“创建程序”对话框，设置类型“turning”；位置：程序：NC_PROGRAM；名称：ZHOUTOU。连续单击“确定”按钮两次，完成程序名创建。

（1）创建粗车外圆、端面刀轨

① 创建基本设置。

右击“工序导航器－程序顺序”视图中“ZHOUTOU”程序名，从快捷菜单单击“插入”菜单下的“工序”菜单项，弹出“创建工序”对话框，选取外圆粗车子类型，其他基本设置如图 16-9（a）所示。单击“应用”按钮，弹出“外径粗车”对话框，如图 16-9（b）所示。

② 编辑切削区域。

单击“切削区域”右侧的“显示”图标，粗车切削区域如图 16-9（c）所示，可见工件左端切削区域大了，应去除。

单击“切削区域”右侧的“编辑”图标，弹出“切削区域”对话框，选取“轴向修剪平面 1”，限制选项：点，如图 16-9（e）所示，单击“指定点”右侧图标，打开“点”对话框，取点 XC、YC、ZC 坐标都为 0，如图 16-9（f）所示，单击“点”对话框中“确定”按钮，模型中显示一垂直于 XC 的虚线，即修剪平面，且切削区域显示如图 16-9（d）所示，即符合要求。单击“切削区域”对话框中“确定”按钮，返回“外径粗车”对话框。

③ 设置“切削策略”。

打开“切削策略”选项栏右侧下拉列表，选取“单向线性切削”策略，如图 16-9（b）所示。

④ 设置刀轨。

在“刀轨设置”栏下仅修改参数：最大值：1.0mm，其他取默认值不变。如图 16-9（b）所示。

⑤ 设置切削参数。

单击“切削参数”右侧图标，打开“切削参数”对话框，仅将“余量”选项卡中余量设置成如图 16-9（g）所示，其他参数取默认值不变。

⑥ 非切削参数设置。

单击“非切削移动”右侧图标，打开“非切削移动”对话框，在“逼近”选项卡中，“运动到起点”栏设置成如图 16-9（h）所示，单击“指定点”右侧图标，打开“点”对话框，设置点坐标如图 16-9（i）所示，在模型中显示点（即换刀点）位置，如图 16-9（j）所示，单击“点”对话框中“确定”按钮，返回“逼近”选项卡。

“逼近刀轨”栏设置成如图 16-9（h）所示，单击“指定点”右侧图标，打开“点”对话框，设置点坐标如图 16-9（k）所示，在模型中显示逼近点 AP1，如图 16-9（l）所示。

在“离开”选项卡中，“离开刀轨”选取“与逼近点相同”；“运动到返回点”选取“与起点相同”，如图 16-9（m）所示，模型中显示如图 16-9（n）所示。

其他全部取默认设置，单击“非切削运动”对话框中“确定”按钮，返回“外径粗车”对话框。

⑦ 设置进给率和速度。

单击“进给率和速度”右侧图标，打开“进给率和速度”对话框，设置参数如图 16-9（o）所示。单击对话框中“确定”按钮，返回“外径粗车”对话框。

⑧ 生成刀轨并仿真车削。

单击“生成”图标，生成刀轨如图 16-9（p）所示。单击“确认”图标，可进行车削仿真加工。

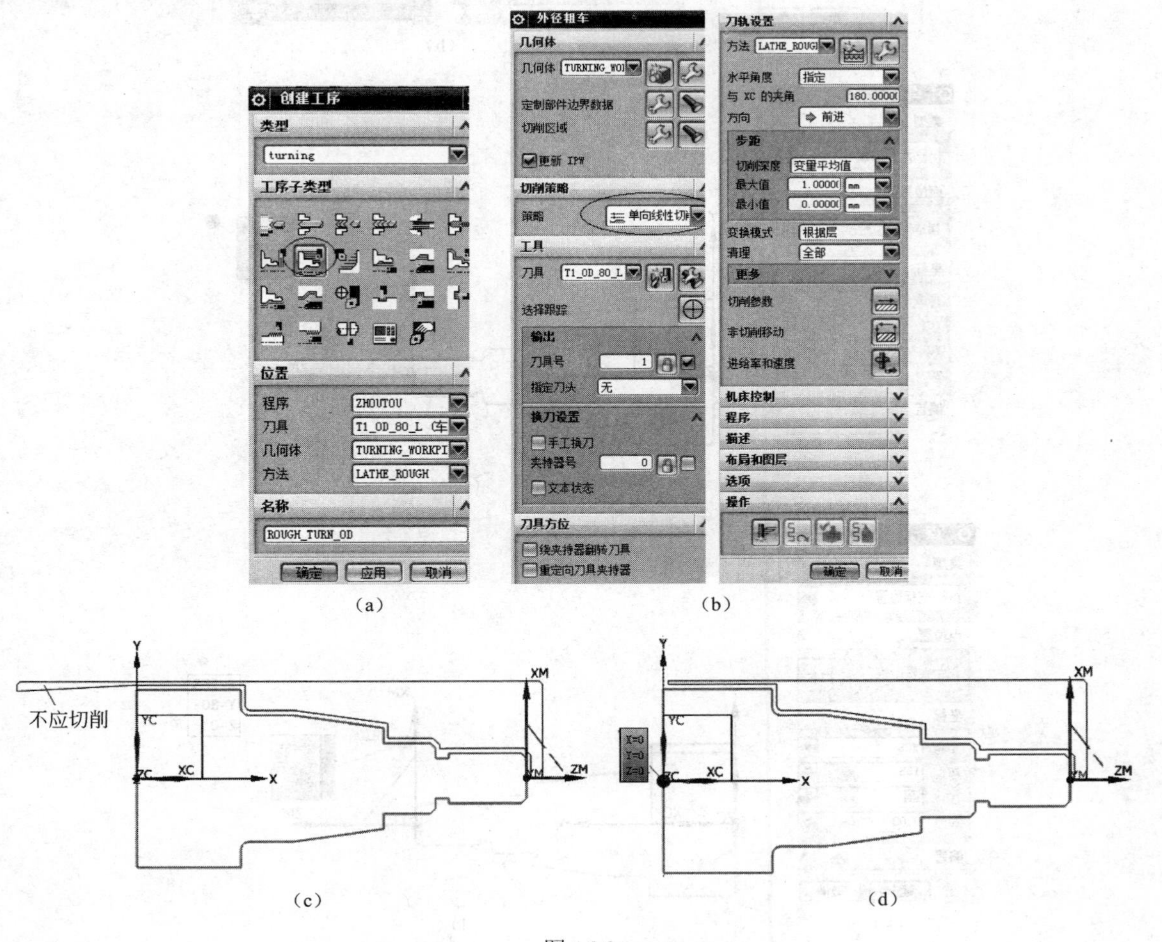

（a）　（b）

（c）　（d）

图 16-9

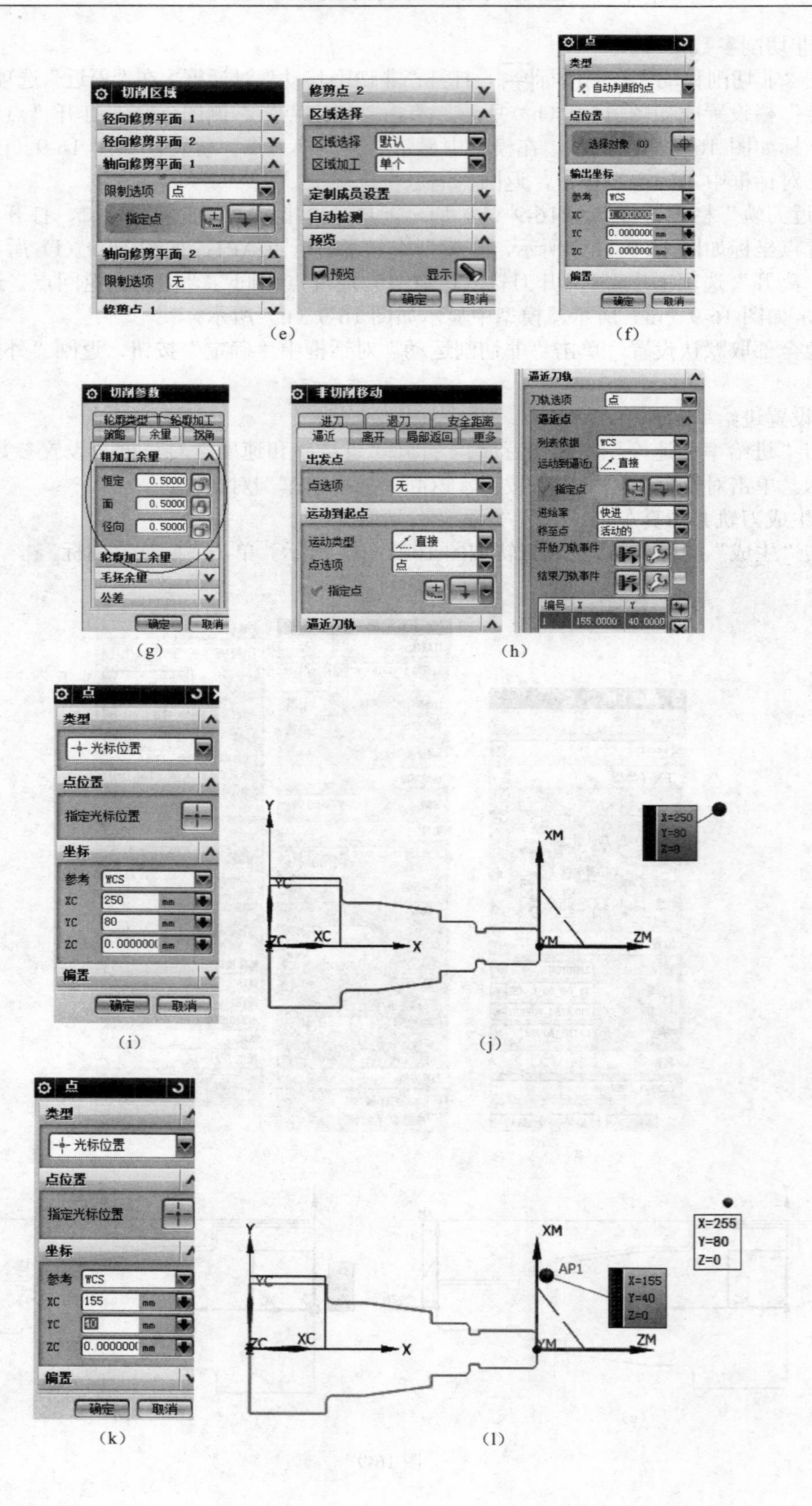
切削区域
径向修剪平面 1
径向修剪平面 2
轴向修剪平面 1
限制选项 点
指定点
轴向修剪平面 2
限制选项 无
修剪点 1
修剪点 2
区域选择
区域选择 默认
区域加工 单个
定制成员设置
自动检测
预览
预览
显示
确定
取消
点
类型
自动判断的点
点位置
选择对象 (0)
输出坐标
参考 WCS
XC
YC
ZC
偏置
切削参数
轮廓类型
轮廓加工
策略
余量
拐角
粗加工余量
恒定 0.5000
面 0.5000
径向 0.5000
轮廓加工余量
毛坯余量
公差
非切削移动
进刀
退刀
安全距离
逼近
离开
局部返回
更多
出发点
点选项 无
运动到起点
运动类型 直接
点选项 点
指定点
逼近刀轨
刀轨选项 点
逼近点
列表依据 WCS
运动到逼近 直接
进给率 快进
移至点 活动的
开始刀轨事件
结束刀轨事件
编号 X Y
1 155.0000 40.0000
光标位置
指定光标位置
坐标
XC 250
YC 80
ZC 0.000000
XC 155
YC 40
X=250
Y=80
Z=0
X=255
Y=80
Z=0
AP1
X=155
Y=40
Z=0
XM
YM
ZM
XC
YC
ZC
X
Y
(e) (f) (g) (h) (i) (j) (k) (l)

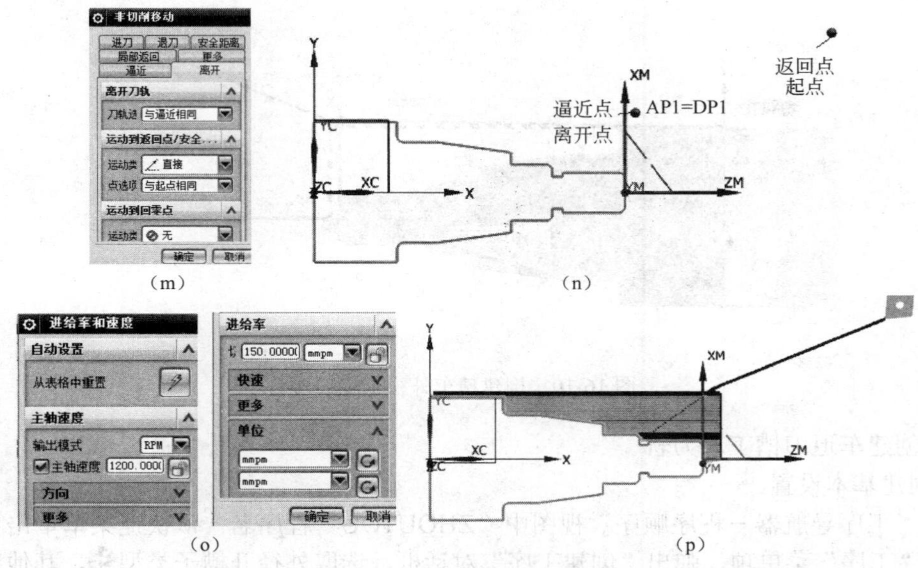

图 16-9　创建粗车工步刀轨

（2）创建精车外圆刀轨操作

由于精车外径与粗车外径的路径一样，可以复制、粘贴粗车工步的刀轨，进行相应的修改而构成精车刀轨。

在“工序导航器—程序顺序”视图中，复制、粘贴“ROUGH_TURN_OD”程序名，将复制的程序名改为“FINISH_TURN_OD”，双击“FINISH_TURN_OD”程序名，弹出“外径粗车”框，修改项：

① 策略：单向轮廓切削。

② 刀具：T2_OD_55_L。

③ 方法：LATHE_FINISH。

④ 切削深度：层数，3。如图 16-10（a）所示。

⑤ 进给率和速度：主轴速度：1800rpm；切削进给率：100mmpmin。如图 16-10（b）所示。

重新“生成”刀轨，如图 16-10（c）所示。

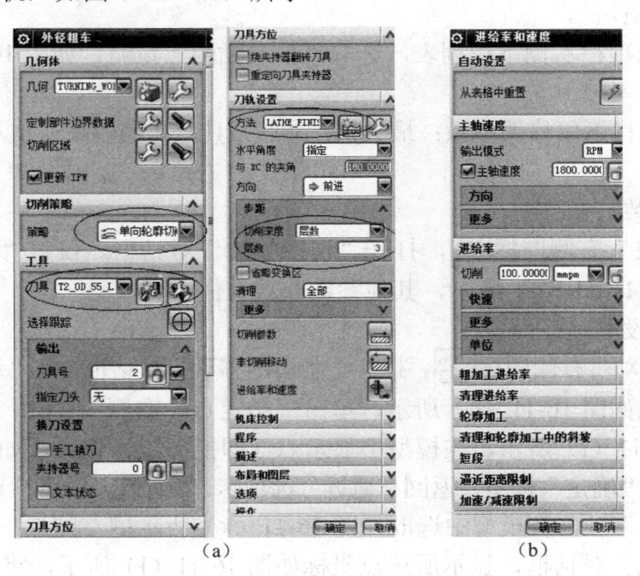

图 16-10

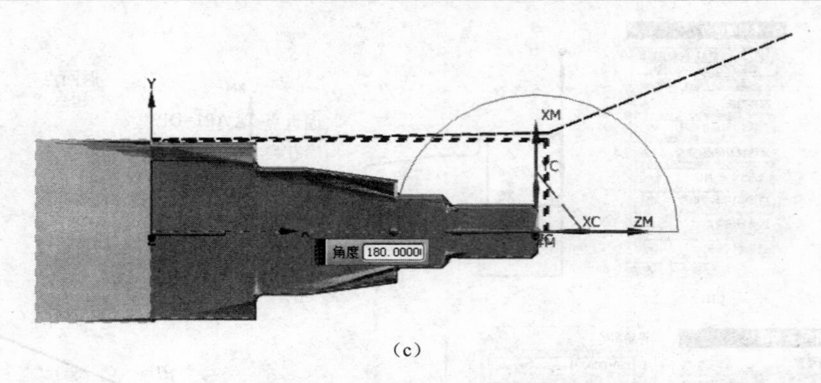

（c）

图 16-10　构建精车外径工步刀轨

（3）创建车退刀槽工步刀轨

① 创建基本设置。

右击“工序导航器－程序顺序”视图中“ZHOUTOU”程序名，从快捷菜单单击“插入”菜单下的“工序”菜单项，弹出“创建工序”对话框，选取外径开槽子类型，其他基本设置如图 16-11（a）所示。单击“应用”按钮，弹出“外径开槽”对话框，如图 16-11（b）所示 。

② 编辑切削区域。

单击“切削区域”右侧的“显示”图标，开槽切削区域如图 16-11（c）、（d）所示，可见工件左端切削区域 1 不应切削。

单击“切削区域”右侧的“编辑”图标，弹出“切削区域”对话框，选取“轴向修剪平面 1”，限制选项：点，如图 16-11（e）所示，单击“指定点”项，选取模型中切槽处左侧点，模型中过该点显示一垂直于 XC 的虚线，即修剪平面 1，如图 16-11（f）所示。

选取“轴向修剪平面 2”，限制选项：点，如图 16-11（e）所示，单击“指定点”项，选取模型中切槽处右侧点，模型中过该点显示一垂直于 XC 的虚线，即修剪平面 2，如图 16-11（f）所示。

单击“切削区域”对话框中“确定”按钮，返回“外径粗车”对话框。

③ 设置“切削策略”。

打开切削策略选项栏右侧下拉列表，选取“单向插削”策略，如图 16-11（b）所示。

④ 设置刀轨。

在“刀轨设置”栏下仅修改参数：最大值：30%刀具，其他取默认值不变。如图 16-11（b）所示。

⑤ 设置切削参数。

单击“切削参数”右侧图标，打开“切削参数”对话框，仅将“余量”选项卡中余量全部设置成 0，如图 16-11（g）所示，其他参数取默认值不变。

⑥ 非切削参数设置。

单击“非切削移动”右侧图标，打开“非切削移动”对话框，在“逼近”选项卡中，“运动到起点”栏设置成如图 16-11（h）所示，单击“指定点”右侧图标，打开“点”对话框，设置点坐标如图 16-11（i）所示，在模型中显示点（即换刀点）位置，如图 16-11（j）所示，单击“点”对话框中“确定”按钮，返回“逼近”选项卡。“逼近刀轨”栏设置成如图 16-11（h）所示，选取“指定点”项，在模型中选取如图 16-11（k）所示槽左侧点，再单击“指定点”右侧图标，打开“点”对话框，显示所选点坐标如图 16-11（l）所示，将其 YC 坐标改为 15，如图 16-11（m）所示，在模型中显示逼近点位置上移，如图 16-11（n）所示，单击“点”对话框中“确定”按钮，返回“逼近”选项卡。

在“离开”选项卡中，“离开刀轨”选取“与逼近点相同”；“运动到返回点”选取“与起点相同”，如图 16-11（o）所示。模型中显示如图 16-11（p）所示，其他全部取默认设置，单击“非切削运动”对话框中“确定”按钮，返回“外径粗车”对话框。

⑦ 设置进给率和速度。

单击“进给率和速度”右侧图标，打开“进给率和速度”对话框，设置参数如图 16-11（q）所示。对话框中“确定”按钮，返回“外径粗车”对话框。

⑧ 生成刀轨并仿真车削。

单击“生成”图标，生成刀轨如图 16-11（r）、（s）所示。

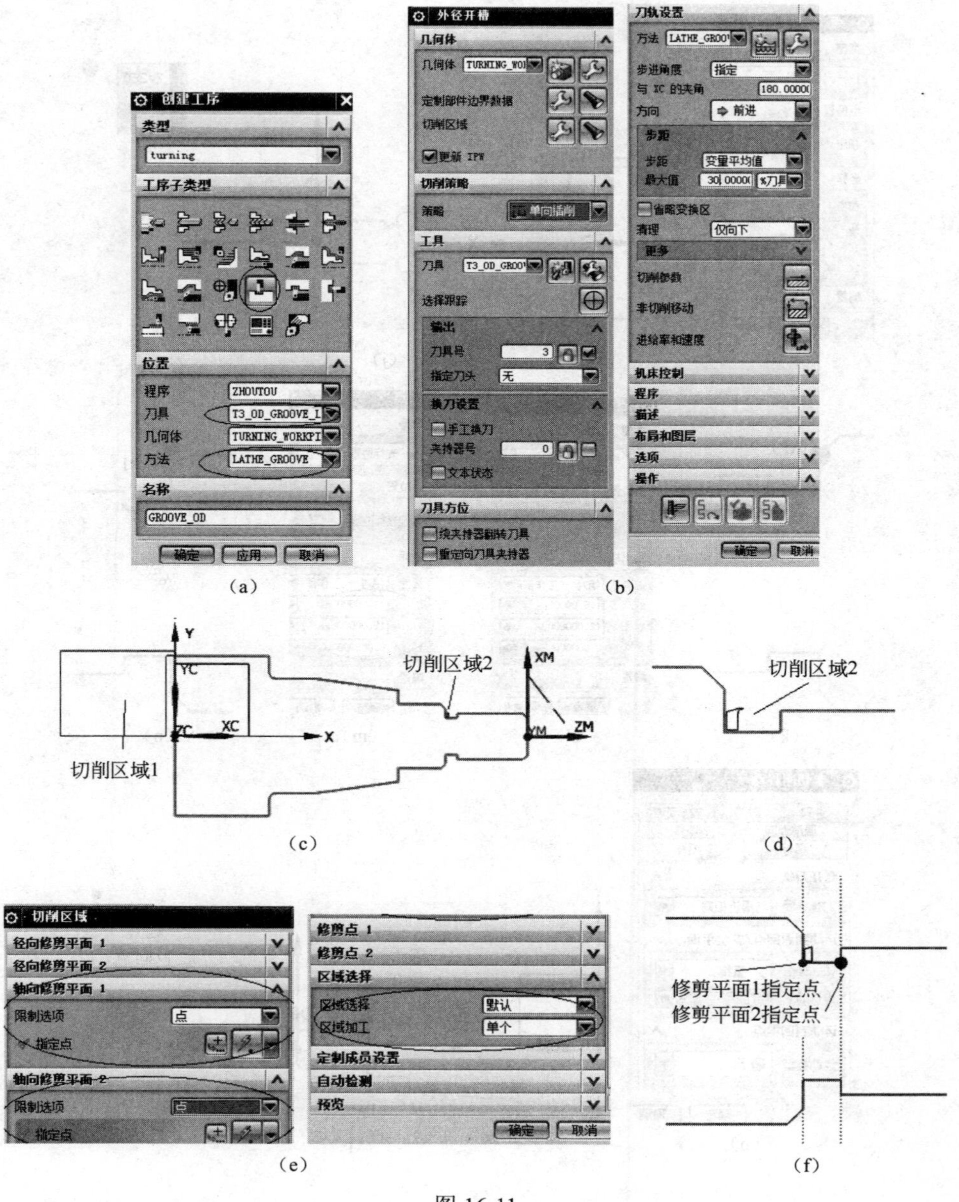

（a）（b）（c）（d）（e）（f）

图 16-11

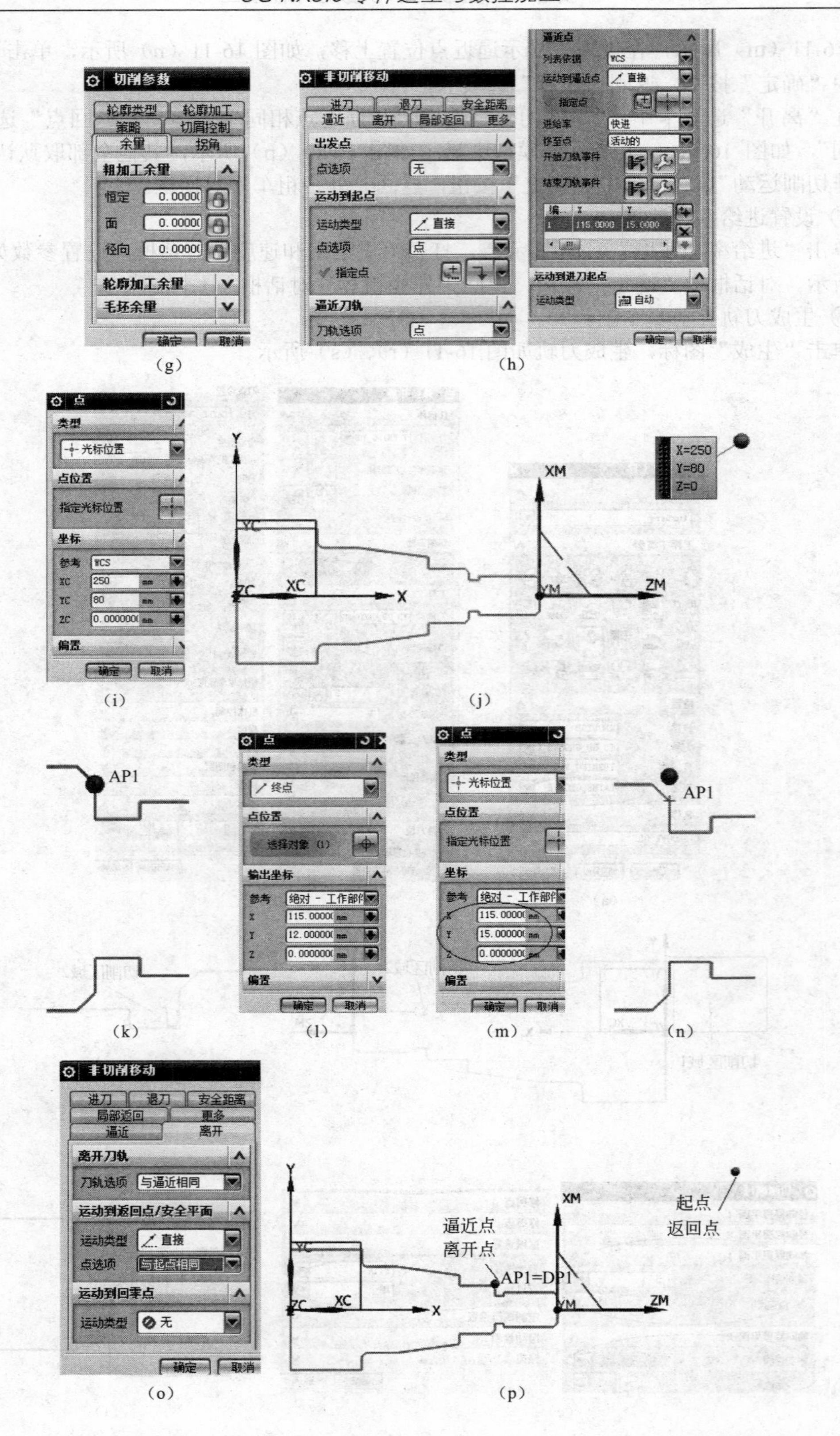
切削参数
轮廓类型
轮廓加工
策略
切屑控制
余量
拐角
粗加工余量
恒定
面
径向
轮廓加工余量
毛坯余量
确定
取消
非切削移动
进刀
退刀
安全距离
逼近
离开
局部返回
更多
出发点
点选项
无
运动到起点
运动类型
直接
点
指定点
逼近刀轨
刀轨选项
逼近点
列表依据
WCS
运动到逼近点
进给率
快进
移至点
活动的
开始刀轨事件
结束刀轨事件
115.0000
15.0000
运动到进刀起点
自动
类型
光标位置
点位置
指定光标位置
坐标
参考
XC
YC
ZC
250
80
偏置
X=250
Y=80
Z=0
XM
YM
ZM
AP1
终点
选择对象 (1)
输出坐标
绝对 - 工作部件
115.00000
12.000000
15.00000
离开刀轨
与逼近相同
运动到返回点/安全平面
与起点相同
运动到回零点
逼近点
离开点
AP1=DP1
起点
返回点

(g) (h)

(i) (j)

(k) (l) (m) (n)

(o) (p)

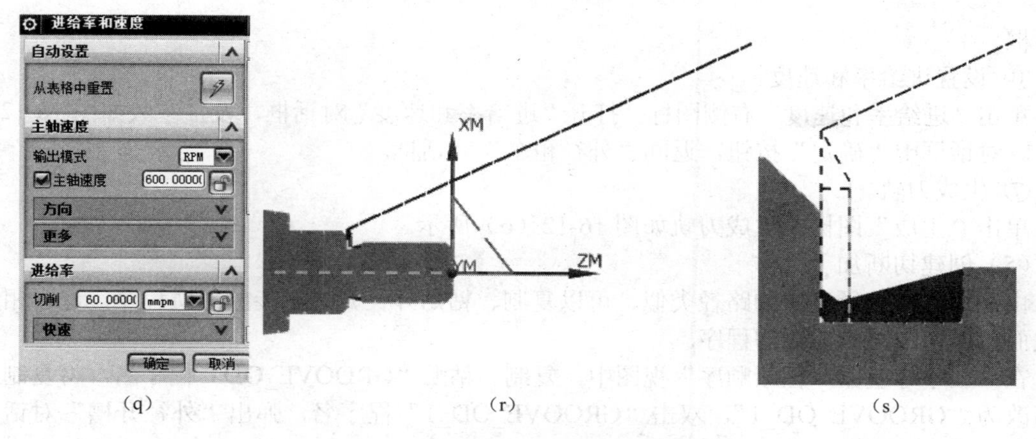

(q)　(r)　(s)

图16-11　创建外圆开槽工步刀轨

（4）创建车螺纹操作

① 创建基本设置。

右击“工序导航器－程序顺序”视图中“ZHOUTOU”程序名，从快捷菜单单击“插入”菜单下的“工序”菜单项，弹出“创建工序”对话框，选取外径螺纹加工子类型，其他基本设置如图16-12（a）所示。单击“应用”按钮，弹出“外径螺纹加工”对话框，如图16-12（b）所示。

② 螺纹形状参数设置。

在“螺纹形状”选项栏中，深度选项：深度和角度；深度：1.85，与XC轴夹角：180；

在“偏置”选项栏中，起始偏置：5；终止偏置：2，另外两项不变为0，如图16-12（b）所示。

光标选取“选择顶线”项，光标在螺纹段直线右端单击（即起点为直线段右端），立即出现“+Start”，即表示起始点位置选定，如图16-12（c）所示。

③ 设置刀轨。

设置“刀轨设置”栏切削深度项：单个的，可在“单个的”的列表栏输入参数，也可在“切削参数”对话框的“策略”选项卡中设置参数。在此不作设置，如图16-12（b）所示。

④ 设置切削参数。

单击“切削参数”右侧图标，打开“切削参数”对话框，在“策略”选项卡中，设置螺纹每刀切削深度，如图16-12（d）所示。在“螺距”选项卡中设置成如图16-12（e）所示，其他参数取默认值不变。

⑤ 非切削参数设置。

单击“非切削移动”右侧图标，打开“非切削移动”对话框，在“逼近”选项卡中，“运动到起点”栏设置成如图16-12（f）所示，单击“指定点”右侧图标，打开“点”对话框，设置点坐标如图16-12（g）所示，在模型中显示点（即换刀点）位置，如图16-12（h）所示，单击“点”对话框中“确定”按钮，返回“逼近”选项卡；

“逼近刀轨”栏设置成如图16-12（f）所示，单击“指定点”右侧图标，打开“点”对话框，设置点坐标如图16-12（i）所示，在模型中显示逼近点AP1位置，如图16-12（j）所示。

在“离开”选项卡中，“离开刀轨”栏设置成如图16-12（k）所示，单击“指定点”右侧图标，打开“点”对话框，设置点坐标如图16-12（l）所示，在模型中显示点DP1位置，如图16-12（m）所示，单击“点”　对话框中“确定”按钮，返回“离开”选项卡；

“运动到返回点”栏选取“与起点相同”，如图16-12（k）所示，模型中显示如图16-12（m）所示，其他全部取默认设置，单击“非切削运动”对话框中“确定”按钮，返回“外径粗车”

对话框。

⑥ 设置进给率和速度。

单击“进给率和速度”右侧图标，打开“进给率和速度”对话框，设置参数如图 16-12（n）所示。对话框中“确定”按钮，返回“外径粗车”对话框。

⑦ 生成刀轨。

单击“生成”图标，生成刀轨如图 16-12（o）所示。

（5）创建切断加工操作

由于切断与外径开槽的路径类似，可以复制、粘贴外径开槽工步的刀轨程序，进行相应的修改而构成切断工步刀轨的程序。

在“工序导航器—程序顺序”视图中，复制、粘贴“GROOVE_OD”程序名，将复制的程序名改为“GROOVE_OD_1”，双击“GROOVE_OD_1”程序名，弹出“外径开槽”对话框，如图 16-13（a）所示。修改项：

① 切削区域：打开“切削区域”对话框，如图 16-13（b）所示。在“轴向修剪平面 1”选项栏，指定点（−5,0,0）；在“轴向修剪平面 2”选项栏，指定点（0,0,0）；在“径向修剪平面 1”选项栏，指定点（0,0,0）；从而划定切断区域，如图 16-13（c）、（d）、（e）、（f）、（g）所示。

② 逼近点：打开“非切削参数”对话框的“逼近”选项卡，设置逼近点为（−4,40,0），其他不变，结果如图 16-13（h）、（i）所示。

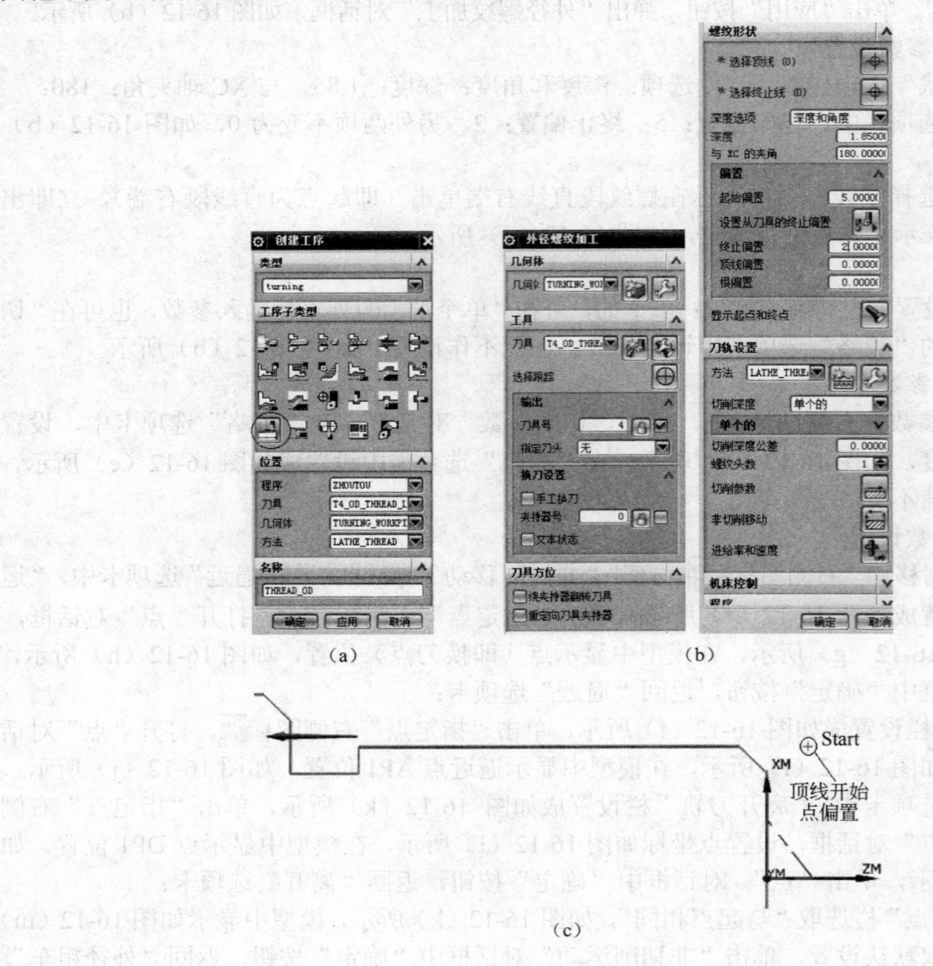

（a） （b）

（c）

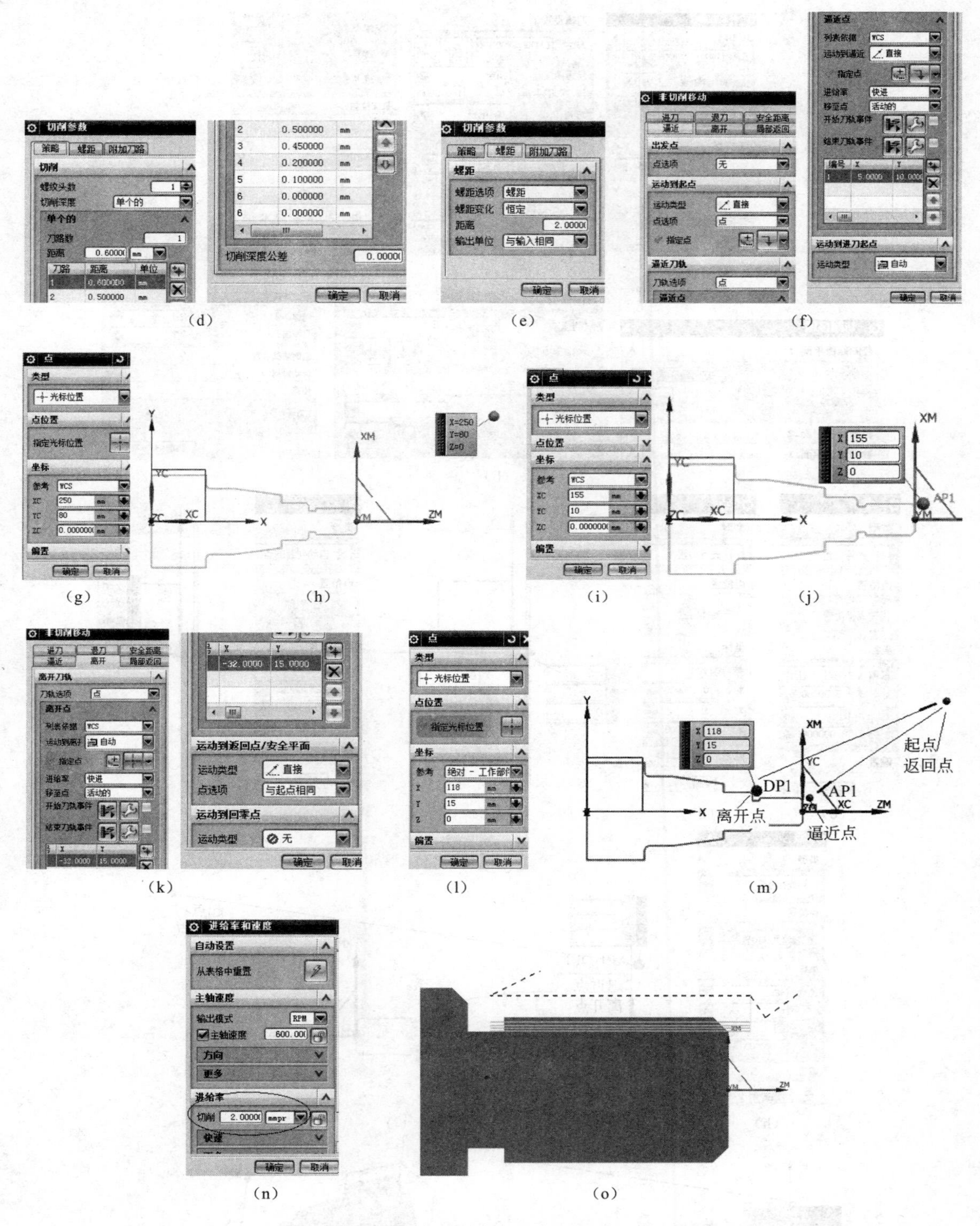

图 16-12　创建外径螺纹加工工步刀轨

重新“生成”刀轨，如图 16-13（j）所示，全部工步仿真车削加工结果，如图 16-13（k）所示。

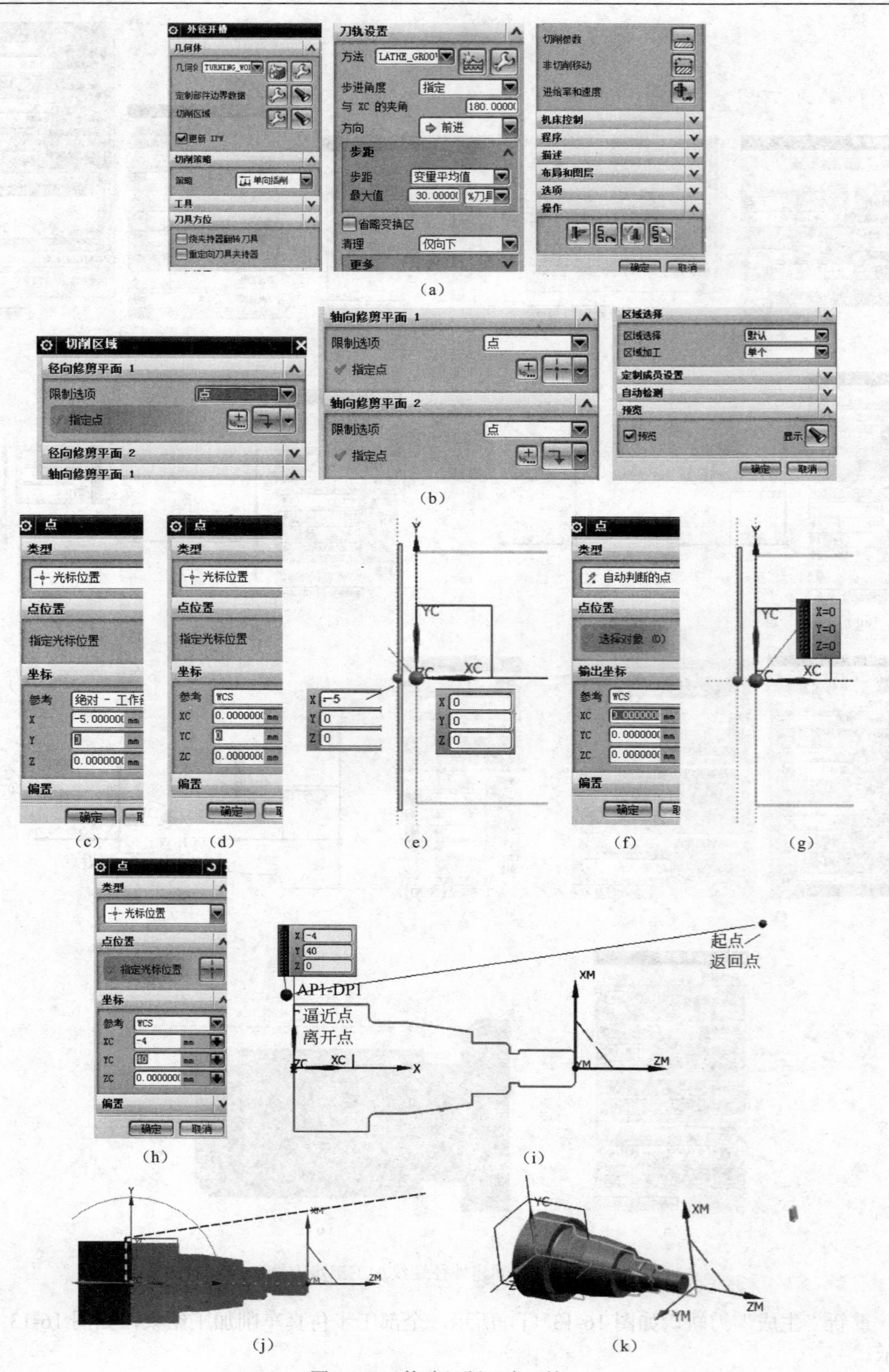

图 16-13　构建切断工步刀轨

6. 构建 NC 程序代码

从略。

四、拓展训练

构建图 16-14 所示轴类零件实体，并制定车削加工工艺，构建车削加工刀轨操作，生成适用于配有“华中世纪星”或“FANUC 0i”数控系统的数控车床的 NC 程序代码。

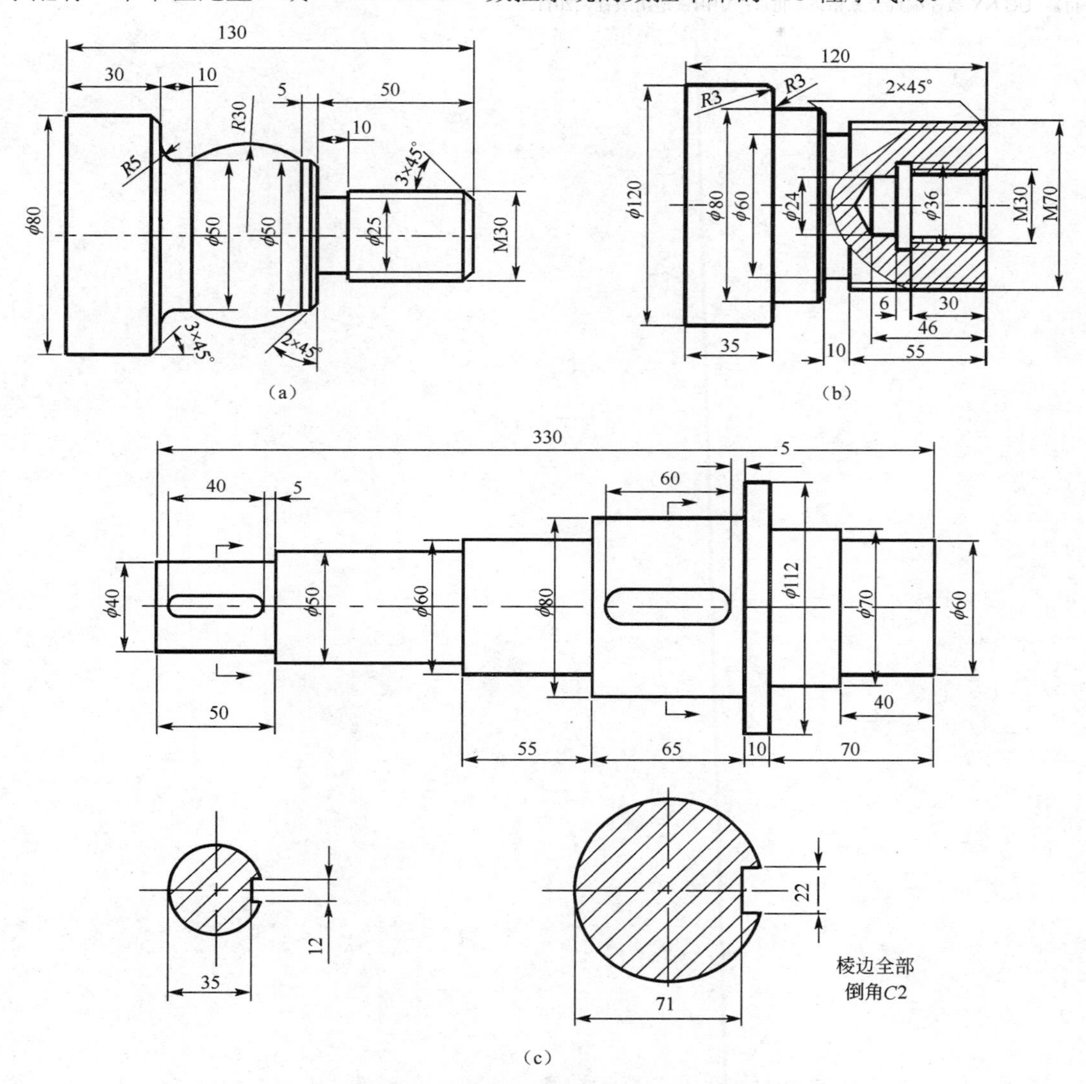

图 16-14　轴型零件造型与构建车削加工刀轨操作训练题

参考文献

[1] 郑贞平，张小红，伊伟明. UG NX4.0 中文版数控加工典型范例教程. 北京：电子工业出版社，2007.

[2] 邓昆，杨攀. UG NX4.0 中文版模具设计专家实例精讲. 北京：中国青年出版社，2007.

[3] 高长胜，吴晓玲，赵辉. UG NX5.0 中文版整机设计. 北京：电子工业出版社，2007.

[4] 付涛. UG NX 数控编程专家精讲. 北京：中国铁道出版社，2011.

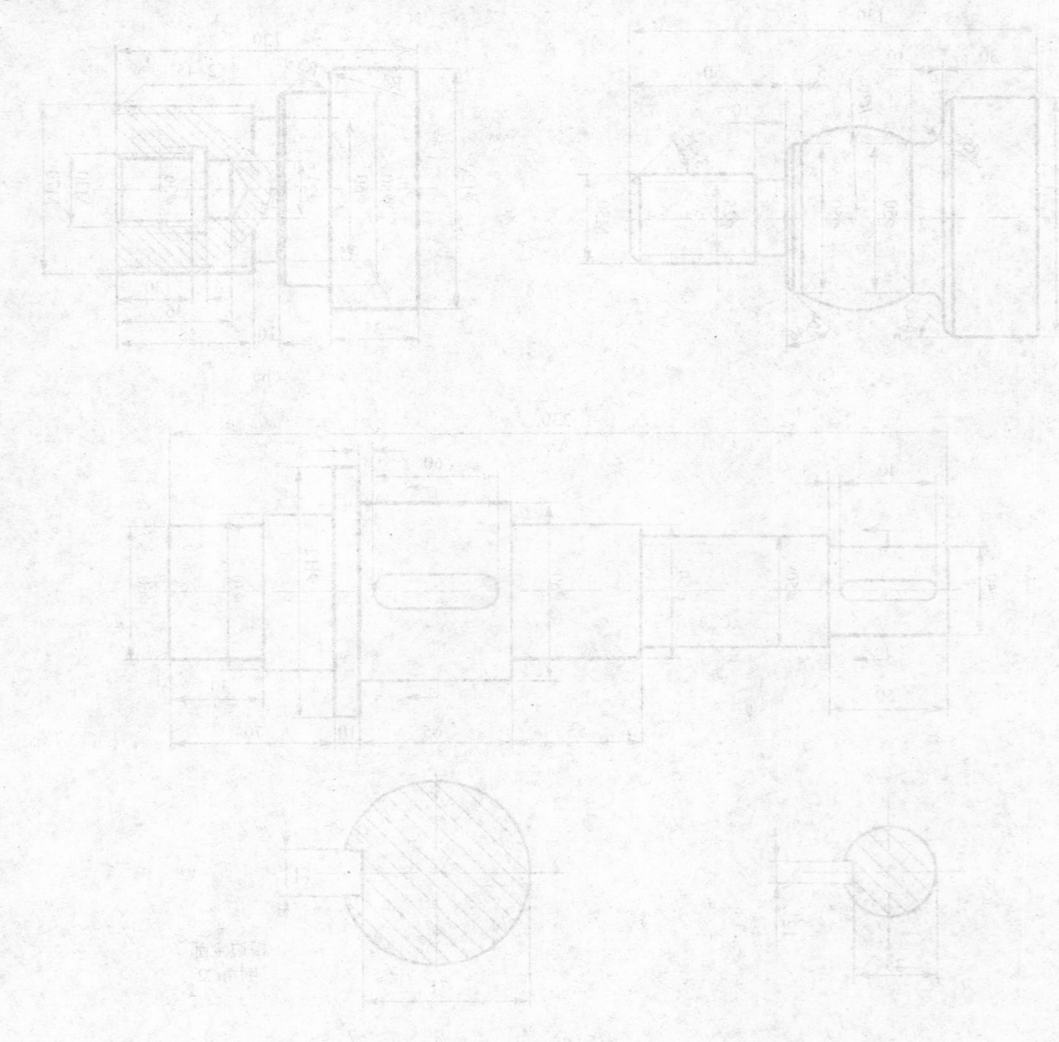